全国计算机等级考试二级教程

——MS Office 高级应用与设计

教育部教育考试院

主编　吉　燕

参编　赫　亮　张惠民　李　辉

高等教育出版社·北京

内容提要

本套教材根据教育部教育考试院制订的《全国计算机等级考试二级 MS Office高级应用与设计考试大纲》中对 Microsoft Office 高级应用与设计的要求编写的，包括主教材和配套的上机指导两本书。在掌握办公软件基本应用的基础上，本书侧重于对 Word、Excel、PowerPoint 三个模块的高级功能进行详细、深入的讲解和应用，以及阐述各个模块之间的相互配合与共享，旨在提高计算机用户使用办公软件的水平，切实有效地提高用户完成文案工作的效率和水准。 在系统地介绍各项重要功能的同时，适时穿插实用的小型案例以利于理解和掌握相关功能的用法以及与实际生活和工作的关系。

本书可以作为中、高等学校及其他各类计算机培训机构对 MS Office 高级应用与设计的教学用书，也是计算机爱好者实用的自学参考书。

图书在版编目(CIP)数据

全国计算机等级考试二级教程. MS Office 高级应用与设计 / 教育部教育考试院编. -- 北京 : 高等教育出版社, 2022.3(2023.5 重印)
ISBN 978-7-04-057677-1

Ⅰ.①全… Ⅱ.①教… Ⅲ.①电子计算机-水平考试-教材②办公自动化-应用软件-水平考试-教材 Ⅳ.①TP3

中国版本图书馆 CIP 数据核字(2022)第 011993 号

策划编辑 何新权　　责任编辑 何新权　　封面设计 李树龙　　版式设计 杜微言
责任校对 胡美萍　　责任印制 刁 毅

Quanguo Jisuanji Dengji Kaoshi Erji Jiaocheng——MS Office Gaoji Yingyong yu Sheji

出版发行 高等教育出版社
社　　址 北京市西城区德外大街 4 号
邮政编码 100120
印　　刷 山东韵杰文化科技有限公司
开　　本 787mm×1092mm 1/16
印　　张 27.75
字　　数 680 千字
购书热线 010-58581118
咨询电话 400-810-0598

网　　址 http://www.hep.edu.cn
http://www.hep.com.cn
网上订购 http://www.hepmall.com.cn
http://www.hepmall.com
http://www.hepmall.cn

版　　次 2022 年 3 月第 1 版
印　　次 2023 年 5 月第 4 次印刷
定　　价 61.00 元

物 料 号 57677-A0

积极发展全国计算机等级考试 为培养计算机应用专门人才、促进信息产业发展作出贡献

（序）

中国科协副主席　中国系统仿真学会理事长
第五届全国计算机等级考试委员会主任委员
赵沁平

当今，人类正在步入一个以智力资源的占有和配置，知识生产、分配和使用为最重要因素的知识经济时代，也就是小平同志提出的"科学技术是第一生产力"的时代。世界各国的竞争已成为以经济为基础、以科技（特别是高科技）为先导的综合国力的竞争。在高科技中，信息科学技术是知识高度密集、学科高度综合、具有科学与技术融合特征的学科。它直接渗透到经济、文化和社会的各个领域，迅速改变着人们的工作、生活和社会的结构，是当代发展知识经济的支柱之一。

在信息科学技术中，计算机硬件及通信设施是载体，计算机软件是核心。软件是人类知识的固化，是知识经济的基本表征，软件已成为信息时代的新型"物理设施"。人类抽象的经验、知识正逐步由软件予以精确的体现。在信息时代，软件是信息化的核心，国民经济和国防建设、社会发展、人民生活都离不开软件，软件无处不在。软件产业是增长快速的朝阳产业，是具有高附加值、高投入高产出、无污染、低能耗的绿色产业。软件产业的发展将推动知识经济的进程，促进从注重量的增长向注重质的提高方向发展。软件产业是关系到国家经济安全和文化安全，体现国家综合实力，决定21世纪国际竞争地位的战略性产业。

为了适应知识经济发展的需要，大力促进信息产业的发展，需要在全民中普及计算机的基本知识，培养一批又一批能熟练运用计算机和软件技术的各行各业的应用型人才。

1994年，国家教委（现教育部）推出了全国计算机等级考试，这是一种专门评价应试人员对计算机软硬件实际掌握能力的考试。它不限制报考人员的学历和年龄，从而为培养各行业计算机应用人才开辟了一条广阔的道路。

1994年是推出全国计算机等级考试的第一年，当年参加考试的有1万余人，2019年报考人数已达647万人。截至2019年年底，全国计算机等级考试共开考57次，考生人数累计达8 935万人，有3 256万人获得了各级计算机等级证书。

事实说明，鼓励社会各阶层人士通过各种途径掌握计算机应用技术，并通过等级考试对他们的能力予以科学、公正、权威性的认证，是一种比较好的、有效的计算机应用人才培养途径，符合我国的具体国情。等级考试同时也为用人部门录用和考核人员提供了一种测评手段。从有关公司对等级考试所作的社会抽样调查结果看，不论是管理人员还是应试人员，对该项考试的内容和

形式都给予了充分肯定。

计算机技术日新月异。全国计算机等级考试大纲顺应技术发展和社会需求的变化,从2010年开始对新版考试大纲进行调研和修订,在考试体系、考试内容、考试形式等方面都做了较大调整,希望等级考试更能反映当前计算机技术的应用实际,使培养计算机应用人才的工作更健康地向前发展。

全国计算机等级考试取得了良好的效果,这有赖于各有关单位专家在等级考试的大纲编写、试题设计、阅卷评分及效果分析等多项工作中付出的大量心血和辛勤劳动,他们为这项工作的开展作出了重要的贡献。我们在此向他们表示衷心的感谢!

我们相信,在21世纪知识经济和加快发展信息产业的形势下,在教育部考试中心的精心组织领导下,在全国各有关专家的大力配合下,全国计算机等级考试一定会以"激励引导成才,科学评价用才,服务社会选材"为目标,服务考生和社会,为我国培养计算机应用专门人才的事业作出更大的贡献。

前　言

本套教材根据教育部教育考试院制订的《全国计算机等级考试二级 MS Office 高级应用与设计考试大纲》中对 Microsoft Office 高级应用的要求编写的。新的考试大纲要求在 Windows 7 平台下使用 Microsoft Office 2016 办公软件。

本套教材包括主教程和配套上机指导两本。本书为该套教材中的主教程，内容包括四大部分：Office 应用基础、利用 Word 高效创建电子文档、通过 Excel 创建并处理电子表格、使用 PowerPoint 制作演示文稿。每个部分后配有习题，配套资源中提供有书中所用的案例文件、素材文件、习题完成效果及部分参考答案，资源可由 http://px.hep.edu.cn 下载。

在掌握办公软件基本应用的基础上，本书侧重于对 Word、Excel、PowerPoint 三个模块的高级功能进行详细、深入地解析和应用以及阐述各个模块之间的相互配合和共享，并包含了宏及控件等设计功能的基础应用，旨在提高计算机用户使用办公软件的水平，切实有效地提高用户完成文案工作的效率和水准。在系统地介绍各项重要功能的同时，适时穿插实用的小型案例以利于理解和掌握相关功能的用法以及与实际生活和工作的关系。

本套教材的上机指导教程则侧重于介绍 Word、Excel、PowerPoint 三个模块的高级功能在实际工作中的综合应用，以案例教学为主。

通过本套教材的学习，读者能够熟练掌握 Microsoft Office 办公软件的各项高级操作，并能在实际生活和工作中进行综合应用，提高计算机应用水平和解决实际问题的能力。

本书不仅是计算机等级考试的指定教程，同样可以作为中、高等学校及其他各类计算机培训机构对 Microsoft Office 高级应用的教学用书，也是计算机爱好者实用的自学参考书。如与本套教材的上机指导配套使用，则学习效果更加事半功倍。

参加本书编写的有赫亮（Word 部分）、吉燕（Excel 部分）、张惠民（PPT 部分），全书由吉燕主编并统稿，李辉老师亦提出了宝贵意见。

尽管经过了反复斟酌与修改，但因时间仓促，能力有限，书中仍难免存在疏漏与不足之处，望广大读者提出宝贵的意见和建议，以便再次修订时更正。

编　者

目　录

第一篇　Office 应用基础

第二篇　利用 Word 高效创建电子文档

第三篇　通过 Excel 创建并处理电子表格

第四篇　使用 PowerPoint 制作演示文稿

第一篇　Office 应用基础

微软公司推出的 Microsoft Office 套装软件凭借其友好的界面、方便的操作、完善的功能和易学易用等诸多优点已经成为众多使用者进行办公应用的主流工具之一。

Microsoft Office 套装软件中包含多个组件，其中最常用的基础组件有 Word、Excel 以及 PowerPoint。这些组件有着统一友好的操作界面、通用的操作方法及技巧，各个组件之间可以方便地传递、共享数据，这种统一性为人们的学习、生活、工作提供了极大的便利。

为给后面具体学习各个组件打下良好的基础，本篇主要以 Microsoft Office 2016 为蓝本，介绍以下基础知识：

- Office 2016 套装组件的共用界面及其通用操作方法。
- 主要组件 Word、Excel 和 PowerPoint 之间数据的共享与传递。

第 1 章 以任务为导向的 Office 应用界面

为了帮助人们更加方便地按照日常事务处理的流程和方式操作软件，Microsoft Office 2016 应用程序提供了一套以工作成果为导向的用户界面，让使用者可以用最高效的方式完成日常工作。全新的用户界面覆盖所有 Microsoft Office 2016 的组件，包括 Word 2016、Excel 2016 以及 PowerPoint 2016 等。

1.1 功能区与选项卡

传统的菜单和工具栏已被功能区所代替。功能区是一种全新的设计，它以选项卡的方式对命令进行分组和显示。同时，功能区上的选项卡在排列方式上与使用者所要完成任务的顺序趋于一致，并且选项卡中命令的组合方式更加直观，大大提升了应用程序的可操作性。

例如，在 Microsoft Word 2016 功能区中拥有“开始”“插入”“设计”“布局”“引用”“邮件”和“审阅”等编辑文档的选项卡(如图 1.1 所示)。同样，在 Microsoft Excel 2016 和 Microsoft PowerPoint 2016 功能区中也拥有一组类似的选项卡(如图 1.2、图 1.3 所示)。这些选项卡可引导使用者开展各种工作，简化对应用程序中多种功能的使用方式，并会直接根据使用者正在执行的任务来显示关联命令。

图 1.1 Word 2016 中的功能区

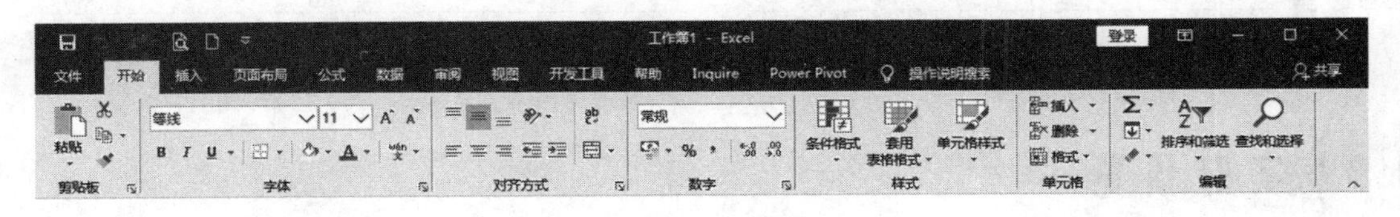

图 1.2 Excel 2016 中的功能区

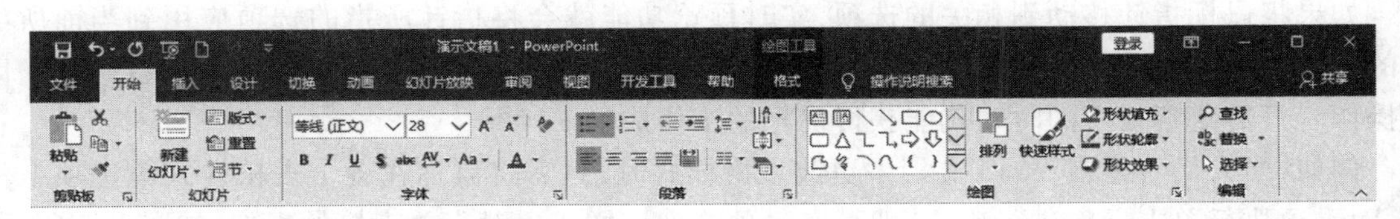

图 1.3 PowerPoint 2016 中的功能区

功能区显示的内容并不是一成不变的，Office 2016 会根据应用程序窗口的宽度自动调整功能区中显示的内容。当功能区较窄时，一些图标会相对缩小以节省空间，如果功能区进一步变窄，则某些命令分组就会只显示图标。

1.2 上下文选项卡

有些选项卡只有在编辑、处理某些特定对象的时候才会在功能区中显示出来，以供使用。例如，在 Excel 2016 中，用于编辑图表的命令只有当工作表中存在图表并且操作者选中该图表时才会显示出来，如图 1.4 所示，这就是所谓的上下文选项卡。

上下文选项卡仅在需要时显示，其动态性使人们能够更加轻松地根据正在进行的操作来获得和使用所需要的命令。这种工具不仅智能、灵活、针对性强，同时也保证了操作界面的整洁性。

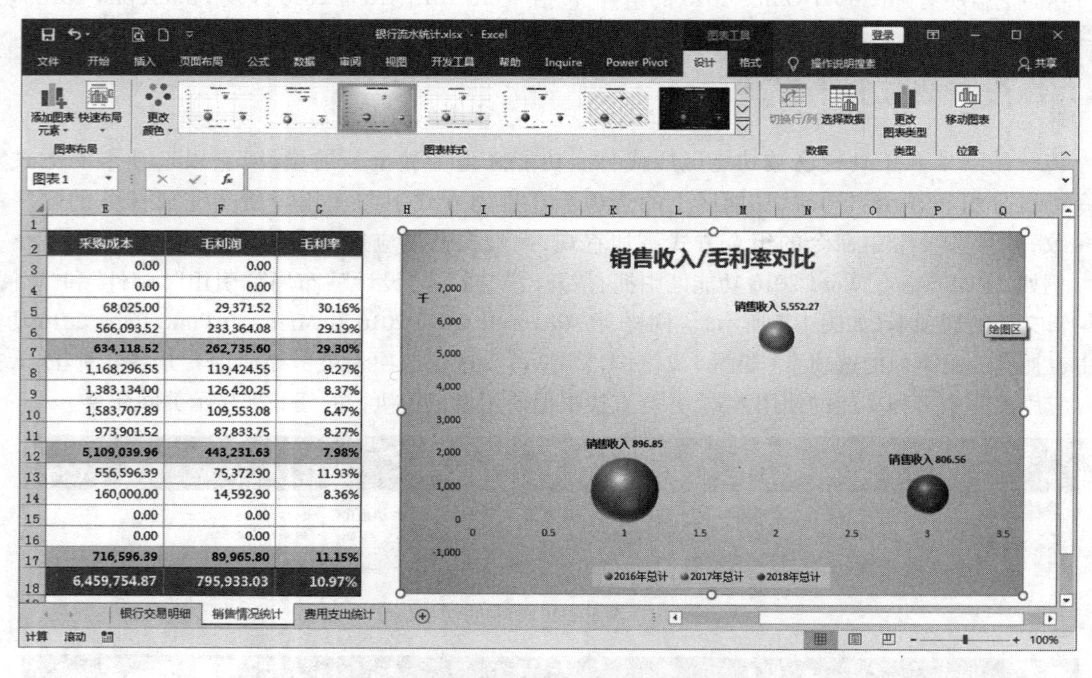

图 1.4　上下文选项卡仅在需要时显示出来

1.3 实时预览

如果将鼠标指针移动到相关的选项，实时预览功能就会将指针所指的选项应用到当前所编辑的文档中来。这种实时的、动态的功能可以提高布局设置、编辑和格式化操作的执行效率，因此操作者只需花费很少的时间就能获得优异的工作成果。

例如，当人们希望在 Word 文档中更改表格样式时，只需将鼠标在各个表格样式集选项上滑过，而无须执行单击操作进行确认，即可实时预览到该样式集对当前表格的影响，如图 1.5 所示，从而便于操作者迅速做出最佳选择。

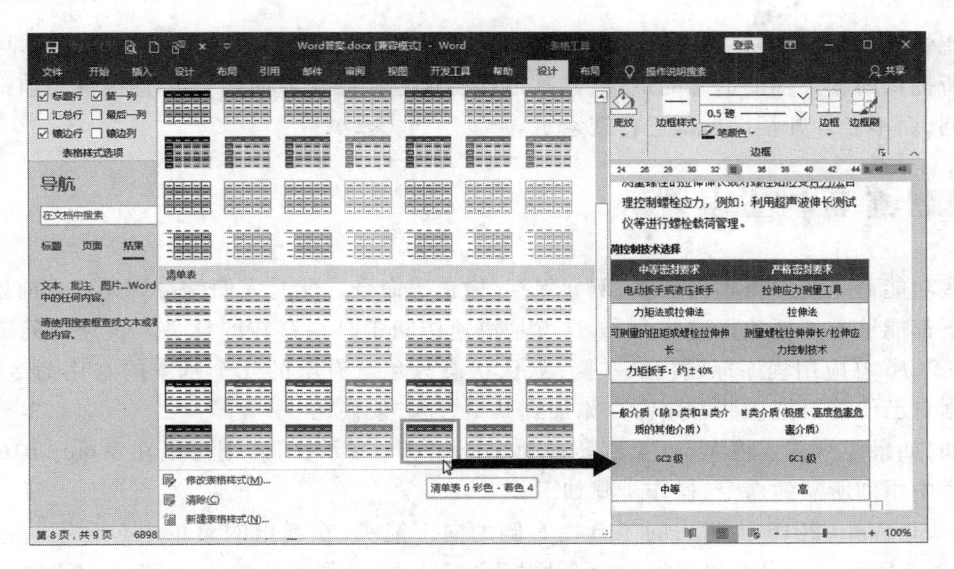

图 1.5　实时预览表格样式

1.4 增强的屏幕提示

全新的操作界面在很大程度上提升了访问命令和工具相关信息的效率。同时，Microsoft Office 2016 还提供了比以往版本显示面积更大、容纳信息更多的屏幕提示。这些屏幕提示还可以直接从某个命令的显示位置快速访问其相关帮助信息。

当将鼠标指针指向某个命令时，就会弹出相应的屏幕提示（如图 1.6 所示），它所提供的信

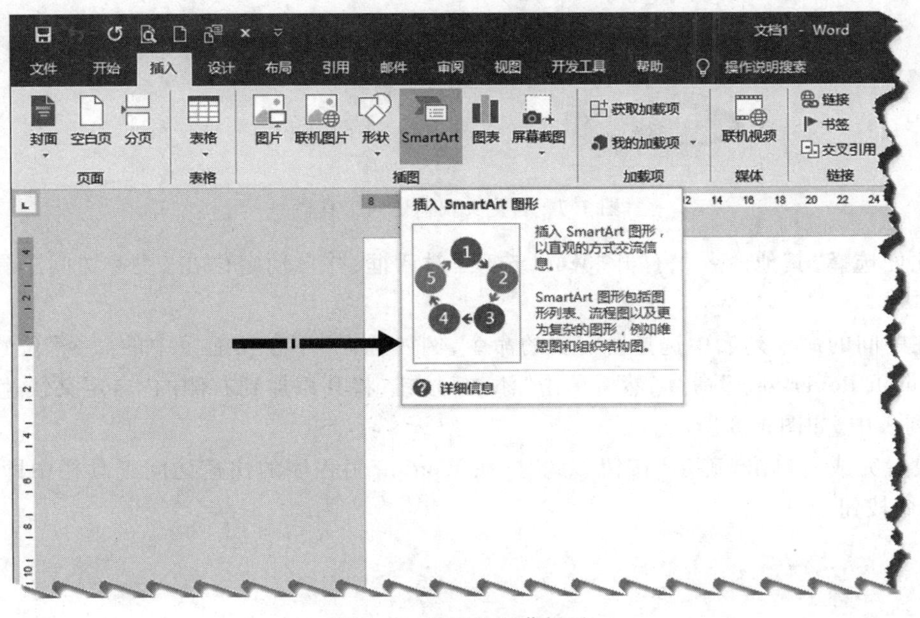

图 1.6　增强的屏幕提示

息对于想快速了解该项功能的操作者往往已经足够。如果想要获取更加详细的信息,可以利用该功能所提供的相关辅助信息的链接(这种链接已被置入操作界面当中),直接从当前命令对其进行访问,而不必打开帮助窗口进行搜索了。

1.5 快速访问工具栏

有些功能命令使用得相当频繁,例如保存、撤销等命令。此时人们就希望无论目前处于哪个选项卡下都能够方便地执行这些命令,这就是快速访问工具栏存在的意义。快速访问工具栏位于 Office 2016 各应用程序标题栏的左侧,默认状态只包含有限的几个基本的常用命令,操作者可以根据自己的需要把一些常用命令添加到其中,以方便使用。

例如,如果经常需要将 Word 文档转换为 PowerPoint 演示文稿,则可以在 Word 2016 快速访问工具栏中添加所需的命令,操作步骤如下:

① 单击 Word 2016 快速访问工具栏右侧的向下箭头,在弹出的菜单中包含了一些常用命令,如图 1.7 所示。如果希望添加的命令恰好位于其中,选择相应的命令即可;否则应选择“其他命令”选项,将打开相应对话框。

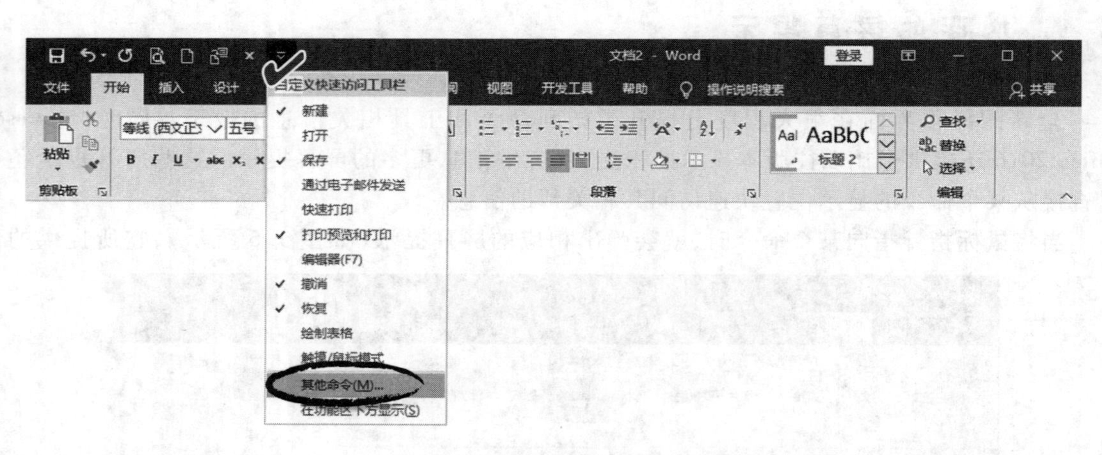

图 1.7 自定义快速访问工具栏

② 此处选择“其他命令”,打开“Word 选项”对话框,并自动定位在“快速访问工具栏”选项组中。

③ 在中间的命令列表中选择所需要的命令,例如选择“不在功能区中的命令”位置下的“发送到 Microsoft PowerPoint”命令,然后单击“添加”按钮,将其添加到右侧的“自定义快速访问工具栏”命令列表中,如图 1.8 所示。

④ 设置完成后单击“确定”按钮。此时,在 Word 应用程序的快速访问工具栏中即可出现所选定的命令按钮。

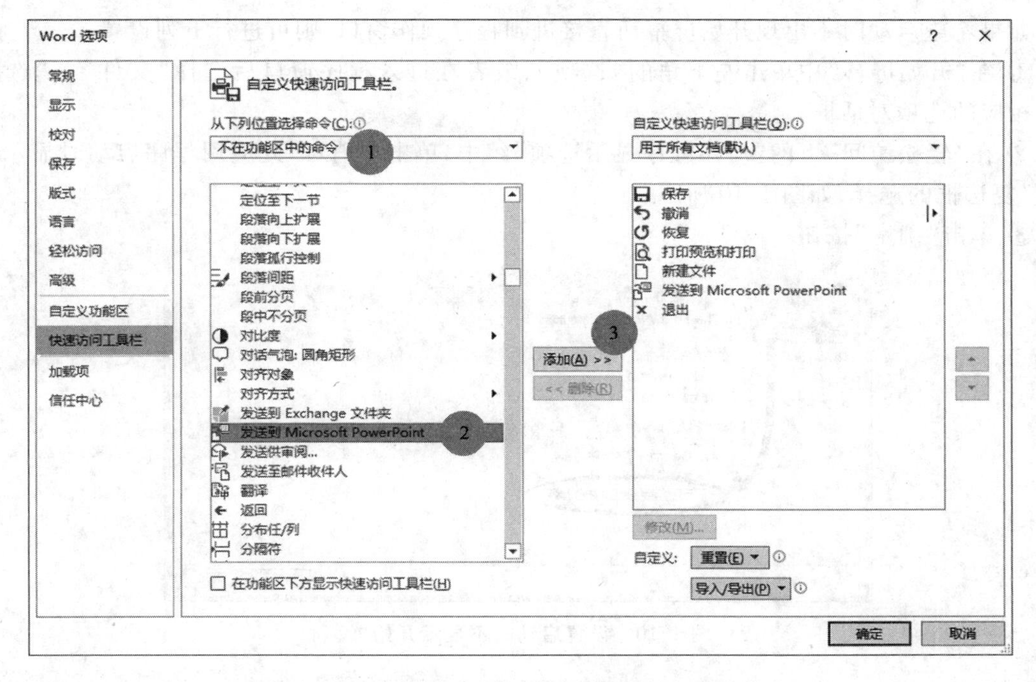

图 1.8 添加需要出现在快速访问工具栏中的命令

1.6 开始屏幕

默认情况下，启动 Office 2016 的某一组件时将首先看到开始屏幕，如图 1.9 所示。开始屏幕提供一些常规操作，如创建新文档、从最近访问的位置打开某文档、快速进入选项设置等。

图 1.9 Office 2016 组件启动时的开始屏幕

如果希望启动时不出现开始屏幕而直接进到程序操作窗口,则可进行下列设置:

① 在“开始屏幕”中单击左下角的“选项”,或者在进入程序窗口后选择“文件”→“选项”,打开相应的选项对话框。

② 在“轻松访问”下的“应用程序显示选项”组中,单击取消对“此应用程序启动时显示开始屏幕”复选框的选择,如图 1.10 所示。

③ 单击“确定”按钮。

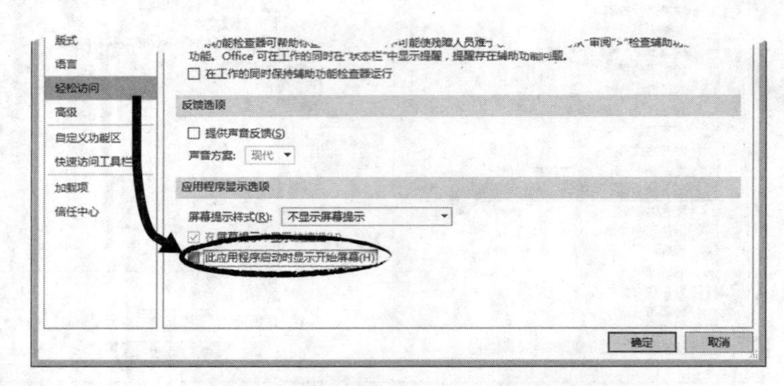

图 1.10 设置启动时不显示开始屏幕

1.7 后台视图

如果说 Microsoft Office 2016 功能区中包含了用于在文档中工作的命令集,那么 Microsoft Office 后台视图则是用于对文档或应用程序执行操作的命令集。

在 Office 2016 应用程序中单击“文件”选项卡,即可查看 Office 后台视图,如图 1.11 所示。

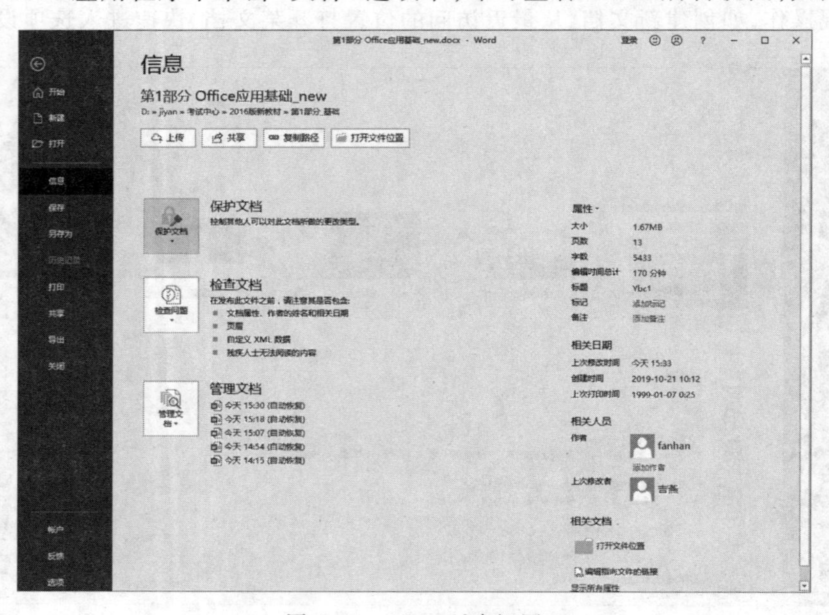

图 1.11 Office 后台视图

在后台视图中可以管理文档以及有关文档的相关数据，例如创建、保存和导出文档；检查文档中是否包含隐藏的元数据或个人信息；设置文档保护；自定义文档选项；查看和定义文档属性，等等。

在后台视图中，单击左侧列表中的“选项”命令，即可打开相应组件的选项对话框。在该对话框中，能够对当前应用程序的工作环境进行定制，如设定窗口的配色方案、设置显示对象、指定文件自动保存的位置、自定义功能区及快速访问工具栏，以及其他高级设置。

1.8 自定义 Office 功能区

Office2016 根据多数使用者的操作习惯来确定功能区中选项卡以及命令的分布，然而这可能依然不能满足各种不同的使用需求。因此，人们可以根据自己的使用习惯自定义 Office 2016 应用程序的功能区。以 Word 为例，自定义功能区的操作步骤如下：

① 在功能区空白处单击鼠标右键，从弹出的快捷菜单中选择执行“自定义功能区”命令，如图 1.12 所示。

图 1.12 从弹出的快捷菜单中选择“自定义功能区”命令

② 随后进入“Word 选项”对话框，并自动定位在“自定义功能区”选项组中。此时就可以在该对话框右侧区域中单击“新建选项卡”或“新建组”按钮，创建所需要的选项卡或命令组，然后将相关的命令添加其中即可；还可以通过“重命名”按钮修改新建选项卡的名称，类似图 1.13 所示。设置完成后单击“确定”按钮。

1.9 功能区中的操作说明搜索框

Office 2016 每个组件的选项卡右侧均有一个“操作说明搜索”框，当窗口缩小时会变回“告诉我”。单击该搜索框，下拉列表中将显示最近使用过的操作以及针对当前对象推荐的有可能使用的命令。在搜索框中输入某个命令，按 Enter 键即可立即执行。这对于那些不在功能区但又需要偶尔执行的命令来说，调用十分方便。

该搜索框还可以进行模糊查询，并兼有帮助功能。可以在其中输入某个操作关键字，下拉列表中就会显示相关命令，最下方也会提供相关帮助信息，如图 1.14 所示。例如，在 Excel 2016 中的搜索框中输入关键字“朗读”，从下拉列表中选择“朗读单元格”，程序即开始读取单元格中的数据；将光标指向最下边的“获得相关帮助”条目，即可展开相关帮助内容。

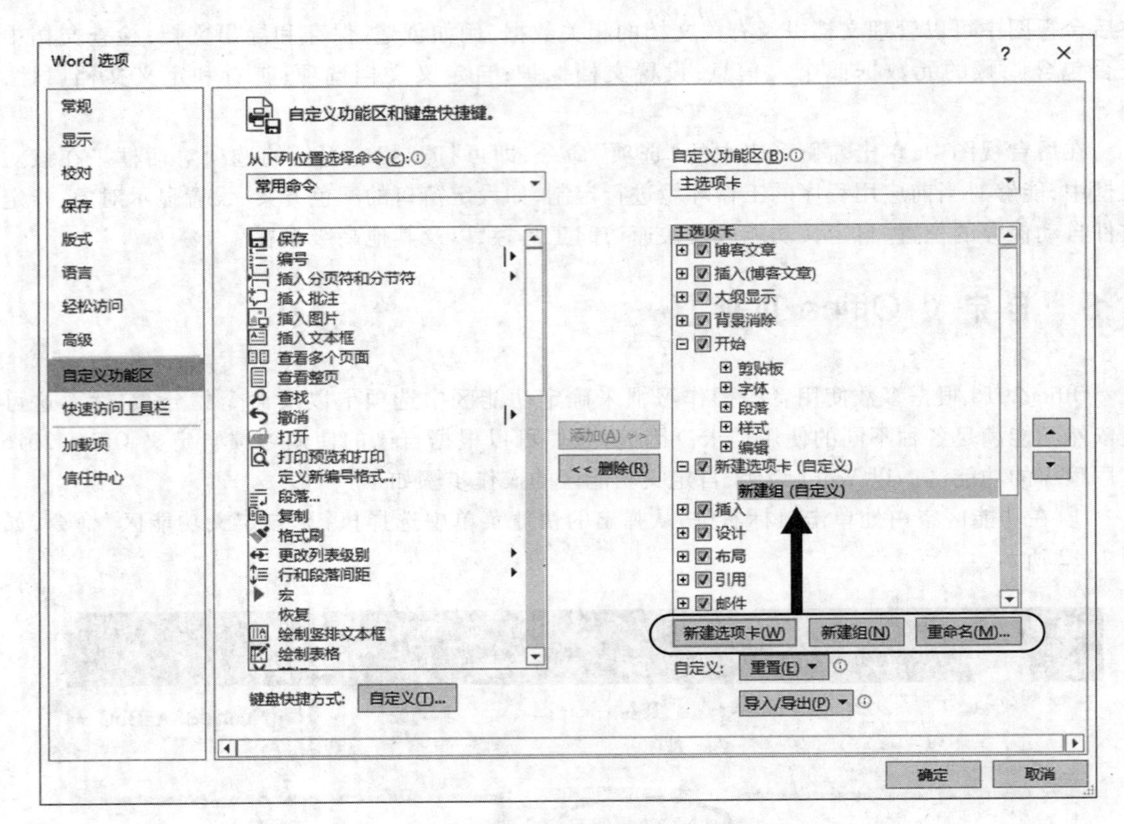

图 1.13　在选项对话框中自定义功能区

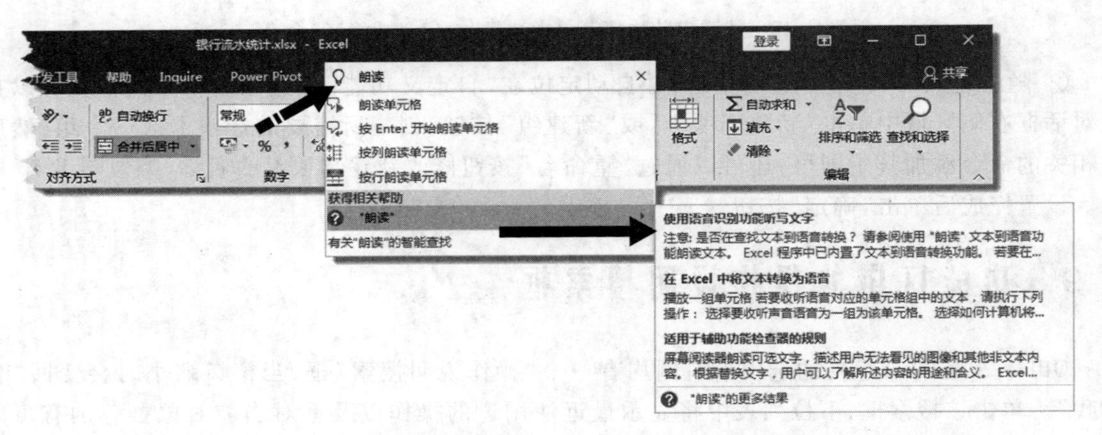

图 1.14　通过“操作说明搜索”框执行命令并获取帮助

第2章 Office组件之间的数据共享

作为一个套装软件,Office 各个组件之间可以通过各种途径很好地实现数据传输与共享。

2.1 Office 主题共享

以往,要设置协调一致、美观专业的 Office 文档格式很费时间,因为操作者必须分别为表格、图表、形状和图示选择颜色或样式等选项,而在 Office 2016 中,主题功能简化了这一系列设置的过程。

文档主题是一套具有统一设计元素的格式选项,包括一组主题颜色(配色方案的集合)、一组主题字体(包括标题字体和正文字体)和一组主题效果(包括线条和填充效果)。通过应用文档主题,可以快速而轻松地设置整个文档的格式,赋予它专业和时尚的外观。

文档主题在 Word、Excel、PowerPoint 应用程序之间共享,这样可以确保应用了相同主题的 Office 文档都能保持高度统一的外观。

2.1.1 选用统一的色彩风格

在 Office 2016 中,可以通过在任何一个组件中的设置统一更改所有 Office 程序组件的背景配色方案。

① 打开任何一个组件,例如 Word,在"文件"选项卡下选择"选项",打开相应的"选项"对话框。

② 在"常规"下的"对 Microsoft Office 进行个性化设置"组,从如图 2.1 所示的"Office 主题"下拉列表中选择 Office 背景,其中:

- "彩色"主题可以将不同的主题颜色应用于不同组件的功能区中,达到亮丽的视觉效果。
- "深灰色"主题则将所有 Office 组件的界面设定为深灰色,以达到外观更柔和的高对比度视觉效果。
- "白色"主题则显示 Office 的经典外观,所有组件的功能区均显示为简洁干净的白色背景。

2.1.2 应用自定义主题

Office2016 提供多套默认的主题可供选用,也可以根据需要自定义主题。在一个程序组件(如 Word)中自定义的主题可以在其他程序(如 Excel、PowerPoint)中调用。要自定义文档主题,

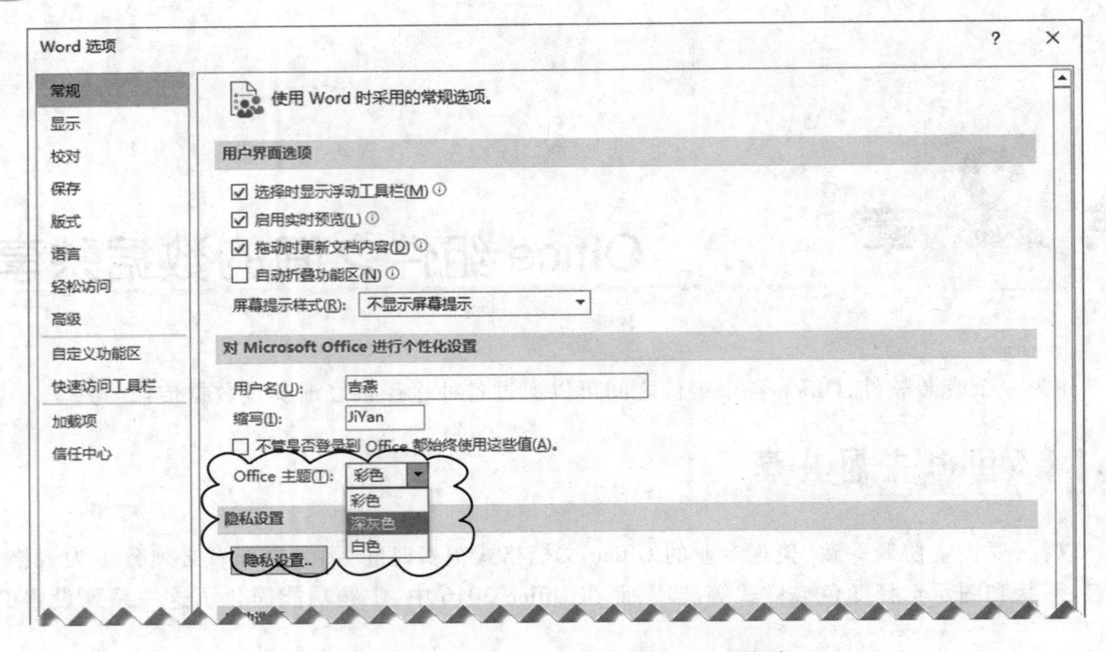

图 2.1　在“常规”中统一设置 Office 主题颜色

需要完成对主题颜色、主题字体以及主题效果的设置工作。对一个或多个这样的主题组件所做的更改将立即影响当前文档的显示外观。如果要将这些更改应用到新文档,还可以将它们另存为自定义文档主题。

在 Word 和 PowerPoint 中,可以通过“设计”选项卡下的“主题”选项组套用或者自定义主题;在 Excel 中,可以通过“页面布局”选项卡下的“主题”选项组套用或者自定义主题,如图 2.2 所示。

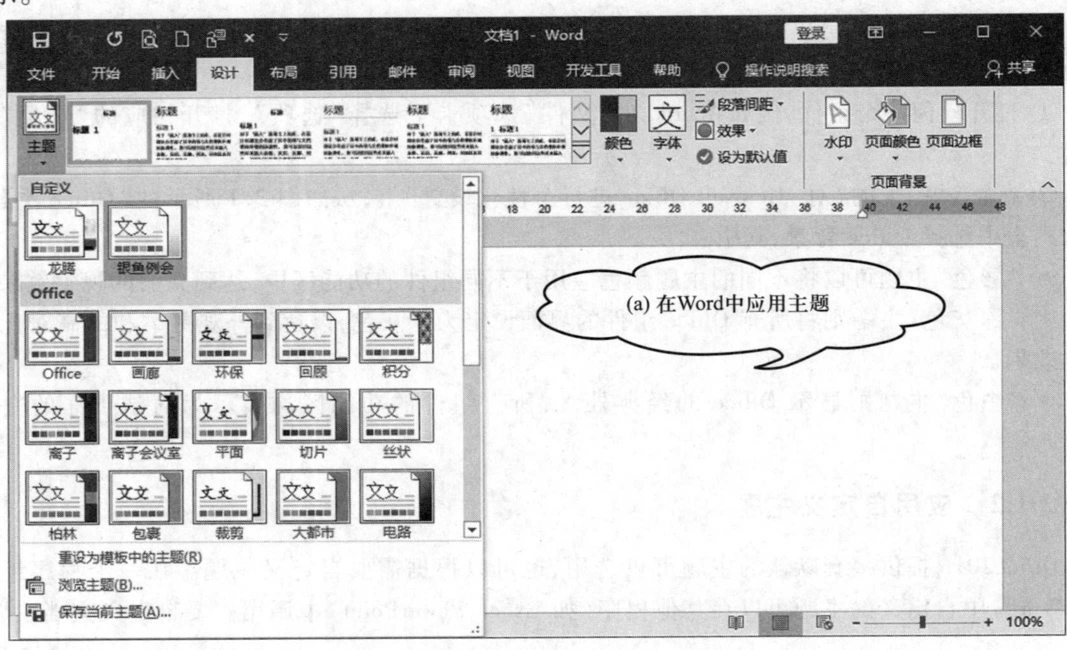

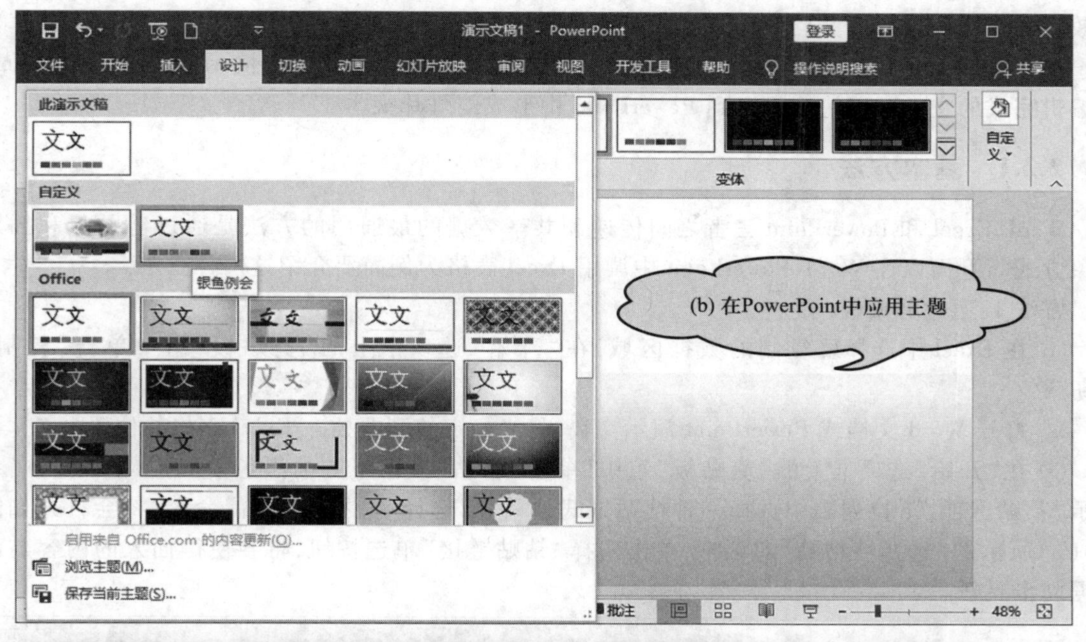

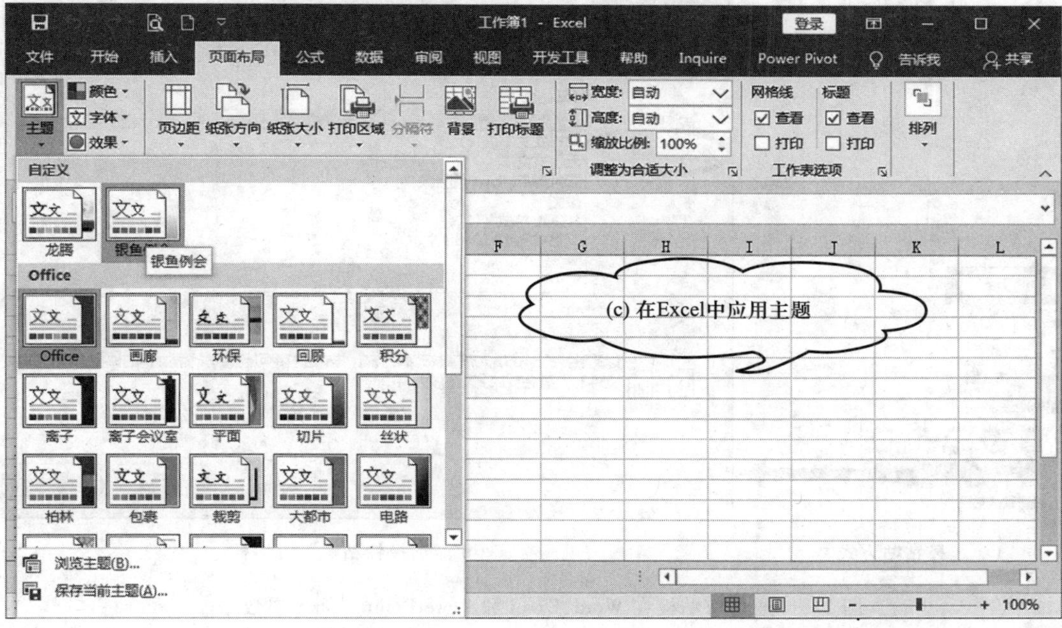

图 2.2　在不同的 Office 组件中应用相同的文档主题

2.2 Office 数据共享

Word、Excel 和 PowerPoint 三者在处理文档时各有所长。Word 便于对文字进行编辑处理，Excel 擅长对数据进行计算、统计与分析，而 PowerPoint 则更擅长对信息进行展示和传播。为了

高效地创建和处理综合文档,Office 提供了多种方法,以方便在各个程序组件之间传递和共享数据。例如,在 Excel 中创建的表格可以轻松用于 Word 文档或 PowerPoint 演示文稿中,而在 Word 中编辑完成的文本可以快速发送到 PowerPoint 中形成幻灯片文本。

2.2.1　基本方法

Word、Excel 和 PowerPoint 三者之间传递和共享数据的最通用的方法是通过剪贴板和插入对象方式。下面以在 Word、PowerPoint 中调用 Excel 表格为例简要介绍这两种方法。

方法 1:通过剪贴板

① 在 Excel 中选择要复制的数据区域,在“开始”选项卡上的“剪贴板”组中单击“复制”按钮。

② 打开 Word 文档或 PowerPoint 演示文稿,将光标定位到要插入 Excel 表格的位置。

③ 在“开始”选项卡上的“剪贴板”组中,单击“粘贴”按钮下方的黑色箭头,从如图 2.3(a)所示“粘贴选项”下拉列表中选择一种粘贴方式。其中,选择“选择性粘贴”命令,将会打开如图 2.3(b)所示的“选择性粘贴”对话框,单击选择“粘贴链接”单选按钮,将会使得插入的内容与源数据同步更新。

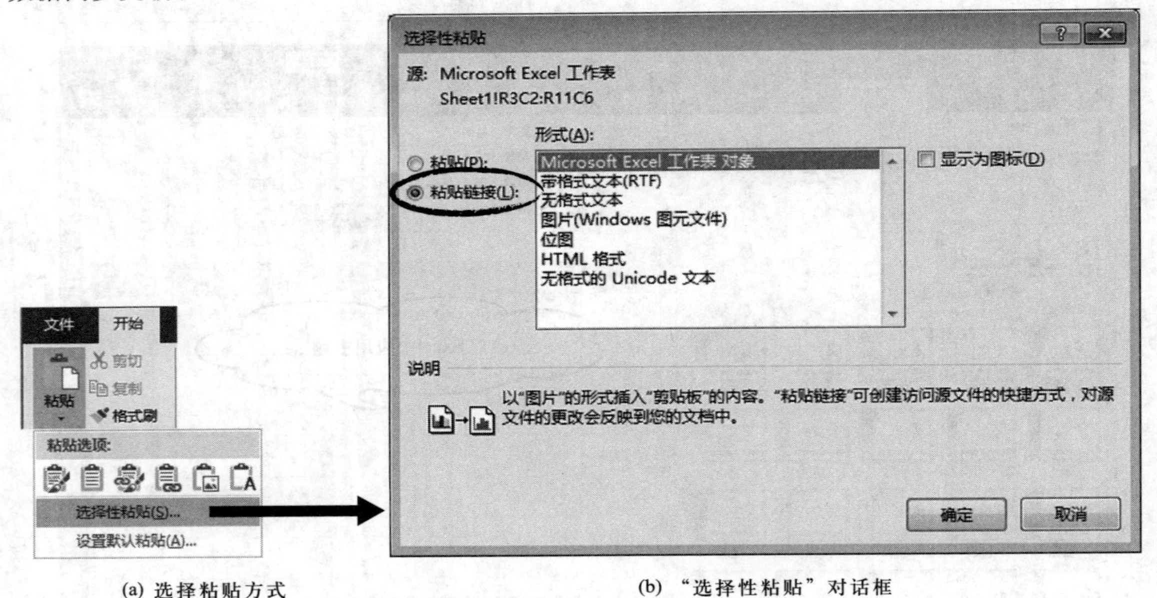

(a) 选择粘贴方式　　　(b) “选择性粘贴”对话框

图 2.3　通过剪贴板在 Word、Excel 和 PowerPoint 之间传递数据

方法 2:以对象方式插入

① 打开 Word 文档或 PowerPoint 演示文稿,将光标定位到要插入 Excel 表格的位置。

② 从“插入”选项卡上的“文本”组中,单击“对象”按钮,打开“对象”对话框(在 PowerPoint 中是“插入对象”对话框)。要想插入一个空白工作表,可在类似图 2.4 所示的“新建”选项卡中单击选择 Microsoft Excel Worksheet;要想插入一个现有文档,可在类似图 2.5 所示的“由文件创建”文本框中输入或选择一个文件。

③ 在插入的表格中双击鼠标，进入编辑状态，可以像在 Excel 中那样输入数据、对表格进行编辑修改。修改完毕，在表格区域外单击即可返回 Word 文档或 PowerPoint 演示文稿中。

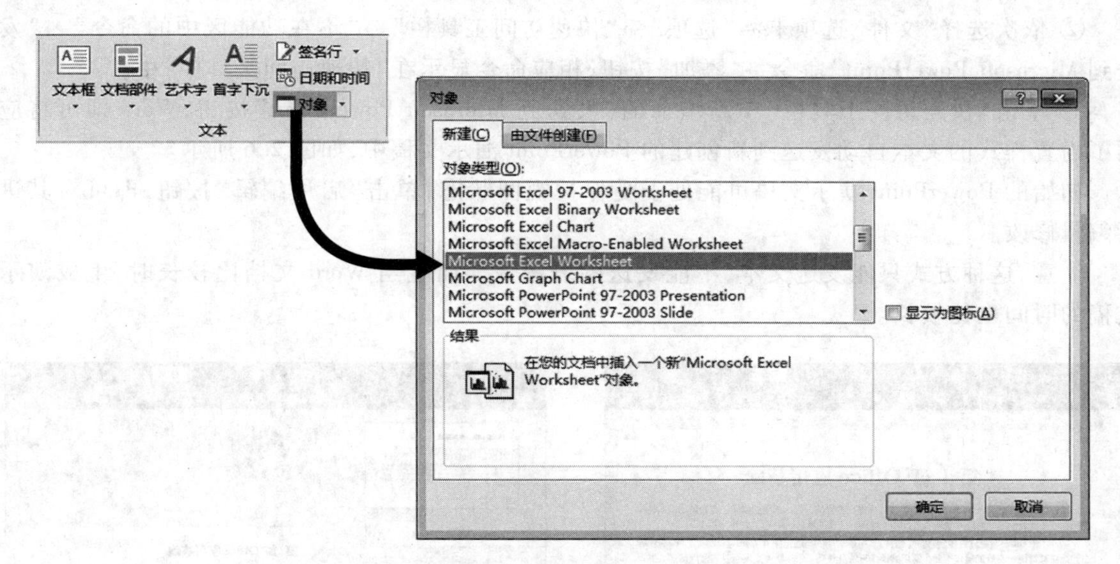

图 2.4　在 Word“对象”对话框的“新建”选项卡中传递数据

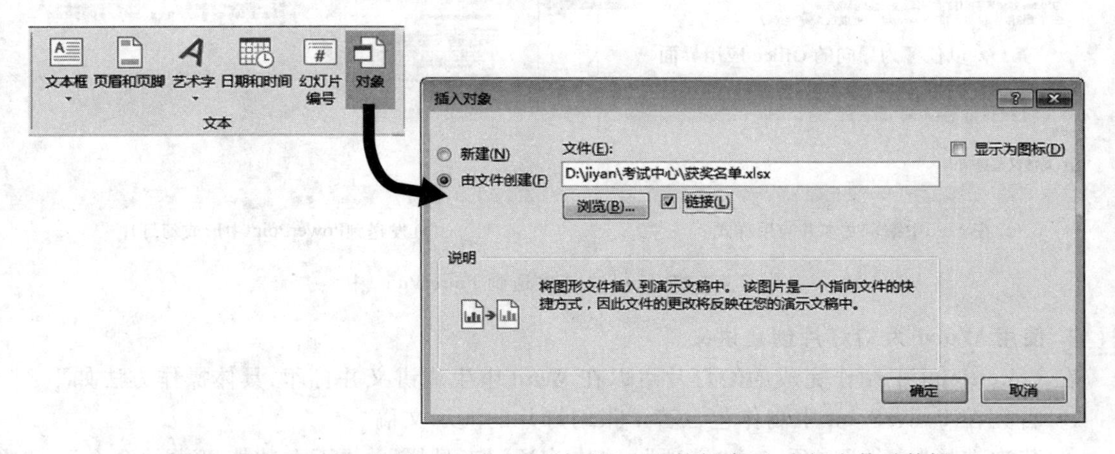

图 2.5　在 PowerPoint“插入对象”对话框的“由文件创建”文本框中传递数据

2.2.2　Word 与 PowerPoint 之间的共享

Office 还为 Word 与 PowerPoint 之间传递和共享数据提供更专有的方式。

1. 将 Word 文档发送到 PowerPoint 中

在 Word 中可以方便、高效地编辑处理一些长文档，如论文、演讲稿、书籍等，有时候需要将 Word 生成的文档进行压缩、精简然后制作成简短的演示文稿，以便授课或展示。

Word 的内置样式与 PowerPoint 演示文稿中的文本存在着对应关系，一般情况下，样式标题 1 对应幻灯片中的标题，标题 2 对应幻灯片中第一级文本，标题 3 对应幻灯片中第二级文本……，以此类推。利用这一对应关系，即可快速制作演示文稿。具体方法是：

① 首先在 Word 中编辑好文档，为需要发送到 PowerPoint 演示文稿中的内容使用内置的标题样式。

② 依次选择"文件"选项卡→"选项"→"快速访问工具栏"→"不在功能区中的命令"→"发送到 Microsoft PowerPoint"命令→"添加"按钮，相应命令显示在"快速访问工具栏"中。

③ 单击"快速访问工具栏"中新增加的"发送到 Microsoft PowerPoint"按钮，Word 即可将应用了内置样式的文本自动发送到新创建的 PowerPoint 演示文稿中，如图 2.6 所示。

初始的 PowerPoint 演示文稿可能处于受保护视图状态，单击"启用编辑"按钮，即可对其进行编辑修改。

注意，这种方式只能发送文本，不能发送图表图像。而且当 Word 文档比较长时，生成演示文稿的时间也比较长。

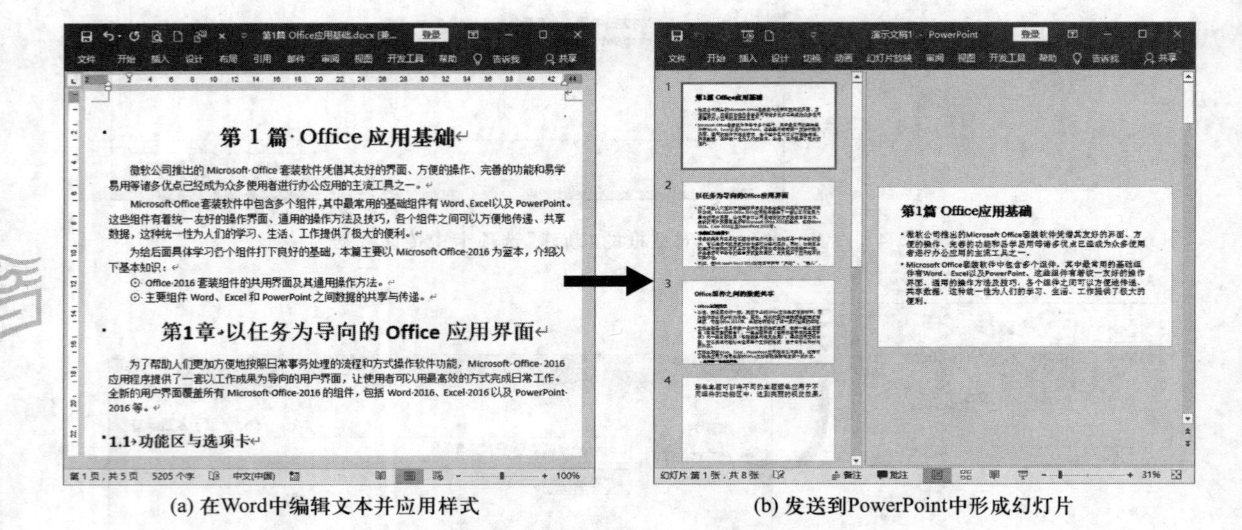

(a) 在Word中编辑文本并应用样式　　(b) 发送到PowerPoint中形成幻灯片

图 2.6　将 Word 文档发送到 PowerPoint 中

2. 使用 Word 为幻灯片创建讲义

在 PowerPoint 中制作完成的幻灯片可以在 Word 中生成讲义并打印，具体操作方法如下：

① 首先在 PowerPoint 中制作包含若干张幻灯片的演示文稿。

② 依次选择"文件"选项卡→"选项"→"快速访问工具栏"→"不在功能区中的命令"→"在 Microsoft Word 中创建讲义"命令→"添加"按钮，相应命令显示在"快速访问工具栏"中。

③ 单击"快速访问工具栏"中新增加的"在 Microsoft Word 中创建讲义"按钮，打开如图 2.7(a)所示的对话框。

④ 选择讲义版式后，单击"确定"按钮，幻灯片被按指定版式从 PowerPoint 中发送至 Word 文档中，如图 2.7(b)所示。

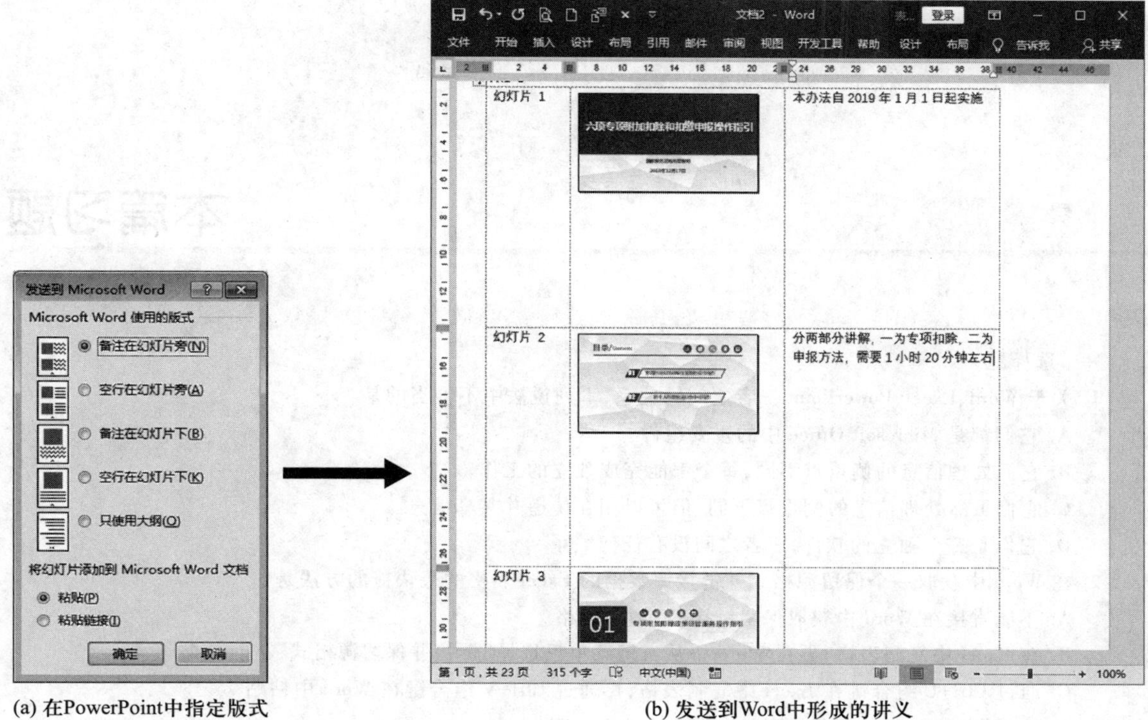

(a) 在PowerPoint中指定版式　　　　(b) 发送到Word中形成的讲义

图 2.7　在 Word 文档中创建幻灯片讲义

本篇习题

一、选择题

1. 关于 Word、Excel、PowerPoint 三者之间的关系，下列说法中不恰当的是

A. 它们都是 Microsoft Office 中的重要组件

B. 它们处理信息的侧重点不同，每个都能完成独立的工作

C. 它们虽然处理信息的侧重点不同，但可以相互传递并共享信息

D. 它们是三个独立的软件，三者之间没有任何关系

2. 在 Word 中获取一个保留源格式并链接源数据的 Excel 表格的最快捷的方法是

A. 不能直接在 Word 中获取保留链接的 Excel 表格

B. 在 Excel 中复制表格，再在 Word 中从右键菜单里选择“链接并保留源格式”进行粘贴

C. 通过 Ctrl+C 组合键在 Excel 中复制表格，再通过 Ctrl+V 组合键在 Word 中粘贴

D. 通过“复制”→“选择性粘贴”→“粘贴”功能实现

3. 根据 Word 中的大纲文本生成 PowerPoint 幻灯片的最优方法是

A. 对照 Word 中的素材，直接在 PowerPoint 幻灯片中输入文本

B. 将 Word 中的文本直接复制到 PowerPoint 幻灯片中

C. 在 PowerPoint 中通过“新建幻灯片”→“幻灯片（从大纲）”命令获取 Word 素材并生成幻灯片

D. 在 PowerPoint 中通过“插入”→“对象”→“由文件创建”命令获取 Word 文本内容并生成幻灯片

二、操作题

1. 在 Excel 2016 的“快速访问工具栏”中添加“按 Enter 键开始朗读单元格”命令。通过单击“按 Enter 键开始朗读单元格”按钮可控制是否朗读单元格内容。在单元格中输入数据，试验该功能。

2. 在 Word 2016 中编辑一篇文章，为不同内容应用不同的内置样式，然后发送到 PowerPoint 2016 中生成演示文稿。试分析 Word 内置样式与演示文稿内容的对应关系。

第二篇　利用 Word 高效创建电子文档

通过文字处理软件创建、编辑复杂的电子文档已成为人们当前学习和工作的必备技能之一。Word 是目前比较流行、应用广泛的文字处理软件，它是由微软开发、属于 MS Office 套装办公软件中的主要组件之一。本教材以 Word 2016 为蓝本，主要学习 Word 以下重要功能及应用：

- 创建并编辑文档
- 通过格式化操作及图文表混排美化文档
- 编辑和管理长文档
- 共享和修订文档
- 使用邮件合并技术批量处理文档
- 在文档中使用宏和控件进行交互

第3章 创建并编辑文档

一直以来,Microsoft Word 都是最流行的字处理程序之一。作为 Office 套件的核心应用程序之一,Word 提供了许多易于使用的文档创建工具,同时也提供了丰富的图、表功能供创建复杂的文档使用,从而比仅仅使用纯文本更具吸引力。

3.1 快速创建文档

在 Word 中,通常可以选用以下方式之一快速新建一个新文档:

- 创建空白的新文档
- 利用模板创建新文档

3.1.1 创建空白的新文档

在 Word 中,可以通过启动程序、选项卡菜单、快速访问工具栏、快捷键 Ctrl+N 等多种途径创建空白文档。

1. 通过启动程序

① 单击 Windows 任务栏中的“开始”按钮,选择“所有程序”命令,展开程序列表。

② 在程序列表中选择“Microsoft Office 2016”→“Word 2016”命令,启动 Word 2016 应用程序。

③ 在窗口右侧选择“空白文档”,Word 将自动创建一个基于 Normal 模板的空白文档,此时就可以直接在该文档中输入并编辑内容。

2. 通过选项卡菜单

如果先前已经启动了 Word 程序,在编辑文档的过程中,还需要创建一个新的空白文档,则可以通过“文件”选项卡中的后台视图来实现,其操作步骤如下:

① 单击“文件”选项卡,在打开的后台视图中执行“新建”命令。

② 在“新建”选项区域中选择“空白文档”选项,如图 3.1 所示,即可创建一个空白文档。

3. 通过快速访问工具栏

首先将“新建”命令添加到快速访问工具栏中,然后单击“新建”按钮,如图 3.2 所示,即可创建一个空白文档。

4. 通过快捷键

按下快捷组合键 Ctrl+N,即可快速创建一个空白文档。

图 3.1 创建空白文档

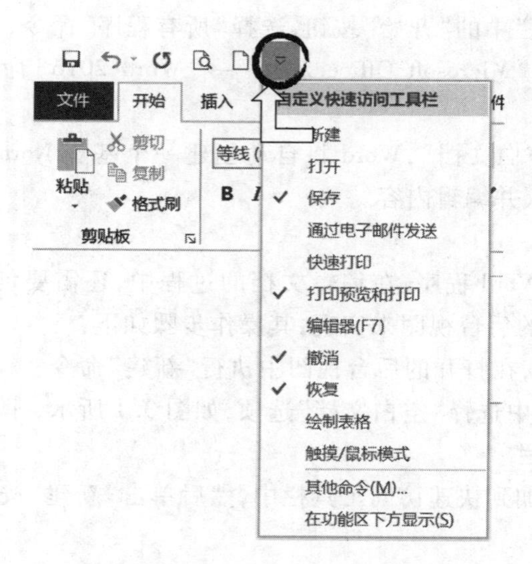

图 3.2 从快速访问工具栏中创建文档

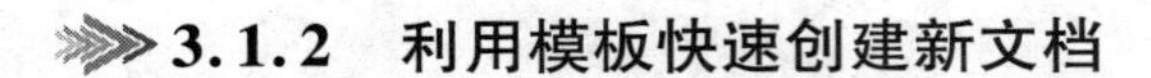

3.1.2 利用模板快速创建新文档

使用模板可以快速创建出外观精美、格式专业的文档,Word 提供了多种模板以满足不同的个性需求。对于不熟悉 Word 的初级使用者而言,模板的使用能够有效减轻工作负担。

Office 2016 已将部分模板嵌入到了应用程序中,这样在新建文档时就可快速浏览并选择适用的模板使用。利用模板创建新文档的操作步骤如下:

① 单击"文件"选项卡,在打开的后台视图中执行"新建"命令。

② 在"新建"选项区中单击需要的模板选项,即可快速创建出一个带有格式和基本内容的文档,例如"快照日历",如图 3.3 所示。

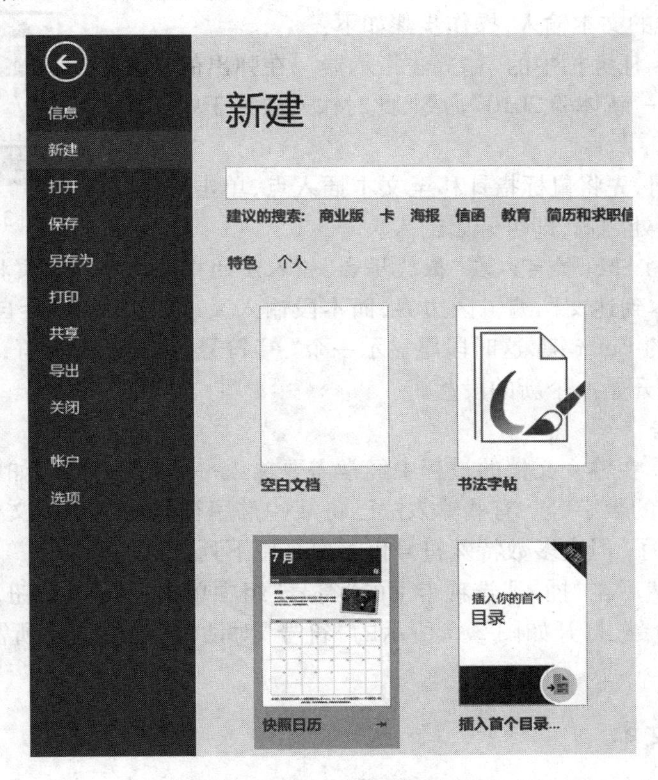

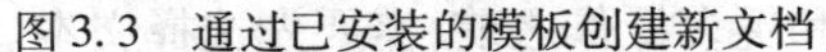

图 3.3 通过已安装的模板创建新文档

③ 在所选模板的基础上进行编辑和修改,并进行保存,即可完成文档的创建。

如果本机上已安装的模板不能满足用户的需要,还可以连线到微软官方网站的模板库中挑选所需的模板。在"新建"选项区的"搜索联机模板"文本框中,输入所需要的关键词,即可开始搜索。使用本地和在线模板,可以节省创建标准化文档的时间,有助于提高制作 Office 文档的效率。

3.2 输入并编辑文本

输入文本并对输入的文本进行基本编辑操作,是在 Word 中进行文字处理的基础工作。

3.2.1 输入文本

创建了新文档后，在文本编辑区域中将会出现一个闪烁的光标，它表明了目前文档的输入位置，由此开始即可输入文档内容。

1. 输入普通文字

只要安装了相应语言支持的功能，就可以在文档中输入各种语言的文本。在 Word 程序中输入文本时，不同内容的文本输入方法会有所不同，普通文本(例如汉字、英文、阿拉伯数字等)通过键盘就可以直接输入。

在安装了 Microsoft Office 2016 后，"微软拼音"输入法将会被自动安装，使用"微软拼音"输入法可以完成文档中的文本输入，操作步骤如下：

① 单击 Windows 任务栏中的"输入法指示器"，在弹出的快捷菜单中执行"微软拼音 - 新体验 2010"命令，此时输入法处于中文输入状态，如图 3.4 所示。

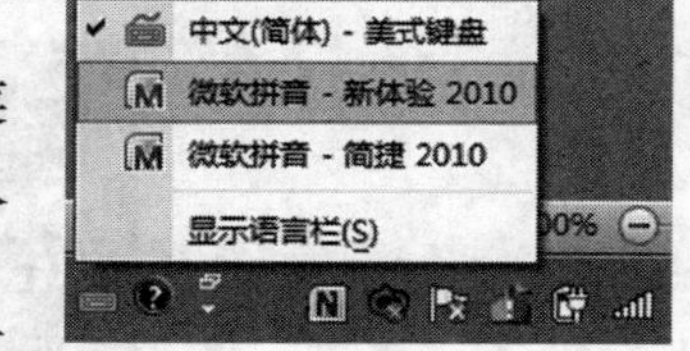

图 3.4 微软拼音输入法

② 输入文本之前，先将鼠标指针移至文本插入点，单击一下，这时光标就会在插入点处闪烁，即可开始输入。

提示：按键盘上的 Shift 键可以在"微软拼音"输入法的中文状态和英文状态之间进行切换。

③ 当输入的文本到达文档编辑区边界，而本段输入又未结束时，将会自动换行。若要另起一段，只需按键盘上的 Enter 键，这时段尾显示一个"↵"符号，称为硬回车符，又称段落标记，它能够使文本强制换行而开始一个新的段落。

2. 输入特殊符号

除了正常文字外，在输入文档的过程中经常需要输入一些特殊符号，如中文标点、数学运算符、货币符号、带括号的数字等。有些输入法已将某些常用符号如常用中文标点、人民币符号等定义在键盘的按键上了，但大多数特殊符号仍需要采用下列方法输入。

首先定位光标，然后在"插入"选项卡下的"符号"组中单击"符号"按钮，从打开的下拉列表中选择"其他符号"命令，打开如图 3.5 所示的"符号"对话框，从中选择所需的符号，最后单击"插入"按钮。

3.2.2 选择文本

对文本内容进行格式设置和更多操作之前，需要先选择文本。熟练掌握文本选择的方法，将有助于提高工作效率。

1. 拖动鼠标选择文本

这种方法是最常用，也是最基本、最灵活的方法。用户只需将鼠标指针停留在所要选定的内容的开始部分，然后按住鼠标左键拖动鼠标，直到所要选定部分的结尾处，即所有需要选定的内容都已成高亮状态，松开鼠标即可，如图 3.6 所示。

提示：选择文本时，默认情况下将会显示一个方便、微型、半透明的工具栏，它被称为浮动工具栏。将指针悬停在浮动工具栏上时，该工具栏即会变清晰。它可以帮助用户迅速地使用字体、字形、字号、对齐方式、文本颜色、缩进级别和项目符号等功能，如图 3.7 所示。通过"文件"选项卡下"选项"→"常规"窗口可以设置浮动工具栏的显示与否。

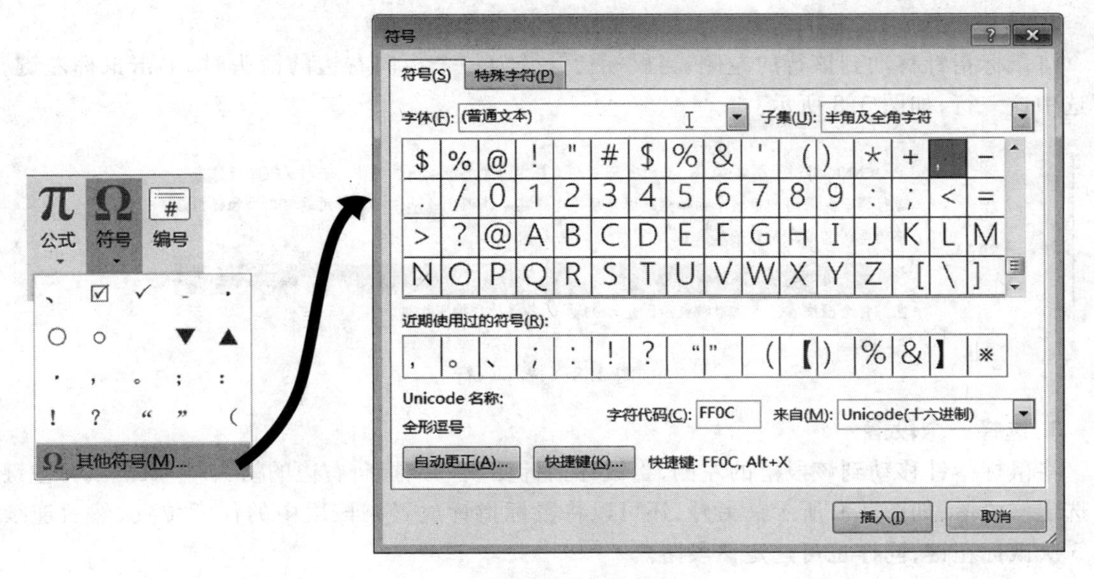

图 3.5 在文档中输入特殊符号

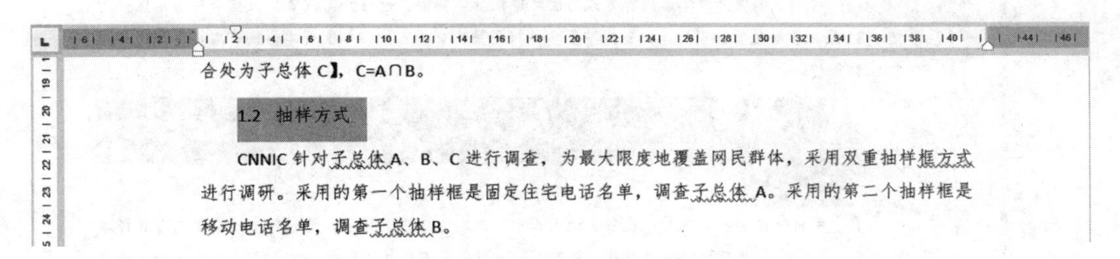

图 3.6 拖动鼠标选定文本

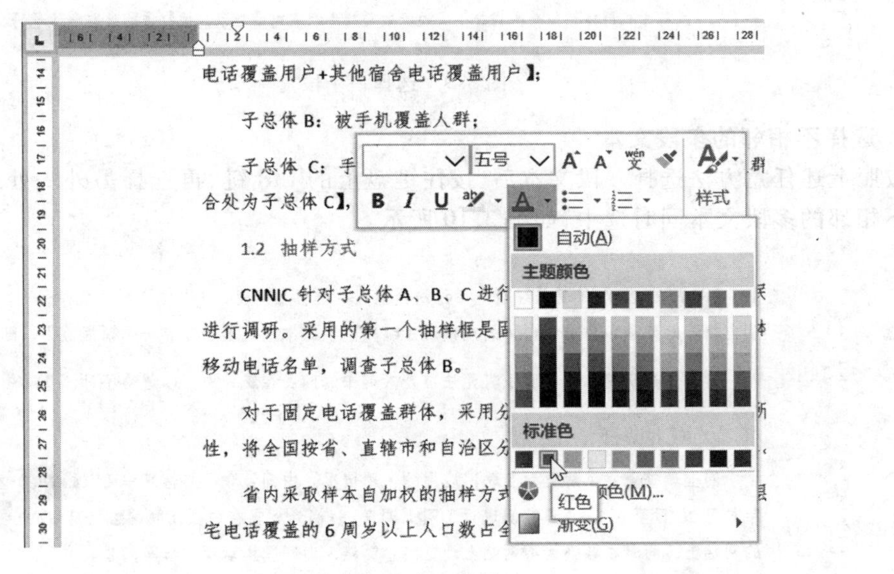

图 3.7 浮动工具栏

2. 选择一行

将鼠标指针移动到该行的左侧,当鼠标指针变为一个指向右边的箭头时,单击鼠标左键,即可选中这一行,如图 3.8 所示。

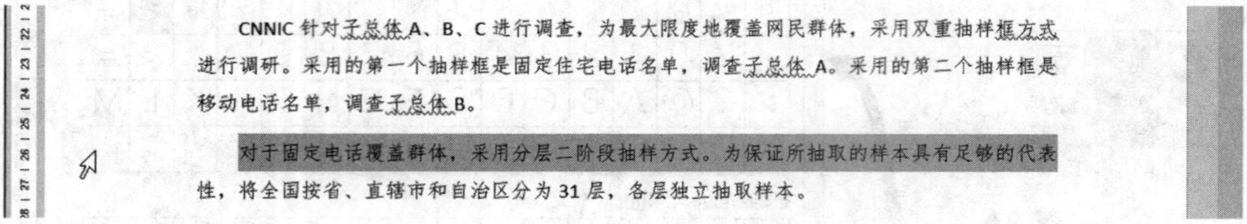

CNNIC 针对子总体 A、B、C 进行调查，为最大限度地覆盖网民群体，采用双重抽样框方式进行调研。采用的第一个抽样框是固定住宅电话名单，调查子总体 A。采用的第二个抽样框是移动电话名单，调查子总体 B。

对于固定电话覆盖群体，采用分层二阶段抽样方式。为保证所抽取的样本具有足够的代表性，将全国按省、直辖市和自治区分为 31 层，各层独立抽取样本。

图 3.8　选择一行

3. 选择一个段落

将鼠标指针移动到该段落的左侧,当鼠标指针变成一个指向右边的箭头时,双击鼠标左键即可选定该段落,如图 3.9 所示。另外,还可以将鼠标指针放置在该段中的任意位置,然后连续单击 3 次鼠标左键,同样也可选定该段落。

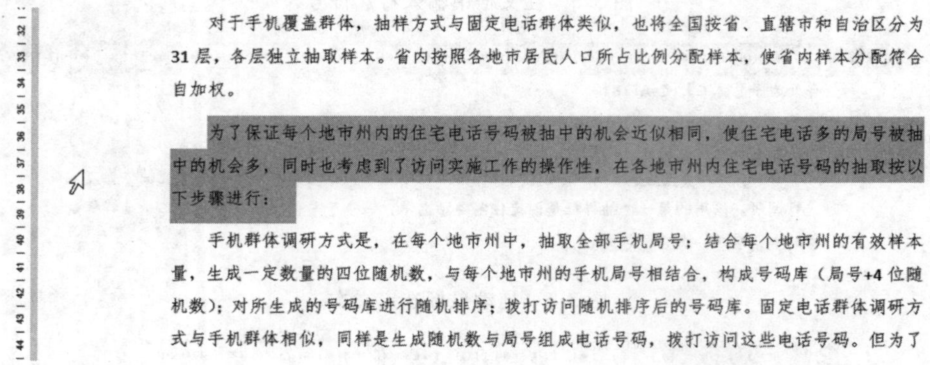

对于手机覆盖群体，抽样方式与固定电话群体类似，也将全国按省、直辖市和自治区分为 31 层，各层独立抽取样本。省内按照各地市居民人口所占比例分配样本，使省内样本分配符合自加权。

为了保证每个地市州内的住宅电话号码被抽中的机会近似相同，使住宅电话多的局号被抽中的机会多，同时也考虑到了访问实施工作的操作性，在各地市州内住宅电话号码的抽取按以下步骤进行：

手机群体调研方式是，在每个地市州中，抽取全部手机局号；结合每个地市州的有效样本量，生成一定数量的四位随机数，与每个地市州的手机局号相结合，构成号码库（局号+4 位随机数）；对所生成的号码库进行随机排序；拨打访问随机排序后的号码库。固定电话群体调研方式与手机群体相似，同样是生成随机数与局号组成电话号码，拨打访问这些电话号码。但为了

图 3.9　选择一个段落

4. 选择不相邻的多段文本

按照上述任意方法选择一段文本后,按住键盘上的 Ctrl 键,再选择另外一处或多处文本,即可将不相邻的多段文本同时选中,如图 3.10 所示。

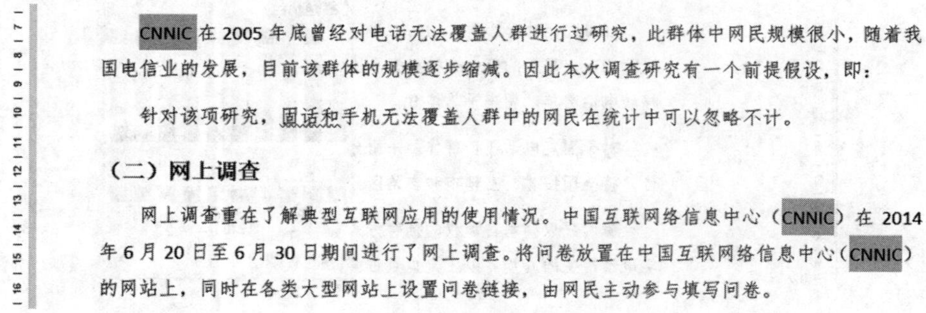

CNNIC 在 2005 年底曾经对电话无法覆盖人群进行过研究，此群体中网民规模很小，随着我国电信业的发展，目前该群体的规模逐步缩减。因此本次调查研究有一个前提假设，即：

针对该项研究，固话和手机无法覆盖人群中的网民在统计中可以忽略不计。

（二）网上调查

网上调查重在了解典型互联网应用的使用情况。中国互联网络信息中心（CNNIC）在 2014 年 6 月 20 日至 6 月 30 日期间进行了网上调查。将问卷放置在中国互联网络信息中心（CNNIC）的网站上，同时在各类大型网站上设置问卷链接，由网民主动参与填写问卷。

图 3.10　选择不相邻的多段文本

5. 选择垂直文本

必要时还可以选择一块垂直的文本(表格单元格中的内容除外)。首先,按住键盘上的 Alt 键,将鼠标指针移动到要选择文本的开始字符,按下鼠标左键,然后拖动鼠标,直到要选择文本的结尾处,松开鼠标和 Alt 键。此时,一块垂直文本就被选中了,如图 3.11 所示。

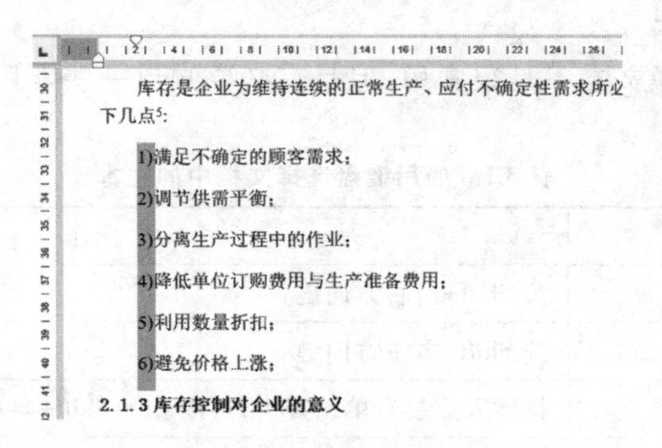
库存是企业为维持连续的正常生产、应付不确定性需求所必
下几点[5]:
1)满足不确定的顾客需求;
2)调节供需平衡;
3)分离生产过程中的作业;
4)降低单位订购费用与生产准备费用;
5)利用数量折扣;
6)避免价格上涨;
2.1.3 库存控制对企业的意义

图 3.11 选择垂直文本

6. 选择整篇文档

将鼠标指针移动到文档正文的左侧,当鼠标指针变成一个指向右边的箭头时,连续单击 3 次鼠标左键,即可选定整篇文档,如图 3.12 所示。

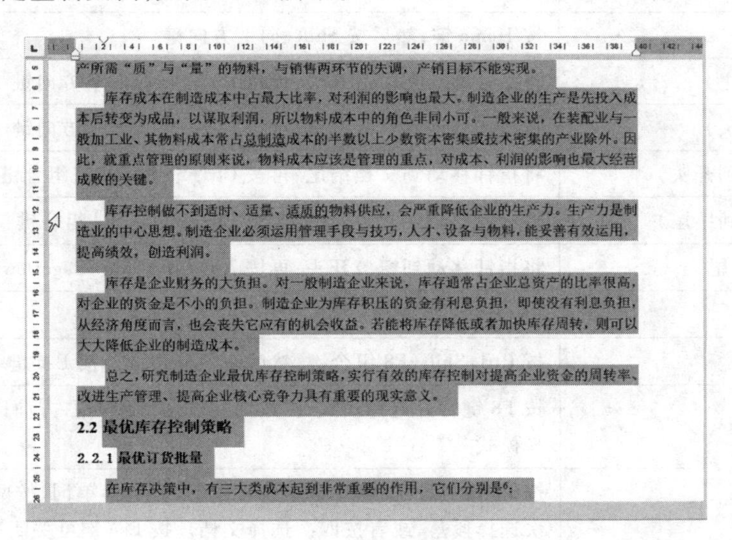
产所需“质”与“量”的物料,与销售两环节的失调,产销目标不能实现。
库存成本在制造成本中占最大比率,对利润的影响也最大。制造企业的生产是先投入成本后转变为成品,以谋取利润,所以物料成本中的角色非同小可。一般来说,在装配业与一般加工业、其物料成本常占总制造成本的半数以上少数资本密集或技术密集的产业除外。因此,就重点管理的原则来说,物料成本应该是管理的重点,对成本、利润的影响也最大经营成败的关键。
库存控制做不到适时、适量、适质的物料供应,会严重降低企业的生产力。生产力是制造业的中心思想。制造企业必须运用管理手段与技巧,人才、设备与物料,能妥善有效运用,提高绩效,创造利润。
库存是企业财务的大负担。对一般制造企业来说,库存通常占企业总资产的比率很高,对企业的资金是不小的负担。制造企业为库存积压的资金有利息负担,即使没有利息负担,从经济角度而言,也会丧失它应有的机会收益。若能将库存降低或者加快库存周转,则可以大大降低企业的制造成本。
总之,研究制造企业最优库存控制策略,实行有效的库存控制对提高企业资金的周转率、改进生产管理、提高企业核心竞争力具有重要的现实意义。
2.2 最优库存控制策略
2.2.1 最优订货批量
在库存决策中,有三大类成本起到非常重要的作用,它们分别是[6]:

图 3.12 选择整篇文档

提示:在“开始”选项卡上的“编辑”选项组中单击“选择”按钮,在弹出的下拉列表中执行“全选”命令(如图 3.13 所示),也可以选择整篇文档。

以上介绍了 6 种利用鼠标(或与键盘按键结合)选择文本的方法,还有一些其他选择文本的方法,简要介绍如下。

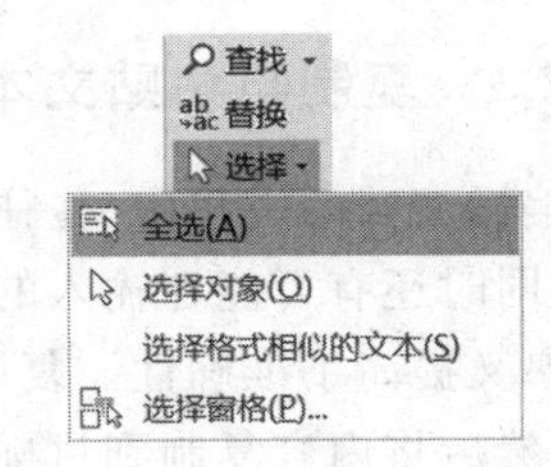

图 3.13 通过执行命令选择整篇文档

- 选择一个单词：双击该单词。
- 选择一个句子：按住键盘上的 Ctrl 键，然后单击该句中的任何位置。
- 选择较大文本块：单击要选择内容的起始处，按住键盘上的 Shift 键，然后滚动到要选择内容的结尾处，并单击鼠标左键。

7. 使用键盘选择文本

虽然通过键盘来选择文本不是很常用，但是有必要知道一些常用的文本操作快捷键，如表 3.1 所示。

表 3.1　使用键盘选择文档中的文本

选择	操作
右侧的一个字符	按 Shift+向右方向键
左侧的一个字符	按 Shift+向左方向键
一个单词（从开头到结尾）	将插入点放在单词开头，再按 Ctrl+Shift+向右方向键
一个单词（从结尾到开头）	将指针移动到单词结尾，再按 Ctrl+Shift+向左方向键
一行（从开头到结尾）	按 Home 键，然后按 Shift+End 组合键
一行（从结尾到开头）	按 End 键，然后按 Shift+Home 组合键
下一行	按 End 键，然后按 Shift+向下方向键
上一行	按 Home 键，然后按 Shift+向上方向键
一段（从开头到结尾）	将指针移动到段落开头，再按 Ctrl+Shift+向下方向键
一段（从结尾到开头）	将指针移动到段落结尾，再按 Ctrl+Shift+向上方向键
一个文档（从结尾到开头）	将指针移动到文档结尾，再按 Ctrl+Shift+Home 组合键
一个文档（从开头到结尾）	将指针移动到文档开头，再按 Ctrl+Shift+End 组合键
从窗口的开头到结尾	将指针移动到窗口开头，再按 Alt+Ctrl+Shift+PageDown 组合键
整篇文档	按 Ctrl+A 组合键
垂直文本块	按 Ctrl+Shift+F8 组合键，然后使用箭头键。按 Esc 键可关闭选择模式
最近的字符	按 F8 键打开选择模式，再按向左方向键或向右方向键；按 Esc 可关闭选择模式
单词、句子、段落或文档	按 F8 键打开选择模式，再按一次 F8 键选择单词、按两次选择句子、按三次选择段落，或者按四次选择文档。按 Esc 键可关闭选择模式

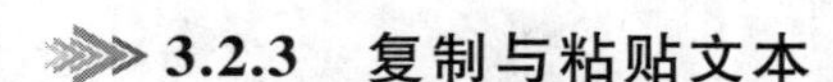

3.2.3　复制与粘贴文本

在编辑文档的过程中，往往会碰到许多相同的内容。如果一次次地重复输入将会浪费大量的时间，同时还有可能在输入的过程中出现错误。使用复制功能可以很好地解决这一问题，既提升了效率又提高了准确性。复制文本就是将原有的文本变为多份相同的文本。首先选择要复制的文本，然后将内容复制到目标位置。

1. 通过键盘复制文本

首先选中要复制的文本,按键盘上的 Ctrl+C 组合键进行复制,然后将鼠标指针移动到目标位置,按 Ctrl+V 组合键进行粘贴。这是最简单和最常用的复制文本的操作方法。

被复制的文本可以在"剪贴板"任务窗格中查看(如图 3.14 所示),可以反复按 Ctrl+V 组合键,将该文本复制到文档中的不同位置。另外,"剪贴板"任务窗格中最多可存储 24 个对象,在执行粘贴操作时,可以从剪贴板中选择不同的对象。

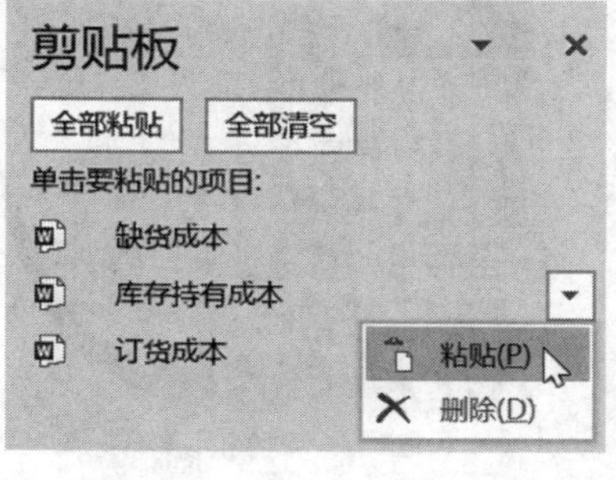

图 3.14 "剪贴板"任务窗格

提示:在"开始"选项卡上的"剪贴板"选项组中单击"对话框启动器"按钮,可以打开/关闭"剪贴板"任务窗格。

2. 通过操作命令复制文本

可以通过在 Word 2016 的功能区中以执行命令的方式轻松复制文本,操作步骤如下:

① 在 Word 文档中,选中要复制的文本。

② 在 Word 2016 功能区的"开始"选项卡中,单击"剪贴板"选项组中的"复制"按钮。

③ 将鼠标指针移动到目标位置。

④ 在"开始"选项卡上的"剪贴板"选项组中单击"粘贴"按钮,打开粘贴文本旁边的"粘贴选项",选择某一格式进行粘贴,如单击"只保留文本"按钮,则进行不带格式的复制。此时,在步骤① 中选中的文本就被复制到了指定的目标位置。

3. 格式复制

格式复制就是将某一文本的字体、字号、段落设置等应用到另一目标文本。

首先,选中已经设置好格式的文本;然后,在"开始"选项卡下单击"剪贴板"选项组中的"格式刷"按钮 格式刷;最后,当鼠标指针变为带有小刷子的形状时,选中要应用该格式的目标文本,即可完成格式的复制。在"格式刷"按钮上双击鼠标,则可以重复复制某一格式。

4. 选择性粘贴

选择性粘贴提供了更多的粘贴选项,该功能在跨文档之间进行粘贴时非常实用。

① 复制选中文本后,将鼠标指针移动到目标位置。

② 在"开始"选项卡上的"剪贴板"选项组中单击"粘贴"按钮下方的黑色三角箭头,在弹出的下拉列表中执行"选择性粘贴"命令。

③ 在随后打开的"选择性粘贴"对话框中,选择粘贴的形式,如图 3.15 所示。如果选中了"粘贴链接"单选项,则所复制的内容将会随着源文件的变化而自动更新。

④ 最后单击"确定"按钮即可。

实例:将一个 Excel 表格以链接的方式插入到 Word 文档中。

操作步骤提示如下:

① 打开 Excel 案例文档"粘贴链接.xlsx"。

② 选择数据区域 A1:F11,按 Ctrl+C 组合键将其复制到剪贴板。

③ 打开一个空白的 Word 文档并定位光标。

④ 在"开始"选项卡上的"剪贴板"组中单击"粘贴"按钮下方的黑色三角箭头,打开下拉列表。

⑤ 在"粘贴选项"下单击"链接与使用目标格式"按钮,将 Excel 表格插入到当前光标处,如

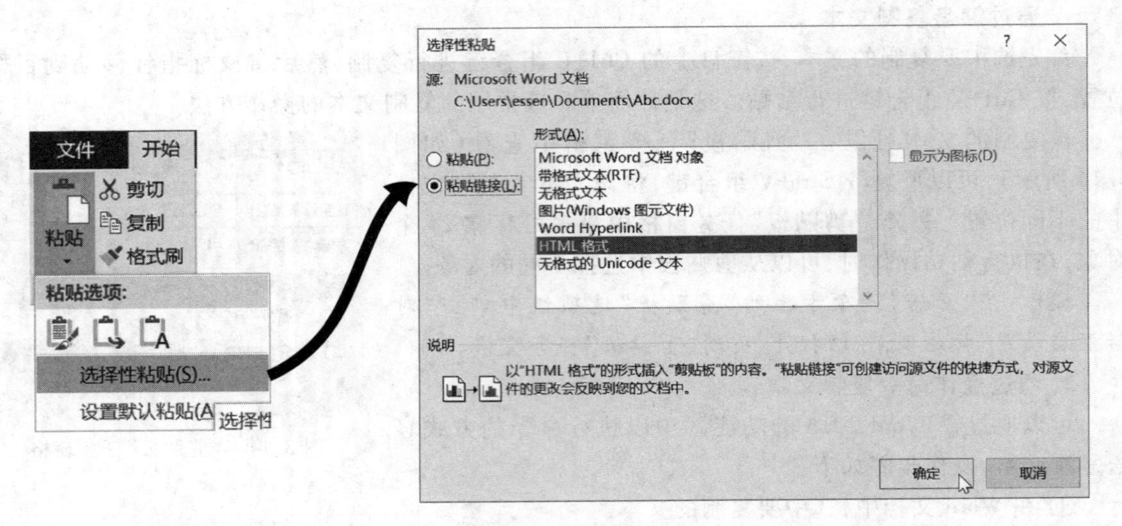

图 3.15　选择性粘贴

图 3.16 所示。

⑥ 返回到 Excel 案例文档窗口,将单元格 F11 中的年份改为"2015SC03"。

⑦ 切换回 Word 文档窗口,可以看到通过链接方式插入的 Excel 表格中相关内容已经同步更改。

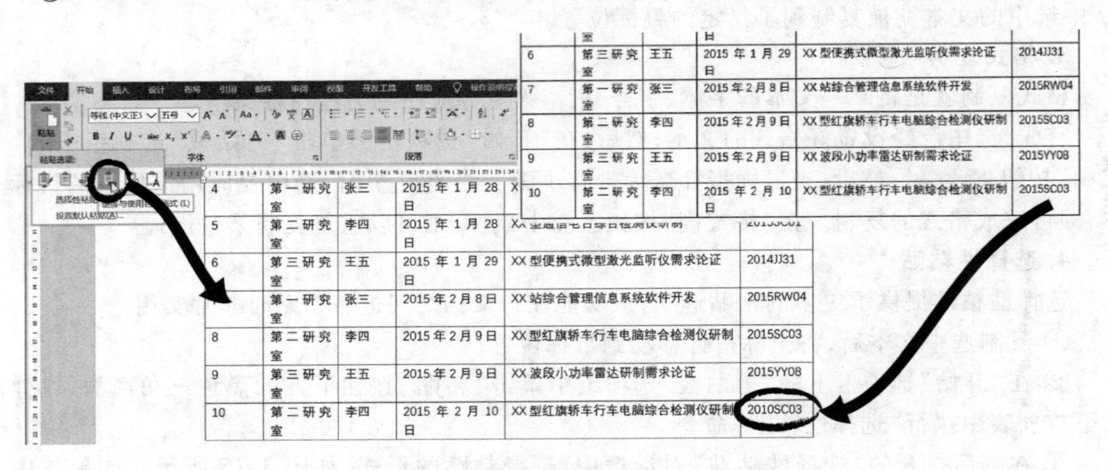

图 3.16　通过链接方式粘贴的表格将会同步更新

3.2.4　删除与移动文本

Word 2016 可以采用多种方法删除文本。针对不同的删除内容,可采用不同的删除方法。

如果在输入过程中删除单个文字,最简便的方法是使用 Delete 键或者是 Backspace 键。这两个键的使用方法是不同的:Delete 键将会删除光标右边的内容,而 Backspace 键将会删除光标左边的内容。

对于大段文本的删除,可以先选中所要删除的文本,然后再按 Delete 键即可。

在编辑文档的过程中,如果发现某段已输入的文字放在其他位置会更合适,这时就需要移动文本。移动文本最简便的方法就是用鼠标拖动，操作步骤如下：

① 选择要移动的文本。

② 将鼠标指针放在被选定的文本上，当鼠标指针变成了一个空心箭头时，按住鼠标左键，鼠标箭头的旁边会有竖线，该竖线显示了文本移动后的位置，同时鼠标箭头的尾部会有一个小方框。拖动竖线到新的需要插入文本的位置。

③ 释放鼠标左键，被选取的文本就会移动到新的位置。

3.3 查找与替换文本

在编辑文档的过程中，可能会发现某个词语输入错误或使用不够妥当。这时，如果在整篇文档中通过拖动滚动条、人工逐行搜索该词语，然后手工逐个地改正过来，则将是一件极其浪费时间和精力的事，而且也不能确保万无一失。

Word2016 为此提供了强大的查找和替换功能，可以帮助使用者从烦琐的人工修改中解脱出来，从而实现高效率的工作。

3.3.1 查找文本

查找文本功能可以帮助人们快速找到指定的文本以及这个文本所在的位置，同时也能帮助核对该文本是否存在。查找文本的操作步骤如下：

① 在“开始”选项卡上，单击“编辑”选项组中的“查找”按钮，将会打开“导航”任务窗格。

② 在“导航”任务窗格的搜索框中输入需要查找的文本，如图 3.17 所示。此时，在文档中查找到的第一个文本便会以黄色突出显示出来。

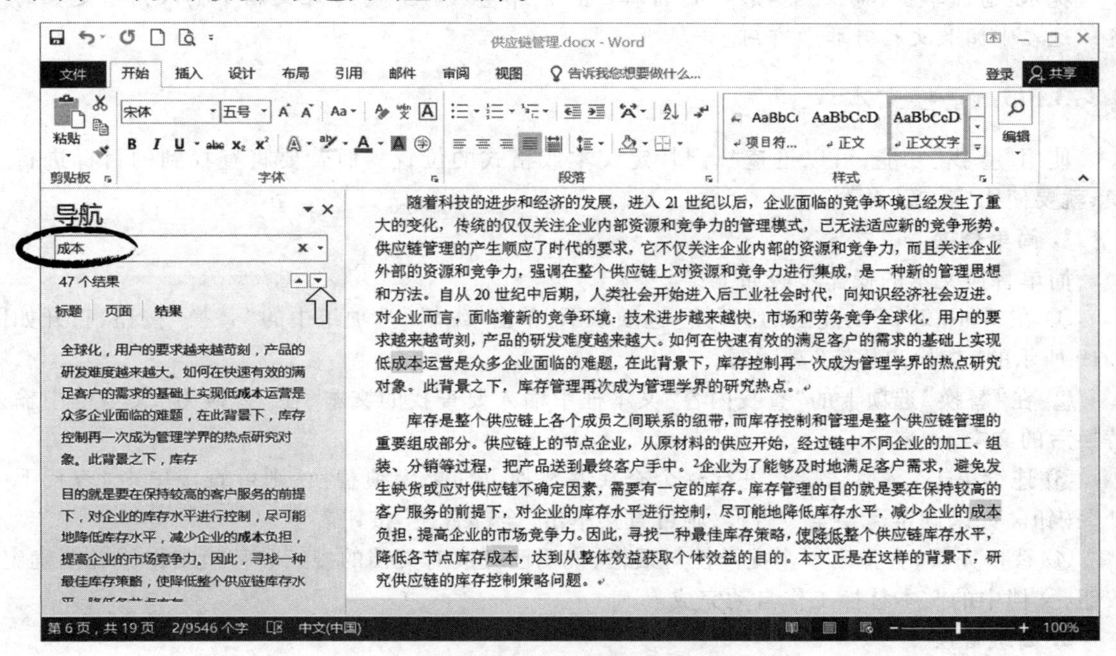

图 3.17　在“导航”任务窗格中输入需要查找的文本

③ 单击“上一处”或“下一处”三角形搜索箭头，即可搜索位于其他位置的同一文本。

3.3.2　在文档中定位

除了查找文本中的关键字词外，还可以通过查找特殊对象来在文档中定位：

① 在“开始”选项卡上的“编辑”选项组中单击“查找”按钮旁边的黑色三角箭头。

② 从下拉列表中选择“转到”命令，打开“查找和替换”对话框的“定位”选项卡，如图 3.18 所示。

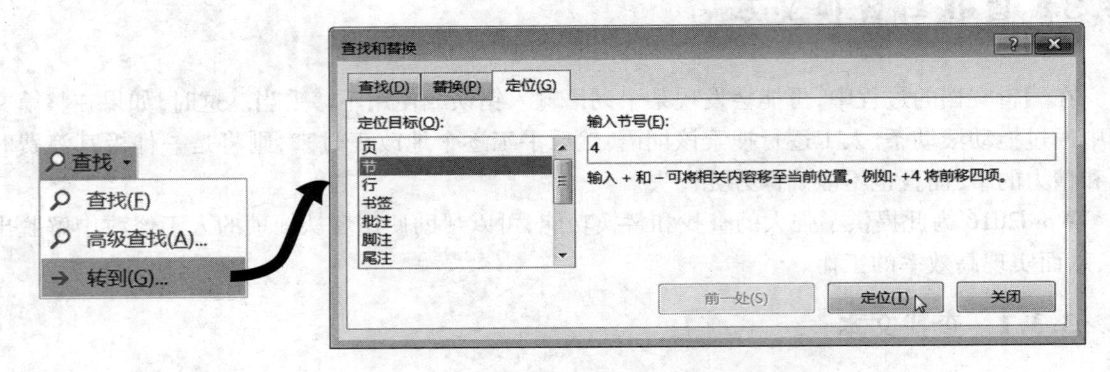

图 3.18　“查找和替换”对话框的“定位”选项卡

③ 在“定位目标”列表框中选择用于定位的对象，例如“节”。

④ 在右边的文本框中输入或选择定位对象的具体内容，如页码、书签名称等，例如“4”，单击“定位”按钮即可跳转到要定位的内容。

提示：通过单击“插入”选项卡→“链接”组→“书签”按钮，可以在文档中插入用于定位的书签。这在审阅长文档时非常有用。

3.3.3　替换文本

使用“查找”功能，可以迅速找到特定文本或格式的位置。而若要将查找到的目标进行替换，就要使用“替换”命令。

1. 简单替换

简单替换文本的操作步骤如下：

① 在 Word 2016 功能区的“开始”选项卡下，单击“编辑”选项组中的“替换”按钮，打开如图 3.19 所示的“查找和替换”对话框。

② 在“替换”选项卡的“查找内容”文本框中输入要查找的文本，在“替换为”文本框中输入替换后的文本。

③ 连续单击“替换”按钮，进行逐个查找并替换。如果无须替换，则可直接单击“查找下一处”按钮。如果确定需要全文替换，则可直接单击“全部替换”按钮。

④ 替换完毕，会弹出一个提示性对话框，说明已完成对文档的搜索和替换工作，单击“确定”按钮，文档中的文本替换工作自动完成。

2. 高级替换

此外，还可以在图 3.19 所示的“查找和替换”对话框中单击左下角的“更多>>”按钮（此时

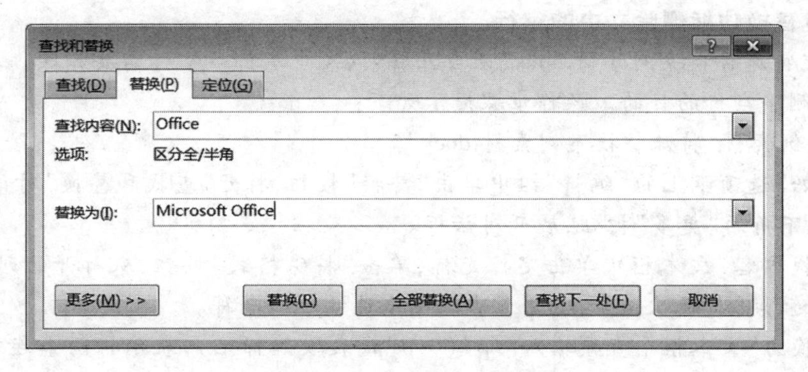

图 3.19 “查找和替换”对话框

“更多>>”按钮变为“<<更少”按钮)，打开如图 3.20 所示的对话框，进行高级查找和替换设置。

通过高级查找和替换设置，可以进行格式替换、特殊字符替换、使用通配符替换等操作。例如，可以设定仅替换某一颜色、某一样式，替换段落标记(即回车符，以^p 表示)等。高级替换功能使得文本的查找和替换更加方便和灵活、实用性更强。

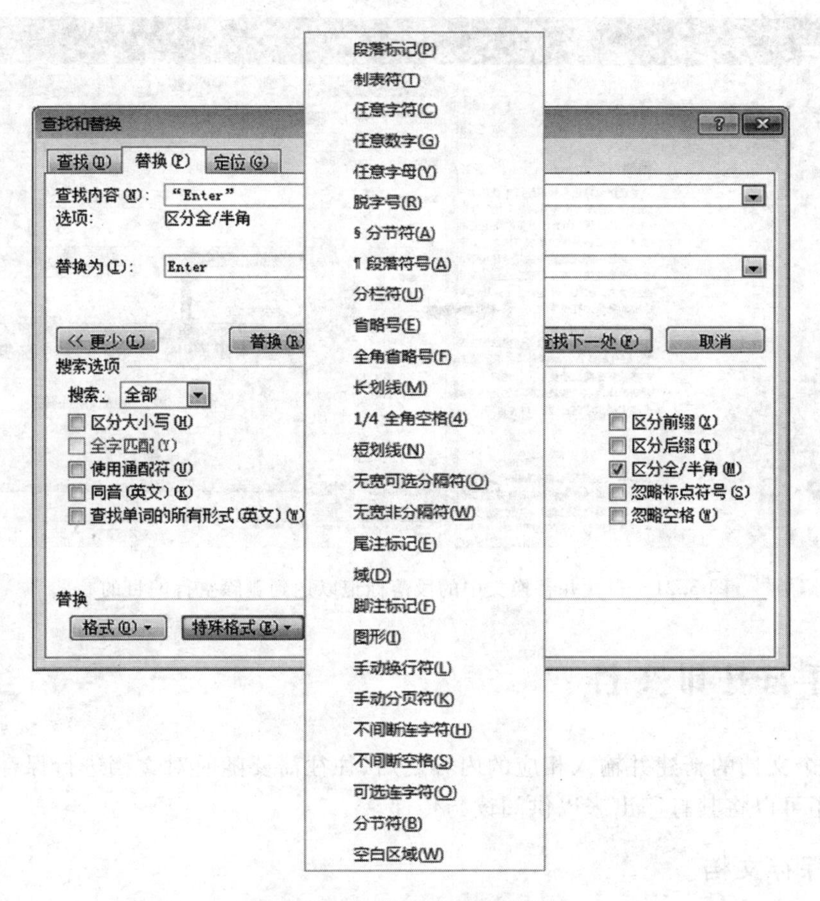

图 3.20 高级查找和替换设置

实例:通过替换功能删除文中的空行。

案例文档“特殊替换案例素材.docx”来自互联网,文中有许多空行需要删除。利用替换功能可以快速达到删除空行的目的。操作步骤提示如下:

① 打开案例素材“特殊替换案例素材.docx”。

② 在“开始”选项卡上的“编辑”组中单击“替换”按钮,打开“查找和替换”对话框。

③ 单击左下角的“更多”按钮,展开对话框。

④ 在“查找内容”文本框中单击定位光标,单击“特殊格式”按钮,从打开的列表中选择“段落标记”命令,连续选择两次该命令,用于查找两个连续的回车符。

⑤ 在“替换为”文本框中直接输入“^p”(“^p”代表段落标记),表示将两个连续的回车符替换为一个。

⑥ 单击“查找下一个”按钮,文档中两个连续的回车符被选中,单击“替换”按钮替换为一个。

⑦ 确定替换结果正确后,直接单击“全部替换”按钮,即可将文中所有的空行删除,如图3.21所示。

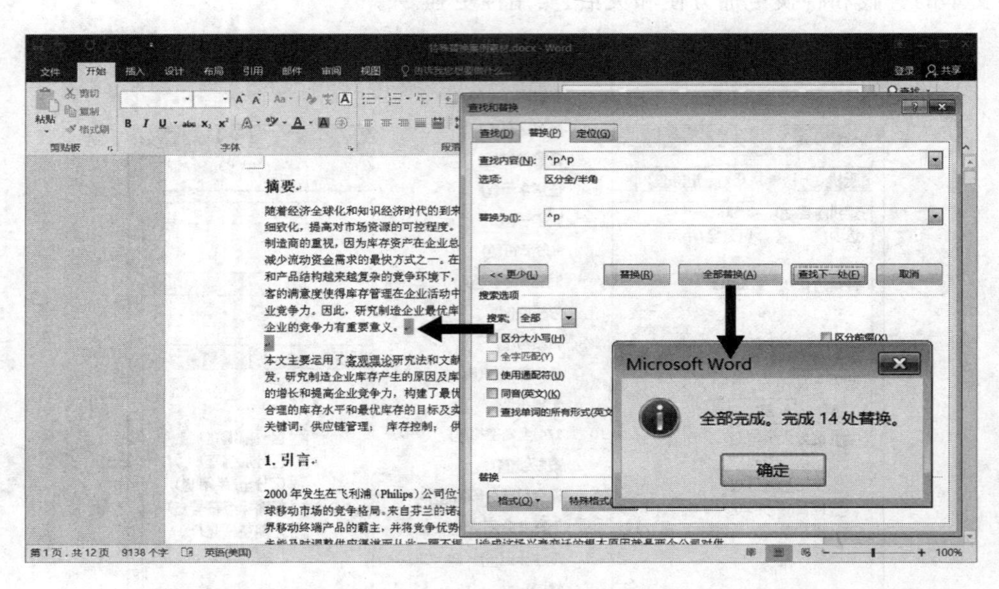

图 3.21 查找并替换文中的段落标记以达到删除空行的目的

3.4 保存与打印文档

完成对一个文档的新建并输入相应的内容之后,往往需要随时对文档进行保存,以保留工作成果,必要时还可以将其打印出来以供阅读与传递。

3.4.1 保存文档

保存文档不仅指的是一份文档在编辑结束时才将其保存,同时也指在编辑的过程中进行保存。因为文档的信息随着编辑工作的不断进行,也在不断地发生改变,必须时刻让 Word 有效地记录这些变化。

1. 手动保存新文档

在文档的编辑过程中,应及时对其进行保存,以避免由于一些意外情况导致文档内容丢失。手动保存文档的操作步骤如下:

① 在 Word 2016 应用程序中,单击“文件”选项卡,在打开的 Office 后台视图中执行“另存为”命令,在右侧选项中选择“浏览”,打开“另存为”对话框。

② 选择文档所要保存的位置,在“文件名”文本框中输入文档的名称,如图 3.22 所示。

提示:单击快速访问工具栏中的“保存”按钮,或者按 Ctrl+S 组合键也可以打开“另存为”对话框,保存新文档。已经保存过的文档只需选择“保存”命令或者单击“保存”按钮即可直接完成保存,选择“另存为”命令则可以将已保存过的文档换一个名称或格式保存。

③ 单击“保存”按钮,即可完成新文档的保存工作。

在“另存为”对话框中,从“保存类型”下拉列表中可以重新指定文档的保存类型,如可以另存为文本文档、低版本的 Word 文档、PDF 格式文档等,以方便数据交换。

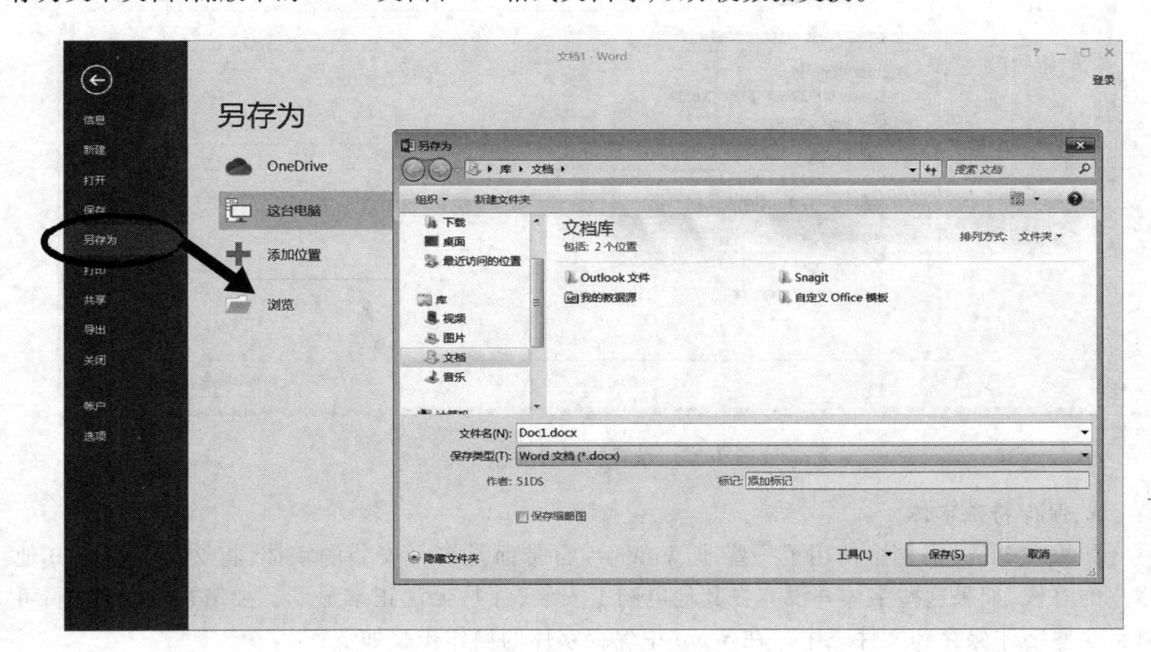

图 3.22 保存文档

2. 自动保存文档

“自动保存”是指 Word 会在一定时间内自动保存一次文档。这样的设置可以有效地防止用户在进行了大量工作之后,因没有保存而又发生意外(停电、死机等)而导致的文档内容大量丢失。虽然仍有可能因为一些意外情况而引起文档内容丢失,但损失可以降到最小。

设置文档自动保存的操作步骤如下:

① 单击“文件”选项卡,在打开的 Office 后台视图中执行“选项”命令。

② 打开“Word 选项”对话框,切换到“保存”选项卡。

③ 在“保存文档”区域下选中“保存自动恢复信息时间间隔”复选框,并指定具体分钟数(可输入从1到120的整数)。默认自动保存时间间隔是10分钟,如图3.23所示。单击“确定”按钮完成设置。

图3.23 设置文档自动保存选项

3. 保存特殊字体

如果在Word文档中使用了一些非Windows自带而是自行安装的字体,将文档共享给其他用户的时候,如果这些字体并没有在其他电脑上安装,往往无法正常显示。要解决这个问题,可以将这些字体保存到文件之中。在Word中保存字体的操作步骤如下:

① 单击“文件”选项卡,在打开的Office后台视图中执行“选项”命令。

② 打开“Word选项”对话框,切换到“保存”选项卡。

③ 在对话框的最下方,勾选“将字体嵌入文件”“仅嵌入文档中使用的字符(适于减小文件大小)”和“不嵌入常用系统字体”3个复选框,如图3.24所示。

④ 最后单击“确定”按钮,自动保存文档设置完毕。

3.4.2 打印文档

打印文档在日常办公中是一项很常见而且很重要的工作。在打印Word文档之前,可以通

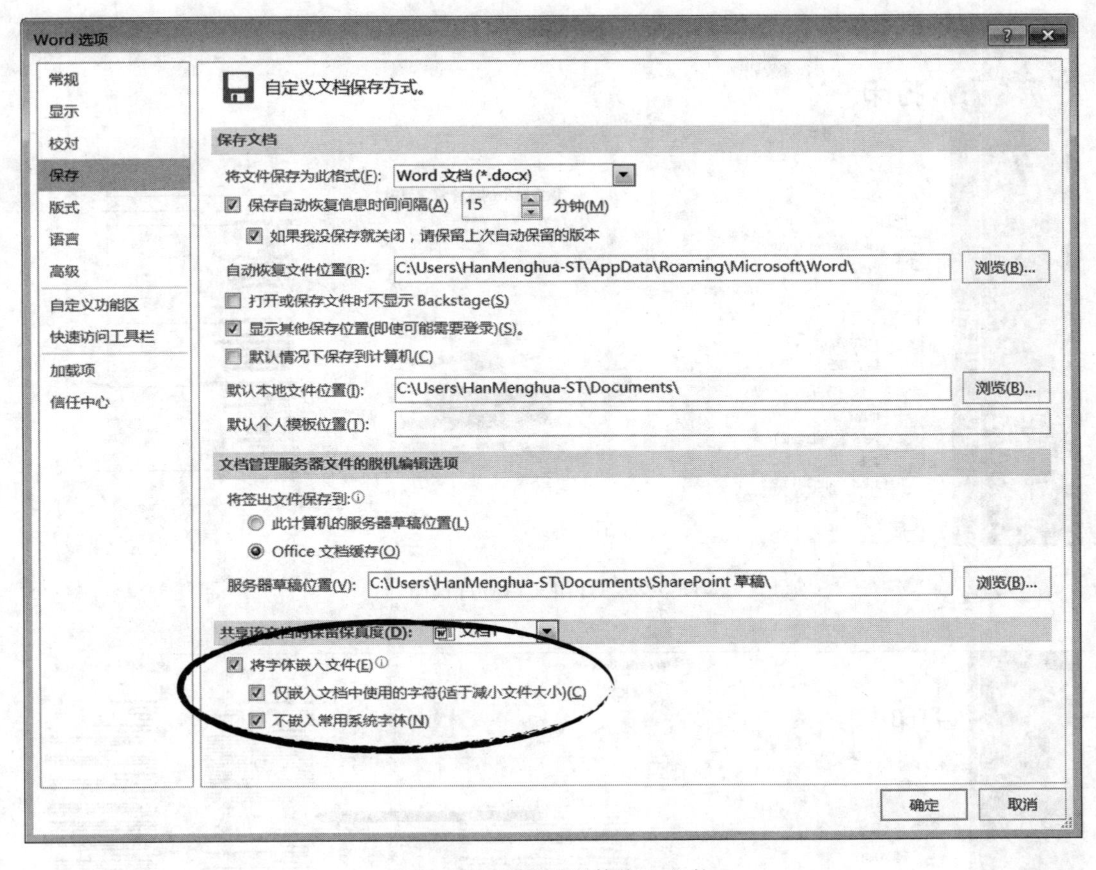

图 3.24 将特殊字体嵌入文件

过打印预览功能查看一下整篇文档的排版效果，确认无误后再打印。

文档编辑完成之后，可以通过如下操作步骤完成打印：

① 单击“文件”选项卡，在打开的 Office 后台视图中执行“打印”命令，打开如图 3.25 所示的“打印”后台视图。

② 在该打印视图的右侧可以即时预览文档的打印效果。同时，可以在打印设置区域中对打印机或打印页面进行相关调整，例如页边距、纸张大小、打印份数、指定单面或双面打印、每版打印页数等。

③ 设置完成后，单击“打印”按钮，即可将文档打印输出。

实例：在 1 张纸上打印多个 Word 文档页面。

在有些情况下，为了节省纸张，可以将多个 Word 文档页面打印在 1 张纸上。操作步骤提示如下：

① 打开案例素材文档“供应链管理.docx”。

② 单击“文件”选项卡，在打开的 Office 后台视图中选择“打印”命令。

③ 单击“每版打印 1 页”按钮，从打开的列表中选择“每版打印 4 页”命令。

④ 单击“打印”按钮完成文档打印，效果如图 3.26 所示。

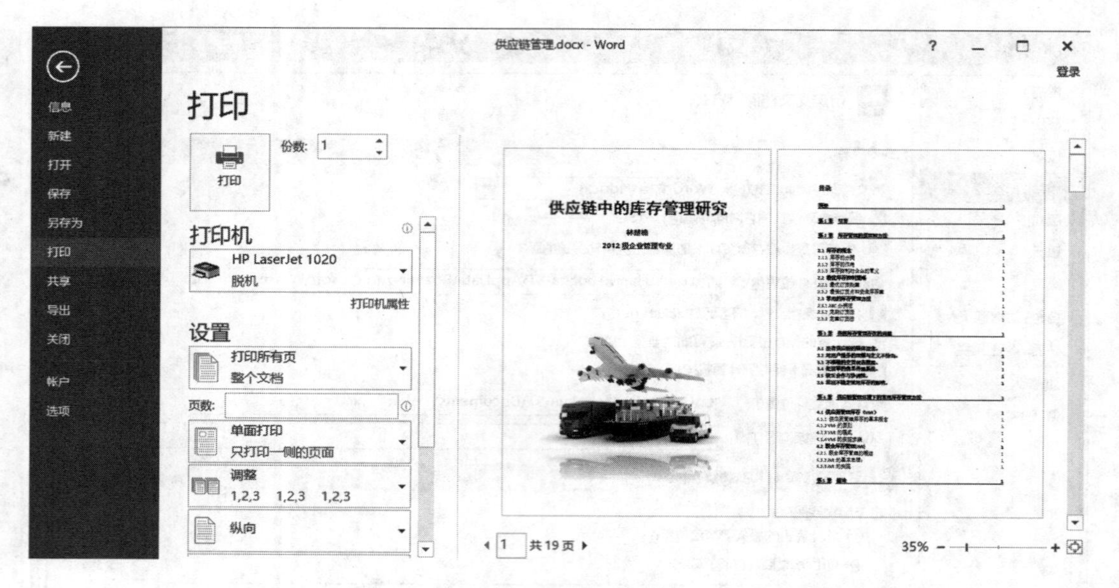

图 3.25 打印文档后台视图

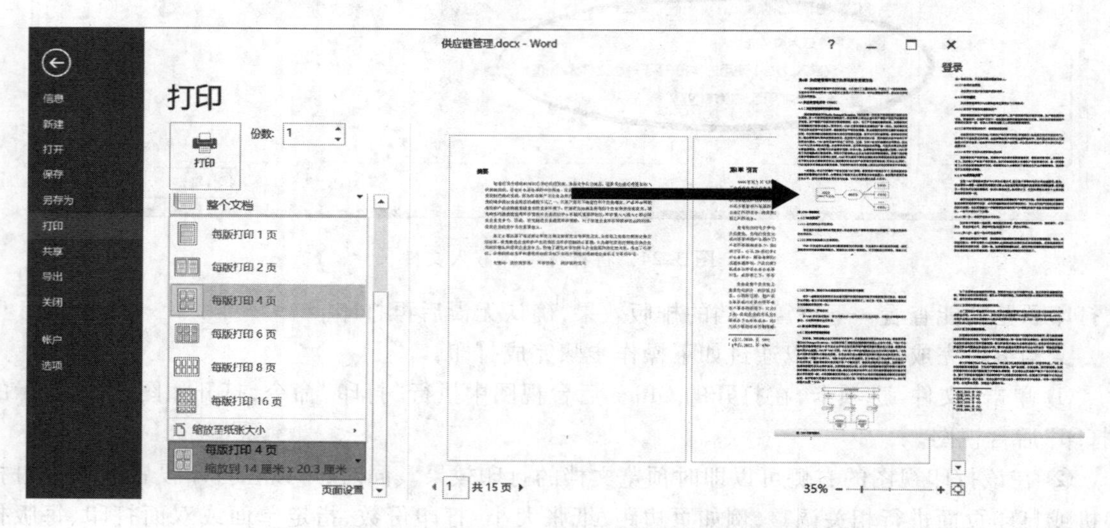

图 3.26 1 张纸上打印多个 Word 文档页面的打印设置

第4章 美化并充实文档

如果想要让单调乏味的文档变得醒目美观，就需要对其格式进行多方面的设置，如字体、字号、字形、颜色等字体格式，段落对齐、缩进、段落间距等段落格式。另外，在文档中插入适当的图形、图像、图表等对象，也可以使得文档的表现力更加丰富、形象。恰当的格式设置及图文表混排不仅有助于美化文档，还能够在很大程度上增强信息的传递力度，从而帮助读者更加轻松自如地阅读文档。

4.1 设置文档的格式

文档格式设置包括字体格式、段落格式两大部分，下面分别介绍。

4.1.1 设置文本的字体格式

文本的字体格式，是以单字、词组或句子为对象的格式设置，包括字体、字号、字形、文本颜色等。当需要对文本进行字体格式设置时，需要精确选中该文本。

1. 设置字体和字号

如果在编辑文本的过程中通篇采用相同的字体和字号，那么文档就会显得毫无特色。下面就来介绍如何通过设置文本的字体和字号，以使文档变得美观大方、层次鲜明。操作步骤如下：

① 首先，在 Word 文档中选中要设置字体和字号的文本。

② 在“开始”选项卡上的“字体”选项组中单击“字体”下拉列表框右侧的向下三角按钮。

③ 在随后弹出的列表框中，选择需要的字体，例如“微软雅黑”，如图 4.1 所示。此时，被选中的文本就会以新的字体显示。

提示：当鼠标在“字体”下拉列表框中滑动时，凡是经过的字体选项其效果都会实时地反映到当前文档中，操作者可以在没有执行单击操作前实时预览到不同字体的显示效果，从而便于确定最终选择。

④ 在“开始”选项卡上的“字体”选项组中单击“字号”下拉列表框右侧的向下三角箭头。

⑤ 在随后弹出的列表框中，选择需要的字号。此时，被选中的文本就会以指定的字体大小显示。

2. 设置字形

在 Word 2016 中，还可以对字形进行修饰，例如可以将粗体、斜体、下画线、删除线等多种效果应用于文本，从而使内容在显示上更为突出。

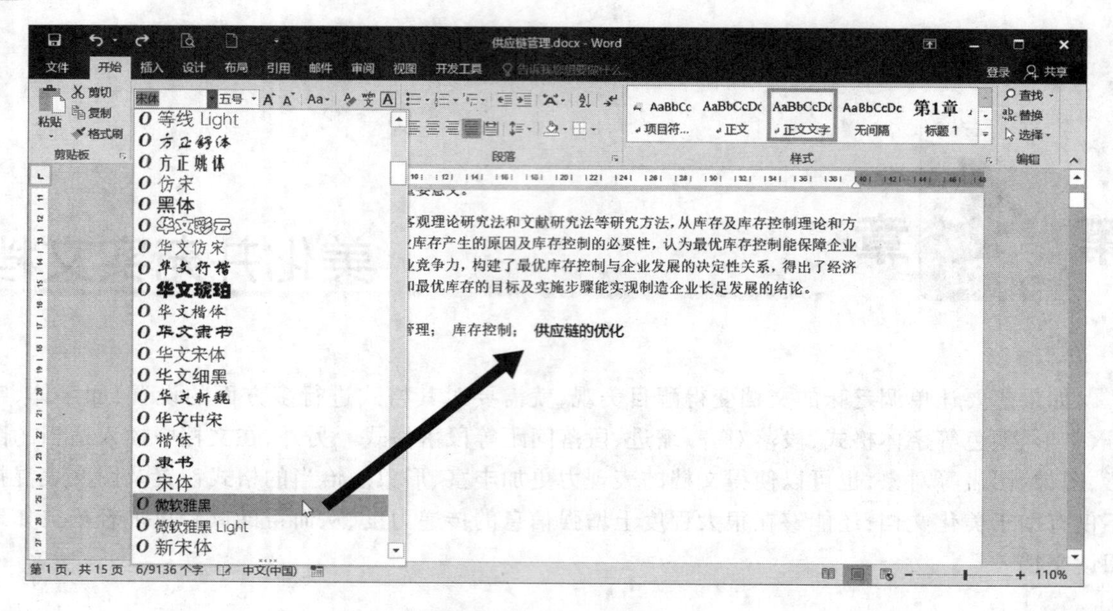

图 4.1 设置文本字体

在 Word 文档中选中要设置字形的文本，在“开始”选项卡的“字体”选项组中单击相应按钮，即可进行各种字形设置，其中：

- 加粗　将所选文字以粗体显示，例如：**设置加粗示例**。
- 倾斜　将所选文字以斜体显示，例如：*设置倾斜示例*。
- 下画线　为所选文字增加下画线，例如：设置下画线示例。单击“下画线”按钮旁边的向下三角箭头按钮，在弹出的下拉列表可选择添加不同样式的下画线，例如：设置下画线示例；执行其中的“下画线颜色”命令，可以进一步设置下画线的颜色，如图 4.2 所示。

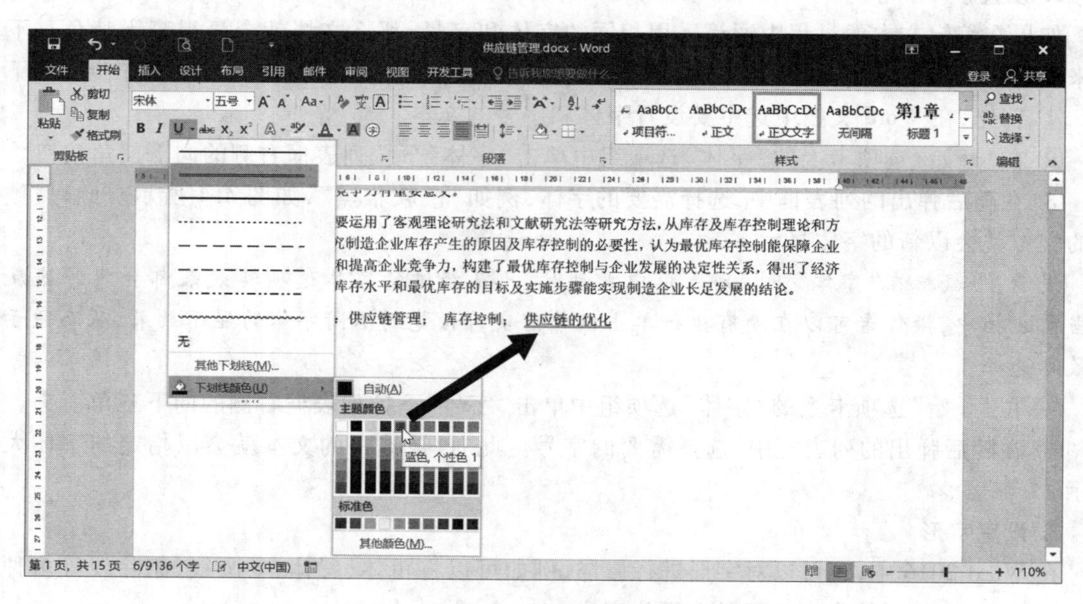

图 4.2 设置文本下画线线型及颜色

- 删除线　在所选文字的中间画一条线,例如:~~设置删除线示例~~。
- 上标和下标　上标是在文字右上方创建小字符,如 X^5;下标是在文字右下方创建小字符,如 a_1。上下标效果在创建数学公式时非常有用。

提示:如果需要把粗体字、带有下画线或设置了其他字形效果的文本变回正常文本,只需选中该文本,然后再次单击"字体"选项组中的相应按钮即可。或者也可以通过直接单击"清除所有格式"按钮来还原文本格式。

3. 设置字体颜色

单击"字体"选项组中"字体颜色"按钮旁边的向下三角箭头按钮,在弹出的下拉列表中从"主题颜色"或"标准色"下单击选择自己喜欢的颜色即可,如图 4.3 所示。需要注意的是,主题颜色会随着 Word 所应用的主题的变化而发生变化。

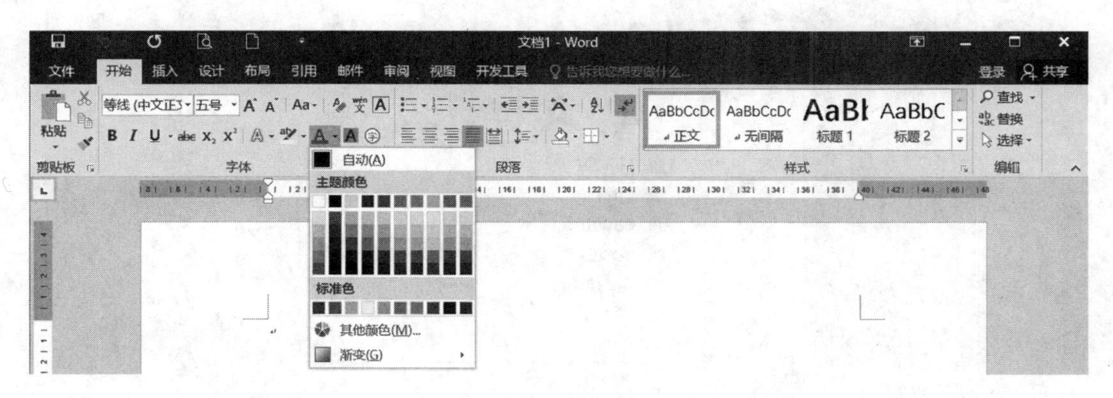

图 4.3　设置字体颜色

如果系统提供的主题颜色和标准色不能满足用户的个性需求,可以在弹出的下拉列表中执行"其他颜色"命令,打开"颜色"对话框。然后在"标准"选项卡和"自定义"选项卡中选择合适的颜色,如图 4.4 所示。

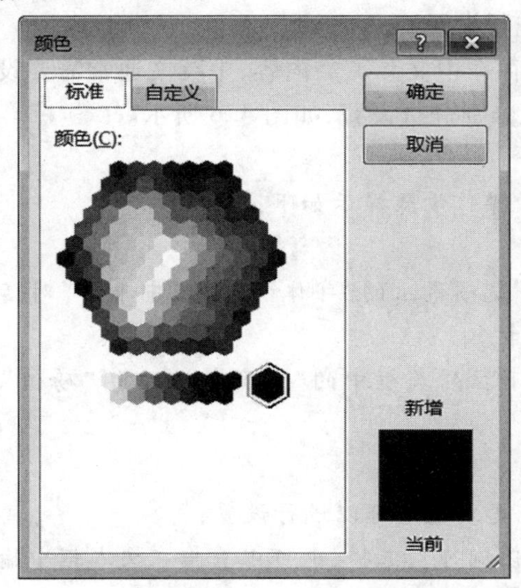

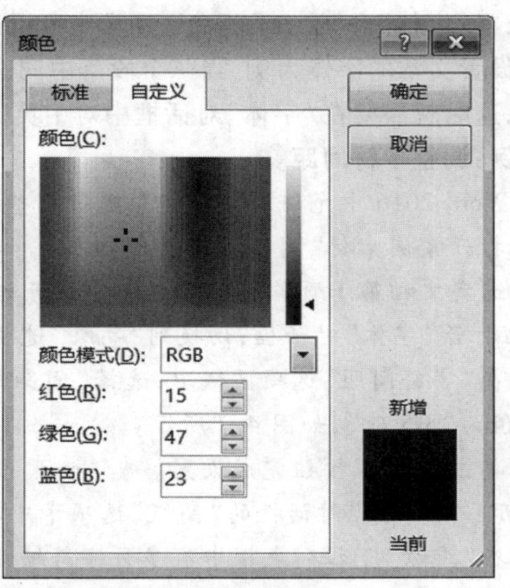

图 4.4　"颜色"对话框的"标准"选项卡和"自定义"选项卡

4. 设置文本效果

在“开始”选项卡上的“字体”选项组中单击“文本效果”按钮，可为选定文本应用一种预设的文本效果。如果这种效果不能满足需要，还可以单独设置其轮廓、阴影、映像和发光等外观效果，如图 4.5 所示。

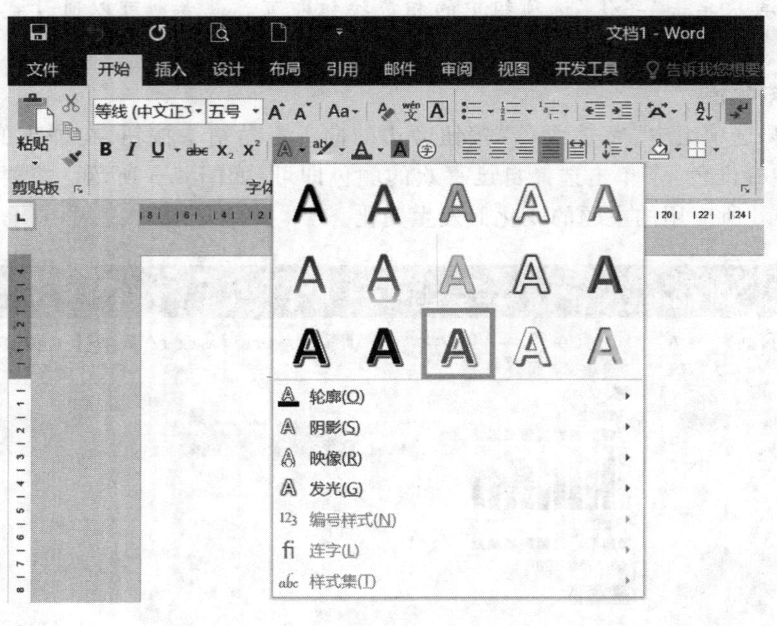

图 4.5 设置文本效果

5. 通过“字体”对话框设置高级字体选项

Word 2016 还提供了一些其他关于字体的设置，如双删除线、隐藏、着重号和字符间距等可供选择。在“开始”选项卡上，单击“字体”选项组右下角的“对话框启动器”按钮打开“字体”对话框，在“字体”和“高级”两个选项卡中可以进行设置。

以设置文本的字体为例，当一个段落中同时存在中文和英文内容，中英文通常需要设置不同的字体，这时就需要在“字体”对话框中对中英文分别进行设置，如图 4.6 所示。

实例：调整字符间距。

在 Word 2016 中允许对字符间距进行调整。操作步骤提示如下：

① 打开案例素材“调整字符间距.docx”。

② 选定文档第 1 页首行标题文本，在“开始”选项卡上的“字体”选项组中单击“对话框启动器”按钮打开“字体”对话框，切换到“高级”选项卡。

③ 在“字符间距”选项区域中，选择“间距”下拉列表框中的“加宽”，在右侧“磅值”微调框中输入值为“3.5 磅”，如图 4.7 所示。

④ 单击“确定”按钮完成设置。

提示：在“字体”对话框的“高级”选项卡中有更多选项可以进行设置：

- 在“缩放”下拉列表框中有多种字符缩放比例可供选择，也可以直接在文本框中输入想要设定的缩放百分比数值（可不必输入“%”）对文字进行横向缩放。

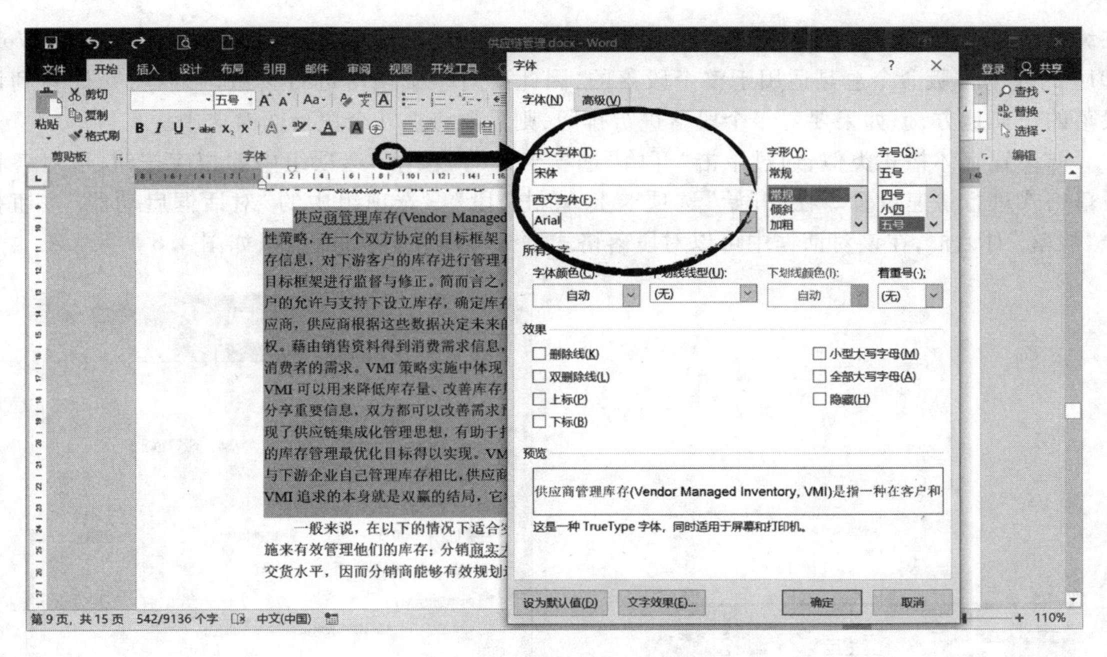

图 4.6 设置其他字体选项

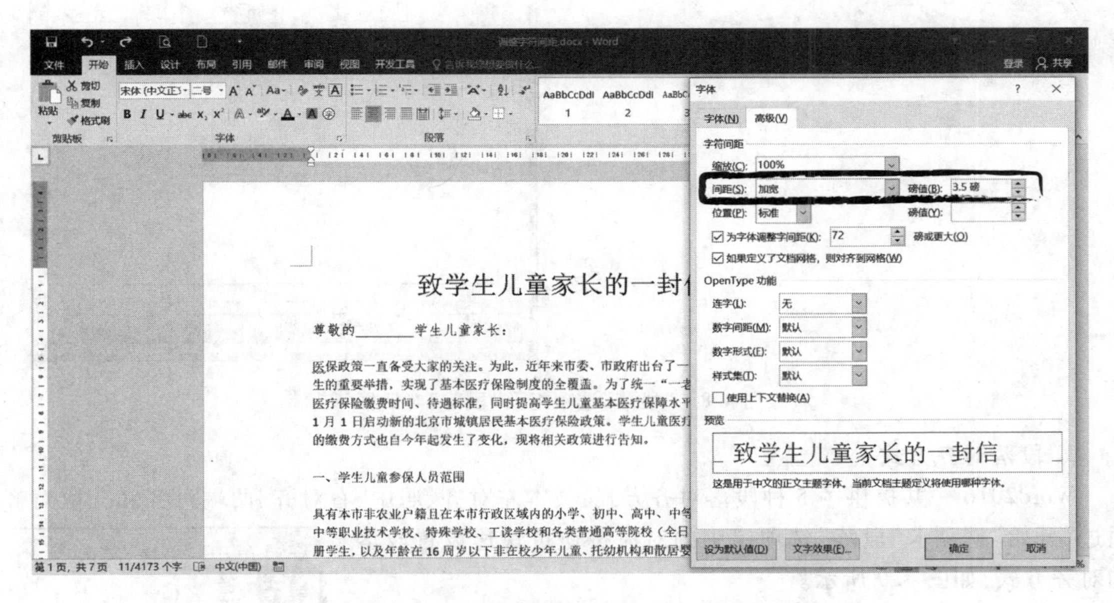

图 4.7 在“字体”对话框的“高级”选项卡中设置字符间距

- 在“位置”下拉列表框中,有“标准”“提升”和“降低”3 种字符位置可选,也可以在“磅值”微调框中输入合适的数值来控制所选文本相对于基准线的位置。

4.1.2 设置段落格式

段落是指以特定符号作为结束标记的一段文本,用于标记段落的符号是不可打印的字符。

在编排整篇文档时,合理的段落格式设置可以使内容层次有致、结构鲜明,从而便于阅读。Word 2016 的段落排版命令总是适用于整个段落的,因此要对一个段落进行排版,可以将光标移到该段落的任何地方,但如果要对多个段落进行排版,则需要将这几个段落同时选中。

与设置字体格式类似,通过单击“开始”选项卡上的“段落”选项组中的相应按钮,可对各种段落格式进行快速设置。在“开始”选项卡上,单击“段落”选项组中的“对话框启动器”按钮打开“段落”对话框,在该对话框中可以对段落格式进行详细和精确的设置,如图 4.8 所示。

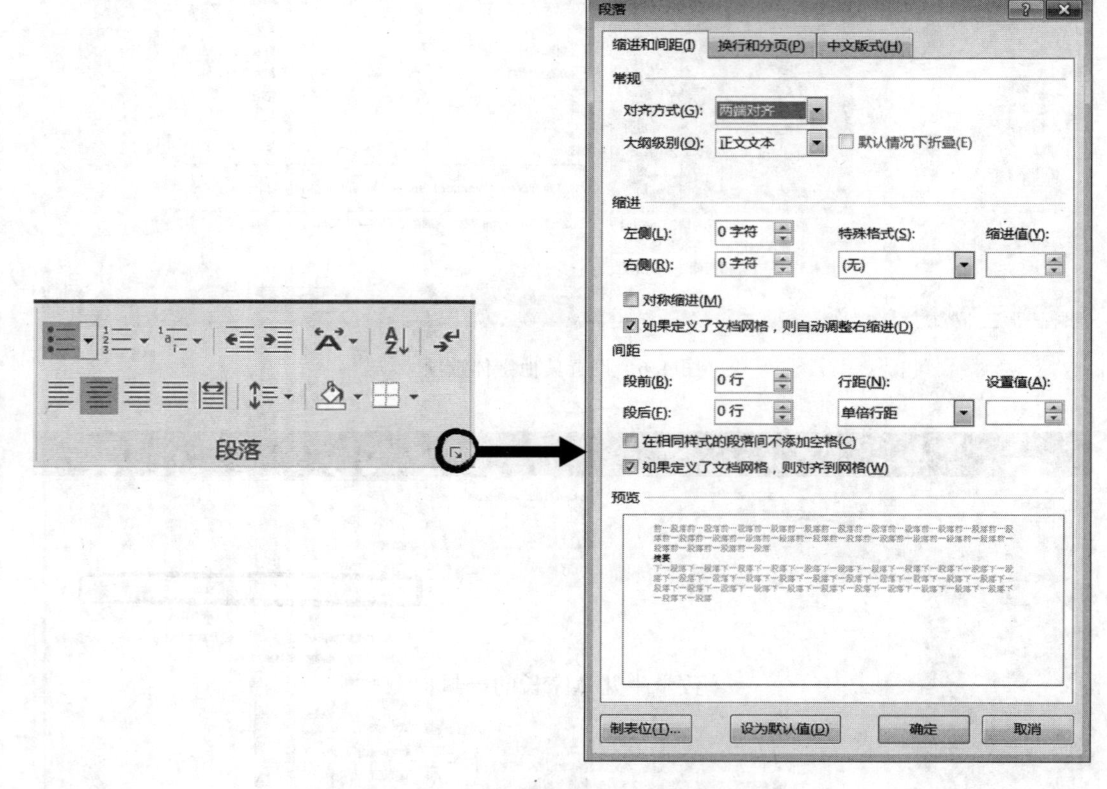

图 4.8 “段落”选项组及“段落”对话框

1. 段落对齐方式

Word2016 一共提供了 5 种段落对齐方式:文本左对齐、居中、右对齐、两端对齐和分散对齐。通过“开始”选项卡“段落”选项组中的对应按钮可快速设置段落的对齐方式,如图 4.9 所示。

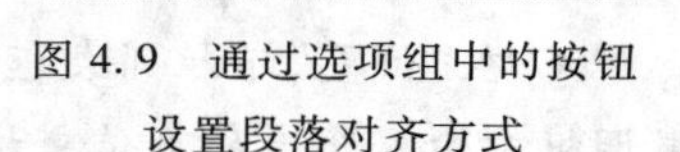

图 4.9 通过选项组中的按钮设置段落对齐方式

2. 段落缩进

一般情况下,文本的输入范围是整个页面除去页边距以外的部分。但有时为了美观,文本还要再向内缩进一段距离,这就是段落缩进。增加或减少缩进量时,改变的是文本和页边距之间的距离。默认状态下,段落左、右缩进量都是零。

可以在“开始”选项卡上单击“段落”选项组中的“减少缩进量”按钮 和“增加缩进量”按

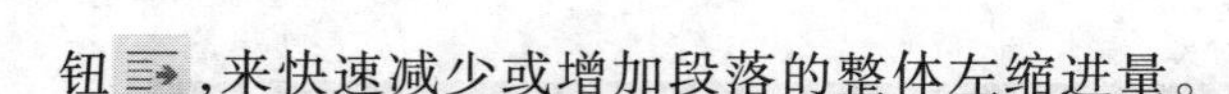

钮,来快速减少或增加段落的整体左缩进量。

在“开始”选项卡上,单击“段落”选项组中的“对话框启动器”按钮打开“段落”对话框,在“缩进和间距”选项卡的“缩进”选项区域中可对选中段落的缩进方式和缩进量进行详细、精确的设置。其中:

- 首行缩进　就是每一个段落中第一行第一个字符的缩进空格位。中文段落普遍采用首行缩进两个字符的格式。

提示:设置首行缩进之后,当用户按 Enter 键输入后续段落时,系统会自动为后续段落设置与前面段落相同的首行缩进格式,无须重新设置。

- 悬挂缩进　是指段落的首行起始位置不变,其余各行一律缩进一定距离。这种缩进方式常用于词汇表、项目列表等内容。
- 左右缩进　左缩进是指整个段落都向右缩进一定距离,而右缩进一般是指使段落的右端整体均向左移动一定距离。

3. 行距和段落间距

行距决定了段落中各行文字之间的垂直距离。“开始”选项卡“段落”选项组中的“行和段落间距”按钮便可以用来设置行距(默认的设置是 1 倍行距)。单击“行和段落间距”按钮旁边的向下三角箭头,弹出如图 4.10 所示的下拉列表,在这个下拉列表中可以选择所需要的行距。如果执行其中的“行距选项”命令,将打开“段落”对话框的“缩进和间距”选项卡,在其中的“间距”选项区域中的“行距”下拉列表框中,可以选择其他行距选项并可在“设置值”微调框中设置具体的数值。

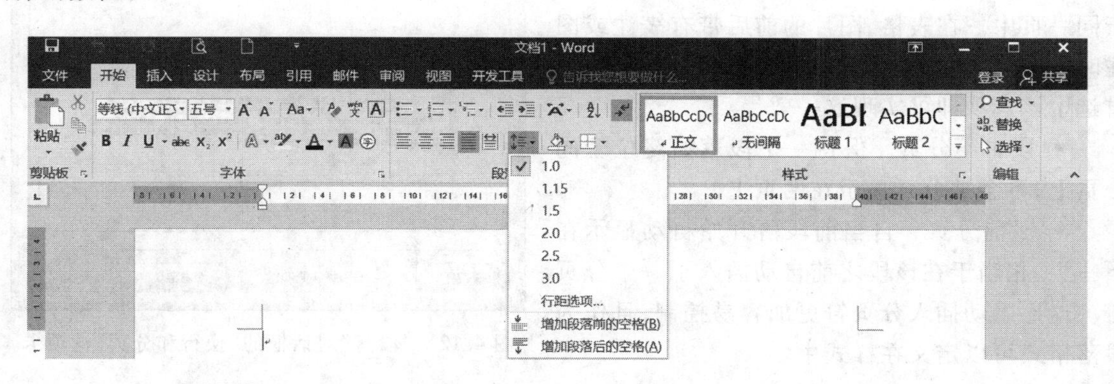

图 4.10　“行距”下拉列表

段落间距是指段落与段落之间的距离。在某些情况下,为了满足排版的需要,会对段落之间的距离进行调整。可以通过以下 3 种方法来调整段落间距:

- 执行“行和段落间距”下拉列表中的“增加段落前的空格”和“增加段落后的空格”命令,迅速调整段落间距。
- 在“段落”对话框的“间距”选项区域中,单击“段前”和“段后”微调框中的微调按钮,可以精确设置段落间距。
- 单击“布局”选项卡,在“段落”选项组中单击“段前”和“段后”微调框中的微调按钮同样可以完成段落间距的设置工作,如图 4.11 所示。

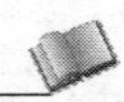

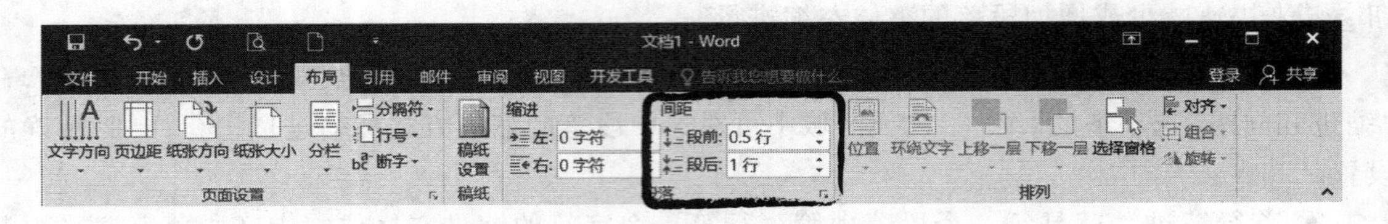

图 4.11 在“布局”选项卡中设置段落间距

提示：如果设置了新的行距，在后面的段落中该设置将被继承，无须重新设置。

4. 换行和分页设置

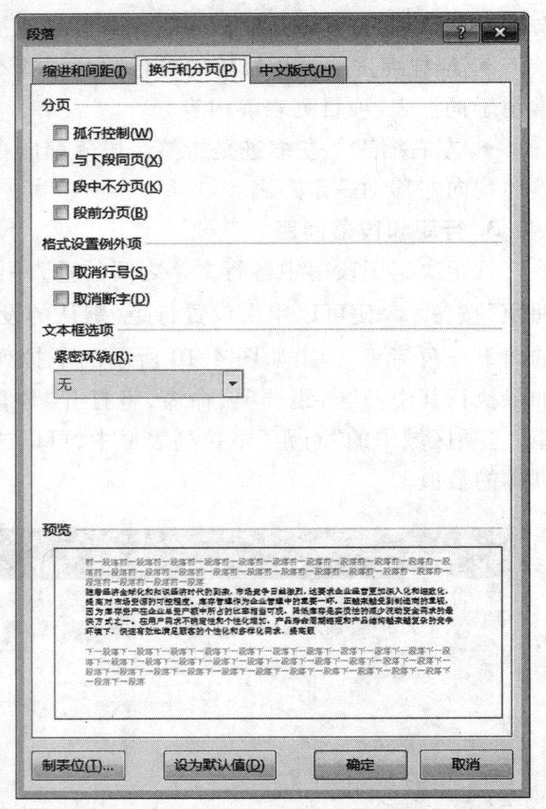

图 4.12 “段落”对话框的“换行和分页”选项卡

在对某些专业的或比较长篇的文档进行排版时，经常需要对一些特殊的段落进行格式调整，以使版式更加和谐、美观。这可以通过如图 4.12 所示的“段落”对话框中的“换行和分页”选项卡进行设置。其中：

• 孤行控制 如果在页面顶部仅显示段落的最后一行，或者在页面底部仅显示段落的第一行，则这样的行称为孤行。选中该选项，则可避免出现这种情况发生。在比较专业的文档排版中这一功能非常有用。

• 与下段同页 保持前后两个段落始终处于同一页中。在表格、图片的前后带有表注或图注时，常常希望表注和表、图注和图不分离。通过选中该选项即可实现这一效果。

• 段中不分页 保持一个段落始终位于同一页上，不会被分开显示在两页上。

• 段前分页 自当前段落开始自动显示在下一页，相当于在该段之前自动插入了一个分页符。这比手动插入分页符更加容易控制，且作为段落格式可以定义在样式中。

4.1.3 使用主题快速调整文档外观

文档主题是一套具有统一设计元素的格式选项，包括主题颜色、主题字体和主题效果。通过应用文档主题，可以快速而轻松地设置整个文档的格式。Office 主题在 Word、Excel、PowerPoint 等组件之间共享。

1. 应用 Office 内置主题

① 在“设计”选项卡上的“文档格式”选项组中单击“主题”按钮。

② 在弹出的下拉列表中，系统内置的“主题库”以图示的方式罗列了“Office”“环保”“回顾”“积分”“离子”“离子会议室”等 30 余种文档主题。可以在这些主题之间滑动鼠标，通过实时预览功能来试用每个主题的应用效果。

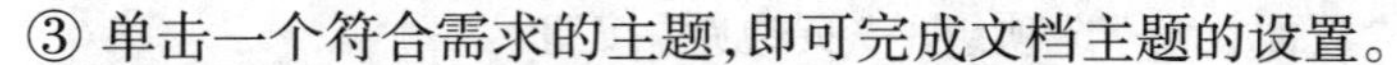

③ 单击一个符合需求的主题,即可完成文档主题的设置。

2. 自定义主题

如果 Word 预设的文档主题不能完全满足需要,还可以在“设计”选项卡的“文档格式”选项组中分别单击“颜色”“字体”“效果”按钮,按照需求进行自定义设置。

例如,如果需要修改默认的超级链接的显示颜色,则可通过“颜色”按钮下的“自定义颜色”来实现,如图 4.13 所示。

对一个或多个这样的主题元素所做的更改将立即影响当前文档的显示外观。如果要将这些更改应用到新文档,还可以将它们另存为自定义文档主题,方法为在“设计”选项卡的“文档格式”选项组中单击“主题”按钮,在下拉列表中选择“保存当前主题”命令。

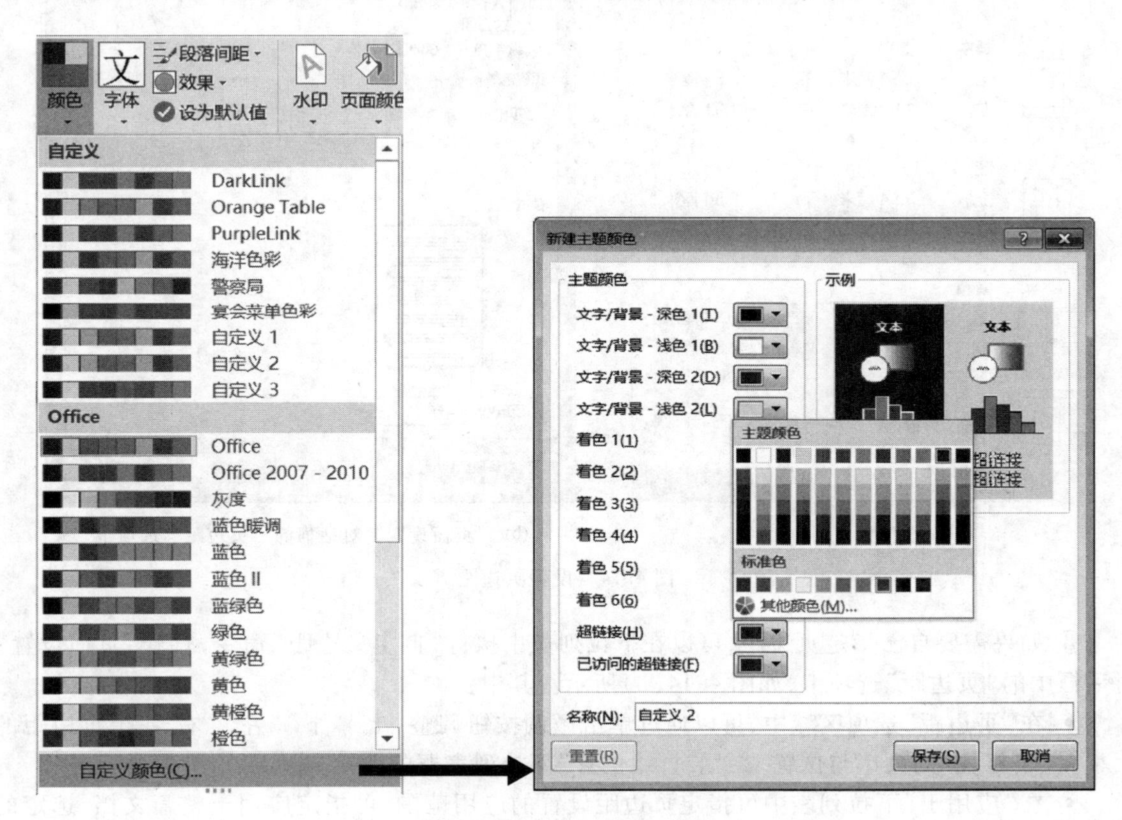

图 4.13　自定义主题颜色

4.2 调整页面布局

Word 2016 所提供的页面设置功能可以轻松完成对“页边距”“纸张大小”“纸张方向”“文字排列”等诸多选项的设置工作。

4.2.1 设置页边距

通过指定页边距,可以满足不同的文档版面要求。设置页边距的操作步骤如下:

① 依次选择“布局”选项卡→“页面设置”选项组→“页边距”按钮。

② 从弹出的预设页边距下拉列表中单击选择合适的页边距,如图 4.14(a)所示。

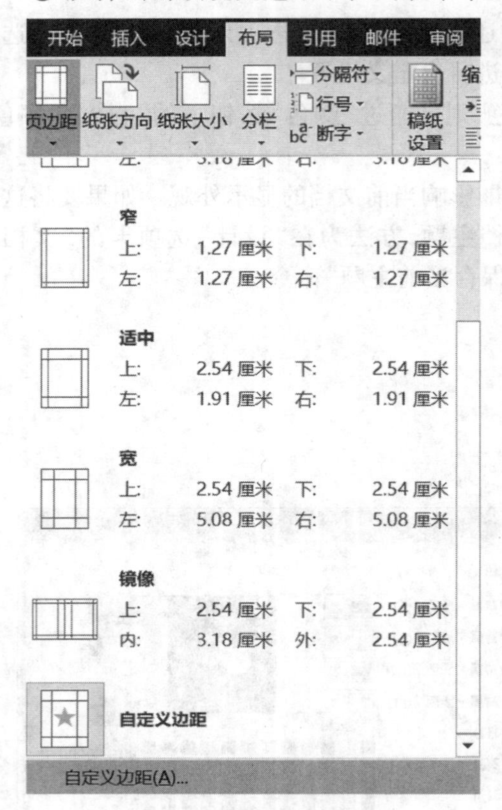

(a) 选择预设页边距

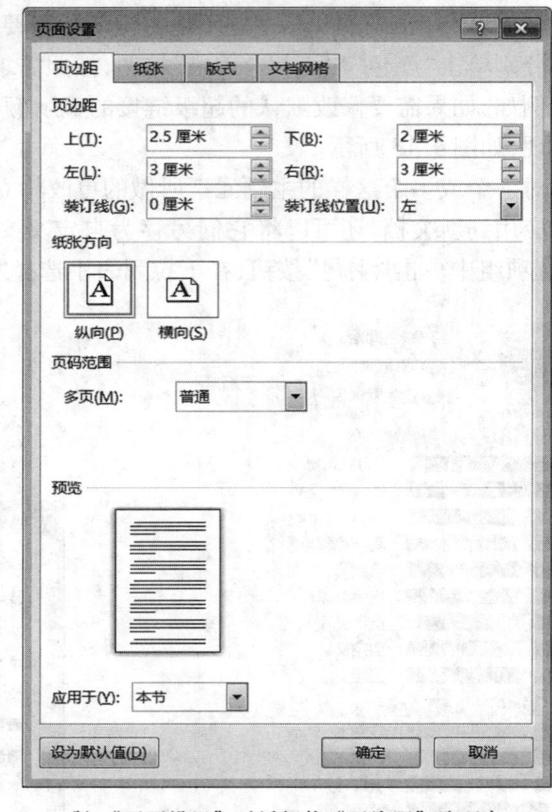

(b) “页面设置”对话框的“页边距”选项卡

图 4.14 设置页边距

③ 如果需要自己指定页边距,可以在下拉列表中执行“自定义边距”命令,打开“页面设置”对话框中的“页边距”选项卡,如图 4.14(b)所示。其中:

- 在“页边距”选项区域中,可以通过单击微调按钮调整“上”“下”“左”“右”4 个页边距的大小和“装订线”的大小与位置,在“装订线位置”下拉列表框中选择“左”或“上”选项。
- 在“应用于”下拉列表中可指定页边距设置的应用范围,可指定应用于整篇文档、选定的文本或指定的节(如果文档已分节)。

④ 单击“确定”按钮即可完成自定义页边距的设置。

提示:还可以在“页面设置”对话框的“页边距”选项卡中指定不同的“页码范围”,如“对称页边距”,这时,左右页边距的名称将变为“内侧”和“外侧”,以与页码范围选项相适应。不同的页码范围选项将会产生不同的输出效果。

4.2.2 设置纸张大小和方向

对于不同类型的文档内容,需要不同的纸张大小和纸张方向。设置恰当的纸张大小和方向可以令文档完成效果更加美观、实用。

1. 设置纸张方向

Word 2016 提供了纵向(垂直)和横向(水平)两种页面方向以供选择。更改纸张方向时,与其相关的内容选项也会随之更改,例如封面、页眉、页脚样式库中所提供的内置样式便会始终与当前所选纸张方向保持一致。更改文档的纸张方向的操作步骤如下:

① 依次选择"布局"选项卡→"页面设置"选项组→"纸张方向"按钮。

② 在弹出的下拉列表中,选择"纵向"或"横向"。

如需同时指定纸张方向的应用范围,则应在"页面设置"对话框的"页边距"选项卡中,从"应用于"下拉列表中选择某一范围。

2. 设置纸张大小

同页边距一样,Word 2016 为用户提供了预定义的纸张大小设置,用户既可以使用默认的纸张大小,又可以自己设定纸张大小,以满足不同的应用要求。设置纸张大小的操作步骤如下:

① 依次选择"布局"选项卡→"页面设置"选项组→"纸张大小"按钮。

② 在弹出的预定义纸张大小下拉列表中选择合适的纸张大小,如图 4.15(a)所示。

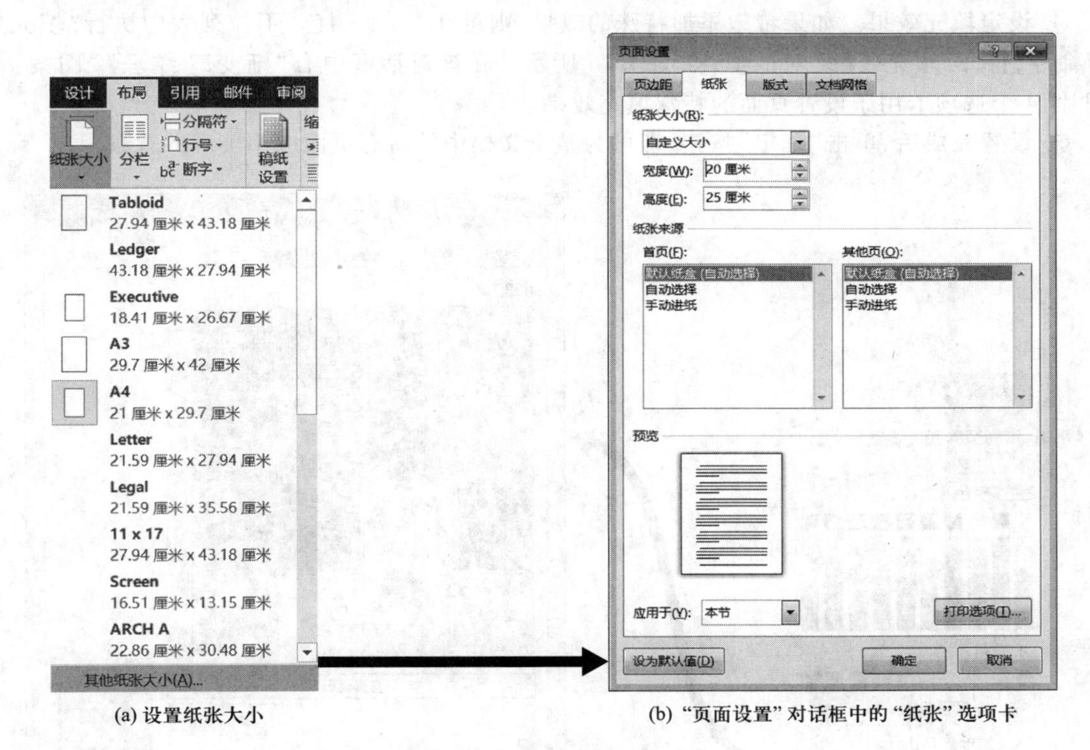

(a) 设置纸张大小　　(b) "页面设置"对话框中的"纸张"选项卡

图 4.15　设置纸张大小

③ 如果需要自己指定纸张大小,可以在下拉列表中执行"其他纸张大小"命令,打开"页面设置"对话框中的"纸张"选项卡,如图 4.15(b)所示。其中:

- 在"纸张大小"下拉列表框中,可以选择不同型号的打印纸,例如"A3""A4""16 开"。
- 选择"自定义大小"纸型,可以在下面的"宽度"和"高度"微调框中自己定义纸张的大小。
- 在"应用于"下拉列表中可以指定纸张大小的应用范围。

④ 单击“确定”按钮即可完成自定义纸张大小的设置。

4.2.3 设置页面背景

Word2016 提供了丰富的页面背景设置功能,可以非常便捷地为文档应用水印、页面颜色和页面边框等效果。

1. 页面颜色和背景

通过页面颜色设置,可以为背景应用渐变、图案、图片、纯色或纹理等填充效果,其中渐变、图案、图片和纹理将以平铺或重复方式来填充页面,从而可以针对不同应用场景制作专业美观的文档。为文档设置页面颜色和背景的操作步骤如下:

① 依次选择“设计”选项卡→“页面背景”选项组→“页面颜色”按钮。

② 在弹出的下拉列表中,可以在“主题颜色”或“标准色”区域中单击所需颜色。

③ 选择其他颜色。在“页面颜色”下拉列表中执行“其他颜色”命令,在随后打开的“颜色”对话框中进行选择。

④ 设定填充效果。如果希望添加特殊的效果,则可在“页面颜色”下拉列表中执行“填充效果”命令,打开“填充效果”对话框,如图 4.16 所示。在该对话框中有“渐变”“纹理”“图案”和“图片”4 个选项卡用于设置页面的特殊填充效果。

⑤ 设置完成后,单击“确定”按钮,即可为整个文档中的所有页面应用美观的背景。

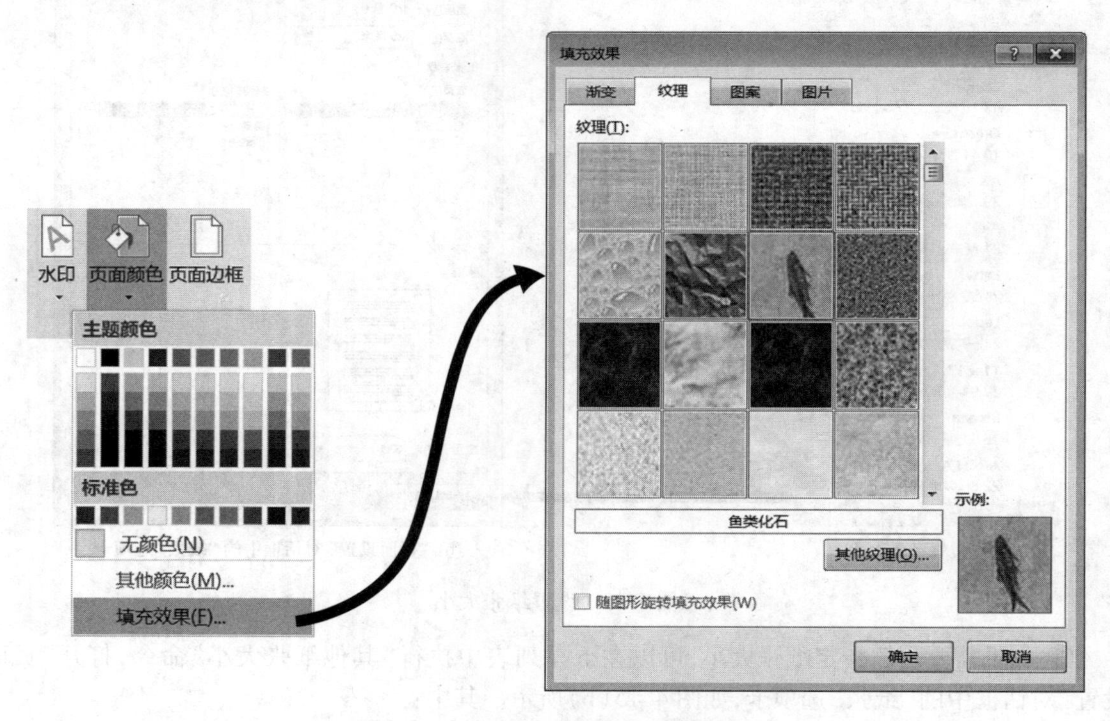

图 4.16 设置页面颜色和填充效果

2. 水印效果

水印效果用于在文档内容的底层显示虚影效果。通常情况下,当文档有保密、版权保护等特殊

要求时,可添加水印效果。水印效果可以是文字、也可以是图片。实现水印效果的操作方法是:

① 依次选择“设计”选项卡→“页面背景”选项组→“水印”按钮。

② 在弹出的下拉列表中,可以选择一个预定义水印效果,如图 4.17(a)所示。

③ 自定义水印。在“水印”下拉列表中,选择“自定义水印”命令,打开如图 4.17(b)所示的“水印”对话框。在该对话框中可指定图片或文字作为文档的水印。设置完毕单击“确定”按钮即可。

(a) 选择一个预定义水印效果

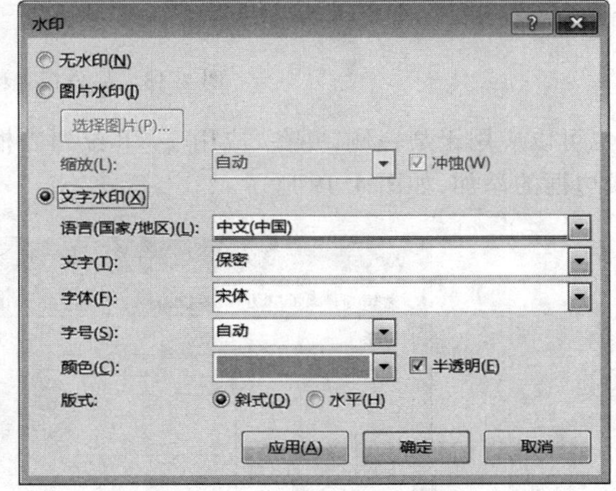

(b)“水印”对话框

图 4.17 设置水印效果

实例:将公司名称作为水印添加到文档中。

操作步骤提示如下:

① 打开案例素材“添加水印.docx”,在“设计”选项卡上的“页面背景”选项组中单击“水印”按钮。

② 在弹出的下拉列表中选择“自定义水印”命令,打开“水印”对话框。

③ 在该对话框中单击“文字水印”单选项,在“文字”右侧的文本框中输入公司名称“德之翼旅行社”;指定字体、字号和颜色,版式为“斜式”。设置完毕单击“确定”按钮,如图 4.18 所示。

3. 页面边框

在使用 Word 2016 制作一些宣传页或报告类文档的时候,可以在页面四周添加边框,以达到吸引读者注意力并为文档增加时尚特色的目的。添加边框的操作方法是:

① 依次选择“设计”选项卡→“页面背景”选项组→“页面边框”按钮。

② 在弹出的“边框和底纹”对话框中,切换到“页面边框”选项卡。

③ 首先在“设置”选项区域中选择边框的类型。

④ 在中间的“样式”列表框中选择一种样式,并设置颜色和宽度以及艺术型。

⑤ 在右侧的“预览”区域选择边框在页面中的应用位置,可以应用于页面上下左右 4 个方

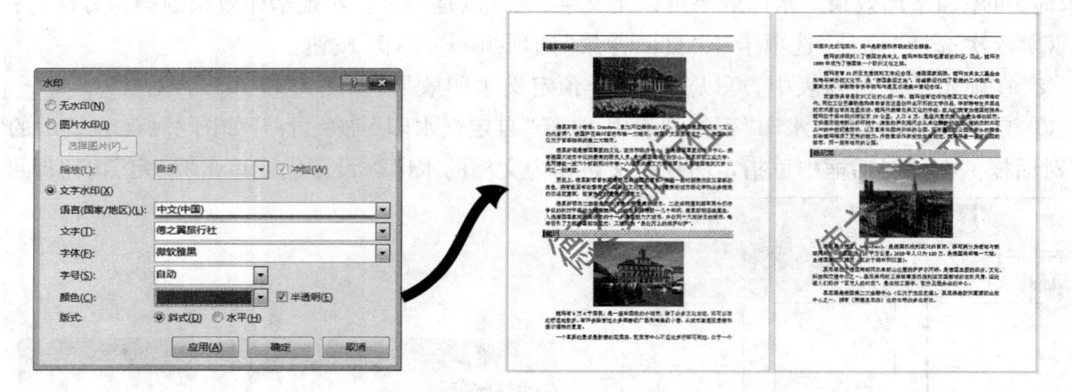

图 4.18 将公司名称制作成水印

向,也可以应用于某一侧,并在“应用于”下拉列表框中选择边框的应用范围。单击“确定”按钮完成边框的添加,如图 4.19 所示。

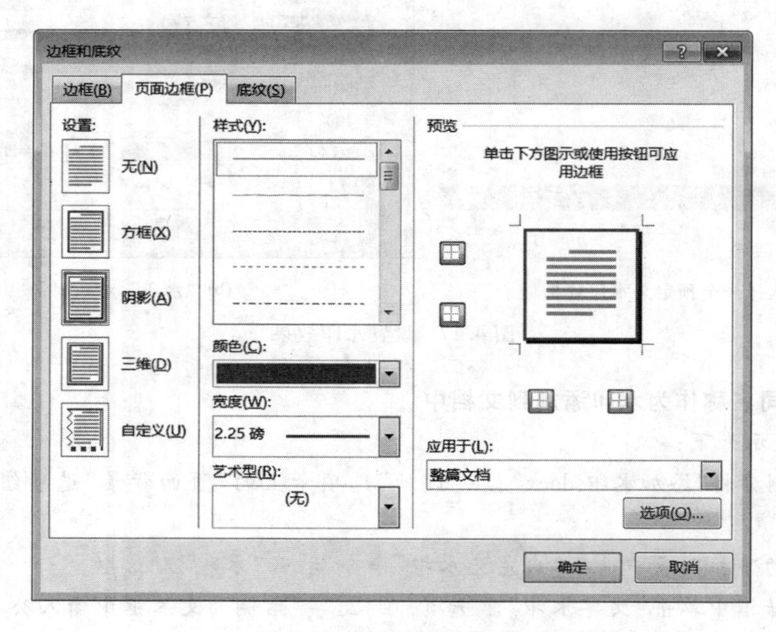

图 4.19 为页面添加边框

实例:为旅游宣传页添加页面边框。

操作步骤提示如下:

① 打开案例素材“页面边框.docx”,在“设计”选项卡上的“页面背景”组中单击“页面边框”按钮。

② 在弹出的“边框和底纹”对话框中,切换到“页面边框”选项卡。

③ 在左侧“设置”选项区域中选择边框类型为“自定义”,并设定边框的样式、颜色和宽度;在右侧的预览区域中,单击预览图左侧的上边框和下边框按钮,此时可以在预览图中看到上下边框。单击“确定”按钮完成设置,如图 4.20 所示。

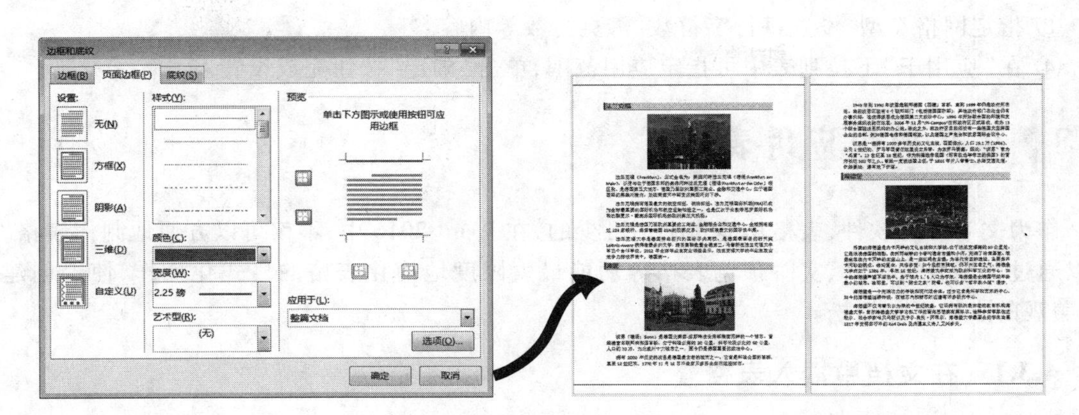

图 4.20 为旅游宣传页添加页面边框

4.2.4 设置文档网格

在很多中文文档中,要求每页有固定的行数,这就需要进行文档网格的设置。具体操作方法如下:

① 在“布局”选项卡上,单击“页面设置”选项组右下角的“对话框启动器”按钮,打开“页面设置”对话框。

② 单击“文档网格”选项卡,切换到如图 4.21 所示的“文档网格”设置窗口。

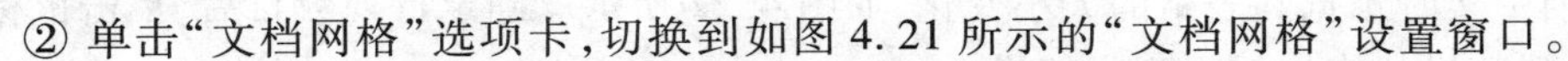

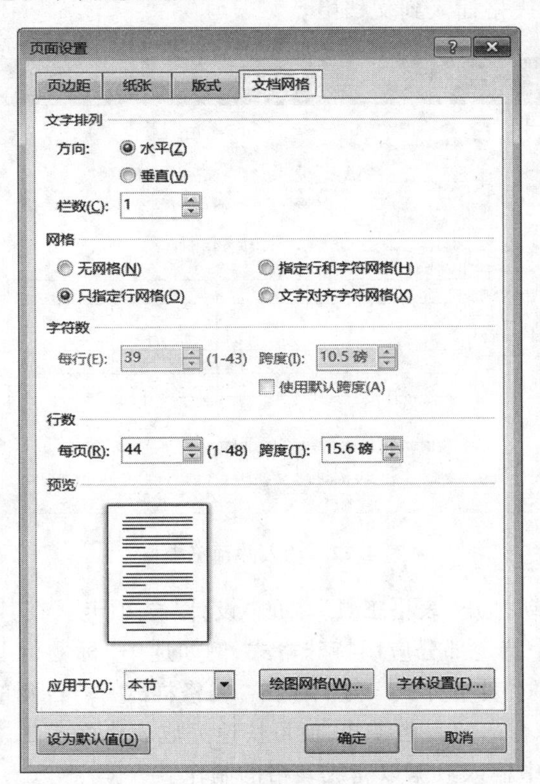

图 4.21 “页面设置”对话框中的“文档网格”选项卡

③ 指定网格类型，设置每行字符数、每页行数等内容。

④ 在“应用于”下拉列表中可指定应用范围，单击“确定”按钮完成设置。

4.3 在文档中应用表格

作为文字处理软件，表格功能是必不可少的，在 Word 2016 中，不仅可以方便地制作表格，还可以通过套用表格样式、实时预览表格等功能最大限度地简化表格的格式化操作，使得创建专业、美观的表格更加轻松。

4.3.1 在文档中插入表格

在 Word 2016 中，可以通过多种途径来创建精美别致的表格。

1. 即时预览创建表格

利用“表格”下拉列表插入表格的方法既简单又直观，并且可以即时预览到表格在文档中的效果。其操作步骤如下：

① 将鼠标光标定位在要插入表格的文档位置。

② 依次选择“插入”选项卡→“表格”选项组→“表格”按钮。

③ 在弹出的下拉列表的“插入表格”区域，以滑动鼠标的方式指定表格的行数和列数。与此同时，可以在文档中实时预览到表格的大小变化，如图 4.22 所示。确定行列数目后，单击鼠标左键即可将指定行列数目的表格插入到文档中。

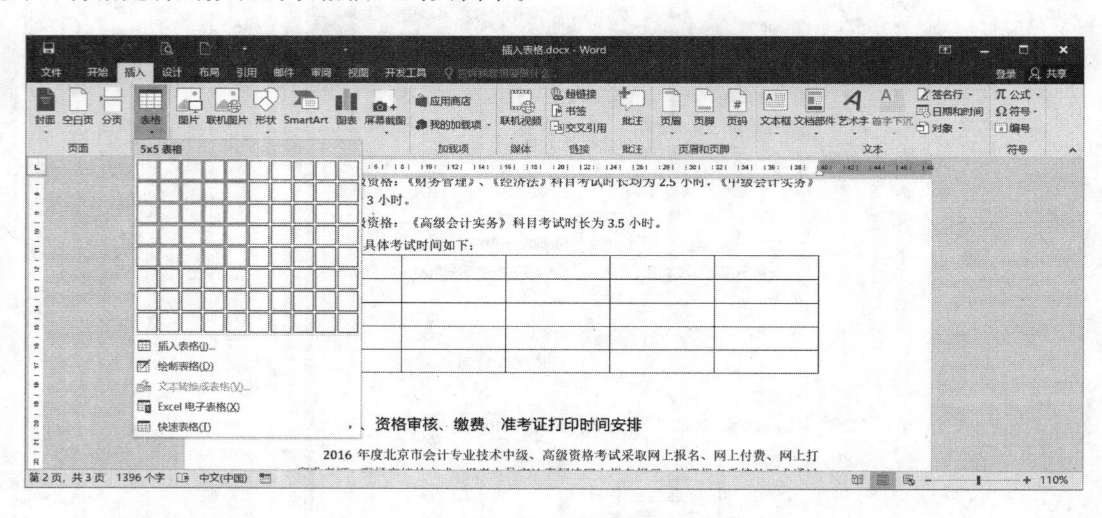

图 4.22 插入并预览表格

④ 此时，功能区中自动打开“表格工具”中的“设计”选项卡。在其中的“表格样式选项”组中，可以选择为表格的某个特定部分应用特殊格式，例如选中“标题行”复选框，则将表格的首行设置为特殊格式；在其中的“表格样式”组中单击“表格样式库”右侧的“其他”按钮，从打开的“表格样式库”列表中选择合适的表格样式，便可快速完成表格格式化，如图 4.23 所示。

⑤ 之后，可以在表格中输入数据以完成表格的制作。

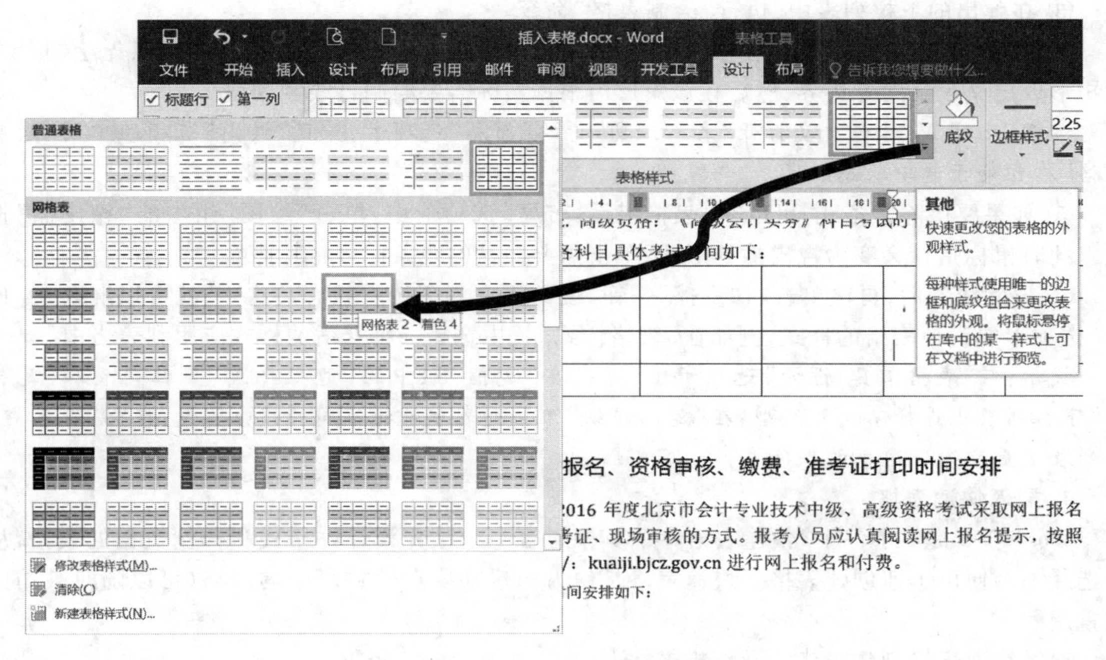

图 4.23　快速套用表格样式

2. 使用“插入表格”命令创建表格

通过“插入表格”命令创建表格时，可以在表格插入文档之前选择表格尺寸和格式，操作步骤如下：

① 将鼠标光标定位在要插入表格的文档位置。

② 依次选择“插入”选项卡→“表格”选项组→“表格”按钮。

③ 在弹出的下拉列表中，执行“插入表格”命令，打开如图 4.24 所示的“插入表格”对话框。

④ 在“表格尺寸”选项区域中分别指定表格的“列数”和“行数”。

⑤ 在“‘自动调整’操作”区域中根据实际需要调整表格尺寸。如果选中了“为新表格记忆此尺寸”复选框，那么在下次打开“插入表格”对话框时，就会默认保持此次的表格设置。

⑥ 设置完毕后，单击“确定”按钮，即可将表格插入到文档中。同样可以在“表格工具|设计”选项卡上进一步设置表格外观和属性。

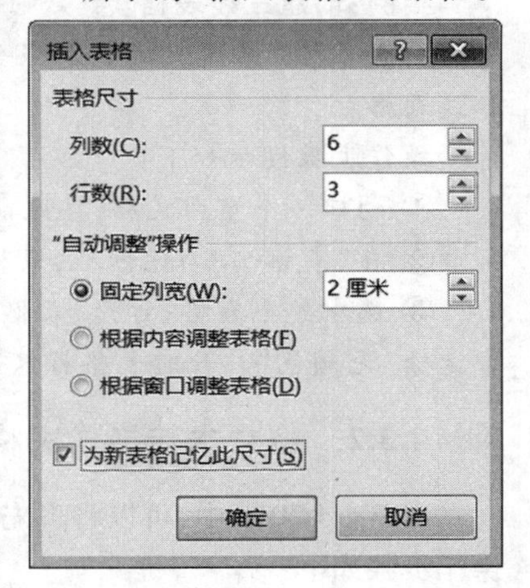

图 4.24　“插入表格”对话框

3. 手动绘制表格

如果要创建不规则的复杂表格，则可以采用手动绘制表格的方法，此方法使创建表格操作更具灵活性。操作步骤如下：

① 将鼠标光标定位在要插入表格的文档位置。

② 依次选择“插入”选项卡→“表格”选项组→“表格”按钮。

③ 在弹出的下拉列表中,执行“绘制表格”命令。

④ 此时,鼠标指针会变为铅笔状,在文档中拖动鼠标即可自由绘制表格。可以先绘制一个大矩形以定义表格的外边界,然后在该矩形内根据实际需要绘制行线和列线。

注意:此时 Word 会自动打开“表格工具”中的“布局”选项卡,并且“绘图”选项组中的“绘制表格”按钮处于选中状态。

⑤ 如果要擦除某条线,可以在“表格工具|布局”选项卡中,单击“绘图”组中的“橡皮擦”按钮。此时鼠标指针会变为橡皮擦的形状,单击需要擦除的线条即可将其擦除。

⑥ 擦除线条后,再次单击“橡皮擦”按钮,使其不再处于选中状态。这样,就可以继续在“设计”选项卡中设计表格的样式,例如在“表格样式库”中选择一种合适的样式应用到表格中。

提示:在“表格工具|设计”选项卡上,可以在“边框”组中的“边框样式”下拉列表和“笔样式”下拉列表中选择不同的线型,在“笔画粗细”下拉列表中选择不同的线条宽度,在“笔颜色”下拉列表中更改绘制边框的颜色。

4. 插入快速表格

Word2016 提供了一个“快速表格库”,其中包含一组预先设计好格式和样例数据的表格,从中选择一个便可迅速创建表格。快速表格是作为构建基块存储在库中的表格,可以随时被访问和重用。

通过快速表格创建表格的操作步骤如下:

① 将鼠标光标定位在要插入表格的文档位置。

② 依次选择“插入”选项卡→“表格”选项组→“表格”按钮。

③ 在弹出的下拉列表中,执行“快速表格”命令,打开系统内置的“快速表格库”,其中以图示化的方式提供了许多不同的表格类型,如图 4.25 所示,单击选择其中一个样式。

④ 所选快速表格就会插入到文档中,修改其中的数据以符合特定需要。通过“表格工具|设计”选项卡,可以进一步对表格的样式进行设置。

实例:创建三线表格。

三线表格是在专业论文和报告中经常会使用到的一类表格,在 Word 2016 中可以快速创建三线表格。

操作步骤提示如下:

① 创建一个空白文档,按照前面所介绍的方法,插入一个 8 行 6 列的表格。

② 在“表格工具|设计”的表格样式库中为其应用“清单表 6 彩色”的表格样式。

③ 选中整个表格,打开“表格工具|设计”,单击“表格样式”组中的“底纹”下拉按钮,在列表中选择“无颜色”。此时表格将只显示标题行和表格最后一行的框线,如图 4.26 所示。

4.3.2 将文本转换成表格

在 Word 2016 中,可以将事先输入好的文本转换成表格,只需在文本中设置分隔符即可。其操作步骤如下:

① 首先在 Word 文档中输入文本,并在希望分隔的位置使用分隔符。分隔符可以是制表符、空格、逗号以及其他一些可以输入的符号。每行文本对应一行表格内容。

② 选择要转换为表格的文本,单击“插入”选项卡上的“表格”选项组中的“表格”按钮。

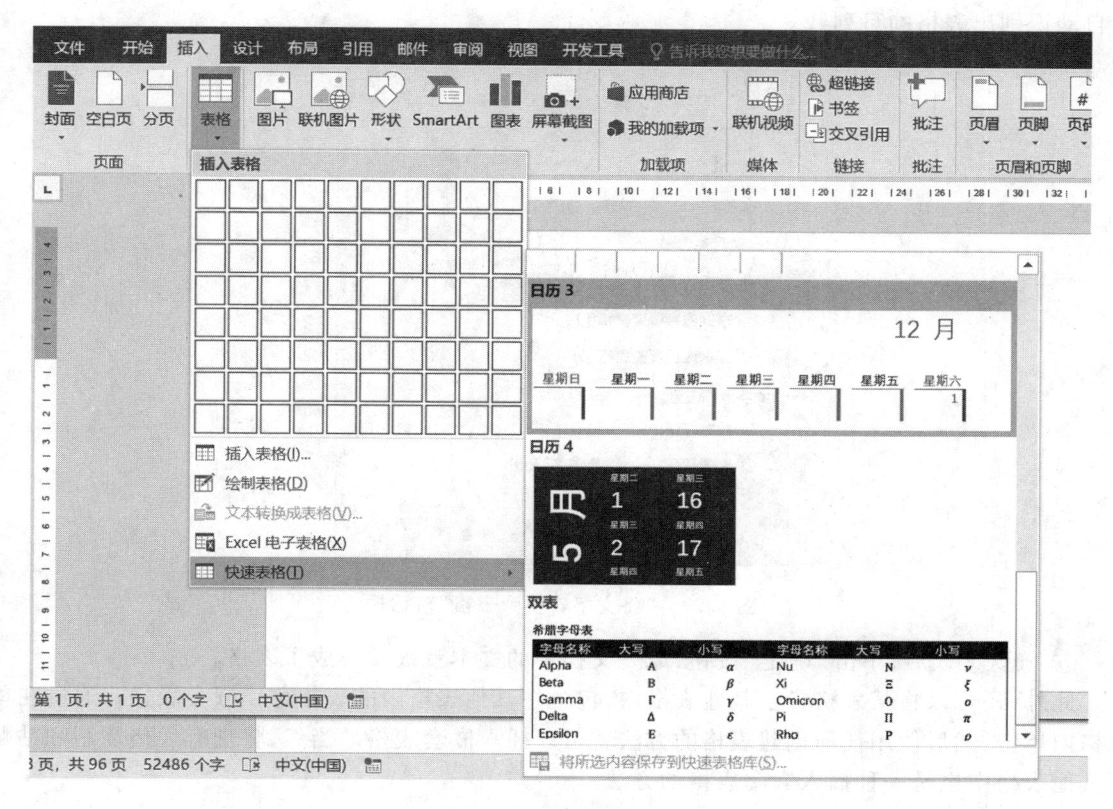

图 4.25　快速表格库

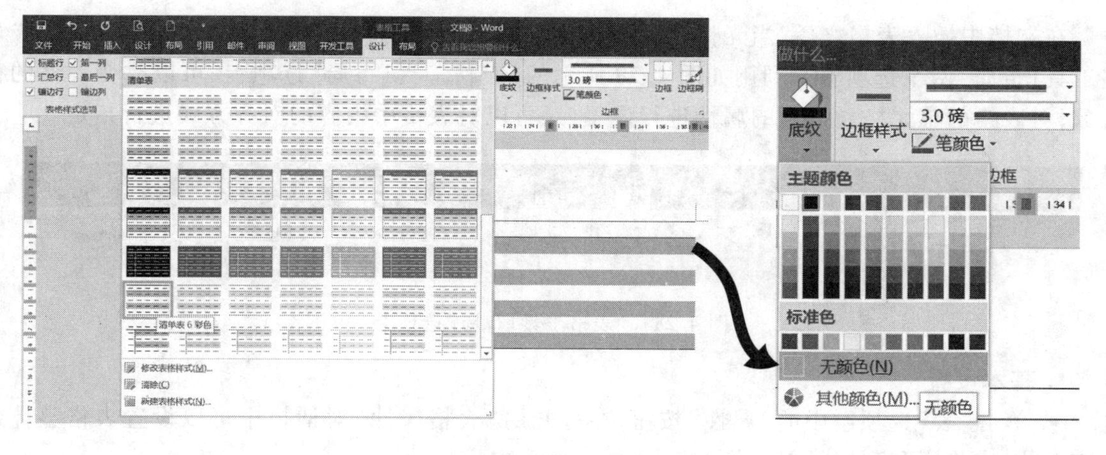

图 4.26　制作三线表格

③ 在弹出的下拉列表中，执行“文本转换成表格”命令，打开如图 4.27 所示的“将文字转换成表格”对话框。

④ 在“文字分隔位置”选项区域中单击文本中使用的分隔符，或者在“其他字符”右侧的文本框中输入所用字符。通常，Word 会根据所选文本中使用的分隔符默认选中相应的单选项，同

时自动识别出表格的行列数。

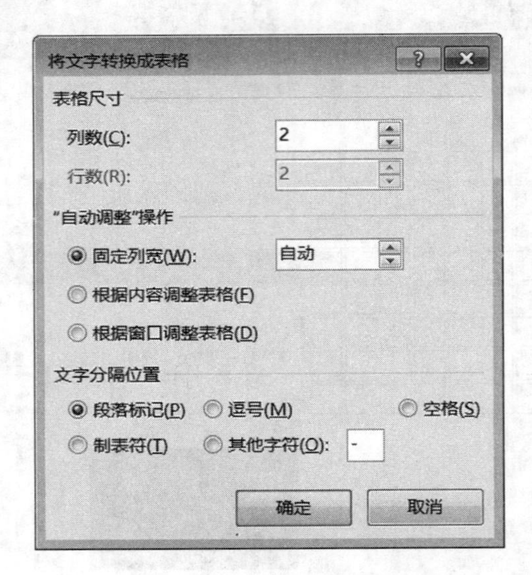

图 4.27 “将文字转换为表格”对话框

⑤ 确认无误后，单击“确定”按钮，原先文档中的文本就被转换成了表格。

此外，还可以将某表格置于其他表格内，包含在其他表格内的表格称作嵌套表格。通过在单元格内单击，然后使用任何创建表格的方法就可以插入嵌套表格。当然，将现有表格复制和粘贴到其他表格中也是一种插入嵌套表格的方法。

4.3.3 调整表格布局

在文档中插入表格之后，当光标位于表格中任意位置时，将会出现“表格工具|设计”和“表格工具|布局”两个选项卡。利用如图 4.28 所示的“表格工具|布局”选项卡，可以改变表格的行列数，对表格的单元格、行、列的属性进行设置，还可以对表格中内容的对齐方式进行指定。

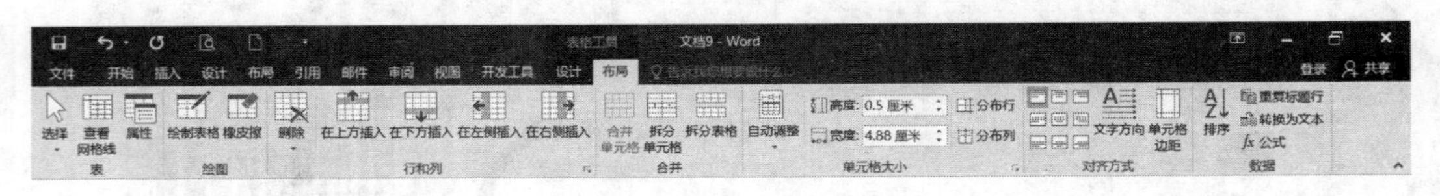

图 4.28 “表格工具|布局”选项卡

1. 基本设置

- 单击“表”选项组中的“属性”按钮，在打开的“表格属性”对话框中可以设置表格整体的对齐方式、表格行和列以及单元格的属性。
- 单击“行和列”选项组中的相应按钮，可以删除或插入行或列。
- 利用“合并”选项组中的命令可以对选定的单元格进行合并或拆分。其中单击“拆分表格”按钮，可将当前表格拆分成两个。
- 在“单元格大小”选项组中，可以调整表格的行高和列宽。通过“自动调整”下拉列表中的命令可以自动调整表格的大小。

● 通过“对齐方式”选项组中的命令，可以设置表格中的文本在水平及垂直方向上的对齐方式。

● 通过“数据”选项组中的命令，可以对表格中的数据进行简单的排序和计算。

2. 设置标题行跨页重复

对于内容较多的表格，难免会跨越两页或更多页。此时，如果希望表格的标题行可以自动地出现在每个页面的表格上方，可以设置标题行重复出现，操作步骤如下：

① 首先选择表格中需要重复出现的标题行。

② 在“表格工具|布局”选项卡上单击“数据”选项组中的“重复标题行”按钮。

实例：将文本转换为表格并进行处理。

将案例素材“设置表格布局.docx”中以制表符分隔的文本转换为一个表格并进行适当的美化，并对数据进行求和。

操作步骤提示如下：

① 打开案例素材文档“设置表格布局.docx”，选择所有文本。

② 在“插入”选项卡的“表格”选项组中单击“表格”按钮，从下拉列表中选择“文本转换成表格”命令。

③ 在“将文字转换成表格”对话框中单击选中“根据窗口调整表格”单选项，指定文字分隔位置为“制表符”，单击“确定”按钮。

④ 在“表格工具|设计”选项卡上的“表格样式”选项组中选择一个内置表格样式。

⑤ 在“表格工具|布局”选项卡上的“单元格大小”选项组中单击“分布列”按钮。

⑥ 在“表格工具|布局”选项卡上的“对齐方式”选项组中单击“水平居中”按钮。

⑦ 将光标定位在表格的最后一行，在“表格工具|布局”选项卡上的“行和列”选项组中单击“在下方插入”按钮，插入一个空行。

⑧ 选中表格左下角的两个单元格，在“表格工具|布局”选项卡上的“合并”选项组中单击“合并单元格”按钮，在合并后的单元格中输入文本“总计”。

⑨ 将光标定位在“总计”右侧单元格，在“表格工具|布局”选项卡上的“数据”选项组中单击“公式”按钮，在弹出的“公式”对话框中，默认的公式为“=SUM(ABOVE)”，直接单击“确定”按钮，得到数值5287，如图4.29所示。

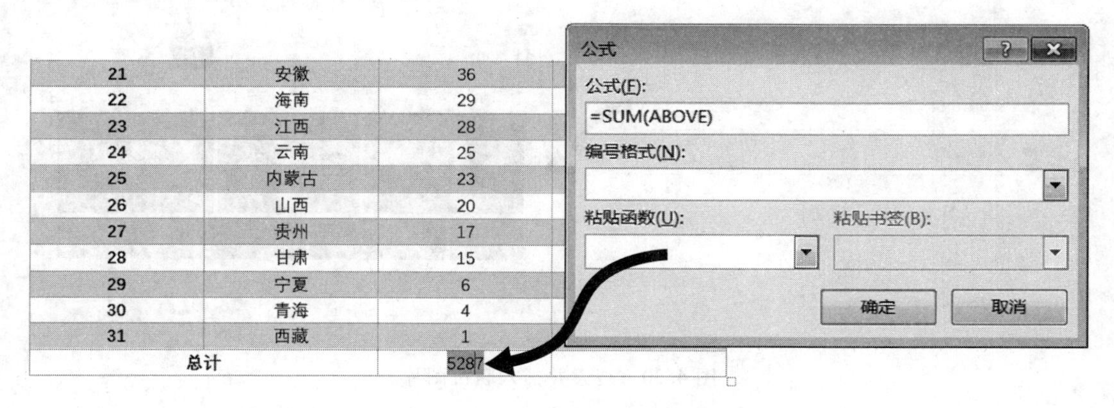

图4.29　对表格中的数据进行求和

⑩ 使用同样的方法,在表格右下角单元格中计算最右列百分比数值的总和,正确的结果应为 100%。

4.4 在文档中处理图形与图片

在实际文档处理过程中,往往需要在文档中插入一些图形类元素来装饰文档,从而增强文档的视觉效果。在 Word 文档中可以插入各类图片、绘制各种形状等,以形成图文混排的效果。插入到 Word 中的图片可以进行各种处理以达到符合展示要求的图片效果。

4.4.1　在文档中插入图片

在 Word 中插入的图片可以来自外部的图片文件,也可以插入联机图片,甚至可以直接插入屏幕截图,这大大丰富了文档的表现力。

1. 插入来自文件的图片

在 Word 文档中可以插入各种格式的图片文件,操作步骤如下:

① 将鼠标光标定位在要插入图片的位置。

② 在“插入”选项卡上“插图”选项组中单击“图片”按钮,打开“插入图片”对话框。

③ 在指定文件夹下选择所需图片,单击“插入”按钮,即可将所选图片插入到文档中。

2. 插入联机图片

当连接了 Internet 时,用户可以直接在 OneDrive 或者必应搜索引擎上按照关键词搜索图片,并插入到文档之中。

在 Word 2016 文档中插入联机图片的方法如下:

① 将鼠标光标定位在要插入联机图片的位置。

② 在“插入”选项卡上的“插图”选项组中单击“联机图片”按钮,打开“插入图片”对话框。

③ 在“必应图像搜索”选项右侧的文本框中输入要搜索的关键词,单击右侧的 🔍 按钮,即可开启搜索,如图 4.30 所示。

提示:如果登录了微软账户,还可直接在个人 OneDrive 云存储空间搜索和下载图片并插入到 Word 中。

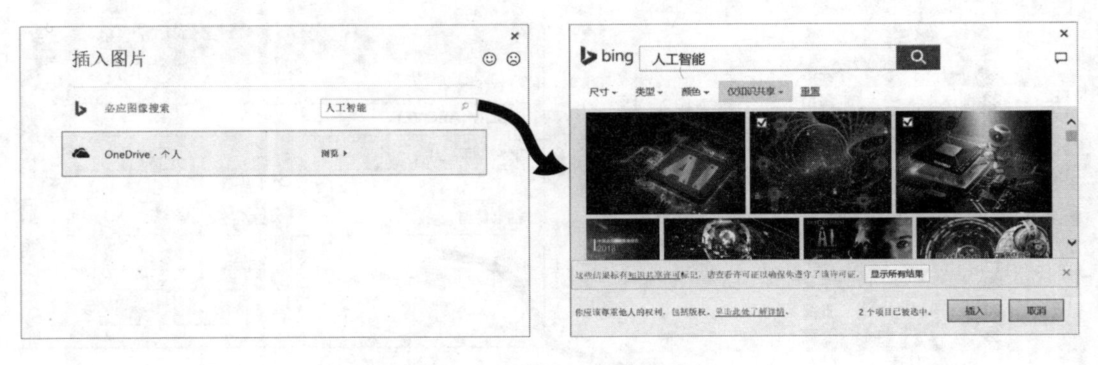

图 4.30　搜索并插入联机图片

3. 插入屏幕截图

Office2016 具有屏幕图片捕获能力,可以方便地在文档中直接插入已经在计算机中开启的屏幕画面,并且可以按照选定的范围截取屏幕内容。

在 Word 文档中插入屏幕画面的操作步骤如下:

① 将鼠标光标定位在要插入图片的位置。

② 在“插入”选项卡上的“插图”选项组中单击“屏幕截图”按钮,打开如图 4.31 所示的“可用的视窗”列表。

图 4.31 插入屏幕截图

③ 在“可用的视窗”列表中显示目前在计算机中开启的应用程序屏幕画面,单击选择某一图片缩略图即可将该窗口画面作为图片插入到文档中。

④ 如果需要截取窗口的一部分,可以单击下拉列表中的“屏幕剪辑”命令,然后在屏幕上用鼠标拖动选择某一屏幕区域作为图片插入到文档中。

4.4.2 设置图片格式

在文档中插入图片并选中图片后,功能区中将自动出现“图片工具|格式”选项卡,如图 4.32 所示。通过该选项卡,可以对图片的大小、格式进行各种设置。

图 4.32 “图片工具|格式”选项卡

1. 调整图片的样式

应用预设图片样式:在“图片工具|格式”选项卡上,单击“图片样式”选项组中的“其他”按钮,在展开的“图片样式库”中,列出了许多图片样式,如图 4.33 所示。单击选择其中的某一类型,即可将相应的样式快速应用到当前图片上。

自定义图片样式:如果认为“图片样式库”中内置的图片样式不能满足实际需求,可以分别通过“图片样式”选项组中的“图片版式”“图片边框”和“图片效果”3 个命令按钮进行多方面的图片属性设置,如图 4.34 所示。

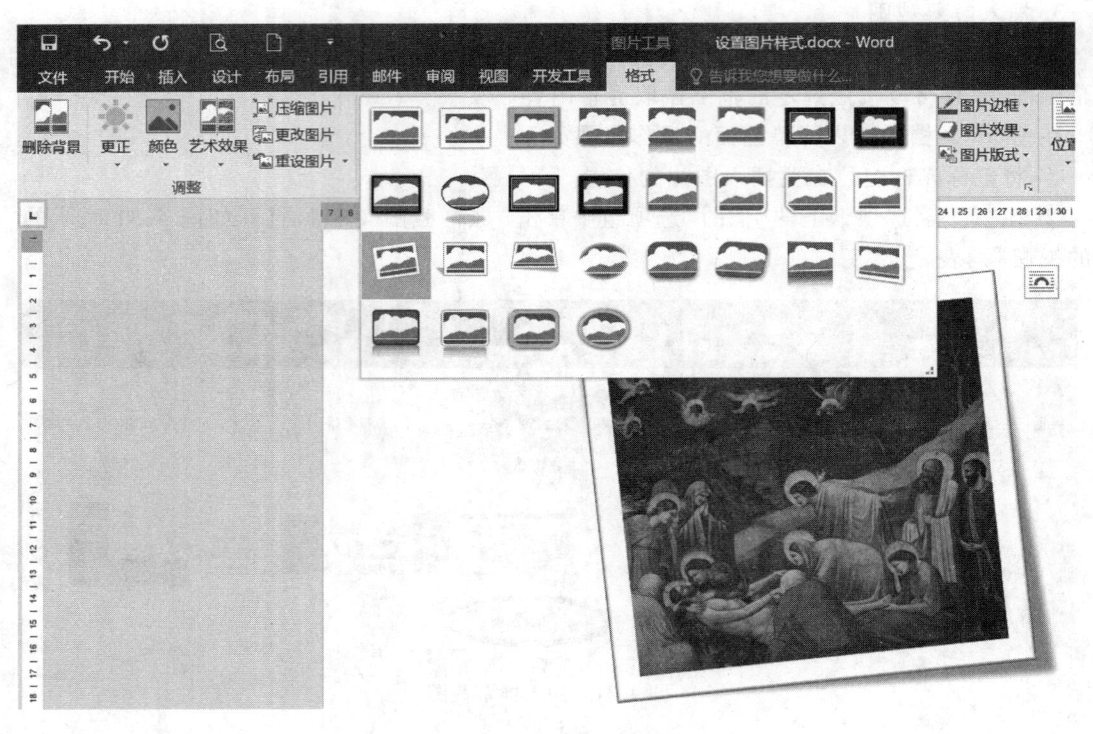

图 4.33　预设图片样式

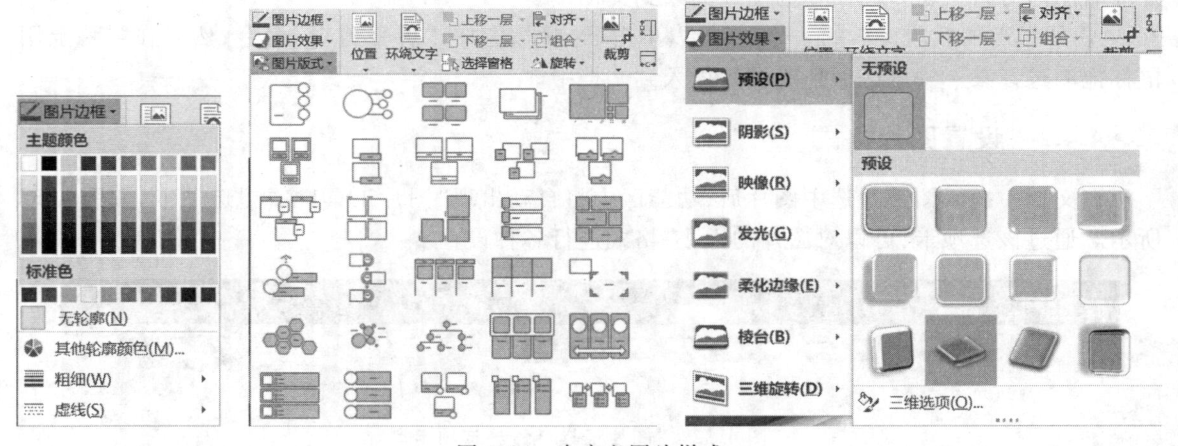

图 4.34　自定义图片样式

进一步调整格式：在“图片工具|格式”选项卡上，通过“调整”选项组中的“更正”“颜色”和“艺术效果”按钮可以自由地调节图片的亮度、对比度、清晰度以及艺术效果，如图 4.35 所示。

2. 设置图片的文字环绕方式

环绕方式决定了图形之间以及图形与文字之间的位置关系。设置图片文字环绕方式的操作步骤如下：

① 选中要进行设置的图片，打开“图片工具|格式”选项卡。

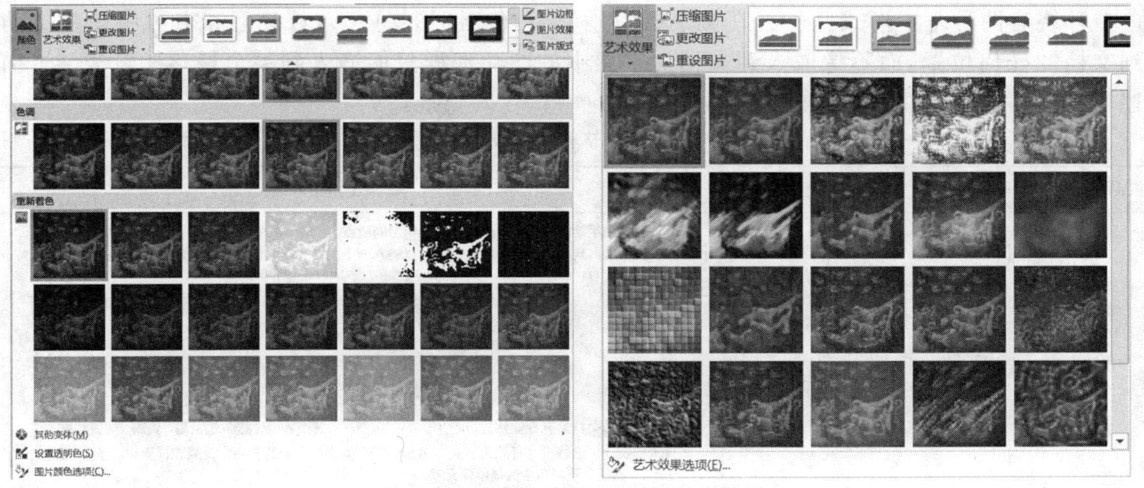

图 4.35　设置图片的颜色和艺术效果

② 单击"排列"选项组中的"环绕文字"命令，在下拉列表中选择某一种环绕方式，如图 4.36(a)所示。

③ 也可以在"环绕文字"下拉列表中单击"其他布局选项"命令，打开如图 4.36(b)所示的"布局"对话框。在"文字环绕"选项卡中根据需要设置"环绕方式""环绕文字"以及距离正文文字的距离。

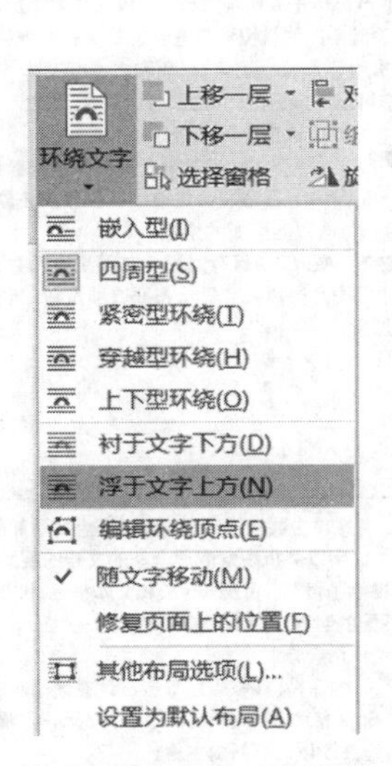

(a) "环绕文字" 下拉列表

(b) "布局" 对话框中 "文字环绕" 选项卡

图 4.36　选择文字环绕方式

环绕有两种基本形式：嵌入（在文字层中）和浮动（在图形层中）。浮动意味着可将图片拖动到文档的任何位置，而不像嵌入到文档文字层中的图片那样只能嵌入到某个段落中。表 4.1 描述了不同环绕方式在文档中的布局效果。

表 4.1 环绕样式列表

环绕设置	在文档中的效果	效果示例
嵌入型	插入到文字层。可以拖动图形，但只能从一个段落标记移动到另一个段落标记中。通常用在简单文档和正式报告中	视频提供了功能强大的方法帮助您证明您的观点。当您单击联机视频时，可以在想要添加的视频的嵌入代码中进行粘贴。您也可以键入一个关键字以联机搜索最适合您的文档的视频。 为使您的文档具有专业外 观，Word 提供了页眉、页脚、封面和文本框设计，这些设计可互为补充。例如，您可以添加匹配的封面、页眉和提要栏。单击“插入”，然后从不同库中选择所需元素。
四周型	文本中放置图形的位置会出现一个方形的“洞”，文字会环绕在图形周围，使文字和图形之间有间隙，可将图形拖到文档中的任意位置。通常用在带有大片空白的新闻稿和传单中	视频提供了功能强大的方法帮助您证明您的观点。当您单击联机视频时，可以在想要添加的视频的嵌入代码中进行粘贴。您也可以键入一个关键字以联机搜索最适合您的文档的视频。 为使您的文档具有专业 外观，Word 提供了页眉、页脚、封面 和文本框设计，这些设 计可互为补充。例如，您可以添加匹配 的封面、页眉和提要栏。 单击“插入”，然后从不同库中选择所需 元素。 主题和样式也有助于文 档保持协调。当您单击设计并选择新 的主题时，图片、图表或 SmartArt 图形将会更改以匹配新的主 题。当应用样式时，您的 标题会进行更改以匹配新的主题。 使用在需要位置出现的 新按钮在 Word 中保存时间。若要更 改图片适应文档的方式，请单击该图片，图片旁边将会显示布局选项按钮。当处理表格时，单击要添加行或列的位置，然后单击加号。
紧密型环绕	实际上在文本中放置图形的地方创建了一个形状与图形轮廓相同的“洞”，使文字环绕在图形周围。可以通过环绕顶点改变文字环绕的“洞”的形状，可将图形拖到文档中的任何位置。通常用在纸张空间很宝贵且可以接受不规则形状（甚至希望使用不规则形状）的出版物中	视频提供了功能强大的方法帮助您证明您的观点。当您单击联机视频时，可以在想要添加的视频的嵌入代码中进行粘贴。您也可以键入一个关键字以联机搜索最适合您的文档的视频。 为使您的文档具有专业外观， Word 提供了页眉、页脚、封面和文本框设计，这 些设计可互为补充。例 如，您可以添加匹配的封面、页眉和提要栏。单 击“插入”，然后从不同 库中选择所需元素。 主题和样式也有助于文 档保持协调。当您单击设计并选择新的 主题时，图片、图表或 SmartArt 图形将会更改以匹配新的主题。 当应用样式时，您的标题会 进行更改以匹配新的主题。 使用在需要位置出现的新按 钮在 Word 中保存时间。若要更改图片适 应文档的方式，请单击该图 片，图片旁边将会显示布局选项按钮。当处 理表格时，单击要添加行或列的位置，然后单击加号。
穿越型环绕	文字围绕着图形的环绕顶点（环绕顶点可以调整），这种环绕样式产生的效果和表现出的行为与紧密型环绕类似，但可以更加贴近环绕顶点	视频提供了功能强大的方法帮助您证明您的观点。当您单击联机视频时，可以在想要添加的视频的嵌入代码中进行粘贴。您也可以键入一个关键字以联机搜索最适合您的文档的视频。 为使您的文档具有专业外观， Word 提供了页眉、页脚、封面和文本框设计，这 些设计可互为补充。例如，您可以 添加匹配的封面、页眉和提要栏。单击“插入”， 然后从不同库中选择所需 元素。 主题和样式也有助于文 档保持协调。当您单击设计并选择新的 主题时，图片、图表或 SmartArt 图形将会更改以匹配新的主题。 当应用样式时，您的标题会 进行更改以匹配新的主题。 使用在需要位置出现的新按 钮在 Word 中保存时间。若要更改图片适 应文档的方式，请单击该图 片，图 片旁边将会显示布局选项按钮。当处理表 格时，单击要添加行或列的位置，然后单击加号。

续表

环绕设置	在文档中的效果	效果示例
上下型环绕	实际上创建了一个与页边距等宽的矩形,文字位于图形的上方或下方,但不会在图形旁边,可将图形拖动到文档的任何位置。当图形是文档中最重要的地方时通常会使用这种环绕样式	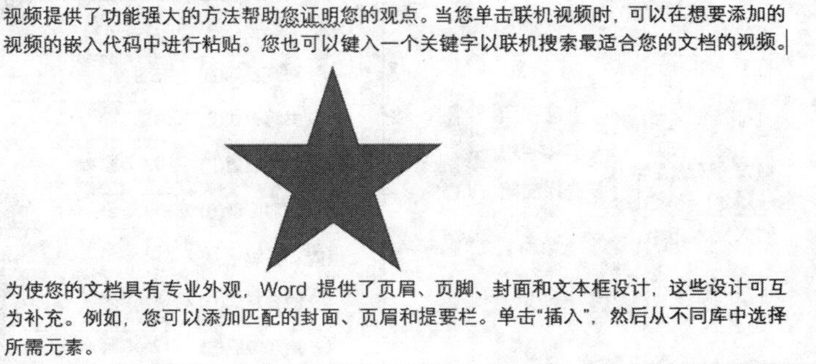 视频提供了功能强大的方法帮助您证明您的观点。当您单击联机视频时，可以在想要添加的视频的嵌入代码中进行粘贴。您也可以键入一个关键字以联机搜索最适合您的文档的视频。 为使您的文档具有专业外观，Word 提供了页眉、页脚、封面和文本框设计，这些设计可互为补充。例如，您可以添加匹配的封面、页眉和提要栏。单击“插入”，然后从不同库中选择所需元素。
衬于文字下方	嵌入在文档底部或下方的绘制层,可将图形拖动到文档的任何位置。通常用作水印或页面背景图片,文字位于图形上方	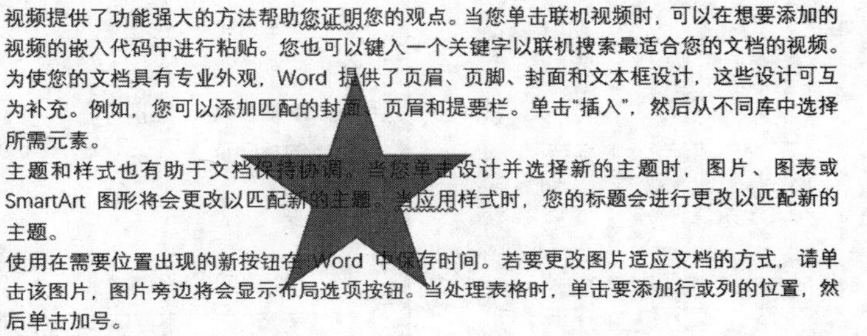 视频提供了功能强大的方法帮助您证明您的观点。当您单击联机视频时，可以在想要添加的视频的嵌入代码中进行粘贴。您也可以键入一个关键字以联机搜索最适合您的文档的视频。为使您的文档具有专业外观，Word 提供了页眉、页脚、封面和文本框设计，这些设计可互为补充。例如，您可以添加匹配的封面、页眉和提要栏。单击“插入”，然后从不同库中选择所需元素。 主题和样式也有助于文档保持协调。当您单击设计并选择新的主题时，图片、图表或 SmartArt 图形将会更改以匹配新的主题。当应用样式时，您的标题会进行更改以匹配新的主题。 使用在需要位置出现的新按钮在 Word 中保存时间。若要更改图片适应文档的方式，请单击该图片，图片旁边将会显示布局选项按钮。当处理表格时，单击要添加行或列的位置，然后单击加号。
浮于文字上方	嵌入在文档上方的绘制层,可将图形拖动到文档的任何位置,文字位于图形下方。通常用在有意用某种方式来遮盖文字的情形,以便实现某种特殊效果	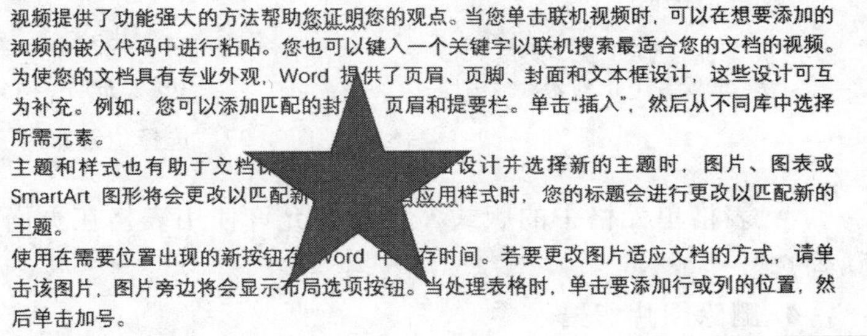 视频提供了功能强大的方法帮助您证明您的观点。当您单击联机视频时，可以在想要添加的视频的嵌入代码中进行粘贴。您也可以键入一个关键字以联机搜索最适合您的文档的视频。为使您的文档具有专业外观，Word 提供了页眉、页脚、封面和文本框设计，这些设计可互为补充。例如，您可以添加匹配的封[illegible]页眉和提要栏。单击“插入”，然后从不同库中选择所需元素。 主题和样式也有助于文档[illegible]设计并选择新的主题时，图片、图表或 SmartArt 图形将会更改以匹配新[illegible]应用样式时，您的标题会进行更改以匹配新的主题。 使用在需要位置出现的新按钮在[illegible]ord 中[illegible]存时间。若要更改图片适应文档的方式，请单击该图片，图片旁边将会显示布局选项按钮。当处理表格时，单击要添加行或列的位置，然后单击加号。

3. 设置图片在页面上的位置

当所插入图片的文字环绕方式为非嵌入型时,通过设置图片在页面的相对位置,可以合理地根据文档类型布局图片。其操作步骤如下:

① 选中要进行设置的图片,打开“图片工具|格式”选项卡。

② 单击“排列”选项组中的“位置”按钮,在展开的下拉列表中选择某一位置布局方式,如图 4. 37(a)所示。

③ 也可以在“位置”下拉列表中单击“其他布局选项”命令,打开如图 4. 37(b)所示的“布局”对话框。在“位置”选项卡中根据需要设置“水平”“垂直”位置以及相关的选项。其中:

- 对象随文字移动　该设置将图片与特定的段落关联起来,使段落始终保持与图片显示在同一页面上。该设置只影响页面上的垂直位置。
- 锁定标记　锁定标记后再调整图片位置,标记不会随之移动。
- 允许重叠　该设置允许图形对象相互覆盖。

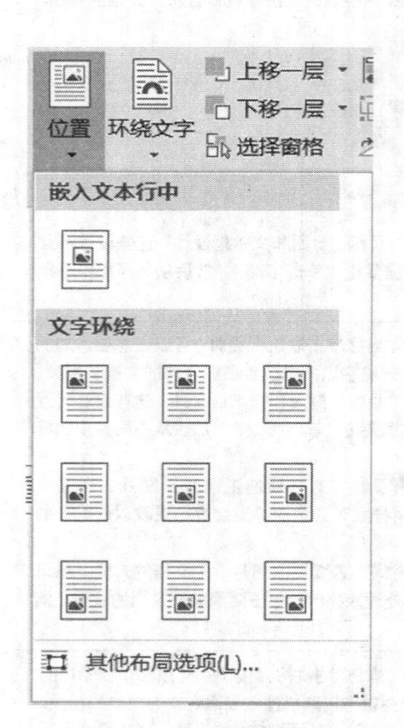

(a)“位置”下拉列表

(b)“布局”对话框中的“位置”选项卡

图 4.37 选择位置布局

• 表格单元格中的版式 该设置允许使用表格在页面上安排图片的位置,此设置通常为默认勾选。

4. 删除图片背景

插入到文档中的图片可能会因为背景颜色太深而影响阅读和输出效果,此时可以去除图片背景。删除图片背景的操作步骤如下:

① 选中要进行设置的图片,打开“图片工具|格式”选项卡。

② 单击“调整”选项组中的“删除背景”命令,此时在图片上出现遮幅区域。

③ 在图片上调整选择区域四周的控制点,使要保留的图片内容浮现出来。调整完成后,在“背景消除”上下文选项卡中单击“保留更改”按钮,指定图片的背景就会被删除,如图 4.38 所示。

5. 图片大小与裁剪图片

插入到文档中的图片大小可能不符合要求,这时需要对图片的大小进行处理。

图片缩放:单击选中所插入的图片,图片周围出现控制点,用鼠标拖动图片边框上的控制点可以快速调整其大小。如需对图片进行精确缩放,可在“图片工具|格式”选项卡的“大小”选项组中单击“对话框启动器”按钮,打开如图 4.39 所示的“布局”对话框中的“大小”选项卡。在“缩放”选项区域中,选中“锁定纵横比”复选框,然后设置“高度”和“宽度”的百分比即可更改图片的大小。

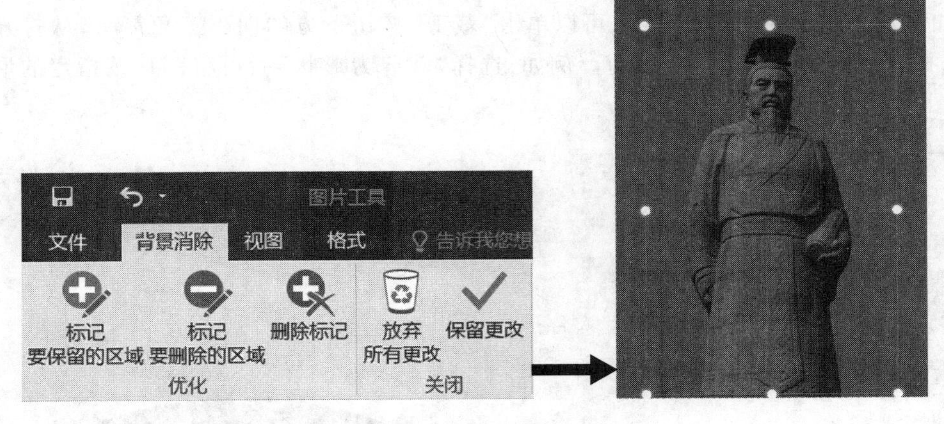

图 4.38 删除图片的背景

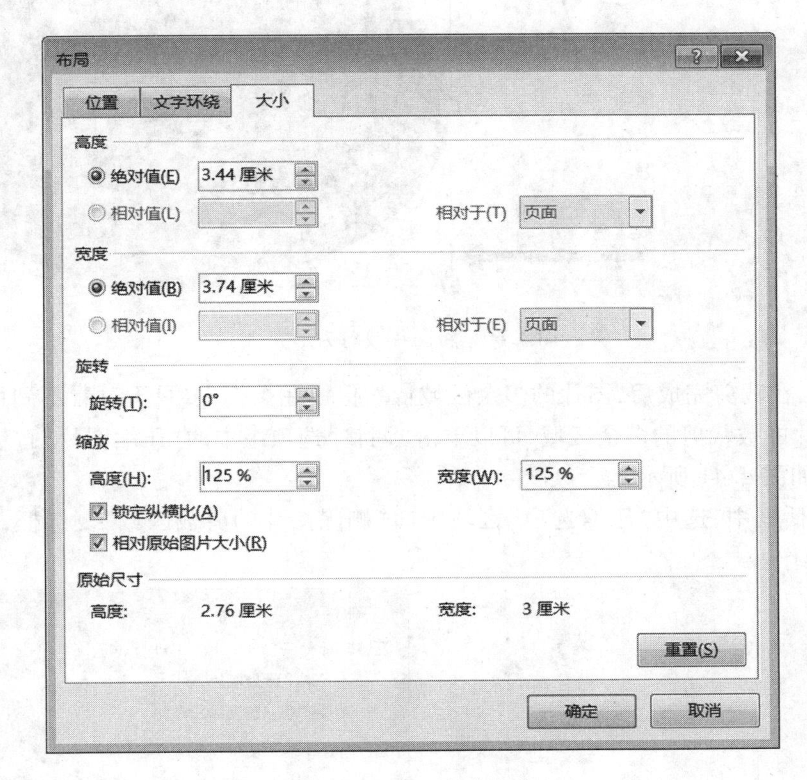

图 4.39 调整图片大小

裁剪图片:当图片中的某部分多余时,可以将其裁剪掉。裁剪图片的操作方法如下:

① 选中要进行裁剪的图片,打开“图片工具|格式”选项卡。

② 单击“大小”选项组中的“裁剪”按钮,图片周围出现裁剪标记,拖动图片四周的裁剪标记,调整到适当的图片大小。

③ 调整完成后,在图片外的任意位置单击或者按 Esc 键退出裁剪操作,此时在文档中只保

留裁剪了多余区域的图片。

④ 如需裁剪出更加丰富的效果,可以单击“裁剪”按钮下方的向下三角箭头,从打开的下拉列表中选择合适的命令后再进行裁剪。例如,选择“裁剪为形状”后可将图片按指定的形状进行剪裁,如图4.40所示。

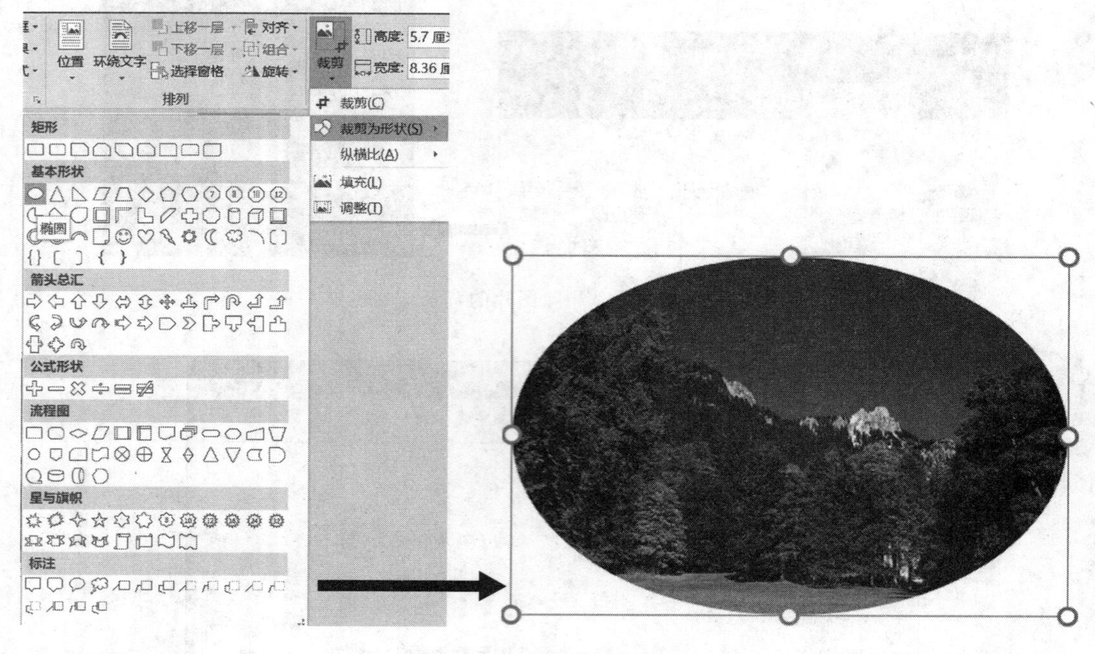

图4.40 将图片裁剪为形状

⑤ 实际上,在裁剪完成后,图片的多余区域依然保留在文档中,只不过看不到而已。如果希望彻底删除图片中被裁剪的多余区域,可以单击“调整”选项组中的“压缩图片”按钮,打开“压缩图片”对话框,如图4.41所示。

⑥ 在该对话框中,选中“压缩选项”区域中的“删除图片的剪裁区域”复选框,然后单击“确定”按钮完成操作。

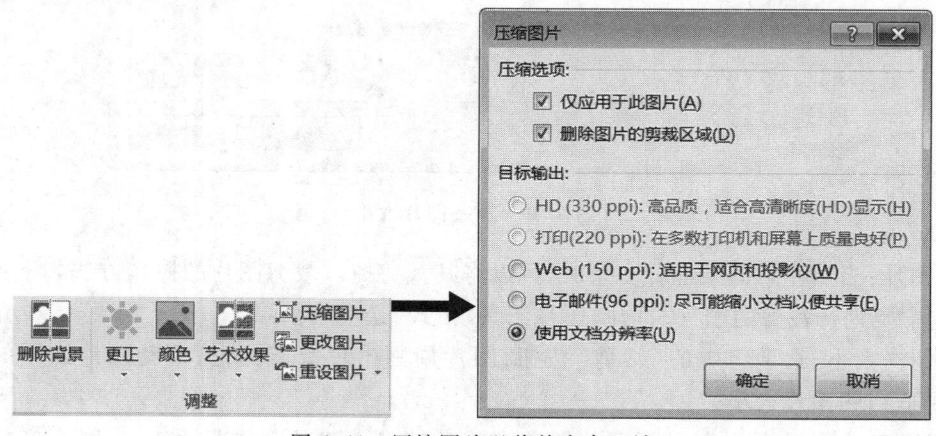

图4.41 压缩图片以裁剪多余区域

4.4.3 绘制图形

Word 中的绘图是指一个或一组图形对象(包括形状、图表、流程图、线条和艺术字等),可以直接选用相关工具在文档中绘制图形,并通过颜色、边框或其他效果对其进行设置。

1. 使用绘图画布

向 Word 文档插入图片、图形对象时,可以将图片、图形等对象放置在绘图画布中。

绘图画布在绘图和文档的其他部分之间提供了一条框架式的边界。在默认情况下,绘图画布没有背景或边框,但是如同处理图形对象一样,可以对绘图画布进行格式设置。

绘图画布能够将绘图的各个部分组合起来,这在绘图由若干个形状组成的情况下尤其有用。如果计划在插图中包含多个形状,或者希望在图片上绘制一些形状以突出效果,最佳做法是先插入一个绘图画布,然后在绘图画布中绘制形状、组织图形图片。

插入绘图画布的操作步骤如下:

① 将鼠标光标定位在要插入绘图画布的位置。

② 在“插入”选项卡上的“插图”选项组中单击“形状”按钮。

③ 在弹出的下拉列表中执行“新建绘图画布”命令,将在文档中插入一幅绘图画布。

在绘图画布中可以绘制图形,也可以插入图片。插入绘图画布或绘制图形后,功能区中将自动出现如图 4.42 所示的“绘图工具|格式”选项卡,通过该选项卡可以对绘图画布以及图形进行格式设置。例如,在“绘图工具|格式”选项卡的“形状样式”选项组中,通过“形状填充”“形状轮廓”“形状效果”按钮可以设置绘图画布的背景和边框;在“大小”选项组中可以精确设置绘图画布的大小。

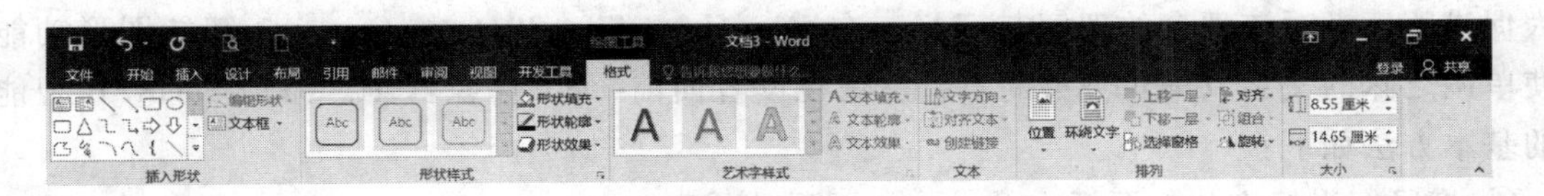

图 4.42 “绘图工具|格式”选项卡

2. 绘制图形

图形可以绘制在插入的绘图画布中,也可直接绘制在文档中指定的位置。绘制图形的基本方法是:

① 依次选择“插入”选项卡→“插图”选项组→“形状”按钮,打开“形状库”列表。

② “形状库”中提供了各种线条、基本形状、箭头、流程图、标注以及星与旗帜等形状。在该列表中单击选择需要的图形形状。

③ 在文档的绘图画布中或其他合适的位置拖动鼠标即可绘制图形,如图 4.43 所示。

④ 通过“绘图工具|格式”选项卡上的各个选项组中的功能,可以对选中的图形进行格式设置,例如图形的大小、排列方式、颜色和形状以及在文本中的位置等,还可以对多个形状进行组合。

⑤ 如果需要删除所有图形或部分图形,可以选择绘图画布或要删除的图形对象,然后按 Delete 键。

提示:如果需要在各个图形之间使用连接符,使得连接符随着图形的移动而变化,则应在绘图画布中创建图形,并使用“线条”下的不同连接符将它们进行连接。

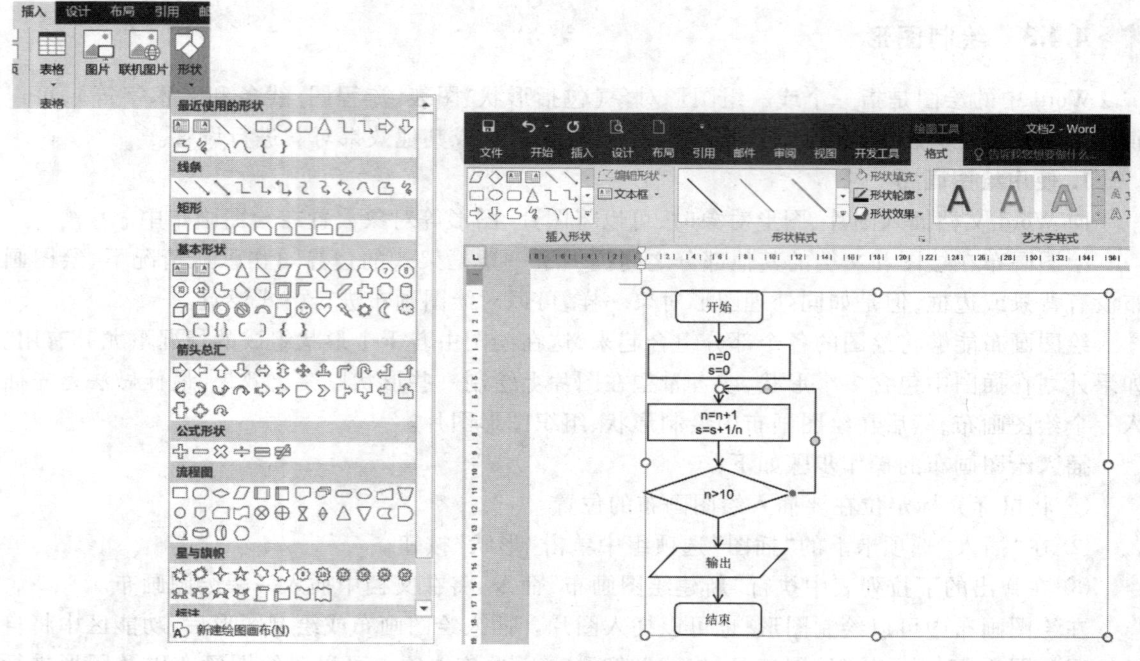

图 4.43 在绘图画布中绘制图形

4.4.4 使用智能图形 SmartArt

单纯的文字总是令人难以记忆,如果能够将文档中的某些理念以图形方式展现出来,就能够大大促进阅读者对该理念的理解与记忆。在 Microsoft Office 2016 中,SmartArt 智能图形功能可以使单调乏味的文字以美轮美奂的效果呈现在读者面前,令人印象深刻。添加 SmartArt 智能图形的基本方法如下:

① 将鼠标光标定位在要插入 SmartArt 图形的位置。

② 单击"插入"选项卡,在"插图"选项组中单击"SmartArt"按钮,打开如图 4.44 所示的"选择 SmartArt 图形"对话框。

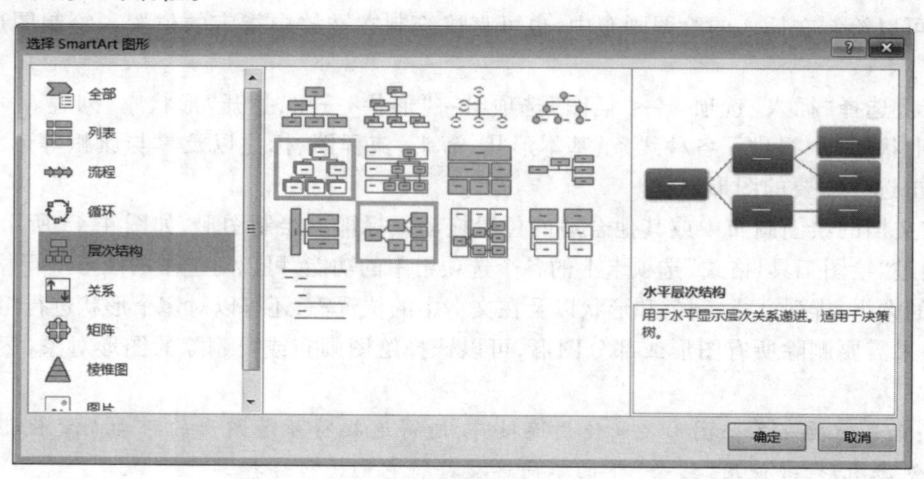

图 4.44 选择 SmartArt 图形

③ 在该对话框中列出了所有 SmartArt 图形的分类，以及每个 SmartArt 图形的外观预览效果和详细的使用说明信息。从左侧的类别列表中单击选择某一图形类别，如“层次结构”。

④ 在中间区域中单击选择某一图形，如“水平层次结构”，右侧将会显示其预览效果。

⑤ 单击“确定”按钮，将 SmartArt 图形插入到文档中，同时，功能区中显示“SmartArt 工具”下的“设计”和“格式”两个上下文选项卡。此时的 SmartArt 图形还没有具体的信息，是个只显示占位符文本（如“[文本]”）的框架，如图 4.45 所示。

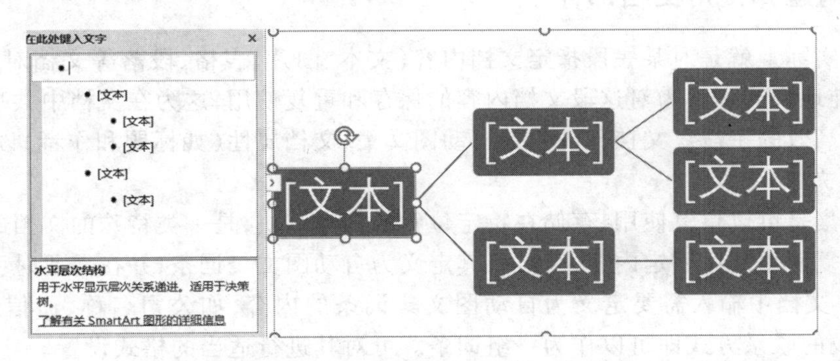

图 4.45　插入到文档中的 SmartArt 图形框架

⑥ 在 SmartArt 图形中各形状上的文字编辑区域内可以直接输入所需信息以替代占位符文本，也可以在左侧的“文本”窗格中输入所需内容。在“文本”窗格中添加和编辑内容时，SmartArt 图形会自动更新，即根据“文本”窗格中的内容自动添加或删除形状。

提示：如果看不到“文本”窗格，则可以在“SmartArt 工具”中的“设计”上下文选项卡上，单击“创建图形”选项组中的“文本窗格”按钮，以显示出该窗格。或者，单击 SmartArt 图形左侧的“文本”窗格控件将该窗格显示出来。

⑦ 通过“SmartArt 工具|设计”和“SmartArt 工具|格式”两个选项卡，可以对插入的 SmartArt 图形的布局、样式、颜色、轮廓等格式进行设置。例如，单击“SmartArt 样式”选项组中的“更改颜色”按钮，在弹出的下拉列表中选择适当的颜色，为 SmartArt 图形应用新的颜色搭配效果，如图 4.46 所示。

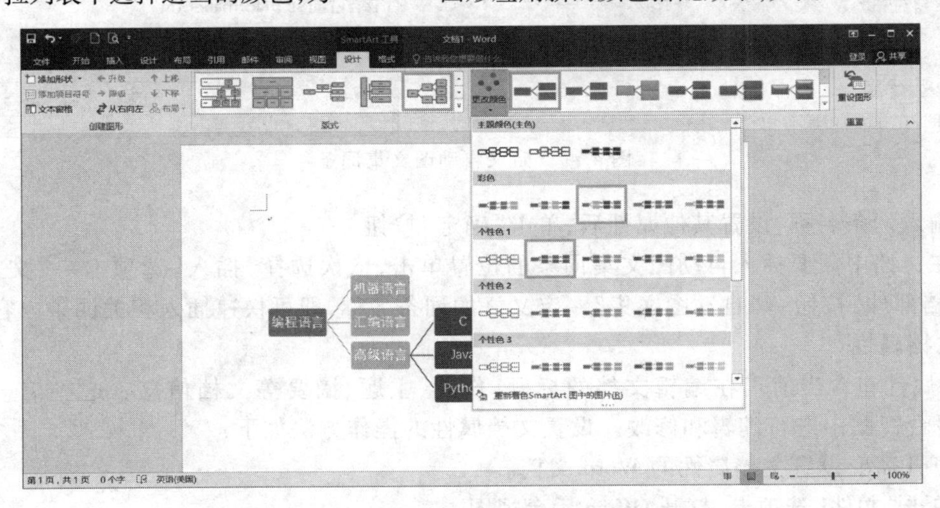

图 4.46　为 SmartArt 图形更改颜色搭配效果

4.5 在文档中插入其他内容

除了文字、表格、图片外，在Word文档中还可以插入很多其他对象，例如文档部件、文本框、图表等。多种多样的信息汇总和排列，可令文档的内容丰富、表现力卓越。

4.5.1 构建并使用文档部件

文档部件实际上就是对某一段指定文档内容(文本、图片、表格、段落等文档对象)的封装手段，也可以单纯地将其理解为对这段文档内容的保存和重复使用，这为在文档中共享已有的设计或内容提供了高效的手段。文档部件包括自动图文集、文档属性(如标题和作者)以及域等。

1. 自动图文集

自动图文集是可以重复使用、存储在特定位置的构建基块，是一类特殊的文档部件。如果需要在文档中反复使用某些固定内容，就可将其定义为自动图文集词条，并在需要时引用。

① 首先在文档中输入需要定义为自动图文集词条的内容，如公司名称、通信地址、邮政编码、电话等组成的联系方式即可以作为一组词条。可对其进行适当的格式设置。

② 选择需要定义为自动图文集词条的内容。

③ 单击“插入”选项卡，在“文本”选项组中单击“文档部件”按钮，从下拉列表中选择“自动图文集”下的“将所选内容保存到自动图文集库”命令，打开“新建构建基块”对话框，如图4.47所示。

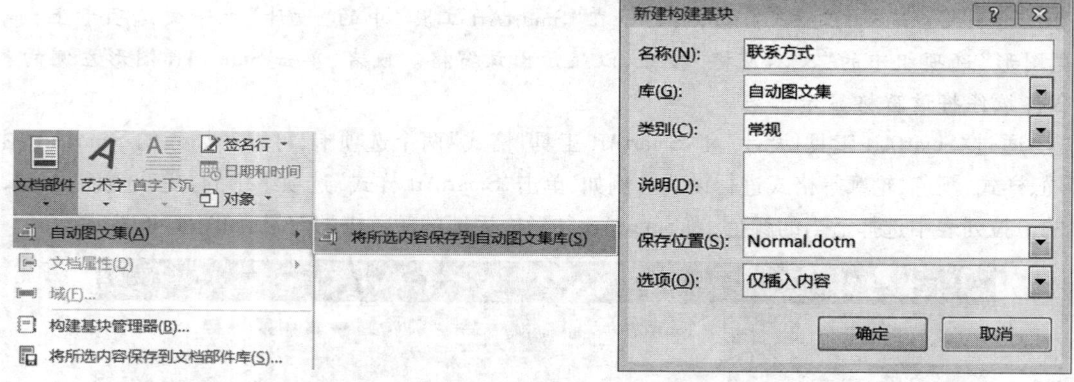

图4.47 定义自动图文集词条

④ 输入词条名称，设置其他属性后，单击“确定”按钮。

⑤ 在文档中需要插入自动图文集词条的位置单击，依次选择“插入”选项卡→“文本”选项组→“文档部件”按钮→“自动图文集”→定义好的词条名称，即可快速插入相关词条内容。

2. 文档属性

文档属性包含当前正在编辑文档的标题、作者、主题、摘要等文档信息。这些信息可以在“文件”后台视图中进行编辑和修改。设置文档属性的操作方法如下：

① 打开需要设置文档属性的Word文档。

② 单击“文件”选项卡，打开Office后台视图。

③ 从左侧列表中单击“信息”命令，在右侧的属性区域中进行各项文档属性设置。例如，在“标题”右侧区域中单击进入编辑状态，即可修改标题属性，如图 4.48 所示。

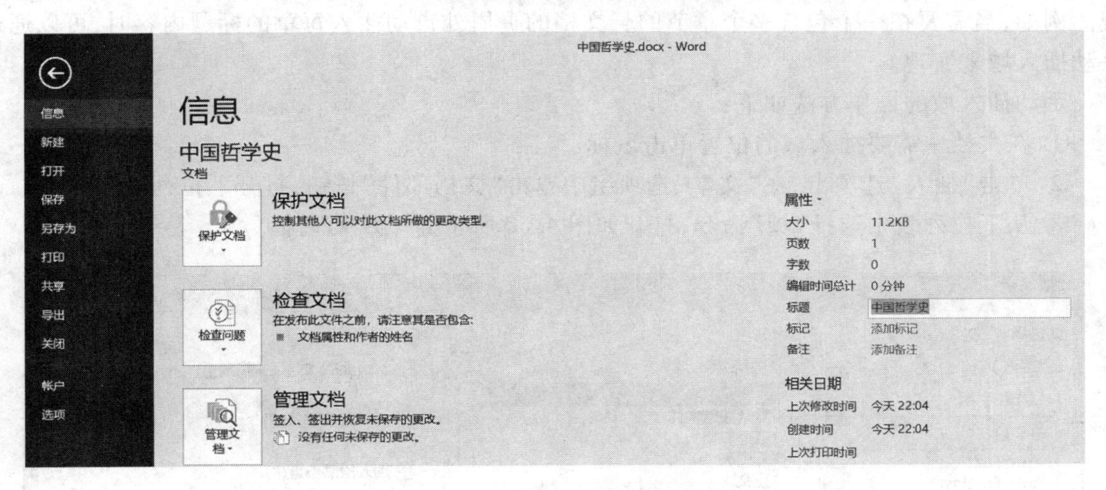

图 4.48 编辑修改文档的属性

调用文档属性的操作方法如下：

① 在文档中需要插入文档属性的位置单击鼠标。

② 单击“插入”选项卡，在“文本”选项组中单击“文档部件”按钮，从下拉列表中选择“文档属性”。

③ 从“文档属性”列表中选择所需的属性名称即可将其插入到文档中，如图 4.49 所示。

④ 在插入到文档中的“文档属性”框中可以修改属性内容，该修改可同步反映到后台视图的属性信息。

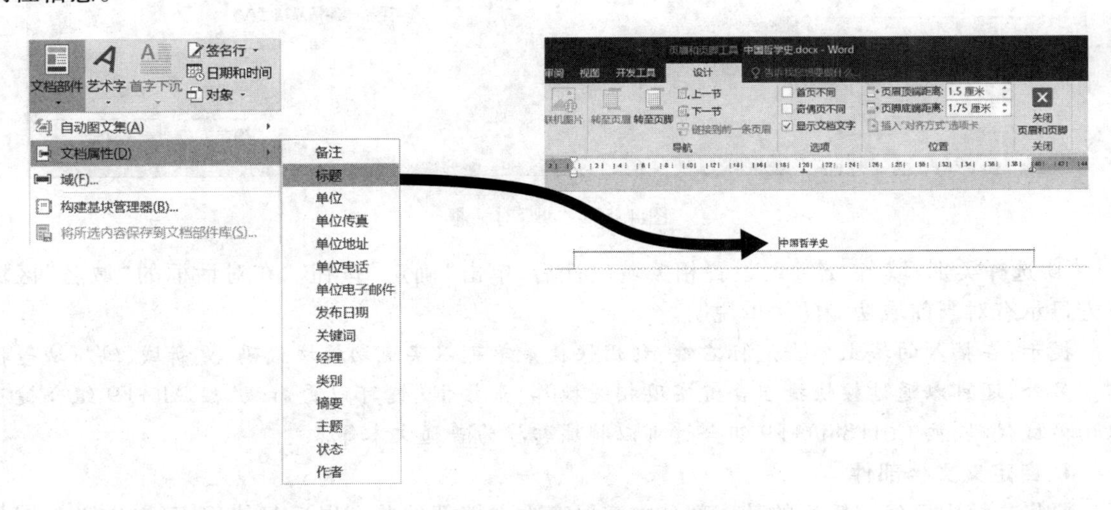

图 4.49 在文档中插入文档属性并可修改

3. 插入域

域是一组能够嵌入文档中的指令代码，其在文档中体现为数据的占位符。域可以提供自动

更新的信息，如时间、标题、页码等。在文档中使用特定命令时，如插入页码、插入封面等文档构建基块时或者创建目录时，Word 会自动插入域。必要时，还可以手动插入域，以自动处理文档外观。例如，当需要在一个包含多个章节的长文档的页眉处自动插入每章的标题内容时，可以通过手动插入域来实现。

手动插入域的操作方法如下：

① 在文档中需要插入域的位置单击鼠标。

② 单击“插入”选项卡，在“文本”选项组中单击“文档部件”按钮，打开下拉列表。

③ 从下拉列表中选择“域”命令，打开如图 4.50 所示的“域”对话框。

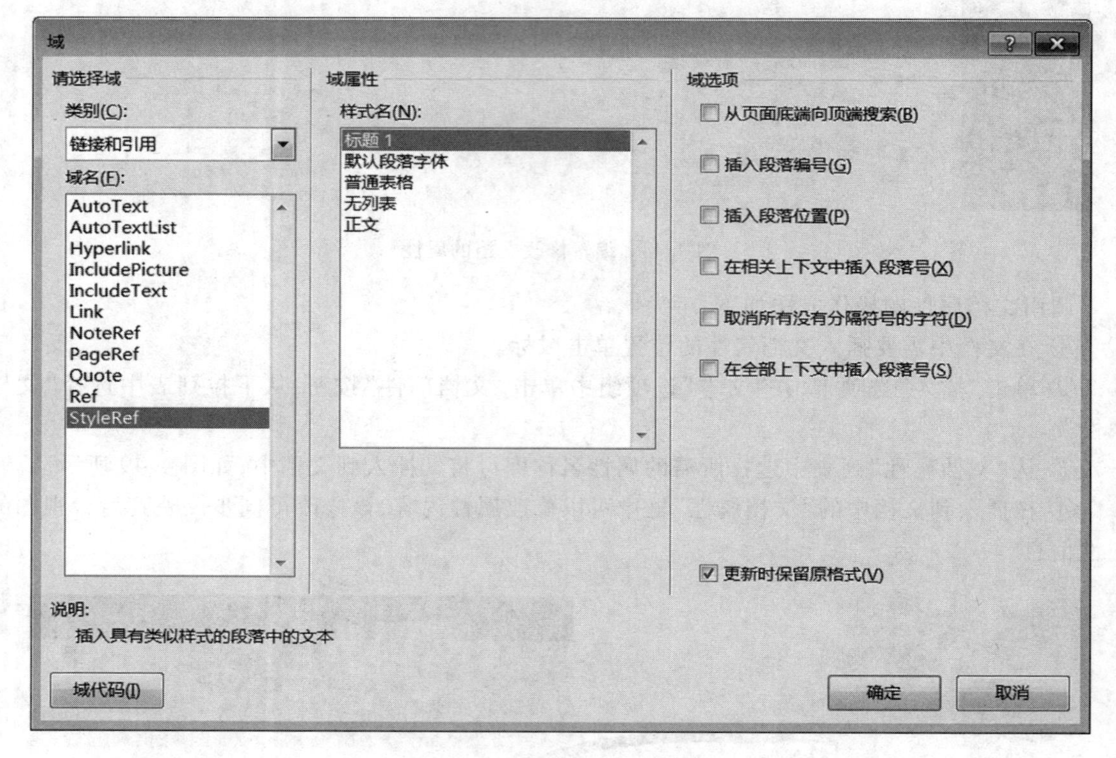

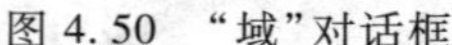
图 4.50 “域”对话框

④ 选择类别、域名，必要时设置相关域属性后，单击“确定”按钮。在对话框的“域名”区域下方显示有对当前域功能的简单说明。

提示：在插入的域上单击鼠标右键，利用快捷菜单可以实现切换域代码、更新域、编辑域等操作。另外，还可以通过按快捷组合键实现相关操作，如按 F9 键可以更新域，按 Alt+F9 组合键可以切换域代码，按 Ctrl+Shift+F9 组合键可以将域转换为普通文本等。

4. 自定义文档部件

要将文档中已经编辑好的某一部分内容保存为文档部件并可以反复使用，可自定义文档部件，方法与自定义自动图文集相类似。例如，一个产品销量的表格框架很有可能在撰写其他同类文档时会再次被使用，就可以将其定义为一个文档部件。具体操作步骤如下：

① 在文档中编辑需要保存为文档部件的内容并进行格式化，然后选中该部分内容。

② 单击“插入”选项卡，在“文本”选项组中单击“文档部件”按钮。

③ 从下拉列表中执行“将所选内容保存到文档部件库”命令，打开“新建构建基块”对话框，如图 4.51 所示。

④ 输入文档部件的名称，并在“库”类别下拉列表中指定其存储的部件库，如选择“表格”。

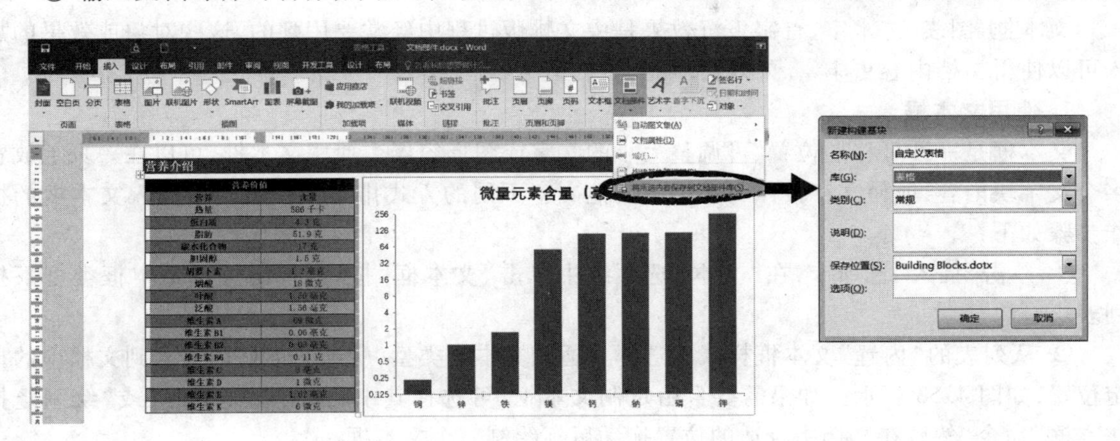

图 4.51　在“新建构建基块”对话框中创建文档部件

⑤ 单击“确定”按钮，完成文档部件的创建工作。

⑥ 打开或新建另外一个文档，将光标定位在要插入文档部件的位置，依次选择“插入”选项卡→“文本”选项组→“文档部件”按钮→“构建基块管理器”命令，打开如图 4.52 所示的“构建基块管理器”对话框。从“构建基块”列表中选择新建的文档部件，单击“插入”按钮，即可将其直接重用在文档中。

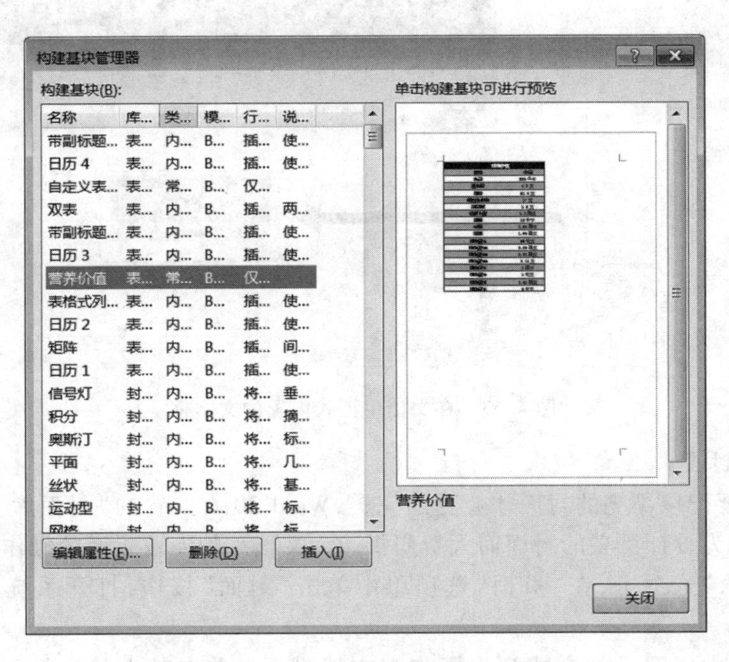

图 4.52　“构建基块管理器”对话框

如果需要删除自定义的文档部件,只需要在图 4.52 所示的"构建基块管理器"对话框中选中该部件,然后单击"删除"按钮即可。

4.5.2 插入其他对象

文本框、图表、艺术字、首字下沉效果是中文排版过程中经常要用到的,这些对象或效果的加入可以使得文档内容更丰富、外观更漂亮。

1. 使用文本框

文本框是一种可移动位置、可调整大小的文字或图形容器。使用文本框,可以在一页上放置多个文字块内容,或使文字按照与文档中其他文字不同的方式排布。在文档中插入文本框的操作步骤如下:

① 单击"插入"选项卡,在"文本"选项组中单击"文本框"按钮,弹出可选文本框类型下拉列表。

② 从列表的"内置"文本框样式中选择合适的文本框类型,所选文本框即插入到文档中的指定位置,如图 4.53 所示。如果需要自由定制文本框,可选择其中的"绘制文本框"或"绘制竖排文本框"命令,然后在文档中合适的位置拖动鼠标绘制一个文本框。

③ 可直接在文本框中输入内容并进行编辑。

④ 利用"绘图工具|格式"选项卡中的各类工具,可对文本框及其中的内容进行设置。其中,通过"文本"选项组中的"创建链接"按钮,可在两个文本框之间建立链接关系,使得文本在其间自动传递。

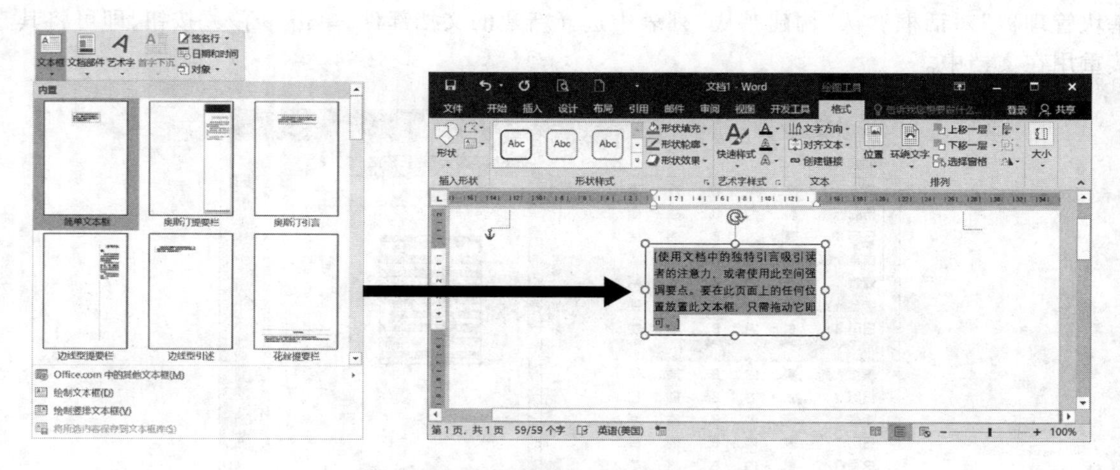

图 4.53 在文档中插入内置的文本框

2. 插入文档封面

专业的文档要配以漂亮的封面才会更加完美,Word 2016 内置的"封面库"提供了充足的选择空间,令人无须为设计漂亮的封面而大费周折。为文档添加专业封面的操作步骤如下:

① 单击"插入"选项卡,在"页面"选项组中单击"封面"按钮,打开系统内置的"封面库"列表。

② "封面库"中以图示的方式列出了许多文档封面。单击其中某一封面类型,例如"奥斯

汀”。所选封面就会自动插入到当前文档的第一页，现有的文档内容会自动后移，如图 4.54 所示。

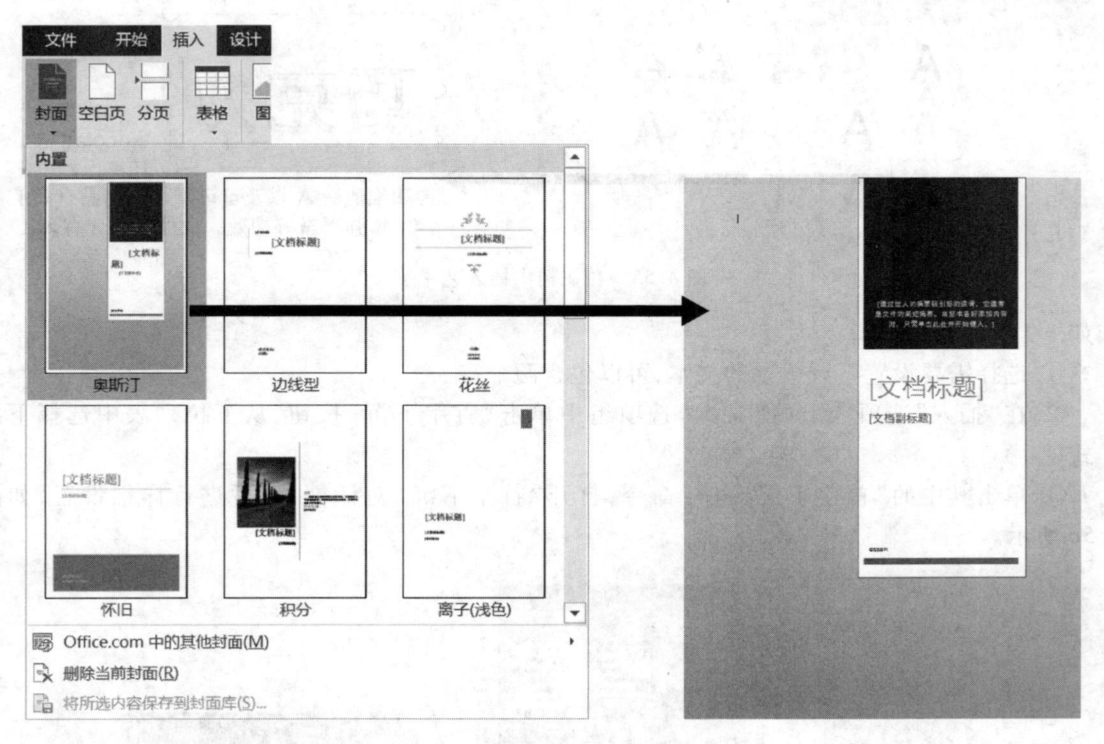

图 4.54　选择文档封面并插入到文档中

③ 单击封面中的内容控件框，例如“摘要”“标题”“作者”等，在其中输入或修改相应的文字信息并进行格式化，一个漂亮的封面就制作完成了。

若要删除已插入的封面，可以在“插入”选项卡上的“页面”选项组中单击“封面”按钮，然后在弹出的下拉列表中执行“删除当前封面”命令。

如果自行设计了符合特定需求的封面，也可以通过执行“插入”选项卡→“页面”选项组→“封面”按钮→“将所选内容保存到封面库”命令，将其保存到“封面库”中以备下次使用。

3. 插入艺术字

以艺术字的效果呈现文本，可以有更加亮丽的视觉效果。在文档中插入艺术字的操作方法是：

① 在文档中选择需要添加艺术字效果的文本，或者将光标定位于需要插入艺术字的位置。

② 单击“插入”选项卡，在“文本”选项组中单击“艺术字”按钮，打开艺术字样式列表。

③ 从列表中选择一个艺术字样式，即可在当前位置插入艺术字文本框，如图 4.55 所示。

④ 在艺术字文本框中输入或编辑文本。通过“绘图工具|格式”选项卡中的各项工具，可对艺术字的形状、样式、颜色、位置及大小进行设置。

4. 首字下沉

在 Word 2016 中可以设置文档段落的首字呈现下沉效果，以起到突出显示的作用。具体操

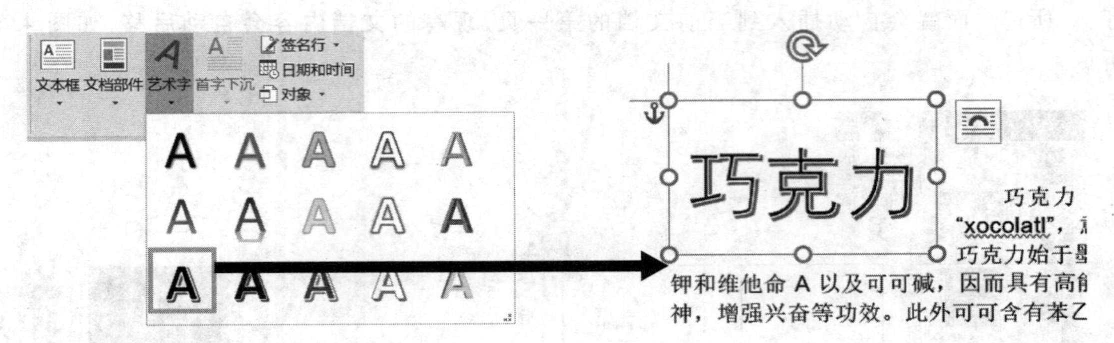

图 4.55 在文档中插入艺术字

作如下：

① 选择需要设置下沉效果的文本，可以包含两个字。

② 在"插入"选项卡上的"文本"选项组中单击"首字下沉"按钮，从下拉列表中选择下沉样式。

③ 单击其中的"首字下沉选项"命令，打开"首字下沉"对话框，然后进行详细设置，如图 4.56 所示。

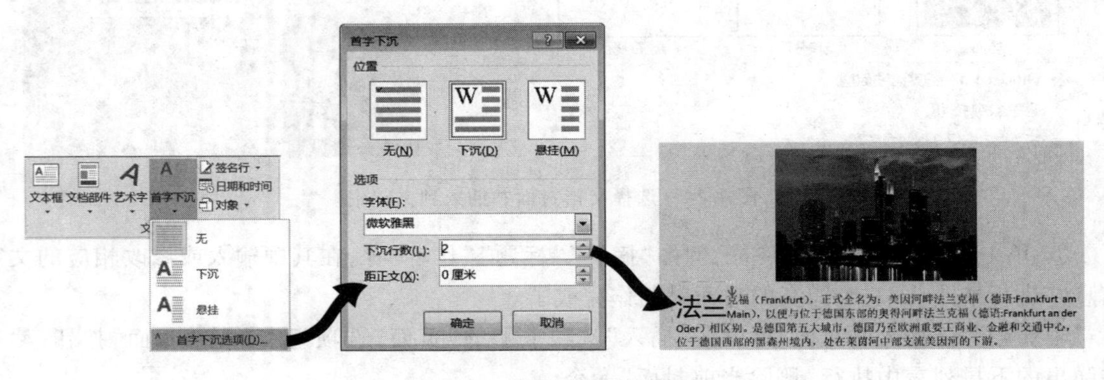

图 4.56 设置首字下沉效果

5. 插入图表

图表可对表格中的数据图示化，增强可读性。在文档中制作图表的操作方法是：

① 在文档中将光标定位于需要插入图表的位置。

② 单击"插入"选项卡，在"插图"选项组中单击"图表"按钮，打开如图 4.57 所示的"插入图表"对话框。

③ 选择合适的图表类型，如"柱形图"，单击"确定"按钮，自动进入"Microsoft Word 中的图表"窗口。

④ 在指定的数据区域中输入生成图表的数据源，拖动数据区域的右下角可以改变数据区域的大小。同时 Word 文档中显示相应的图表，如图 4.58 所示。

⑤ 关闭"Microsoft Word 中的图表"窗口，然后在 Word 文档中通过"图表工具"下的"设计"和"格式"两个选项卡对插入的图表进行各项设置。

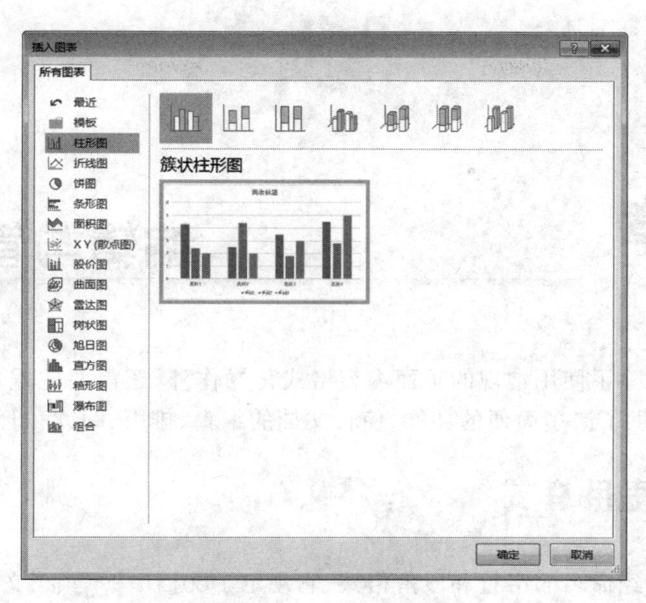

图 4.57 “插入图表”对话框

提示：在编辑图表数据的时候，如果需要对数据进行更复杂的处理，可以单击“Microsoft Word 中的图表”窗口标题栏左边的“在 Microsoft Excel 中编辑数据”按钮，此时会在 Excel 中显示图表数据，用户可以使用 Excel 的各种功能对数据进行处理。

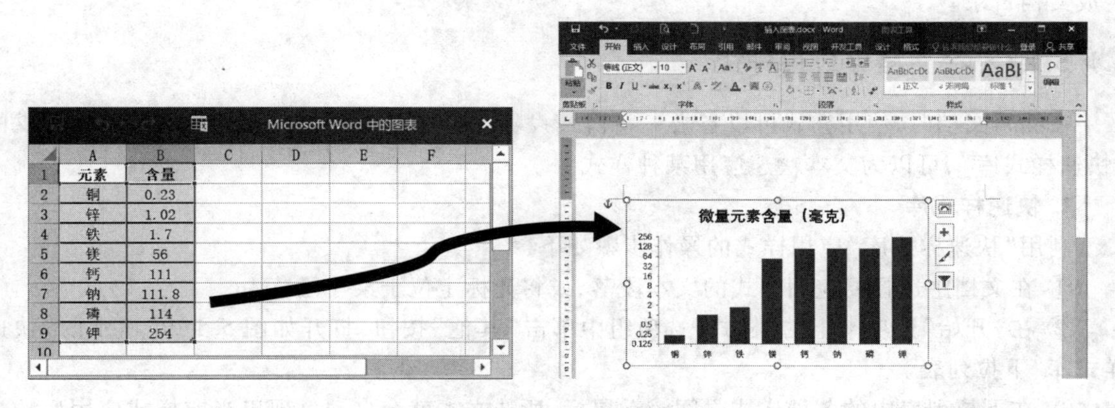

图 4.58 在 Word 文档中插入图表

第5章 编辑与管理长文档

制作专业的文档除了使用常规的页面内容格式化操作外，还需要注重文档的结构以及排版方式。Word 2016 提供了诸多简便的功能，使长文档的编辑、排版、阅读和管理更加轻松自如。

5.1 定义并使用样式

样式是指一组已经命名的字符和段落格式，它规定了文档中标题、正文以及要点等各个文本元素的格式。在文档中可以将一种样式应用于某个选定的段落或字符，以使所选定的段落或字符具有这种样式所定义的格式。

在文档中使用样式，可以简化格式的编辑和修改等操作，迅速、轻松地统一文档格式，还可以自动在文档的导航窗格中生成文档的结构图，从而使内容更有条理。此外，借助样式还可以自动生成文档目录。

5.1.1 在文档中应用样式

在编辑文档时，使用样式可以省去一些格式设置上的重复性操作。利用 Word 2016 提供的“快速样式库”，可以为文本快速应用某种样式。

1. 快速样式库

利用“快速样式库”应用样式的操作步骤如下：

① 在文档中选择要应用样式的文本段落，或将光标定位于某一段落中。

② 在“开始”选项卡上的“样式”选项组中单击“其他”按钮，打开如图 5.1(a)所示的“快速样式库”下拉列表。

③ 在下拉列表中的各种样式之间滑动鼠标，所选文本就会自动呈现出当前样式应用后的视觉效果。单击某一样式，该样式所包含的格式就会被应用到当前所选文本中。

2. “样式”任务窗格

通过“样式”任务窗格也可以将样式应用于所选文本段落，操作步骤如下：

① 在文档中选择要应用样式的文本段落，或将光标定位于某一段落中。

② 在“开始”选项卡上的“样式”选项组中单击右下角的“对话框启动器”，打开如图 5.1(b)所示的“样式”任务窗格。

③ 在“样式”任务窗格的列表框中选择某一样式，即可将该样式应用到当前段落中。

(a) 快速样式库

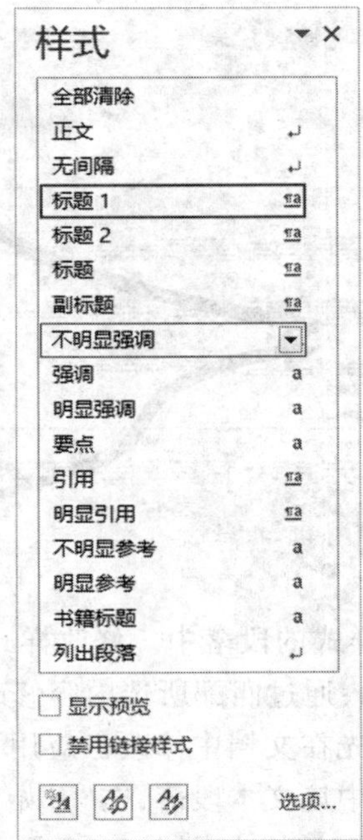

(b) “样式”任务窗格

图 5.1 快速样式库与“样式”任务窗格

在“样式”任务窗格中选中下方的“显示预览”复选框方可看到样式的预览效果，否则所有样式只以文字描述的形式列举出来。

提示：双击“样式”任务窗格标题区域，可以将窗格固定在 Word 窗口的右侧。在 Word 提供的内置样式中，标题 1、标题 2、标题 3……标题样式在创建目录、按大纲级别组织和管理文档时非常有用。通常情况下，在编辑一篇长文档时，建议将各级标题分别赋予内置标题样式，然后可对标题样式进行适当修改以适应格式需求。

3. 样式集

除了单独为选定的文本或段落设置样式外，Word 2016 内置了许多经过专业设计的样式集，而每个样式集都包含了一整套可应用于整篇文档的样式组合。只要选择了某个样式集，其中的样式组合就会自动应用于整篇文档，从而实现一次性完成文档中的所有样式设置。应用样式集的操作方法如下：

① 首先为文档中的文本应用 Word 内置样式，如标题文本应用内置标题样式。

② 在“设计”选项卡上的“文档格式”选项组中单击“其他”按钮，打开样式集列表，如图 5.2 所示。

③ 从样式集列表中，单击选择某一样式集，如“线条(时尚)”，该样式集中包含的样式设置就会应用于当前文档中已应用了内置标题样式、正文样式的文本。

5.1.2 修改样式

在 Word 2016 中，可以根据需要对样式中的格式进行修改。对样式的修改将会反映到所有

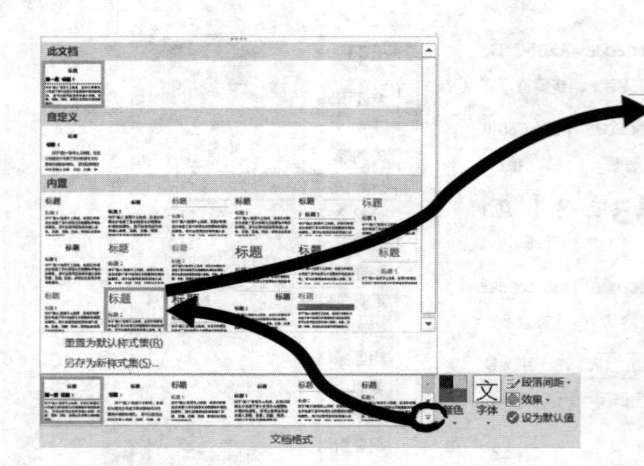

中国翻译服务业的阶段性发展特征

本报告的数据显示，中国翻译服务产业化进程正日益加快，行业也正逐步走向规范。在中国翻译服务业日益凸显的诸多发展特征中，以下四个阶段性特征尤其值得关注。

保持快速发展态势，企业对行业发展前景乐观

《2012版报告》显示，截止2011年，全国在营语言服务及相关企业为37197家；本报告源数据显示，到2013年底，这个数字增加到了55975家。也就是说，2012-2013年两年时间，全国新增18778家在营语言服务及相关企业，年均增幅高达25%，大大超过20002011年间企业数量的年均增长率18.5%。以上数据表明，在全球化和信息化时代，语言服务市场需求迅速扩大，中国语言服务业伴随中国经济的较高增长，呈现出持续快速增长的态势。企业调查数据也显示，受访企业对翻译服务业的未来发展持比较乐观的态度，平均分高达4.11分[1]，这从一个侧面印证了中国翻译服务业是一个颇具可持续增长潜力的新兴服务行业。

图5.2　应用样式集

应用了该样式的段落中。修改样式主要有两种方法。

方法1:通过匹配所选内容修改样式

① 首先在文档中修改已应用了某个样式的文本的格式,例如某个“标题2”段落。

② 选中该文本段落,在“开始”选项卡上的“样式”选项组中单击“对话框启动器”按钮打开“样式”任务窗格,如图5.3(a)所示,右键单击任务窗格中的“标题2”样式(也可以单击该样式右侧的黑色三角按钮),从弹出的快捷菜单中选择“更新标题2以匹配所选内容”命令,将完成样式的修改,并把新样式应用到文档所有的“标题2”段落上。

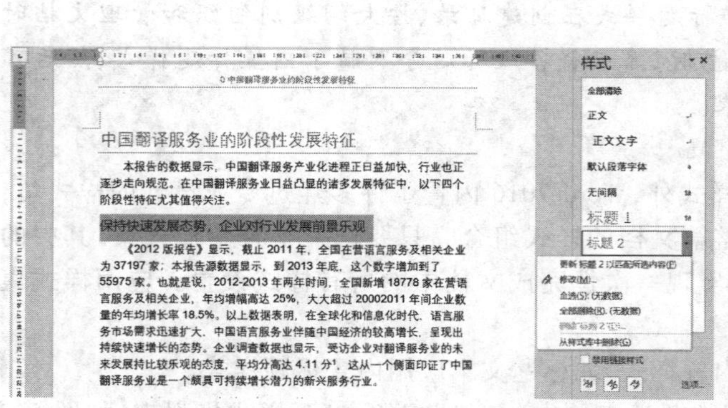

(a) 通过匹配所选内容修改样式

(b) “修改样式”对话框

图5.3　修改样式

方法2:直接修改样式

① 在“开始”选项卡上的“样式”选项组中单击“对话框启动器”,打开“样式”任务窗格。

② 将光标指向“样式”任务窗格中需要修改的样式名称,右键单击该样式或者单击其右侧的三角按钮。

③ 从弹出的下拉列表中选择“修改”命令,打开“修改样式”对话框,如图 5.3(b)所示。

④ 在该对话框中,可重新定义样式的名称、基准、后续段落样式以及常用的格式选项,单击左下角的“格式”按钮,可分别对该样式的字体、段落、制表位、边框、语言、图文框、编号、快捷键、文字效果进行重新设置。

⑤ 修改完毕后,单击“确定”按钮。对样式的修改会立即反映到所有应用该样式的文本段落中。

实例:为案例文档应用并修改样式。

打开案例素材“应用并修改样式.docx”,为文中以红色字体标出的段落“1、2、3…”应用内置样式“标题 1”,然后将样式“标题 1”的格式修改为:字体为微软雅黑、三号、标准蓝色;段落居中对齐、单倍行距、段前 12 磅、段后 6 磅,始终与下段同页。

① 选中文档开头的段落“1 透视法催生光学器件”,单击“开始”选项卡的“编辑”选项组中的“选择”按钮,在下拉列表中单击“选择格式相似的文本”命令,选中文档中所有红色字体段落,如图 5.4 所示。

② 在“开始”选项卡上的“样式”组中,从样式库中选择“标题 1”,将该样式应用于所选段落。

③ 选中“1 透视法催生光学器件”所在的段落,通过“开始”选项卡上的“字体”选项组中的相关工具将其字体设为微软雅黑、三号、标准蓝色;在“段落”对话框中的“缩进和间距”选项卡中按照要求设置对齐方式和段落间距,其中可在“段前”和“段后”文本框中分别直接输入“12 磅”和“6 磅”;在“段落”对话框的“换行和分页”选项卡中勾选“与下段同页”复选框。

④ 保证“1 透视法催生光学器件”所在的段落仍处于选中状态,在“开始”选项卡上的“样式”选项组中单击右下角的“对话框启动器”按钮打开“样式”任务窗格;在“样式”任务窗格中单击“标题 1”右侧的三角按钮,从下拉列表中选择“更新 标题 1 以匹配所选内容”命令,完成“标题 1”格式的更新并应用到所有相关段落。

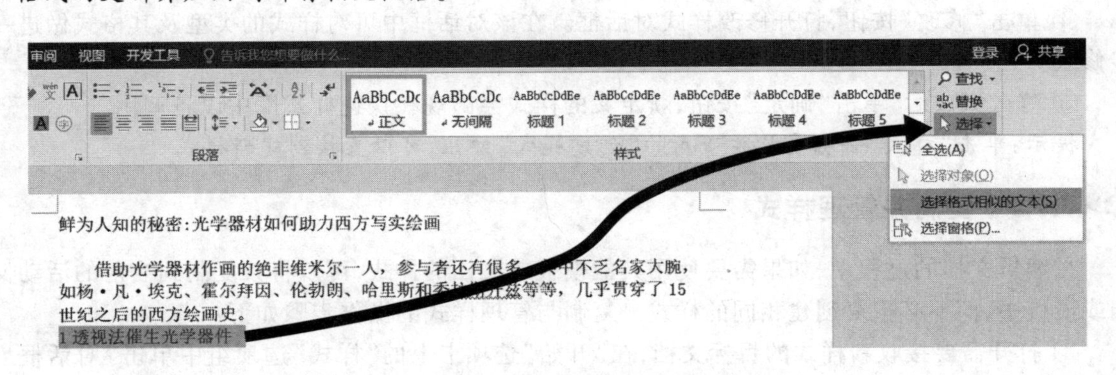

图 5.4　选择格式相似的文本

5.1.3　创建新样式

在 Word 2016 中,可以在光标所在段落样式的基础上定义新样式。创建新样式的操作方法是:

① 首先将鼠标光标定位到要创建样式所依据的段落上。

提示：选择的位置应该和所要新建的样式格式最为接近，例如要在“正文”样式的基础上创建首行缩进两个字符的新样式，则光标应定位在某个“正文”样式段落中。

② 在“开始”选项卡上的“样式”选项组中单击“其他”按钮，在下拉列表中单击“创建样式”命令。

③ 打开如图 5.5 所示的“根据格式设置创建新样式”对话框，在“名称”文本框中输入新样式的名称，例如“中文正文”。

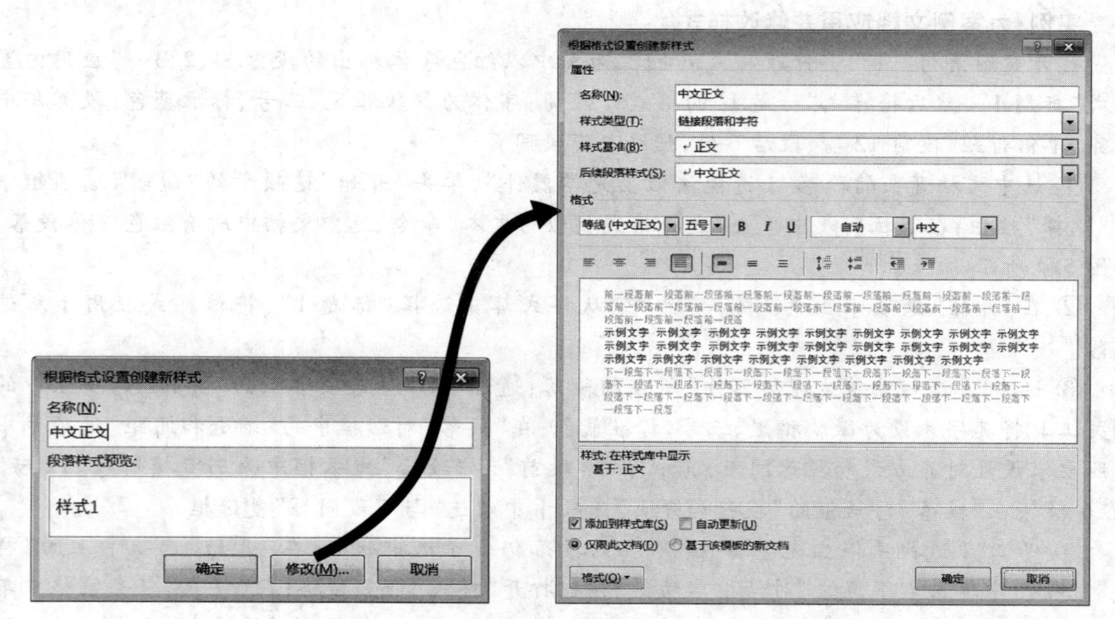

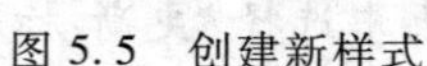
图 5.5 创建新样式

④ 单击“修改”按钮，打开修改样式对话框。在该对话框中可对样式的类型及其格式做进一步修改。

⑤ 修改完成后，单击“确定”按钮，新定义的样式会出现在快速样式库中以备调用。

提示：单击“样式”任务窗格左下角的“创建样式”按钮，可以直接创建新样式。

5.1.4 复制并管理样式

在编辑文档的过程中，如果需要使用其他模板或文档的样式，可以将其复制到当前的活动文档或模板中，而不必重复创建相同的样式。复制与管理样式的操作步骤如下：

① 打开需要接收新样式的目标文档，在“开始”选项卡上的“样式”选项组中单击“对话框启动器”按钮，打开“样式”任务窗格。

② 单击“样式”任务窗格底部的“管理样式”按钮，打开“管理样式”对话框，如图 5.6 所示。

③ 单击左下角的“导入/导出”按钮，打开“管理器”对话框中的“样式”选项卡。在该对话框中，左侧区域显示的是当前文档中所包含的样式列表，右侧区域显示的是 Word 默认文档模板中所包含的样式。

④ 此时，可以看到右边的“样式位于”下拉列表框中显示的是“Normal.dotm(共用模板)”，而

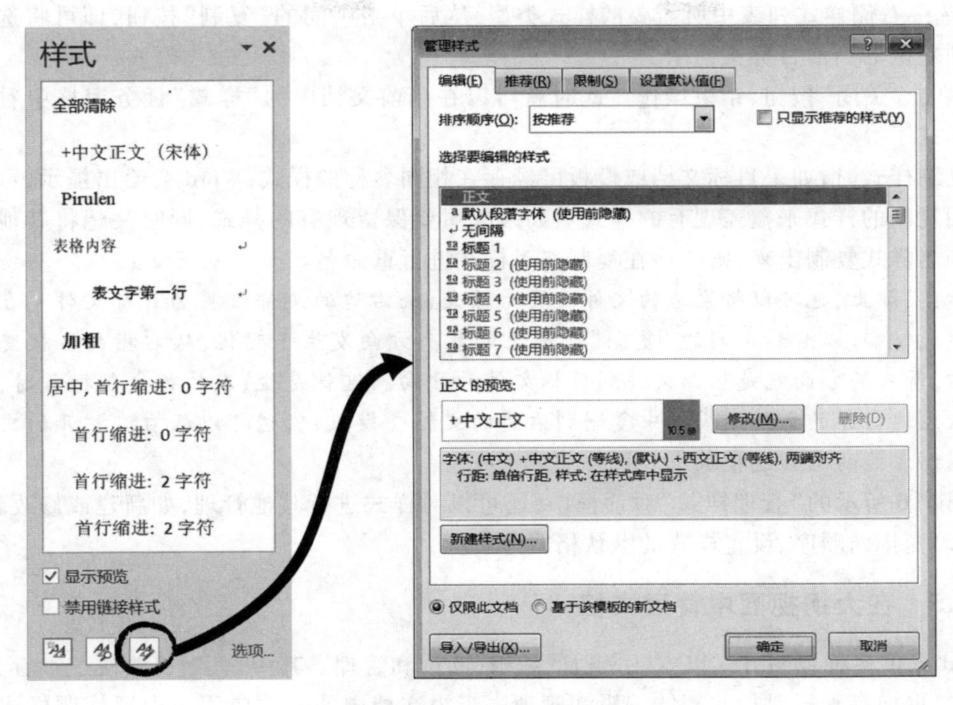

图 5.6　“管理样式”对话框

不是包含有需要复制到目标文档样式的源文档。为了改变源文档，单击右侧的“关闭文件”按钮，原来的“关闭文件”按钮就会变成“打开文件”按钮，如图 5.7 所示。

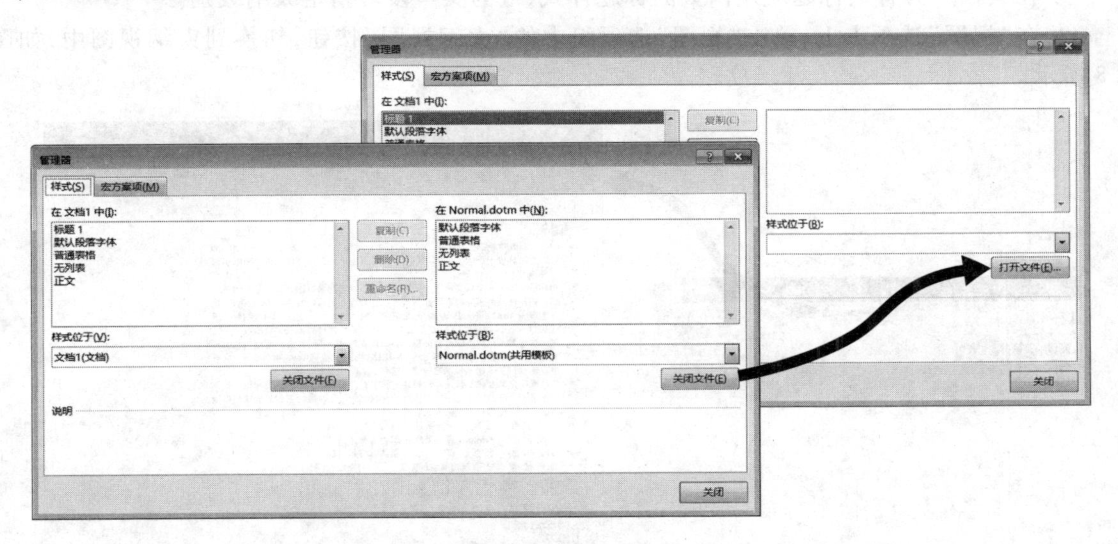

图 5.7　“管理器”对话框中的“样式”选项卡

⑤ 单击“打开文件”按钮，打开“打开”对话框。

⑥ 在“文件类型”下拉列表中选择“所有 Word 文档”，找到并选择包含需要复制到目标文档样式的源文档后，单击“打开”按钮将源文档打开。

⑦ 选中右侧样式列表中所需要的样式类型，然后单击中间的“复制”按钮，即可将选中的样式复制到左侧的当前目标文档中。

⑧ 单击“关闭”按钮，结束操作。此时就可以在当前文档中的“样式”任务窗格中看到已添加的新样式了。

在复制样式时，如果目标文档或模板已经存在相同名称的样式，Word 会给出提示，可以决定是否要用复制的样式来覆盖现有的样式。如果既想要保留现有的样式，同时又想将其他文档或模板的同名样式复制出来，则应该在复制前对样式进行重命名。

提示：实际上，也可以将左边的文件设置为源文件，右边的文件设置为目标文件。在源文件中选中样式时，可以看到中间的“复制”按钮上的箭头方向发生了变化，从右指向左就变成了从左指向右，箭头的方向就是从源文件到目标文件的方向。这就是说，在执行复制操作时，既可以把样式从左边打开的文档或模板中复制到右边的文档或模板中，也可以从右边打开的文档或模板中复制到左边的文档或模板中。

在图 5.6 所示的“管理样式”对话框中，还可以对样式进行其他管理，如新建或修改新式、删除样式、改变排列顺序、设置样式的默认格式等。

5.1.5 在大纲视图中管理文档

Word 提供多种视图方式以方便文档的编辑、阅读和管理。其中，大纲视图便于查看、组织文档的结构，更加有利于对长文档的编辑和管理。当为文档中的文本应用了内置标题样式或在段落格式中指定了大纲级别后，就可以在大纲视图中通过调整文本的大纲级别来调整文档的结构。

在大纲视图中组织和管理文档的方法是：

① 在文档中为各级标题应用内置的标题样式，或为文本段落指定大纲级别。

② 在“视图”选项卡上，单击“视图”选项组中的“大纲视图”按钮，切换到大纲视图中，如图 5.8 所示。

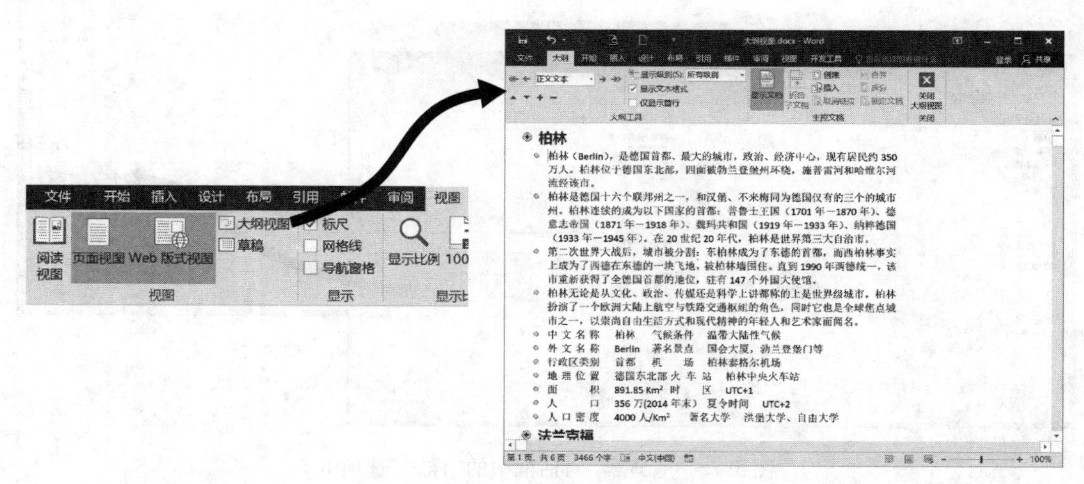

图 5.8 在大纲视图中组织和管理文档

③ 在“大纲”选项卡上，利用“大纲工具”选项组中的各项工具可以设定窗口中的显示级别、展开/折叠大纲项目、上移/下移大纲项目、提升/降低大纲项目的级别，也可以直接指定文本段落

的大纲级别。

④ 单击“主控文档”选项组中的“显示文档”按钮，可以展开“主控文档”选项组。单击其中的“创建”按钮，可为当前选中的大纲项目创建子文档。在子文档中的修改可以即时反馈到主文档中。

⑤ 单击“关闭”选项组中的“关闭大纲视图”按钮，即可返回普通编辑状态。

5.2 文档分页、分节与分栏

分页、分节和分栏操作，可以使得文档的版面更加多样化，布局更加合理有效。

5.2.1 分页与分节

文档的不同部分有时需要从一个新的页面开始，如果用加入多个空行的方法使新的部分另起一页，会导致修改文档时重复排版，从而增加了工作量，降低了工作效率。借助 Word 的分页或分节操作，可以有效划分文档内容的布局，而且使文档排版工作简洁高效。

1. 手动分页

一般情况下，Word 文档是自动分页的，文档内容到页尾时会自动排到下一页。但如果为了排版布局需要，可能会单纯地将文档内容从中间划分为上下两页，这时可在文档中插入分页符，操作步骤如下：

① 将光标置于需要分页的位置。

② 在“布局”选项卡上的“页面设置”选项组中单击“分隔符”按钮，打开如图 5.9 所示的分隔符选项列表。

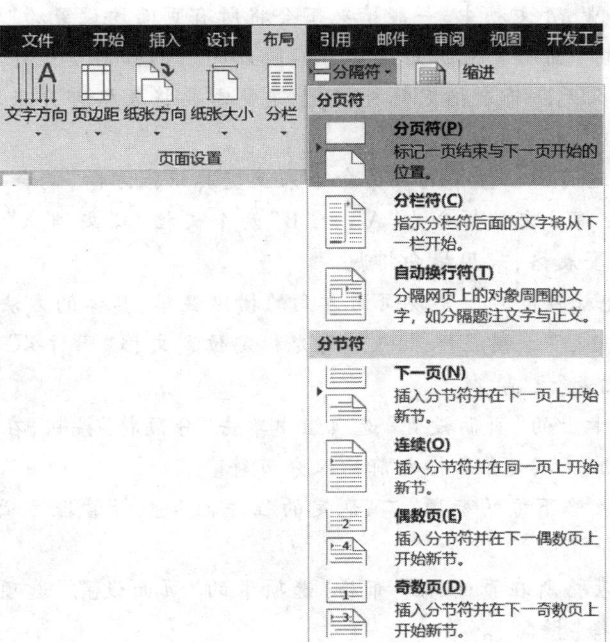

图 5.9 分隔符选项列表

③ 单击“分页符”命令区域中的“分页符”按钮,即可将光标后的内容布局到新的一个页面中,分页符前后页面设置的属性及参数均保持一致。

2. 文档分节

在文档中插入分节符,不仅可以将文档内容划分为不同的页面,而且还可以分别针对不同的节进行页面设置。插入分节符的操作步骤如下:

① 将光标置于需要分节的位置。

② 在“布局”选项卡上的“页面设置”选项组中单击“分隔符”按钮,打开分隔符选项列表。分节符的类型共有 4 种,其中:

- 下一页　分节符后的文本从新的一页开始,也就是分节的同时分页。
- 连续　新节与其前面一节同处于当前页中,也就是只分节不分页,两节处于同一页中。
- 偶数页　分节符后面的内容转入下一个偶数页,也就是分节的同时分页,且下一页从偶数页码开始。
- 奇数页　分节符后面的内容转入下一个奇数页,也就是分节的同时分页,且下一页从奇数页码开始。

③ 单击选择其中的一种分节符后,在当前光标位置会插入一个分节符。

分节在 Word 中是个非常重要的功能,如果缺少了“节”的参与,许多排版效果将无法实现。默认方式下,Word 将整个文档视为一节,所有对文档的设置都是应用于整篇文档的。当插入分节符将文档分成几节后,可以根据需要设置每节的页面格式。例如,当一部书稿分为不同的章节时,将每一章分为一个节后,就可以为每一章设置不同的页眉和页脚,并可使得每一章都从奇数页开始。

实例:页面方向的横纵混排。

举例来说,在一篇 Word 文档中,一般情况下会将所有页面均设置为“横向”或“纵向”。但有时也需要将其中的某些页面与其他页面设置为不同方向。例如对于一个包含较大表格的文档,如果采用纵向排版,那么无法将表格完整打印,于是就需要将表格部分采取横向排版,如图 5.10 所示。

可是,如果直接通过页面设置中的相关命令来改变其纸张方向,就会引起整个文档所有页面方向的改变。有的人会将该文档拆分为“A”和“B”两个文档。“文档 A”是文字部分,使用纵向排版;“文档 B”用于放置表格,采用横向排版。

其实通过分节功能就可以轻松实现页面方向的横纵混排,具体的方法是:

① 打开案例素材文档“纵横混排.docx”,将光标定位到文档“附件 4”下方表格说明文字“新旧政策的认定条件对比表”之前。

② 在“布局”选项卡上的“页面设置”选项组中单击“分隔符”按钮,在弹出的列表中单击“分节符”区域中的“下一页”命令,在表格之前插入分节符。

③ 将光标定位到表格下方的标题“二、认定的程序性和监督管理方面事项”之前,使用同样的方法插入“下一页”分节符。

④ 将光标定位于表格所在页面,在“布局”选项卡的“页面设置”选项组中单击“纸张方向”按钮,在下拉列表中选择“横向”。

完成效果如图 5.10 所示。

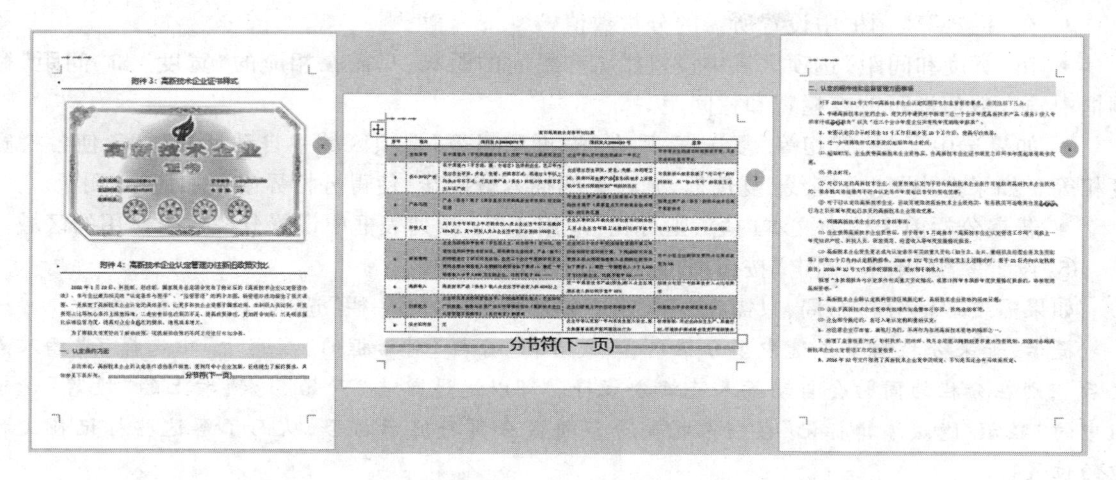

图 5.10 页面方向的纵横混排

5.2.2 分栏处理

有时候会觉得文档一行中的文字太长，不便于阅读，此时就可以利用分栏功能将文本分为多栏排列，使版面的呈现更加生动。在文档中为内容创建多栏的操作步骤如下：

① 首先在文档中选择需要分栏的文本内容。如果不选择，将对整个文档进行分栏设置。

② 在“布局”选项卡上的“页面设置”选项组中单击“分栏”按钮。

③ 从弹出的下拉列表中，选择一种预定义的分栏方式，以迅速实现分栏排版，如图 5.11(a)所示。

④ 如需对分栏进行更为具体的设置，可以在弹出的下拉列表中执行“更多分栏”命令，打开如图 5.11(b)所示的“分栏”对话框，进行以下设置：

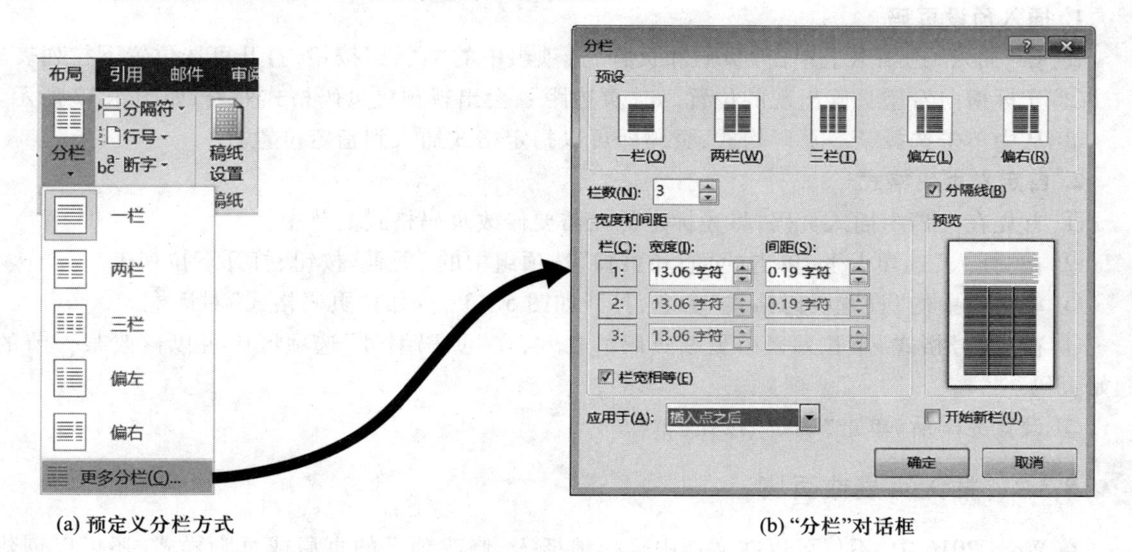

(a) 预定义分栏方式　　(b) “分栏”对话框

图 5.11 将文档内容分栏显示

• 在“栏数”微调框中设置所需的分栏数值。

• 在“宽度和间距”选项区域中设置栏宽和栏间的距离，只需在相应的“宽度”和“间距”微调框中输入数值即可改变栏宽和栏间距。

• 如果选中了“栏宽相等”复选框，则在“宽度和间距”选项区域中自动计算栏宽，使各栏宽度相等。如果选中了“分隔线”复选框，则在栏间插入分隔线，使得分栏界限更加清晰、明了。

• 若在分栏前未选中文本内容，则可在“应用于”下拉列表框中设置分栏效果作用的区域。

⑤ 设置完毕，单击“确定”按钮即可完成分栏排版。

如果需要取消分栏布局，只需在“分栏”下拉列表中选择“一栏”选项即可。

提示：如果分栏前事先选中了分栏内容，或者在“分栏”对话框的“应用于”中选择了“插入点之后”，则在分栏的同时会自动插入连续分节符。可以通过单击“开始”选项卡上的“段落”选项组中的“显示/隐藏编辑标记”按钮来控制分节符或分页符显示与否，从而了解这些标记在文档中的位置。

5.3 设置页眉、页脚与页码

页眉和页脚是文档中每个页面的顶部、底部和两侧页边距中的区域。在页眉和页脚中可以插入文本、图形图片以及文档部件，例如页码、时间和日期、公司徽标、文档标题、文件名、文档路径或作者姓名等。

5.3.1 插入页码

页码一般是插入到文档的页眉和页脚位置的。当然，如果有必要，也可以将其插入到文档中。Word 提供一组预设的页码格式，另外还可以自定义页码。利用插入页码功能插入的实际是一个域而非单纯数字，因此页码是可以自动变化和更新的。

1. 插入预设页码

① 在“插入”选项卡上单击“页眉和页脚”选项组中的“页码”按钮，打开可选位置下拉列表。

② 光标指向希望页码出现的位置，如“页边距”，会出现预置页码格式列表，如图 5.12 所示。

③ 从中单击选择某一页码格式，页码即可以指定格式插入到指定位置。

2. 自定义页码格式

① 首先在文档中插入页码，将光标定位在需要修改页码格式的节中。

② 在“插入”选项卡上，单击“页眉和页脚”选项组中的“页码”按钮，打开下拉列表。

③ 单击其中的“设置页码格式”命令，打开如图 5.13 所示的“页码格式”对话框。

④ 在“编号格式”下拉列表中更改页码的格式，在“页码编号”选项区中可以修改某一节的起始页码。

⑤ 设置完毕后，单击“确定”按钮。

5.3.2 插入页眉或页脚

在 Word 2016 中，不仅可以在文档中轻松地插入、修改预设的页眉或页脚样式，还可以创建自定义外观的页眉或页脚，并将新的页眉或页脚保存到样式库中以便在其他文档中使用。

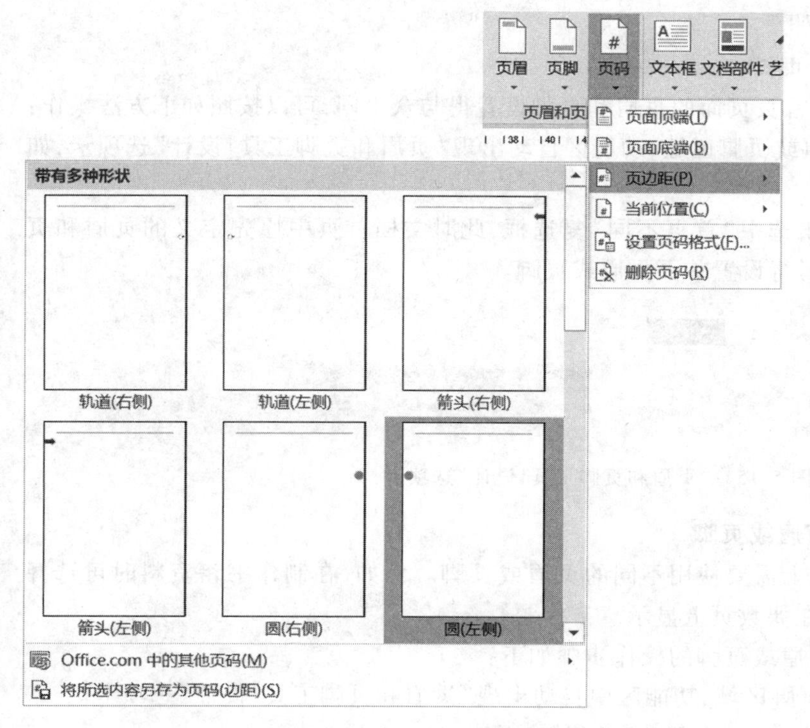

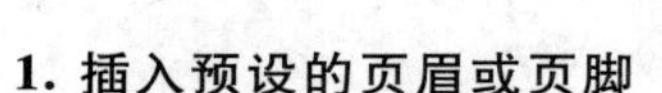

图 5.12 插入预设页码

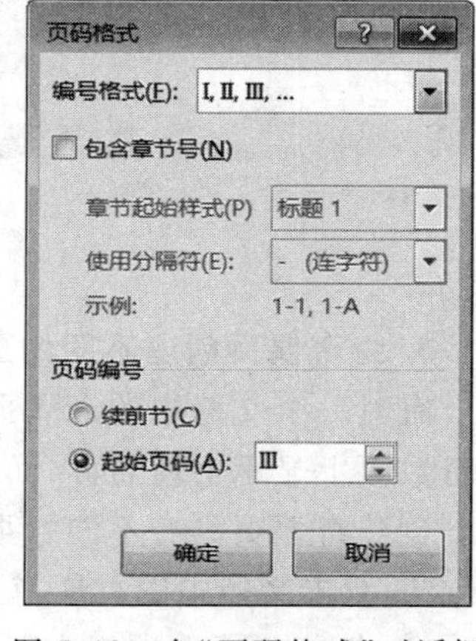

图 5.13 在“页码格式”对话框中设置页码格式

1. 插入预设的页眉或页脚

在整个文档中插入预设的页眉或页脚的操作方法十分相似，以页眉为例，其插入步骤如下：

① 单击“插入”选项卡，在“页眉和页脚”选项组中单击“页眉”按钮。

② 在打开的“页眉库”列表中以图示的方式罗列出许多内置的页眉样式，如图 5.14 所示。从中选择一个合适的页眉样式，例如“丝状”，所选页眉样式就被应用到文档中的每一页。

③ 在页眉位置输入相关内容并进行格式化即可。

同样，在“插入”选项卡上的“页眉和页脚”选项组中单击“页脚”按钮，在打开的内置“页脚库”列表中可以选择合适的页脚设计，即可将其插入到整个文档中。

在文档中插入页眉或页脚后，会自动出现“页眉和页脚工具”中的“设计”选项卡，通过该选项卡可对页眉或页脚进行编辑和修改。单击“关闭”选项组中的“关闭页眉和页脚”按钮，即可退出页眉和页脚编辑状态。

在页眉或页脚区域中双击鼠标，即可快速进入页眉

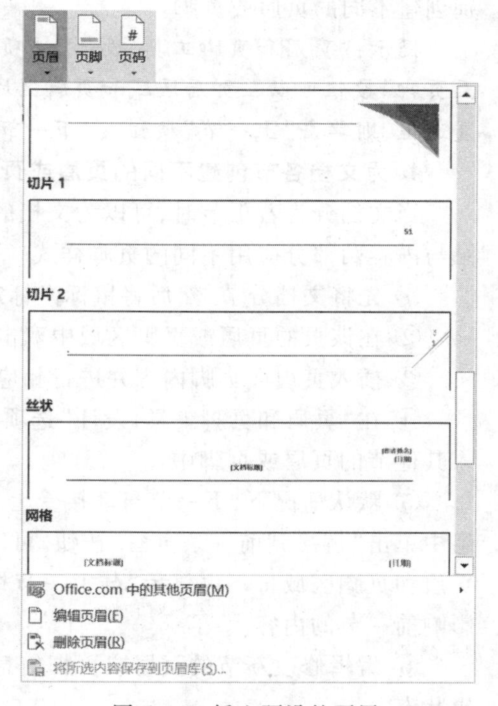

图 5.14 插入预设的页眉

和页脚编辑状态。

2. 创建首页不同的页眉和页脚

如果希望将文档中某节的首页页面的页眉和页脚设置得与众不同,可以按照如下方法操作:

① 双击文档中该节的页眉或页脚区域,功能区自动出现“页眉和页脚工具|设计”选项卡,如图 5.15 所示。

② 在“选项”选项组中单击选中“首页不同”复选框,此时文档首页中原先定义的页眉和页脚就被删除了,可以根据需要另行设置首页页眉或页脚。

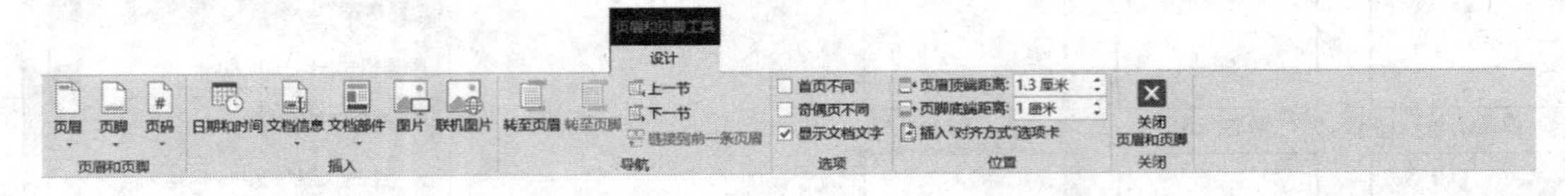

图 5.15 “页眉和页脚工具|设计”选项卡

3. 为奇偶页创建不同的页眉或页脚

有时一个文档中的奇偶页上需要使用不同的页眉或页脚。例如,在制作书籍资料时可选择在奇数页上显示书籍名称,而在偶数页上显示章节标题。

创建奇偶页具有不同的页眉或页脚的操作步骤如下:

① 双击文档中的页眉或页脚区域,功能区中自动出现“页眉和页脚工具|设计”选项卡。

② 在“选项”选项组中单击选中“奇偶页不同”复选框。

③ 分别在奇数页和偶数页的页眉或页脚上输入内容并格式化,就可以为奇数页和偶数页分别创建不同的页眉或页脚。

提示:“页眉和页脚工具|设计”选项卡上提供了“导航”选项组,单击“转至页眉”按钮或“转至页脚”按钮可以在页眉区域和页脚区域之间切换。如果文档已分节或者选中了“奇偶页不同”复选框,则单击“上一节”按钮或“下一节”按钮可以在不同节之间、奇数页和偶数页之间切换。

4. 为文档各节创建不同的页眉或页脚

当文档分为若干节时,可以为文档的各节创建不同的页眉或页脚,例如为一个长篇文档的目录与内容两部分应用不同的页脚样式。为不同节创建不同的页眉或页脚的操作步骤如下:

① 先将文档分节,然后将鼠标光标定位在某一节中的某一页上。

② 在该页的页眉或页脚区域中双击鼠标,进入页眉和页脚编辑状态。

③ 插入页眉或页脚内容并进行相应的格式化。

④ 在“页眉和页脚工具|设计”选项卡的“导航”选项组中单击“上一节”或“下一节”按钮进入其他节的页眉或页脚中。

⑤ 默认情况下,下一节自动接受上一节的页眉或页脚信息,如图 5.16 所示。在“导航”选项组中单击“链接到前一条页眉”按钮,可以断开当前节与前一节中的页眉(或页脚)之间的链接,页眉和页脚区域将不再显示“与上一节相同”的提示信息,此时修改本节页眉和页脚信息不会再影响前一节的内容。

⑥ 编辑修改新节的页眉或页脚信息。在文档正文区域中双击鼠标即可退出页眉和页脚编辑状态。

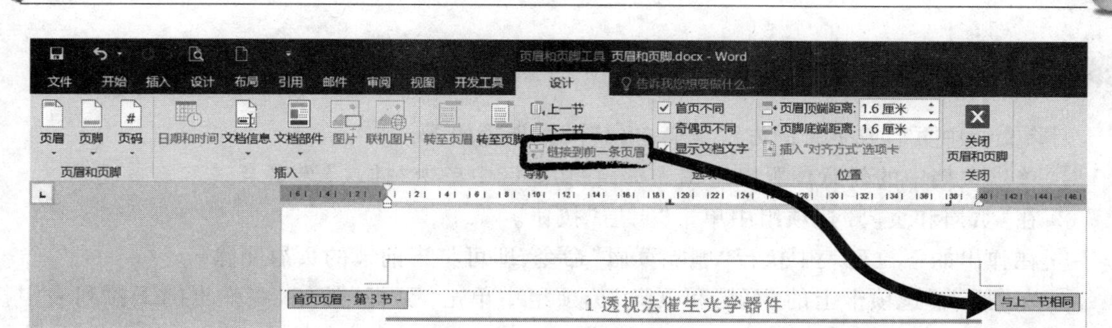

图 5.16 页眉和页脚在文档不同节中的显示

实例:插入动态的页眉。

为案例素材文档“设置页眉.docx”设置奇偶页不同的页眉,其中:首页不显示页眉,奇数页居右显示文档标题内容,偶数页居左显示当前章标题。

① 在页眉区域双击鼠标,进入页眉和页脚编辑状态。

② 在“页眉和页脚工具|设计”选项卡上的“选项”组中,分别勾选“首页不同”和“奇偶页不同”两个复选框。

③ 将光标移动到偶数页页眉位置,输入文档的标题内容“西方绘画对运动的描述和它的科学基础”,并将其左对齐。

④ 将光标移动到奇数页页眉位置,在“插入”选项卡上的“文本”组中单击“文档部件”按钮,从下拉列表中选择“域”命令,在弹出的“域”对话框中进行下列设置:从“类别”下拉列表中选择“链接和引用”;在“域名”列表中选择“StyleRef”;在中间的“样式名”列表中选择“标题 1”。设置完毕后单击“确定”按钮。

⑤ 将奇数页页眉设置为右对齐,结果如图 5.17 所示。

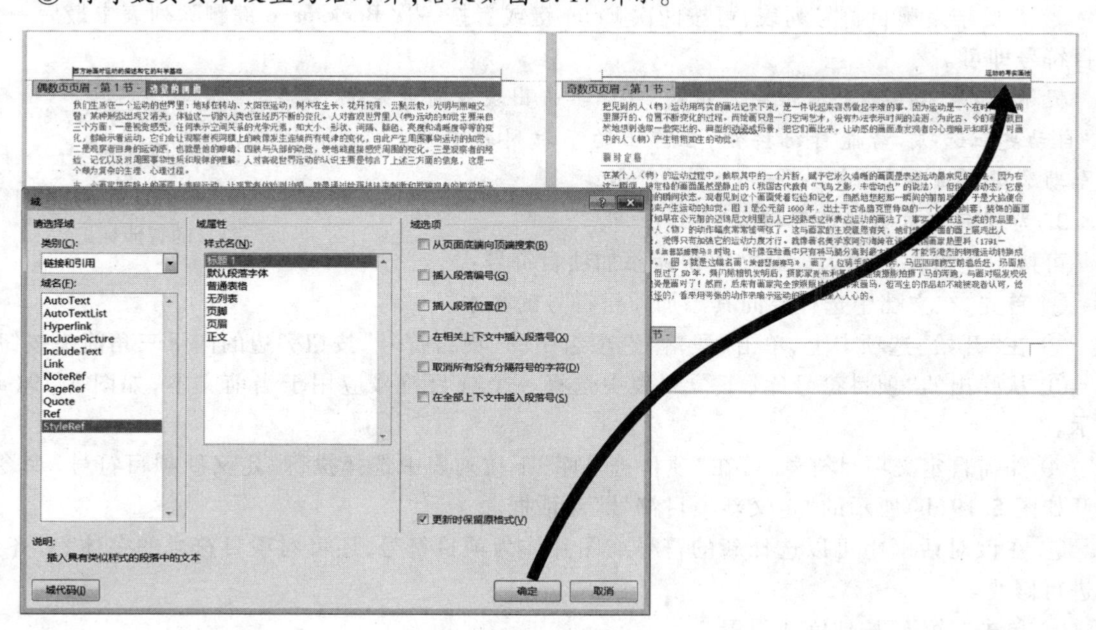

图 5.17 设置不同的奇偶页页眉

5.3.3 删除页眉或页脚

删除文档中页眉或页脚的方法很简单,其操作步骤如下:

① 单击文档中的任意位置以定位光标,在功能区中单击“插入”选项卡。

② 在“页眉和页脚”选项组中单击“页眉”按钮。

③ 在弹出的下拉列表中执行“删除页眉”命令,即可将当前节的页眉删除。

④ 在“插入”选项卡上的“页眉和页脚”选项组中单击“页脚”按钮,在弹出的下拉列表中执行“删除页脚”命令,即可将当前节的页脚删除。

5.4 使用项目符号和编号

在文档中使用项目符号和编号,可以令文档层次分明、条理清晰,更加便于阅读。一般情况下,项目符号是图形或图片,无顺序;而编号是数字或字母,有顺序。

5.4.1 使用项目符号

项目符号是置于文本之前以强调效果的圆点、方块或其他符号。在 Word 中,可以在输入文本时自动创建项目符号列表,也可以快速给现有文本添加项目符号。

1. 自动创建项目符号列表

在文档中输入文本的同时自动创建项目符号列表的方法十分简单,其具体操作步骤如下:

① 在文档中需要应用项目符号列表的位置输入星号“ * ”,然后按空格键或 Tab 键,即可开始应用项目符号列表。

② 输入文本后,按 Enter 键,将自动插入下一个项目符号。

③ 若要结束项目符号列表,可按两次 Enter 键或者按一次 Backspace 键删除列表中最后一个项目符号即可。

提示:如果不想将文本转换为列表,可以单击出现在符号左侧的“自动更正选项”智能标记按钮,在弹出的下拉列表中执行“撤销自动编排项目符号”命令,如图 5.18 所示。

图 5.18 撤销自动编排项目符号的智能标记

2. 为现有文本添加项目符号

可按下述操作方法为现有文本快速添加项目符号:

① 首先,在文档中选择要向其添加项目符号的文本。

② 在“开始”选项卡上,单击“段落”选项组中的“项目符号”按钮旁边的向下三角箭头按钮。

③ 从弹出的“项目符号库”下拉列表中选择一个项目符号应用于当前文本,如图 5.19(a)所示。

④ 如需自定义项目符号,可在“项目符号库”下拉列表中选择执行“定义新项目符号”命令,打开如图 5.19(b)所示的“定义新项目符号”对话框。

⑤ 在该对话框中可以选择新的符号或图片作为项目符号,还可对项目符号的字体、对齐方式进行修改。

⑥ 单击“确定”按钮完成设置。

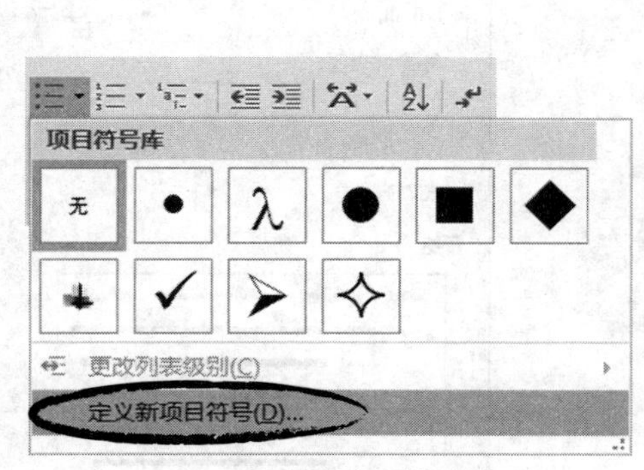

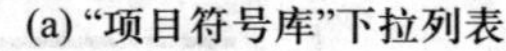
(a)“项目符号库”下拉列表

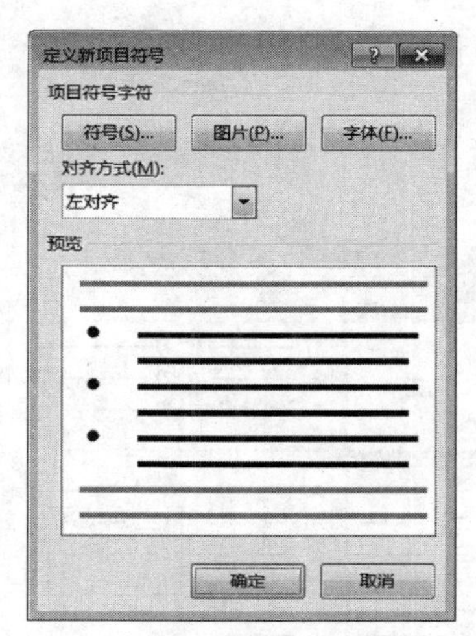

(b)“定义新项目符号”对话框

图 5.19　为文本应用项目符号

5.4.2　使用编号列表

添加编号有助于增强文本的层次感和逻辑性，尤其在编辑长文档时，多级编号列表非常有用。

1. 应用单一编号

创建编号列表与创建项目符号列表的操作过程相仿，操作步骤如下：

① 在文档中选择要向其添加编号的文本。

② 在“开始”选项卡上单击“段落”选项组中的“编号”按钮旁边的向下三角箭头按钮。

③ 从弹出的“编号库”下拉列表中选择一类编号应用于当前文本，如图 5.20(a)所示。

④ 如需修改编号格式，应在“编号库”下拉列表中选择执行“定义新编号格式”命令，打开如图 5.20(b)所示的“定义新编号格式”对话框。

⑤ 在该对话框中可以选择新的编号样式、修改编号格式等。

⑥ 单击“确定”按钮完成设置。

2. 应用多级编号列表

为了使文档内容更具层次感和条理性，经常需要使用多级编号列表。例如，一篇包含多个章节的书稿，可能需要通过应用多级编号来标示各个章节。多级编号与文档的大纲级别、内置标题样式相结合时，将会快速生成分级别的章节编号。应用多级编号编排长文档的最大优势在于，调整章节顺序、级别时，编号能够自动更新。为文本应用多级编号的操作方法如下：

① 在文档中选择要向其添加多级编号的文本段落。

② 在“开始”选项卡上单击“段落”选项组中的“多级列表”按钮。

③ 从弹出的“列表库”下拉列表中选择一类多级编号应用于当前文本，如图 5.21(a)所示。

④ 如需改变某一级编号的级别，可以将光标定位在文本段落之前按 Tab 键，也可以在该文本段落中单击右键，从如图 5.21(b)所示的快捷菜单中选择“减少缩进量”或“增加缩进量”命令来实现。

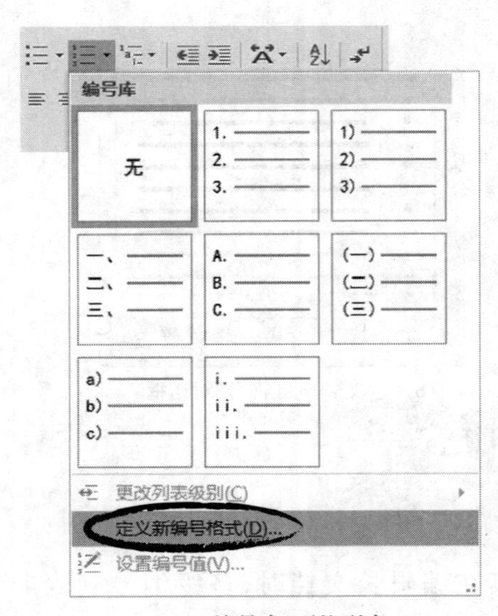

(a)“编号库”下拉列表

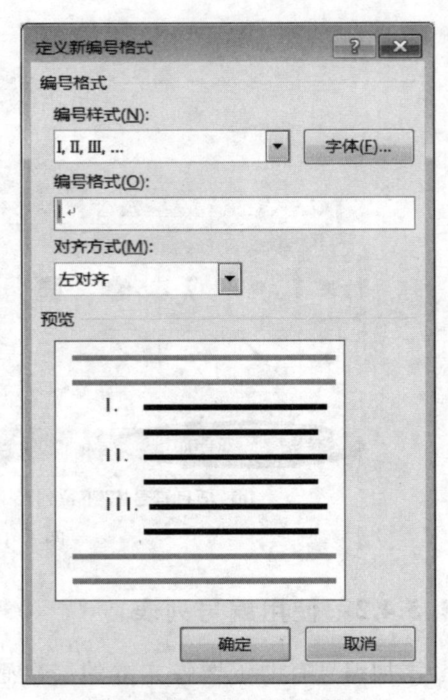

(b)“定义新编号格式”对话框

图 5.20 为文本添加编号

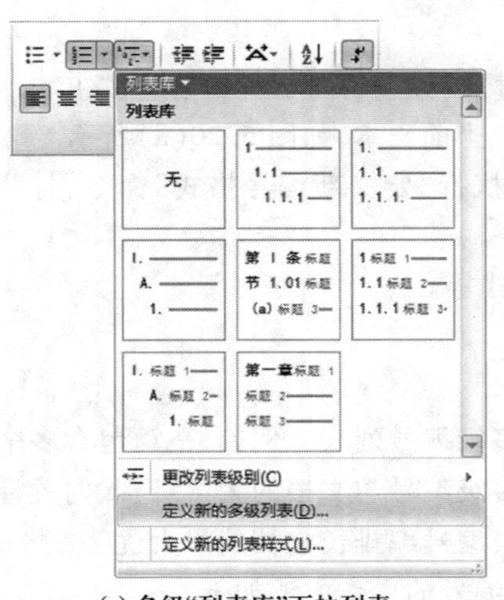

(a) 多级“列表库”下拉列表

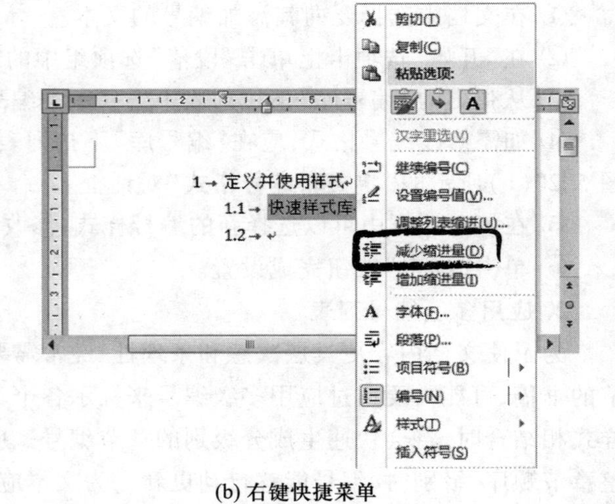

(b) 右键快捷菜单

图 5.21 为文本添加多级编号并调整列表级别

⑤ 如需自定义多级编号列表,应在“列表库”下拉列表中选择执行“定义新的多级列表”命令,在随后打开的“定义新多级列表”对话框中进行设置。

3. 多级编号与样式的链接

多级编号与内置标题样式进行链接后,应用标题样式即可同时应用多级列表,具体操作方法如下：

① 在“开始”选项卡上单击“段落”选项组中的“多级列表”按钮。

② 从弹出的下拉列表中选择“定义新的多级列表”命令，打开“定义新多级列表”对话框。

③ 单击对话框左下角的“更多”按钮，进一步展开对话框。

④ 从左上方的级别列表中单击指定列表级别，在右侧的“将级别链接到样式”下拉列表中选择对应的内置标题样式。例如，级别 1 对应“标题 1”，图 5.22 所示。

⑤ 在下方的“编号格式”区域中可以修改编号的格式与样式、指定起始编号等。设置完毕后单击“确定”按钮。

⑥ 在文档中输入标题文本或者打开已输入了标题文本的文档，然后为该标题应用已链接了多级编号的内置标题样式。

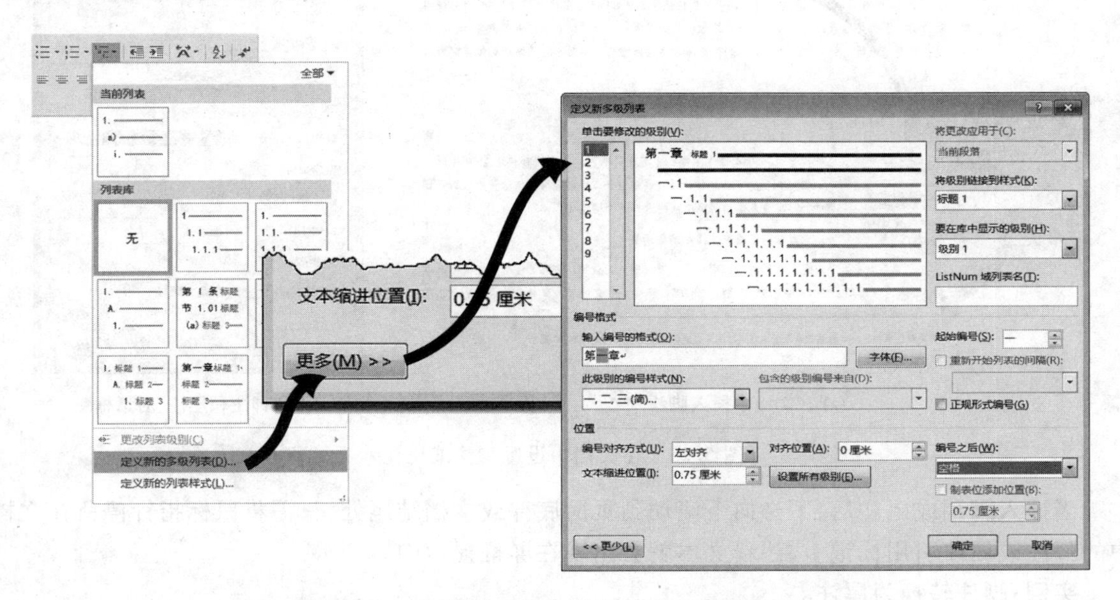

图 5.22 展开“定义新多级列表”对话框进行设置

5.5 在文档中添加引用内容

在长文档的编辑过程中，文档中的目录、索引、脚注、尾注、题注等引用信息非常重要，这类引用内容通过和被引用内容之间建立关联，并有效组织，可以随着文档内容的更新而自动更新。

5.5.1 插入脚注和尾注

脚注和尾注一般用于在文档和书籍中显示引用资料的来源，或者用于输入说明性或补充性的信息。脚注位于当前页面的底部或指定文字的下方，而尾注则位于文档的结尾处或者指定节的结尾。脚注和尾注均通过一条短横线与正文分隔开。二者均包含注释文本，该注释文本通常比正文文本的字号小一些。

在文档中插入脚注或尾注的操作步骤如下：

① 在文档中选择需要添加脚注或尾注的文本,或者将光标置于文本的右侧。

② 在功能区的“引用”选项卡上单击“脚注”选项组中的“插入脚注”按钮,即可在该页面的底端加入脚注区域;单击“插入尾注”按钮,即可在文档的结尾加入尾注区域。

③ 在脚注或尾注区域中输入注释文本,如图 5.23(a)所示。

④ 单击“脚注”选项组右下角的“对话框启动器”按钮,打开如图 5.23(b)所示的“脚注和尾注”对话框,可对脚注或尾注的位置、格式及应用范围等进行设置。

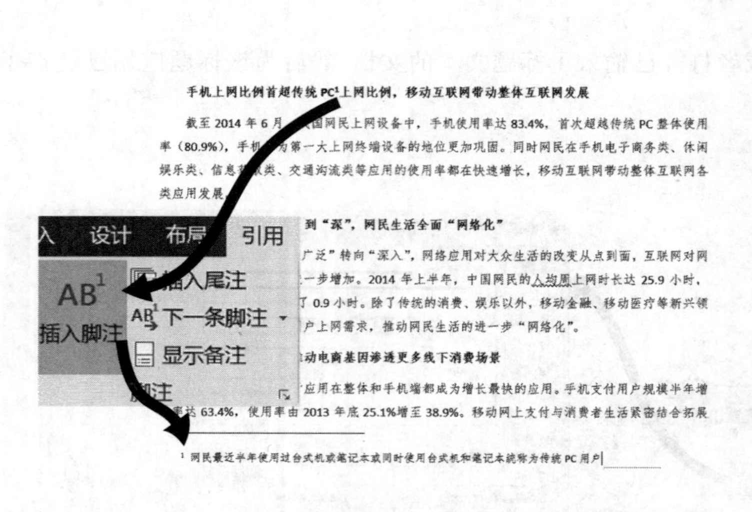

(a) 在文档中插入脚注　　(b)“脚注和尾注”对话框

图 5.23　在文档中设置脚注或尾注

当插入脚注或尾注后,不必向下滚动到页面底部或文档结尾处,只需将鼠标指针停留在文档中的脚注或尾注引用标记上,注释文本就会出现在屏幕提示中。

实例:脚注转换为尾注。

将案例素材文档“脚注和尾注.docx”中的脚注转换为尾注,尾注位于节的结尾。

① 在功能区的“引用”选项卡上,单击“脚注”选项组右下角的“对话框启动器”按钮,打开“脚注和尾注”对话框。

② 在“位置”选项区域中,单击“转换”按钮,打开“转换注释”对话框,选中“脚注全部转换成尾注”单选项,单击“确定”按钮,如图 5.24(a)所示。

③ 回到“脚注和尾注”对话框后,在“位置”选项区域中选中“尾注”单选项,在右侧下拉列表中选择“节的结尾”,在“将更改应用于”下拉列表中选择应用范围为“整篇文档”,单击“应用”按钮,如图 5.24(b)所示。

5.5.2 插入题注并在文中引用

题注是为文档中的图表、表格、公式或其他对象添加的标签和编号。如果在文档的编辑过程中对题注执行了添加、删除或移动操作,则可以一次性更新所有题注编号,而不必再进行单独调整。

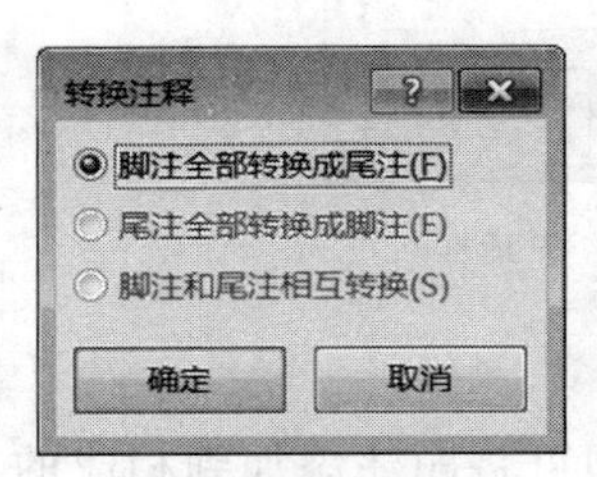

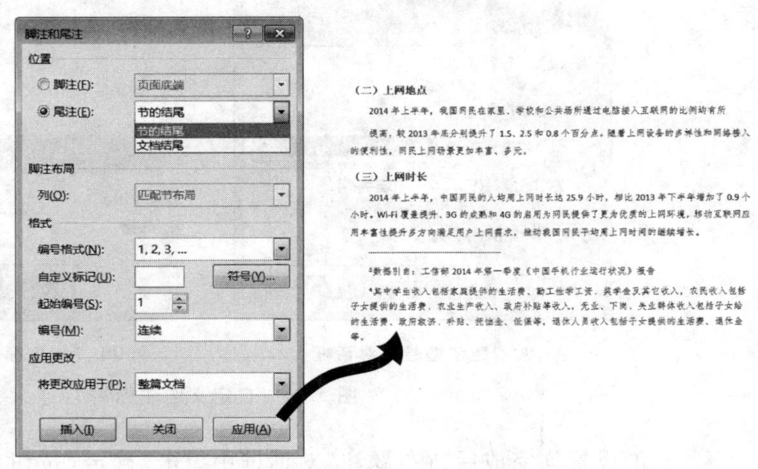

(a)“转换注释”对话框　　(b) 设置尾注位置

图 5.24　脚注转换为尾注

1. 插入题注

在文档中定义并插入题注的操作步骤如下：

① 在文档中定位光标到需要添加题注的位置，例如一张图片下方的说明文字之前。

② 在“引用”选项卡上单击“题注”选项组中的“插入题注”按钮，打开如图 5.25 所示的“题注”对话框。

③ 在“标签”下拉列表中，根据添加题注的不同对象选择不同的标签类型。

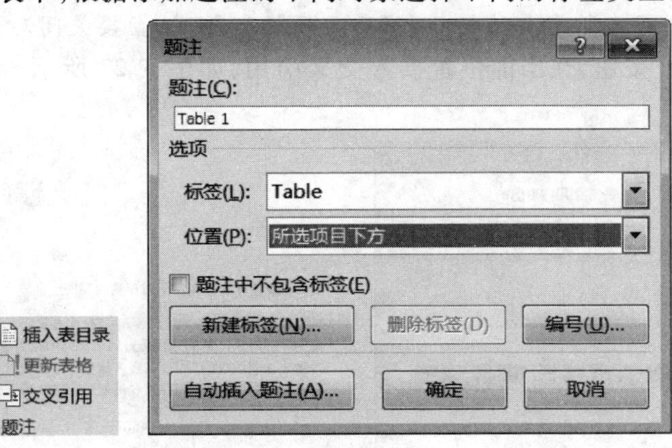

图 5.25　“题注”对话框

④ 单击“编号”按钮，打开如图 5.26(a)所示的“题注编号”对话框，在“格式”下拉列表中可重新指定题注编号的格式。如果选中“包含章节号”复选框，则可以在题注前自动增加标题序号（该标题应已经应用了内置的标题样式）。单击“确定”按钮完成编号设置。

⑤ 如果预设的标签不符合需要，可以单击“题注”对话框中的“新建标签”按钮，打开如图 5.26(b)所示的“新建标签”对话框，在“标签”文本框中输入新的标签名称后，单击“确定”按钮。

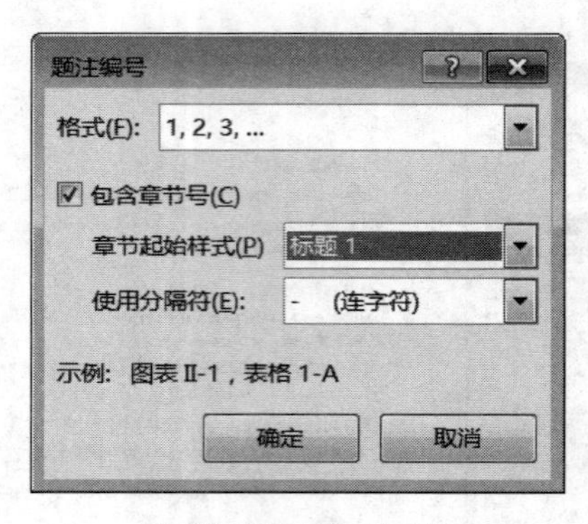

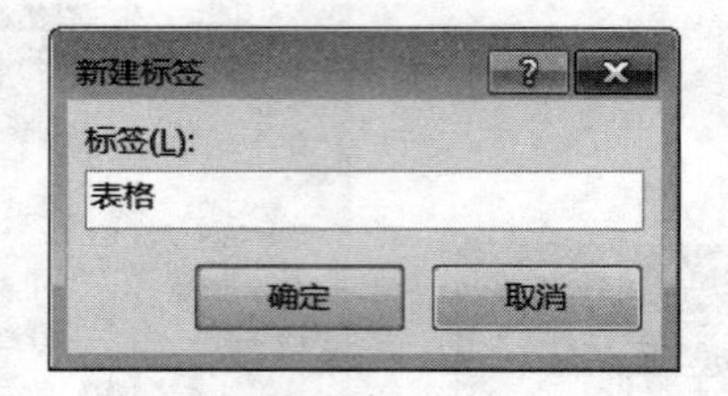

(a)“题注编号”对话框 (b)“新建标签”对话框

图 5.26 自定义题注标签

⑥ 所有的设置均完成后，在“题注”对话框中单击“确定”按钮，即可将题注添加到相应的文档位置。

2. 交叉引用题注

在编辑文档的过程中，经常需要引用已插入的题注，如“参见表格 1”“如图 1-2 所示”等。

在文档中引用题注的操作方法是：

① 首先在文档中插入题注，然后将光标定位于需要引用题注的位置。

② 在“引用”选项卡上，单击“题注”选项组中的“交叉引用”按钮，打开“交叉引用”对话框。

③ 在该对话框中，选择引用类型、设定引用内容，指定所引用的具体题注。

提示：如果引用类型中没有所需要引用的题注的标签，那么可以首先在上一部分中所介绍的“题注”对话框中先新建所需要的标签，然后无须插入题注，直接关闭对话框即可。

④ 单击“插入”按钮，在当前位置插入交叉引用，如图 5.27 所示。单击“关闭”按钮退出对话框。

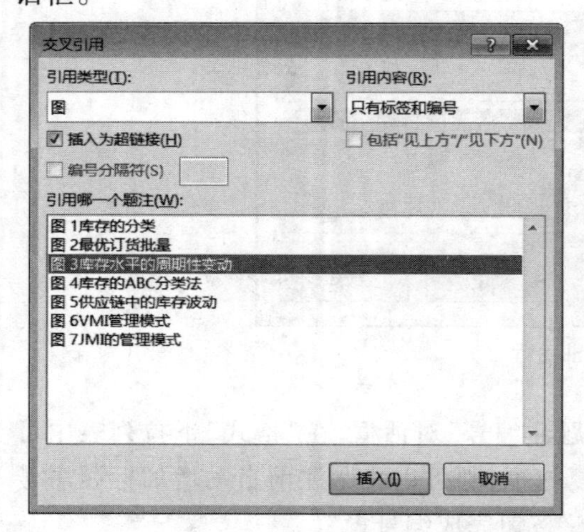

2.2.2 最佳订货点和安全库存量

对于企业而言，理想状态是，在库存量降低到某个临界点的时候，发出订单，在库存下降为零的时候，新的订货恰好到达。但如果需求增大或送货延迟就会发生缺货或供货中断，为防止由此生成的损失，需要多储备一些存货以备应急之需，称为安全库存。这些存货正常情况下不动用，只有当存货过量使用或送货延迟时才动用，如图 3所示：7

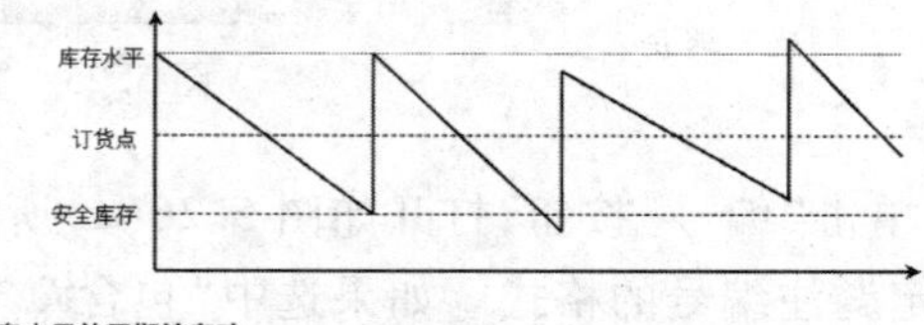

图 3库存水平的周期性变动

图 5.27 通过“交叉引用”对话框在文档中插入题注引用

交叉引用是作为域插入到文档中的，当文档中的某个题注发生变化后，只需进行一下打印预览或者选中整个文档，按快捷键 F9，文档中的其他题注序号及引用内容就会随之自动更新。

5.5.3 标记并创建索引

索引用于列出一篇文档中讨论的术语和主题以及它们出现的页码。要创建索引,可以通过提供文档中主索引项的名称和交叉引用来标记索引项,然后生成索引。

可以为某个关键词,例如单词、短语或符号创建索引项,如果某个关键词在文档中反复出现,也可以将其全部创建为索引项。除此之外,还可以创建引用其他索引项的索引。

1. 标记索引项

在文档中插入索引之前,应当先标记出组成文档索引的关键词,诸如单词、短语和符号之类的全部索引项。索引项是用于标记索引中的特定文字的域代码。当选择文本并将其标记为索引项时,Word 将会添加一个特殊的 XE(索引项)域,该域包括标记好了的主索引项以及所选择的任何交叉引用信息。

标记索引项的操作步骤如下:

① 在文档中选择要作为索引项的文本。

② 在"引用"选项卡上的"索引"选项组中单击"标记索引项"按钮,打开"标记索引项"对话框。在"索引"选项区域中的"主索引项"文本框中显示已选定的文本,如图 5.28 所示。

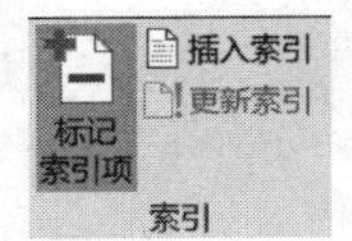

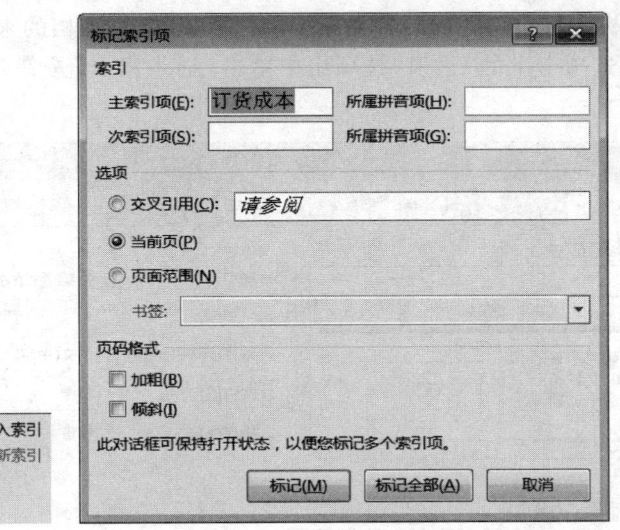

图 5.28 "标记索引项"对话框

根据需要,还可以通过创建次索引项、第三级索引项或另一个索引项的交叉引用来自定义索引项:

- 要创建次索引项,可在"索引"选项区域中的"次索引项"文本框中输入文本。次索引项是对索引对象的更深一层限制。
- 要包括第三级索引项,可在次索引项文本后输入冒号":",然后在文本框中输入第三级索引项文本。
- 要创建对另一个索引项的交叉引用,可以在"选项"选项区域中选中"交叉引用"单选按钮,然后在其文本框中输入另一个索引项的文本。

③ 单击“标记”按钮即可标记索引项，单击“标记全部”按钮即可标记文档中与此文本相同的所有文本。

④ 在标记了一个索引项之后，可以在不关闭“标记索引项”对话框的情况下，继续标记其他多个索引项。

⑤ 标记索引项之后，对话框中的“取消”按钮变为“关闭”按钮。单击“关闭”按钮即可完成标记索引项的工作。

插入到文档中的索引项实际上也是域代码，通常情况下该索引标记域代码只用于显示而不会被打印。

提示：如果在文档中有大量条目需要标记为索引项，也可以先把这些条目按照一定规则以列表的形式保存在一个单独的 Word 文档中，然后导入到当前文档，实现自动标记。

2. 生成索引

标记索引项之后，就可以选择一种索引样式并生成最终的索引了。Word 会收集索引项，并将它们按拼音或者笔画顺序排序，同时引用其页码，找到并删除同一页上的重复索引项，然后在文档中显示该索引。

为文档中的索引项创建索引的操作步骤如下：

① 首先将鼠标光标定位在需要建立索引的位置，通常是文档的末尾。

② 在“引用”选项卡上的“索引”选项组中单击“插入索引”按钮，打开如图 5.29 所示的“索引”对话框。

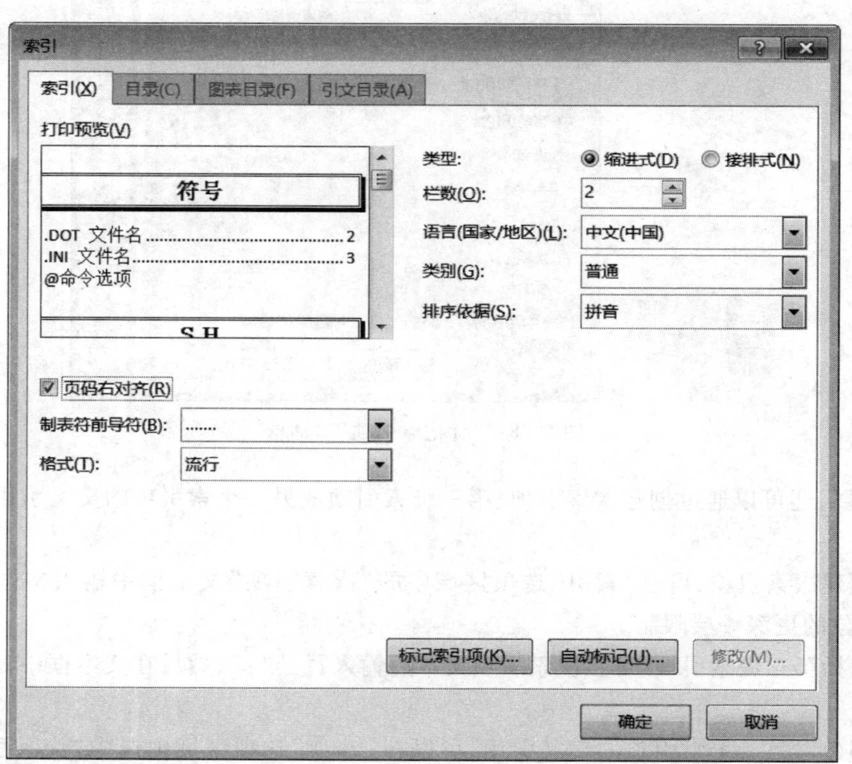

图 5.29 设置索引格式

③ 在该对话框的“索引”选项卡中进行索引格式设置，其中：

• 从“格式”下拉列表中选择索引的风格，选择的结果可以在“打印预览”列表框中进行查看。

• 若选中“页码右对齐”复选框，索引页码将靠右排列，而不是紧跟在索引项的后面，然后可在“制表符前导符”下拉列表中选择一种页码前导符号。

• 在“类型”选项区域中有两种索引类型可供选择，分别是“缩进式”和“接排式”。如果选中“缩进式”单选按钮，次索引项将相对于主索引项缩进；如果选中“接排式”单选按钮，则主索引项和次索引项将排在一个段落中。

• 在“栏数”文本框中指定分栏数以编排索引，如果索引比较短，一般选择两栏。

• 在“语言(国家/地区)”下拉列表中可以选择索引使用的语言，语言决定排序的规则。如果选择“中文”，则可以在“排序依据”下拉列表中指定排序方式。

④ 设置完成后，单击“确定”按钮，创建的索引就会出现在文档中，如图 5.30 所示。

⑤ 如果在插入索引后，在文档中又增删了索引项或者文档的页码发生了变化，可以对索引进行更新。方法是在“引用”选项卡上的“索引”选项组中单击“更新索引”按钮。

提示：对于一些包含大量引文的文档，例如法律文书，可以将文档中的引文进行标记，并插入引文目录。其方法和标记索引项及插入索引类似。

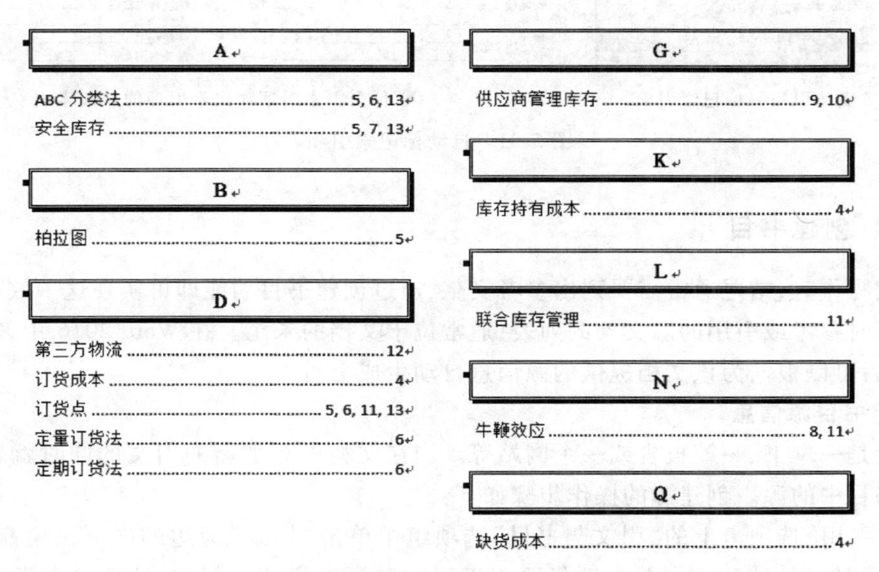

图 5.30 在文档中创建索引

实例：自动标记索引项。

在案例素材文档“自动标记索引项.docx”中插入索引，索引条目保存于案例素材文档“画家与作品.docx”，并把文本“最美丽的女子”标记为索引项，在索引中显示为“请参阅 绣花女工”。

① 在“引用”选项卡上的“索引”选项组中单击“插入索引”按钮，打开“索引”对话框。

② 单击“自动标记”按钮，在“打开索引自动标记文件”对话框中，找到并选中案例素材文档“画家与作品.docx”，单击“打开”按钮，可以看到已经把其中的条目在“自动标记索引项.docx”中进行了标记。

③ 在第3页图片下方，选中文本“最美丽的女子”，在“引用”选项卡上的“索引”选项组中单击“标记索引项”按钮，打开“标记索引项”对话框，在“主索引项”文本框中输入“作品”，在“次索引项”文本框中输入“最美丽的女子”，在“选项”区域中选中“交叉引用”单选项，在右方文本框“请参阅”文本后面输入“绣花女工”，单击下方“标记”按钮，如图5.31(a)所示，然后单击“关闭”按钮，关闭对话框。

④ 将光标定位到文档末尾的文本“画家与作品名称索引”下方，在“引用”选项卡上的“索引”选项组中单击“插入索引”按钮，打开“索引”对话框，适当设置格式、栏数和排序方式等选项，单击“确定”按钮插入索引，效果如图5.31(b)所示。

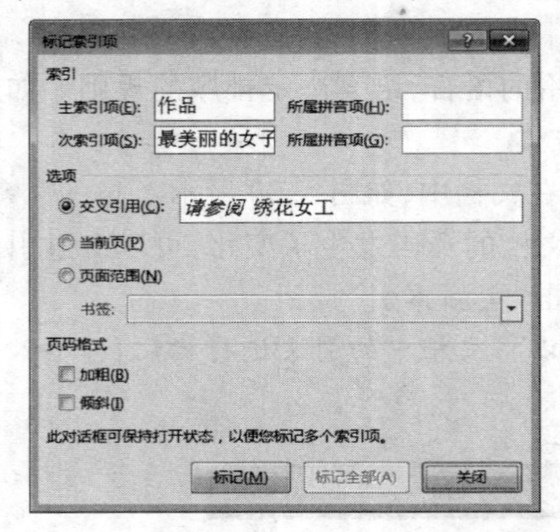

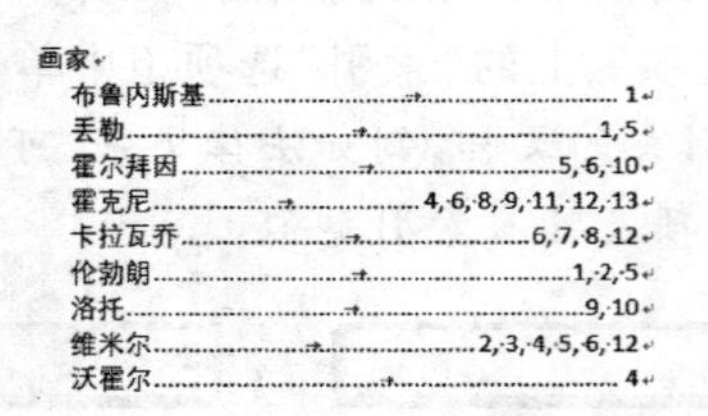
画家
布鲁内斯基 1
丢勒 1, 5
霍尔拜因 5, 6, 10
霍克尼 4, 6, 8, 9, 11, 12, 13
卡拉瓦乔 6, 7, 8, 12
伦勃朗 1, 2, 5
洛托 9, 10
维米尔 2, 3, 4, 5, 6, 12
沃霍尔 4

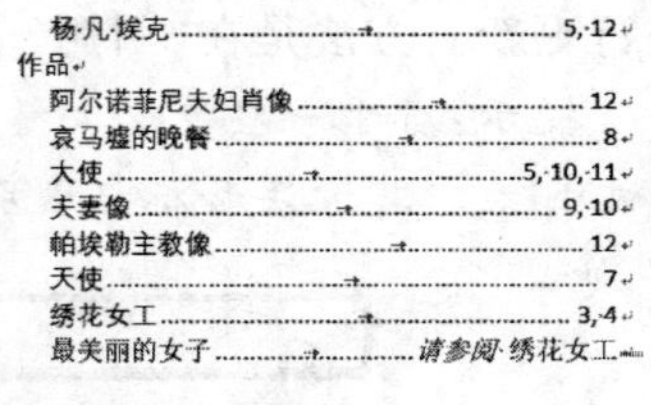
杨·凡·埃克 5, 12
作品
阿尔诺菲尼夫妇肖像 12
哀马忤斯的晚餐 8
大使 5, 10, 11
夫妻像 9, 10
帕埃勒主教像 12
天使 7
绣花女工 3, 4
最美丽的女子 .... 请参阅·绣花女工

(a) 使用“交叉引用”标记索引项　　(b) 包含主索引项和次索引项的二级索引

图5.31 自动标记索引项

5.5.4 创建书目

在论文写作时，结尾通常需要列出参考文献，通过创建书目功能即可实现这一效果。书目是在创建文档时参考或引用的源文档的列表，通常位于文档的末尾。在Word 2016中，需要先组织源信息，然后可以根据为该文档提供的源信息自动生成书目。

1. 创建书目源信息

源可能是一本书、一篇报告或一个网站等。当在文档中添加新的引文的同时就新建了一个可显示于书目中的源。创建源的操作步骤如下：

① 在“引用”选项卡上的“引文与书目”选项组中单击“样式”旁边的向下三角箭头，从如图5.32(a)所示的源样式列表中单击选择要用于引文和源的样式。例如，社会科学类文档的引文和源通常使用MLA或APA样式。

② 在要引用的句子或短语的末尾处单击鼠标。

③ 在“引用”选项卡上的“引文与书目”选项组中单击“插入引文”按钮，从下拉列表中单击“添加新源”命令，打开“创建源”对话框。在该对话框中输入作为源的书目信息，如图5.32(b)所示。

提示：如果从“插入引文”下拉列表中选择“添加新占位符”命令，则只在当前位置添加一个占位符，待有需要时再创建引文和填写源信息。

④ 单击“确定”按钮，创建源信息条目的同时完成插入引文的操作。

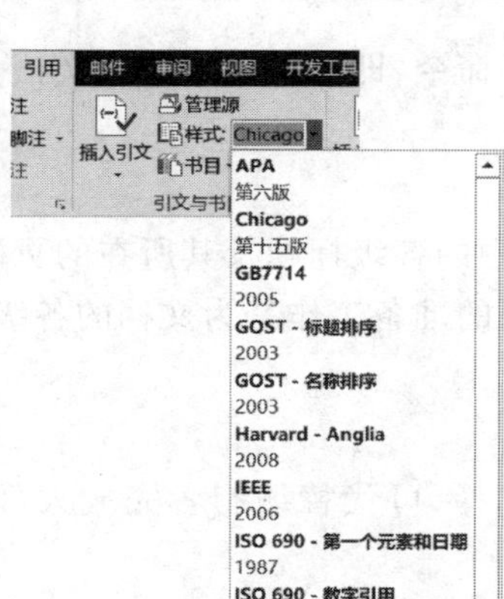

(a) 选择源样式

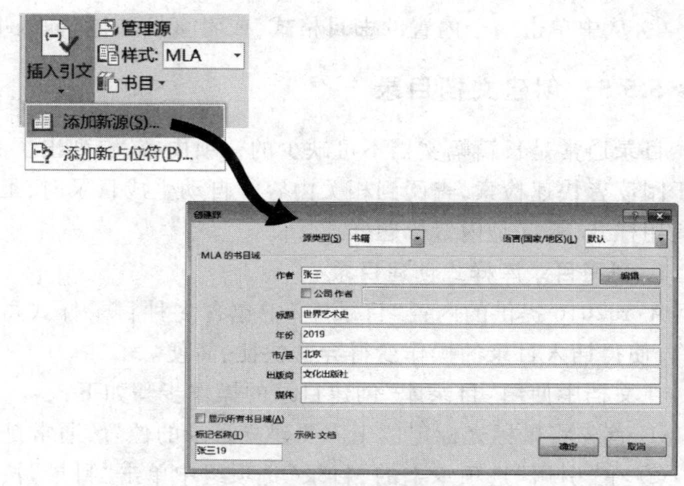

(b) "创建源"对话框

图 5.32 创建指定样式的源信息

2. 创建书目

向文档中插入一个或多个源信息后,便可以随时创建书目。创建书目的方法是:

① 在文档中单击需要插入书目的位置,通常位于文档的末尾。

② 在"引用"选项卡上的"引文与书目"选项组中单击"书目"按钮,打开如图 5.33 所示的书目样式列表。

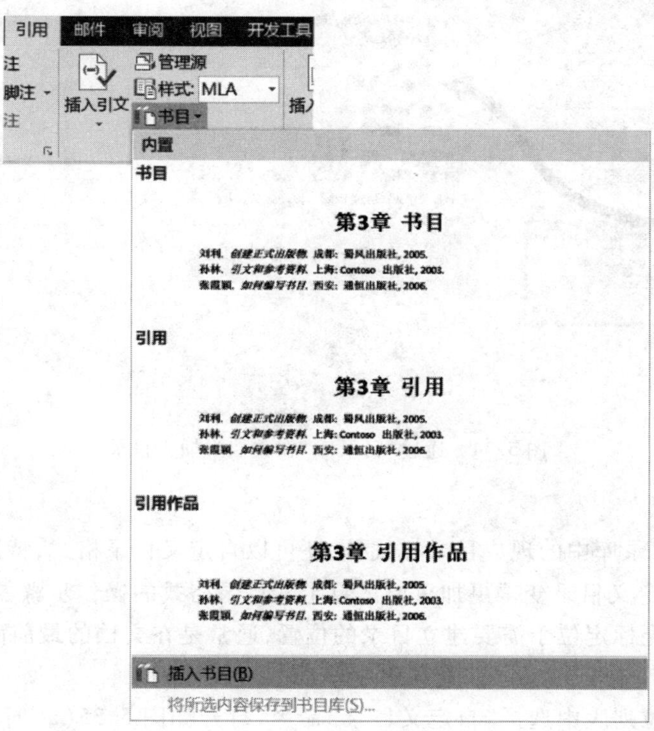

图 5.33 书目样式列表

③ 从中单击一个内置的书目格式，或者直接选择“插入书目”命令，即可将书目插入文档。

5.5.5 创建文档目录

目录通常是长篇幅文档不可缺少的一项内容，它列出了文档中的各级标题及其所在的页码，便于阅读者快速检索、查阅到相关内容。自动生成目录时，最重要的准备工作是为文档的各级标题应用样式，最好是内置标题样式。

1. 利用目录库样式创建目录

Word2016 提供的内置“目录库”中包含多种目录样式可供选择，可代替编制者完成大部分工作，使得插入目录的操作变得异常快捷、简便。

在文档中使用“目录库”创建目录的操作步骤如下：

① 首先将鼠标光标定位于需要建立目录的位置，通常是文档的最前面。

② 在“引用”选项卡上的“目录”选项组中单击“目录”按钮，打开目录库下拉列表，系统内置的“目录库”以可视化的方式展示了不同目录的编排方式和显示效果。

③ 如果事先为文档的标题应用了内置的标题样式，则可从列表中选择某一种“自动目录”样式，Word 2016 就会自动根据所标记的标题在指定位置创建目录，如图 5.34 所示。如果未应用标题样式，则可通过单击“手动目录”样式，然后自行填写目录内容。

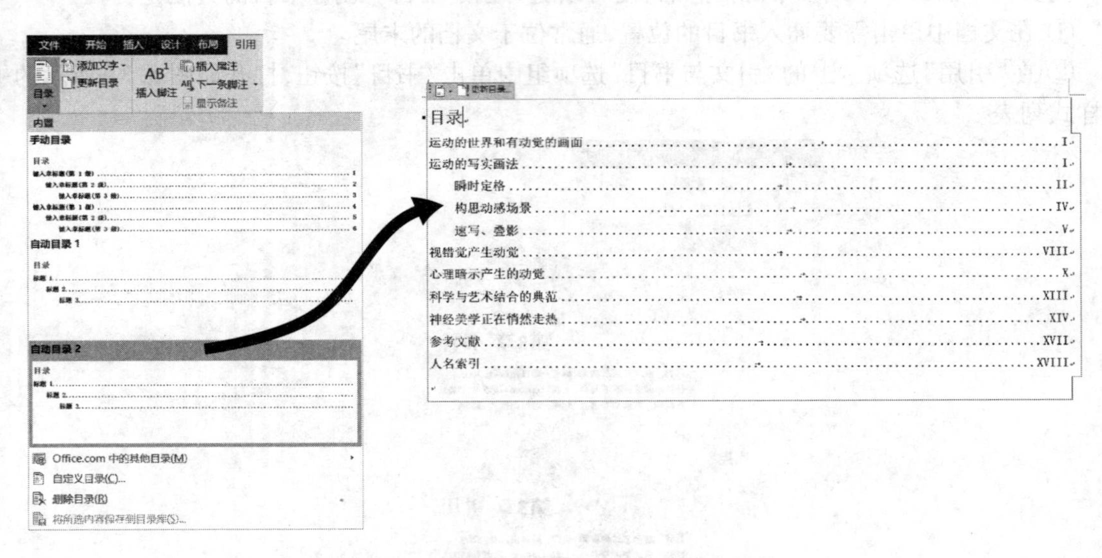

图 5.34 通过“目录库”在文档中插入目录

2. 自定义目录

除了直接调用目录库中的现成目录样式外，还可以自定义目录格式，特别是在文档标题应用了自定义样式后，自定义目录变得更加重要。自定义目录格式的操作步骤如下：

① 首先将鼠标光标定位于需要建立目录的位置，通常是在文档的最前面。

② 在“引用”选项卡上的“目录”选项组中单击“目录”按钮。

③ 在弹出的下拉列表中选择“自定义目录”命令，打开如图 5.35(a)所示的“目录”对话框。在该对话框中可以设置页码格式、目录格式以及目录中的标题显示级别，默认显示 3 级标题。

④ 在“目录”选项卡中单击“选项”按钮，打开如图 5.35(b)所示的“目录选项”对话框，在“有效样式”区域中列出了文档中使用的样式，包括内置样式和自定义样式。在样式名称旁边的“目录级别”文本框中输入目录的级别(可以输入 1 到 9 中的一个数字)，以指定样式所代表的目录级别。如果希望仅使用自定义样式，则可删除内置样式的目录级别数字，例如删除“标题 1”“标题 2”和“标题 3”样式名称旁边的代表目录级别的数字。

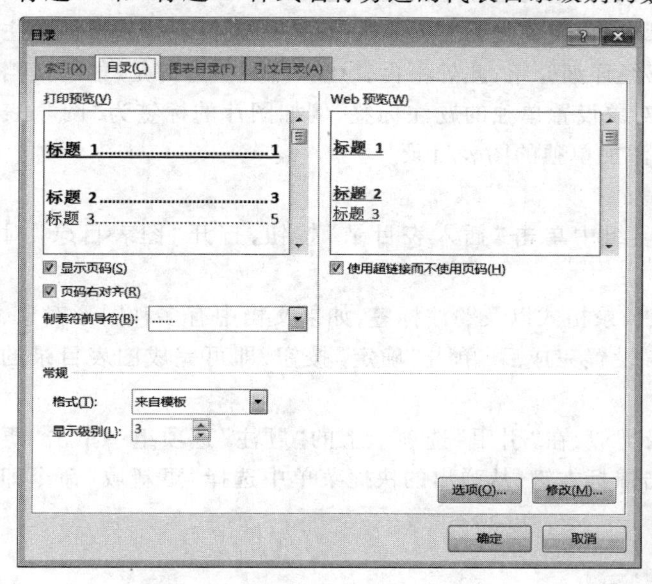

(a)“目录”对话框

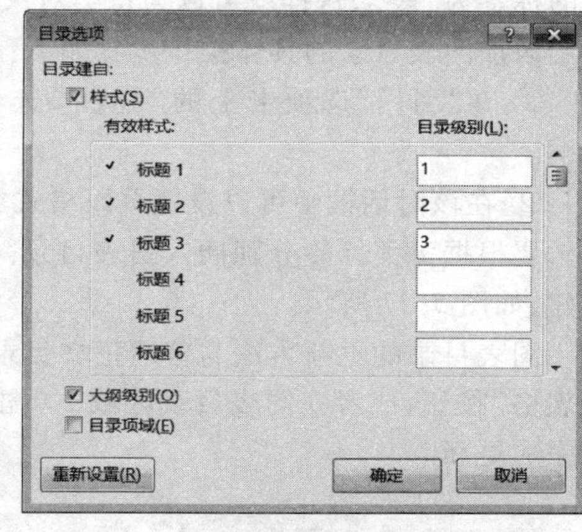
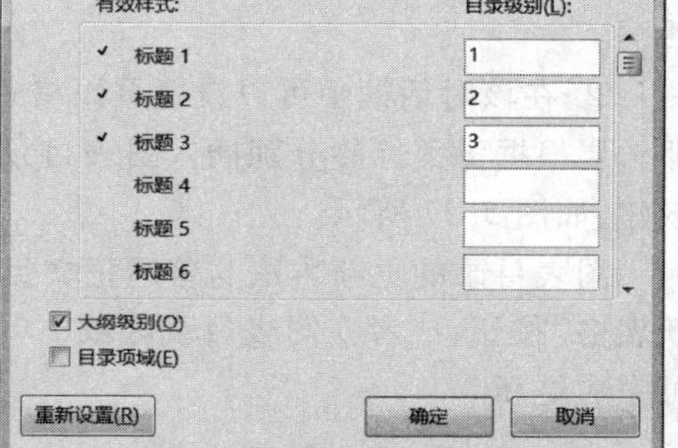

(b)“目录选项”对话框

图 5.35　自定义目录项

⑤ 当有效样式和目录级别设置完成后，单击“确定”按钮，关闭“目录选项”对话框。

⑥ 返回到“目录”对话框后，可以在“打印预览”和“Web 预览”区域中看到创建目录时使用的新样式设置。如果正在创建的文档将用于在打印页上阅读，那么在创建目录时应包括标题和标题所在页面的页码，即选中“显示页码”复选框，以便快速翻到特定页面。如果创建的是用于联机阅读的文档，则可以将目录各项的格式设置为超链接，即选中“使用超链接而不使用页码”复选框，以便读者可以通过单击目录中的某项标题转到对应的内容。最后，单击“确定”按钮完成所有设置。

3. 更新目录

目录也是以域的方式插到文档中的。如果在创建目录后又添加、删除或更改了文档中的标题或其他目录项，可以按照如下操作步骤更新文档目录：

① 在“引用”选项卡上的“目录”选项组中单击“更新目录”按钮；或者在目录区域中单击右键，从弹出的快捷菜单中选择“更新域”命令，打开如图 5.36 所示的“更新目录”对话框。

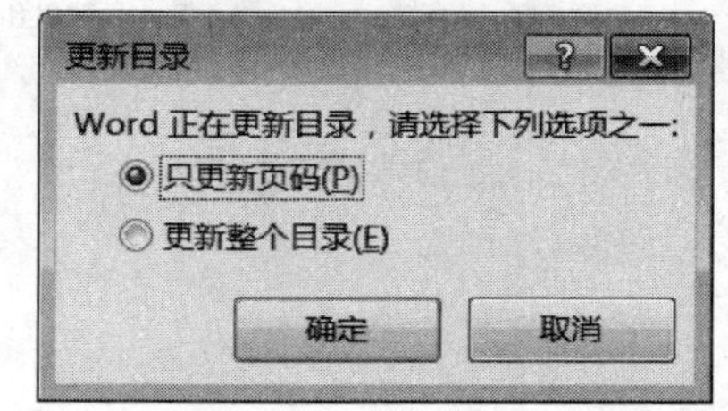

图 5.36　更新文档目录

② 在该对话框中选中“只更新页码”单选按钮或者“更新整个目录”单选按钮，然后单击“确定”按钮即可按照指定

要求更新目录。

5.5.6 创建图表目录

除了为文档中的正文标题创建目录外，还可以为文档中的图片、表格以及公式等对象创建专属于它们的图表目录，这样便于用户从目录中快速浏览和定位到指定的对象。

在为图片和表格等对象创建图表目录之前，需要先为它们添加题注，图表目录就是根据题注而创建的。添加题注的方法在前面章节已经详细介绍，此处不再赘述。需要注意的是，如果文档中有图片及表格等多类对象，应当为每类对象设置单独的题注标签，例如图片的标签为“图”，表格的标签为“表”，这样就可以为每类对象添加单独的图表目录。

添加图表目录的具体操作步骤如下：

① 在“引用”选项卡上的“题注”选项组中单击“插入表目录”按钮，打开“图表目录”对话框。

② 在该对话框中可以设置页码格式、目录格式以及题注标签，如果文档中有多种图形对象，那么要根据每类标签分别插入图表目录。设置完成后，单击“确定”按钮，即可完成图表目录的创建，如图 5.37 所示。

图表目录的更新方法与普通正文目录类似，在“引用”选项卡上的“题注”选项组中单击“更新表格”按钮；或者在图表目录区域中单击鼠标右键，从弹出的快捷菜单中选择“更新域”命令即可完成更新。

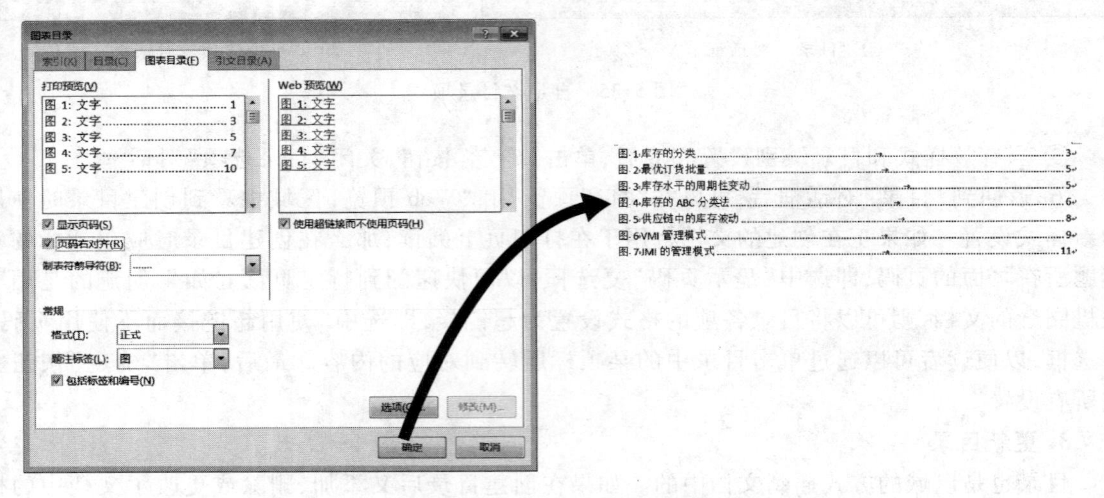

图 5.37 根据题注创建图表目录

第6章 修订与共享文档

在与他人一同处理文档的过程中，审阅、跟踪文档的修订状况将成为最重要的环节之一，作者需要及时了解其他修订者更改了文档的哪些内容，以及为何要进行这些更改。这些都可以通过 Word 的审阅与修订功能实现。编辑完成的文档，还可以方便地以不同的方式共享给他人阅读使用。

6.1 审阅与修订文档

Word 2016 提供了多种方式来协助多人共同完成文档审阅的相关操作，同时文档作者还可以通过审阅窗格来快速对比、查看、合并同一文档的多个修订版本。

6.1.1 修订文档

在修订状态下修改文档时，Word 应用程序将跟踪文档中所有内容的变化状况，同时会把当前文档中修改、删除、插入的每一项操作都标记下来。

1. 开启修订状态

默认情况下，修订处于关闭状态。若要开启修订并标记修订过程，应执行以下操作：

① 打开要修订的文档，在功能区的“审阅”选项卡上单击“修订”选项组中的“修订”按钮，使其处于按下状态，当前文档即进入修订模式，如图 6.1 所示。

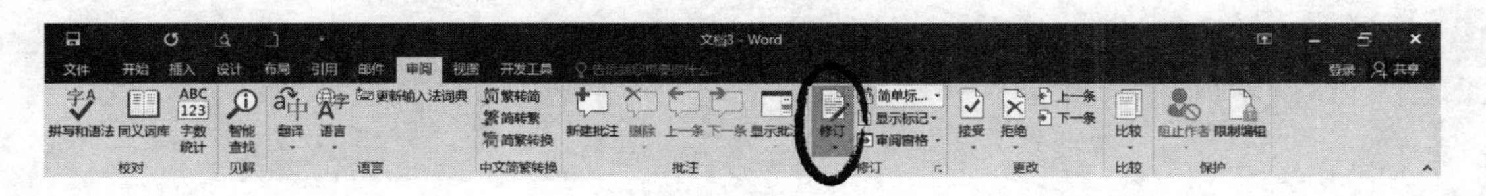

图 6.1　开启文档修订状态

② 在修订状态下对文档进行编辑修改，此时直接插入的文档内容会通过颜色和下画线标记下来，删除的内容和对格式的修改也会在正文或者右侧区域显示，结果类似图 6.2 所示。

2. 更改修订选项

用户可以在修订选项中，对修订方式做更多的个性化设置，例如当多人同时参与对同一文档的修订时，可以通过不同的颜色来区分不同修订者的修订内容，从而可以很好地避免由于多人参与文档修订而造成的混乱局面。设置修订选项的具体操作步骤如下：

① 在“审阅”选项卡上的“修订”选项组中单击右下角的“对话框启动器”按钮，打开“修订选

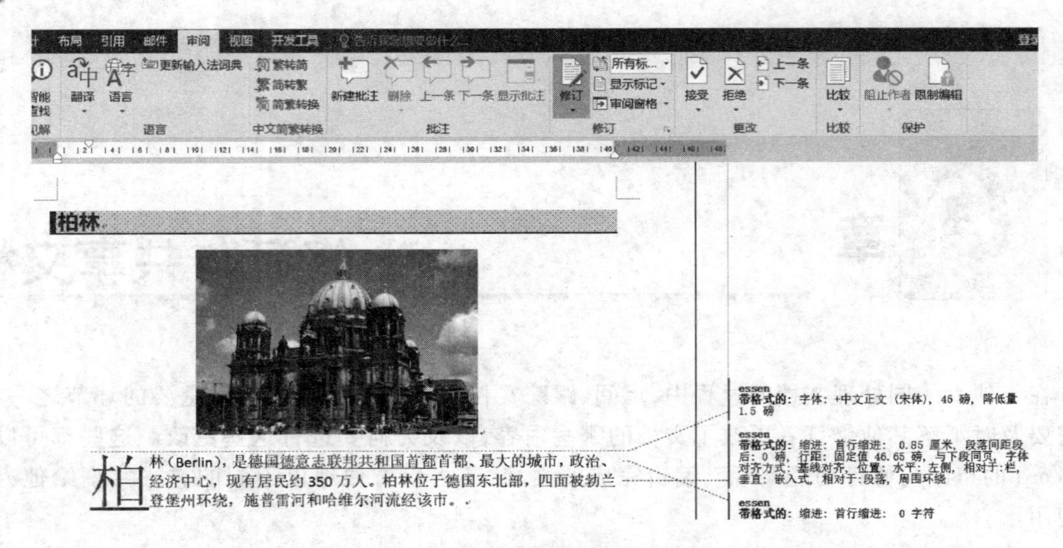

图 6.2 对当前文档进行修订

项”对话框,例如想要切换修订的用户,就可以单击“更改用户名”按钮来完成修改。

② 继续单击“高级选项”按钮,会打开“高级修订选项”对话框,如图 6.3 所示。在“标记”“移动”“表单元格突出显示”“格式”“批注框”5 个选项区域中,可以根据自己的浏览习惯和具体需求设置修订内容的显示方式。

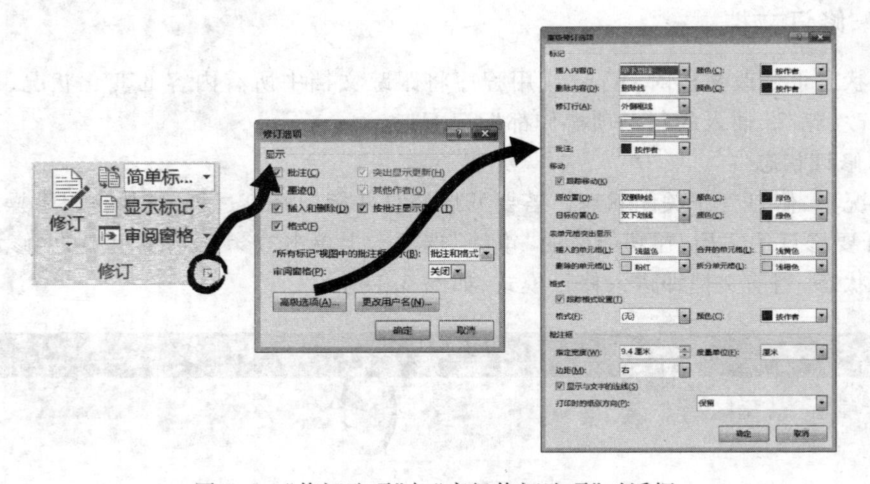

图 6.3 “修订选项”与“高级修订选项”对话框

3. 设置修订的显示状态

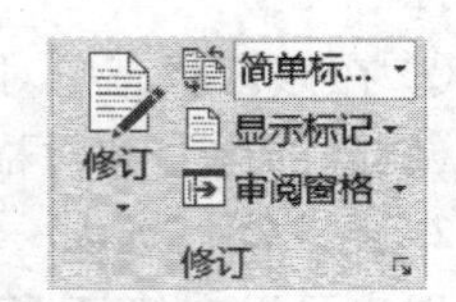

图 6.4 选择修订显示状态

在 Word 2016 修订模式下,用户经常要查看文档修订前的状态、修订后的状态以及修订的内容。在“审阅”选项卡上的“修订”选项组中,从“显示以供审阅”下拉列表中可以选择所需的修订显示状态,如图 6.4 所示。

在列表中有“简单标记”“所有标记”“无标记”和“原始状态”4 种显示状态可供选择,其差别如表 6.1 所示。

表 6.1　文档修订显示状态比较

修订状态	说明	图示
简单标记	显示修改后的最终结果,在修订段落左侧区域会有一条竖线,提醒用户此处已经发生修改	Office Excel 2016
所有标记	显示对于文档所做的全部修改,如删除和添加内容、格式变化等	Office Excelle 2016
无标记	显示文档修改后的最终结果,且不带有任何标记	Office Excel 2016
原始状态	显示文档没有修改之前的状态	Office Excle 2016

4. 设置标记的显示类别和审阅者

在 Word 2016 中,用户可以对文档进行内容增删和格式调整等多种修订,有时需要只显示其中的某些更改,如只希望查看对于内容的修改而忽略格式的变化。当有多个用户同时对文档进行修订的时候,也可以只显示其中的某一人或多人的修改内容。此外,删除内容和格式修改既可以显示在文档正文段落中,也可以显示在文档右侧的批注框中。在"审阅"选项卡的"修订"选项组中单击"显示标记"按钮,在下拉菜单中可以设置显示何种修订标记以及修订标记显示的方式。单击"特定人员"选项,在弹出的审阅者列表中可以选择具体人员所做的修订,如图 6.5 所示。

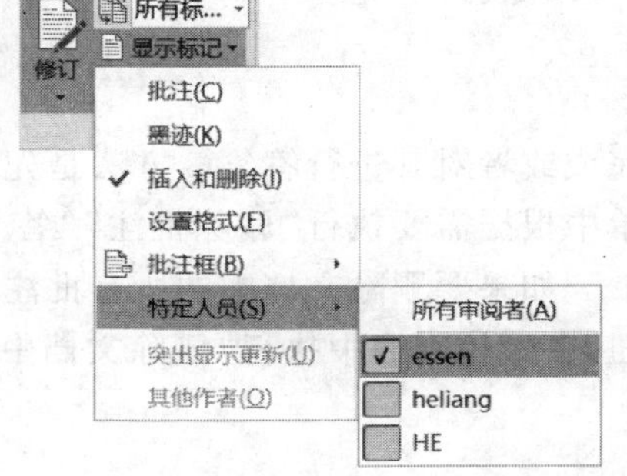

图 6.5　设置显示标记的类别和审阅者

5. 退出修订状态

当文档处于修订状态时,再次在"审阅"选项卡上单击"修订"选项组中的"修订"按钮,使其恢复弹起状态,即可退出修订状态。

6.1.2　为文档添加批注

在多人审阅同一文档时,可能需要彼此之间对文档内容的变更状况作一个解释,或者向文档作者询问一些问题,这时就可以在文档中插入"批注"信息。"批注"与"修订"的不同之处在于,"批注"并不在原文的基础上进行修改,而是在文档页面的空白处添加相关的注释信息,并用带有颜色的方框括起来。

1. 添加批注

如果需要为文档内容添加批注信息,则只需选中要注释的内容,在"审阅"选项卡上的"批注"选项组中单击"新建批注"按钮,然后直接在批注框中输入批注信息即可,如图 6.6 所示。

除了在文档中插入文本批注信息以外,还可以插入音频或视频对象作为批注信息,从而使文档协作在形式上更加丰富。

2. 处理批注

某条批注如果不再需要,可将其删除。如果批注中提出的问题已经解决,则可以将其标记为

图 6.6 添加批注

完成或者对其进行答复。方法是先定位到这条批注信息,右键单击该批注,在随后打开的快捷菜单中根据需要执行“删除批注”“答复批注”或“将批注标记为完成”命令,如图 6.7(a)所示。

如果要删除文档中的所有批注,可以在“审阅”选项卡上的“批注”选项组中单击“删除”按钮,在下拉列表中执行“删除文档中的所有批注”命令,如图 6.7(b)所示。

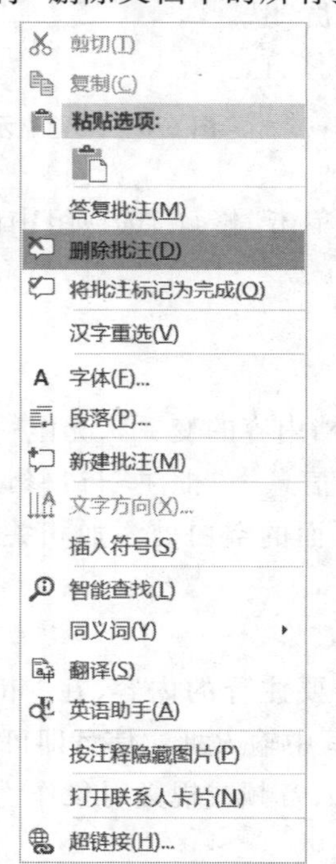

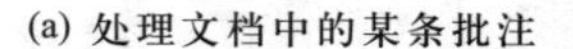

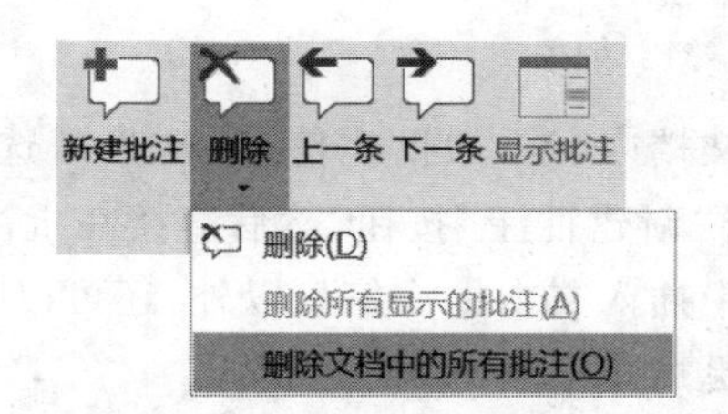

(a) 处理文档中的某条批注　　(b) 删除文档中的所有批注

图 6.7 批注的后续处理

6.1.3 审阅修订

文档内容修订完成以后，一般原作者还需要对文档的修订情况进行最后审阅，并确定出最终的文档版本。当审阅修订时，可以按照如下步骤来接受或拒绝文档内容的每一项更改。

① 在“审阅”选项卡上的“更改”选项组中单击“上一条”或“下一条”按钮，即可定位到文档中的上一条或下一条修订或批注内容。

② 对于修订信息可以单击“更改”选项组中的“拒绝”或“接受”按钮，来选择拒绝或接受对文档的更改。

③ 重复步骤① 和②，直到文档中所有的修订均已审阅完毕。

④ 如果要拒绝对当前文档做出的所有修订，可以在“更改”选项组中执行“拒绝”→“拒绝所有修订”命令；如果要接受所有修订，可以在“更改”选项组中执行“接受”→“接受所有修订”命令，如图 6.8 所示。

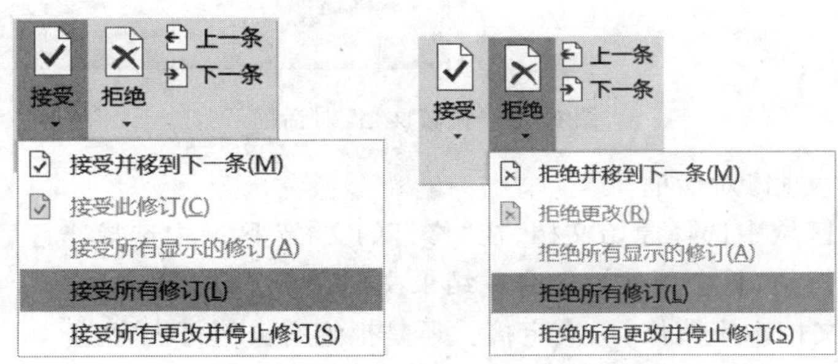

图 6.8 拒绝或接受对文档的所有修订

6.1.4 比较与合并文档

如果审阅者没有在修订状态下修改文档，那么可以使用 Word 2016 所提供的比较文档功能，精确对比两个文档的差异，并将两个版本最终合并为一个。

1. 快速比较文档

使用比较功能对文档不同版本进行比较的具体操作步骤如下：

① 在“审阅”选项卡上的“比较”选项组中单击“比较”按钮，从打开的下拉列表中选择“比较”命令，打开“比较文档”对话框，如图 6.9 所示。

② 在“原文档”区域中，通过浏览找到原始文档；在“修订的文档”区域中，通过浏览找到修订完成的文档。

③ 单击“更多”按钮，展开全部功能，可以看到修订默认显示在一个新文档中，单击“确定”按钮，将会新建一个比较结果文档，其中突出显示两个文档之间的不同之处以供查阅。在“审阅”选项卡上的“修订”组中单击“审阅窗格”按钮将审阅窗格显示出来，其中自动统计了原文档与修订文档之间的具体差异情况。

2. 合并文档

合并文档可以将多位作者的修订内容合并到一个文档中，具体操作方法如下：

① 在“审阅”选项卡上的“比较”选项组中单击“比较”按钮，从打开的下拉列表中选择“合

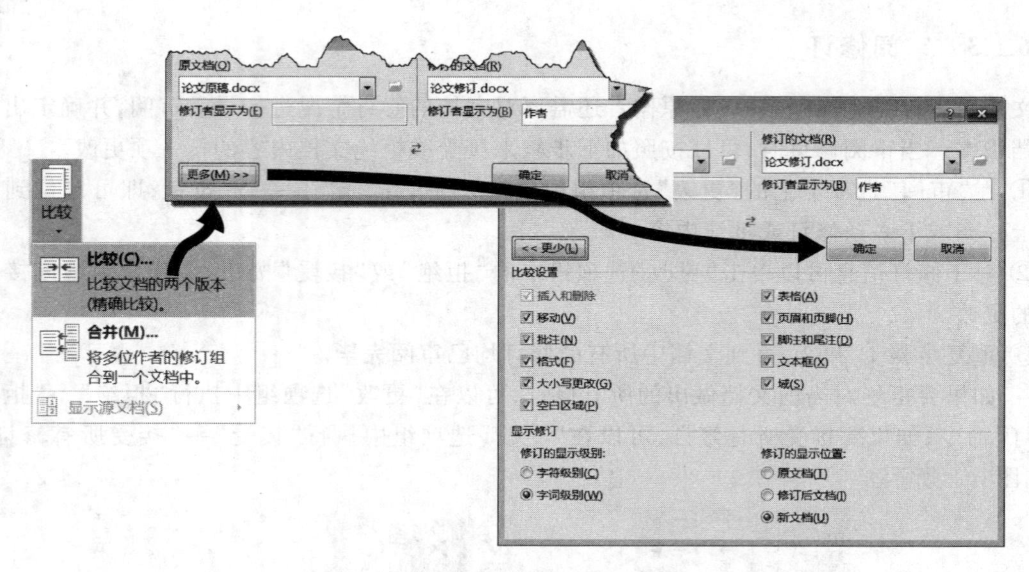

图 6.9 “比较文档”对话框

并”命令,打开“合并文档”对话框。

② 在“原文档”区域中选择原始文档,在“修订的文档”区域中选择修订后的文档。

③ 单击“确定”按钮,将会新建一个合并结果文档。

④ 在合并结果文档中审阅修订,决定接受还是拒绝有关修订内容。

⑤ 对合并结果文档进行保存。

6.2 管理与共享文档

除了修订外,通过“审阅”选项卡上的有关功能,可以对文档进行一些其他常见的管理工作,例如检查拼写错误、统计文档字数、在文档中检索信息、进行简单的即时翻译等。

通过“中文简繁转换”工具可以在中文简体和繁体之间快速转换;通过“保护”工具可以限制对文档格式和内容的编辑修改。

6.2.1 检查文档的拼写和语法

在编辑文档时,经常会因为疏忽而造成一些错误,很难保证输入文本的拼写和语法都完全正确。Word 2016 的拼写和语法功能开启后,将自动在其认为有错误的字句下面加上波浪线,从而起到提醒作用。如果出现拼写错误,则用红色波浪线进行标记;如果出现语法错误,则用绿色波浪线进行标记。

开启拼写和语法检查功能的操作步骤如下:

① 打开 Word 文档,单击“文件”选项卡,打开 Office 后台视图。

② 单击执行“选项”命令,打开“Word 选项”对话框,切换到“校对”选项卡。

③ 在“在 Word 中更正拼写和语法时”选项区域中选中“键入时检查拼写”和“键入时标记语法错误”复选框,如图 6.10(a)所示。另外还可以根据具体情况,选中“经常混淆的单词”等其他

复选框,设置有关功能。

④ 最后,单击“确定”按钮,拼写和语法检查功能的开启工作完成。

拼写和语法检查功能的使用十分简单,在 Word 2016 功能区中打开“审阅”选项卡,单击“校对”选项组中的“拼写和语法”按钮,打开“拼写检查”任务窗格,然后根据具体情况进行忽略或更改等操作即可,如图 6.10(b)所示,如果在文档中有其他语言,可以在任务窗格的下方选择对应的语言。

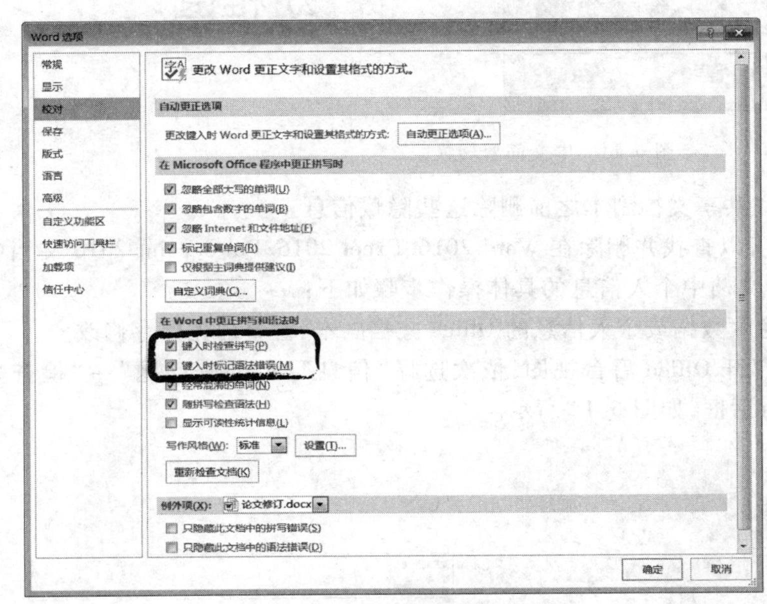

(a) 开启拼写和语法检查　　(b) 执行拼写和语法检查

图 6.10　设置并使用自动拼写和语法检查功能

6.2.2　执行中文简繁体转换

在使用 Word 2016 编辑文档的过程中,有时需要将中文简体字转换为繁体字或将繁体字转换为简体字。需要注意的是,中文简体字和繁体字除了字型的差异之外,有些常用词汇的用法也不尽相同。执行中文简繁体转换的具体步骤如下(以简体转换为繁体为例):

① 选中需要进行转换的文本内容,在“审阅”选项卡的“中文简繁转换”选项组中单击“简转繁”命令,即可完成转换。

② 如果需要转换常用词汇,则可以在“审阅”选项卡上的“中文简繁转换”选项组中单击“简繁转换”命令,打开“中文简繁转换”对话框,在其中勾选“转换常用词汇”复选框,单击“确定”按钮。然后再次执行步骤① 中的操作即可,如图 6.11 所示。

6.2.3　删除文档中的个人信息

文档的最终版本确定以后,如果希望将文档的电子副本共享给其他人使用,最好先检查一下该文档是否包含隐藏数据或个人信息,这些信息可能存储在文档本身或文档属性中,有可能会透

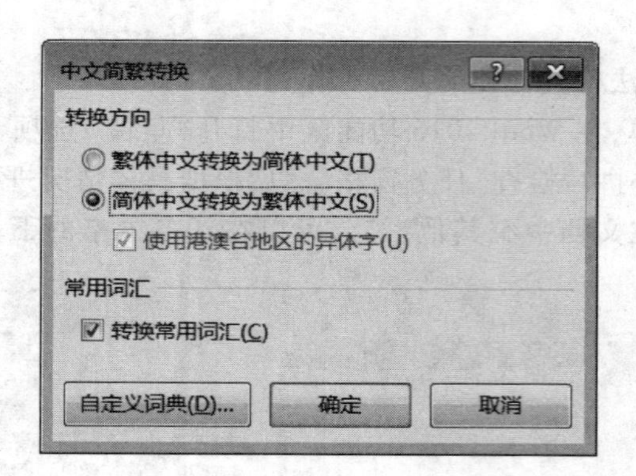

图 6.11 中文简繁转换

露一些隐私信息,因此有必要在共享文档副本之前删除这些隐藏信息。

利用“文档检查器”工具,可以查找并删除在 Word 2016、Excel 2016、PowerPoint 2016 文档中的隐藏数据和个人信息。删除文档中个人信息的具体操作步骤如下:

① 打开要检查是否存在隐藏数据或个人信息的 Office 文档副本,检查前先保存修改。

② 单击“文件”选项卡以打开 Office 后台视图,依次选择“信息”→“检查问题”→“检查文档”命令,打开“文档检查器”对话框,如图 6.12 所示。

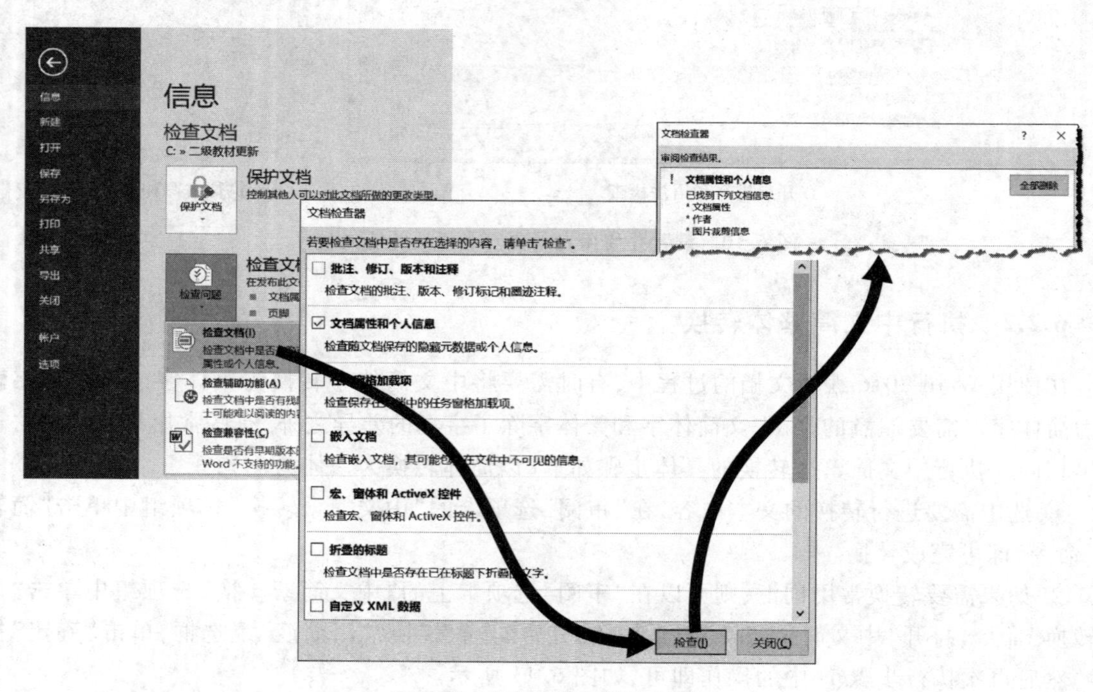

图 6.12 “文档检查器”对话框

③ 在该对话框中选择要检查的项目类型,例如文档属性和个人信息,然后单击“检查”按钮。

④ 检查完成后,在“文档检查器”对话框中显示审阅检查结果,单击要删除的内容类型右边的“全部删除”按钮,删除指定信息。

6.2.4 标记文档的最终状态

如果文档已经确定修改完成,可以为文档标记最终状态来标记文档的最终版本,此操作可以将文档设置为只读,并禁用相关的内容编辑命令。

标记文档的最终状态的操作方法如下:

① 单击“文件”选项卡,打开 Office 后台视图。

② 在“信息”选项组中单击“保护文档”按钮,打开如图 6.13 所示的选项列表。

③ 选择“标记为最终状态”命令,在弹出的提示对话框中单击“确定”按钮完成设置,此时的文档功能区下方会出现黄色提示信息条,文档已经变成只读状态。

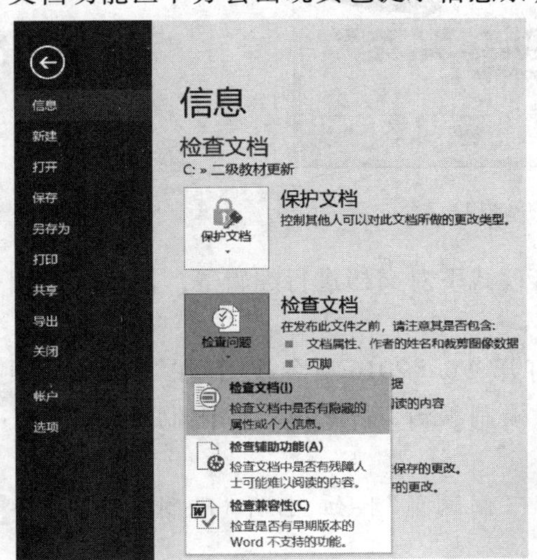

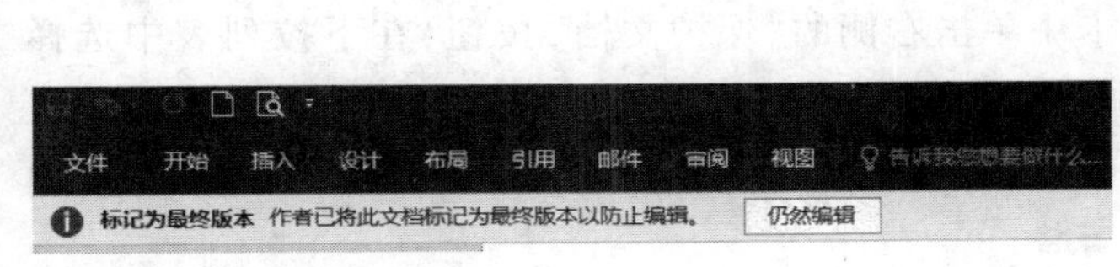

图 6.13 标记文档的最终状态

6.2.5 保护文档内容

将文档标记为最终状态,虽然可以使文档进入只读状态,但只有提醒作用,其他用户仍然可以通过单击“仍然编辑”按钮解除文档的只读状态。对于一些包含重要内容的文档,可能不希望别人随意打开或者修改其中的内容,这就需要加密文档或者限制文档的编辑权限。

1. 加密文档

如果不希望别人随意打开文档,那么可以为文档设置打开密码,只有知道密码的人才能打开文档。设置文档打开密码的步骤如下:

① 打开要设置密码的 Word 文档,单击“文件”选项卡,打开 Word 2016 后台视图,在“信息”选项卡中单击右侧的“保护文档”按钮,在下拉列表中选择“用密码进行加密”命令,打开“加密文档”对话框,如图 6.14 所示。

② 在“密码”文本框中输入密码,单击“确定”按钮,打开“确认密码”对话框,再次输入密码,单击“确定”按钮,即可完成加密。

2. 限制文档编辑

在有些场合下,并不需要设置其他使用者对于文档的打开权限,而是希望对编辑的权限做出

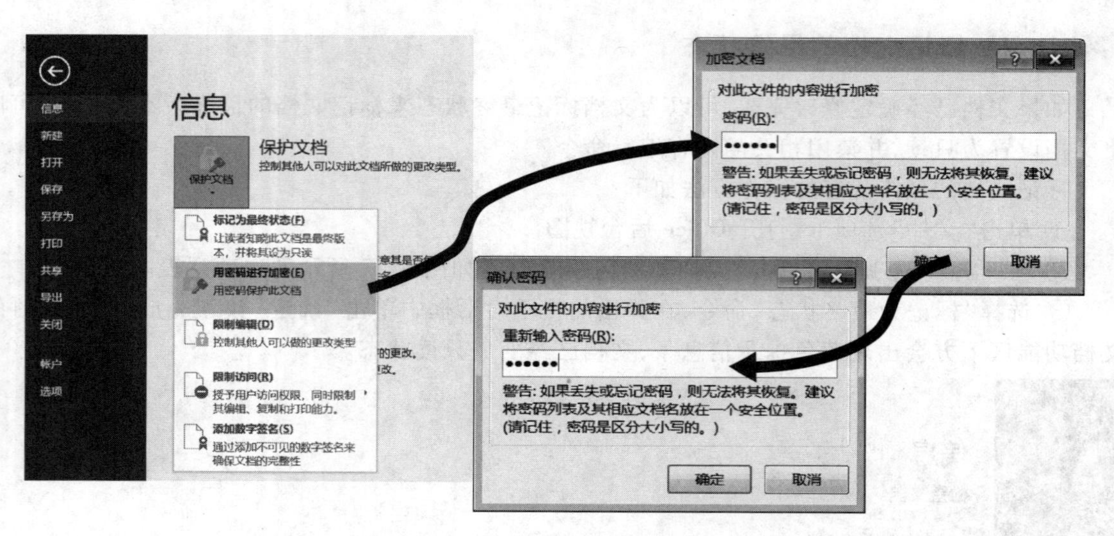

图 6.14 为文档设置打开密码

限制，例如只允许浏览而不允许编辑，或者只允许在修订模式下对文档进行编辑等。限制文档编辑的设置步骤如下：

① 打开要保护的 Word 文档，单击“文件”选项卡，打开 Word 2016 后台视图，在“信息”选项卡中单击右侧的“保护文档”按钮，在下拉列表中选择“限制编辑”命令，打开“限制编辑”任务窗格。

提示：也可以单击“审阅”选项卡下“保护”组中的“限制编辑”按钮，打开“限制编辑”任务窗格。

② 在“限制编辑”任务窗格的“2.编辑限制”选项区域中，勾选“仅允许在文档中进行此类型的编辑”复选框，并在下方的下拉列表中选择一种限制编辑的层级。如果要将文档设置为只读，那么应该选择“不允许任何更改（只读）”选项；要将文档设置为只读，但可以添加批注，则选择“批注”选项；如果要设置为允许编辑文档，但必须在修订模式之下，则应选择“修订”，如图 6.15 所示。

提示：关于对于窗体的保护，请参阅 8.2.2 节中内容。如果勾选了“1.格式设置限制”选项区域中的“限制对选定的样式设置格式”复选框，则在保护文档后，除了对文档内容应用样式之外，无法随意进行其他格式设置。

③ 单击“是，启动强制保护”按钮，打开“启动强制保护”对话框。

④ 选中“密码”单选项，在下方输入并确认密码，单击“确定”按钮，即可完成保护。也可以不输入密码直接单击“确定”按钮，二者区别在于，如果输入了密码，其他使用者就无法随意解除对于文档的保护。

6.2.6 与他人共享文档

Word 文档除了可以打印出来供他人审阅外，也可以根据不同的需求通过多种电子化的方式进行共享。

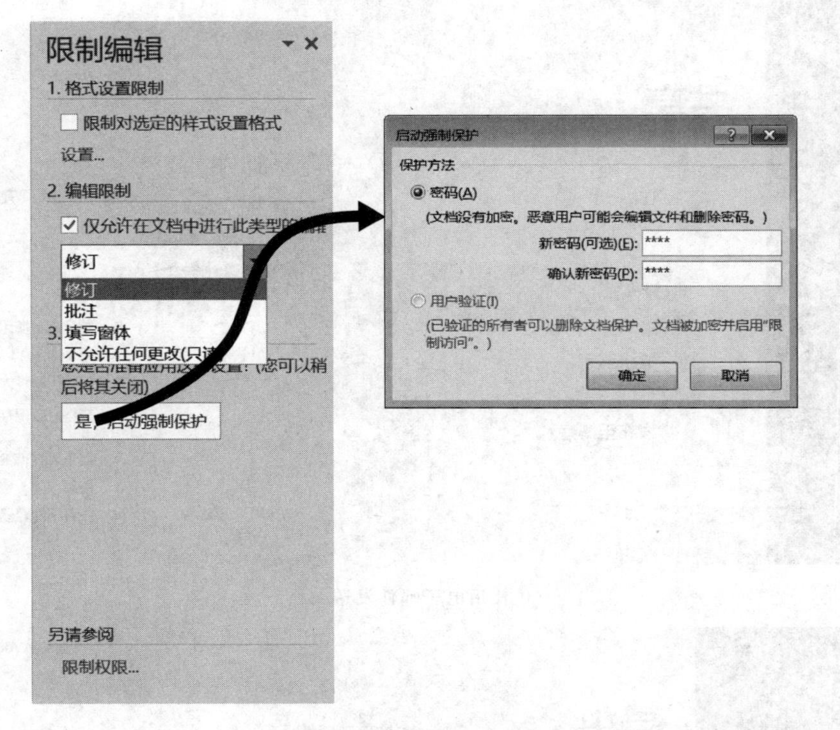

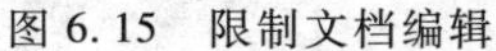
图 6.15 限制文档编辑

1. 通过电子邮件共享文档

如果希望将编辑完成的 Word 文档通过电子邮件的方式发送给对方,可执行下述操作步骤:

① 单击"文件"选项卡以打开 Office 后台视图。

② 执行"共享"→"电子邮件"命令→"作为附件发送"按钮,如图 6.16(a)所示。

提示:执行"共享"→"与人共享"命令→"保存到云"按钮,按照提示登录微软 OneDrive 空间,可以将文档保存到云,然后可以轻松地从其他设备如手机访问文档或者分享给其他用户。

2. 转换成 PDF 文档格式

可以将编辑完成的文档保存为 PDF 格式,这样既保证了文档的只读性,同时又确保了那些没有部署 Microsoft Office 产品的用户可以正常浏览文档。将文档另存为 PDF 文档的具体操作步骤如下:

① 单击"文件"选项卡以打开 Office 后台视图。

② 依次执行"导出"→"创建 PDF/XPS 文档"命令→"创建 PDF/XPS"按钮,如图 6.16(b)所示。

③ 在随后打开的"发布为 PDF 或 XPS"对话框中,输入文件名并选择保存位置后,单击"发布"按钮。

3. 与其他组件共享信息

与 Excel、PowerPoint 等其他 Office 组件共享信息的方法,可参见第 2 章中的有关介绍。

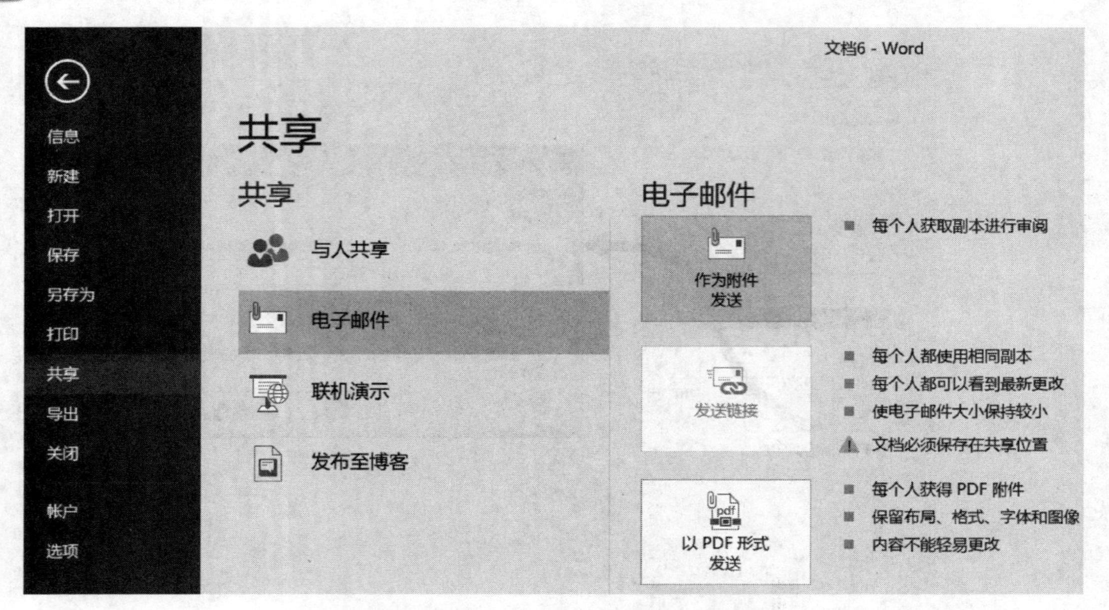

(a) 使用电子邮件发送文档

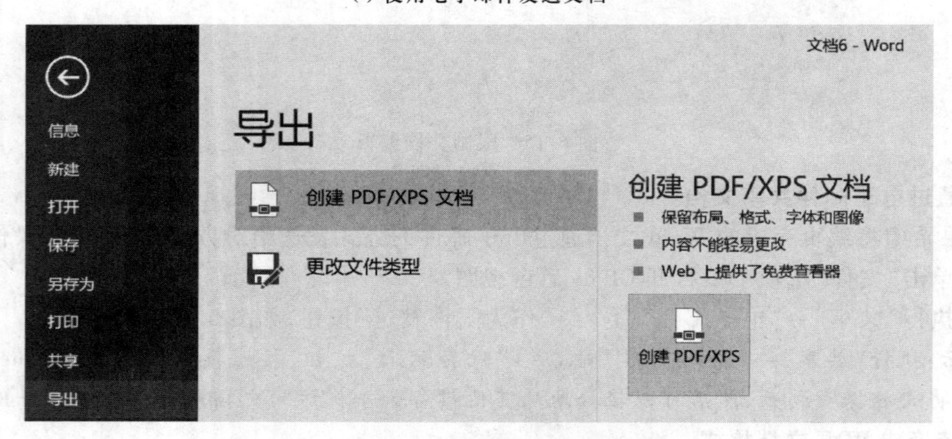

(b) 将文档发布为 PDF 格式

图 6.16 与他人共享文档

第 7 章 通过邮件合并批量处理文档

Word 2016 提供了强大的邮件合并功能,该功能具有极佳的实用性和便捷性。如果希望批量创建一组文档,例如寄给多个客户的套用信函,就可以使用邮件合并功能来实现。

利用邮件合并功能可以批量创建信函、电子邮件、传真、信封、标签、目录(打印出来或保存在单个 Word 文档中的姓名、地址或其他信息的列表)等文档。

7.1 邮件合并基础

邮件合并过程比较复杂,需要先了解与之相关的一些基本概念以及基本的操作流程。

7.1.1 什么是邮件合并

Word 的邮件合并可以将一个主文档与一个数据源结合起来,最终生成一系列输出文档。一般要完成一个邮件合并任务,需要包含主文档、数据源、合并文档几个部分,如图 7.1 所示。因此,在进行邮件合并之前,首先需要明确以下几个基本概念。

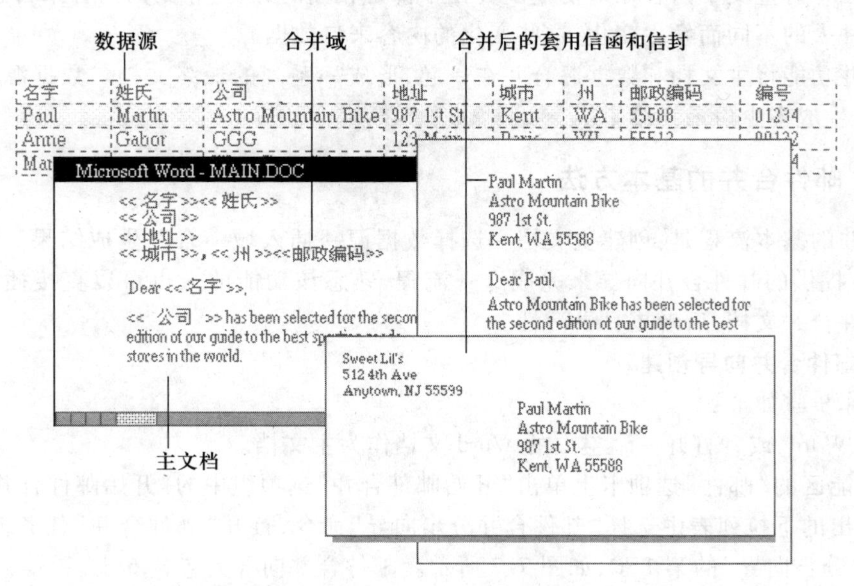

图 7.1 邮件合并技术中的主要组成部分

1. 主文档

主文档是经过特殊标记的Word文档，它是用于创建输出文档的“蓝图”，其中包含了基本的文本内容，这些文本内容在所有输出文档中都是相同的，比如信件的信头、主体以及落款等。另外还有一系列指令（称为合并域），用于插入在每个输出文档中都要发生变化的文本，比如收件人的姓名和地址等。

2. 数据源

数据源实际上是一个数据列表，其中包含了用户希望合并到输出文档的数据。通常它保存了姓名、通信地址、电子邮件地址、传真号码等数据字段。Word的邮件合并功能支持很多类型的数据源，其中主要包括下列几类：

- Microsoft Office地址列表。在邮件合并的过程中，Word 2016提供了创建简单的“Office地址列表”的机会，必要时可以在新建的列表中填写收件人的姓名和地址等相关信息。此方法最适用于不经常使用的小型、简单列表。
- Microsoft Word数据源。可以使用某个Word文档作为数据源。该文档应该只包含1个表格，该表格的第1行必须用于存放标题行，其他行必须包含邮件合并所需要的数据记录。
- Microsoft Excel工作表。可以从工作簿内的任意工作表或命名区域选择数据。
- Microsoft Outlook联系人列表。可以在“Outlook联系人列表”中直接检索联系人信息。
- Microsoft Access数据库。在Access中创建的数据库。

- HTML文件。使用只包含1个表格的HTML文件。表格的第1行必须用于存放标题行，其他行则必须包含邮件合并所需要的数据记录。

3. 邮件合并的最终文档

邮件合并的最终文档是一份可以独立存储或输出的Word文档，其中包含了所有的输出结果。最终文档中有些文本内容在每份输出文档中都是相同的，这些相同的内容来自主文档；而有些会随着收件人的不同而发生变化，这些变化的内容来自数据源。

邮件合并功能将主文档和数据源合并在一起，形成一系列的最终文档。数据源中有多少条记录，就可以生成多少份最终结果。

7.1.2　邮件合并的基本方法

邮件合并的基本流程是：创建主文档→选择数据源→插入域→合并生成结果。初级用户可以通过Word提供的邮件合并向导来完成这一流程，熟悉该功能的人也可以直接插入邮件合并域来创建邮件合并文档，后者更具灵活性。

1. 通过邮件合并向导创建

具体操作步骤如下：

① 启动Word，或者打开一个空白的Word文档作为主文档。

② 在功能区的“邮件”选项卡上单击“开始邮件合并”选项组中的“开始邮件合并”按钮。

③ 从弹出的下拉列表中选择“邮件合并分步向导”命令，打开“邮件合并”任务窗格，同时进入“邮件合并分步向导”的第1步，如图7.2所示。邮件合并向导共包含6步。

④ 在“选择文档类型”区域中，选择一个希望创建的输出文档的类型。

⑤ 单击“下一步：开始文档”超链接，进入“邮件合并分步向导”的第2步，在“选择开始文

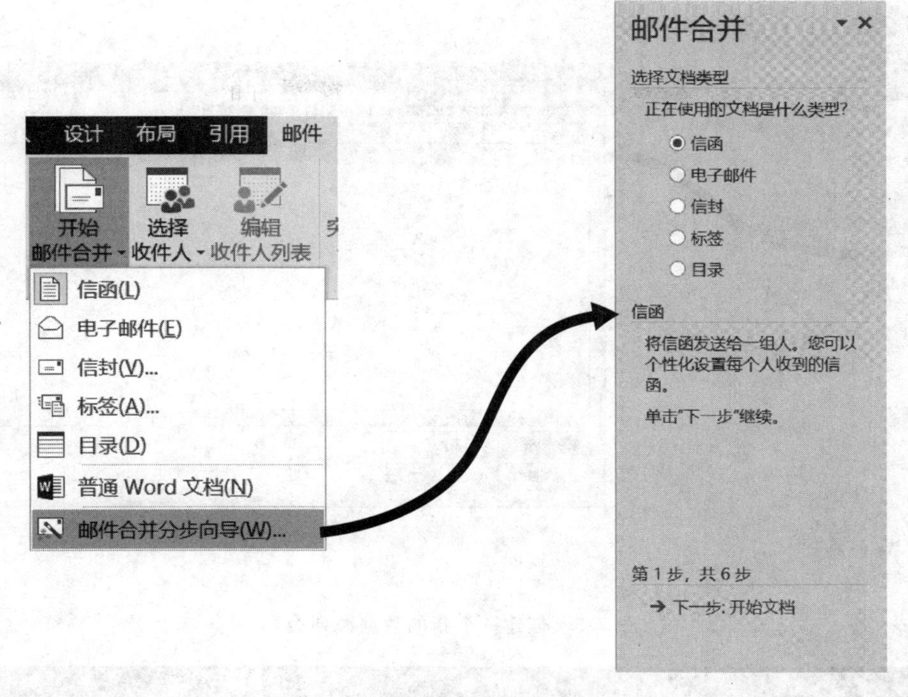

图 7.2 打开"邮件合并"任务窗格

档"选项区域中确定邮件合并的主文档,可以使用当前打开的文档,也可以选择一个已有的文档或根据模板新建一个文档。

⑥ 接着单击"下一步:选取收件人"超链接,进入"邮件合并分步向导"的第 3 步,在"选择收件人"选项区域中确定邮件合并的数据源,可以使用事先准备好的列表,也可以新建一个数据源列表,如图 7.3 所示。

⑦ 确定了数据源之后,单击"下一步:撰写信函"超链接,进入"邮件合并分步向导"的第 4 步。对主文档进行编辑修改,并通过插入合并域的方式向主文档中适当的位置插入数据源中的信息。单击"其他项目"超链接可打开"插入合并域"对话框,如图 7.4 所示。

⑧ 单击"下一步:预览信函"超链接,进入"邮件合并分步向导"的第 5 步。此处可以查看最终输出的合并结果。

⑨ 预览文档后,单击"下一步:完成合并"超链接,进入"邮件合并分步向导"的最后一步。在"合并"选项区域中,可以根据实际需要选择单击"打印"或"编辑单个信函"超链接,进行最后的合并工作,如图 7.5 所示。一般情况下,可先行选择"编辑单个信函"超链接以文件形式生成并保存合并结果,然后再确定是否打印。

⑩ 最后需要对主文档和合并结果文档分别进行保存,需要时可对合并结果文档进行打印。

2. 直接进行邮件合并

利用向导进行邮件合并的过程比较烦琐,适合不太熟悉邮件合并流程的新手使用。当对邮件合并流程熟练掌握后,可以直接进行邮件合并。

① 首先,准备好数据源文件,编辑完成主文档中的固定内容并进行保存。

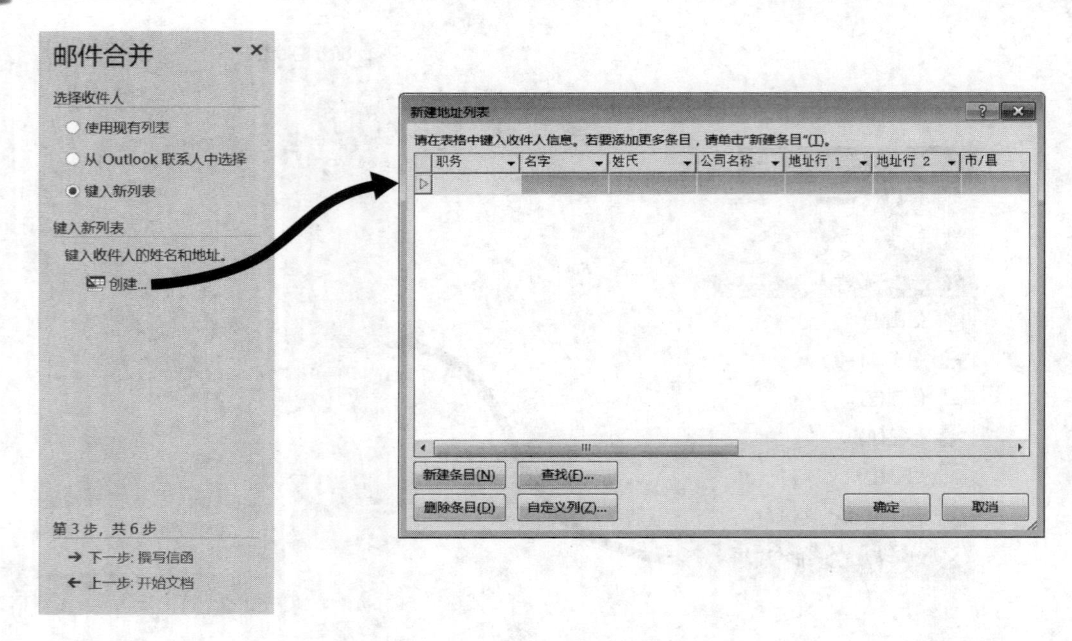

图 7.3 创建一个新的数据源列表

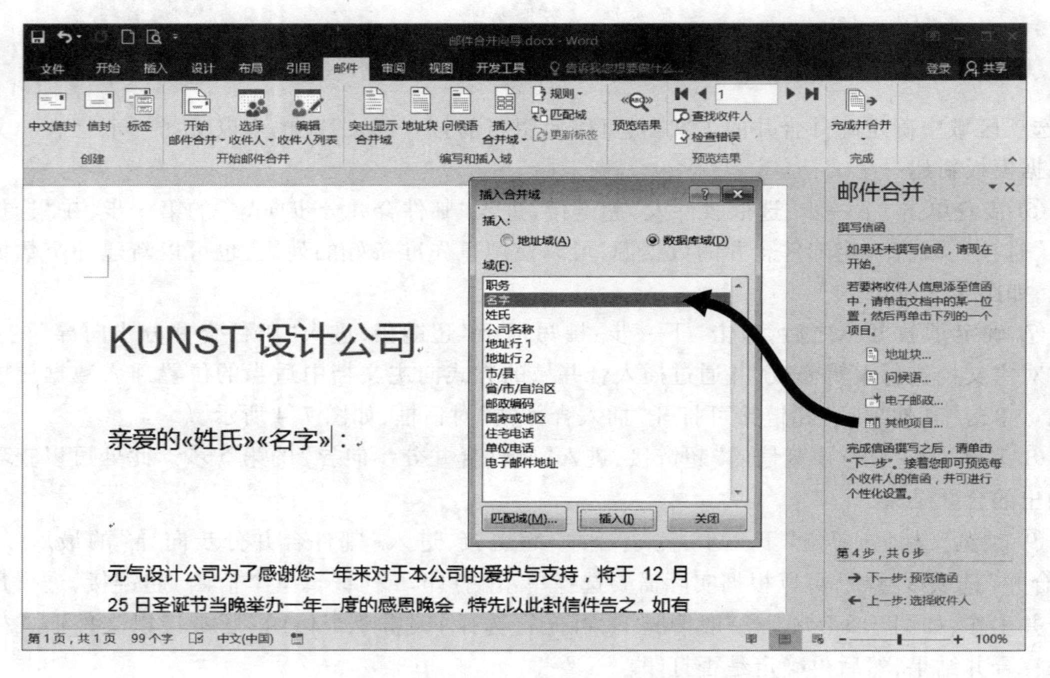

图 7.4 在主文档中插入合并域

② 在 Word 中打开主文档，从"邮件"选项卡上的"开始邮件合并"选项组中单击"选择收件人"按钮。

③ 从如图 7.6(a)所示下拉列表中选择"使用现有列表"命令，在弹出的"选取数据源"对话框中选择数据源文件。也可以选择"键入新列表"重新创建数据源。

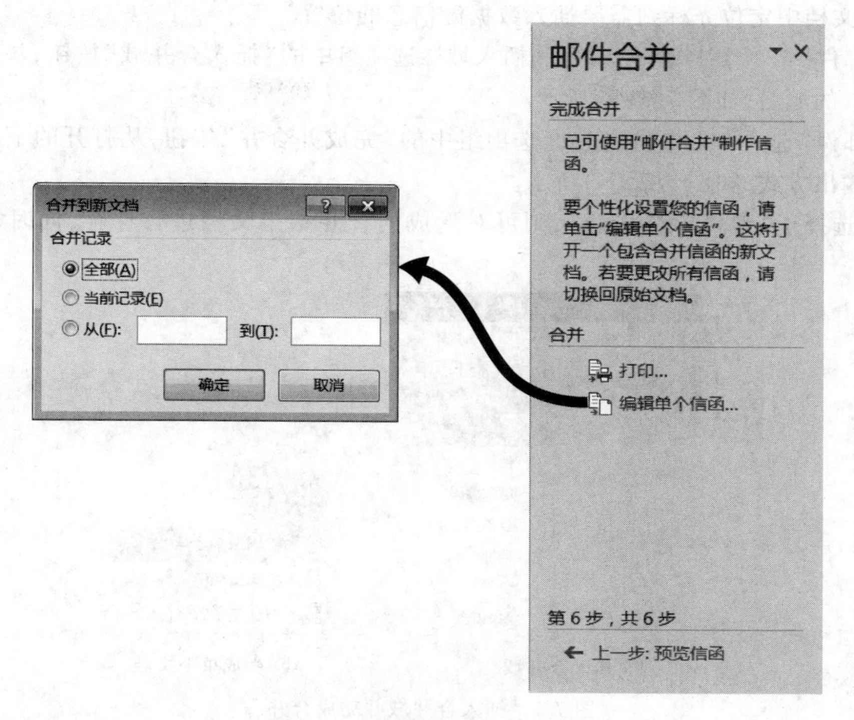

图 7.5　进行最后的合并工作

④ 单击"开始邮件合并"选项组中的"编辑收件人列表"按钮，打开如图 7.6(b)所示的"邮件合并收件人"对话框。在该对话框中可以对数据源列表进行排序、筛选等操作，以确定最后参与合并的收件人记录。设置完毕后单击"确定"按钮退出。

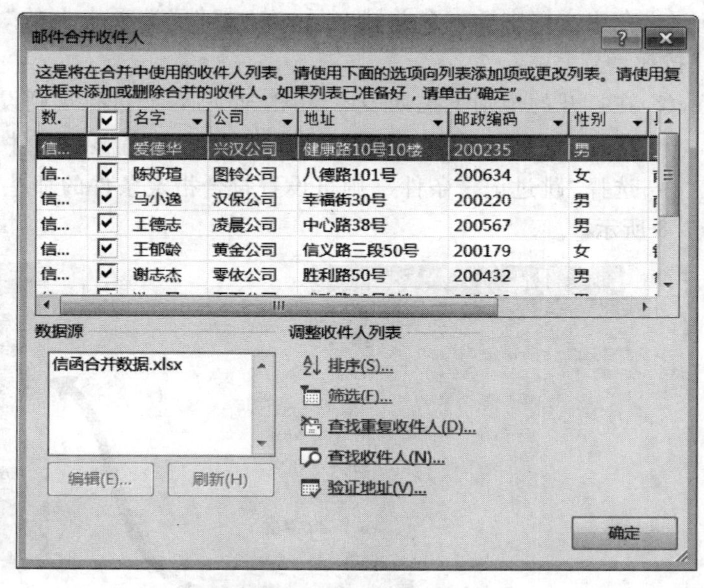

(a) 选择数据源　　(b) "邮件合并收件人"对话框

图 7.6　选择并编辑数据源

⑤ 在主文档中定位光标到需要插入数据源信息的位置。

⑥ 在“邮件”选项卡上单击“编写和插入域”选项组中的“插入合并域”按钮，从下拉列表中选择需要插入的域名，如图 7.7(a)所示。

⑦ 在“邮件”选项卡上单击“完成”选项组中的“完成并合并”按钮，从打开的下拉列表中选择合并结果输出方式，如图 7.7（b)所示。

⑧ 如果选择了“编辑单个文档”，则可对形成的合并结果文档进行保存，同时需要保存主文档。

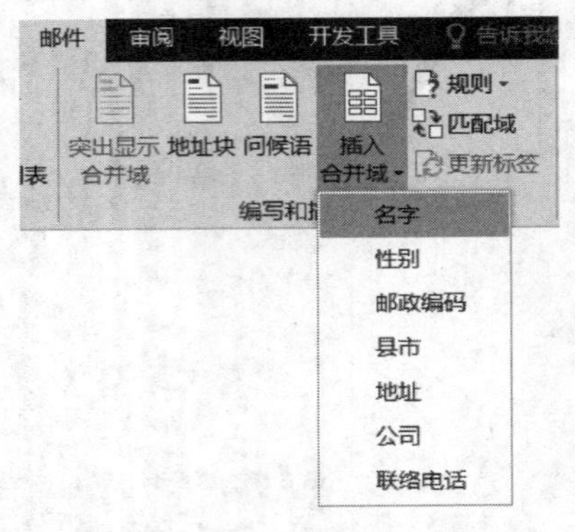

(a) 插入合并域

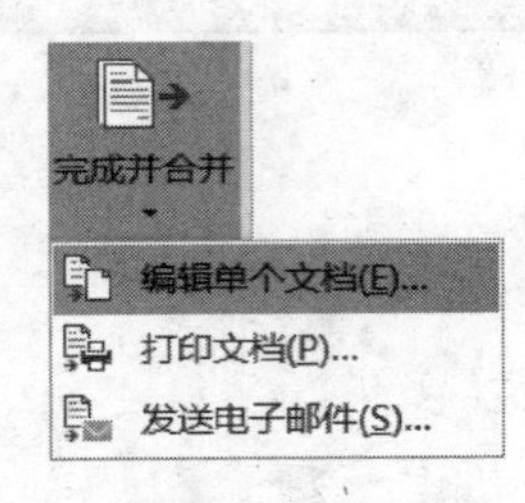

(b) 生成单个文档

图 7.7　插入合并域并完成合并

3. 设置邮件合并规则

在进行邮件合并时，可能需要设置一些条件来对最终的合并结果进行控制，例如只输出某些符合条件的记录等。在邮件合并时设置合并规则的方法如下：

① 在主文档中插入合并域之后，在“邮件”选项卡上的“编写和插入域”选项组中单击“规则”按钮。

② 在打开的规则下拉列表中，单击某一命令，进行规则设置即可。例如：

- 选择“如果…那么…否则…”命令，可以设置显示条件以控制输入文档的显示信息。
- 选择“跳过记录条件”，则可设置符合指定条件的那些记录在合并结果中显示并输出，如图 7.8 所示。

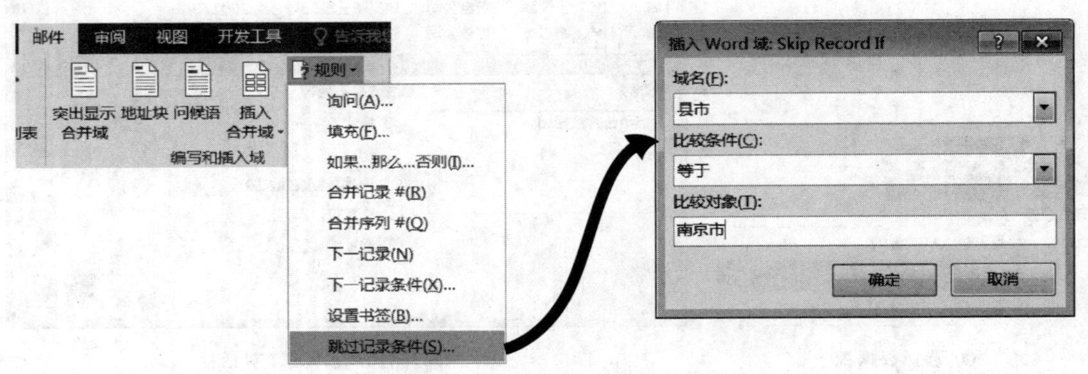

图 7.8　设置邮件合并的规则

7.2 邮件合并应用实例

通过邮件合并功能可以创建多种类型的适用于批量处理的文档。下面分别以制作标签和邀请函为例进行实际操作演练。

7.2.1 利用邮件合并制作标签

在邮寄大量信函的时候,经常需要把地址信息以标签的形式打印出来,再粘贴到信封上。使用邮件合并批量生成标签的操作步骤如下:

① 在功能区中单击“邮件”选项卡,在“开始邮件合并”选项组中单击“开始邮件合并”按钮,在下拉列表中选择“标签”命令,打开如图 7.9 所示的“标签选项”对话框,开始创建标签。

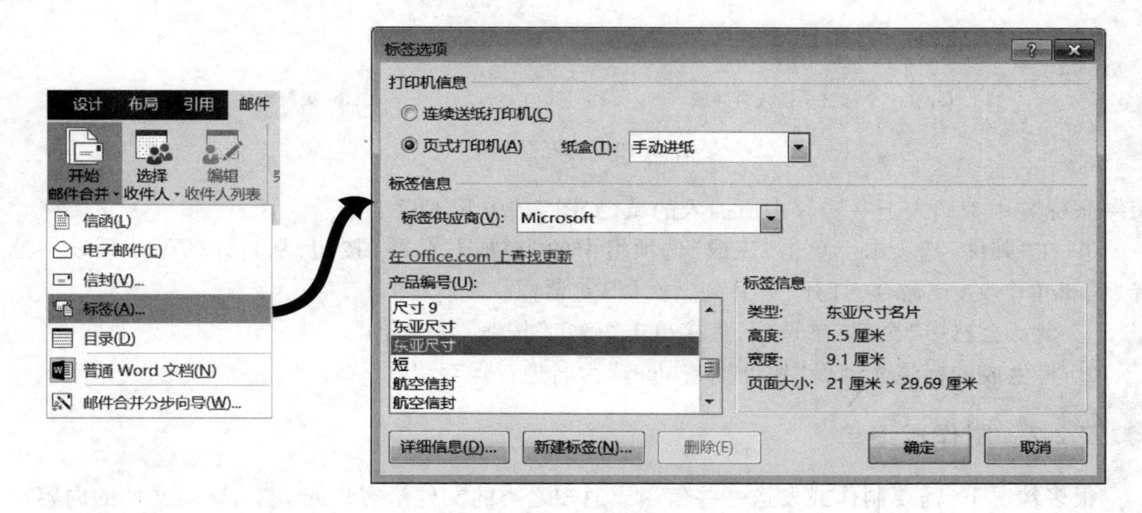

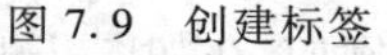
图 7.9 创建标签

② 在“标签信息”选项区域中选择“标签供应商”为“Microsoft”,在下方“产品编号”列表框中选择“东亚尺寸”(高 5.5 厘米,宽 9.1 厘米),单击“确定”按钮,生成空白标签。

提示:在实际工作中,应当根据要使用的标签进行选择,如果预设的标签类型都不符合需要,可以单击“新建标签”按钮,创建自定义的标签。空白标签是以无边框线的表格形式存在的,每一个单元格对应一张标签,如果没有显示出边框线,可以单击标签的任意位置,在“表格工具|布局”选项卡的“表”选项组中单击“查看网格线”命令。

③ 从“邮件”选项卡上的“开始邮件合并”选项组中单击“选择收件人”按钮,在下拉列表中选择“使用现有列表”命令,在弹出的“选取数据源”对话框中选择数据源文件“信函合并数据.xlsx”。

④ 将光标定位到主文档左上角的单元格中适当位置,在“邮件”选项卡上的“编写和插入域”选项组中单击“插入合并域”按钮,在下拉列表中依次选择“名字”“职务”“公司”“地址”和“邮政编码”字段,如图 7.10(a)所示。

⑤ 在“邮件”选项卡上的“编写和插入域”选项组中单击“更新标签”按钮,可以在主文档的

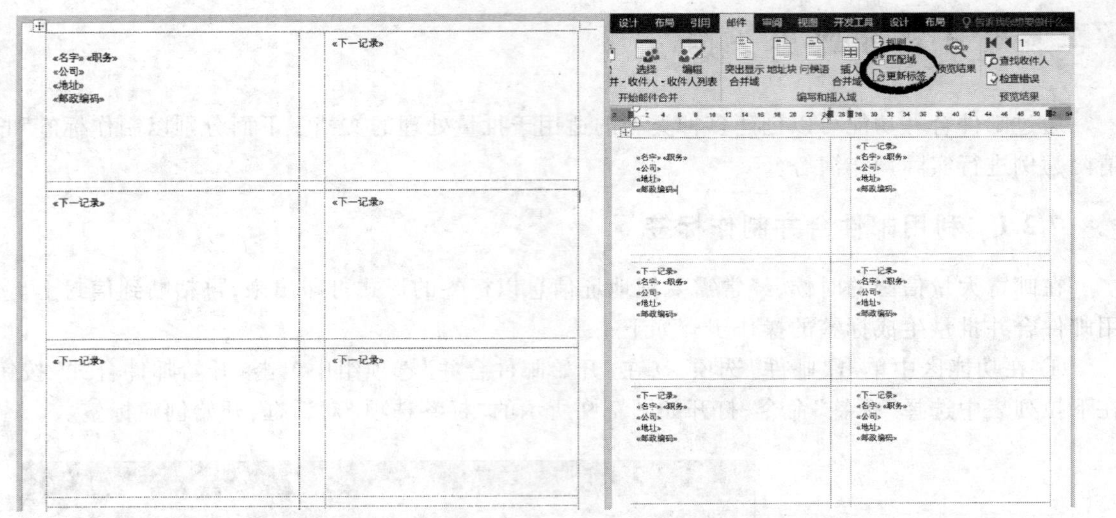

(a) 在一个标签中插入合并域　　(b) 更新标签

图 7.10　插入合并域

每一张标签中都插入上一步骤中所插入的域,如图 7.10(b)所示。

⑥ 在“邮件”选项卡上单击“完成”选项组中的“完成并合并”按钮,从打开的下拉列表中选择“编辑单个文档”命令,打开“合并到新文档”对话框。

⑦ 默认会选中“全部”单选项,直接单击“确定”按钮,完成合并。

⑧ 将生成的标签文档以“地址标签.docx”为名进行保存。

7.2.2　制作成绩单

很多情况下,需要制作或发送一些信函或通知之类的文件给客户或员工,这类文件的内容通常分为固定不变的内容和变化的内容。例如,在如图 7.11 所示的成绩通知文档中已经输入了通知的正文内容,这一部分就是固定不变的信息,保存在案例文档“成绩单.docx”中。通知中的姓名以及称谓和成绩等信息就属于变化的内容,而这部分变化内容作为数据源保存在素材文件“员工考核成绩.xlsx”中。

如果希望给综合成绩在 60 分以上的员工每人发送一份成绩报告,就可以利用邮件合并功能来实现,操作步骤如下:

① 首先打开案例文档“成绩单.docx”。

② 从“邮件”选项卡上的“开始邮件合并”选项组中单击“选择收件人”按钮。

③ 从弹出的下拉列表中选择“使用现有列表”命令,在弹出的“选取数据源”对话框中选择数据源文档“员工考核成绩.xlsx”作为数据源。

④ 在主文档中的抬头文本“尊敬的”之后单击定位光标。

⑤ 在“邮件”选项卡上单击“编写和插入域”选项组中的“插入合并域”按钮,从下拉列表中选择需要插入的域名“员工姓名”。使用相同的方法,依次在“业绩考核”“能力考核”“态度考核”和“综合成绩”右侧的单元格中插入“业绩考核”“能力考核”“态度考核”和“综合成绩”域,

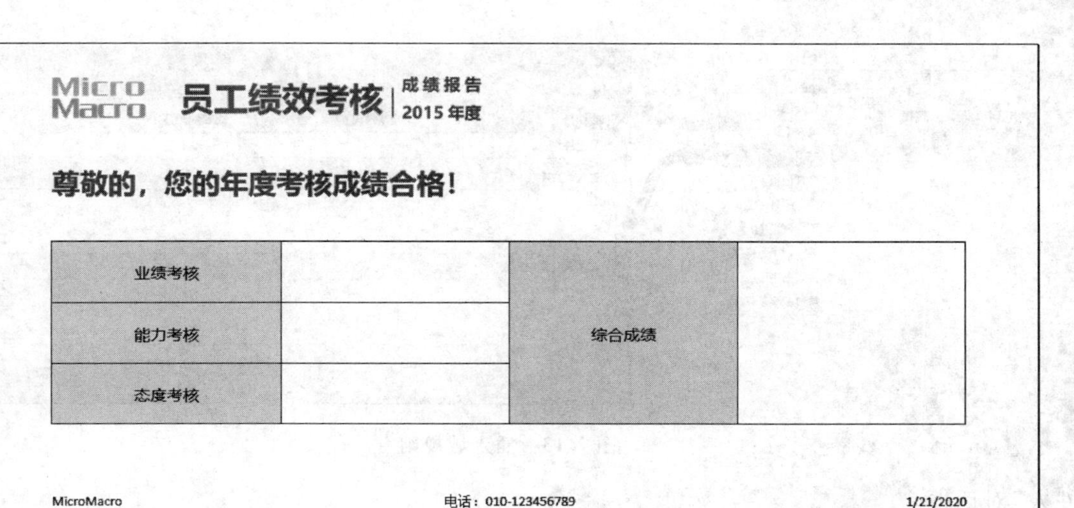

图 7.11　成绩单的主文档

如图 7.12 所示。

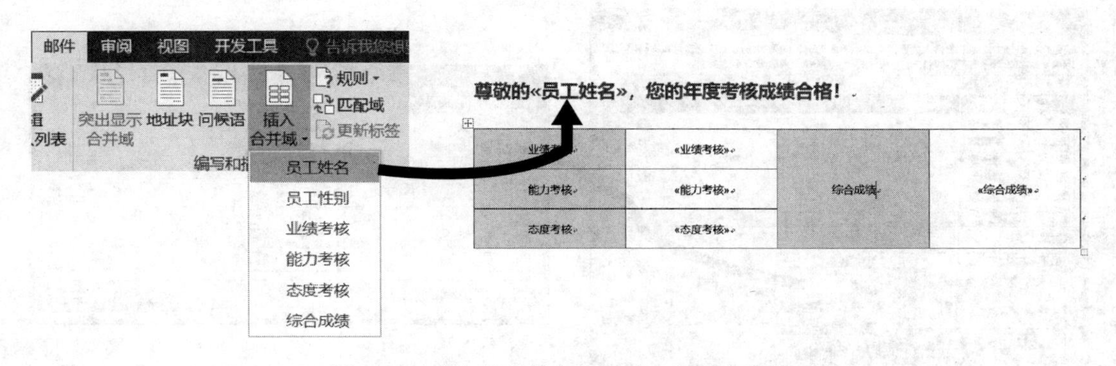

图 7.12　在文档的指定位置插入各自合并域

⑥ 在“邮件”选项卡上，单击“编写和插入域”选项组中的“规则”按钮，从下拉列表中选择“如果…那么…否则…”命令，打开“插入 Word 域：IF”对话框。在该对话框中设置如下条件：

- 在“域名”下拉列表框中选择“员工性别”。
- 在“比较条件”下拉列表框中选择“等于”。
- 在“比较对象”文本框中输入“男”。
- 在“则插入此文字”文本框中输入“先生”。
- 在“否则插入此文字”文本框中输入“女士”。

设置结果如图 7.13 所示。设置完毕后单击“确定”按钮，这样就可以使收信人的称谓与性别建立了关联。

⑦ 对插入主文档中的域“先生”进行字体、字号等格式设置，使其与同段文字格式保持一致。

⑧ 因为只需要给综合成绩在 60 分以上的员工发送成绩报告，因此还要对数据源进行筛选。在“邮件”选项卡上的“开始邮件合并”选项组中单击“编辑收件人列表”按钮，打开“邮件合并收

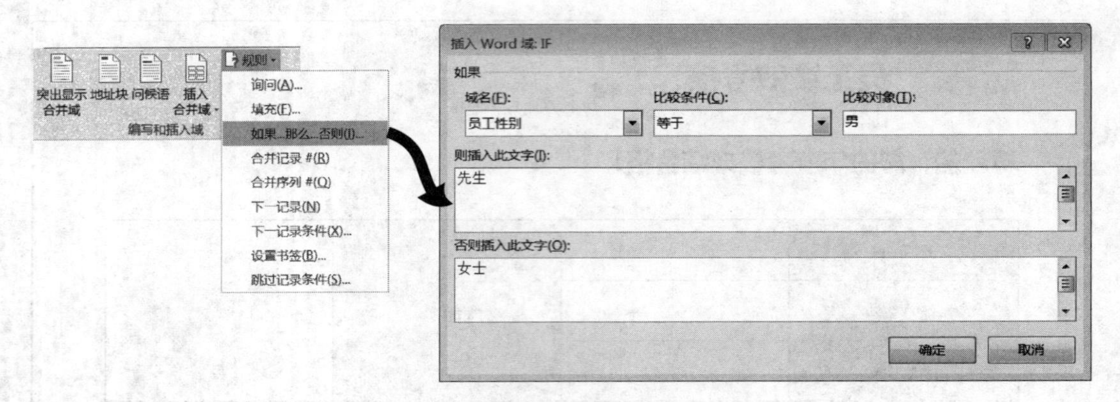

图 7.13　插入域规则

件人”对话框。

⑨ 单击“调整收件人列表”选项区域中的“筛选”超链接，打开“筛选和排序”对话框，在“筛选记录”选项卡中，在“域”下拉列表中选择“综合成绩”，在“比较关系”下拉列表中选择“大于或等于”，在“比较对象”文本框中输入 60，单击“确定”按钮，如图 7.14 所示。

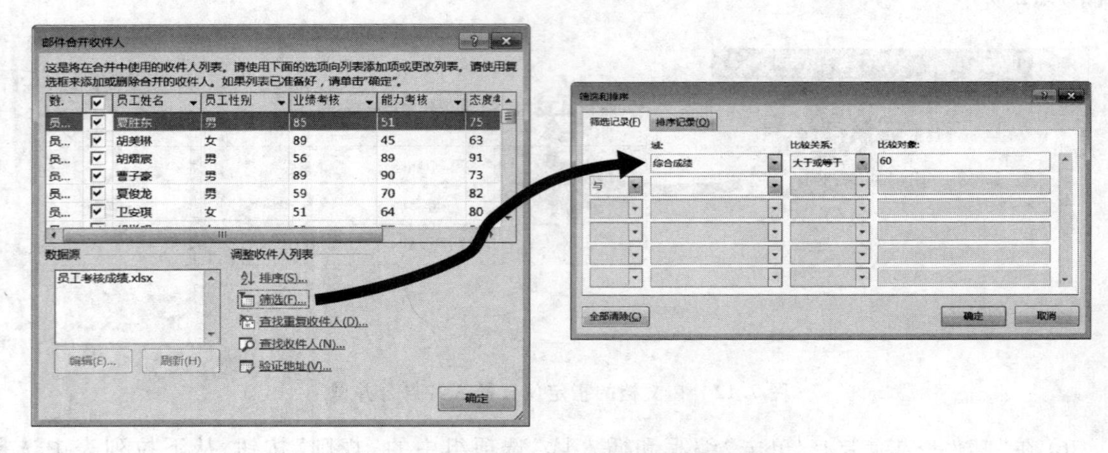

图 7.14　筛选收件人

⑩ 在“邮件”选项卡上单击“完成”选项组中的“完成并合并”按钮，从打开的下拉列表中选择“编辑单个文档”命令，在弹出的对话框中设定合并全部记录后单击“确定”按钮。Word 会将 Excel 中存储的员工信息自动添加到主文档正文中，并合并生成一个如图 7.15 所示的新文档，在该文档中，每页中的员工信息均由数据源自动创建生成。将该文档以“成绩报告合并结果.docx”为文件名进行保存，同时应保存主文档“成绩单.docx”。

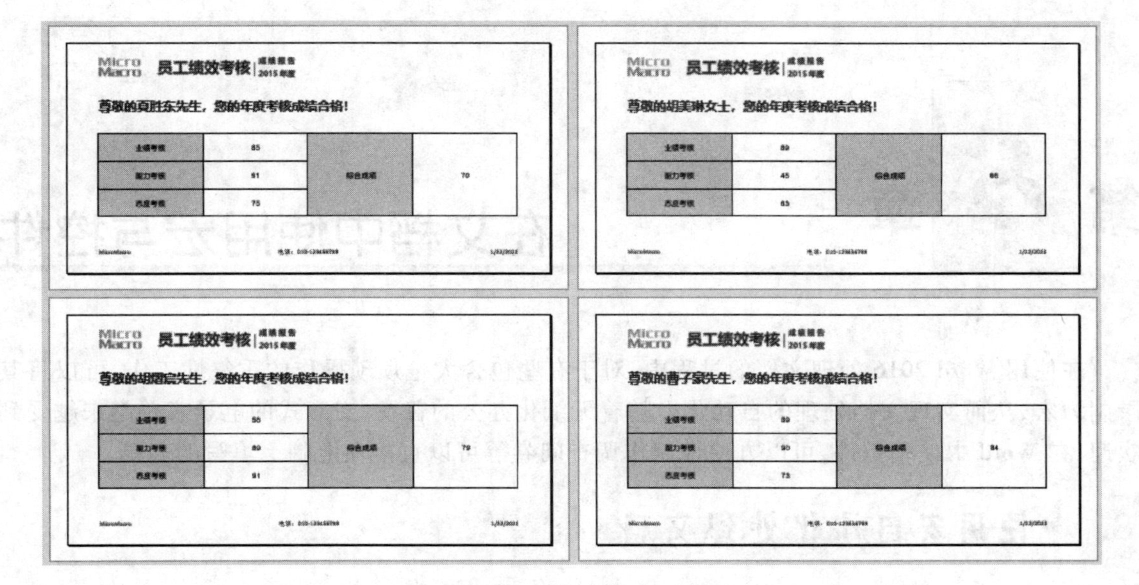

图 7.15 成绩单合并文档输出结果

第8章 在文档中使用宏与控件

在使用 Word 2016 处理文档的过程中，对于有些包含大量烦琐操作的重复性工作，可以将其录制为宏，从而实现文档处理的自动化。随着无纸化办公的普及，交互式的电子表单越来越受到欢迎，在 Word 中使用控件，可以方便地制作调查问卷等可以直接在电脑上填写的表单。

8.1 使用宏自动化处理文档

宏是一系列 Word 命令和指令，这些命令和指令组合在一起，形成了一个单独的命令集，以实现任务执行的自动化。如果要在 Word 中反复执行某项任务，可以使用宏来自动执行。

在 Word 中创建宏可以通过撰写 VBA 代码的方式，也可以直接通过记录键盘和鼠标的动作来录制。前者更为灵活，后者则非常简便。本教材暂不涉及 VBA 编程。

8.1.1 录制宏

录制宏是指利用 Word 提供的功能将使用者在文档中的操作完整地记录下来，以后可以通过播放录制的宏来自动重复执行指定的操作。录制宏的操作方法如下：

① 如果在 Word 中还没有显示“开发工具”选项卡，可以先单击“文件”选项卡，开启 Word 后台视图，单击左侧的“选项”按钮，打开“Word 选项”对话框，在左侧切换到“自定义功能区”选项卡，在右侧“自定义功能区”区域中勾选“开发工具”选项，如图 8.1 所示，单击“确定”按钮，就可以看到在 Word 功能区中已经出现了“开发工具”选项卡，宏和控件等 Word 高级功能都位于这个选项卡。

② 在“开发工具”选项卡的“代码”选项组中单击“录制宏”命令，打开“录制宏”对话框。

提示：在“视图”选项卡上的“宏”选项组中单击“宏”按钮，在下拉列表中单击“录制宏”命令，也可以打开“录制宏”对话框。

③ 在“宏名”文本框中输入所要录制宏的名称，在“将宏保存在”列表中选择保存宏的位置，如图 8.2(a)所示。

④ 为了将来调用宏更加快捷，可以将宏指定到功能区的一个按钮或者键盘快捷键，这里以快捷键为例，单击“键盘”按钮，打开“自定义键盘”对话框，如图 8.2(b)所示。在“将更改保存在”下拉列表中选择要保存的位置，在“请按新快捷键”文本框中，在键盘上按下要使用的快捷键，例如“Ctrl+8”。单击“指定”按钮，此时快捷键会出现在“当前快捷键”列表框中，然后单击“关闭”按钮，开始宏的录制。

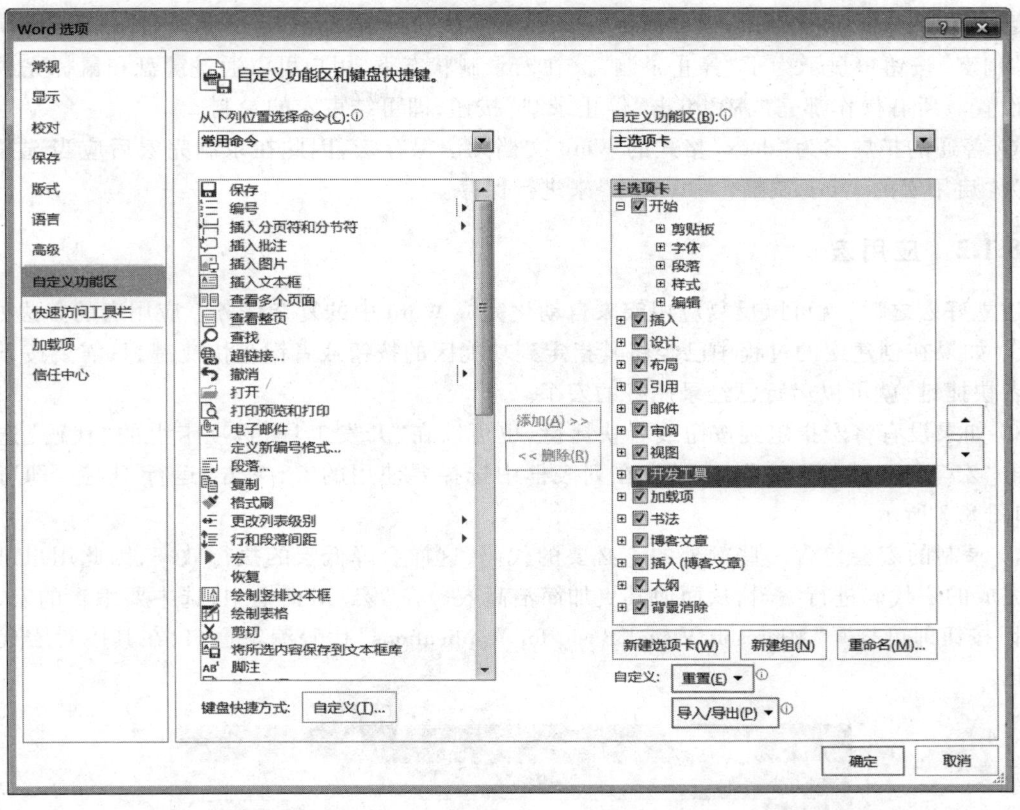

图 8.1 打开“开发工具”选项卡

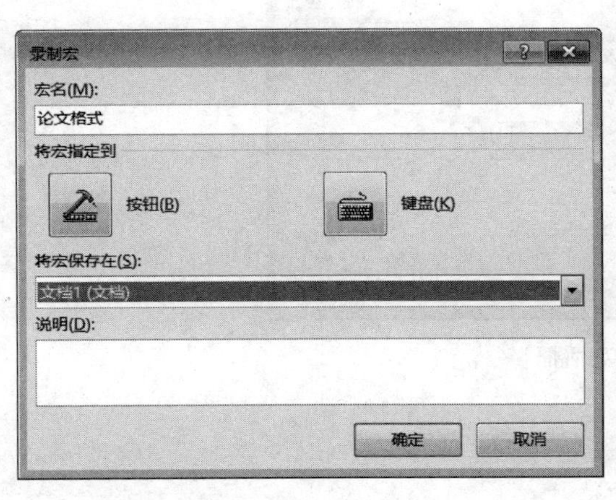

(a)“录制宏”对话框

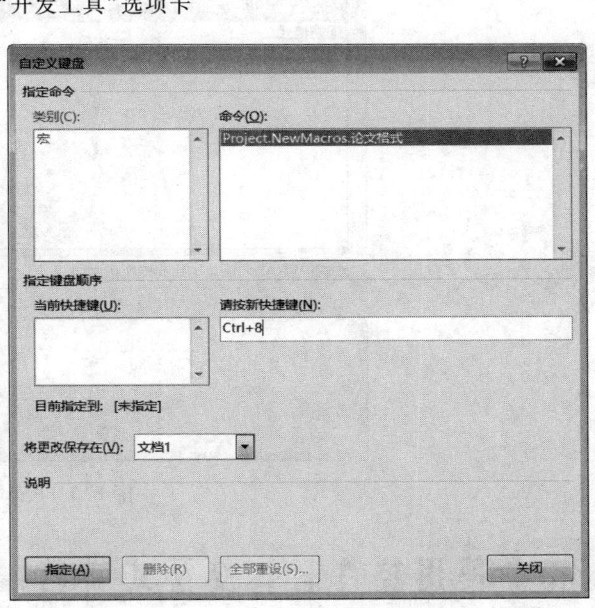

(b) 指定宏到键盘快捷键

图 8.2 录制宏

⑤ 当进入宏录制状态后,鼠标光标会变成形状,“开发工具”选项卡上的“代码”选项组中的“录制宏”按钮也显示为了“停止录制”。在宏录制状态下,用户可以通过键盘和鼠标完成各种格式设置。所有操作都完成后,单击“停止录制”按钮,即可结束宏的录制。

⑥ 普通的扩展名为“docx”格式的 Word 文档无法保存宏,因此在录制完宏后应当选择文件类型为“启用宏的 Word 文档(*.docm)”来进行保存。

8.1.2 应用宏

建立好宏之后,就可以反复应用宏来自动化完成 Word 中的复杂任务。应用宏的方法如下:

① 如果在创建宏的过程中已经将其指定到功能区的按钮或者键盘快捷键,只需要按下该按钮或者快捷键,就可以运行已经录制好的宏了。

② 如果没有将宏指定到按钮或者快捷键,也可以在“开发工具”选项卡上的“代码”选项组中单击“宏”按钮,打开“宏”对话框,在列表框中选择要使用的宏,单击“运行”按钮,即可运行宏,如图 8.3 所示。

③ 录制的宏会包含一些额外的不必要的代码,这样会降低宏的执行效率,因此用户可以对录制完成的宏代码进行编辑,从而使其更加简洁高效。在“宏”对话框中,选中要编辑的宏,单击“编辑”按钮即可打开“Microsoft Visual Basic for Applications”代码编辑窗口,在其中对宏代码进行优化。

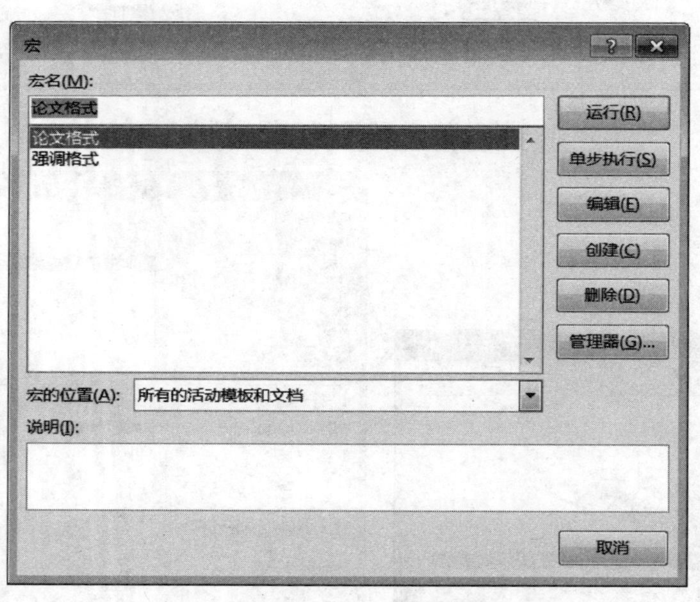

图 8.3 “宏”对话框

8.2 使用控件制作交互式文档

在 Word 2016 中,可以使用控件来制作电子表单,在合同、简历、试卷和调查问卷中实现可交互的无纸化填写。结合保护文档功能,还可以实现限制用户只能编辑文档的控件部分,例如只允许用户进行选择和填空等。

8.2.1 插入控件

在 Word 2016 中，用户可以插入 3 类控件，分别是内容控件、旧式窗体和 ActiveX 控件。最为简单和常用的是内容控件，如果需要填空则可以选择“格式文本内容控件”或“纯文本内容控件”，如果要在多个选项中进行复选则可以使用“复选框内容控件”，如果要在下拉列表中进行单项选择则可以使用“组合框内容控件”或“下拉列表内容控件”，此外还有关于图片、日历和构建基块等内容的控件可供选择。下面以“组合框内容控件”为例介绍插入控件的方法。

① 将鼠标光标定位在文档中要插入控件的位置。

② 在“开发工具”选项卡上的“控件”选项组中单击“组合框内容控件”按钮，插入控件，如图 8.4(a)所示。

③ 在“开发工具”选项卡上的“控件”选项组中单击“属性”按钮，打开“内容控件属性”对话框。

④ 在“内容控件属性”对话框中可以设置控件标题、标记等属性，如果勾选了“锁定”选项区域中的“无法删除内容控件”复选框，则可以防止控件被无意中删除。在“下拉列表属性”选项区域中单击“添加”按钮，可以打开“添加选项”对话框，在其中添加“显示名称”和“值”，单击“确定”按钮，即可将下拉列表选项添加到左侧列表框中。重复此操作，直到添加完成全部选项，单击“内容控件属性”对话框中的“确定”按钮，完成设置，如图 8.4(b)所示。

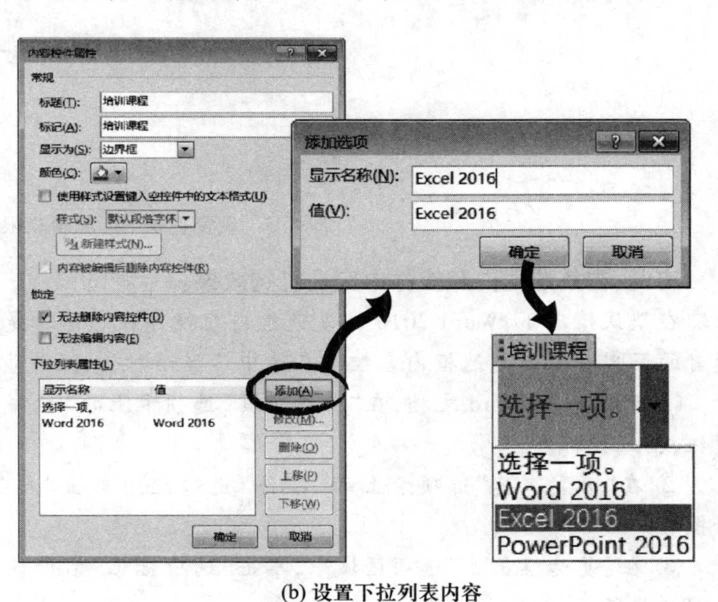

(a) 插入控件　　(b) 设置下拉列表内容

图 8.4 插入组合框内容控件

8.2.2 设置表单中的编辑权限

在使用控件创建了电子表单之后，经常需要设置使用者的编辑权限，仅允许填写控件，而不

允许修改文档的其他内容和格式。进行此类保护的操作步骤如下：

① 在“开发工具”选项卡上的“保护”选项组中单击“限制编辑”按钮，打开“限制编辑”任务窗格，如图 8.5 所示。

② 在“2.编辑限制”区域中，勾选“仅允许在文档中进行此类型的编辑”复选框，在下方的下拉列表中选择“填写窗体”，单击“是，启动强制保护”按钮，打开“启动强制保护”对话框。

③ 选中“密码”单选项，在下方输入并确认密码，单击“确定”按钮，即可完成保护。也可以不输入密码直接单击“确定”按钮，二者区别在于，如果输入了密码，其他使用者就无法随意解除对于文档的保护。

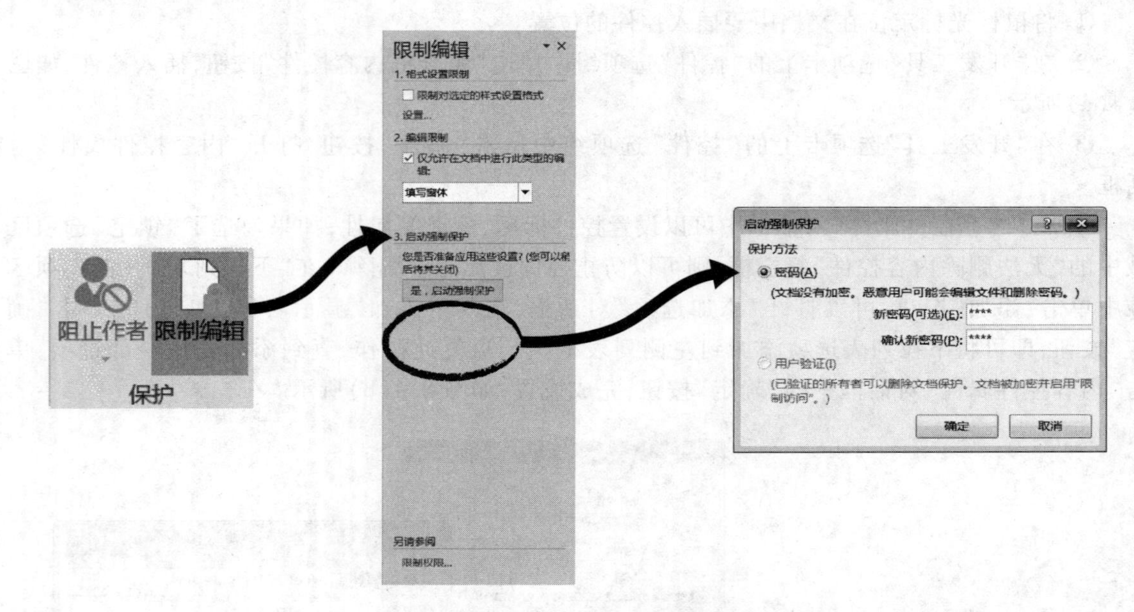

图 8.5　设置表单中的编辑权限

实例：在复选框内容控件中实现打钩效果。

在默认情况下，Word 2016 的复选框内容控件在选择时是在框中打叉号，但打钩更符合中文读者的习惯。要使复选框内容控件在选中后显示打钩，操作步骤如下：

① 新建一个 Word 文档，在“开发工具”选项卡上的“控件”选项组中单击“复选框内容控件”按钮，插入控件。

② 在“开发工具”选项卡上的“控件”选项组中单击“属性”按钮，打开“内容控件属性”对话框。

③ 在“复选框属性”选项区域中，单击“选中标记”右侧的“更改”按钮，打开“符号”对话框，如图 8.6 所示。

④ 在“字体”下拉列表中选择“Wingdings 2”，在下方找到并选择☑符号，单击“确定”按钮。

⑤ 此时在“内容控件属性”复选框中，选中标记已经变为打钩状态，单击“确定”按钮完成修改。

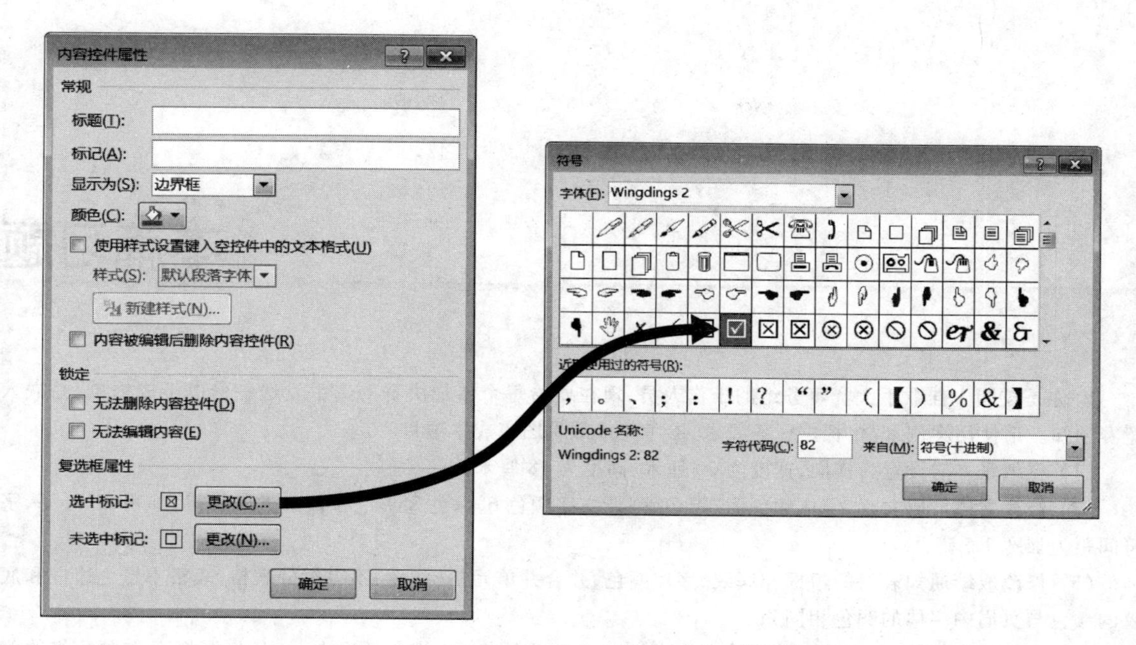

图 8.6　在复选框内容控件中实现打钩效果

本篇习题

1. 你是校园十佳歌手大赛赛务组的工作人员，现在要给每个参加决赛的选手发送一份电子成绩单，并嵌入竞赛须知。请使用案例素材，根据任务要求，参考完成效果图完成本项目。

(1) 将纸张方向设置为横向，宽度为 20 厘米，高度为 18 厘米；

(2) 修改文档页眉文字，字体颜色为“橙色，强调文字颜色 6，深色 25%”，字体为微软雅黑，加粗，三号字，字符间距为加宽 1.5 磅；

(3) 修改成绩通知表格的边框和底纹、字体颜色，并合并单元格（注意：不得拆分表格，表格中橙色边框和底纹的颜色与页眉中字体的颜色相同）；

(4) 将“竞赛须知.docx”图标移动到表格右上角合并单元格中，并水平居中对齐，将图标下方题注修改为“评分标准及奖项”；

(5) 调整表格的行高和列宽，使文档保持在一页之内；

(6) 将字体为红色的文字样式设置为“标题 1”，并修改其字号为小三号，段前和段后间距为 6 磅，行距为单倍行距；

(7) 将字体为蓝色的文字样式设置为“标题 2”，并修改其字号为四号，段前和段后间距为 6 磅，行距为单倍行距；

(8) 将字体为绿色的文字样式设置为“标题 3”，并修改其字号为小四号，段前和段后间距为 6 磅，行距为单倍行距；

(9) 为各级标题添加多级编号，其样式和缩进请参考样例效果；

(10) 根据数据源“成绩单.xlsx”，创建邮件合并，要求如下：

- 插入选手个人信息和各评分项目合并域；
- 在姓名后面根据性别创建规则，如果性别为男就显示“先生”，否则显示“女士”；
- 计算总成绩，规则为各评分项目之和（提示：可在 Word 文档中完成，也可通过修改源数据完成）；
- 将文档中所有数字均设置为保留 1 位小数；
- 生成单个文档，并进行保存。

2. 你正在社区从事志愿服务，要修改一份科普资料“青霉素传奇.docx”。请使用案例素材，根据以下任务要求，参考完成效果图完成以下操作。

(1) 为所有红色文本应用标题 1 样式，为所有蓝色文本应用标题 2 样式，且所有标题都可以自动和下方段落保持在同一页中；

(2) 为各级标题添加自动编号；

(3) 适当加大正文内容的段落间距，并设置首行空 2 个格；

(4) 删除文档中的所有以字母开头的非内置样式（你为了完成项目自己创建的样式除外）；

(5) 删除文档中的所有空行；

(6) 在正文之前为文档添加目录，使目录位于单独的页面；

(7) 将文档图片下方的注释(绿色文本)修改为可以自动编号和更新的题注,并居中对齐,将所有图片也居中对齐;

(8) 将文档正文中所有对题注的引用(橙色文本)修改为可以自动更新的交叉引用(域);

(9) 为文档添加索引,索引条目在素材文件夹的"索引条目.docx"文档中,索引上方的标题为"索引",格式与标题1相同,但不可以有编号;

(10) 为文档插入书目,书目的标题为"参考文献",格式与标题1相同,但不可以有编号;

(11) 将索引和书目都放置在单独的页面中,且使其体现在目录中;

(12) 为文档添加封面,标题为"青霉素传奇——没有硝烟的战场",删除副标题占位符;

(13) 为文档添加页码,位置在页脚正中,封面页无页码,目录页页码格式为"A,B,C…",正文(包含索引和书目)页码格式为"1,2,3…"。

3. 你是某大学企业管理专业的应届毕业生,现在已经完成了毕业论文的初稿,请按照下列任务要求对论文进行排版,并用"启用宏的Word文档(*.docm)"格式保存文档。

(1) 论文在交给指导老师修改的时候,老师添加了某些内容,并保存在"教师修改.docx"文档中,请在你的论文中接受修改,添加该内容;

(2) 参照"封面.png"中的效果,为论文添加封面;

(3) 将文档中标题1、标题2和标题3的手动编号替换为可以自动更新的多级列表;

(4) 删除文档中的所有空格和空行;

(5) 将论文中所有正文文字设置为首行空2格,且段前段后各空半行(各级标题文字请不要应用此格式);

(6) 在文档末尾的标题"参考文献"下方插入参考书目,书目保存于文档"书目.xml"中;

(7) 设置目录、摘要、每章标题、参考文献和致谢都从新的页面开始;

(8) 修改所有的脚注为尾注,并放到每章之后;

(9) 对尾注的编号应用"[1],[2],[3]…"的格式;

(10) 在论文页面底部中央为文档添加页码,要求封面没有页码,目录页使用罗马数字"Ⅰ,Ⅱ,Ⅲ…"格式,从摘要开始使用"1,2,3…"格式,页码都是从1开始;

(11) 在文档正文(第1章~第7章)页面正中添加页眉,可以自动引用页面所在章的标题和编号;

(12) 在文档封面页的标题文字"目录"下方插入文档目录,要求"摘要""参考文献"和"致谢"也体现在目录中,且和标题1同级别;

(13) 制作一个宏,当按下快捷组合键Ctrl+Q后,可以对选定的文本应用倾斜、加下画线的格式。

第三篇　通过 Excel 创建并处理电子表格

通过电子表格软件进行数据的管理与分析已成为人们当前学习和工作的必备技能之一。Excel 是目前比较流行、应用广泛的电子表格软件，它属于 Microsoft Office 套装办公软件中的主要组件之一。本教材以 Excel 2016 为蓝本，主要学习 Excel 以下重要功能及应用：

- 创建基本电子表格，在表格中输入各类数据
- 对数据及表格结构进行格式化，使之更加美观
- 对工作表及工作簿进行各类操作
- 在工作表中使用公式和函数快速计算和统计
- 利用各种途径获取数据并对其进行转换、汇总、统计分析和处理
- 运用图表对数据进行分析展示
- 通过创建和运行宏快速重复执行多个任务
- 通过添加表单控件引用单元格数据并与其进行交互

第9章 Excel 制表基础

Excel 最基本的功能就是制作若干张表格，在表格中记录相关的数据及信息，以便于日常生活和工作中信息的记录、查询与管理。例如，老师需要管理学生成绩，人力资源管理员需要管理职工的人事档案，会计需要制作员工的工资表，甚至一个家庭主妇都需要记录家庭的财政收支，这些数据都可以通过 Excel 表格进行记录和整理。

9.1 概述

现实生活和工作中的表格类型多种多样，如履历表、工资表、成绩表、销售表、调查表、各种国情统计表等，那么什么样的表格更适合在 Excel 中处理呢？

一般情况下，Excel 更适合处理那些数据量比较大、需要进行大量计算、复杂统计分析、有条理地显示结果的数据，而那些简单的纯文字表格（如简历表）可能更适合在文字处理软件中制作。

例如，员工的个人所得税计算复杂，工资表就适合在 Excel 中制作，利用 Excel 强大的公式和函数功能就可以快速、准确地计算出工资结果。再比如，职工的人事档案表，虽然看起来文字多、数字少，但要从成百上千的人员中筛选查找符合某些条件的记录却可以在 Excel 中轻松做到。

要想在 Excel 中快速处理数据，首先需要设计一张结构合理的表格。一般情况下，Excel 更适合处理二维数据。数据表需要有标题行（列标题、字段名），数据表内不要出现合并单元格，数据表中间最好不要有空白行列、不能出现斜线表头，一个完整的数据表周围不要有多余的无关信息。这样的数据表才适合在 Excel 中进行计算、统计和分析。

9.2 输入和编辑数据

输入和编辑数据是制作一张表格的起点和基础，在 Excel 中，可以利用多种方法达到快速输入数据的目的。

9.2.1 Excel 表格术语

通过桌面快捷方式、“开始”菜单、双击工作簿文件等途径，均可启动 Excel。

Excel 的窗口界面如图 9.1 所示，由标题栏、选项卡、功能区、状态栏、滚动条、编辑窗口等元

素组成。下面介绍一些 Excel 特有的常用术语。

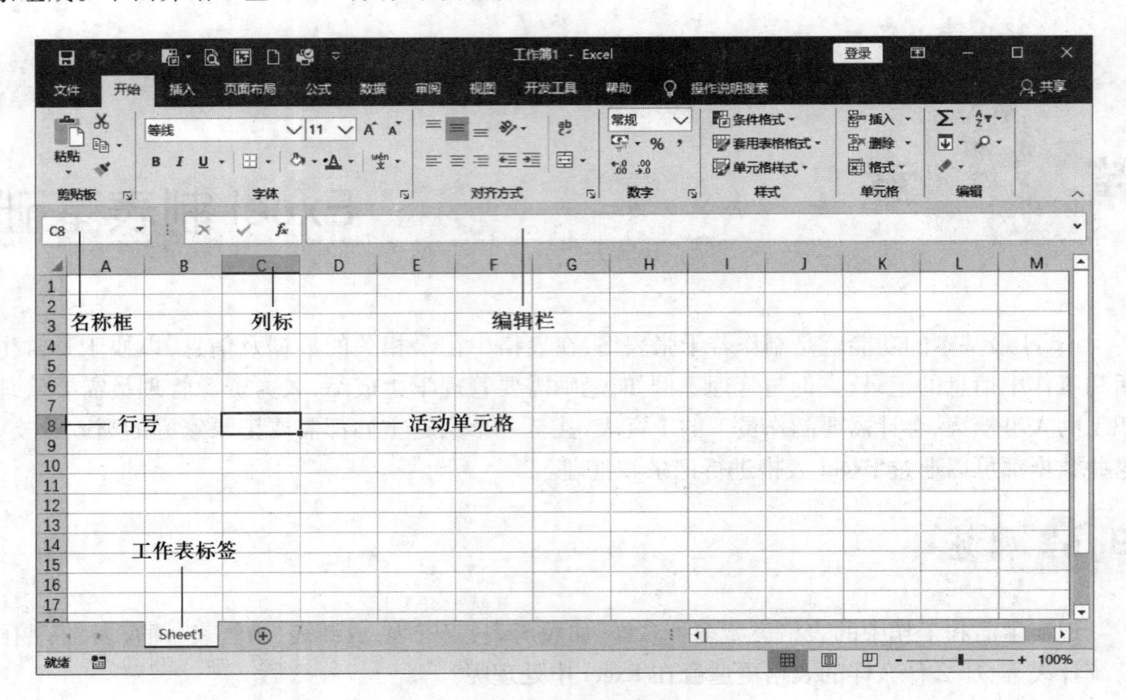

图 9.1 Excel 2016 的窗口界面

- 工作簿与工作表　一个工作簿就是一个电子表格文件，Excel 2016 的文件扩展名为.xlsx（Excel 2003 以前的版本扩展名为.xls）。一个工作簿可以包含多张工作表，默认情况下为 1 个。可以通过"文件"→"选项"命令更改默认设置。一张工作表就是一张规整的表格，由若干行和若干列构成。
- 工作表标签　一般位于工作表的下方，用于显示工作表名称。默认情况下工作表名称以 Sheet1、Sheet2、Sheet3……命名，双击工作表标签可以更改名称。用鼠标单击工作表标签，可以在不同的工作表间切换。当前可以编辑的工作表称为活动工作表。
- 行号　每一行左侧的阿拉伯数字为行号，表示该行的行数，对应称为第 1 行、第 2 行……
- 列标　每一列上方的大写英文字母为列标，代表该列的列名，对应称为 A 列、B 列、C 列……
- 单元格、单元格地址与活动单元格　每一行和每一列交叉处的长方形区域称为单元格，单元格为 Excel 操作的最小对象。单元格所在行列的列标和行号形成单元格地址，犹如单元格的内在名称，如 A1 单元格、C3 单元格……在工作表中将鼠标光标指向某个单元格后单击，该单元格被粗黑框标出（如图中的 C8 单元格），称为活动单元格，活动单元格是当前可以操作的单元格。
- 名称框　名称框一般位于工作表的左上方，其中显示活动单元格的地址或已命名的活动单元格或区域的名称（关于名称将在公式与函数一章中作重点介绍）。
- 编辑栏　位于名称框右侧，用于显示、输入、编辑、修改当前活动单元格中的数据或公式。

9.2.2 输入简单数据

在 Excel 中,可以方便地输入数值、文本、日期等各种类型的数据,如图 9.2 所示。

- 输入数据的基本方法　在需要输入数据的单元格中单击鼠标,输入数据,然后按 Enter 键或 Tab 键或方向键。

- 输入数值和文本　在 Excel 中数值与文本是存在区别的,数值可以直接参与四则运算,而文本不可以。在单元格中直接输入数字如“23”或文字如“中国”后按 Enter 键,Excel 自动识别其为数值或文本,数值居右显示,文本居左显示。

- 输入文本型数字　有一类文本,形式上看起来是数字,但实质上是文本,如序号 001,再如 18 位的身份证号。目前 Excel 2016 的数值精度只支持 15 位,无法正确输入 18 位数字,只能以文本方式输入身份证号。在单元格中首先输入西文撇号,再输入数字,如“'001”“'110108196612120129”,回车后即显示为正确的文本型数字。

- 输入日期　Excel 支持多种日期格式。在单元格中直接输入类似 2019 年 6 月 30 日、2019/6/30、6/30、2019-6-30、2019-6 等格式,回车后均可以显示为日期型数据,日期会自动居右显示。

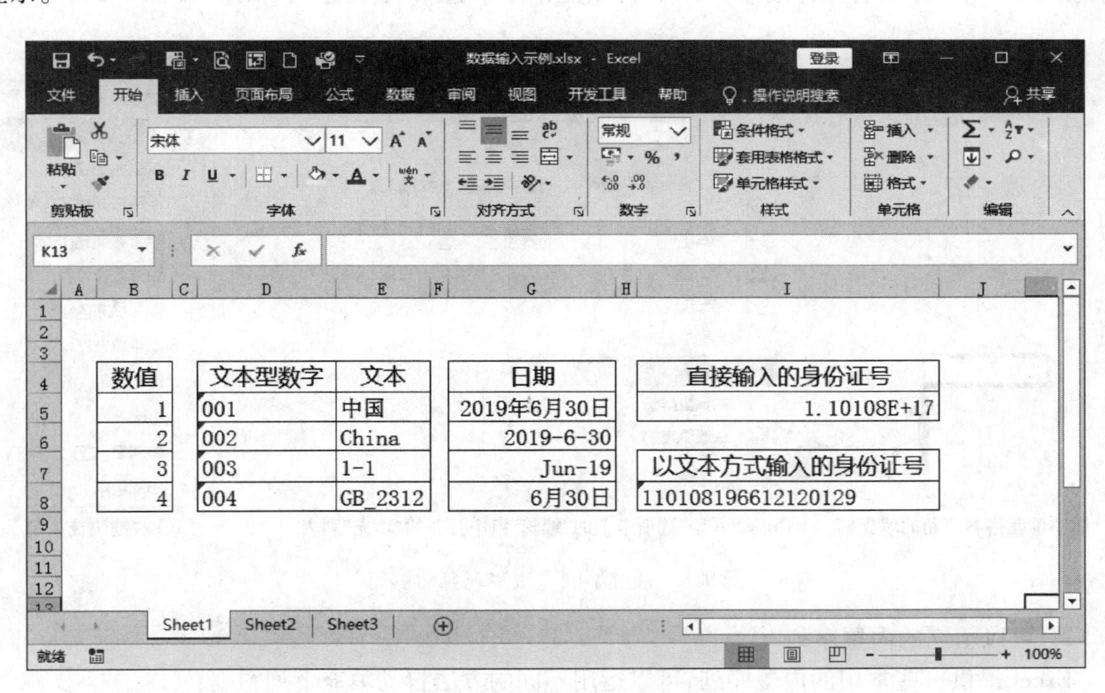

图 9.2　输入各种类型的数据

可以根据需要设置数据的格式,或者自定义新格式,相关内容将在本篇的“9.3.4 设置数字格式”一节中讲解。

9.2.3 自动填充数据

在 Excel 中,利用自动填充数据功能可以有效提高输入数据的速度和质量,减少重复劳动。

1. 序列填充的基本方法

序列填充是 Excel 提供的最常用的快速输入技术之一。在 Excel 中可以通过下述途径进行数据的自动填充。

● 拖动填充柄　活动单元格右下角的黑色小方块被称为填充柄[如图 9.3 中(a)所示]。首先在活动单元格中输入序列的第一个数据，然后用鼠标向不同的方向上拖动该单元格的填充柄，放开鼠标完成填充，所填充区域右下角显示"自动填充选项"图标，单击该图标，可从下拉列表中更改选定区域的填充方式。

● 使用"填充"命令　首先在某个单元格中输入序列的第一个数据，从该单元格开始向某一方向选择与该数据相邻的空白单元格或区域(例如，准备向下填充，则选择其下方的单元格)，在"开始"选项卡上的"编辑"选项组中单击"填充"，从下拉列表中选择"序列"命令[如图 9.3 中(b)所示]，在"序列"对话框中选择填充方式。

提示：若要快速在单元格中填充相邻单元格的内容，可以通过按 Ctrl+D 组合键填充来自上方单元格中的内容，或按 Ctrl+R 组合键填充来自左侧单元格的内容。

● 利用鼠标右键快捷菜单　用鼠标右键拖动含有第一个数据的活动单元格右下角的填充柄到最末一个单元格后放开鼠标，从弹出的快捷菜单中选择"填充序列"命令[如图 9.3 中(c)所示]。

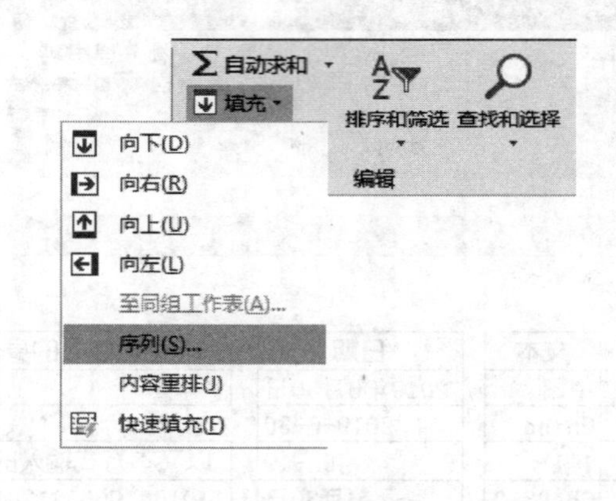

(a) 活动单元格右下角的填充柄　(b) 从"开始"选项卡上的"编辑"组中打开的"填充"列表　(c) 右键快捷菜单

图 9.3　通过不同方法实现自动填充

2. 可以填充的内置序列

Excel 提供一些常用的内置序列，可以运用不同的方法自动填充下列数据：

● 数字序列。如 1、2、3、…；2、4、6、…。在前两个单元格中分别输入第一个、第二个数字，然后同时选中这两个单元格，再拖动填充柄即可完成不同步长的数字序列的填充。

● 日期序列。如 2011 年、2012 年、2013 年、…；1 月、2 月、3 月、…；1 日、2 日、3 日、…，等等。

● 文本序列。如 01、02、03、…；一、二、三、…，等等。

● 其他 Excel 内置序列。如英文月份 JAN、FEB、MAR、…，星期序列星期日、星期一、星期

二、…，子、丑、寅、卯、…，等等。

3. 填充公式

将公式填充到相邻单元格中的方法是，首先在第一个单元格中输入某个公式，然后拖动该单元格的填充柄，即可填充公式本身而不仅仅是填充公式计算结果。这在进行大量运算时非常有用，既可加快输入速度，也可减少公式输入的错误。关于公式的填充，在本篇的“第 10 章　公式和函数”中将会详细讲解。

4. 快速填充

Excel 2016 可以基于一定的规则对数据自动拆分并进行填充。快速填充功能基于原始数据具有某种一致性规律。例如，将一列同时包含中英文名字的数据拆分为中文和英文两列，从一列身份证号中提取出生日期等。快速填充的具体方法是：

① 首先输入两组或三组示例数据，让 Excel 能够自动识别出某种拆分规则。

② 选择下列方法之一完成快速填充：

• 选择示例单元格及需要填充的区域，从“数据”选项卡上的“数据工具”选项组中单击“快速填充”。

• 选择示例单元格及需要填充的区域，从“开始”选项卡上的“编辑”选项组中选择“填充”→“快速填充”。

• 选择示例单元格，拖动右下角的填充柄至结束单元格，从“自动填充选项”列表中选择“快速填充”。

• 选择示例单元格及需要填充的区域，按 Ctrl+E 组合键。

实例：利用快速填充功能拆分世界各国的中英文名字。

① 打开案例文档“快速填充案例.xlsx”。

② 将 A3 单元格中的中文和英文分别输入到 B3 和 C3 单元格中；将 A4 单元格中的中文和英文分别输入到 B4 和 C4 单元格中。注意示例数据至少要输入两组，如果拆分结果有误，则应输入更多的示例数据。

③ 选择区域 B3:B228，依次选择“开始”选项卡→“编辑”选项组中的“填充”按钮→“快速填充”命令，如图 9.4 所示。

④ 选择区域 C3:C228，按 Ctrl+E 组合键完成英文的拆分填充。

⑤ 最后应检查拆分结果，对个别规律不一致的数据可能需要手动调整。

5. 自定义序列

对于系统未内置而个人又经常使用的序列，可以按照下述方法进行自定义。

1）基于已有项目列表的自定义填充序列

① 首先在工作表的单元格中依次输入一个序列的每个项目，每个项目占用一个单元格，如第一组、第二组、第三组、第四组、第五组，然后选择该序列所在的单元格区域。

② 依次单击“文件”选项卡→“选项”→“高级”，向下操纵“Excel 选项”对话框右侧的滚动条，直到“常规”区出现，如图 9.5 所示。

③ 单击“编辑自定义列表”按钮，打开“自定义序列”对话框。

④ 确保工作表中已输入序列的单元格引用显示在“从单元格中导入序列”文本框中，单击“导入”按钮，选定项目将会添加到“自定义序列”列表框中，如图 9.6 所示。

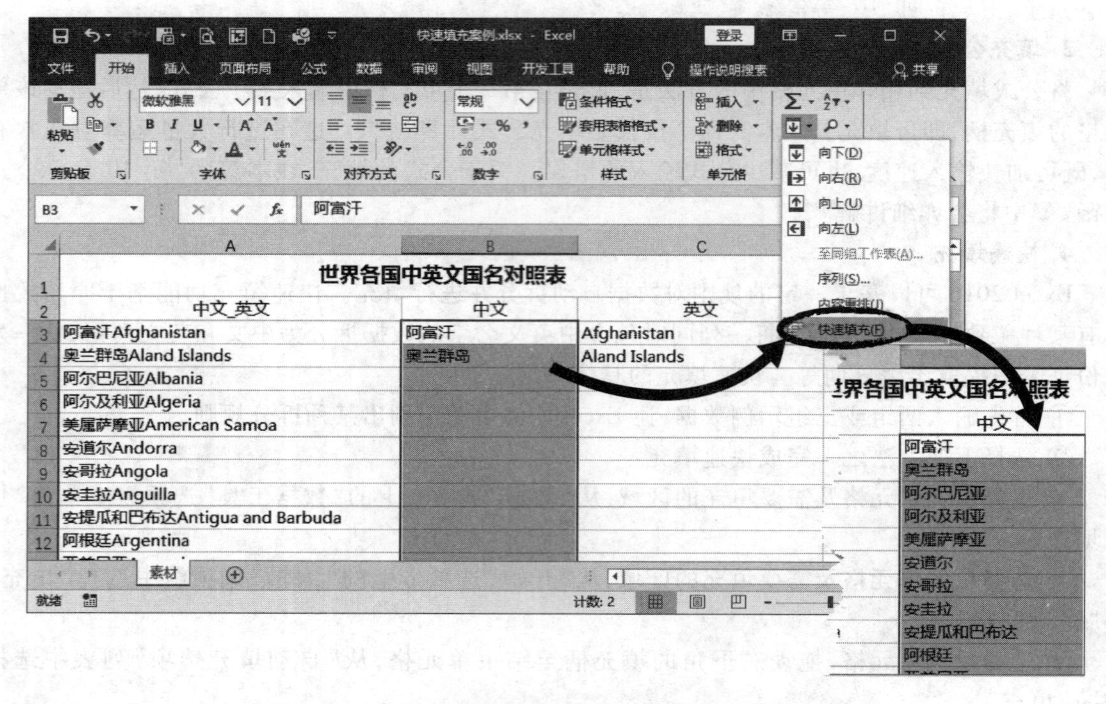

图 9.4 利用快速填充功能拆分世界各国的中英文名字

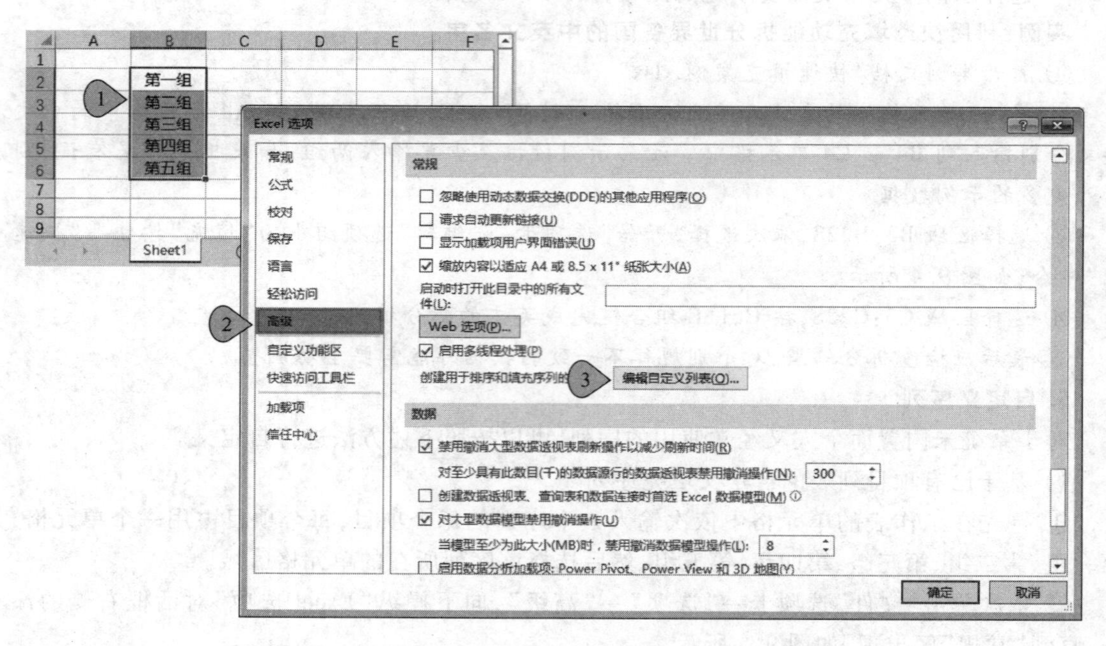

图 9.5 在"Excel 选项"对话框的"常规"区中自定义序列

⑤ 单击"确定"按钮完成自定义序列。

2）直接定义新项目列表

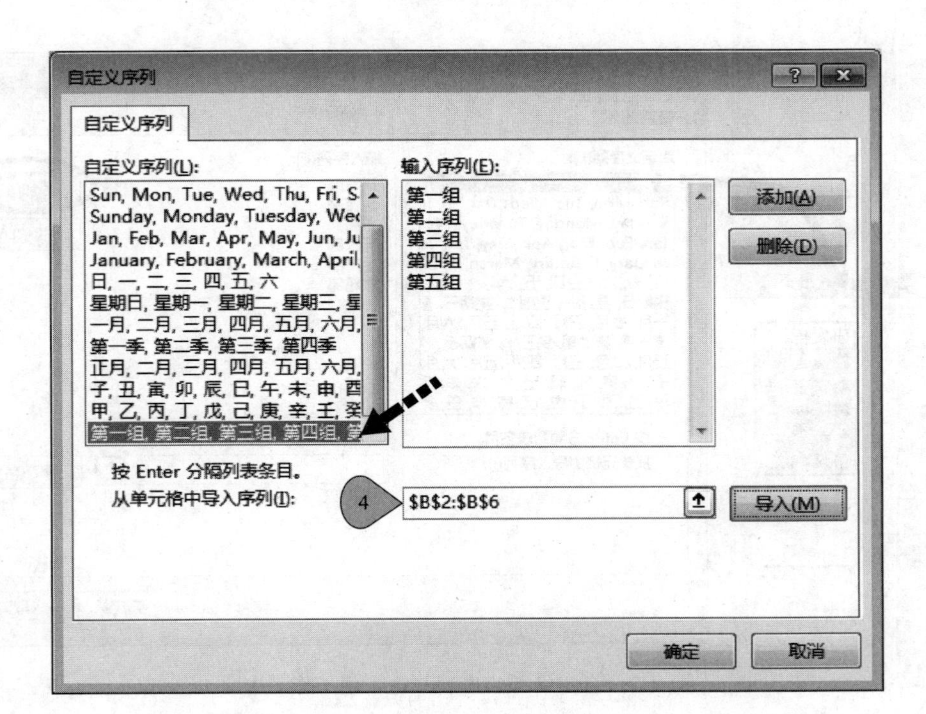

图 9.6 在"自定义序列"对话框中引用单元格中的序列项目完成自定义

① 依次单击"文件"选项卡→"选项"→"高级",向下操纵右侧的滚动条,在"常规"区中单击"编辑自定义列表"按钮,打开"自定义序列"对话框。

② 在左侧的"自定义序列"列表中单击最上方的"新序列",然后在右侧的"输入序列"文本框中依次输入序列的各个项目:从第一个项目开始输入,输入每个项目后按 Enter 键确认。

③ 全部项目输入完毕后,单击"添加"按钮。

④ 单击"确定"按钮退出对话框,新定义的序列就可以使用了。

3) 自定义序列的使用和删除

自定义序列完成后,即可通过下述方法在工作表中使用:在某个单元格中输入新序列的第一个项目,拖动填充柄进行填充。

如需删除自定义序列,只需在如图 9.6 所示的"自定义序列"对话框的左侧列表中选择需要删除的序列,然后单击右侧的"删除"按钮。系统内置的序列不允许删除。

实例:将下列部门名称按顺序自定义为一个序列,并输入到工作表 B2:B7 区域中。

研发部、物流部、采购部、行政部、生产部、市场部

操作步骤提示:

① 依次选择"文件"选项卡→"选项"→"高级"→"编辑自定义列表"按钮,打开"自定义序列"对话框。

② 在"输入序列"文本框中输入第一个部门"研发部",按 Enter 键后接着输入第二个部门"物流部"后按 Enter 键。同理依次输入其他部门,如图 9.7 所示。

③ 全部项目输入完毕后,依次单击"添加""确定"按钮退出对话框。

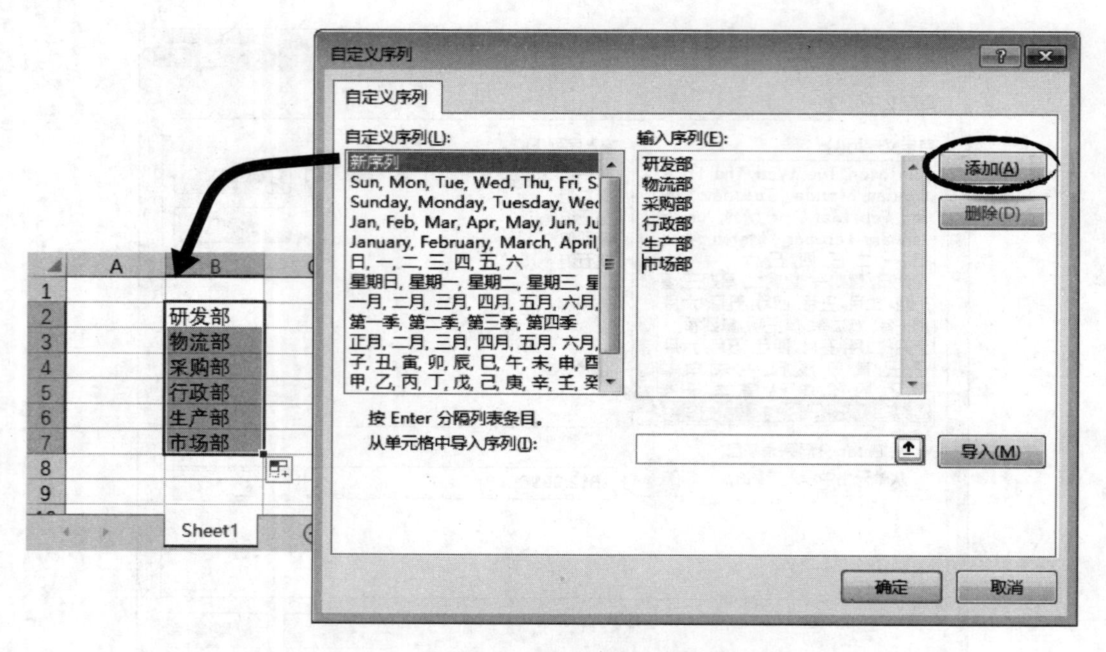

图 9.7 自定义部门序列并输入到工作表中

④ 在B2单元格中输入“研发部”,向下拖动右下角的填充柄,快速输入新定义的部门序列。

9.2.4 数据验证

在Excel中,为了避免在输入数据时出现过多错误,可以通过数据验证来限制数据类型或控制输入单元格中的值,从而保证数据输入的准确性,提高工作效率。

数据验证用于定义可以在单元格中输入或应该在单元格中输入的数据类型、范围、格式等。可以通过配置数据验证规则以防止输入无效数据,或者在输入无效数据时自动发出警告。

数据有效性可以实现以下常用功能:

- 将数据输入限制为指定序列的值,以实现大量数据的快速、准确输入。
- 将数据输入限制为指定的数值范围,如指定最大值和最小值、指定整数、指定小数、限制为某时段内的日期、限制为某时段内的时间等。
- 将数据输入限制为指定长度的文本,如身份证号只能是18位文本。
- 限制重复数据的出现,如学生的学号不能相同。

设置数据验证的基本方法是:

① 首先选择需要进行数据验证的单元格或区域。

② 在“数据”选项卡上的“数据工具”选项组中单击“数据验证”按钮,从随后弹出的“数据验证”对话框中指定各种数据验证条件即可。

③ 如需取消数据验证条件,只要在“数据验证”对话框中单击左下角的“全部清除”按钮即可。

实例:通过实现表9.1中的操作要求,练习数据验证并理解设置数据验证的作用。

表 9.1 数据验证练习要求

数据区域	要求效果	错误提示信息	测试输入内容
性别列 C2:C5	只能输入“男”或“女”两个属性,可用下拉箭头选择	性别输入错误,只能是男或女!	C2:通过下拉箭头选择“男” C3:输入“female”后按 Enter 键
身份证列 D2:D5	限制身份证号只能是 18 位	身份证号位数不正确!	D2:输入 15 位数字“110105991212011”后按 Enter 键,再改为“110105199912120118”后按 Enter 键
数学成绩列 E2:E5	成绩只能在 0~120 范围内,可以有两位小数	分数只能在 0~120 范围内!	E2:输入 106.5 E3:输入 130 后按 Enter 键
学号列 A2:A5	学号唯一,不能重复,不用下拉箭头	学号重复,请重新输入!	A2:输入“C121401”,向下拖动填充至 A4 单元格 A5:输入“C121401”后按 Enter 键

操作步骤提示:

① 打开案例文档“数据验证案例.xlsx”,在工作表“素材”中选择性别列区域 C2:C5。

② 依次选择“数据”选项卡→“数据工具”选项组中的“数据验证”按钮→“数据验证”命令,打开“数据验证”对话框,如图 9.8 所示。

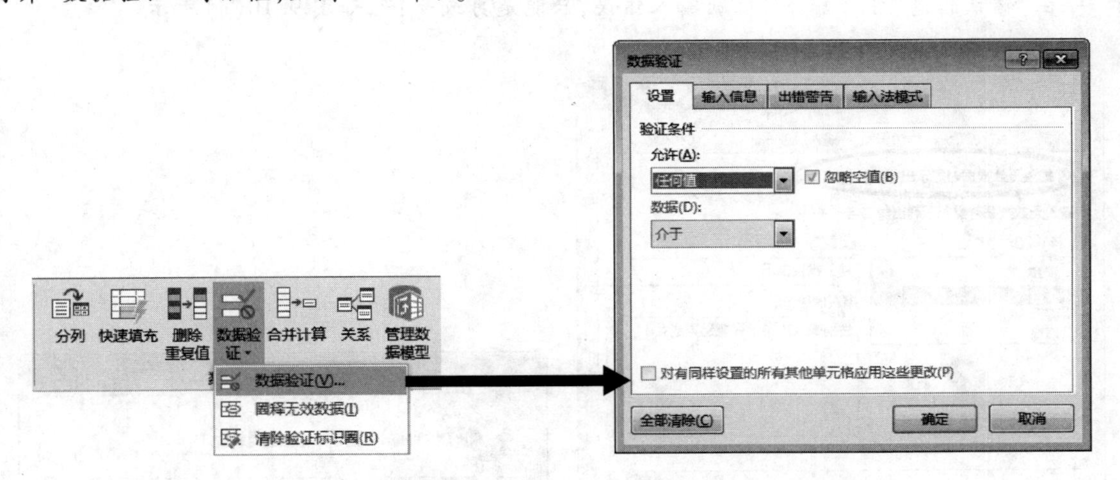

图 9.8 通过“数据工具”选项组打开“数据验证”对话框

③ 单击“设置”选项卡,从“允许”下拉列表中选择“序列”命令,如图 9.9(a)所示。

④ 在“来源”文本框中依次输入序列值“男,女”,每个值之间使用西文逗号分隔,如图 9.9(b)所示。

提示:也可以提前在工作表的空白区域中输入序列值,然后在“数据验证”对话框中单击“来源”框右侧的“压缩对话框”按钮临时隐藏对话框,再直接从工作表中选择序列值所在的区域后按 Enter 键来指定序列来源。

⑤ 确保“提供下拉箭头”复选框被选中,否则将无法看到单元格旁边的下拉箭头。

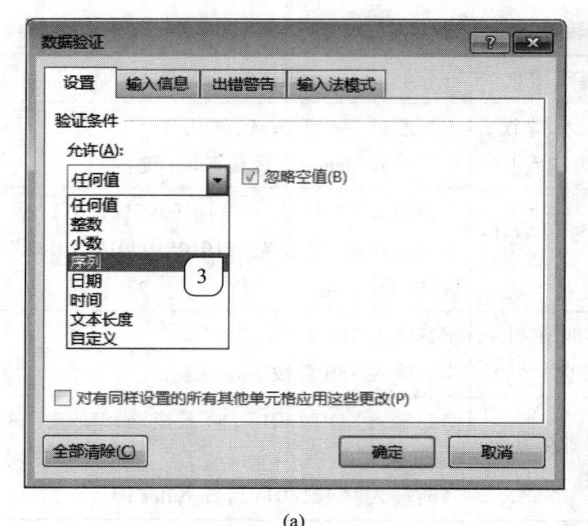

(a)

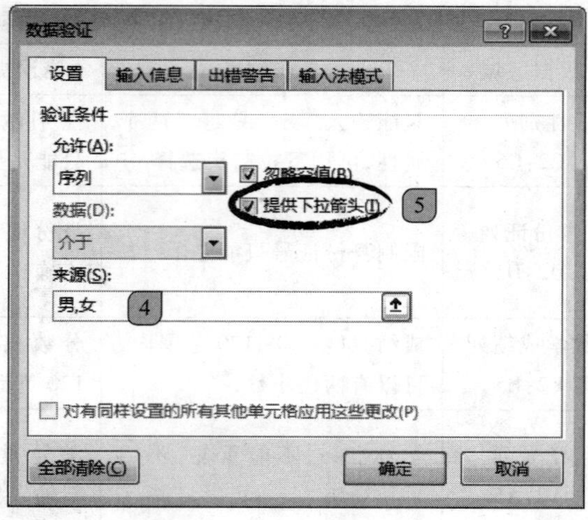

(b)

图 9.9 将验证条件设置为按指定序列输入

⑥ 设置输入错误提示语。单击“出错警告”选项卡→确保“输入无效数据时显示出错警告”复选框被选中→从“样式”下拉列表中选择“停止”,在右侧的“标题”框中输入“输入错误提示”→在“错误信息”框中输入“性别输入错误,只能是男或女!”,如图 9.10(a)所示。

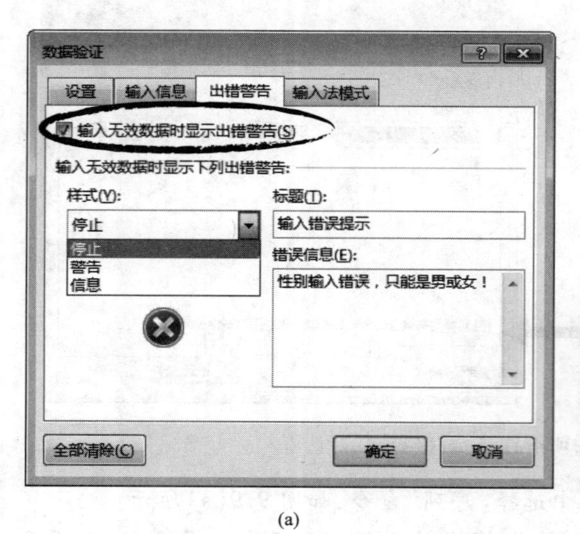

(a)

(b)

图 9.10 为数据验证设置出错警告信息

⑦ 设置完毕后,单击“确定”按钮退出对话框。

⑧ 单击 C2 单元格,右侧出现一个下拉箭头。单击该下拉箭头,从下拉列表中选择“男”。在 C3 单元格中输入“female”,回车后将会出现提示信息,如图 9.10(b)所示。

⑨ 类似的方法设置身份证号的位数控制。选择区域 D2:D5→打开“数据验证”对话框,依次选择“设置”→“允许”下拉列表→“文本长度”→在“数据”下拉列表中选择“等于”→在“长度”

框中输入“18”→在“出错警告”选项卡中输入提示信息“身份证号位数不正确!”。最后按照表9.1中所列要求进行输入测试。

⑩ 继续设置数学成绩范围控制。选择区域E2:E5→打开“数据验证”对话框,依次选择“设置”→“允许”下拉列表→“小数”→在“数据”下拉列表中选择“介于”→在“最小值”框中输入“0”,在“最大值”框中输入“120”→在“出错警告”选项卡中输入相关提示信息。最后按照表9.1中所列要求进行输入测试。

⑪ 最后通过构建条件来实现学号的重复值控制。选择区域A2:A5→打开“数据验证”对话框,依次选择“设置”→“允许”下拉列表→“自定义”→在“公式”框中输入公式“=countif($A$2:$A$5,A2)=1”→在“出错警告”选项卡中输入相关提示信息。最后按照表9.1中所列要求进行输入测试。设置过程及测试结果参见图9.11所示。

提示:作为验证条件的公式中使用了一个计数函数countif。这个公式的含义是,统计固定区域A2:A5中与A2单元格值相同的单元格的个数,当这个个数不等于1时,就应报错。在进行数据验证设置时,A2是被相对引用的。关于函数countif将会在后面的有关章节中进行详细讲解。

另外,在Excel中,函数名字大小写皆可,如COUNTIF与countif表示同一个函数。

操作结果可参见同一案例文档中的工作表“答案”。

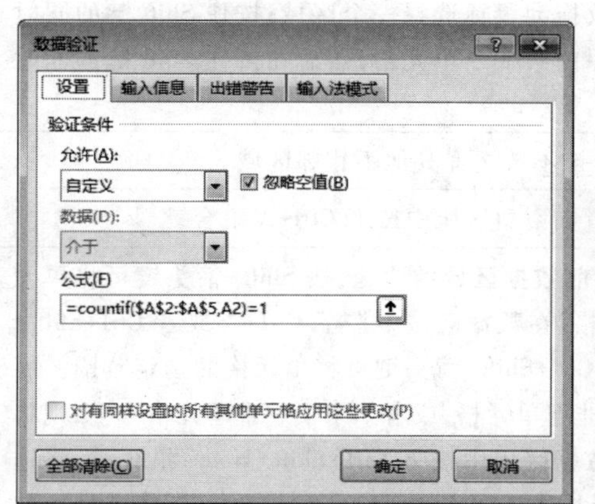

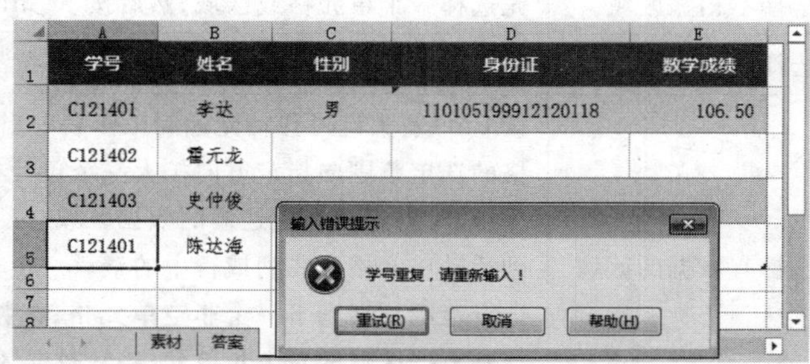

图9.11 通过数据验证防止学号的重复输入

9.2.5 编辑修改数据

修改的基本方法:双击单元格进入编辑状态,直接在单元格中进行修改。或者单击要修改的单元格,然后在编辑栏中进行修改。

删除的基本方法:选择数据所在的单元格或区域,按Delete/Del键。或者在“开始”选项卡上的“编辑”选项组中单击“清除”按钮,从打开的下拉列表中选择相应命令,可以指定要删除的对象。

9.3 整理和修饰表格

为使表格看起来更加漂亮，也为了改进工作表的可读性，需要对输入了数据的表格进行格式化。

9.3.1　选择单元格或区域

在对表格进行修饰前，需要先选择单元格或单元格区域作为修饰对象。在 Excel 中，选择单元格或单元格区域的方法多种多样，常用快捷方法见表 9.2 中所列。

表 9.2　选择单元格或单元格区域的常用快捷方法

操　作	常用快捷方法
选择单元格	用鼠标单击单元格
选择整行	单击行号选择一行；用鼠标在行号上拖动选择连续多行；按下 Ctrl 键单击行号选择不相邻多行
选择整列	单击列标选择一列；用鼠标在列标上拖动选择连续多列；按下 Ctrl 键单击列标选择不相邻多列
选择一个连续区域	在起始单元格中单击鼠标，按下左键不放拖动鼠标选择一个区域；按住 Shift 键的同时按箭头键以扩展选定区域；单击该区域中的第一个单元格，然后在按住 Shift 键的同时单击该区域中的最后一个单元格
选择不相邻区域	先选择一个单元格或区域，然后按下 Ctrl 键不放选择其他不相邻区域
选择整个表格	单击表格左上角的“全选”按钮，或者在空白区域中按下 Ctrl+A 组合键
选择有数据的区域	按 Ctrl+箭头键可移动光标到工作表中当前数据区域的边缘；按 Shift+箭头键可将单元格的选定范围向指定方向扩大一个单元格；在数据区域中按下 Ctrl+A 或者 Ctrl+Shift+* 组合键，选择当前连续的数据区域；按 Ctrl+Shift+箭头键可将单元格的选定范围扩展到活动单元格所在列或行中的最后一个非空单元格，或者如果下一个单元格为空，则将选定范围扩展到下一个非空单元格；在数据区域中按下 Ctrl+Shift+Home 组合键，将选择到数据区域的左上角单元格；在数据区域中按下 Ctrl+Shift+End 组合键，将选择到数据区域的右下角单元格
快速定位	在“名称框”中直接输入单元格地址或选择已定义名称，可直接跳转到相应位置；通过“开始”选项卡→“编辑”选项组→“查找与选择”下的各项命令，可以实现特殊定位

9.3.2　行列操作

行列操作包括调整行高、列宽，插入行或列，删除行或列，移动行或列，隐藏行或列等基本操作。行列操作的基本方法如表 9.3 中所列。

表 9.3 行列操作方法

行列操作	基本方法	图示
调整行高	用鼠标拖动行号的下边线；或者依次选择“开始”选项卡→“单元格”选项组中的“格式”下拉列表→“行高”命令，在对话框中输入精确值	
调整列宽	用鼠标拖动列标的右边线；或者依次选择“开始”选项卡→“单元格”选项组中的“格式”下拉列表→“列宽”命令，在对话框中输入精确值	
隐藏行	用鼠标拖动行号的下边线与上边线重合；或者依次选择“开始”选项卡→“单元格”选项组中的“格式”下拉列表→“隐藏和取消隐藏”→“隐藏行”命令	
隐藏列	用鼠标拖动列标的右边线与左边线重合；或者依次选择“开始”选项卡→“单元格”选项组中的“格式”下拉列表→“隐藏和取消隐藏”→“隐藏列”命令	
插入行	依次选择“开始”选项卡→“单元格”选项组中的“插入”下拉列表→“插入工作表行”命令，将在当前行上方插入一个空行	
插入列	依次选择“开始”选项卡→“单元格”选项组中的“插入”下拉列表→“插入工作表列”命令，将在当前列左侧插入一个空行	
删除行或列	选择要删除的行或列，在“开始”选项卡的“单元格”选项组中单击“删除”按钮	
移动行列	选择要移动的行或列，将鼠标光标指向所选行或列的边线，当光标变为时，按下左键拖动鼠标即可实现行或列的移动。按下 Shift 键不放，拖动所选行或列的边线，可调整行或列位置	

提示：(1) 以上各项功能(除移动行列外)还可以通过鼠标右键快捷菜单实现，即在单元格或行列上单击右键，从弹出的快捷菜单中选择相应的命令即可。(2) 用鼠标双击行下边线或列右边线可快速调整行高或列宽至与当前字体、字号匹配的最合适值。

9.3.3 设置字体及对齐方式

通过设置单元格中数据的字体、字号以及对齐方式，可以使得表格更加美观，增加其可读性，其设置方法与 Word 基本相同。

1. 设置字体、字号

选择需要设置字体、字号的单元格或单元格区域，在“开始”选项卡上的“字体”选项组中单击不同按钮即可为数据设定字体、字形、字号、下画线、颜色等各种格式。如果需要进行更多的选项设置，可单击“字体”右侧的对话框启动器，在打开的“设置单元格格式”对话框的“字体”选项卡中进行详细设置，如图9.12所示。其中，单击“颜色”右侧的向下箭头，可以为选定对象应用某一“主题颜色”或者“标准色”；单击“其他颜色”可以自定义颜色。

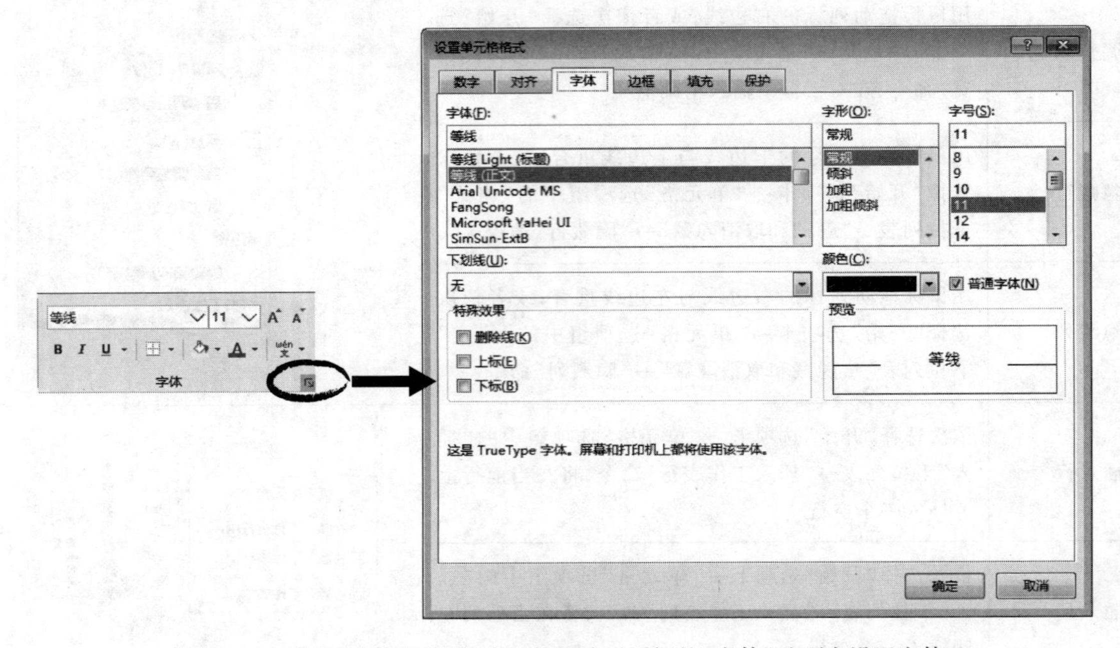

图9.12 通过“字体”选项组中的按钮或对话框的“字体”选项卡设置字体

2. 设置对齐方式

选择需要设置对齐方式的单元格或单元格区域，在“开始”选项卡上的“对齐方式”选项组中单击不同按钮即可设置不同的对齐方式、缩进，以及合并单元格。

如果需要进行更多的选项设置，可单击“对齐方式”右侧的对话框启动器，打开“设置单元格格式”对话框的“对齐”选项卡，在其中进行详细设置。如图9.13所示。

9.3.4 设置数字格式

数字格式是指表格中数据的外观形式，改变数字格式并不影响数据本身，数据本身会显示在编辑栏中。通常情况下，输入单元格中的数据是未经格式化的，尽管 Excel 会尽量将其显示为最接近的格式，但并不能满足所有需求。例如，当试图在单元格中输入一个人的18位身份证号时，可能会发现结果显示是错误的，这时就需要通过数字格式的设置将其指定为文本，才能正确显示。

通常来说，在 Excel 表格中编辑数据时需要进行恰当地设置数字格式，这样不仅美观，而且更便于阅读，或者使其显示精度更高。

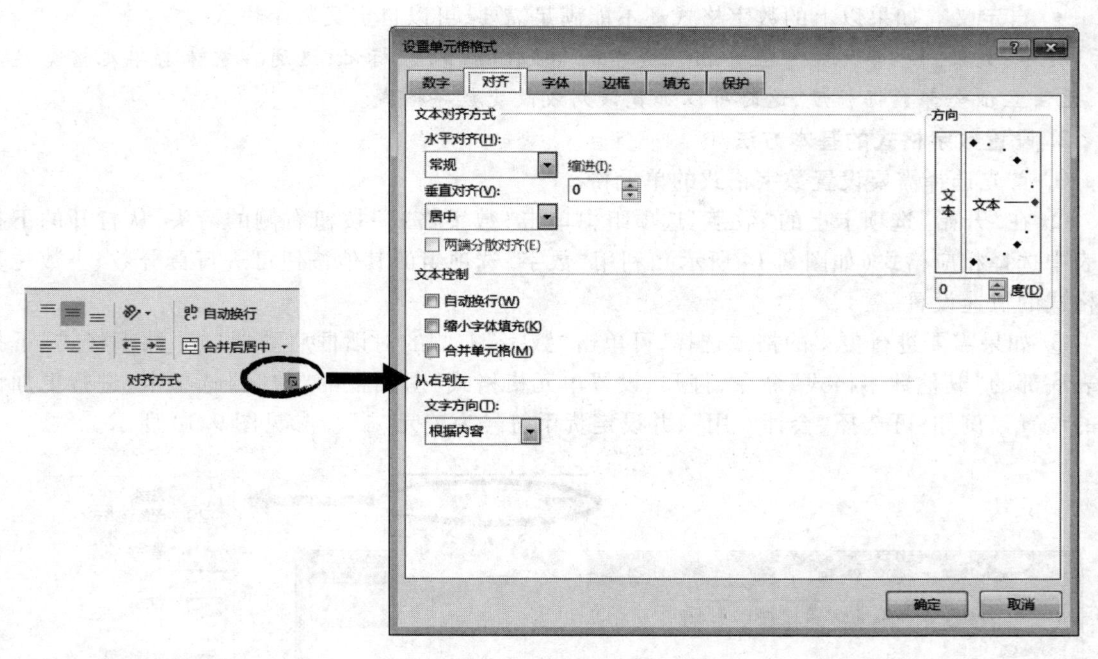

图 9.13 通过“对齐方式”选项组中的按钮或对话框的“对齐”选项卡中设置对齐方式

1. Excel 提供的内置数字格式

- 常规。默认格式。数字显示为整数、小数。当单元格宽度不够时小数自动四舍五入,较大的数字则使用科学记数法显示。
- 数值。可以设置小数位数,选择是否使用逗号分隔千位,以及如何显示负数(用负号、红色、括号或者同时使用红色和括号)。
- 货币。可以设置小数位数,选择货币符号,以及如何显示负数(用负号、红色、括号或者同时使用红色和括号)。该格式总是使用逗号分隔千位。
- 会计专用。与货币格式的主要区别在于货币符号总是垂直对齐排列,且不能指定负数方式。
- 日期。分为多种类型,可以根据区域选择不同的日期格式。
- 时间。分为多种类型,可以根据区域选择不同的时间格式。
- 百分比。可以指定小数位数且总是显示百分号“%”。
- 分数。根据所指定的分数类型以分数形式显示数字。
- 科学记数。用指数符号(E)显示较大的数字,例如 2.00E+05=200 000;4.15E+06=4 150 000。可以指定在 E 的左边显示的小数位数,也就是精度。例如,两位小数的“科学记数”格式将 13298765403 显示为 1.33E+10。
- 文本。将单元格的数据视为文本,并在输入时准确显示内容。主要用于设置那些表面看来是数字,但实际是文本的数据。例如序号 001、002,就需要设置为文本格式才能正确显示出前面的零。
- 特殊。包括 3 种附加的数字格式,即邮政编码、中文小写数字和中文大写数字。

- 自定义。如果以上的数字格式还不能满足需要，可以自定义数字格式。

提示：如果一个单元格中显示出一连串的“##########”标记，这通常意味着单元格宽度不够，无法显示全部数据长度，这时可以加宽该列或改变数字格式。

2. 设置数字格式的基本方法

① 首先选择需要设置数字格式的单元格。

② 在“开始”选项卡上的“数字”选项组中单击“数字格式”按钮右侧的箭头，从打开的下拉列表中选择相应格式（如图 9.14 所示），利用“数字”选项组的其他按钮可进行百分数、小数位数等格式的快速设置。

③ 如果需要进行更多的格式选择，可单击“数字”右侧的对话框启动器，或“数字格式”下拉列表底部的“其他数字格式”命令，打开“设置单元格格式”对话框的“数字”选项卡，进行更加详细的设置。例如，可选择“会计专用”，并设定货币符号为美元“$”。参见图 9.14 所示。

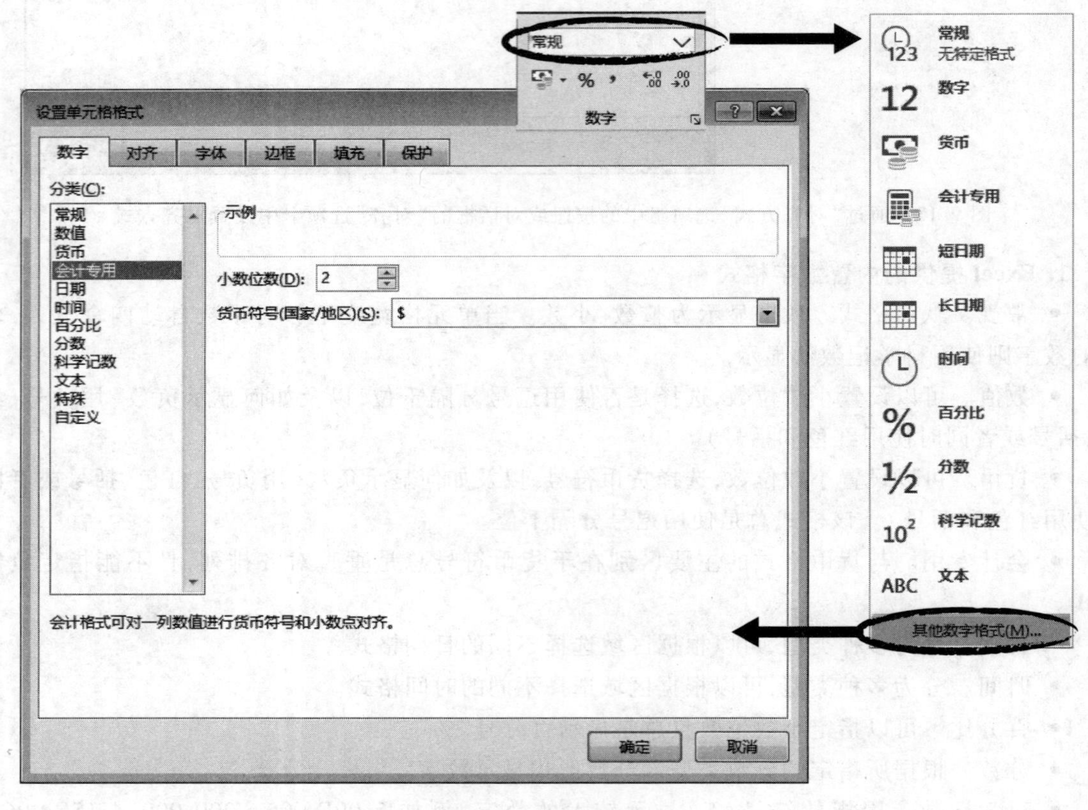

图 9.14 设置数字格式

3. 自定义数字格式

尽管 Excel 已经内置了很多常用的数字格式，但有时可能希望表格中的数字显示为一些特殊格式，例如，数字后自动加单位，用不同颜色强调某些重要数据，为某些数值设置显示条件等。这就需要用到自定义数字格式。

1）数字格式代码的定义规则

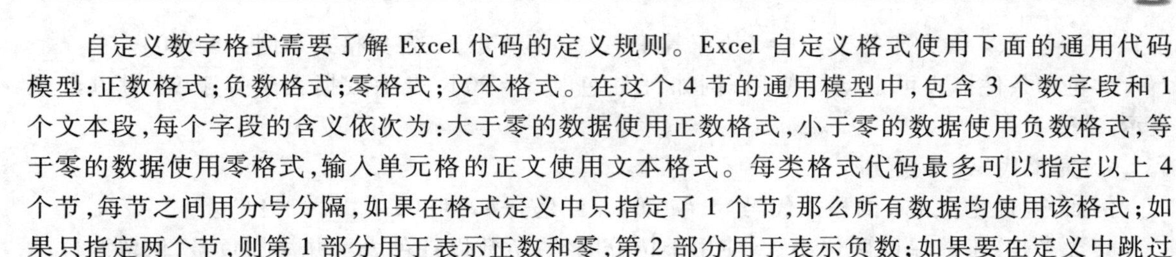

自定义数字格式需要了解 Excel 代码的定义规则。Excel 自定义格式使用下面的通用代码模型:正数格式;负数格式;零格式;文本格式。在这个 4 节的通用模型中,包含 3 个数字段和 1 个文本段,每个字段的含义依次为:大于零的数据使用正数格式,小于零的数据使用负数格式,等于零的数据使用零格式,输入单元格的正文使用文本格式。每类格式代码最多可以指定以上 4 个节,每节之间用分号分隔,如果在格式定义中只指定了 1 个节,那么所有数据均使用该格式;如果只指定两个节,则第 1 部分用于表示正数和零,第 2 部分用于表示负数;如果要在定义中跳过某 1 节,则仅用分号代替即可。另外,还可以通过使用条件测试、添加描述文本和使用颜色来扩展自定义格式通用模型的应用。

2）常用占位符

定义 Excel 数字格式时需要通过占位符来构建代码模型,常用占位符如表 9.4 中所列。

表 9.4　Excel 数字格式的常用占位符

占位符	说明
0(零)	数字占位符。如果数字长度大于占位符数量,则显示实际数字(小数点后按 0 位数四舍五入);如果小于占位符的数量,则用 0 补足。例如,输入 6.8,希望将其显示为 6.80,可定义格式 #.00
#	数字占位符。只显示有意义的零而不显示无意义的零。小数点后数字长度若大于#的数量,则按#的位数四舍五入。例如,输入 6.8,并将其格式定义为 #.##,则显示数字 6.8
?	数字占位符。对于小数点任一侧的非有效零,将会加上空格,使得小数点在列中对齐,即补位。例如,自定义格式 0.0?,将使列中数字 6.8 和 96.89 的小数点对齐
.(句点)	在数字中显示小数点。例如,输入 68,并将其格式定义为 ##.00,则显示数字 68.00
,(逗号)	在数字中显示千位分隔符。例如,输入 24300,并将其格式定义为 #,###,则显示数字 24,300。跟随在数字占位符后面的逗号会以 1,000 为倍数缩放数字。例如,如果格式为“#.###.0,”,并在单元格中入 12300456,则会显示为 12,300.5
“ ”(双引号)	要在数字中同时显示文本,可将文本字符括在双引号“ ”内。例如,如果格式为#,##0.00"元",在单元格中输入 123004.567,则会显示为 123,004.57 元
@	文本占位符。只使用单个@表示引用原始数据,“文本”@表示在数据前添加文本,@“文本”表示在数据后添加文本。例如,输入 12,并将其格式定义为 "人民币"@"元",显示结果为“人民币 12 元”
[ ](方括号)	输入条件测试。例如输入 12345.8,并将其格式定义为 [绿色]#,###.00,则显示绿色数字 12,345.80

3）格式中可增加的条件

在占位符的左侧可以增加一些测试条件,这些条件应该输入到方括号中,常用的条件可包括:

• 颜色。可设定数据的显示颜色。颜色名称常用的有红色、绿色、蓝色、洋红色、白色、黄色、黑色、蓝绿色等,颜色编号一般为 1~56。定义格式示例:[红色]、[颜色 10]、[Blue]。

• 条件格式。最多可设置三个条件。当单元格中数字满足指定的条件时,自动将条件格式应用于单元格。在 Excel 自定义数字格式的条件时可以使用以下比较运算符:=(等于)、>(大

于)、<(小于)、>=(大于等于)、<=(小于等于)、<>(不等于)。定义格式示例:[>=90]。

颜色和条件格式可以同时使用,例如:[红色][>=90],表示数据大于等于 90 时以红色显示。

4) 完整代码示例解析

例如,包含完整 4 节的格式代码“#,##0.00;[红色]-#,##0.00;0.00;@"!"”。

其含义是:正数保留两位小数、使用千位分隔符;负数以红色表示并添加负号、保留两位小数、使用千位分隔符;零保留两位小数;文本后面自动显示叹号!。

5) 创建新的数字格式

完全独立地创建一个新的数字格式代码是比较困难的。一般情况下,建议在已有的内置格式中选择一个近似的,在此基础上更改该格式的任意代码节以创建自己的数字格式,是比较快捷的自定义数字格式的途径。创建一个数字格式的基本方法是:

① 在“开始”选项卡上的“数字”选项组中单击“数字”右侧的对话框启动器,打开“设置单元格格式”对话框。

② 在“数字”选项卡的“分类”列表中,选择某一个内置格式作为参考,如“会计专用”。

③ 然后单击“分类”列表最下方的“自定义”,右侧“类型”文本框中将会显示当前数字格式的代码。此时,还可以在下方的代码列表中选择其他的参照代码类型。

④ 在“类型”下的文本框中输入、修改参照代码,生成新的格式。如图 9.15 所示。

⑤ 单击“确定”按钮完成设置。打开一个空白的工作表,输入数据并试着应用一下自定义格式。

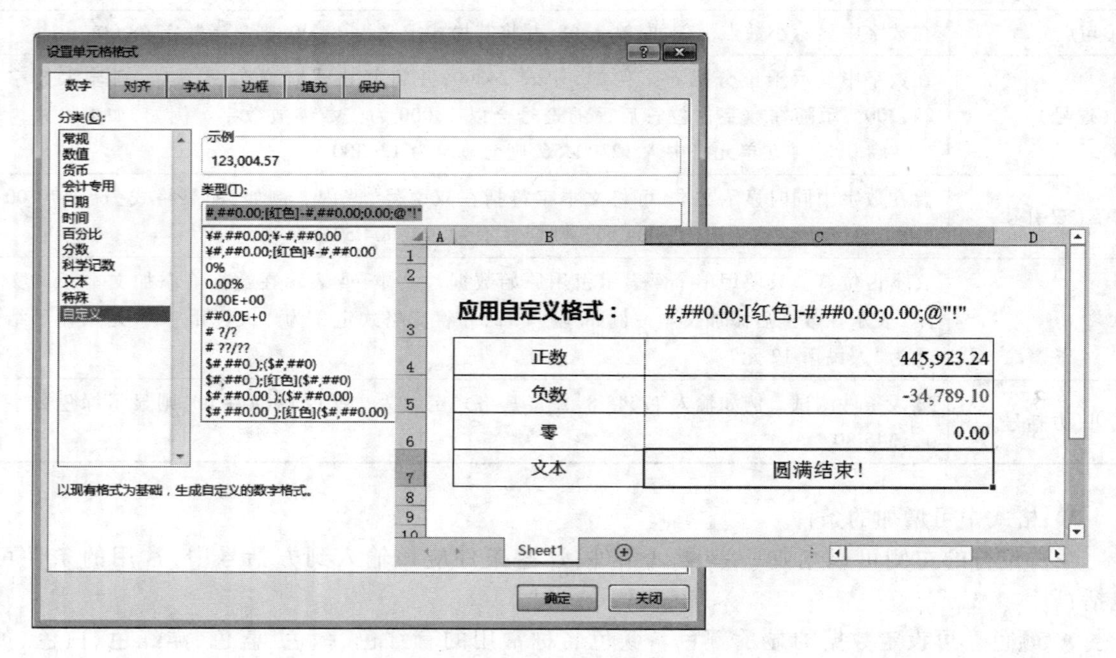

图 9.15 自定义数字格式并进行应用

实例:试着按下列要求自定义数字格式,并进行应用。

打开案例文档“自定义数字格式案例素材.xlsx”,按照表 9.5 中的要求自定义数字格式并应用到数据区域 B3:C6 的相应单元格中,如图 9.16 所示。

操作步骤提示:表 9.5 最后一列为推荐的数字格式代码,自定义时可参考使用。

结果可参见案例文档"自定义数字格式案例(答案).xlsx"。

表 9.5 自定义数字格式练习要求

输入内容	单元格	要求显示格式	可参考格式	代码举例
2019-7-1	B3	2019 年 07 月 01 日周一	长日期、日期中的星期格式	yyyy"年"mm"月"dd"日"[$-zh-CN]aaa;@
87334589.45	B4	87,334.59 千元	数值	#,##0.00,"千元"
1	B5	第 1 名	文本	"第"@"名"
99.57	B6	99.570 分	数值	#.000 "分"
95 78 65 58	C3:C6	大于等于 90 显示为红色的"优秀",大于等于 60 显示为蓝色的"及格",小于 60 显示为绿色的"不及格"	–	[红色][>=90]"优秀";[蓝色][>=60]"及格";[绿色]"不及格"

(a) 设置格式前　　(b) 设置格式后

图 9.16 自定义数字格式实例结果

9.3.5 设置边框和填充颜色

默认情况下,工作表中的网格线只用于显示,不会被打印。为了使表格更加美观易读,可以改变表格的边框线,还可以通过填充颜色以重点突出某些单元格。

改变单元格边框和填充颜色的基本方法是:

首先选择需要设置边框或填充颜色的单元格,在"开始"选项卡上的"字体"选项组中单击"边框"按钮右边的箭头,从打开的下拉列表中可选择不同类型的预置边框;单击"填充颜色"按钮右边的箭头,则可为单元格填充不同的背景颜色或图案。

如果需要进行进一步设置,可依次选择"开始"选项卡→"单元格"选项组→"格式"按钮→"设置单元格格式"命令,打开"设置单元格格式"对话框,在如图 9.17(a)所示的"边框"选项卡

中设置边框的位置、边框线条的样式及颜色;在如图 9.17(b)所示的“填充”选项卡中指定背景色或图案。

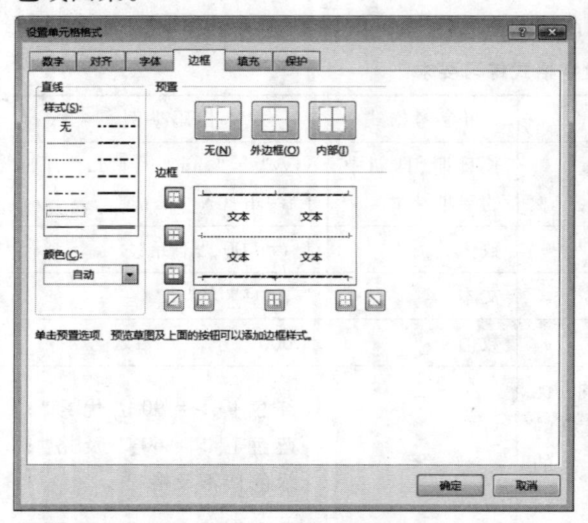

(a)“边框”选项卡

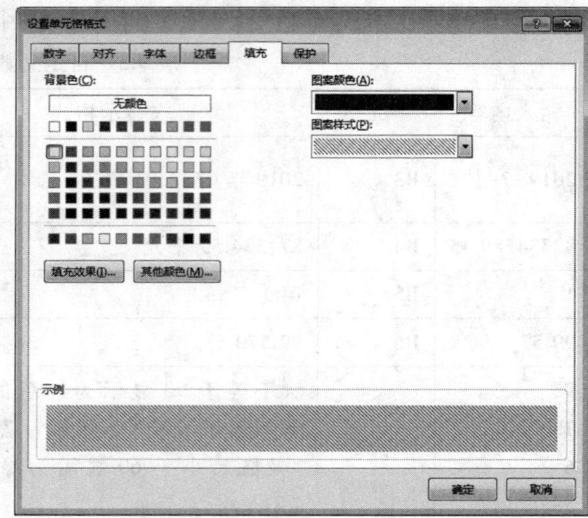

(b)“填充”选项卡

图 9.17 “设置单元格格式”对话框的“边框”和“填充”选项卡

9.3.6 套用预置样式

除了手动进行各种格式化操作外,Excel 还提供各种预置格式组合,方便快速格式化表格。

1. 自动套用格式

Excel 本身提供大量预置好的表格样式,可自动实现包括字体大小、填充图案和对齐方式等单元格格式集合的应用,可以根据实际需要为数据表格快速指定预定样式从而快速实现报表格式化,在节省许多时间的同时产生美观统一的效果。

1) 指定单元格样式

该功能只对某个指定的单元格设定预置格式,具体方法是:

① 选择需要应用样式的单元格。

② 在“开始”选项卡上的“样式”选项组中单击“单元格样式”按钮或者样式列表右侧的“其他”箭头,打开预置样式列表,如图 9.18(a)所示。

③ 从中单击选择某种预定样式,相应的格式即可应用到当前选定的单元格中。

④ 如果需要自定义样式,可单击列表中的“新建单元格样式”命令,打开如图 9.18(b)所示的“样式”对话框。

⑤ 在该对话框中依次输入样式名,单击“格式”按钮设定相应格式,新建样式将会显示在样式列表最上面的“自定义”区域中以供选择。

⑥ 在某种样式上单击右键,从打开的快捷菜单中选择相应命令可修改或删除样式。

2) 套用表格格式

自动套用表格格式,将把格式集合应用到整个数据区域并自动生成“表”(关于 Excel 中的“表”概念后面还会讲到)。具体方法是:

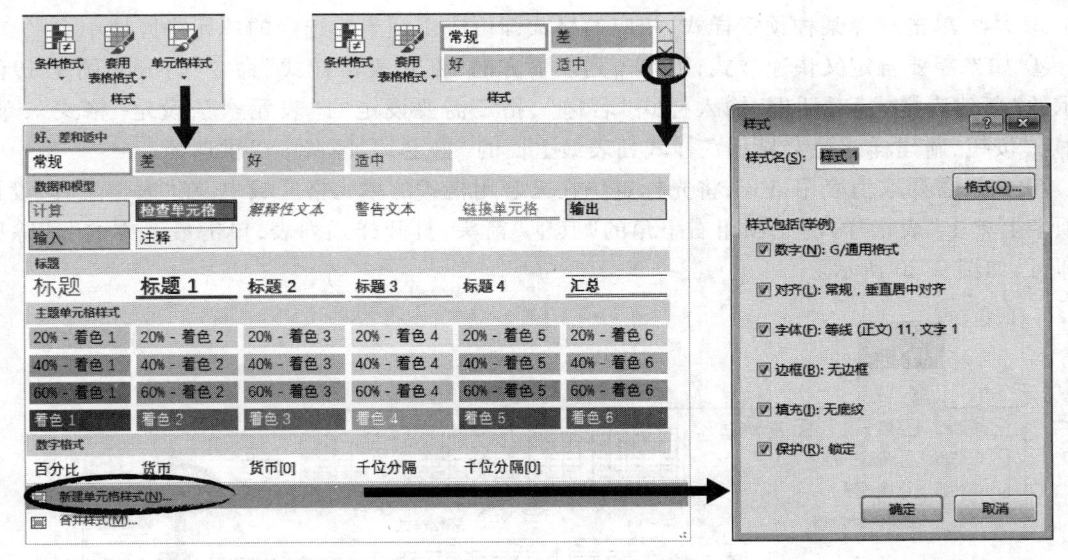

(a) 在“样式”选项组中打开预置样式列表　　(b)“样式”对话框

图 9.18　为单元格应用预置样式

① 选择需要套用格式的单元格区域。注意，自动套用格式只能应用在不包括合并单元格的数据列表中。

② 在“开始”选项卡上的“样式”选项组中单击“套用表格格式”按钮，打开预置样式列表，如图 9.19(a)所示。

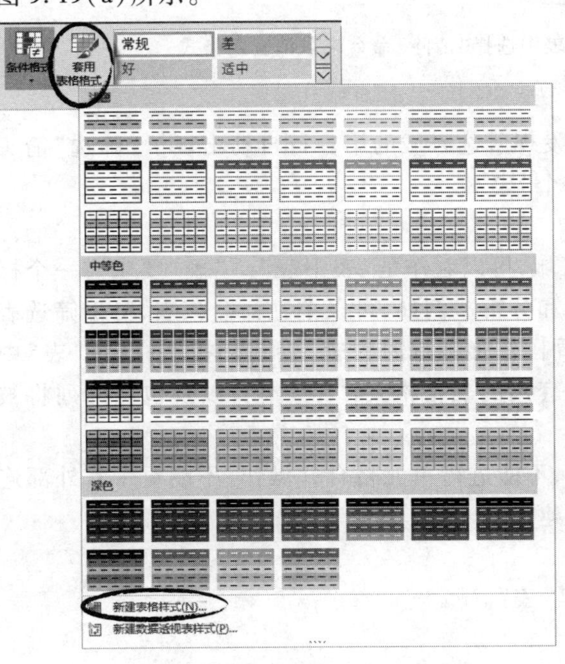

(a) 在“样式”选项组中打开预置的表样式列表　　(b)“新建表样式”对话框

图 9.19　为表格区域套用预置样式

③ 从中单击选择某种预定样式，相应的格式即可应用到当前选定的单元格区域中。

④ 如果需要自定义快速样式，可单击列表下方的“新建表格样式”命令，打开如图 9.19(b)所示的“新建表样式”对话框，输入样式“名称”，指定需要设定的“表元素”，设定“格式”，单击“确定”按钮，新建样式将会显示在样式列表最上面的“自定义”区域中以供选择。

⑤ 如果需要取消套用格式，将光标定位在已套用格式的单元格区域中，在“表格工具|设计”选项卡上单击“表格样式”选项组右下角的“其他”箭头，打开样式列表，单击最下方的“清除”命令即可，如图 9.20 所示。

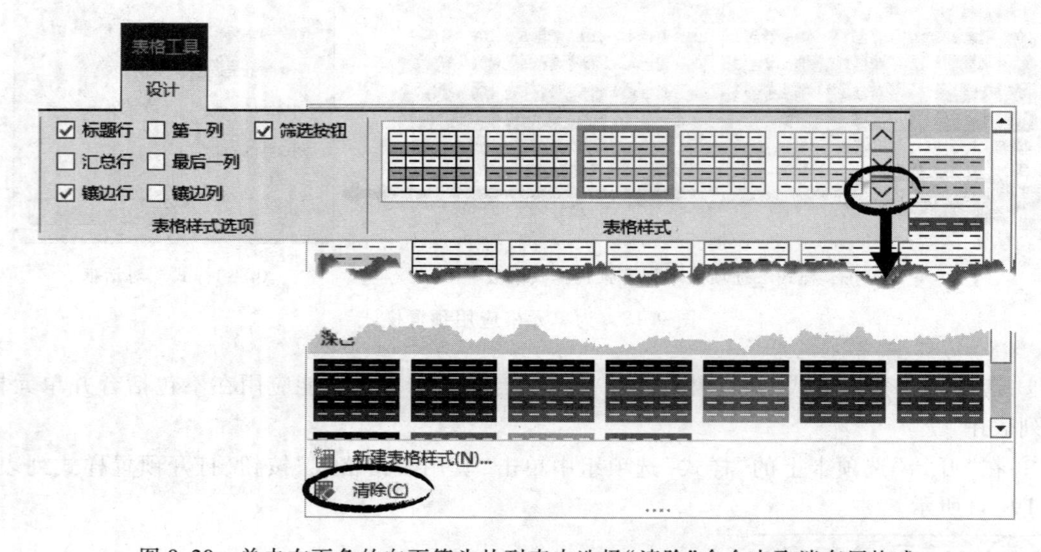

图 9.20 单击右下角的向下箭头从列表中选择“清除”命令来取消套用格式

2. 在工作表中创建“表”

在对工作表中某个区域套用表格格式后，会发现所选区域的第一行自动出现了“筛选”箭头标记。这是因为 Excel 自动将该区域定义成了一个“表”。

1）“表”的概念

“表”是在 Excel 工作表中创建的独立数据区域，可以看作是“表中表”。“表”要求有一个标题行，以便于对“表”中的一组相关数据进行管理和分析。例如，可以单独命名该表，可以筛选表列、添加汇总行、应用表格格式等。当在“表”的周围添加数据时，“表”会自动扩展；当在“表”中输入公式时，公式将会自动向下复制且不影响已套用的表格格式；“表”本身以及包含的列将被自动定义名称以便引用。

被定义为“表”的区域，不可以进行分类汇总，不能进行单元格合并操作，不能对带有外部连接的数据区域定义“表”，不能在共享工作簿中创建或插入“表”。

2）在工作表中创建“表”

通常可以通过以下两种方式在工作表中创建“表”。

方式 1：通过插入表格的方式创建“表”

① 在工作表上选择要包括在“表”中的单元格区域。

② 在“插入”选项卡上的“表格”选项组中单击“表格”按钮，打开“创建表”对话框，如图

9.21 所示。

图 9.21　通过插入表格的方式创建"表"

③ 如果所选择区域的第一行包含要显示为表格标题行的数据，应选中"表包含标题"复选框。如果未选中"表包含标题"复选框，则自动向上扩展一行并显示默认标题名称。

④ 单击"确定"按钮，所选区域将自动应用默认表格样式并被定义为一个"表"。

创建"表"后，将光标位于"表"中的任意位置时，"表格工具|设计"选项卡（如图 9.22 所示）将变得可用，通过使用"设计"选项卡上的工具可自定义或编辑该"表"，如改变"表"名称、为其添加汇总行等。

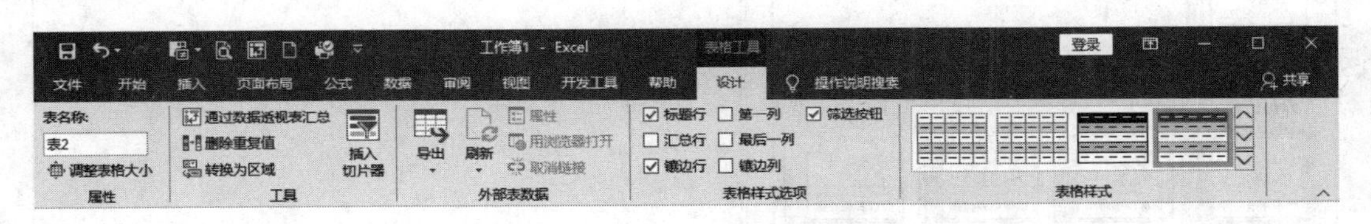

图 9.22　"表格工具|设计"选项卡

方式 2：通过套用表格格式生成"表"

在工作表中选择某一单元格区域，通过"开始"选项卡上"样式"选项组中的"套用表格格式"，选用任一表格样式的同时，所选区域被定义为一个"表"。

3）将"表"转换为普通区域

"表"中的数据很容易进行管理和分析，但也会带来一些麻烦。例如，不能进行分类汇总。有时可能仅仅是为了快速应用一个表格样式，但无需"表"功能，这时就可以将"表"转换为常规数据区域，同时保留所套用的格式。将"表"转换为普通区域的方法是：

① 单击"表"中的任意位置，显示"表格工具|设计"选项卡。

② 在"表格工具|设计"选项卡上的"工具"选项组中单击"转换为区域"按钮（如图 9.23 所示），在随后弹出的提示对话框中单击"是"按钮即可。

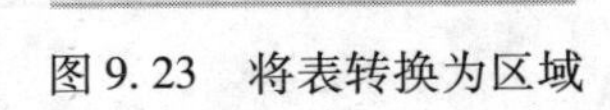

图 9.23　将表转换为区域

4）删除"表"

在工作表上选择相应的"表"（应包括表标题），然后按 Delete 键，"表"及表中内容均被删除。

9.3.7　设定与使用主题

主题是一组可统一应用于整个文档的格式集合，其中包括主题颜色、主题字体（包括标题字

体和正文字体）和主题效果（包括线条和填充效果）等。通过应用文档主题，可以快速设定文档格式基调并使其看起来更加美观且专业。

Excel提供许多内置的文档主题，还允许通过自定义创建自己的文档主题。

提示：文档主题可在各种Office程序之间共享，这样所有Office文档都将具有统一的外观。

1. 使用内置主题

设定主题的基本方法是：打开需要应用主题的工作簿文档，在“页面布局”选项卡上的“主题”选项组中单击“主题”按钮，打开如图9.24所示的主题列表，从中单击选择需要的主题类型即可。

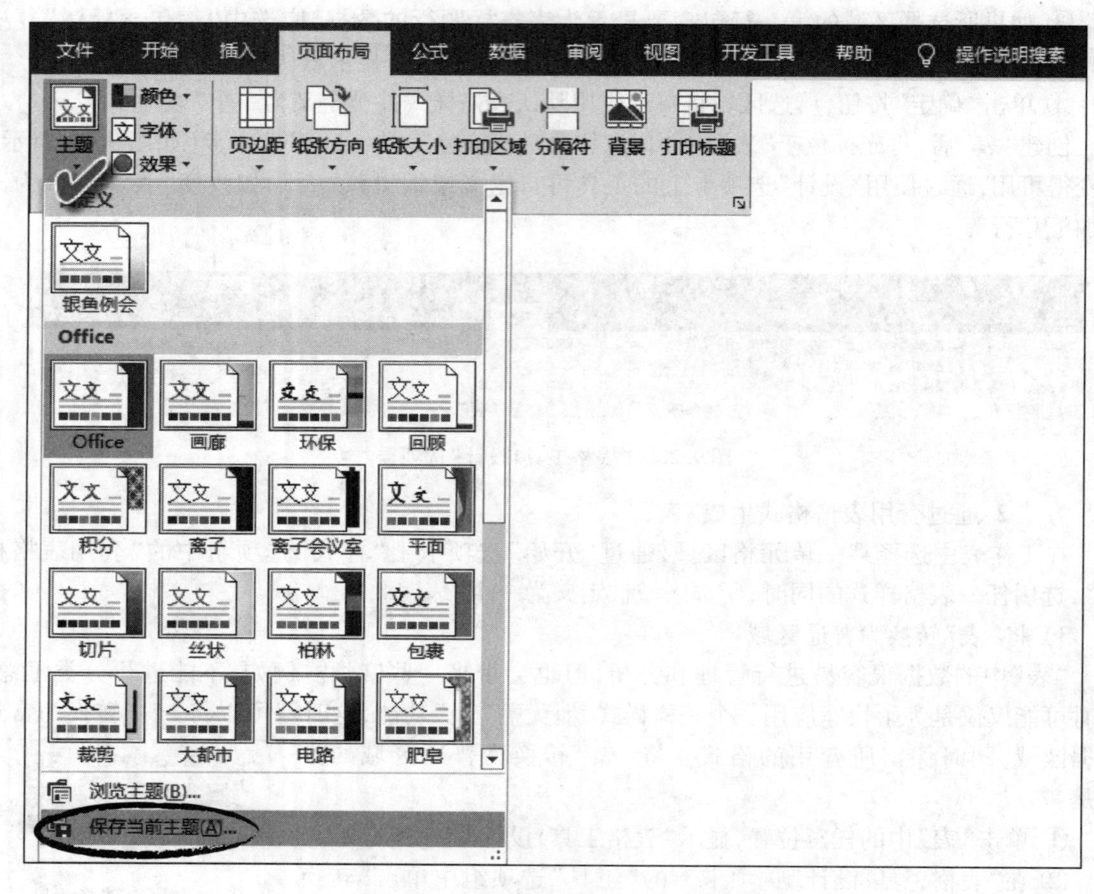

图9.24 在“主题”选项组中打开可选主题列表

2. 自定义主题

自定义主题包括设定颜色搭配、字体搭配、显示效果搭配等。自定义主题的基本方法是：

① 在“页面布局”选项卡上的“主题”选项组中单击“颜色”按钮选择一组主题颜色，通过“自定义颜色”命令可以自行设定颜色组合。

② 单击“字体”按钮选择一组主题字体，通过“自定义字体”命令可以自行设定字体组合。

③ 单击“效果”按钮选择一组主题效果。

④ 保存自定义主题。在“页面布局”选项卡上的“主题”选项组中单击“主题”按钮，从列表

中选择“保存当前主题”命令，在弹出的对话框中输入主题名称即可。

新建主题将会显示在主题列表最上面的“自定义”区域以供选用。

9.3.8 应用条件格式

Excel 提供的条件格式功能可以迅速为满足某些条件的单元格或单元格区域设定某种格式，例如一份成绩表中哪个成绩最好，哪个成绩最差？不论这份成绩单中有多少人，利用条件格式都可以快速找到并以特殊格式标示出这些特定数据所在的单元格。

条件格式将会基于设定的条件来自动更改单元格区域的外观，可以突出显示所关注的单元格或单元格区域、强调异常值、使用数据条、颜色刻度和图标集来直观地显示数据。条件格式具有动态性，这意味着如果值发生更改，格式将自动调整单元格或单元格区域的显示。

1. 利用预置规则实现快速格式化

Excel 提供了许多预置条件规则，如可自动标示前 10 个最大的值。快速使用预置规则的方法是：

① 选择需要设置条件格式的单元格或单元格区域。

② 在“开始”选项卡上的“样式”选项组中单击“条件格式”按钮，打开规则下拉列表，如图 9.25 所示。

③ 将光标指向某一条规则，从打开的下级菜单中单击某一预置的条件即可快速实现格式化。

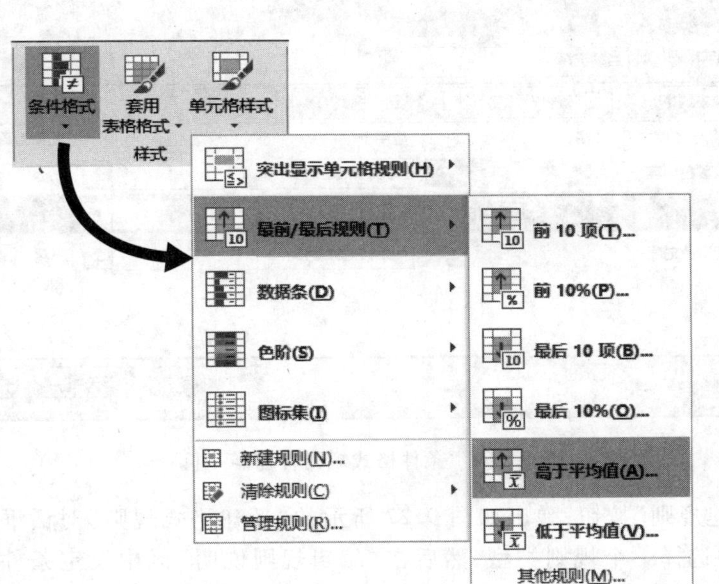

图 9.25 通过“样式”选项组中的“条件格式”按钮选择条件规则

各项条件规则的功能说明如下：

- 突出显示单元格规则。通过使用大于、小于、等于、包含等比较运算符限定数据范围，对属于该数据范围内的单元格设定格式。例如，在一份工资表中，可将所有大于 10 000 元的工资数用红色字体突出显示。

• 最前/最后规则。可将选定单元格区域中的前若干个最高值或后若干个最低值、高于或低于该区域平均值的单元格设定特殊格式。例如,在一份学生成绩单中,可用绿色字体标示某科目排在后 5 名的分数。

• 数据条。数据条可用于查看某个单元格相对于其他单元格的值。数据条的长度代表单元格中的值。数据条越长,表示值越高;数据条越短,表示值越低。在观察大量数据(如节假日销售报表中最畅销和最滞销的玩具)中的较高值和较低值时,数据条尤其有用。

• 色阶。通过使用两种或三种颜色的渐变效果来直观地比较单元格区域中的数据,用来显示数据分布和数据变化,比较高值与低值。一般情况下,颜色的深浅表示值的高低。例如,在绿色和黄色的双色色阶中,可以指定数值越大的单元格的颜色越绿,而数值越小的单元格的颜色越黄。

• 图标集。可以使用图标集对数据进行注释,每个图标代表一个值的范围。例如,在三色交通灯图标集中,绿色的圆圈代表较高值,黄色的圆圈代表中间值,红色的圆圈代表较低值。

2. 自定义规则实现高级格式化

可以通过自定义复杂的规则来方便地实现条件格式设置。自定义条件规则的方法是:

① 选择需要应用条件格式的单元格或单元格区域。

② 在"开始"选项卡上的"样式"选项组中单击"条件格式"按钮,从打开的下拉列表中选择"管理规则"命令,打开如图 9.26 所示的"条件格式规则管理器"对话框。

图 9.26 "条件格式规则管理器"对话框

③ 单击"新建规则"按钮,弹出如图 9.27 所示的"新建格式规则"对话框。首先在"选择规则类型"列表框中选择一个规则类型,然后在"编辑规则说明"区中设定条件及格式,最后单击"确定"按钮退出。其中,还可以通过设定公式控制复杂格式的实现。

④ 若要修改规则,则应在"条件格式规则管理器"对话框的规则列表中选择要修改的规则,单击"编辑规则"按钮进行修改;单击"删除规则"按钮则可删除指定的规则。

⑤ 若要对同一区域对象添加多个规则,则可再次单击"新建规则"按钮进行规则设置,可通过"删除规则"右侧的上下箭头调整各个规则的作用顺序。

⑥ 设置完毕后单击"确定"按钮,退出对话框。

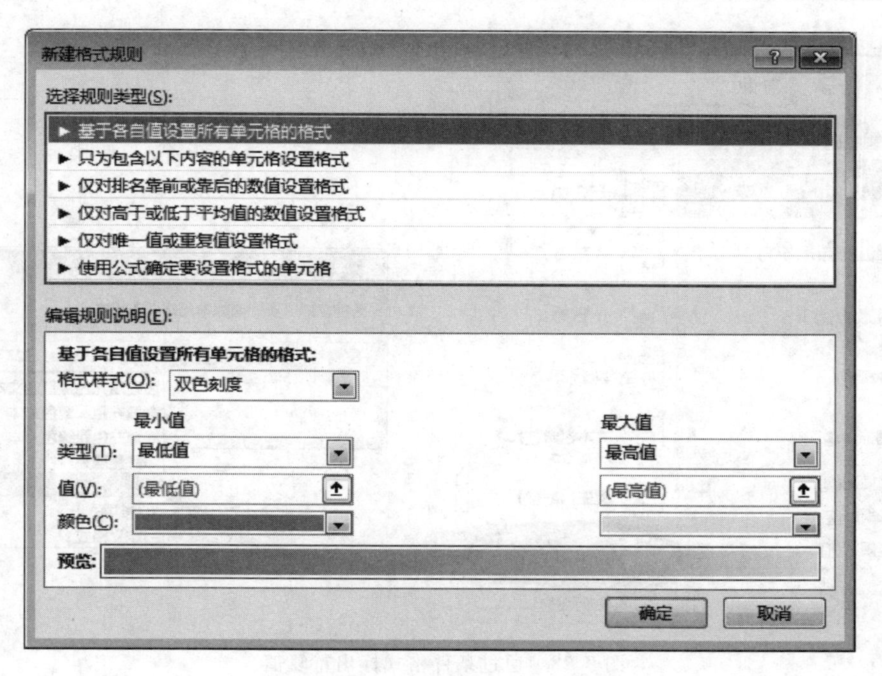

图 9.27 “新建格式规则”对话框

实例:按照下列要求对案例文档“条件格式案例素材.xlxs”中的数据设定条件格式。

1. 将重复的身份证号用红色字体标出,将长度不等于18位的身份证号所在单元格用浅绿色填充。

2. 将最高和最低的基本工资分别用浅红色和浅黄色填充突出显示。

3. 设定数据区域的奇数行用浅灰色填充,偶数行保持原效果。

4. 调整条件格式的顺序,令浅灰色隔行填充效果不掩盖前两项的填充结果。

操作步骤提示:

① 选中身份证号列 G2:G27,依次选择“开始”选项卡→“样式”选项组→“条件格式”→“突出显示单元格规则”→“重复值”→在对话框中将格式设置为“红色文本”→单击“确定”按钮,如图 9.28 所示。

② 仍然保持选择区域 G2:G27,依次选择“开始”选项卡→“样式”选项组→“条件格式”→“新建规则”命令,打开“新建格式规则”对话框→在“选择规则类型”列表框中单击“使用公式确定要设置格式的单元格”→在“为符合此公式的值设置格式”下方的文本框中输入公式“=LEN($G2)<>18”(LEN 为获取字符串长度的函数,如图 9.29 所示)→单击“格式”按钮,在“填充”选项卡中指定浅绿色→单击“确定”按钮。

③ 选择基本工资列 J2:J27,依次选择“开始”选项卡→“样式”选项组→“条件格式”→“最前/最后规则”→“前 10 项”→值设为“1”、格式设为“浅红色填充”→“确定”按钮,如图 9.30(a)所示。

④ 仍然保持选择区域据 J2:J27,依次选择“开始”选项卡→“样式”选项组→“条件格式”→“最前/最后规则”→“最后 10 项”→值设为“1”、自定义格式为填充浅黄色→“确定”按钮,如图 9.30(b)所示。

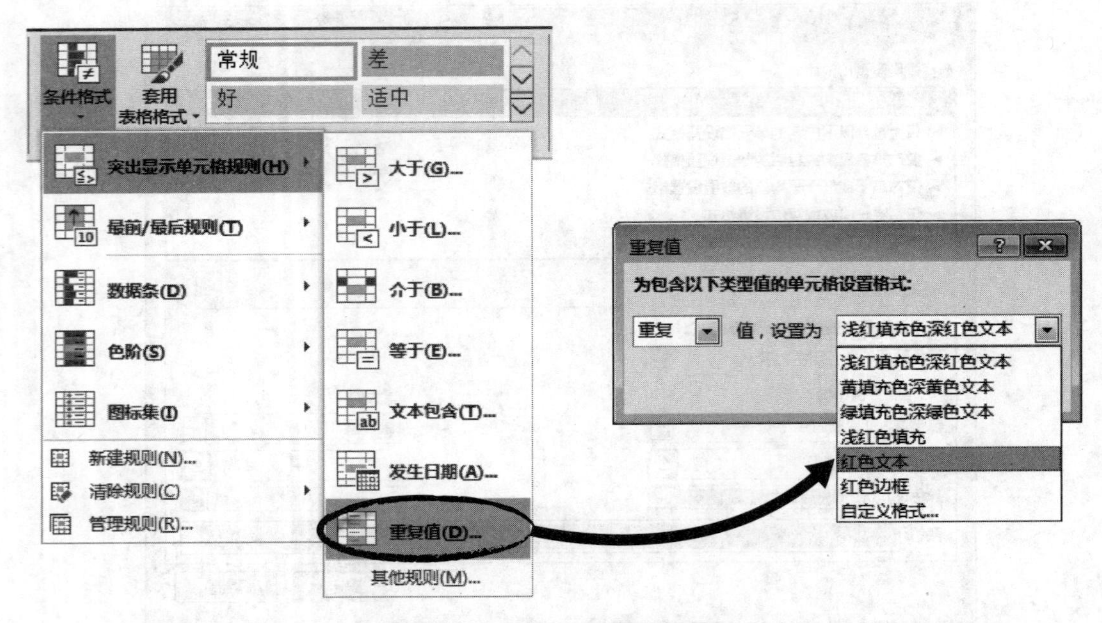

图 9.28　通过条件格式标出重复值

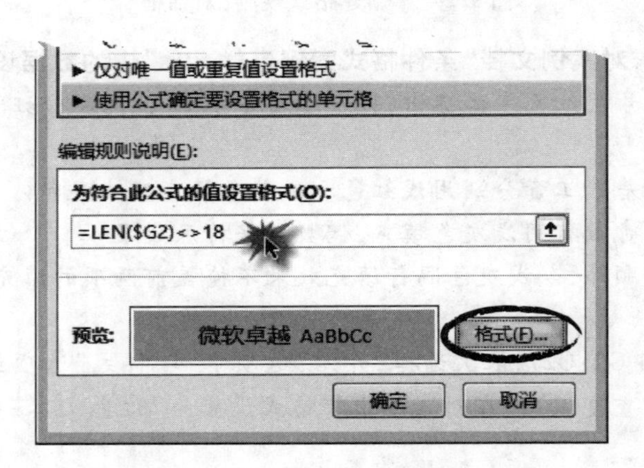

图 9.29　通过公式控制条件格式实现

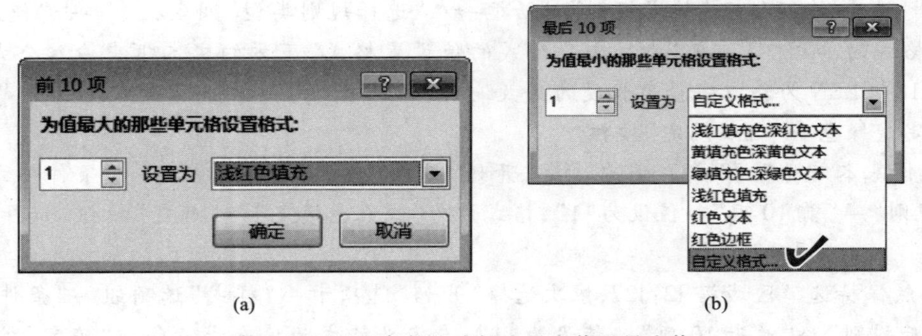

图 9.30　通过条件格式标出最大值和最小值

⑤ 选择数据区域 B1:J27,依次选择“开始”选项卡→“样式”选项组→“条件格式”→“新建规则”→单击“使用公式确定要设置格式的单元格”→在“为符合此公式的值设置格式”文本框中输入公式“=MOD(ROW(),2)=1”→单击“格式”按钮,指定浅灰色填充→单击“确定”按钮。

提示:该公式的含义是,ROW()为获取光标所在当前行的行号,MOD 用于获取两数相除的余数;该公式表示当前行号除以 2,余数为 1 时,应用下面设定的格式。1、3、5、…等奇数行除以 2 时余数均为 1,因此,奇数行便会应用指定格式了。关于公式和函数的应用,可参见相关章节。

⑥ 由于操作顺序的缘故,前面的条件规则会被后面的覆盖,比如前例中隔行填充效果就覆盖了 18 位身份证号位数及工资最小值的标示效果。这就需要改变条件规则的顺序,具体方法是:依次选择“开始”选项卡→“样式”选项组→“条件格式”→“管理规则”命令,打开“条件格式规则管理器”对话框→从“显示其格式规则”下拉列表中选择“当前工作表”,显示出所有已定义的规则→在规则列表中单击选择公式 MOD 规则→单击右侧的向下箭头(如图 9.31 所示),将其移到最下面→单击“确定”按钮。

设置结果可参见案例文档“条件格式案例(答案).xlsx”。

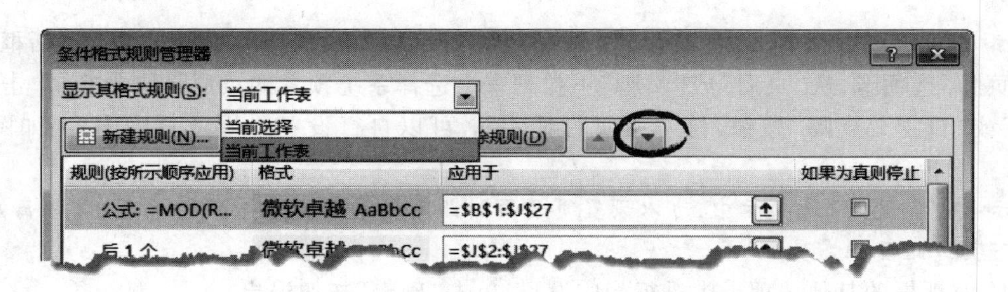

图 9.31　在“条件格式规则管理器”对话框中调整规则顺序

9.4 打印输出工作表

在输入数据、并进行了适当格式化后,就可以将工作表打印输出。在输出前应对表格进行相关的打印设置,以使其输出效果更加美观。

9.4.1　页面设置

包括对页边距、页眉页脚、纸张大小及方向等项目的设置。页面设置的基本方法是:

① 打开要进行页面设置的工作表。

② 在如图 9.32 所示的“页面布局”选项卡上的“页面设置”选项组中进行各项页面设置,其中:

- 页边距。单击“页边距”按钮,可从打开的列表中选择一个预置样式;单击最下面的“自定义页边距”命令,打开“页面设置”对话框的“页边距”选项卡,按照需要进行上、下、左、右页边距的设置。在对话框左下角的“居中方式”组中,可设置表格在整个页面的水平或垂直方向上居中打印。
- 纸张方向。单击“纸张方向”按钮,设定横向或纵向打印。

图 9.32　“页面布局”选项卡上的“页面设置”选项组

• 纸张大小。单击“纸张大小”按钮，选定与实际纸张相符的纸张大小。单击最下边的“其他纸张大小”命令，打开“页面设置”对话框的“页面”选项卡，在“纸张大小”下拉列表中选择合适的纸张。

注意：不同的打印机驱动程序下允许选择的纸张类型可能会有所不同。

• 设定打印区域。可以设定只打印工作表中的一部分，设定区域以外的内容将不会被打印输出。首先选择某个工作表区域，然后单击“打印区域”按钮，从下拉列表中选择“设置打印区域”命令。

③ 设置页眉页脚。单击“页面设置”右侧的对话框启动器，打开“页面设置”对话框，单击“页眉/页脚”选项卡，从“页眉”或“页脚”下拉列表中选择系统预置的页眉页脚内容，单击“自定义页眉”或“自定义页脚”按钮，打开相应的对话框，可以自行设置页眉或页脚内容，如图 9.33 所示。

提示：在“页边距”选项卡中，可以设置页眉页脚距页边的位置。一般情况下，该距离应比相应的上下页边距要小。

④ 在对话框的其他选项卡中进行相应设置，单击“确定”按钮退出。

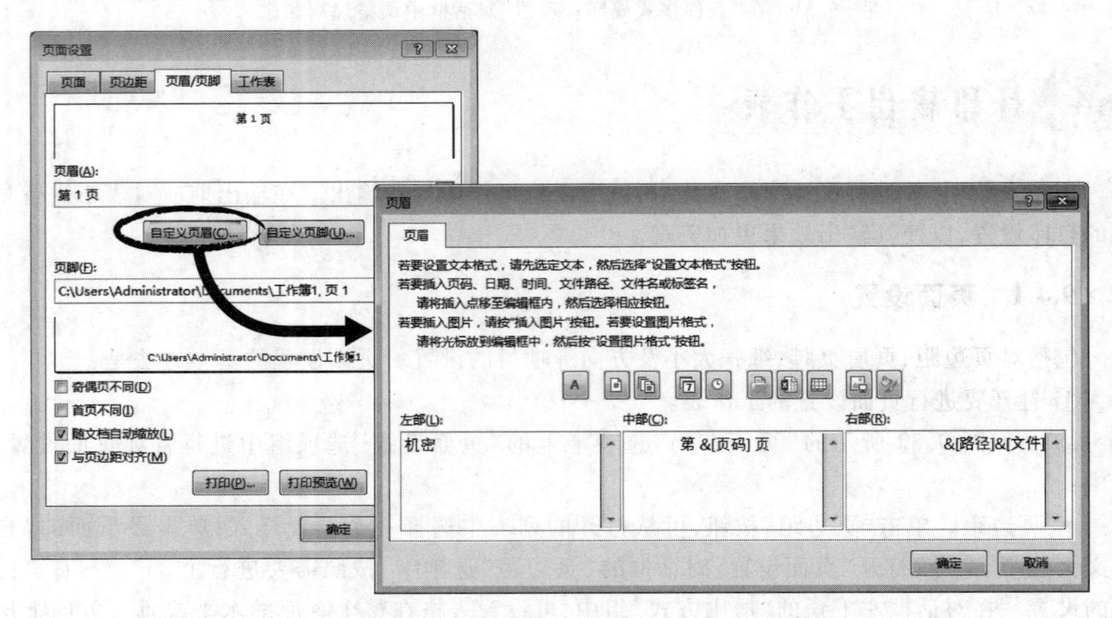

图 9.33　在“页眉/页脚”选项卡中可自定义页眉或页脚

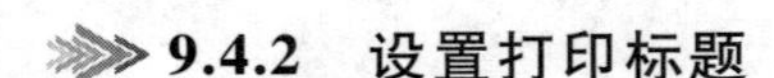

9.4.2 设置打印标题

当工作表纵向超过一页长或横向超过一页宽的时候,需要指定在每一页上都重复打印标题行或列,以使数据更加容易阅读和识别。设置打印标题的基本方法是:

① 打开要设置重复标题行、列的工作表。

② 在“页面布局”选项卡上的“页面设置”选项组中单击“打印标题”按钮,打开“页面设置”对话框的“工作表”选项卡。

③ 单击“顶端标题行”框右端的“压缩对话框”按钮,从工作表中选择要重复打印的标题行行号,可以选择连续多行,例如可以指定 1~3 行为重复标题,如图 9.34 所示,然后按 Enter 键返回对话框。

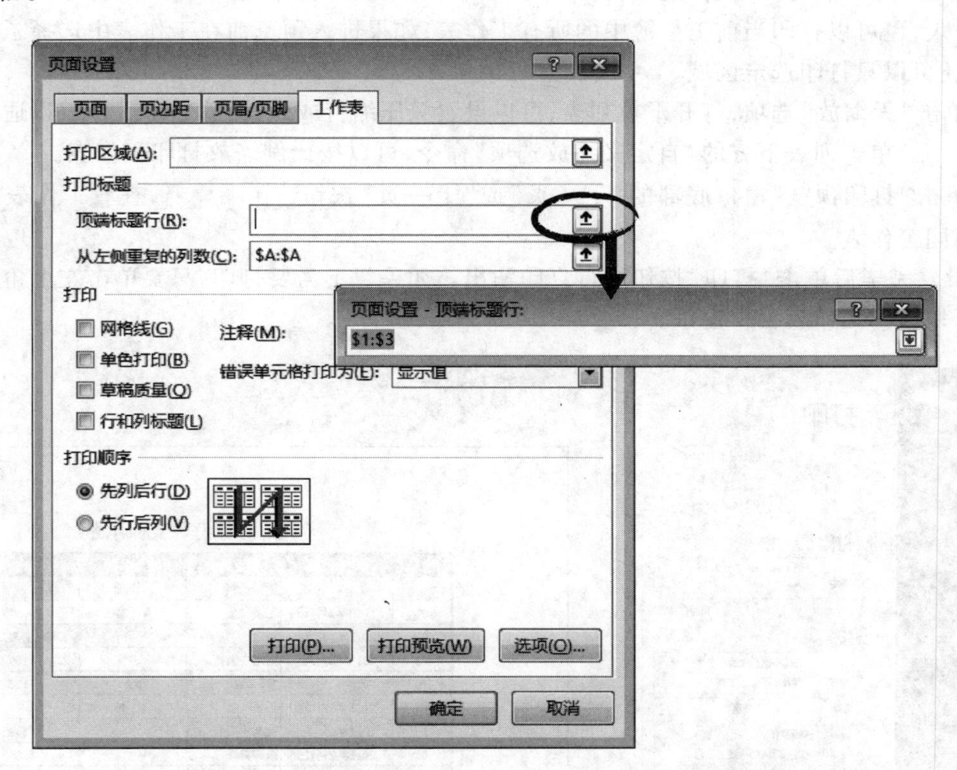

图 9.34 在“页面设置”对话框的“工作表”选项卡中设置重复打印标题

④ 用同样的方法在“从左侧重复的列数”框中设置要重复的数据列。另外,还可以在“顶端标题行”或“从左侧重复的列数”框中直接输入行列的绝对引用地址。例如,可以在“从左侧重复的列数”框中输入“$B:$D”表示要重复打印工作表的 B、C、D 三列。

⑤ 设置完毕后单击“打印预览”按钮,当表格超宽超长时,即可在预览状态下看到在除首页外的其他页上重复显示的标题行或列。

提示:设置为重复打印的标题行或列只在打印输出时才能看到,正常编辑状态下的表格中不会在第二页上显示重复的标题行或列。

9.4.3 设置打印范围并打印

页面设置完成后，即可开始打印。

① 打开工作簿，选择准备打印的工作表或区域。

② 从“文件”选项卡上单击“打印”，进入如图 9.35 所示的打印预览窗口。

③ 单击打印“份数”右侧的上下箭头指定打印份数。

④ 在“打印机”下拉列表中选择打印机。打印机需要事先连接到计算机并正确安装驱动程序后才能在此处进行选择。

⑤ 在中间的“设置”区中从上到下依次进行各项打印设置，其中：

• 单击“打印活动工作表”选项，打开下拉列表，从中选择打印范围：可以只打印当前活动的那张工作表，也可以打印当前工作簿中的所有工作表；如果进入预览前在工作表中选择了某个区域，那么还可以只打印选定区域。

• 单击“无缩放”选项，打开下拉列表，可以设置只压缩行或列、缩放整个工作表以适合打印纸张的大小。单击列表下方的“自定义缩放选项”命令，可以按比例缩放打印工作表。

⑥ 单击“打印预览”窗口底部的“下一页”或“上一页”按钮 ◂ 1 共2页 ▸，查看工作表的不同页面或不同工作表。

⑦ 设置完毕后单击“打印”按钮进行打印输出。如果暂不需要打印，只要单击左上角的返回箭头即可切换回工作表编辑窗口。

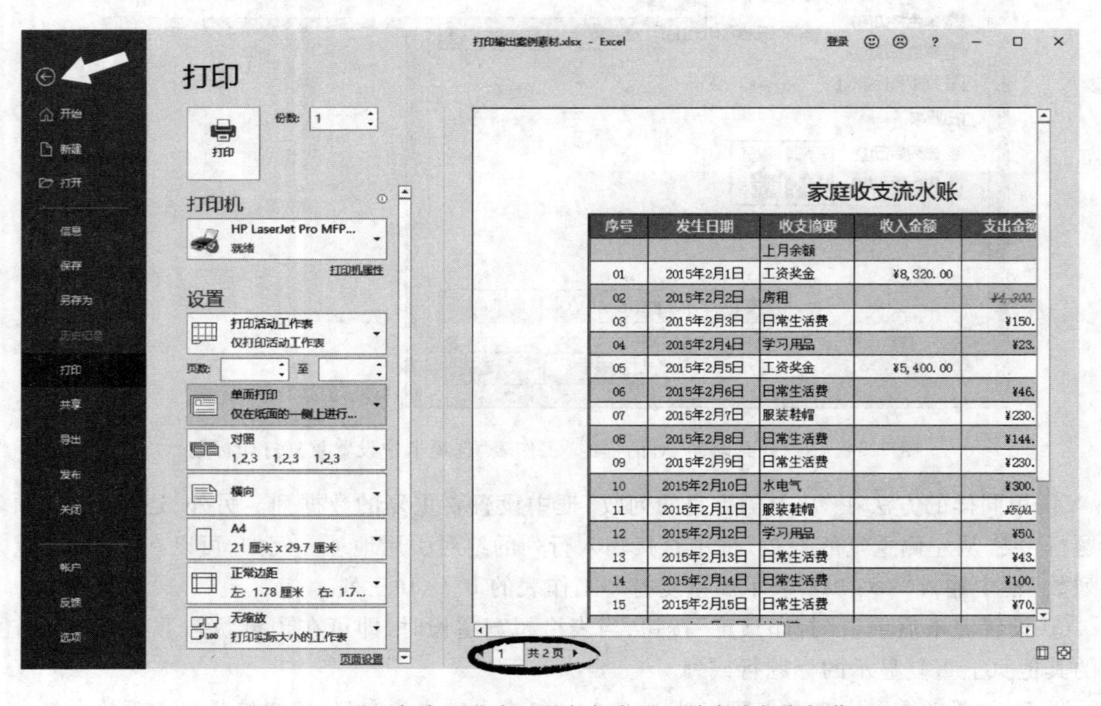

图 9.35 进入打印预览窗口进行打印设置并完成打印操作

9.4.4 打印输出实例

按照下列要求对案例文档“打印输出案例素材.xlsx”进行打印设置并输出为 PDF 文档：

纸张横向并水平居中打印在 A5 纸上；设置工作表的第 3 行内容重复出现在每一页上；仅将工作表数据区域 B1:G33 设为打印区域；在页眉中间位置显示文档路径和文件名，在页脚左侧显示页码、右侧显示文字“家庭月收支表”。

操作步骤提示：

① 打开案例文档“打印输出案例素材.xlsx”，选择工作表“2 月”。

② 依次选择“页面布局”选项卡→“页面设置”选项组的对话框启动器。

③ 在对话框的“页面”选项卡中选择方向为“横向”、纸张大小为 A5。

④ 在“页边距”选项卡中设置居中方式为“水平”。

⑤ 在“工作表”选项卡的“打印区域”中输入 B1:G33 或选择区域 B1:G33；在“顶端标题行”中输入“$3: $3”或选择第 3 行。

⑥ 在“页眉/页脚”选项卡中，从“页眉”下拉列表中选择包括文件存储路径的文件名那一项（每个人的操作结果可能不同）；单击“自定义页脚”按钮，光标在左侧的文本框中时单击“插入页码”按钮、光标在右侧的文本框中时输入文本“家庭月收支表”。

⑦ 从“文件”选项卡上单击“打印”命令，从“打印机”列表中选择一个 PDF 虚拟打印机（计算机中必须事先安装有 PDF 虚拟打印机驱动程序），单击“打印”按钮，输入 PDF 文件名并存放到指定的文件夹中。打印结果如图 9.36 所示。

设置结果可参见案例文档“打印输出案例(答案).xlsx”

D:\jiyan\考试中心\2016版新教材\二级Office2016配套资源\第3篇 Excel\Excel配套资料\第8章\完成效果\打印输出案例（答案）.xlsx

家庭收支流水账

序号	发生日期	收支摘要	收入金额	支出金额	余额
		上月余额			¥2,320.00
01	2019年2月1日	工资奖金	¥8,320.00		¥10,640.00
02	2019年2月2日	房租		¥4,300.00	¥6,340.00
03	2019年2月3日	日常生活费		¥150.00	¥6,190.00
04	2019年2月4日	学习用品		¥23.00	¥6,167.00
05	2019年2月5日	工资奖金	¥5,400.00		¥11,567.00
06	2019年2月6日	日常生活费		¥46.00	¥11,521.00
07	2019年2月7日	服装鞋帽		¥230.00	¥11,291.00
08	2019年2月8日	日常生活费		¥144.00	¥11,147.00
09	2019年2月9日	日常生活费		¥230.00	¥10,917.00
10	2019年2月10日	水电气		¥300.00	¥10,617.00
11	2019年2月11日	服装鞋帽		¥500.00	¥10,117.00

1　　家庭月收支表

D:\jiyan\考试中心\2016版新教材\二级Office2016配套资源\第3篇 Excel\Excel配套资料\第8章\完成效果\打印输出案例（答案）.xlsx

序号	发生日期	收支摘要	收入金额	支出金额	余额
12	2019年2月12日	学习用品		¥50.00	¥10,067.00
13	2019年2月13日	日常生活费		¥43.00	¥10,024.00
14	2019年2月14日	日常生活费		¥100.00	¥9,924.00
15	2019年2月15日	日常生活费		¥70.00	¥9,854.00
16	2019年2月16日	培训费		¥2,000.00	¥7,854.00
17	2019年2月17日	学费		¥800.00	¥7,054.00
18	2019年2月18日	日常生活费		¥6.00	¥7,048.00
19	2019年2月19日	日常生活费		¥14.00	¥7,034.00
20	2019年2月20日	日常生活费		¥20.00	¥7,014.00
21	2019年2月21日	外出用餐		¥156.00	¥6,858.00
22	2019年2月22日	日常生活费		¥9.00	¥6,849.00
23	2019年2月22日	其他花费		¥12.00	¥6,837.00
24	2019年2月22日	日常生活费		¥80.00	¥6,757.00
25	2019年2月25日	日常生活费		¥50.00	¥6,707.00

2　　家庭月收支表

图 9.36　打印输出结果

9.5 工作簿与多工作表操作

Excel 是一个功能丰富的表格处理软件，可以同时对多个工作表进行操作。Excel 2016 对工作簿中可以包含多少张工作表没有限制，这为连续处理某项事务提供了极大的方便。例如，一个单位的员工工资每月都要存放在一张表格中，一年就需要 12 张表格，将它们存放在一个工作簿

文件中,管理和分析数据就会非常方便了。

9.5.1　工作簿基本操作

Excel 的工作簿实际上就是保存在磁盘上的文件,一个工作簿文件中可以包含多张工作表。如果把工作簿比作一本书的话,那么工作表就是书中的每一页。

1. 创建新工作簿

• 启动时创建工作簿:启动 Excel,单击“空白工作簿”,可以创建一个空白文档;单击“新建”,选择一个模板,如图 9.37 所示,可基于预置模板创建一个新文档。

图 9.37　新建工作簿时可选模板列表

• 编辑过程中创建工作簿:从“文件”选项卡中单击“新建”,选择空白文档或模板。按 Ctrl+N 组合键或单击快速启动工具栏中的“新建”按钮可以快速新建一个空白工作簿。

2. 保存工作簿并为其设置密码

可以在保存工作簿文档时为其设置打开或修改密码,以保证数据的安全性。具体设置方法是:

① 从“文件”选项卡上单击“另存为”命令(如果是尚未保存过的新文档,也可通过“快速访问工具栏”中的“保存”按钮,或者“文件”选项卡上的“保存”命令),单击“浏览”,打开“另存为”对话框。

② 依次选择保存位置、保存类型,并输入文件名。

③ 单击“另存为”对话框右下方的“工具”按钮,从下拉列表中选择“常规选项”,打开“常规选项”对话框,如图 9.38 所示。

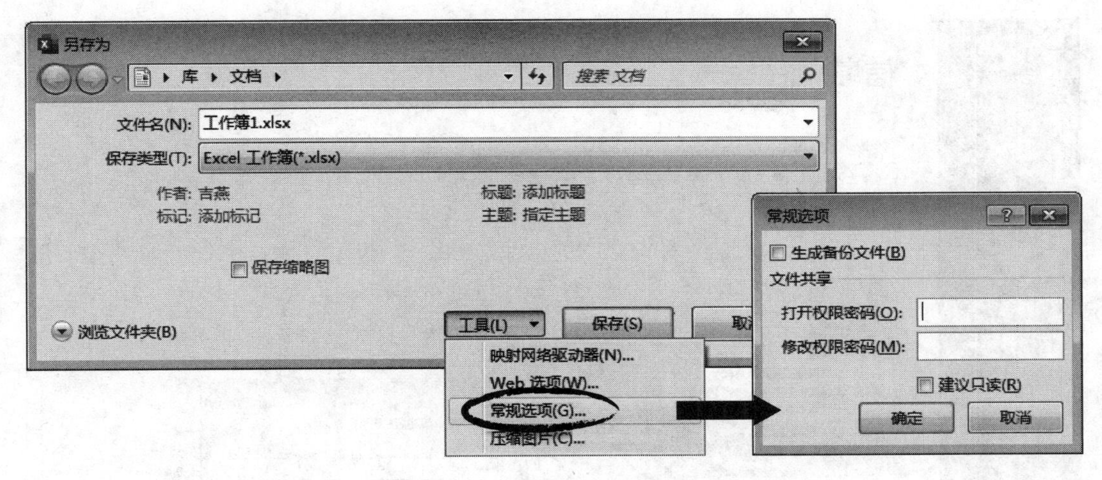

图 9.38 通过“工具”按钮打开“常规选项”对话框

④ 在文本框中输入密码，所输入的密码以星号“ * ”显示：若设置“打开权限密码”，则打开工作簿时需要输入该密码；若设置“修改权限密码”，则对工作簿中的数据进行修改时需要输入该密码；当选中“建议只读”复选框时，在下次打开该文档时将提示以只读方式打开。

上述三项可以只设置一项，也可以三项全部设置。如果要取消密码，只需再次进入“常规选项”对话框中删除密码。

注意：一定要牢记自己设置的密码，否则将再也不能打开或修改自己的文档了，因为 Excel 不提供取回密码帮助。

⑤ 单击“确定”按钮，在随后弹出的“确认密码”对话框中再次输入相同的密码并确定。最后单击“保存”按钮。

提示：已经保存过的文档，经过修改后再次单击“快速访问工具栏”中的“保存”按钮，或者从“文件”选项卡上单击“保存”，将不会再弹出“另存为”对话框。

3. 在编辑过程中为文件加密

对于已保存过的文档，若要在编辑过程中为其添加密码保护，可按下述方法操作：

① 选择“文件”选项卡→“信息”。

② 单击“保护工作簿”按钮，从下拉列表中选择“用密码进行加密”。

③ 在“加密文档”对话框的“密码”框中输入密码，单击“确定”按钮，如图 9.39 所示。

④ 在“确认密码”对话框中的“重新输入密码”框中确认密码，然后单击“确定”按钮。

4. 关闭工作簿与退出 Excel

要想只关闭当前工作簿而不影响其他正在打开的 Excel 文档，可从“文件”选项卡上单击“关闭”命令，或者单击当前文档窗口右上角的“关闭”按钮；要想退出 Excel 程序，可按下 Shift 键的同时单击右上角的“关闭”按钮，如果有未保存的文档，将会出现提示保存的对话框。

5. 打开工作簿

常用的打开工作簿方法有以下几种：

- 直接在资源管理器的文件夹下找到相应的 Excel 文档，用鼠标双击即可打开。
- 启动 Excel，在开始屏幕的最近使用文件列表中选择需要打开的文件名。

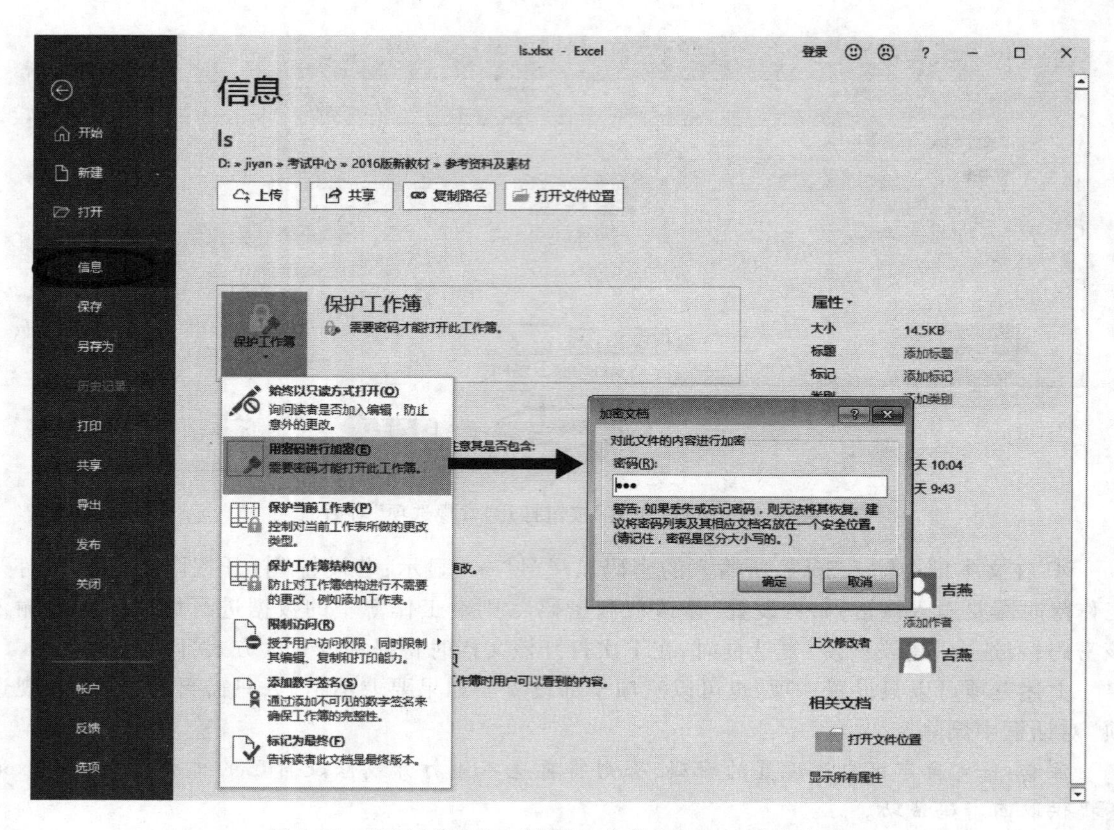

图 9.39 通过"信息"→"保护工作簿"为 Excel 文件加密

- 启动 Excel,在开始屏幕中依次单击"打开"→"浏览"命令,在弹出的"打开"对话框中选择相应的文件名。
- 在编辑 Excel 文档的过程中,从"文件"选项卡上单击"打开"→"浏览"命令,选择文档。

6. 将工作簿发布为 PDF/XPS 格式

PDF 格式(可移植文档格式)支持各种平台,它可以保留文档格式并允许文件共享,他人无法轻易更改文件中的数据及格式。要查看 PDF 文件,必须在计算机上安装 PDF 读取器(比如 Acrobat Reader)。

XPS 可以嵌入文件中的所有字体并使这些字体能按预期显示、而不必考虑接收者的计算机中是否安装了该字体。与 PDF 格式相比,XPS 格式能够在接收者的计算机上呈现更加精确的图像和颜色。

① 打开需要发布为 PDF/XPS 格式的工作簿,从"文件"选项卡上选择"导出"→"创建 PDF/XPS"图标,打开"发布为 PDF 或 XPS"对话框,如图 9.40 所示。

② 指定保存位置,输入文件名。

③ 在"保存类型"下拉列表中选择"PDF(＊.pdf)"或者"XPS 文档(＊.xps)"格式。

④ 单击"发布"按钮。

提示:从"文件"选项卡上单击"另存为",打开"另存为"对话框,在"保存类型"下拉列表中

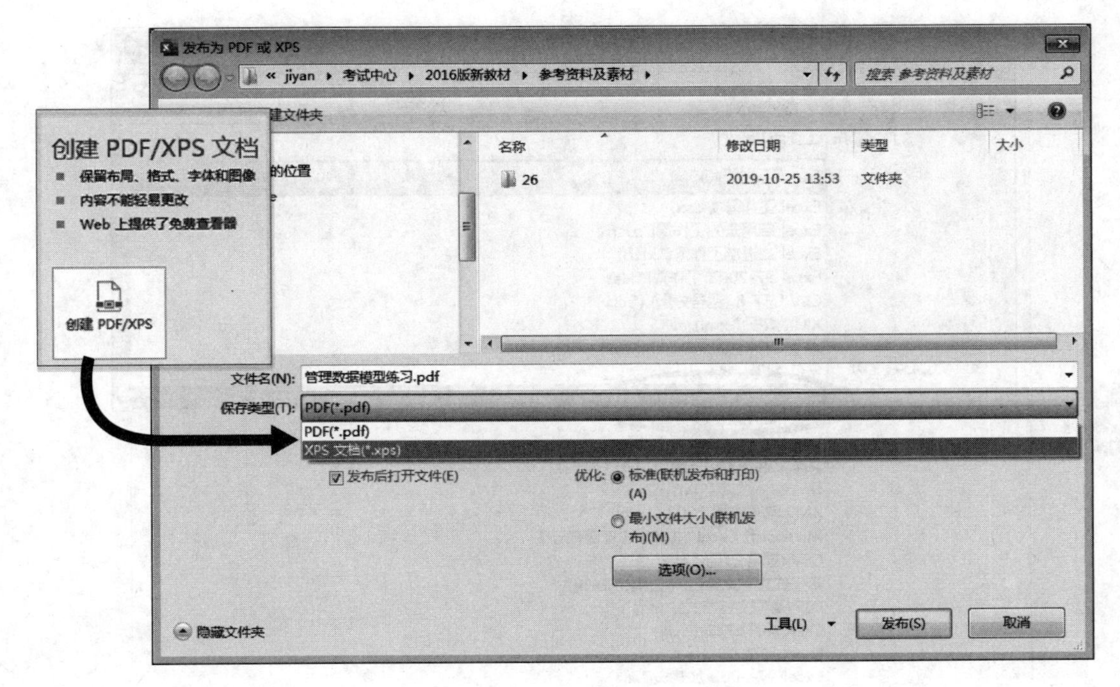

图 9.40 “发布为 PDF 或 XPS”对话框

选择“PDF(* .pdf)”或者“XPS 文档(* .xps)”也可将当前工作簿保存为 PDF/XPS 文档格式。

9.5.2 创建和使用工作簿模板

模板是一种文档类型。根据日常工作和生活的需要,模板中已事先添加了一些常用的文本或数据,并进行了适当的格式化。模板中还可以包含公式和宏,并以一定的文件类型保存在特定的位置。

当需要创建类似的文件时,就可以在模板的基础上进行简单的修改,以快速完成常用文档的创建,而不必从空白页面开始。使用模板是节省时间和创建格式统一的文档的绝佳方式。

Excel 2016 联网提供大量模板可供选用,前提是必须连接到互联网。另外,还可以自行创建模板并使用。普通 Excel 模板文件的扩展名为 .xltx,启用宏的模板文件扩展名为 .xltm。

1. 创建一个模板

① 打开要用作模板基础的工作簿文档。

② 对工作簿中的内容进行调整修改。模板中只需要包含一些每个类似文件都有的公用项目,而对于那些不同的内容可以删除,格式和公式应该保留。

③ 在“文件”选项卡上单击“另存为”→“浏览”命令,打开“另存为”对话框。

④ 在“文件名”框中输入模板的名称。

⑤ 打开如图 9.41 所示的“保存类型”列表,从中选择“Excel 模板(* .xltx)”命令。

提示:如果该工作簿中包含要在模板中使用的宏,则应选择“Excel 启用宏的模板(* .xltm)”。

⑥ 单击“保存”按钮,新建模板将会自动存放在 Excel 的自定义模板文件夹中以供调用。

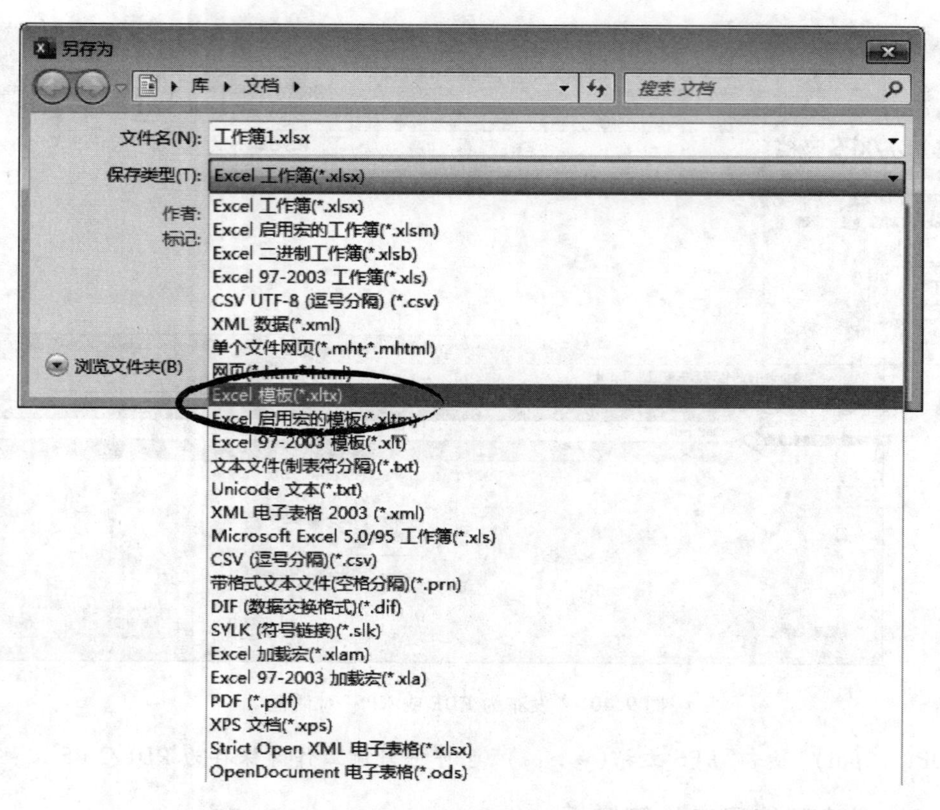

图 9.41 在“另存为”对话框中选择“保存类型”为 Excel 模板

⑦ 关闭该模板文档。

注意：在“另存为”对话框中不要改变文档的存放位置，以确保在需要用到该模板创建新工作簿时该模板可以被调用。

2. 使用自定义模板创建新工作簿

① 启动 Excel，在开始屏幕中或者“文件”选项卡上单击“新建”命令。

② 在可用模板窗口中单击“个人”，从自定义列表中单击要使用的模板，将会依据所选模板创建一个新文档。

③ 输入新的数据，进行适当的格式调整，然后将该文档保存为正常的 Excel 工作簿即可。

3. 修改模板

在基于模板创建的新文件中进行修改调整，并不会对模板本身产生影响。如果要对模板本身进行编辑修改，应从开始屏幕或者“文件”选项卡中单击“打开”→“浏览”命令，设定文件类型为“模板(*.xltx; *.xltm; *.xlt)”，找到要编辑的模板名并打开它，然后进行修改并保存。Excel 2016 默认的自定义模板文件保存位置为：

C:\Users\[实际的用户名]\我的文档(Documents)\自定义 Office 模板

实例：以案例文档“创建模板素材.xlsx”为基础创建一个名为“家庭收支流水账”的模板并使用其创建 3 月份流水账。

操作步骤提示：

① 打开案例文档“创建模板素材.xlsx”，在工作表“2 月”中依次删除日期、摘要内容、收入和支出金额，即删除 C5:F32 区域中的内容，保留所有格式、公式以及数据验证的设置。

② 在“文件”选项卡上单击“另存为”→“浏览”命令，在“另存为”对话框的“文件名”框中输入模板名“家庭收支流水账”，将“保存类型”指定为“Excel 模板（ *.xltx）”，单击“保存”按钮，关闭模板文档。

③ 从开始屏幕或“文件”选项卡上选择“新建”→“浏览”命令，选择“个人”，单击刚才新建的模板“家庭收支流水账.xltx”，打开一个新文档。

④ 在 G4 单元格中输入上月余额 6329，将工作表名称由“2 月”改为“3 月”，依次输入 3 月份的数据，以“3 月家庭收支流水账.xlsx”为文件名对新文档进行保存，结果如图 9.42 所示。

根据模板创建的文档可参见案例文档“3 月家庭收支流水账.xlsx”。

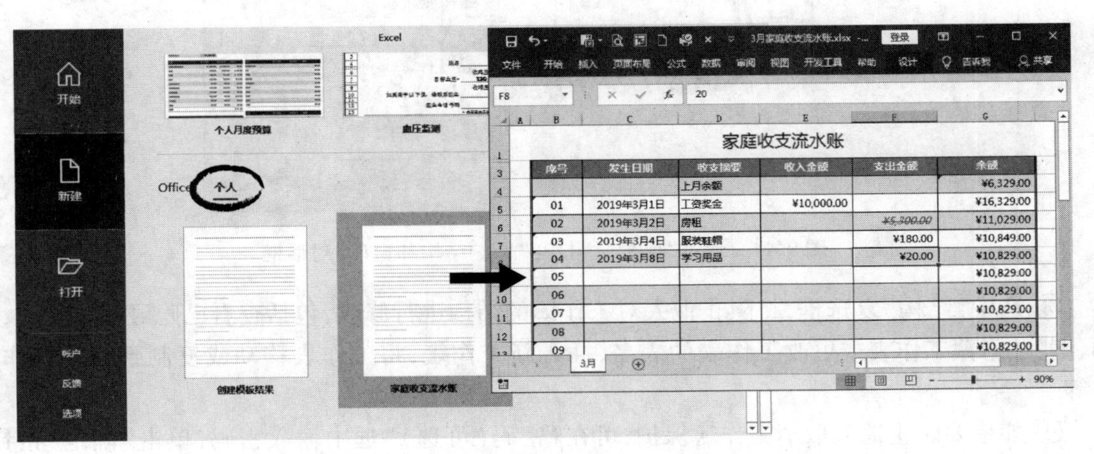

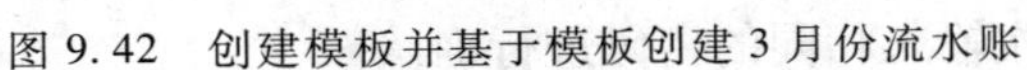

图 9.42　创建模板并基于模板创建 3 月份流水账

9.5.3　隐藏与保护工作簿

当需要对工作簿中的数据进行保护时，可以设置其隐藏或保护属性。

1. 隐藏工作簿

当在 Excel 中同时打开多个工作簿时，可以暂时隐藏其中的一个或几个，需要时再显示出来。基本方法是：首先切换到需要隐藏的工作簿窗口，单击“视图”选项卡，在如图 9.43 所示的“窗口”选项组中单击“隐藏”按钮，当前工作簿就被隐藏起来。

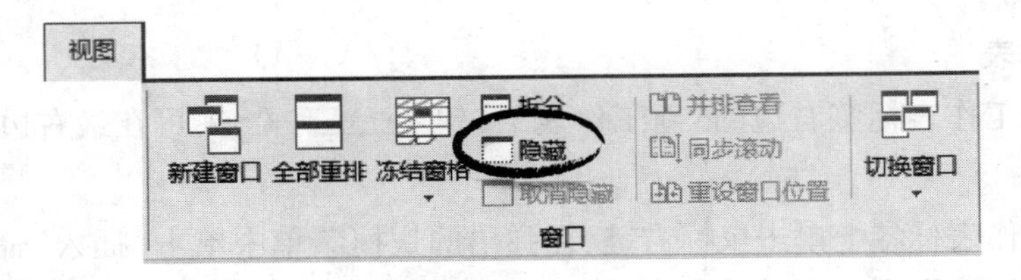

图 9.43　“视图”选项卡上的“窗口”选项组

如要取消隐藏，在“视图”选项卡上的“窗口”选项组中单击“取消隐藏”按钮，在打开的“取

消隐藏”对话框中选择需要取消隐藏的工作簿名称,再单击“确定”按钮。

2. 保护工作簿结构

当不希望他人对工作簿的结构进行改变时,可以设置工作簿保护。基本方法是:

提示:此处的工作簿保护不能阻止他人更改工作簿中的数据。如果想要达到保护数据的目的,可以进一步设置工作表保护,或者为工作簿文档设定打开或修改密码。

① 打开需要保护结构的工作簿文档。

② 在“审阅”选项卡上的“保护”选项组中单击“保护工作簿”按钮,打开“保护结构和窗口”对话框,如图9.44所示。

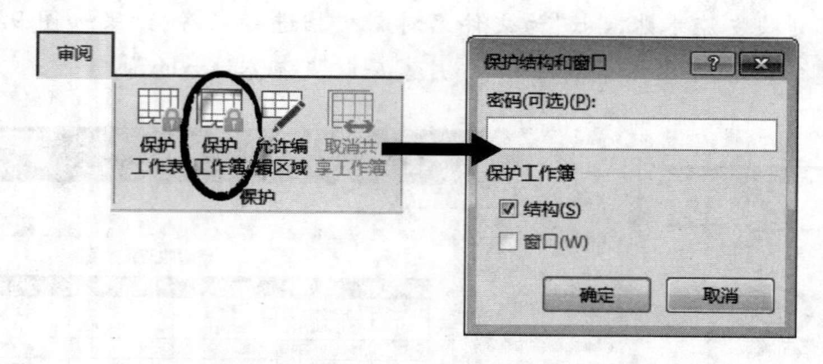

图9.44 通过“保护”组打开“保护结构和窗口”对话框

③ 选中“结构”复选框,将阻止他人对工作簿的结构进行修改,包括查看已隐藏的工作表,移动、删除、隐藏工作表或更改工作表的表名,插入新工作表,将工作表移动或复制到另一工作簿中等。

④ 如果要防止他人取消工作簿保护,可在“密码(可选)”框中输入密码,单击“确定”按钮,在随后弹出的对话框中再次输入相同的密码进行确认。

提示:如果不提供密码,则任何人都不可以取消对工作簿的保护。如果使用密码,一定要牢记这个密码,否则自己也无法再对工作簿的结构和窗口进行设置。

如要取消对工作簿的保护,只需再次在“审阅”选项卡上的“保护”选项组中单击“保护工作簿”按钮,如果设置了密码,则在弹出的对话框中输入密码即可。

9.5.4 工作表基本操作

工作表是Excel中的基本操作对象,任何数据的处理均需要在工作表中完成。因此对工作表的操作十分重要。

1. 插入工作表

方法1:单击工作表标签右边的“新工作表”按钮 Sheet1 ⊕ ,可在最右边插入一张空白工作表。

方法2:在工作表标签上单击鼠标右键,在弹出的快捷菜单中单击“插入”命令,打开“插入”对话框,如图9.45所示,从中双击表格类型。双击其中的“工作表”将会在当前工作表前插入一张空白工作表。

方法3:在“开始”选项卡上的“单元格”选项组中单击“插入”按钮旁的黑色箭头,从下拉列表中单击“插入工作表”命令，可插入一张空白工作表。

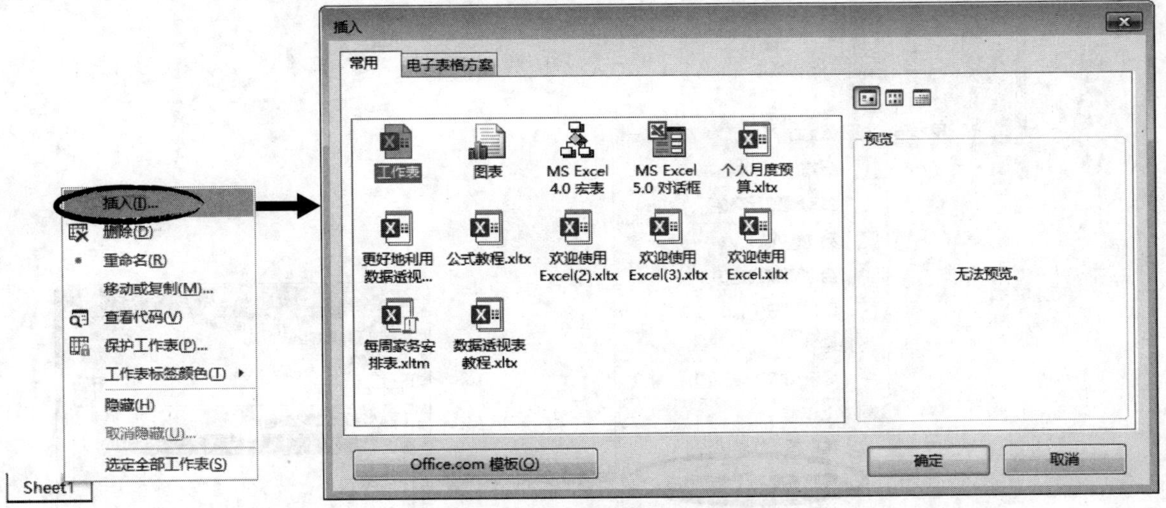

图 9.45 通过鼠标右键快捷菜单打开“插入”对话框

2. 删除工作表

在要删除的工作表标签上单击鼠标右键，从弹出的快捷菜单中选择“删除”命令，即可删除当前选定的工作表。

3. 改变工作表名称

在工作表标签上双击鼠标，或者依次选择“开始”选项卡→“单元格”选项组中的“格式”→“组织工作表”下的“重命名工作表”命令，工作表标签名进入编辑状态，输入新的工作表名后按 Enter 键确认修改。

4. 设置工作表标签颜色

为工作表标签设置颜色可以突出显示某张工作表。

在要改变颜色的工作表标签上单击鼠标右键，弹出快捷菜单，将光标指向“工作表标签颜色”命令；或者依次选择“开始”选项卡→“单元格”选项组中的“格式”→“工作表标签颜色”命令，从颜色列表中单击选择一种颜色或通过“其他颜色”命令自定义标签颜色。

5. 移动或复制工作表

通过移动操作可在同一工作簿中改变工作表的位置或将工作表移动到另一个工作簿中，通过复制操作可在同一工作簿或不同的工作簿中快速生成工作表的副本。

① 首先打开工作簿文档，在需要移动或复制的工作表标签上单击鼠标右键，从弹出的快捷菜单中选择“移动或复制”命令；或者依次选择“开始”选项卡→“单元格”选项组中的“格式”→“移动或复制工作表”命令，打开“移动或复制工作表”对话框，如图 9.46 所示。

② 从“工作簿”下拉列表中选择要移动或复制到的目标工作簿。

提示：想要将工作表移动或复制到另一个工作簿中，必须先将该工作簿打开，否则“工作簿”列表中看不到相应的文件名。

③ 在“下列选定工作表之前”指定工作表要插入的位置。

④ 如果要复制工作表，需要单击选中“建立副本”复选框，否则将会移动工作表。

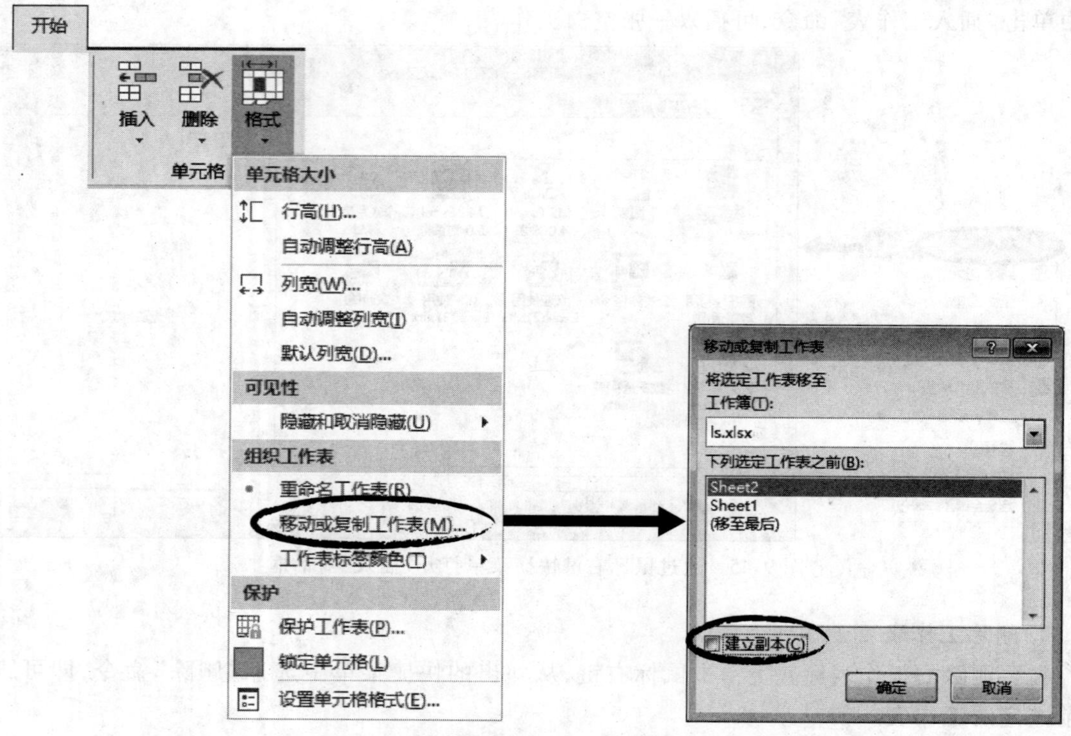

图9.46　"移动或复制工作表"对话框

⑤ 单击"确定"按钮,所选工作表将被移动或复制到新的位置,如果是移动或复制到另一个工作簿,则自动切换到新工作簿窗口。

提示:可以通过鼠标快速在同一工作簿中移动或复制工作表:用鼠标直接拖动工作表标签即可移动工作表,拖动的同时按下Ctrl键即可复制工作表。

6. 显示或隐藏工作表

在要隐藏的工作表标签上单击鼠标右键,从弹出的快捷菜单中选择"隐藏"命令;或者依次选择"开始"选项卡→"单元格"选项组的"格式"→"隐藏或取消隐藏"→"隐藏工作表"命令。

如果要取消隐藏,只需从上述相应菜单中选择"取消隐藏"命令,在打开的"取消隐藏"对话框中选择相应的工作表即可。

7. 插入超链接

对工作表单元格中的数据、插入工作表中的图表等对象,可以设置超链接以方便地实现不同位置、不同文件之间的链接跳转。

① 在工作表上单击要在其中创建超链接的单元格或者对象,如图片或图表元素。

② 在"插入"选项卡上的"链接"选项组中单击"链接"按钮,打开如图9.47所示的"插入超链接"对话框。

③ 在该对话框中指定要链接到的位置,可以是本机的某一文件、某一文件中的具体位置、某个最近浏览过的网页,还可以是一个电子邮件地址等。

④ 单击"确定"按钮,退出对话框,当前选定的单元格或对象就被设置了超链接,单击该超链

接，可跳转到相应位置。

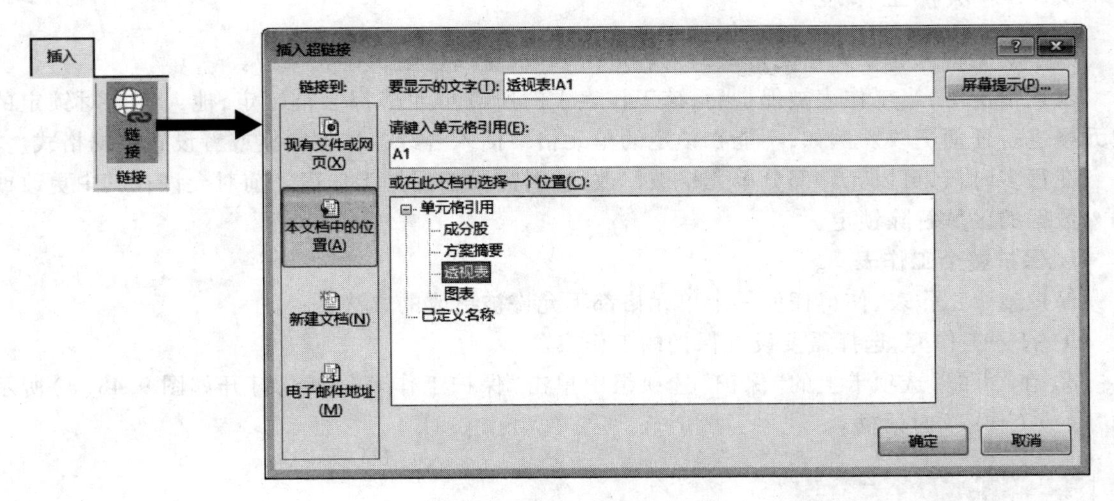

图 9.47 “插入超链接”对话框

实例：按照以下要求，对案例文档“工作表操作案例素材.xlsx”进行设置。

要求：将工作表名“Sheet1”改为“2 月”，并将其标签颜色设为红色；删除工作表“Sheet2”；将另一案例文档“3 月家庭收支流水账.xlsx”中的工作表“3 月”复制到工作表“2 月”的右侧；基于模板“家庭收支流水账.xltx”（前面已创建好）在新复制好的工作表“3 月”右侧插入一个新工作表，将其名称改为“4 月”；通过鼠标快速复制生成工作表“5 月”。

操作步骤提示：

① 打开案例文档“工作表操作案例素材.xlsx”。

② 在工作表标签“Sheet1”上双击鼠标，将工作表名称改为“2 月”；在工作表标签“2 月”上单击鼠标右键，弹出快捷菜单，从“工作表标签颜色”中选择标准红色。

③ 在工作表标签“Sheet2”上单击右键，从快捷菜单中选择“删除”命令，删除 Sheet2。

④ 打开另一案例文档“3 月家庭收支流水账.xlsx”，在工作表标签“3 月”上单击鼠标右键，从弹出的快捷菜单中选择“移动或复制”命令，从“工作簿”下拉列表中选择“工作表操作案例素材.xlsx”，在“下列选定工作表之前”列表框中选择“（移至最后）”，单击选中“建立副本”复选框，单击“确定”按钮，切换回案例文档“3 月家庭收支流水账.xlsx”并关闭它。

⑤ 首先将前面已创建好的模板文件“家庭收支流水账.xltx”从默认保存位置“C:\Users\[实际的用户名]\我的文档(Documents)\自定义 Office 模板”下复制到新位置“C:\Users\[实际的用户名]\AppData\Roaming\Microsoft\Templates”，然后在“工作表操作案例素材.xlsx”中的工作表标签“3 月”上单击右键，从快捷菜单中选择“插入”命令，从弹出的对话框中双击选择模板“家庭收支流水账.xltx”，将新插入的工作表名“2 月(2)”更改为“4 月”，然后用鼠标拖动到“3 月”的右侧。

⑥ 首先单击表标签“4 月”使其成为当前工作表，然后按下 Ctrl 键不放，用鼠标向右拖动标签“4 月”，当黑色的小三角指向“4 月”的右侧时放开鼠标，产生新工作表“4 月(2)”，将其更名为“5 月”。

结果可参见案例文档“工作表操作案例(答案).xlsx”。

9.5.5 保护工作表

为了防止他人对单元格的格式或内容进行修改,可以设定工作表保护。

默认情况下,当工作表被保护后,该工作表中的所有单元格都会被锁定,他人不能对锁定的单元格进行任何更改。例如,不能在锁定的单元格中插入、修改、删除数据或者设置数据格式。

在很多时候,可以允许部分单元格被修改,这时需要在保护工作表之前对允许在其中更改或输入数据的区域解除锁定。

1. 保护整个工作表

保护整个工作表,使得任何一个单元格都不允许被更改的方法是:

① 打开工作簿,选择需要设置保护的工作表。

② 在“审阅”选项卡上的“保护”选项组中单击“保护工作表”按钮,打开如图9.48(a)所示的“保护工作表”对话框。

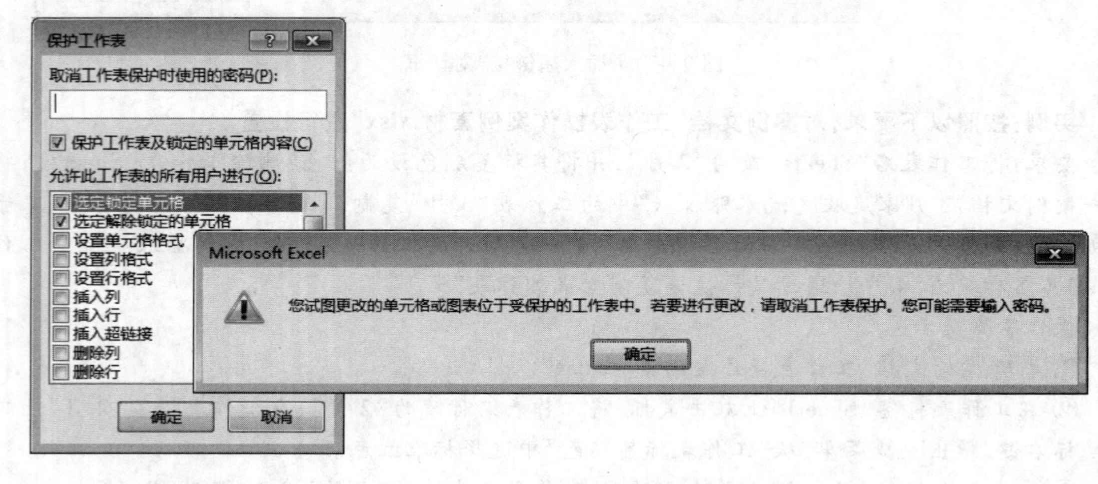

(a) “保护工作表”对话框　　(b) 提示信息

图9.48　工作表被保护后将不允许他人更改

③ 在“允许此工作表的所有用户进行”列表中,选择允许他人能够更改的项目。

④ 在“取消工作表保护时使用的密码”框中输入密码,该密码用于设置者取消保护,要牢记这个密码。

⑤ 单击“确定”按钮,重复确认密码后完成设置。此时,在被保护工作表的任意一个单元格中试图输入数据或更改格式时,均会出现如图9.48(b)所示的提示信息。

2. 取消工作表的保护

① 选择已设置保护的工作表,在“审阅”选项卡上的“保护”选项组中单击“撤销工作表保护”,打开“撤销工作表保护”对话框。

提示:在工作表受保护时,“保护工作表”按钮会变为“撤销工作表保护”。

② 在“密码”框中输入设置保护时使用的密码,单击“确定”按钮。如果未设密码,则会直接取消保护状态。

3. 解除对部分工作表区域的保护

保护工作表后，默认情况下所有单元格都将无法被编辑。但在实际工作中，有些单元格中的原始数据还是允许输入和编辑的。为了能够更改这些特定的单元格，可以在保护工作表之前先取消对这些单元格的锁定。

① 选择要设置保护的工作表。如果工作表已被保护，则需要先在“审阅”选项卡上的“保护”选项组中单击“撤销工作表保护”，先撤销保护。

② 在工作表中选择要解除锁定的单元格或单元格区域。

③ 依次选择“开始”选项卡→“单元格”选项组中的“格式”按钮→“设置单元格格式”命令，打开“设置单元格格式”对话框。

④ 在“保护”选项卡中单击“锁定”，取消对该复选框的选择，如图 9.49 所示。单击“确定”按钮，当前选定的单元格区域将会被排除在保护范围之外。

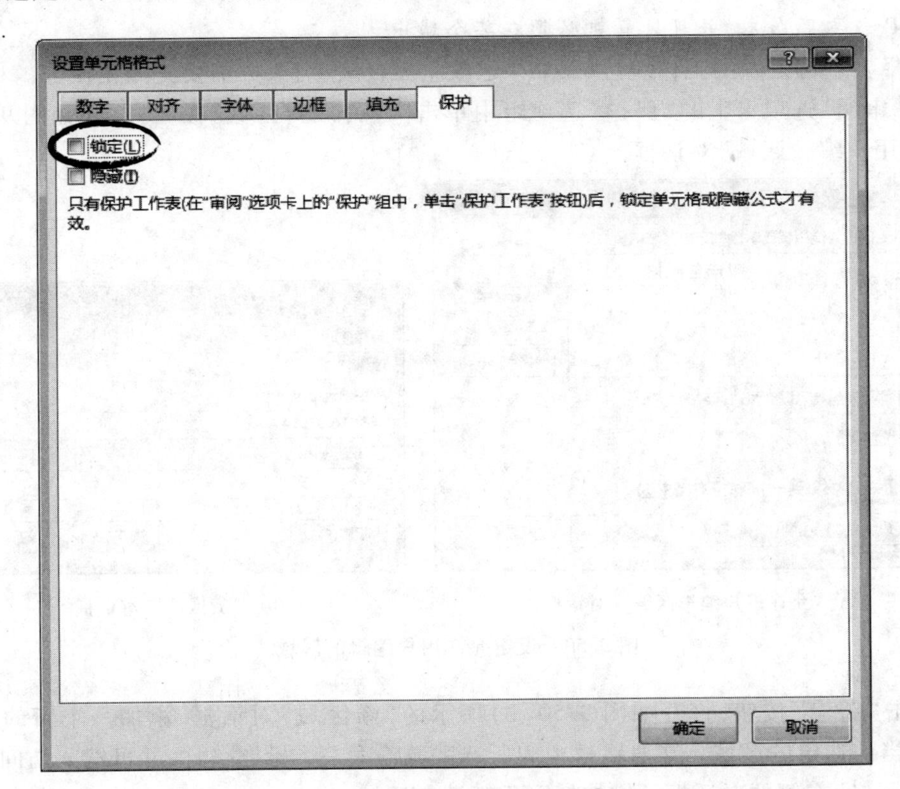

图 9.49　在“设置单元格格式”对话框的“保护”选项卡中解除“锁定”

⑤ 设置隐藏公式。如果不希望他人看到公式或函数的构成，可以设置隐藏该公式。在工作表中选择需要隐藏的公式所在的单元格区域，再次打开“设置单元格格式”对话框，在“保护”选项卡中保持“锁定”复选框被选中的同时再单击选中“隐藏”复选框，单击“确定”按钮。此时，公式不但不能修改还不能被看到。

⑥ 在“审阅”选项卡上的“保护”选项组中单击“保护工作表”，打开“保护工作表”对话框。

⑦ 输入保护密码，在“允许此工作表的所有用户进行”列表中设定允许他人能够更改的项目

后,单击“确定”按钮。

此时,在取消锁定的单元格中就可以输入数据了。另外,在被隐藏的公式列中只能看到计算结果,既不能修改也无法查看公式本身。

提示:如果只想对工作表中的某个单元格或单元格区域进行保护,可以先选择整个工作表,在“设置单元格格式”对话框的“保护”选项卡中解除对全部单元格的锁定;然后选择需要保护的单元格区域,再在“设置单元格格式”对话框的“保护”选项卡中设置对这些单元格的锁定;最后再在“审阅”选项卡上的“保护”选项组中单击“保护工作表”,完成对选定单元格区域的保护。

4. 允许特定用户编辑受保护的工作表区域

如果一台计算机中有多个用户,或者在一个工作组中包括多台计算机,那么可通过该项设置允许其他用户编辑工作表中指定的单元格区域,以实现数据共享。

提示:若要授予特定用户编辑受保护工作表中区域的权限,计算机中必须安装 Microsoft Windows XP 或更高版本,并且计算机必须在某个域中。

① 选择要进行设置的工作表区域,如果已设置工作表保护,则需要先撤销保护。

② 在“审阅”选项卡上的“保护”选项组中单击“允许编辑区域”按钮,打开如图 9.50(a)所示的“允许用户编辑区域”对话框。

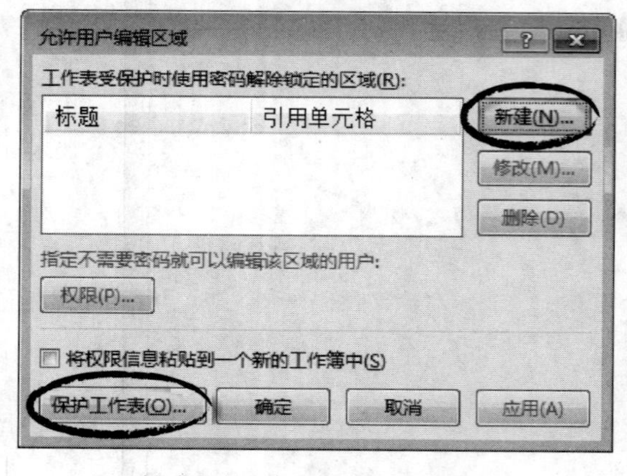

(a)“允许用户编辑区域”对话框

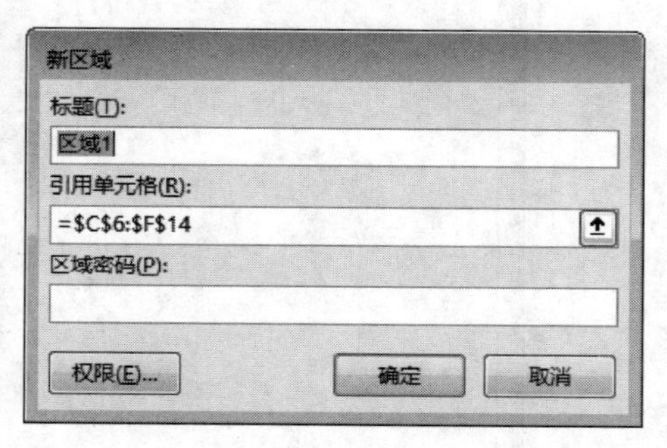

(b)“新区域”对话框

图 9.50 设定允许用户编辑的区域

③ 单击“新建”按钮,打开如图 9.50(b)所示的“新区域”对话框,添加一个新的可编辑区域,默认为当前选定的区域。在对话框中为所选区域输入一个标题名称,并可输入访问密码。单击“引用单元格”右侧的对话框压缩按钮可重新选定区域。

④ 单击“权限”按钮,在弹出的“权限”对话框中指定可以访问该区域的用户,单击“确定”按钮。

⑤ 单击“允许用户编辑区域”对话框左下角的“保护工作表”按钮,在随后弹出的对话框中设定保护密码及可更改项目。

实例:按照下列要求,对案例文档“工作表保护案例.xlsx”中指定的区域设置保护。

要求只对工作表“素材”中的下列数据进行保护,其他单元格可以任意修改:

标题行 1~3 行;学号、姓名、班级、总分、平均分 5 列数据,其中班级、总分、平均分中的公式或函数需要隐藏。这些被保护的数据允许进行格式的修改。

操作步骤提示：

① 打开案例文档“工作表保护案例.xlsx”，在工作表“素材”的空白处按 Ctrl+A 组合键选择整个工作表。

② 依次选择“开始”选项卡→“单元格”选项组→“格式”按钮→“设置单元格格式”→“保护”选项卡→取消对“锁定”复选框的选择→“确定”按钮→在任意位置单击，取消全表选择。

③ 选择表格标题区域 A1:L3，按下 Ctrl 键的同时选择学号、姓名、班级列 A4:C10、总分和平均分列 K4:L10，依次选择“开始”选项卡→“单元格”选项组→“格式”按钮→“设置单元格格式”→“保护”选项卡→单击选定“锁定”复选框→“确定”按钮。

④ 选择班级、总分、平均分区域 C4:C10 和 K4:L10，依次选择“开始”选项卡→“单元格”选项组→“格式”按钮→“设置单元格格式”→“保护”选项卡→单击选定“隐藏”复选框[如图 9.51(a)所示]→“确定”按钮。

⑤ 在“审阅”选项卡上的“保护”选项组中单击“保护工作表”，输入保护密码 123，在“允许此工作表的所有用户进行”列表中选择前 5 项[如图 9.51(b)所示]，以保证格式可以被修改，单击“确定”按钮。

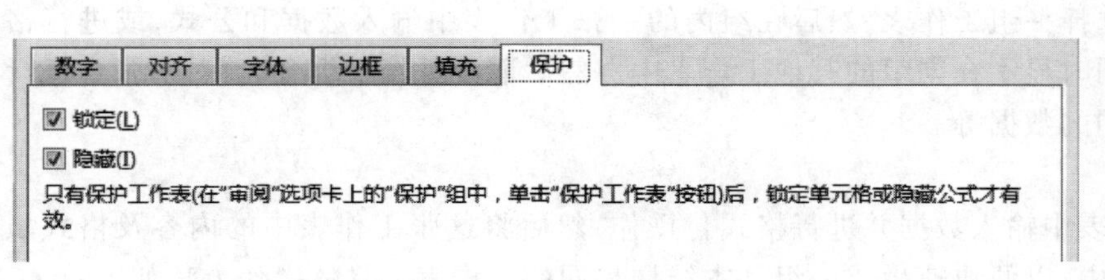

(a) 隐藏工作表中的公式

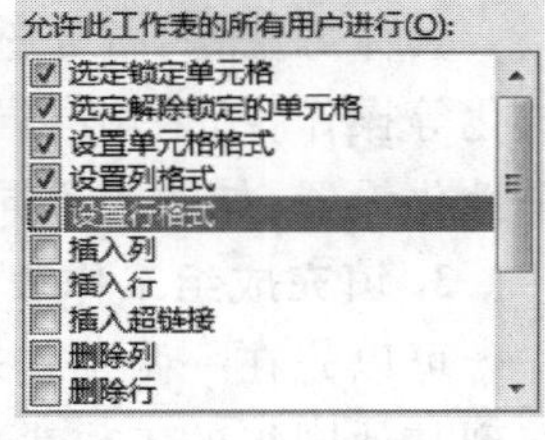

(b) 设定可以修改的格式

图 9.51 指定工作表的保护对象

⑥ 查看一下总分列的公式是否已被隐藏；试着修改一下 A4 单元格中的学号；将 J4 单元格中的政治成绩改为 96；加大 3:10 行的行高，并试着修改数据区域 A3:L10 的边框线。

设置结果可参见同一案例文档中的工作表“答案”。

9.5.6 同时对多张工作表进行操作

Excel 允许同时对一组工作表进行相同的操作，如输入数据、修改格式等。这为快速处理一组结构和基础数据相同或相似的表格提供了极大的方便。

1. 选择多张工作表

• 选择全部工作表：在某个工作表标签上单击鼠标右键，从弹出的快捷菜单中选择“选定全部工作表”命令，可以选择当前工作簿中的所有工作表。被选中的工作表标签将会反白显示。

• 选择连续的多张工作表：在首张表标签上单击，按下 Shift 键不放，再在最后一张工作表标签上单击，即可选择连续的一组工作表。

• 选择不连续的多张工作表：在某张工作表标签上单击，按下 Ctrl 键不放，再依次单击其他工作表标签，即可选择不连续的一组工作表。

● 取消工作表组合:单击组合工作表以外的任一张工作表,或者从右键快捷菜单中选择"取消组合工作表"命令,即可取消成组选择。

当进行了多张工作表组合以后,工作簿标题栏中的文件名之后将会增加"[组]"字样,如图9.52所示。

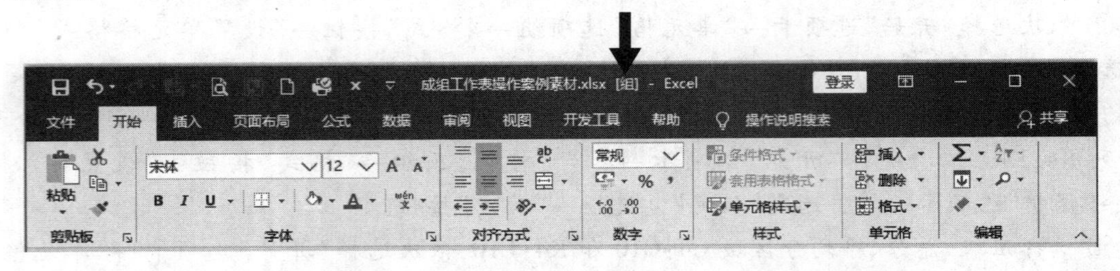

图 9.52 多张工作表组合后标题栏显示"[组]"字样

2. 同时对多张工作表进行操作

当同时选择多张工作表形成工作表组合后,在其中一张工作表中所做的任何操作都会同时反映到同组中的其他工作表中,这样可以快速格式化一组结果相同的工作表或在一组工作表中输入相同的数据和公式等。

具体方法是:首先选择一组工作表,然后在组内的一张工作表中输入数据和公式,或进行格式化等操作,结果均会同时显示在同组的其他工作表中。然后取消工作表组合,再对每张表进行个性化设置,如输入不同的数据等。

3. 填充成组工作表

可以先在一张工作表中输入数据并进行格式化操作,然后将这张工作表中的内容及格式填充到其他同组的工作表中,以便快速生成一组基本结构相同的工作表。具体操作方法如下:

① 首先在一张工作表中输入基础数据,并对数据进行格式化操作。

② 然后插入多张空表。

③ 在首张工作表中选择包含填充内容及格式的单元格区域,然后同时选择其他工作表以形成工作表组。

④ 在"开始"选项卡上的"编辑"选项组中单击"填充"按钮,从下拉列表中选择"至同组工作表"命令,打开"填充成组工作表"对话框,如图9.53所示。

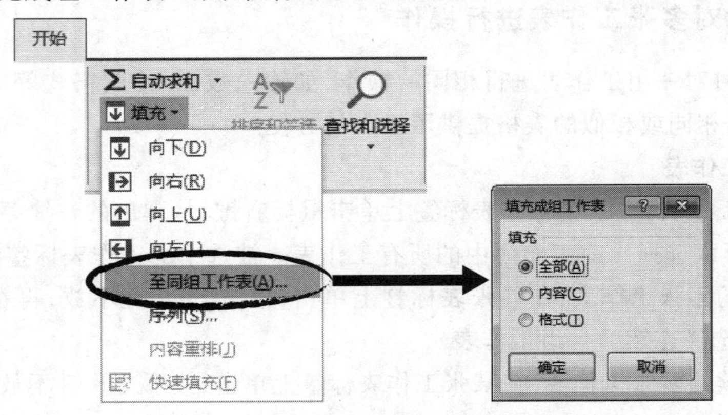

图 9.53 打开"填充成组工作表"对话框

⑤ 从“填充”区域下选择需要填充的项目，单击“确定”按钮。其中，“全部”将复制选中的包括格式及数据的全部内容，“内容”将只复制选中的数据内容，而“格式”将只复制选中的格式。

⑥ 此时，还可以在某一张工作表中输入数据、调整格式，均会同时作用至同组其他工作表中。

⑦ 取消成组选择，对单个工作表进行其他操作。

实例：按照下列要求，对案例文档“成组工作表操作案例素材.xlsx”进行操作。

某初三年级共10个班，将案例文档中工作表“1班”的内容和格式应用至其他9张表中，并在每张工作表中输入相同的序号001、002、003……

操作步骤提示：

① 打开案例文档“成组工作表操作案例素材.xlsx”，除了工作表“1班”外其他都是空表。

② 在工作表“1班”中选择整张工作表，这样行高和列宽将会被同时应用到同组工作表中。按下Shift键不放，单击工作表标签“10班”，选择所有班级工作表。

③ 依次选择“开始”选项卡→“编辑”选项组→“填充”按钮→“至同组工作表”命令→“全部”单选按钮→“确定”按钮。

④ 在工作表“1班”的A4单元格中输入“001”，向下填充至A12单元格；减小第2行的行高。

⑤ 在“1班”表标签上单击鼠标，退出组合状态。查看各个工作表，看是否已应用相同的表格数据及格式。操作结果可参见案例文档“成组工作表操作案例(答案).xlsx”。

9.5.7 工作窗口的视图控制

在Excel中，可以同时打开多个工作簿，一个工作簿中可以包含多张工作表，工作表中的数据可能超过一屏。为了便于在不同的工作簿、不同的工作表之间、工作表的不同部分进行切换与比较，可对工作窗口进行划分与控制。

利用“视图”选项卡中的相关命令(如图9.54所示)，可以灵活地控制视图显示，用以提高表格查看及编辑的速度。

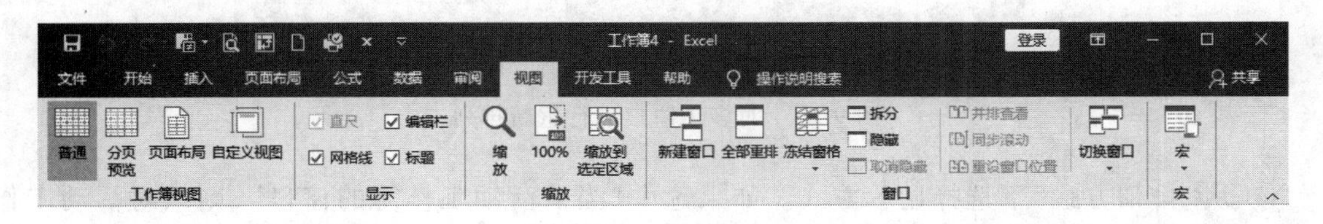

图9.54 “视图”选项卡

1. 查看同一工作表的不同部分

当工作表中数据较多时，可将其拆分为多个部分，以便同时查看工作表的不同位置。在工作表的某个单元格中单击鼠标选择拆分的位置，依次单击“视图”选项卡→“窗口”选项组→“拆分”按钮，将以当前单元格为坐标，将窗口拆分为两个或四个。

2. 并排查看同一工作簿中的两个工作表

① 在工作簿中创建两张工作表，在“视图”选项卡上的“窗口”选项组中单击“新建窗口”。

② 在“视图”选项卡上的“窗口”选项组中单击“并排查看”。

③ 在两个工作簿窗口中，分别选择需要比较的工作表。

④ 默认情况下,操作一个窗口中的滚动条,另一个窗口将会同步滚动。在“视图”选项卡上的“窗口”选项组中单击“同步滚动”可取消两个窗口的联动,再次单击“并排查看”可取消并排比较。

3. 并排查看不同工作簿中的两个工作表

① 依次打开准备比较的两个工作簿文档。

② 在“视图”选项卡上的“窗口”选项组中单击“并排查看”。当打开的工作簿窗口多于两个时,将打开如图9.55(a)所示的“并排比较”对话框,从中选择要与活动工作簿进行比较的窗口,单击“确定”按钮,两个窗口将并排显示。

③ 在每个工作簿窗口中,选择需要比较的工作表。

4. 同时查看多个工作表或工作簿

① 依次打开需要同时查看的多个工作簿。

② 如果查看的工作表位于同一个工作簿中,从“视图”选项卡上的“窗口”选项组中单击“新建窗口”,创建多个新窗口。

③ 在“视图”选项卡上的“窗口”选项组中单击“全部重排”,打开如图9.55(b)所示的“重排窗口”对话框。

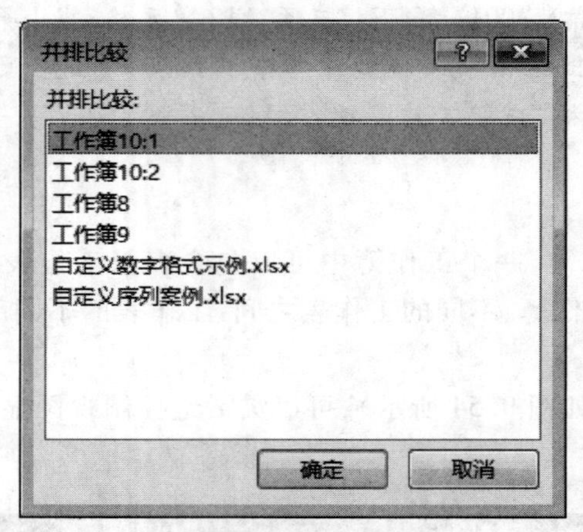

(a) “并排比较”对话框

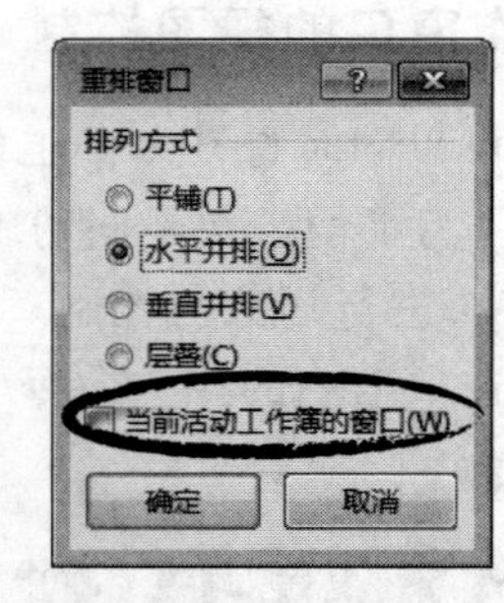

(b) “重排窗口”对话框

图9.55 对多个窗口进行重新排列

④ 从“排列方式”下选择显示方式。如果选中“当前活动工作簿的窗口”,则只对活动工作簿中的工作表进行排列,而不考虑其他已打开的工作簿。

⑤ 在每个工作簿窗口中,选择需要比较的工作表。

5. 切换窗口

当同时打开多个工作簿,或者在工作表中创建了多个窗口后,在“视图”选项卡上的“窗口”选项组中单击“切换窗口”,打开的下拉列表中将显示所有窗口名称。其中工作簿以文件名显示,新建窗口则以“工作簿名:序号”的形式显示。单击其中的窗口名称,即可切换到该窗口。

6. 冻结窗口

当一个工作表超长超宽时,操作滚动条查看超出窗口大小的数据时,由于已看不到行列标题,可能无法分清楚某行或某列数据的含义。这时可以通过冻结窗口来锁定行列标题不随滚动条滚动。

① 在工作表的某个单元格中单击鼠标,该单元格上方的行和左侧的列将在锁定范围之内。

② 在“视图”选项卡上的“窗口”选项组中单击“冻结窗格”按钮。

③ 从打开的下拉列表中选择“冻结拆分窗格”,当前单元格上方的行和左侧的列始终保持可见,不会随着操作滚动条而消失。

如要取消窗口冻结,只需从“冻结窗格”下拉列表中选择“取消冻结窗格”即可。

7. 窗口缩放

通过“视图”选项卡上的“缩放”选项组[如图9.56(a)所示],可以对当前窗口的显示进行缩放设置,其中,

- 缩放:单击该按钮,弹出“缩放”对话框[如图9.56(b)所示],在该对话框中可以自由指定一个缩放比例。
- 缩放到选定区域:选择某个区域,单击该按钮,窗口中恰好显示选定的区域。
- 100%:单击该按钮,可恢复正常大小的显示。

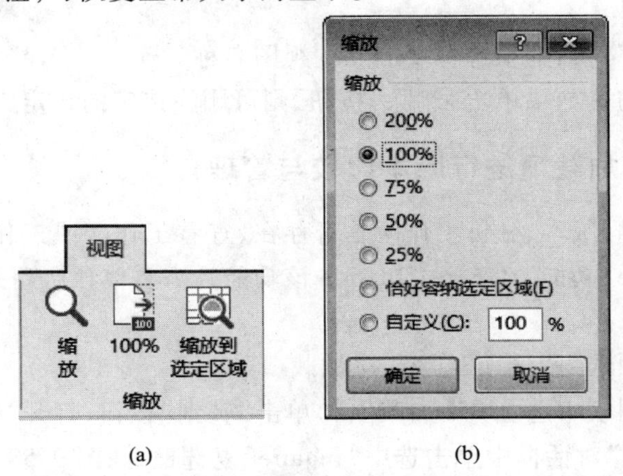

(a)　　(b)

图9.56　通过“缩放”选项组进行窗口缩放设置

8. 自定义视图

通过自定义视图可以保存工作表的特定显示设置和打印设置,如隐藏行和列、隐藏工作表、单元格选择、筛选设置、窗口设置、页面设置、边距、页眉和页脚以及工作表设置等,以便在需要时将这些设置快速应用到当前工作表。可以为每个活动工作表创建多个自定义视图。

创建自定义视图的操作步骤如下:

① 在当前活动工作表中更改要保存在自定义视图中的显示设置。例如,显示所有隐藏的工作表。

② 从“视图”选项卡上的“工作簿视图”选项组中单击“自定义视图”,打开“视图管理器”对话框。

③ 单击“添加”按钮,打开“添加视图”对话框,在“名称”框中输入视图名称,在“视图包括”下选中要包含设置的复选框,如图9.57所示。

④ 单击“确定”按钮,添加到工作簿的所有视图将显示在“自定义视图”对话框中的“视图”列表中。

提示:为了便于识别自定义视图的应用范围,可以在视图名称中包含活动工作表的名称。如果工作表中定义了“表”,则自定义视图不可用。

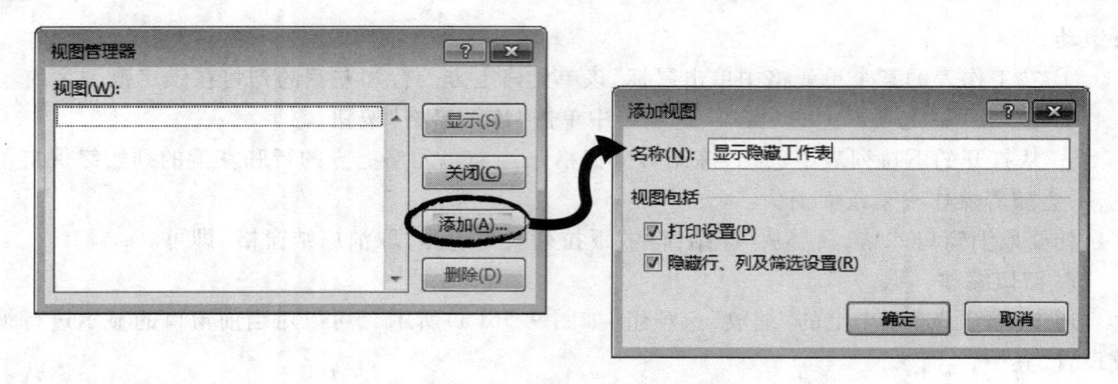

图 9.57　自定义视图

应用自定义视图的操作步骤如下：

① 打开包含自定义视图的工作簿，从“视图”选项卡上的“工作簿视图”选项组中单击“自定义视图”。

② 在“视图管理器”对话框中选择要应用的视图名称。

③ 单击“显示”按钮。如果单击“删除”按钮，则可删除选定的自定义视图。

9.5.8　利用查询加载项进行版本比较与管理

想要比较工作簿不同版本、分析工作簿是否存在、查看工作簿或工作表之间的链接，可以使用电子表格查询（Inquire）功能，在 Excel 2016 中该功能为需要单独启用的 COM 加载项。

1. 启用查询加载项

① 单击“文件”选项卡→“选项”命令→“加载项”。

② 在“管理”下拉列表中选“COM 加载项”，单击“转到”按钮，打开“COM 加载项”对话框。

③ 在“COM 加载项”对话框中单击选中“Inquire”复选框，如图 9.58 所示。

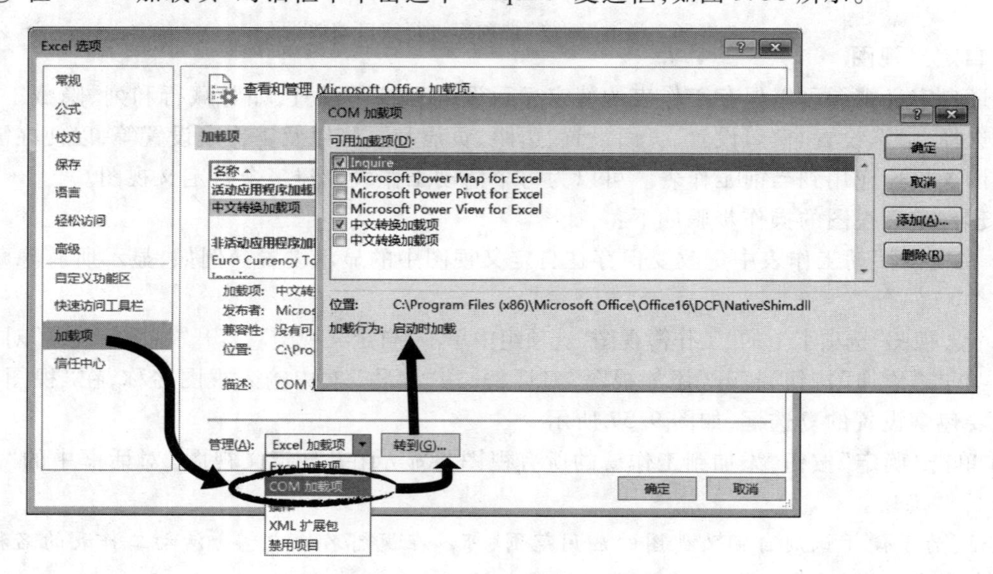

图 9.58　启用查询加载项

④ 单击“确定”按钮。

在启用加载项之后，“Inquire”选项卡将出现在 Excel 功能区中，如图 9.59 所示。利用该选项卡可进行工作簿及工作表的版本比较、分析等操作。

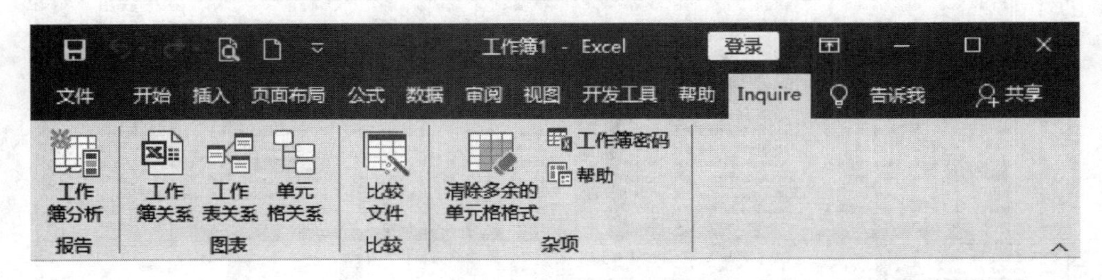

图 9.59　“Inquire”选项卡

2. 比较两个工作簿

通过“比较文件”，可以在两个打开的工作簿之间逐个查看单元格之间的差异，包括输入值、公式、命名区域和格式等，结果将按内容种类进行彩色编码。

① 首先打开两个需要比较的工作簿文件。只有打开的工作簿才能进行文件比较。

② 单击“Inquire”选项卡上“比较”选项组中的“比较文件”，打开如图 9.60 所示的“选择要比较的文件”对话框。

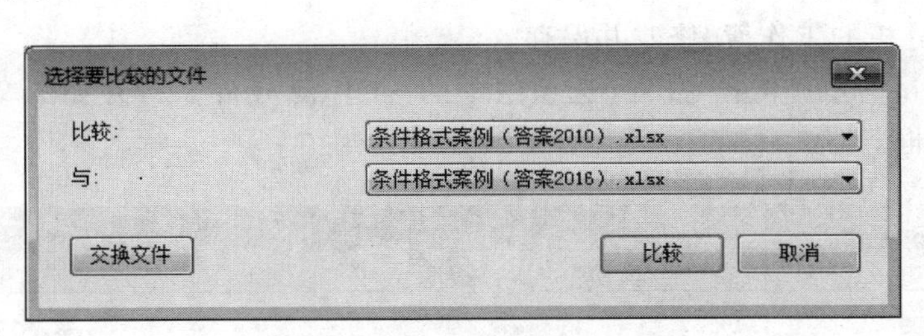

图 9.60　在“选择要比较的文件”对话框中指定要比较的工作簿

③ 在“比较”右侧的下拉列表中选择较早版本的工作簿文件，在“与”右侧的下拉列表中选择用于比较的较新版本的文件。

④ 单击“比较”按钮开始比较，稍等片刻，将会在新窗口中显示比较结果，如图 9.61 所示。

比较结果窗口包括：

- 上半部分显示两个比较文件。
- 左下方窗格中可以选择要包括在工作簿比较中的选项，例如单元格内容、公式、单元格格式或宏等，并同时显示颜色的含义。
- 下方中间的窗格中显示差异。差异通过单元格填充颜色或文本字体颜色突出显示，具体取决于差异的类型。例如，非公式的单元格中输入内容差异在右上方窗格中格式设置为绿色填充颜色，在中间窗格的结果列表中的格式设置为绿色字体。

3. 分析工作簿

通过分析工作簿可得出其逻辑结构和错误状态的全面分析结果。这些信息有助于评估工作簿的潜在风险和影响。“工作簿分析”命令将创建显示工作簿详细信息及其结构、公式、单元格、

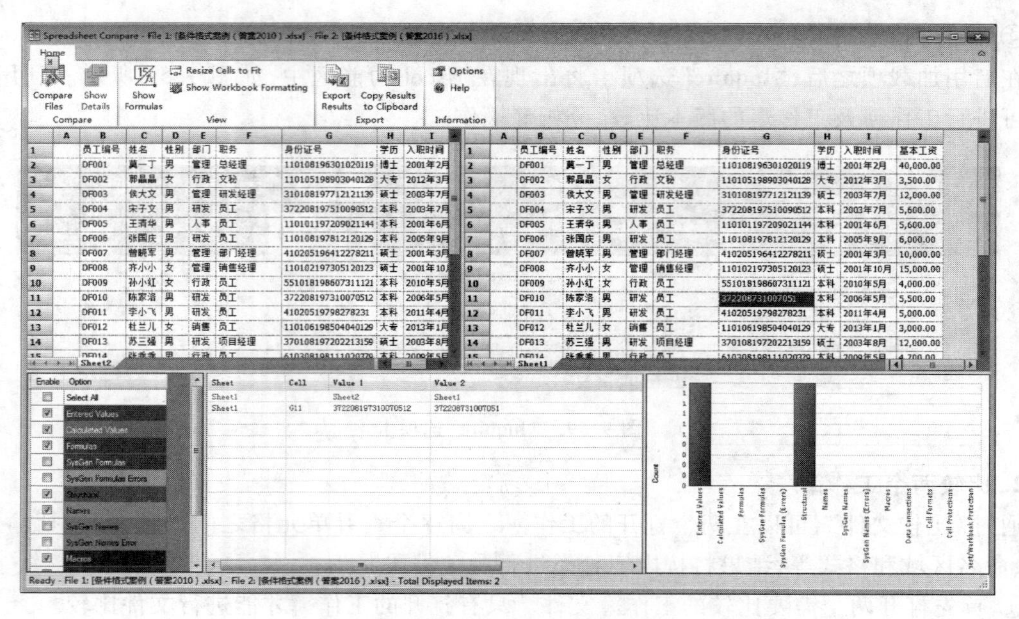

图 9.61　文件比较结果

区域和警告的交互式报告。

① 打开需要分析的工作簿,修改并保存。

② 单击“Inquire”选项卡上“报告”选项组中的“工作簿分析”,打开如图 9.62 所示的“工作簿分析报告”对话框。

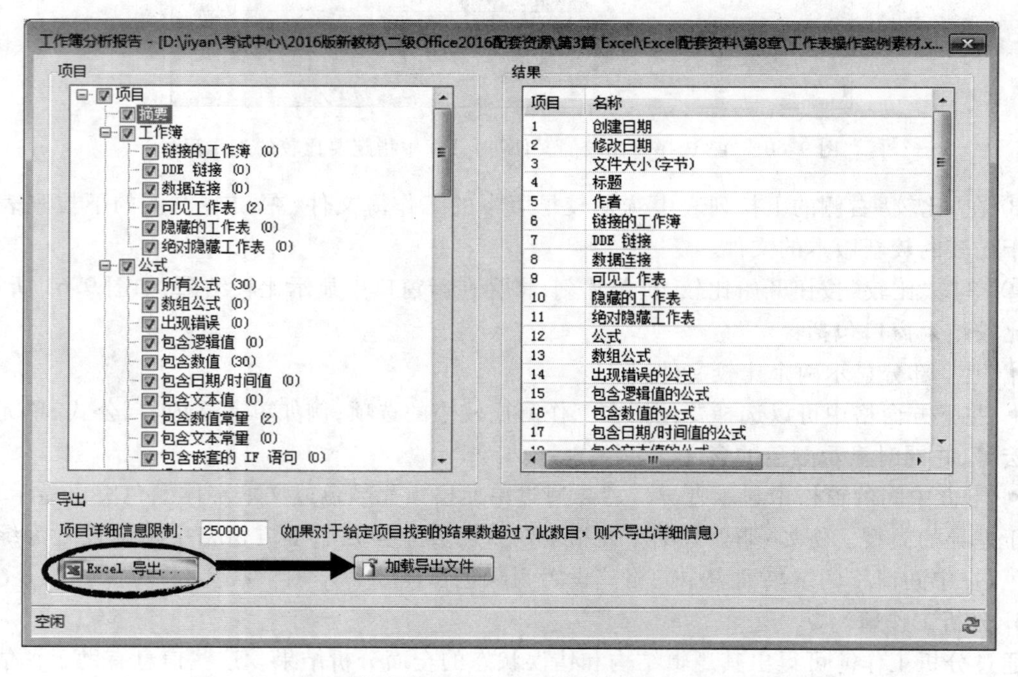

图 9.62　在“工作簿分析报告”对话框中导出并加载分析结果

③ 从左侧的“项目”列表中指定分析内容。

④ 单击左下角的“Excel 导出”按钮，将分析结果导出并保存到 Excel 文件中。

⑤ 导出结束后，单击对话框中新出现的“加载导出文件”按钮，即可查看分析结果。

4. 清理多余的单元格格式

在制作表格的过程中，若出现打开工作簿时加载速度变慢或者工作簿文件变大，有可能是有大量格式被应用到不知道的行或列。使用“清理多余的单元格格式”命令可以删除多余的格式，显著减小文件大小，从而提高 Excel 的运行速度。

① 打开工作簿文件，在“Inquire”选项卡的“杂项”选项组中单击“清理多余的单元格格式”，打开如图 9.63 所示的“清理多余的单元格格式”对话框。

② 在“应用于”下拉列表中选择清理范围。

③ 单击“确定”按钮，在随后弹出的对话框中单击“是”。

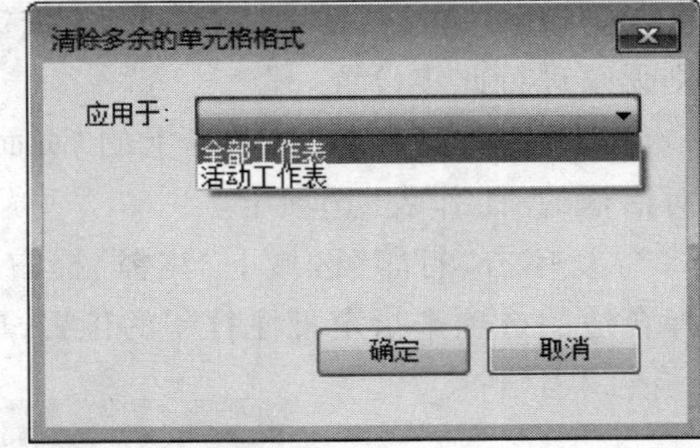

图 9.63　“清理多余的单元格格式”对话框

清理多余格式的工作从工作表中最后一个非空单元格之后的单元格开始向下、向右删除。例如，如果已对整行应用条件格式，但实际数据只到 L 列，则 L 列右侧单元格的条件格式可能被清除。

9.5.9　添加批注

为工作表添加批注，可以在不影响单元格数据的情况下对单元格内容添加解释、说明性文字，以方便他人对表格内容的理解。

- 添加批注：在需要添加批注的单元格中单击，从“审阅”选项卡上的“批注”选项组中单击“新建批注”按钮，或者从右键快捷菜单中选择“插入批注”命令，在批注框中输入批注内容。例如，在 B2 单元格中输入文本“工龄”，然后为其添加批注说明“工龄不满一年的视为零年计算工龄工资”，结果如图 9.64 所示。

图 9.64　通过“批注”选项组中的“新建批注”插入批注

- 查看批注：默认情况下批注是隐藏的，单元格右上角的红色三角表示单元格中存在批注。将鼠标光标指向包含批注的单元格，批注就会显示出来以供查阅，类似图 9.64 的右侧所示。

- 显示/隐藏批注：要想使批注一直显示在工作表中，可从“审阅”选项卡上的“批注”选项组中单击“显示/隐藏批注”按钮，将当前单元格中的批注设置为显示；单击“显示所有批注”按钮，将当前工作表中的所有批注设置为显示。再次单击“显示/隐藏批注”按钮或“显示所有批注”按钮，可隐藏批注。

- 编辑批注：在含有批注的单元格中单击，在“审阅”选项卡上的“批注”选项组中单击“编辑批注”按钮，在批注框中对批注内容进行编辑修改（提示：当所选单元格中含有批注时，“审阅”

选项卡上“批注”选项组中的“新建批注”按钮将会变为“编辑批注”按钮)。

• 删除批注:在含有批注的单元格中单击,从“审阅”选项卡上的“批注”选项组中单击“删除”按钮。

• 打印批注:默认情况下,批注只用来显示而不能被打印,如果希望批注随工作表一起打印,则应进行下列设置:

① 如果希望批注打印在单元格旁边,则应首先单击该单元格,并从“审阅”选项卡上的“批注”选项组中单击“显示/隐藏批注”按钮,将批注显示出来。如果希望批注打印在表格的末尾,则无须进行此步设置。

② 在“页面布局”选项卡上的“页面设置”选项组中单击“打印标题”按钮,转到“页面设置”对话框的“工作表”选项卡。

③ 单击“打印”区域下“注释”框右侧的下拉箭头,打开如图 9.65 所示的下拉列表,从中选择合适的选项来指定批注打印的位置,单击“确定”按钮。

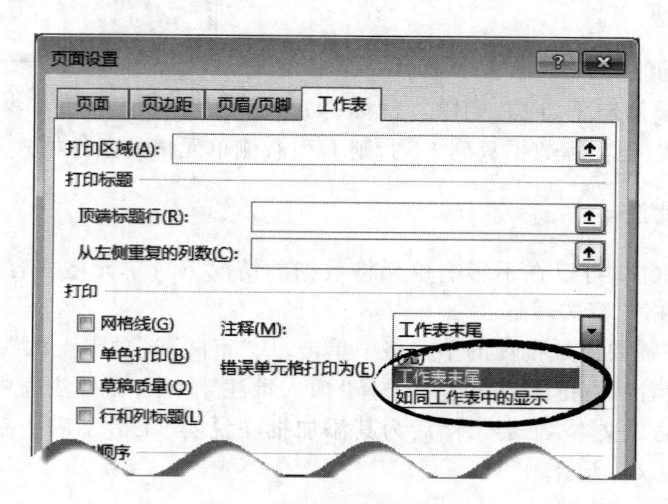

图 9.65 设置打印批注

第 10 章 公式和函数

在 Excel 中,不仅仅可以输入数据并进行格式化,更为重要的是可以通过公式和函数方便地进行统计、计算、分析,如求总和、求平均值、计数等。为此,Excel 提供数量多、类型丰富的实用函数,可以通过各种运算符及函数构造出复杂公式以满足各类计算的需要。通过公式和函数计算出的结果不但正确率有保证,而且在原始数据发生改变后,计算结果能够自动更新,这将极大地提高工作效率和效果。

10.1 创建公式

公式就是一组表达式,由单元格引用、常量、运算符、括号组成,复杂的公式还可以包括函数、引用数组,用于计算生成新的值。

10.1.1 认识公式

在 Excel 中,公式总是以等号“=”开始。默认情况下,公式的计算结果显示在单元格中,公式本身则可以通过编辑栏查看。构成公式的常用要素包括:

- 单元格引用:也就是前面所说的单元格地址,用于表示单元格在工作表上所处位置的坐标。例如,显示在第 B 列和第 3 行交叉处的单元格,其引用形式为“B3”。公式中还可以引用经过命名的单元格或区域。
- 常量:指那些固定的数值或文本,它们不是通过计算得出的值。例如,数字“210”和文本“姓名”均为常量。表达式或由表达式计算得出的值都不属于常量。
- 运算符:运算符用于连接常量、单元格引用、函数等,从而构成完整的表达式。公式中常用的运算符有:算术运算符(如加号+、减号或负号-、乘号 *、除号/、乘方^)、字符连接符(如字符串连接符 &)、关系运算符(如等于=、不等于<>、大于>、大于等于>=、小于<、小于等于<=)、括号等。通过运算符可以构建复杂公式,完成复杂运算。

10.1.2 公式的输入与编辑

在 Excel 中输入公式与输入普通文本不同,需要遵循一些特殊规定。

1. 输入公式四大步

① 定位结果:在要显示公式计算结果的单元格中单击鼠标,使其成为当前活动单元格。

② 构建表达式:输入等号“=”,表示正在输入公式,否则系统会将其判断为文本数据,不会

产生计算结果。

③ 引用位置:直接输入常量或单元格地址,或者用鼠标选择需要引用的单元格或区域。

④ 确认结果:按 Enter 键完成输入,如果是数组公式则需按 Ctrl+Shift+Enter 组合键确认,计算结果显示在相应的单元格中。

注意:在公式中所输入的运算符都必须是西文的半角字符。

2. 修改公式

用鼠标双击公式所在的单元格,进入编辑状态,单元格及编辑栏中均会显示公式本身,在单元格或者在编辑栏中均可对公式进行修改。修改完毕后,按 Enter 键确认即可。

3. 删除公式

单击选择公式所在的单元格或区域,然后按 Delete 键即可删除。

10.1.3 公式的复制与填充

输入到单元格中的公式,可以像普通数据一样,通过拖动单元格右下角的填充柄或者从"开始"选项卡上的"编辑"选项组中选择"填充"进行公式的复制填充,此时自动填充的实际上不是数据本身,而是复制的公式。默认情况下填充时公式对单元格的引用采用的是相对引用。

10.1.4 单元格引用

在公式中很少输入常量,最常用到的元素就是单元格引用。可以在公式中引用一个单元格、一个单元格区域,也可以引用另一个工作表或工作簿中的单元格或单元格区域。

单元格引用方式分为以下几大类:

- 相对引用。与包含公式的单元格位置相关,引用的单元格地址不是固定地址,而是相对于公式所在单元格的相对位置。相对引用地址表示为"列标行号",如 A1。默认情况下,在公式中对单元格的引用都是相对引用。例如,在 B1 单元格中输入公式"=A1",表示的是在 B1 中引用紧临它左侧的那个单元格中的值,当沿 B 列向下拖动复制该公式到单元格 B2 时,那么紧临它左侧的那个单元格就变成了 A2,于是 B2 中的公式也就变成了"=A2"。
- 绝对引用。与包含公式的单元格位置无关。在复制公式时,如果不希望所引用的位置发生变化,那么就要用到绝对引用。绝对引用是在引用的地址前插入符号"$",表示为"$列标$行号"。例如,如果希望在 B 列中总是引用 A1 单元格中的值,那么在 B1 中输入"=$A$1",此时再向下拖动复制公式时,公式就总是"=$A$1"了。定义名称可以快速实现绝对引用。
- 混合引用。当需要固定引用行而允许列变化时,在行号前加符号"$",例如"=A$1";当需要固定引用列而允许行变化时,在列标前加符号"$",例如"=$A1"。

提示:用鼠标双击含有公式的单元格,选择某一个单元格引用,按 F4 键可以在相对引用、绝对引用、混合引用之间快速切换。

10.1.5 实例:公式中的绝对引用和相对引用

打开案例文档"绝对引用和相对引用案例.xlsx",按下列要求进行练习。

1. 在工作表"素材"中按照表 10.1 中所列要求分别在不同的区域进行绝对引用和相对引用的练习。操作结果如图 10.1 所示。

表 10.1 绝对引用和相对引用的练习要求

引用方式	位置	输入内容	填充公式区域
相对引用	B11	=B3	B11:E16
绝对引用	G3	=$B$3	G3:J8
固定行	G11	=B$3	G11:J16
固定列	L11	=$B3	L11:O16

操作提示:在各个数据区域中移动光标查看引用公式的变化,体会各种引用方式带来的不同结果。结果可参见同一案例文档的工作表“答案”。

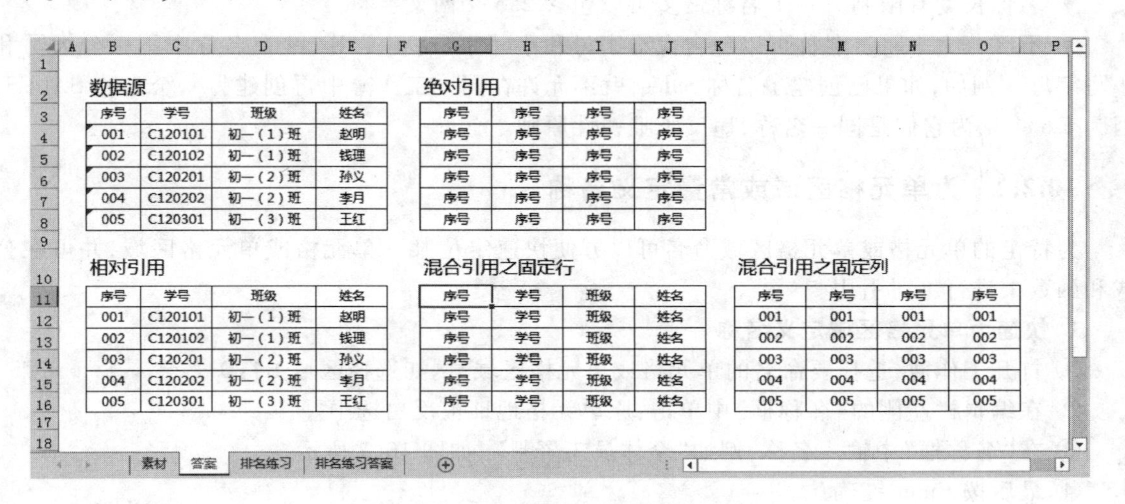

图 10.1 绝对引用和相对引用练习结果

2. 在工作表“排名练习”中,在“排名”列输入每个学生总分在年级中的排名,以此练习对区域的绝对引用,操作提示如下:

① 在单元格 N3 中输入公式“=RANK.EQ(M3, $M$3: $M$102)”,其中单元格及单元格区域均可以通过鼠标选择。

② 拖动单元格 N3 的填充柄向下填充公式。

③ 再在单元格 O3 中输入公式“=RANK.EQ(M3,M3:M102)”,并向下填充。

④ 试比较两列结果。分别查看单元格 N7、O7 中的公式及结果有何区别。

结果可参见同一案例文档中的工作表“排名练习答案”。

10.2 定义与引用名称

为单元格或单元格区域指定一个名称,是实现绝对引用的方法之一。可以在公式中使用定义的名称以实现绝对引用。可以定义为名称的对象包括常量、单元格或单元格区域、公式、“表”等。

10.2.1 了解名称的语法规则

在 Excel 中创建和编辑名称时需要遵循以下语法规则:

- 唯一性原则。名称在其适用范围内(工作表或工作簿)必须始终唯一,不可重复。
- 有效字符。名称中的第一个字符必须是字母、下画线“_”或反斜杠“\”。名称中的其余字符可以是字母、数字、句点和下画线。名称中不能使用大小写字母“C”“c”“R”或“r”。
- 不能与单元格地址相同。例如,名称不能是 A1、B$2 等。
- 不能使用空格。名称中不允许使用空格。如果名称中需要使用分隔符,可选用下画线“_”和句点“.”作为单词分隔符。
- 名称长度有限制。一个名称最多可以包含 255 个西文字符。
- 不区分大小写。名称可以包含大写字母和小写字母,但是 Excel 在名称中不区分大写和小写字母。例如,如果已创建了名称 Sales,就不允许在同一工作簿中再创建另一个名称 SALES,因为 Excel 认为它们是同一名称,违反了唯一性原则。

10.2.2 为单元格区域或常量定义名称

为特定的单元格或单元格区域命名可以方便快速定位某一单元格或单元格区域,并可在公式和函数中进行绝对引用。

1. 快速为单元格区域定义名称

① 打开工作簿,选择要命名的单元格或单元格区域,例如选择区域 B4:D12。

② 在编辑栏左侧的“名称框”中单击,原单元格地址被反白选中。

③ 在“名称框”中输入名称,例如“全体员工资料”,如图 10.2 所示。

④ 最后按 Enter 键确认。

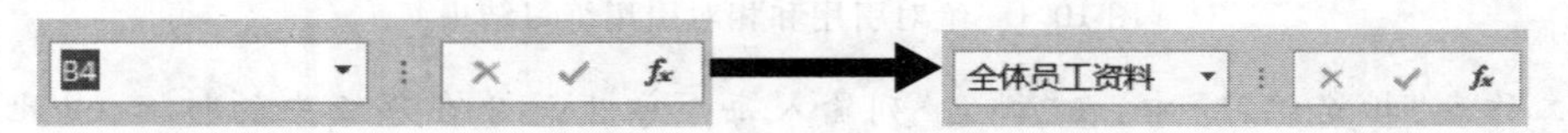

图 10.2 在“名称框”中输入名称

2. 将现有行标题和列标题转换为名称

① 选择要命名的数据区域,必须包括行标题或列标题。

② 在“公式”选项卡上的“定义的名称”选项组中单击“根据所选内容创建”按钮,打开“根据所选内容创建名称”对话框,如图 10.3 所示。

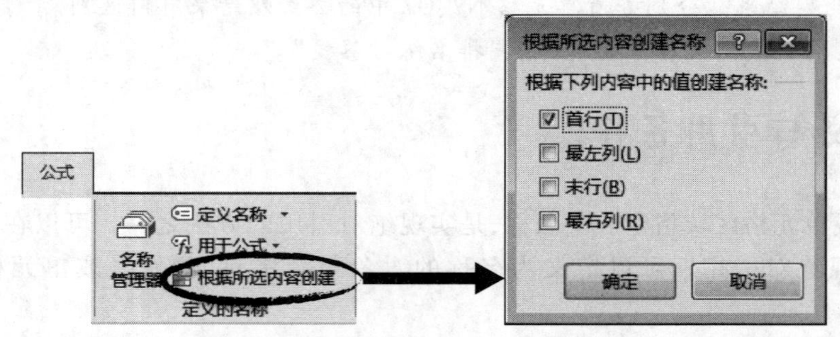

图 10.3 通过“定义的名称”选项组打开“根据所选内容创建名称”对话框

③ 在该对话框中，通过选中“首行”“最左列”“末行”或“最右列”复选框来指定包含标题的位置，例如选中“首行”则可将所选区域的第 1 行标题设为各列数据的名称。

④ 单击“确定”按钮，完成名称的创建。通过该方式创建的名称仅引用相应标题下包含值的单元格，并且不包括现有行标题或列标题。

3. 使用“新名称”对话框定义名称

① 在“公式”选项卡上的“定义的名称”选项组中单击“定义名称”按钮，打开如图 10.4(a)所示的“新建名称”对话框。

② 在“名称”文本框中输入用于引用的名称，例如“工龄工资”。

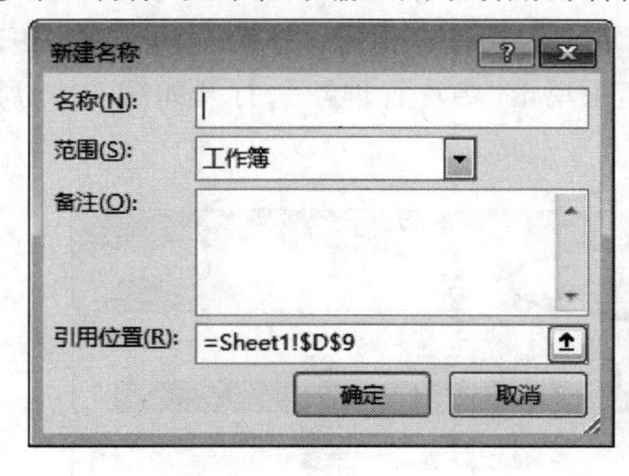

(a)

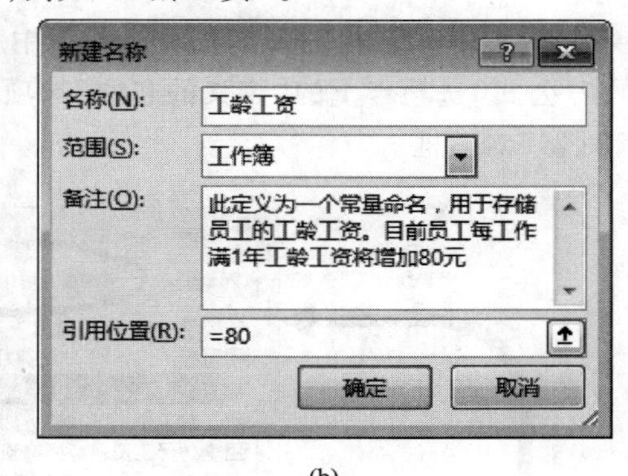

(b)

图 10.4　在“新建名称”对话框中定义名称

③ 设定名称的适用范围。在“范围”下拉列表框中选择“工作簿”或某个工作表的名称，可以指定该名称只在某个工作表中有效还是在工作簿中的所有工作表中均有效。

④ 可以在“备注”框中输入最多 255 个字符，用于对该名称的说明性批注。

⑤ 在“引用位置”框中显示当前选择的单元格或单元格区域。如果需要修改命名对象，可选择下列操作之一执行。

- 在“引用位置”框单击鼠标，然后在工作表中重新选择单元格区域。
- 若要为一个常量命名，则输入等号“=”，然后输入常量值。
- 若要为一个公式命名，则输入等号“=”，然后输入公式。

例如，在“引用位置”框中输入“=80”，则表示将常量 80 的名称定义为“工龄工资”。设置完成的对话框如图 10.4(b)所示。

⑥ 单击“确定”按钮，完成命名并返回当前工作表。

10.2.3　引用名称

名称可直接用来快速选定已命名的区域，更重要的是可以在公式中引用名称以实现精确、绝对引用。

1. 通过“名称框”引用

① 单击“名称框”右侧的黑色箭头，打开“名称”下拉列表，其中显示所有已被命名的单元格名称，但不包括常量和公式的名称。

② 单击选择某一名称，该名称所引用的单元格或单元格区域将会被选中。如果是在输入公

式的过程中，该名称将会出现在公式中。

2. 在公式中引用

① 开始在单元格中输入公式。

② 在“公式”选项卡上的“定义的名称”选项组中单击“用于公式”按钮，打开名称下拉列表。

③ 从中单击选择需要引用的名称，该名称出现在当前单元格的公式中。

④ 按 Enter 键确认输入。

10.2.4 更改或删除名称

如果更改了某个已定义的名称，则工作簿中所有已引用该名称的位置均会自动随之更新。

① 在“公式”选项卡上的“定义的名称”选项组中单击“名称管理器”，打开如图 10.5 所示的“名称管理器”对话框。

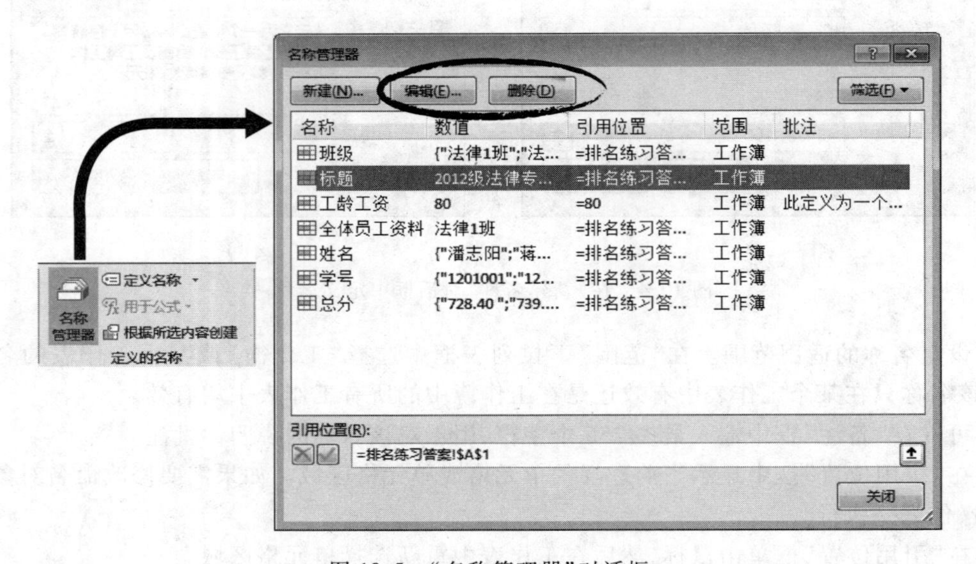

图 10.5 “名称管理器”对话框

② 在该对话框的名称列表中，单击要更改的名称，然后单击“编辑”按钮，打开“编辑名称”对话框。

③ 按照需要修改名称、引用位置、备注说明等，但是适用范围不能更改。修改完成后单击“确定”按钮。

④ 如果需要删除某一名称，从列表中单击该名称，然后单击“删除”按钮，出现提示对话框，单击其中的“确定”按钮完成删除操作。

提示：如果工作簿中的公式已引用的某个名称被删除，可能导致公式出错。

⑤ 单击“关闭”按钮，退出“名称管理器”对话框。

10.2.5 实例：定义名称并在公式中引用该名称

要求：打开案例文档“名称定义与引用案例素材.xlsx”，按照表 10.2 中所列进行名称的定义与引用操作。

表 10.2 名称定义与引用练习要求

定义区域或常量	名称	名称引用方法及操作结果
A4:C20	销量表	为该区域设置边框和底纹
23.50	单价	通过单价和销量计算销售额,仅在当前工作表有效
A4:C20 区域的各列	各列标题	设置销售额列的数字格式为会计专用且无货币符号
-	基本工资	删除该名称
-	工龄工资	将所定义的数值改为 80

操作步骤提示:

① 选择单元格区域 A4:C20,在名称框中输入“销量表”后按 Enter 确认。

② 在“公式”选项卡上的“定义的名称”选项组中单击“定义名称”按钮,在“名称”文本框中输入“单价”,从“范围”下拉列表中选择“Sheet1”,在“引用位置”框中输入“=23.5”,单击“确定”按钮。

③ 选择单元格区域 A4:C20,在“公式”选项卡上的“定义的名称”选项组中单击“根据所选内容创建”按钮,保证选中“首行”,同时取消其他复选框的选择,单击“确定”按钮。

④ 单击名称框右侧的黑色箭头,从名称下拉列表中选择“销量表”,相关单元格区域被选中,为其设置合适的边框与底纹。

⑤ 在 C5 单元格中输入公式。依次输入等号“=”→单击 B5 单元格→输入乘号“*”→在“公式”选项卡上的“定义的名称”选项组中单击“用于公式”按钮→从下拉列表中选择“单价”(如图 10.6 所示)→按 Enter 键确认。向下拖动 C5 单元格的填充柄至 C20 单元格,单击右侧的“自动填充选项”图标,选择“不带格式填充”。

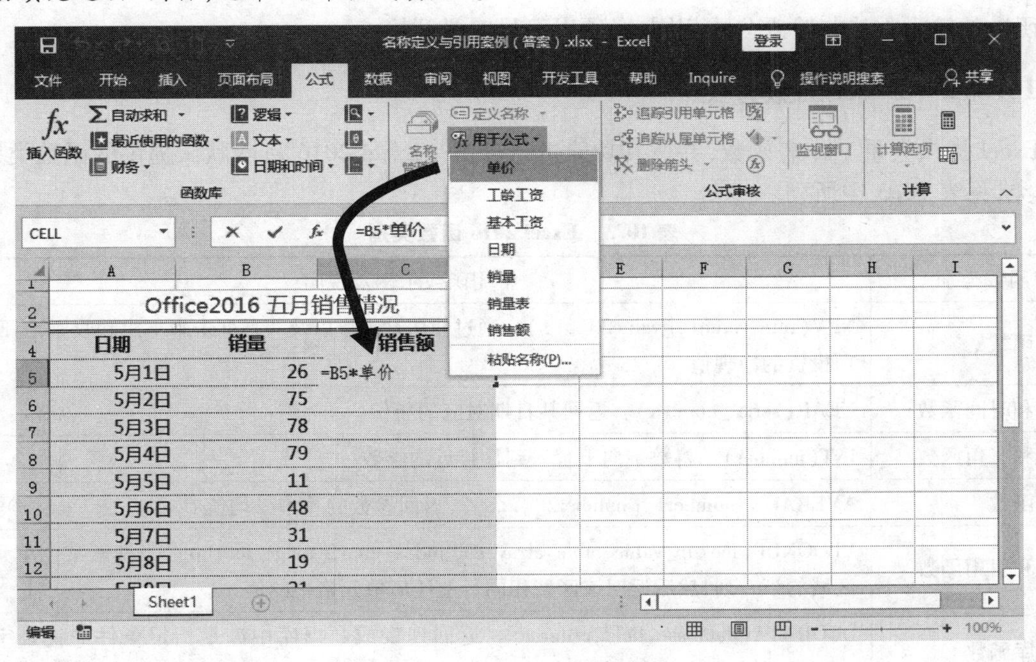

图 10.6 在公式中引用所定义的常量“单价”

⑥ 从“名称框”下拉列表中选择“销售额”,相应销售数据被选中,将其数字格式设定为不带货币符号的“会计专用”。

⑦ 在“公式”选项卡上的“定义的名称”选项组中单击“名称管理器”,在名称列表中选择“基本工资”,单击“删除”按钮确认删除。

⑧ 继续在“名称管理器”对话框中选择“工龄工资”,单击“编辑”按钮,在“引用位置”处将数字改为“80”,确定修改后,退出对话框。

操作结果可参见案例文档“名称定义与引用案例(答案).xlsx”。

10.3 应用函数

函数实际上是一类特殊的、事先编辑好的公式。函数主要用于处理简单的四则运算不能处理的问题,是为解决那些复杂计算需求而提供的一种预定义公式。应用函数往往还可以简化公式。

10.3.1 认识函数

Excel 提供大量预置函数以供选用,如求和函数 SUM、平均值函数 AVERAGE、条件函数 IF 等。

函数通常表示为:函数名([参数 1],[参数 2],…),括号中的参数可以有多个,中间用逗号分隔,其中方括号[ ]中的参数是可选参数,而没有方括号[ ]的参数是必需的,有的函数可以没有参数。函数中的参数可以是常量、单元格地址、数组、已定义的名称、公式、函数等。

函数中可以调用另一函数,即一个函数可以作为另一个函数的参数,称为函数嵌套。Excel 2016 中函数嵌套不可超过 64 层。

函数的输入方法与输入公式相同,必须以等号“=”开始。

10.3.2 Excel 函数分类

Excel 提供大量工作表函数,并按其功能进行分类。Excel 2016 目前默认提供的函数类别共 13 大类,见表 10.3 中所列。

表 10.3 Excel 2016 函数类别

函数类别	常用函数示例及说明
财务函数	NPV(rate,value1,[value2],...) 通过使用贴现率以及一系列未来支出和收入,返回一项投资的净现值
日期和时间函数	YEAR(serial_number) 返回某日期对应的年份
数学和三角函数	INT(number) 将数字向下舍入到最接近的整数
统计函数	AVERAGE(number1,[number2],...) 返回参数的算术平均值
查找和引用函数	VLOOKUP(lookup_value,table_array,col_index_num,[range_lookup]) 搜索某个单元格区域的第一列,然后返回该区域相同行上任何单元格中的值
数据库函数	DCOUNTA(database,field,criteria) 返回列表或数据库中满足指定条件的记录字段(列)中的非空单元格的个数

续表

函数类别	常用函数示例及说明
文本函数	MID(text,start_num,num_chars)　返回文本字符串中从指定位置开始的指定数目的字符
逻辑函数	IF(logical_test,[value_if_true],[value_if_false])　如果指定条件的计算结果为 TRUE,IF 函数将返回某个值;如果该条件的计算结果为 FALSE,则返回另一个值
信息函数	ISBLANK(value)　检验单元格值是否为空,若为空则返回 TRUE
工程函数	CONVERT(number,from_unit,to_unit)　将数字从一个度量系统转换到另一个度量系统中。例如,函数 CONVERT 可以将一个以"英里"为单位的距离表转换成一个以"公里"为单位的距离表
兼容性函数	RANK(number,ref,[order])　返回一个数字在数字列表中的排位,已为 RANK.AVG 和 RANK.EQ 所取代 注释:该类函数专为保持与以前版本兼容性而设置,已由新函数代替
多维数据集函数	CUBEVALUE(connection,member_expression1,member_expression2,…)　从多维数据集中返回汇总值
Web 函数	WEBSERVICE(url)　从 Internet 或 Intranet 上的 Web 服务返回数据

10.3.3　函数的输入与编辑

函数的输入方式与公式类似,可以直接在单元格中输入"=函数名(所引用的参数)",但是要想记住每一个函数名称并正确输入所有参数是相当困难的。因此,通常情况下采用参照的方式输入一个函数。

1. 公式记忆式键入

使用"公式记忆式键入"功能,可以轻松地创建和编辑包含函数的公式,同时最大限度地减少输入和语法错误。

① 在单元格中输入"="和函数的开始字母,将在单元格下方显示包含该字母开头的所有有效函数的动态下拉列表。

② 从中双击所需函数即可插入到单元格中。在输入过程中,从动态列表中单击函数名可即时获取该函数的联机帮助信息。

提示:如果"公式记忆式键入"功能被关闭,则可通过下述方法启用:依次选择"文件"选项卡→"选项"命令→"公式",选中"公式记忆式键入"复选框,如图 10.7 所示。

2. 通过"函数库"选项组插入

当能够明确地知道所需函数属于哪一类别时,可采用该方法。如平均值函数 AVERAGE()为常用函数,它属于统计类函数,可以通过"公式"选项卡上"函数库"选项组中的"自动求和"类别或者"其他函数"→"统计"类别来选择。具体方法是:

① 在要输入函数的单元格中单击鼠标。

② 在"公式"选项卡上的"函数库"选项组中单击某一函数类别下方的黑色箭头。

③ 从打开的函数列表中单击所需的函数,弹出类似图 10.8 所示的"函数参数"对话框。

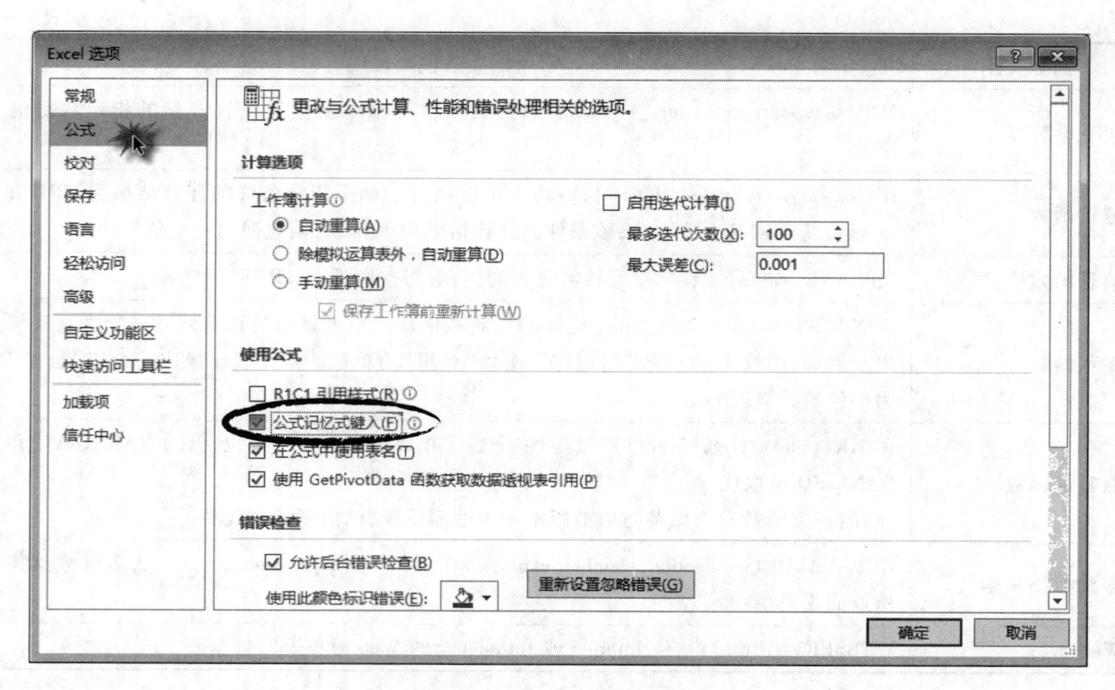

图 10.7 启用“公式记忆式键入”功能

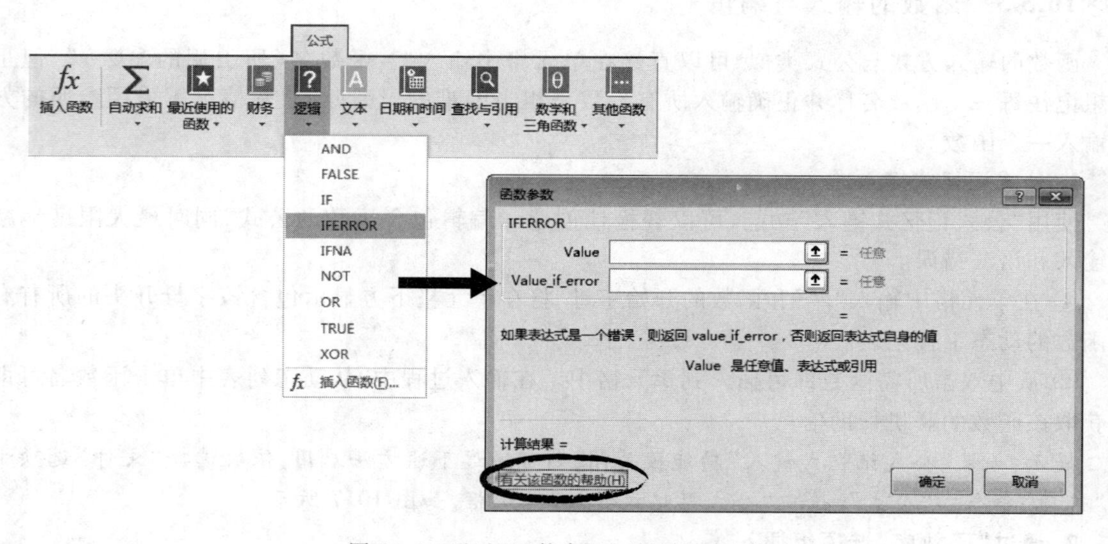

图 10.8 通过“函数库”选项组插入函数

提示：如果是单一参数函数，如 SUM，可以直接从工作表中选择要引用的单元格区域。

④ 按照对话框中的提示输入或选择参数。

⑤ 单击对话框左下角的链接“有关该函数的帮助”，可以获取相关的帮助信息，如图 10.9 所示。

⑥ 输入完毕后，单击“确定”按钮。

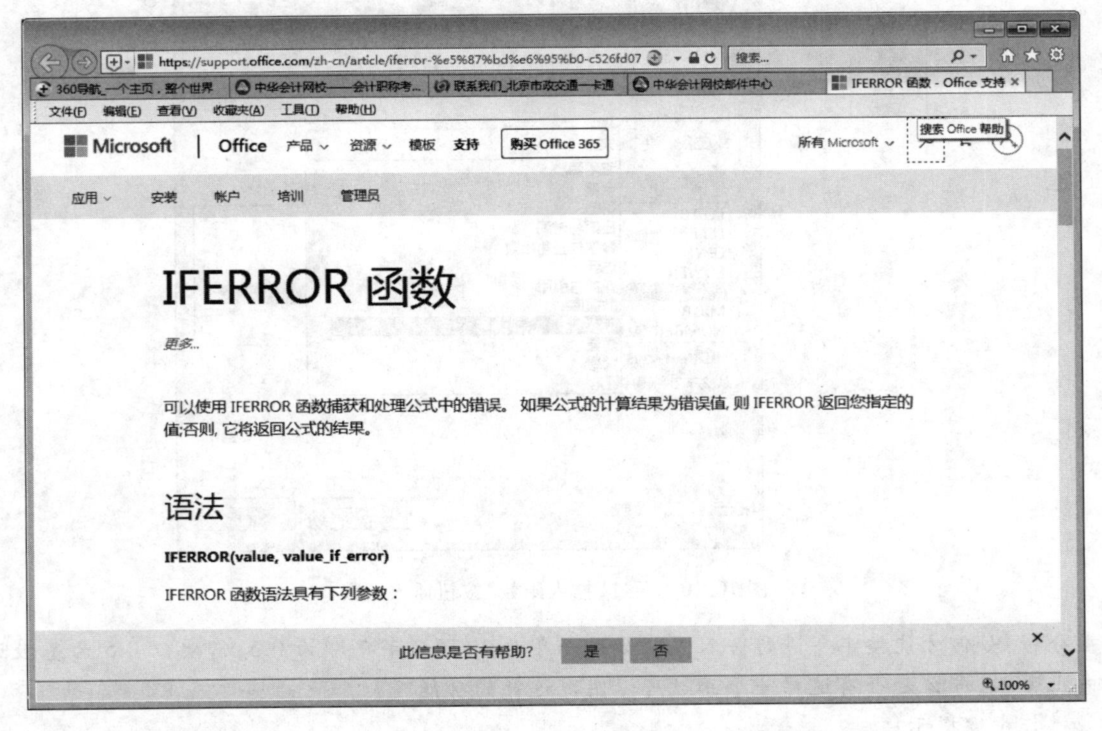

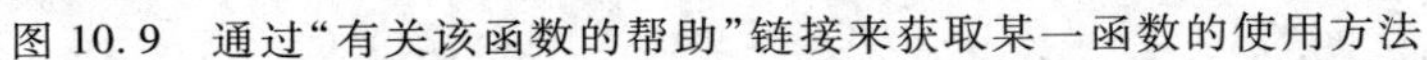
图 10.9　通过“有关该函数的帮助”链接来获取某一函数的使用方法

提示:Excel 函数种类繁多,记住每个函数的用法是不切实际的,所以应该在实际应用中学会如何即时通过帮助信息获取某一函数的使用方法。

3. 通过“插入函数”按钮插入

当无法确定所使用的具体函数或其所属类别时,可通过该方法进行模糊查询。具体操作是:

① 在要输入函数的单元格中单击鼠标。

② 在“公式”选项卡上的“函数库”选项组中单击最左边的“插入函数”按钮,打开“插入函数”对话框,如图 10.10 所示。

③ 在“或选择类别”下拉列表中选择函数类别。

④ 如果无法确定具体的函数,可在“搜索函数”框中输入函数的简单描述,如“查找文件”,然后单击“转到”按钮。

⑤ 在“选择函数”列表中单击所需的函数名。同样可以通过“有关该函数的帮助”链接获取相关的帮助信息。

⑥ 单击“确定”按钮,在随后打开的“函数参数”对话框中输入参数。

4. 修改函数

在包含函数的单元格中双击鼠标,进入编辑状态,对函数及参数进行修改后按 Enter 键确认。

10.3.4　实例:通过帮助功能查询函数

要求:计算某人的工龄,不足半年按半年计算,超过半年按一年计算。

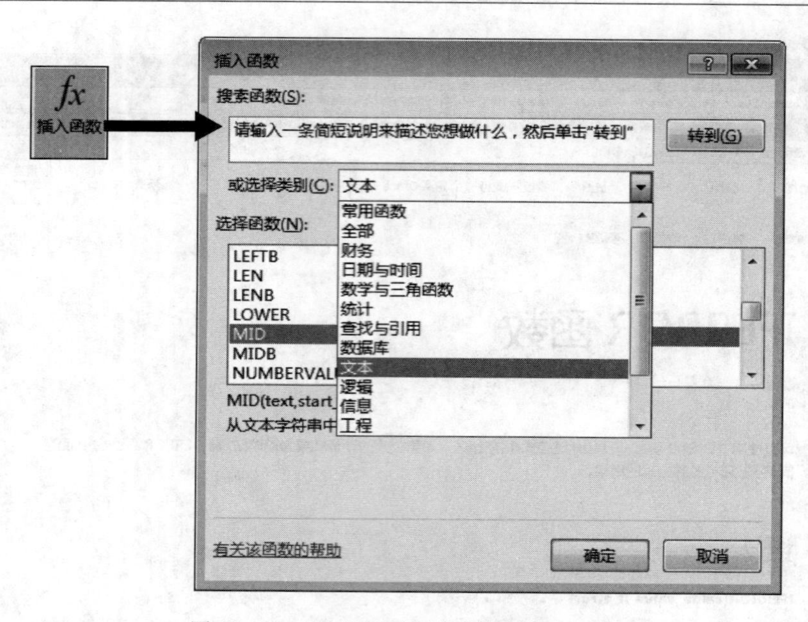

图 10.10 通过"插入函数"按钮插入函数

分析：如何才能按半年进行舍入呢？如果一年为1，那么半年即为0.5，需要以0.5为基数进行向上舍入，那么是否有这样一个函数可以实现这样的功能呢？

操作步骤提示：

① 在一个空白工作表的单元格B3中输入工龄值3.2。B4单元格用于输入公式。

② 单击单元格B4，在"公式"选项卡上的"函数库"选项组中单击"插入函数"按钮。

③ 在"插入函数"对话框的"搜索函数"框中试着输入"四舍五入"，然后单击"转到"按钮，可以看到所推荐函数似乎并不符合要求。

④ 重新在"搜索函数"框中试着输入更加贴切的描述"向上舍入"，单击"转到"按钮，查看系统推荐的函数列表，可以发现第1个非常接近题目要求，如图10.11所示。

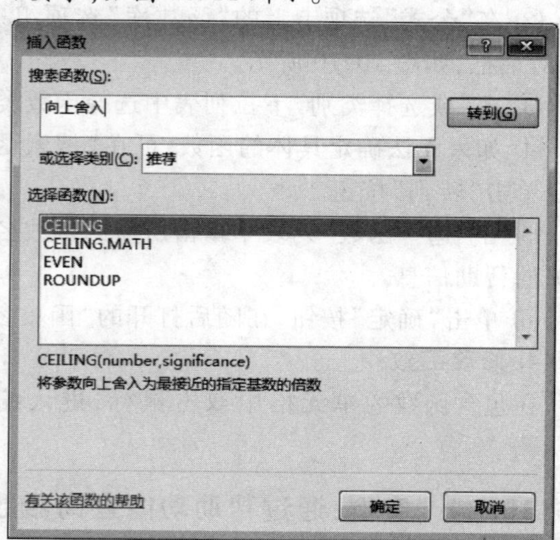

图 10.11 通过"搜索函数"进行模糊查询

⑤ 单击左下角的链接“有关该函数的帮助”,通过查看帮助实例,可以确认这个函数能够按指定的基数对数值向上舍入。

⑥ 在 B4 单元格中构建该函数“= CEILING(B3,0.5)”。其中,B3 中存储工龄数值,0.5 为基数。试着改变一下 B3 单元格中的数值,看 B4 中的工龄是否符合要求。

10.4 重要函数的应用

函数是 Excel 应用的利器,是必须掌握的内容。本节主要介绍一些日常工作与生活中应当了解和掌握的函数的使用方法,进一步的函数学习则可以在实际应用中遇到困难时借助于强大的帮助功能实现。

10.4.1 常用函数简介

以下所列是 Excel 中的常用函数,应该很好地掌握其语法规则和实际用法。熟练掌握这些应知应会函数的用法可以极大地提高工作效率。

1. 求和函数 SUM(number1,[number2],...)

功能:将指定的参数 number1、number2、…相加求和。

参数说明:至少需要包含一个参数 number1。每个参数都可以是区域、单元格引用、数组、常量、公式或另一个函数的结果。

例如,“=SUM(A1:A5)”是将单元格 A1 至 A5 中的所有数值相加,“=SUM(A1,A3,A5)”是将单元格 A1、A3 和 A5 中的数值相加。

2. 条件求和函数 SUMIF(range,criteria,[sum_range])

功能:对指定单元格区域中符合指定条件的值求和。

参数说明:

- range 必需的参数,用于条件计算的单元格区域。
- criteria 必需的参数,求和的条件,其形式可以为数值、表达式、单元格引用、文本或函数。例如,条件可以表示为 32、">32"、B5、"32"、"苹果"或 TODAY()。

提示:在函数中,任何文本条件或任何含有逻辑或数学符号的条件都必须使用双引号""括起来。如果条件为数值,则无须使用双引号。条件中可以使用通配符,其中问号“?”匹配任意单个字符,星号“*”匹配任意一串字符。

- sum_range 可选参数,要求和的实际单元格。如果 sum_range 参数被省略,Excel 会对在 range 参数中指定的单元格求和。

例如,“=SUMIF(B2:B25,">5")”表示对 B2:B25 区域中大于 5 的数值进行相加,“=SUMIF(B2:B5,"John",C2:C5)”表示对单元格区域 C2:C5 中与单元格区域 B2:B5 中等于“John”的单元格对应的单元格中的值求和。

3. 多条件求和函数 SUMIFS(sum_range,criteria_range1,criteria1,[criteria_range2,criteria2],...)

功能:对指定单元格区域中满足多个条件的单元格求和。

参数说明:

- sum_range 必需,要求和的实际单元格区域
- criteria_range1 必需,在其中计算关联条件的第一个区域。
- criteria1 必需,求和的条件。条件的形式可为数值、表达式、单元格地址或文本,可用来定义将对 criteria_range1 参数中的哪些单元格求和。例如,条件可以表示为 32、">32"、B4、"苹果" 或 "32"。
- criteria_range2, criteria2 可选,附加的区域及其关联条件。最多允许 127 个区域/条件对。
- 其中每个 criteria_range 参数区域所包含的行数和列数必须与 sum_range 参数相同。

例如,"=SUMIFS(A1:A20,B1:B20,">0",C1:C20,"<10")"表示对区域 A1:A20 中符合以下条件的单元格的数值求和:B1:B20 中的数值大于零且 C1:C20 中的数值小于 10。

4. 绝对值函数 ABS(number)

功能:返回数值 number 的绝对值,number 为必需的参数。

例如,"=ABS(-2)"表示求-2 的绝对值,结果为 2;"ABS(A2)"表示对单元格 A2 中的数值求其绝对值。

5. 向下取整函数 INT(number)

功能:将数值 number 向下舍入到最接近的整数,number 为必需的参数。

例如,"=INT(8.9)"表示将 8.9 向下舍入到最接近的整数,结果为 8;"=INT(-8.9)"表示将-8.9 向下舍入到最接近的整数,结果为-9。

6. 四舍五入函数 ROUND(number,num_digits)

功能:将指定数值 number 按指定的位数 num_digits 进行四舍五入。

例如,"=ROUND(25.7825,2)"表示将数值 25.7825 四舍五入为小数点后两位。

提示:如果希望始终进行向上舍入,可使用 ROUNDUP 函数;如果希望始终进行向下舍入,则应使用 ROUNDDOWN 函数。

ROUND 函数用于取得保留两位小数后的精确数值,与通过设置单元格数字格式的结果是有差异的。例如,在单元格中输入"=10/3",设置数字格式保留两位小数后显示结果为 3.33,但单元格中实际值仍为 3.33333……;而输入"=ROUND(10/3,2)"之后,单元格中显示值和实际值均为 3.33。如果希望显示值与实际参与计算的值一致,应通过 ROUND 函数进行四舍五入。

提示:通过"文件"选项卡→"高级"命令→选中"将精度设为所显示的精度"复选框(如图 10.12 所示),也可以达到显示值与实际参与计算的值相一致的效果。

7. 取整函数 TRUNC(number,[num_digits])

功能:将指定数值 number 的小数部分截去,返回整数。num_digits 为取整精度,默认为 0。

例如,"=TRUNC(8.9)"表示取 8.9 的整数部分,结果为 8;"=TRUNC(-8.9)"表示取-8.9 的整数部分,结果为-8。

8. 按基数倍数向上舍入函数 CEILING(number,significance)

功能:返回将参数 number 向上舍入(沿绝对值增大的方向)为最接近的指定基数的倍数。如果 number 正好是 significance 的倍数,则不进行舍入。

参数说明:

- number 必需,要舍入的值。

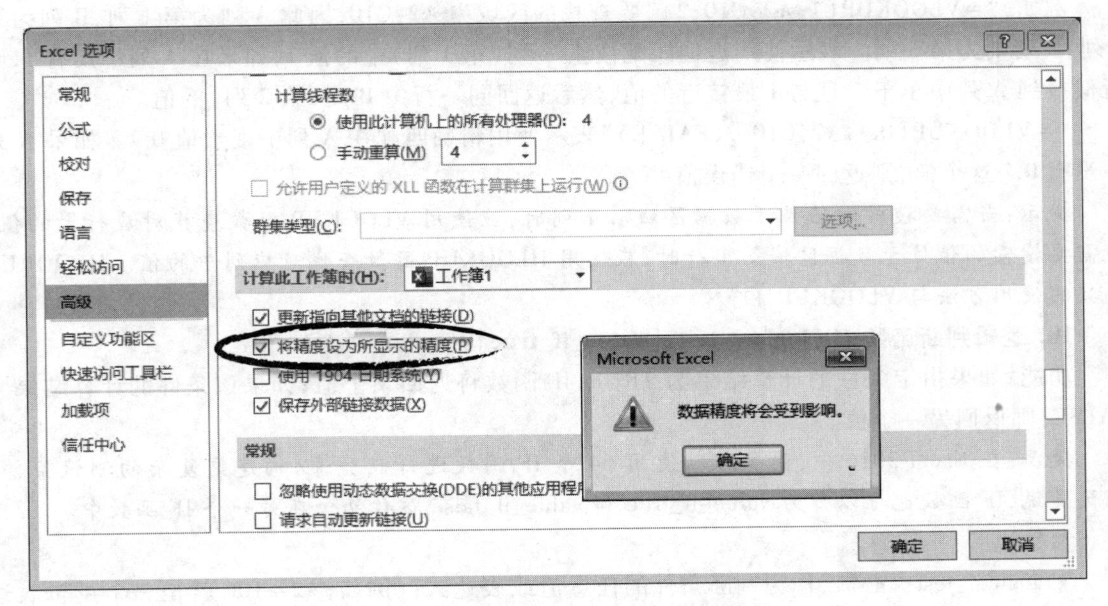

图 10.12 设置显示值与参与计算值的精度相一致

- significance 必需,要舍入到的倍数。

例如,“=CEILING(6.32,0.5)”表示将 6.32 向上舍入到最接近的 0.5 的倍数,结果为 6.5;“=CEILING(6.5,0.5)”表示将 6.5 向上舍入到最接近的 0.5 的倍数,结果为 6.5。

9. 垂直查询函数 VLOOKUP(lookup_value,table_array,col_index_num,[range_lookup])

功能:搜索指定单元格区域的第 1 列,然后返回该区域相同行上指定单元格中的值。

参数说明:

- lookup_value 必需,要在表格或区域的第一列中搜索到的值。
- table_array 必需,要查找的数据所在的单元格区域。table_array 第 1 列中的值就是 lookup_value 要搜索的值。
- col_index_num 必需,最终返回数据所在的列号。col_index_num 为 1 时,返回 table_array 第 1 列中的值;col_index_num 为 2 时,返回 table_array 第 2 列中的值,以此类推。如果 col_index_num 参数小于 1,则 VLOOKUP 返回错误值#VALUE!;大于 table_array 的列数,则 VLOOKUP 返回错误值#REF!。
- range_lookup 可选,一个逻辑值,取值为 TRUE 或 FALSE,指定希望 VLOOKUP 查找精确匹配值还是近似匹配值。如果 range_lookup 为 TRUE 或被省略,则返回近似匹配值;如果找不到精确匹配值,则返回小于 lookup_value 的最大值;如果 range_lookup 参数为 FALSE,VLOOKUP 将只查找精确匹配值;如果 table_array 的第 1 列中有两个或更多值与 lookup_value 匹配,则使用第一个找到的值;如果找不到精确匹配值,则返回错误值#N/A。

提示:如果 range_lookup 为 TRUE 或被省略,则必须按升序排列 table_array 第 1 列中的值,否则 VLOOKUP 可能无法返回正确的值。如果 range_lookup 为 FALSE,则不需要对 table_array 第 1 列中的值进行排序。

例如,“=VLOOKUP(1,A2:C10,2)”要查找的区域为 A2:C10,因此 A 列为第 1 列,B 列为第 2 列,C 列则为第 3 列。表示使用近似匹配搜索 A 列(第 1 列)中的值 1,如果在 A 列中没有 1,则近似找到 A 列中小于 1 且与 1 最接近的值,然后返回同一行中 B 列(第 2 列)的值。

“=VLOOKUP(0.7,A2:C10,3,FALSE)”表示使用精确匹配在 A 列中搜索值 0.7。如果 A 列中没有 0.7 这个值,则返回一个错误值#N/A。

提示:当需要搜索的值位于数据区域第 1 列时,应使用 VLOOKUP 函数查找对应行上的值。当需要搜索的值位于数据区域第 1 行时,应使用 HLOOKUP 函数查找对应列中的值。HLOOKUP 函数的使用方法与 VLOOKUP 相似。

10. 逻辑判断函数 IF(logical_test,[value_if_true],[value_if_false])

功能:如果指定条件的计算结果为 TRUE,IF 函数将返回某个值;如果该条件的计算结果为 FALSE,则返回另一个值。

提示:在 Excel 2016 中,最多可以使用 64 个 IF 函数进行嵌套,以构建更复杂的测试条件。也就是说,IF 函数也可以作为 value_if_true 和 value_if_false 参数包含在另一个 IF 函数中。

参数说明:

- logical_test　必需,作为判断条件的任意值或表达式。例如,A2=100 就是一个逻辑表达式,其含义是如果单元格 A2 中的值等于 100,表达式的计算结果为 TRUE,否则为 FALSE。该参数中可使用比较运算符。

- value_if_true　可选,logical_test 参数的计算结果为 TRUE 时所要返回的值。
- value_if_false　可选,logical_test 参数的计算结果为 FALSE 时所要返回的值。

例如,“=IF(A2>=60,"及格","不及格")”表示如果单元格 A2 中的值大于等于 60,则显示“及格”字样,否则显示“不及格”字样。

“=IF(A2>=90,"优秀",IF(A2>=80,"良好",IF(A2>=60,"及格","不及格")))”为三层嵌套函数,表示下列对应关系:

单元格 A2 中的值	公式单元格中显示的内容
A2>=90	优秀
90>A2>=80	良好
80>A2>=60	及格
A2<60	不及格

11. 当前日期和时间函数 NOW( )

功能:返回当前日期和时间。当将数字格式设置为数值时,将返回当前日期和时间所对应的序列号,该序列号的整数部分表明其与 1900 年 1 月 1 日之间的天数。当需要在工作表上显示当前日期和时间或者需要根据当前日期和时间计算一个值并在每次打开工作表都更新该值时,该函数很有用。

参数说明:该函数没有参数,所返回的是当前计算机系统的日期和时间。

12. 获取年份函数 YEAR(serial_number)

功能:返回指定日期对应的年份。返回值为 1900 到 9999 之间的整数。

参数说明：serial_number 是必需的，是一个日期值，其中包含要查找的年份。

例如，"=YEAR(A2)"，当在 A2 单元格中输入日期 2008/12/27 时，该函数返回年份 2008。

注意：公式所在的单元格不能是日期格式。

13. 当前日期函数 TODAY( )

功能：返回今天的日期。当将数字格式设置为数值时，将返回今天日期所对应的序列号，该序列号的整数部分表明其与 1900 年 1 月 1 日之间的天数。通过该函数，可以实现无论何时打开工作簿时工作表上都能显示当前日期。该函数也可以用于计算时间间隔，可以用来计算一个人的年龄。

参数说明：该函数没有参数，所返回的是当前计算机系统的日期。

例如，"=YEAR(TODAY())-1963"，假设一个人出生在 1963 年，该公式使用 TODAY 函数作为 YEAR 函数的参数来获取当前年份，然后减去 1963，最终返回对方的大约年龄。

14. 平均值函数 AVERAGE(number1,[number2],...)

功能：求指定参数 number1、number2、…的算术平均值。

参数说明：至少需要包含一个参数 number1，最多可包含 255 个。如果参数包含文本、逻辑值或空单元格，则这些值将被忽略。但包含零值的单元格将被计算在内。

例如，"=AVERAGE(A2:A6)"表示对单元格区域 A2 到 A6 中的数值求平均值，"=AVERAGE(A2:A6,C6)"表示对单元格区域 A2 到 A6 以及 C6 中的数值求平均值。

15. 条件平均值函数 AVERAGEIF(range,criteria,[average_range])

功能：对指定区域中满足给定条件的所有单元格中的数值求算术平均值。

参数说明：

- range　必需，用于条件计算的单元格区域。
- criteria　必需，求平均值的条件，其形式可以为数字、表达式、单元格引用、文本或函数。例如，条件可以表示为 32、">32"、B5、"苹果"或 TODAY()。
- average_range　可选参数，要计算平均值的实际单元格。如果 average_range 参数被省略，Excel 会对在 range 参数中指定的单元格求平均值。

例如，"=AVERAGEIF(A2:A5,"<5000")"表示求单元格区域 A2:A5 中小于 5 000 的数值的平均值，"=AVERAGEIF(A2:A5,">5000",B2:B5)"表示对单元格区域 B2:B5 中与单元格区域 A2:A5 中大于 5 000 的单元格所对应的单元格中的值求平均值。

16. 多条件平均值函数 AVERAGEIFS(average_range,criteria_range1,criteria1,[criteria_range2,criteria2],...)

功能：对指定区域中满足多个条件的所有单元格中的数值求算术平均值。

参数说明：

- average_range　必需，要计算平均值的实际单元格区域。
- criteria_range1,criteria_range2,…　在其中计算关联条件的区域。其中 criteria_range1 是必需的，随后的 criteria_range2,…是可选的，最多可以有 127 个区域。
- criteria1,criteria2,...　求平均值的条件，其中 criteria1 是必需的，随后的 criteria2,...是可选的。
- 其中每个 criteria_range 的大小和形状必须与 average_range 相同。

例如，"=AVERAGEIFS（A1:A20,B1:B20,"=四班",C1:C20,">=90"）"表示对区域 A1:A20 中符合以下条件的单元格的数值求平均值：B1:B20 中的数据为"四班"且 C1:C20 中的相应数值大于等于 90。

17. 数值单元格计数函数 COUNT(value1,[value2],...)

功能：统计指定区域中包含数值的个数。只对包含数字的单元格进行计数。

参数说明：至少包含一个参数，最多可包含 255 个。

例如，"=COUNT(A2:A8)"表示统计单元格区域 A2 到 A8 中包含数值的单元格的个数。

18. 非空单元格计数函数 COUNTA(value1,[value2],...)

功能：统计指定区域中不为空的单元格的个数。可对包含任何类型信息的单元格进行计数。

参数说明：至少包含一个参数，最多可包含 255 个。

例如，"=COUNTA(A2:A8)"表示统计单元格区域 A2 到 A8 中非空单元格的个数。

19. 条件计数函数 COUNTIF(range,criteria)

功能：统计指定区域中满足单个指定条件的单元格的个数。

参数说明：

- range　必需，计数的单元格区域。
- criteria　必需，计数的条件。条件的形式可以为数字、表达式、单元格地址或文本。

例如，"=COUNTIF(B2:B5,">55")"表示统计单元格区域 B2 到 B5 中值大于 55 的单元格的个数。

20. 多条件计数函数 COUNTIFS(criteria_range1,criteria1,[criteria_range2,criteria2],…)

功能：统计指定区域内符合多个给定条件的单元格的数量。可以将条件应用于跨多个区域的单元格，并计算符合所有条件的单元格个数。

参数说明：

- criteria_range1　必需，在其中计算关联条件的第一个区域。
- criteria1　必需，计数的条件。条件的形式可以为数字、表达式、单元格地址或文本。
- criteria_range2,criteria2,...　可选，附加的区域及其关联条件。最多允许 127 个区域/条件对。
- 每一个附加的区域都必须与参数 criteria_range1 具有相同的行数和列数。这些区域可以不相邻。

例如，"=COUNTIFS(A2:A7,">80",B2:B7,"<100")"统计单元格区域 A2 到 A7 中包含大于 80 同时在单元格区域 B2 到 B7 中包含小于 100 的数的行数。

21. 最大值函数 MAX(number1,[number2],...)

功能：返回一组值或指定区域中的最大值。

参数说明：参数至少有一个，且必须是数值，最多可以有 255 个。

例如，"=MAX(A2:A6)"表示从单元格区域 A2:A6 中查找并返回最大值。

22. 最小值函数 MIN(number1,[number2],...)

功能：返回一组值或指定区域中的最小值。

参数说明：参数至少有一个，且必须是数值，最多可以有 255 个。

例如，"=MIN(A2:A6)"表示从单元格区域 A2:A6 中查找并返回最小值。

23. 排位函数 RANK.EQ(number,ref,[order]) 和 RANK.AVG(number,ref,[order])

功能:返回一个数值在指定数值列表中的排位;如果多个值具有相同的排位,使用函数 RANK.AVG 将返回平均排位;使用函数 RANK.EQ 则返回实际排位。

参数说明:

- number　必需,要确定其排位的数值。
- ref　必需,要查找的数值列表所在的位置。
- order　可选,指定数值列表的排序方式。其中,如果 order 为 0 或忽略,对数值的排位就会基于 ref 是按照降序排序的列表;如果 order 不为 0,对数值的排位就会基于 ref 是按照升序排序的列表。

例如,"=RANK.EQ("3.5",A2:A6,1)"表示求取数值 3.5 在单元格区域 A2:A6 的数值列表中的升序排位。

24. 文本合并函数 CONCATENATE(text1,[text2],...)

功能:将几个文本项合并为一个文本项。可将最多 255 个文本字符串连接成一个文本字符串。连接项可以是文本、数字、单元格地址或这些项目的组合。

参数说明:至少有一个文本项,最多可有 255 个,文本项之间以逗号分隔。

例如,"=CONCATENATE(B2," ",C2)"表示将单元格 B2 中的字符串、空格字符以及单元格 C2 中的字符串相连接,构成一个新的字符串。

提示:也可以用文本连接运算符"&"代替 CONCATENATE 函数来连接文本项。例如,"=A1 & B1"与"=CONCATENATE(A1,B1)"返回的值相同。

25. 截取字符串函数 MID(text,start_num,num_chars)

功能:从文本字符串中的指定位置开始返回指定个数的字符。

参数说明:

- text　必需,包含要提取字符的文本字符串。
- start_num　必需,要提取的第一个字符在文本字符串 text 中的位置。文本字符串 text 中第一个字符的位置为 1,以此类推。
- num_chars　必需,指定希望从文本字符串中提取并返回字符的个数。

例如,"=MID(A2,7,4)"表示从单元格 A2 中的文本字符串的第 7 个字符开始提取 4 个字符。

26. 左侧截取字符串函数 LEFT(text,[num_chars])

功能:从文本字符串最左边开始返回指定个数的字符,也就是最前面的一个或几个字符。

参数说明:

- text　必需,包含要提取字符的文本字符串。
- num_chars　可选,指定要提取的字符的数量。num_chars 必须大于或等于 0,如果省略该参数,则默认其值为 1。

例如,"=LEFT(A2,4)"表示从单元格 A2 中的文本字符串中提取前 4 个字符。

27. 右侧截取字符串函数 RIGHT(text,[num_chars])

功能:从文本字符串最右边开始返回指定个数的字符,也就是最后面的一个或几个字符。

参数说明:

- text 必需,包含要提取字符的文本字符串。
- num_chars 可选,指定要提取的字符的数量。num_chars 必须大于或等于 0,如果省略该参数,则默认其值为 1。

例如,"=RIGHT (A2,4)"表示从单元格 A2 中的文本字符串中提取后 4 个字符。

28. 删除空格函数 TRIM(text)

功能:删除指定文本或区域中的空格。除了单词之间的单个空格外,该函数将会清除文本中所有的空格。在从其他应用程序中获取带有不规则空格的文本时,可以使用函数 TRIM。

例如,"=TRIM(" 第 1 季 度 ")"表示删除中文文本的前导空格、尾部空格以及字间多余空格,但字间还会保留一个空格。

29. 字符个数函数 LEN(text)

功能:统计并返回指定文本字符串中的字符个数。

参数说明:text 为必需的参数,代表要统计其长度的文本。空格也将作为字符进行计数。

例如,"=LEN(A2)"表示统计单元格 A2 中的字符串的长度。

10.4.2 其他重要函数

除了上述应知应会的常用函数外,还有一些重要函数对深入分析、统计数据很有帮助,这些函数的格式及功能如表 10.4 所列,需要时可以查阅参考。

表 10.4 对实际应用有重要帮助的函数列表

函数名称	功能	应用举例
AND(logical1,[logical2],...)	所有参数的计算结果同时为 TRUE 时,返回 TRUE;只要有一个参数的计算结果为 FALSE,即返回 FALSE	可将 AND 函数用作 IF 函数的条件参数,如 =IF(AND(1<A3,A3<100),A3,"数值超出范围")
CHOOSE(index_num,value1,[value2],...)	根据给定的索引值,从参数串中选择相应值或操作	可以根据索引号从最多 254 个数值中选择一个。如"=CHOOSE(2,"A","B","C","D")"将返回结果 B
COLUMN([reference])	返回指定单元格引用的列号	如"=COLUMN()"将返回当前单元格列号,"=COLUMN(H18)"将返回 H 列列号 8
DATE(year,month,day)	返回表示特定日期的连续序列号	可将一个采用 Excel 无法识别的格式显示的日期转换为日期格式,如"=DATE(2008,7,8)"
DATEDIF(start_date,end_date,unit)	计算两个日期之间相隔的天数、月数或年数	DATEDIF 函数在用于计算年龄的时候很有用。如"= DATEDIF("1968/12/6",TODAY(),"Y")"
DAY(serial_number)	返回以序列号表示的某日期的天数,用整数 1 到 31 表示	如"=DAY(DATE(2008,8,22))"返回结果为 22

续表

函数名称	功能	应用举例
DAYS360 (start _ date, end _ date, [method])	按照每月 30 天、一年 360 天的算法,返回两日期间相差的天数	常用于会计算法,如"=DAYS360(DATE(2015,1,1),DATE(2015,12,31))"返回结果为 360 天
GETPIVOTDATA(data_field, pivot_table, [field1, item1, field2, item2], …)	返回存储在数据透视表中的数据。如果数据透视表中的汇总数据可见,则可以使用该函数从中检索汇总数据	如"=GETPIVOTDATA("销售额", $A$4, "月份","三月")"将从数据透视表中获取三月份的销售额
HOUR(serial_number)	返回时间值的小时数,介于 0 (12:00 AM)到 23 (11:00 PM)之间的整数	可用于计算时间间隔。如"=HOUR("3:30 PM")"返回 15
HYPERLINK(link_location, [friendly_name])	创建快捷方式或跳转,用以打开存储在指定路径的文档或跳转到指定位置	如"=HYPERLINK("#Sheet1! A1","返回目录")"表示单击文本"返回目录"可跳转到当前工作簿的工作表 Sheet1 的 A1 单元格
IFERROR (value, value _ if _ error)	如果公式的计算结果错误,则返回指定的值;否则返回公式的结果	使用 IFERROR 函数来捕获和处理公式中的错误。当公式出错时,可以指定结果代替错误值显示,如"=IFERROR(A2/B2,"计算错误!")"
INDEX(reference, row_num, [column_num], [area_num])	在给定的单元格区域中,返回特定行列交叉处单元格的值或引用	如"=INDEX(A4:C8,3,2)"获取区域 A4:C8 中第 3 行和第 2 列的交叉处,即单元格 B6 中的内容
INDIRECT(ref_text, [a1])	返回由文本字符串指定的引用,立即对引用进行计算,并显示其结果	可将公式中的文本字符串转换为引用地址。如单元格 A4 和 C8 中数据分别为"北京"和"4",在 B5 中输入"=INDIRECT("A"&C8)"则显示为"北京"
ISERROR(value)	值为任意错误值(#N/A、#VALUE!、#REF!、#DIV/0!、#NUM!、#NAME? 或 #NULL!)时返回 TRUE	与 IF 结合使用,可提供一种在公式中查找错误的方法,与 IFERROR 类似。如"=IF(ISERROR(A1/B1),"除数为零",A1/B1)"
ISEVEN(number)	如果参数 number 为偶数,返回 TRUE,否则返回 FALSE	可与 IF 函数结合使用,构成判断条件
ISODD(number)	如果参数 number 为奇数,返回 TRUE,否则返回 FALSE	可与 IF 函数结合使用,构成判断条件
MATCH(lookup_value, lookup_array, [match_type])	在单元格区域中搜索指定项,然后返回该项在单元格区域中的相对位置	如"=MATCH("王五",A2:A7,0)",若王五位于 A4 单元格中,结果将返回 3。MATCH 函数可为 INDEX 函数提供 row_num 参数值,形成比较复杂的引用

续表

函数名称	功能	应用举例
MOD(number,divisor)	返回两数相除的余数。结果的正负号与除数divisor相同	如"=MOD(5,2)"返回值为1
MONTH(serial_number)	返回日期中的月份值,介于1到12之间的整数	如"=MONTH(DATE(2015,12,31))"返回12
NETWORKDAYS(start_date,end_date,[holidays])	返回两个日期之间完整的工作日数,不包括周末和指定的假期	如"=NETWORKDAYS(DATE(2014,12,1),DATE(2015,1,31),DATE(2015,1,1))"返回44,不含元旦
OFFSET(reference,rows,cols,[height],[width])	以指定的引用区域为参照系,通过给定偏移量得到新的引用。返回的引用可以是一个单元格或单元格区域,可以指定返回的行数或列数	OFFSET可用于任何需要将引用作为参数的函数。如"=OFFSET(C2,1,2)"表示引用E3单元格值;"=SUM(OFFSET(C2,1,2,3,1))"表示对区域E3:E5求和
OR(logical1,[logical2],...)	在其参数组中,任何一个参数逻辑值为TRUE即返回TRUE;当所有参数的逻辑值均为FALSE时才返回FALSE	可将OR函数用作IF函数的条件参数,如"=IF(OR(A4="星期六",A4="星期日"),"周末","工作日")"
REPLACE(old_text,start_num,num_chars,new_text)	将一个字符串的部分字符用另一个字符串替换	可将18位身份证号中间数字替换为星号"*",如"=REPLACE(B13,7,8,"********")"
ROW([reference])	返回指定单元格引用的行号	如"=ROW()"将返回当前单元格行号,"=ROW(H18)"将返回H18单元格的行号18
SUBSTITUTE(text,old_text,new_text,[instance_num])	在一个文本字符串中替换指定的文本	可将文本中的空格全部删除,如"=SUBSTITUTE(A3," ","")"
TEXT(value,format_text)	根据指定的数字格式将数字转换为文本	可实现复杂的显示效果,如"=TEXT(25.4,"¥#.00")&"/公斤"",显示结果"¥25.40/公斤"
WEEKDAY(serial_number,[return_type])	返回某日期为星期几。默认情况下,其值为1(星期天)到7(星期六)之间的整数	如"=WEEKDAY("2015年7月28日")"返回3,代表星期二
YEARFRAC(start_date,end_date,[basis])	返回两个日期之间的天数占全年天数的百分比,亦即年份数	如"=YEARFRAC("2008/1/1",TODAY())"计算当前日期与2008年1月1日之间的年数

10.4.3 函数在实际工作中的应用

下面,通过几个实例来演示函数在实际工作中的重要作用。

实例 1:通过身份证号提取个人相关信息。

分析:目前我国公民的身份证号为 18 位,不要小看这 18 个数字,它包含了丰富的个人信息。其中,身份证号的倒数第 2 位代表性别——奇数代表“男”,偶数代表“女”;第 7 位到第 14 位代表出生年月日,即一个人的生日。一位人事管理员在管理人事档案时,只需要通过一个人的身份证号再结合应用相关的函数,就可以获取诸如性别、出生日期、年龄等信息而不必逐个输入。

操作步骤提示:

① 打开案例文档“公式和函数实例 1.xlsx”,在工作表“素材”中首先为编号 DF001 的员工生成各项信息。

② 判断性别。在“性别”列的单元格 D4 中输入公式“=IF(ISODD(MID(C4,17,1)),"男","女")”。

公式解释:MID(C4,17,1)用于截取身份证号的第 17 位,ISODD(MID(C4,17,1)用于判断所截取的数字是否为奇数。当这个数字为奇数时,IF 函数的条件为真,D4 单元格中则显示“男”,否则显示“女”。

③ 获取出生日期。在“出生日期”列的 E4 单元格中输入公式,可从下列公式中任选其一:

=CONCATENATE(MID(C4,7,4),"年",MID(C4,11,2),"月",MID(C4,13,2),"日")

=MID(C4,7,4)&"年"&MID(C4,11,2)&"月"&MID(C4,13,2)&"日"

=DATE(MID(C4,7,4),MID(C4,11,2),MID(C4,13,2))

提示:在 Excel 2016 中,也可以通过快速填充功能提取出生日期。

公式解释:首先通过函数 MID 依次提取出年、月、日,再通过函数 CONCATENATE 或连接运算符 & 将它们连接在一起形成出生日期,而第 3 个公式则通过 DATE 函数可将提取的数字转换为正确的日期格式。

④ 计算年龄。在“年龄”列的 F4 单元格中输入公式(一年按 365 天计算):

=INT((TODAY()-E4)/365),或者

=INT(YEARFRAC(E4,TODAY(),3)),再或者

=DATEDIF(E4,TODAY(),"y")

公式解释:“年龄”列中需要填入员工的周岁,不足一年的应当不计入年龄。一般情况下,一年按 365 天计算。因此,首先通过函数 TODAY 获取当前日期,然后减去该员工的出生日期,余额除以 365 天得到年限,再通过 INT 向下取整,得到员工的周岁年龄。这样得到的年龄是动态变化的,当进入下一个年度的生日时,年龄会自动增加一岁。当一年取 365 天时,DATEDIF 函数最为简捷,但这个函数是个隐藏函数,在帮助列表中没有出现,完全需要自行输入。

⑤ 将各列公式向下填充至最后一行数据,生成其他员工的相关信息。

结果可参见同一案例文档中的“答案”工作表。

实例 2:对员工人数、工资等数据进行统计。

分析:在基础数据表制作完成后,常常需要获得一些统计数据,这就会用到公式和函数。下面对案例文档中的员工数量、基本工资情况等方面的数据进行统计。

操作步骤提示:

① 打开案例文档“公式和函数实例 2.xlsx”,工作表“档案”中已存储了各位员工的相关信息。切换到工作表“统计”中完成各项计算。

② 统计全部员工数量。在 C3 单元格中输入函数“=COUNTA(档案! A4:A21)”(提示:函数所引用的单元格区域均可通过鼠标直接选择而无须手动输入)。

由于每个员工必须有一个唯一的编号,因此通过函数 COUNTA 统计员工档案表中“员工编号”列的非空单元格数量即可得知员工总人数。

③ 统计女员工的数量。在 C4 单元格中输入函数“=COUNTIF(档案! D4:D21,"女")”。

通过单条件计数函数 COUNTIF 对“性别”列 D4:D21 中满足条件为“女”的单元格数量进行统计。

④ 统计学历为本科的男性员工人数。在 C5 单元格中输入函数“=COUNTIFS(档案! H4:H21,"本科",档案! D4:D21,"男")”。

当需要对满足两个或两个以上条件的数量进行统计时,需要用到多条件统计函数 COUNTIFS。上述公式表示对“学历”列 H4:H21 中为“本科”且“性别”列 D4:D21 中为“男”的员工数量进行统计。

⑤ 计算和统计相关工资数据。

- 基本工资总额:=SUM(档案! J4:J21),利用求和函数对“基本工资”列进行简单加总。
- 管理人员工资总额:=SUMIF(档案! G4:G21,"管理",档案! J4:J21),利用条件求和函数计算“部门”属于“管理”的所有人员的基本工资总和。

- 平均基本工资:=AVERAGE(档案! J4:J21),利用平均函数对“基本工资”列进行简单平均。
- 本科生平均基本工资:=AVERAGEIF(档案! H4:H21,"本科",档案! J4:J21),利用条件求平均值函数计算“学历”为“本科”的所有人员的平均基本工资。
- 最高基本工资:=MAX(档案! J4:J21),利用最大值函数获取“基本工资”列的最大值。
- 最低基本工资:=MIN(档案! J4:J21),利用最小值函数获取“基本工资”列的最小值。

⑥ 找出工资最高和最低的人。

工资最高的人:=INDEX(档案! B4:B21,MATCH(MAX(档案! J4:J21),档案! J4:J21,0))

工资最低的人:=INDEX(档案! B4:B21,MATCH(MIN(档案! J4:J21),档案! J4:J21,0))

MATCH 函数用于获取工资列 J4:J21 中最大值或最小值所处的位置,该位置作为 INDEX 函数的参数,就可获取“姓名”列 B4:B21 同一行中的姓名。

在进行统计时,为了公式或函数引用方便,可以先将相关数据区域定义名称。统计结果可参见同一案例文档中的工作表“答案”。

实例 3:获取员工基本信息、计算工资的个人所得税。

你知道工资的个人所得税是如何计算出来的吗? 我国与工资薪金相关的个人所得税目前采用 7 级超额累进税率按年计算、按月预缴并在年终统一汇算清缴,计算起来相当复杂。通过公式和函数可以有效简化计算过程。计算的大致方法是:每月均先计算本年累计收入应交累计个税,再减去前几月已交个税,得出本月应交个税。

操作步骤提示:

① 打开案例文档“公式和函数实例 3.xlsx”,其中工作表“档案”中存放的是员工基本信息,“新税率表”中存放的是目前我国适于工薪的全年个人所得税 7 级税率表。需要在工作表“工资”中完成相关计算。

② 获取员工姓名。由于员工的编号是固定且唯一的，因此可以利用 VLOOKUP 函数从员工档案表中直接获取相应数据。员工档案表中的数据区域 A3:J13 已被命名为“全体员工资料”，可以在公式或函数中直接引用，该区域的第 1 列（A 列）为员工编号，第 2 列（B 列）为员工姓名，第 10 列（J 列）为基本月工资。根据以上描述，在工作表“工资”中获取姓名的方法是，在“姓名”列的 B4 单元格中输入函数“=VLOOKUP(A4,全体员工资料,2,FALSE)”，按 Enter 键确认，然后向下填充公式到最后一个员工。该函数表示在档案表中精确查找与员工编号匹配的员工姓名。

提示：工资表中的“应纳税所得额”是税法中的一个概念，等于应得的全部工资减除税法规定的扣除标准。目前个人所得税的费用减除标准为每人每年 60 000 元，年收入低于 60 000 元时个税为零。也就是说，平均每月有 5 000 元（60 000÷12）工资收入是不用交税的。该项计算公式已事先构建完成了。

③ 计算个人所得税。根据“新税率表”中所列信息，个人所得税的计算公式为：个人所得税=应纳税所得额×对应税率－对应速算扣除数。例如，一个人的年工资总额 150 000 元，其应纳税所得额=150 000－60 000=90 000 元，在新税率表中查找对应税率为 10%、速算扣除数为 2 520，则其应交个人所得税为 90 000×10%－2 520=6 480 元。

根据新税率表中所列条件，通过多级 IF 函数嵌套，可构建出全年个人所得税计算公式，并通过 ROUND 函数对计算结果精确保留 2 位小数。据此，在 G4 单元格中输入下列公式并向下填充：

=ROUND(IF(F4<=36000,F4*0.03,IF(F4<=144000,F4*0.1-2520,IF(F4<=300000,F4*0.2-16920,IF(F4<=420000,F4*0.25-31920,IF(F4<=660000,F4*0.3-52920,IF(F4<=960000,F4*0.35-85920,F4*0.45-181920)))))),2)

提示：计算个人所得税的方法还有不少，多级 IF 函数嵌套是比较常用且比较容易理解的。另外还可以通过数组公式、INDEX 和 MATCH 函数组合等方式获得计算结果，大家可以自己试一试。

④ 计算 12 月应交个税。在 I4 单元格中输入公式“=G4-H4”并向下填充，用全年应交个税减去 1～11 月已交个税得出本月应交个税。

结果可参见同一案例文档中的工作表“答案”。

10.5 数组公式的简单应用

在 Excel 中数组是个重要的概念，数组公式可以简化计算、提高公式的统一性和数据的安全性，但数组公式比较难理解、不易阅读，且大型数组公式可能会降低工作表的运算速度。

10.5.1 数组与数组公式

数组公式是以数组作为参数的公式，与普通公式相比，除了以等号“=”开始外还独具特点。

1. 数组简介

数组是有序的元素序列，是用于储存多个相同类型数据的集合。数据元素可以是数值、文本、日期、逻辑、错误值等。数据元素以行和列的形式组织起来，构成一个数据矩阵，也就是数组。

数组作为数据的组织形式本身可以是一维、二维或多维的，而 Excel 目前只支持一维和二维

数组。一维数组仅由单行或单列数据构成，二维数组则由多行多列数据构成，如图 10.13 所示。

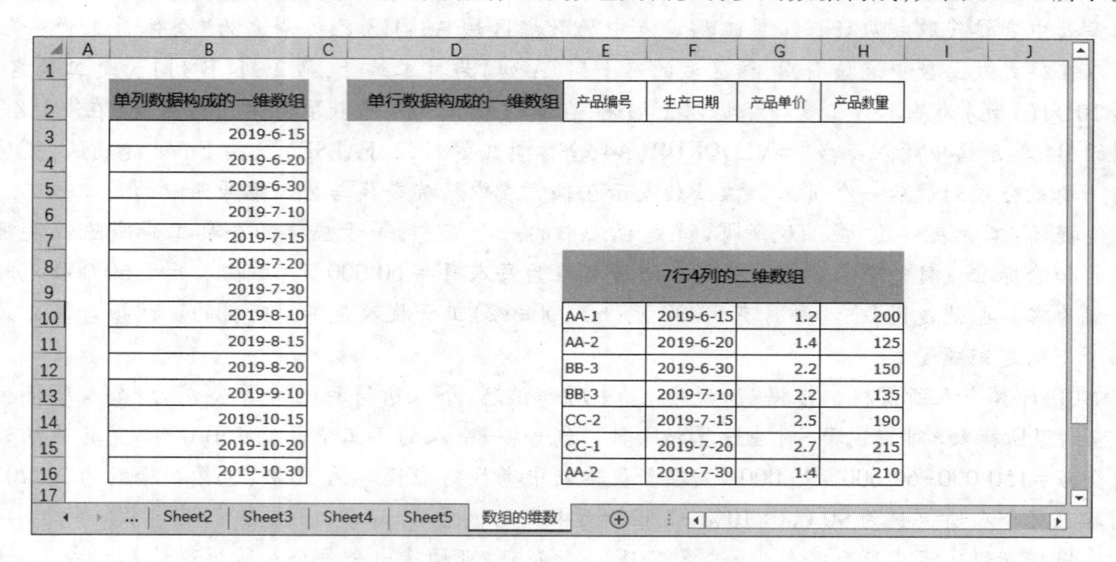

图 10.13　Excel 中的一维和二维数组

2. 数组公式

以数组为参数的公式即为数组公式，也就是说数组公式是一类特殊的 Excel 公式，可以把它看成是有多重数值的公式。一个数组公式可以占用一个或多个单元格，它对一组或多组数据进行多重计算并返回一个或多个结果。而普通公式只占用一个单元格且只返回一个结果。

如果数组公式返回多个值并呈现在一个单元格区域内，这样的公式称为多单元格公式。如果数组公式仅位于某个单元格中返回一个结果，则称为单个单元格公式。

3. 数组公式的输入

① 首先必须选择用来存放结果的单元格（单个单元格公式）或单元格区域（多单元格公式）。

② 在编辑栏中以等号“=”开始构建公式。公式中可以引用单元格区域，调用大部分 Excel 内置函数，也可以输入数组常量。

③ 最后按 Ctrl+Shift+Enter 组合键确认并结束数组公式的输入，Excel 将在公式两边自动加上大括号“{}”。注意：除非是输入数组常量，否则不要手动输入大括号“{}”，Excel 不能将手动输入的大括号识别为数组公式，而是将其认定为一串文本字符。

4. 数组在公式中的引用方式

在公式中引用数组通常有两种方式：单元格区域数组和数组常量。

- 单元格区域数组

单元格区域数组是通过对一组连续的单元格区域进行引用而得到的数组。例如，在数组公式“{=E6:H16}”中引用的是一个 11 行 4 列的单元格区域数组。在构建数组公式时，自工作表中选择单元格区域或直接输入单元格地址均可引用单元格区域数组。

- 数组常量

数组常量是数组公式的组成部分，输入一系列数据并手动用大括号“{}”将这些常量元素括起来就可创建数组常量,其中同行中的元素用逗号“,”分隔,不同行之间用分号“;”分隔。例如,{1,2,3,4} 是单行数组;{1;2;3;4} 是单列数组;{1,2,3,4;5,6,7,8} 则是一个 2 行 4 列的数组。

数组常量可以包含数字、文本、逻辑值和错误值(例如#N/A)。可以使用整数、小数和科学计数格式表示的数字。如果使用文本,则需要用引号“""”将文本括起来。

提示:数组常量只能包含以逗号或分号分隔的文本或数字,不能包含其他数组、公式或函数。数值中也不能包含百分号、货币符号、逗号或圆括号。

数组常量可以直接用于数组公式或作为在数组公式中调用的函数的参数。也可以通过定义名称将数组常量命名,这样更加便于在数组公式中调用它们。

5. 更改数组公式

对于单个单元格公式,在编辑栏中修改后按 Ctrl+Shift+Enter 组合键确认即可。

对于多单元格公式,数组包含数个单元格,这些单元格形成一个整体,所以,数组里的某一单元格不能单独编辑修改。更改多单元格公式的方法是:

① 首先选择公式数组中的某个单元格,按 Ctrl+/组合键选取整个公式范围。

② 按 F2 键进入编辑状态。

③ 编辑修改公式后按 Ctrl+Shift+Enter 组合键确认。

6. 删除数组公式

对于单个单元格公式,选择公式所在单元格,按 Delete 键。

对于多单元格公式,则需要选择整个公式范围,然后按 Delete 键。不允许删除其中某个单元格中的公式。

注意:Excel 将多单元格公式作为一个整体对待,不允许单独编辑、移动、删除其中的一部分,也不能在多单元格公式中插入空白单元格。

7. 数组公式的运算与扩展

数组公式是对数组进行运算的,数组可以是一维的也可以是二维的。一维数组可以是垂直的也可以是水平的。当数组进行加、减、乘、除、幂等运算时,两个数组相同位置的元素一一对应,经过运算后,得到的结果可能是一维的,也可能是二维的,存放在不同的单元格区域中。

如果参与运算的两个数组的维数不同或二维数组的行数或列数不同,Excel 会对数据的行列进行扩展,以获取符合操作所需要的行列数。数组扩展的基本原则是,每一个运算对象的行数必须和含有最多行的运算对象的行数一样,而列数也必须和含有最多列数对象的列数一样。通常情况下,不同形式的数组在运算中自动扩展时一般会遵循以下方法:

- 对常数所有的扩展,空位都填写该常数。
- 当单行一维数组进行扩展时,扩展出来的每一行的数据和首行相同,扩展列的数据则填写错误值#N/A。
- 当单列一维数组进行扩展时,扩展出来的每一列的数据和首列相同,扩展行的数据则填写错误值#N/A。
- 当二维数组进行扩展时,扩展出的行列数据都填写错误值#N/A。

涉及数组的运算遵循以下规则:

- 两个同行同列的数组计算是对应元素间进行运算,并返回同样大小的数组。例如,“=

SUM({1,2,3}+{4,5,6})”内的两个数组均为1×3,得到的结果为1+4、2+5和3+6的和,也就是21。

● 一个数组与一个单一数据进行运算,是将数组的每一元素均与那个单一数据进行计算,并返回同样大小的数组。也就是说,Excel自动将单一数据按数组行列进行扩展。例如,=SUM({1,2,3}+{4}),第二个数据并不是数组,而是一个数值,为了要和第一个数组相加,Excel会自动将数值扩充成1×3的数组,等同于使用公式“=SUM({1,2,3}+{4,4,4})”做计算,得到的结果为1+4、2+4和3+4的和,即18。

● 单列数组与单行数组的计算,单列数组沿列扩展,单行数组沿行扩展,计算结果返回一个多行多列的数组,其中行数同单列数组的行数、列数同单行数组的列数。例如,输入公式“=SUM({1,2}+{4;5;6})”,Excel分别将两个一维数组扩展为3×2数组,等同于使用公式“=SUM({1,2;1,2;1,2}+{4,4;5,5;6,6})”,得到的结果为1+4、2+4、1+5、2+5、1+6、2+6的和,即39。

● 一维数组与二维数据的计算,当一维数组与二维数组的行数或列数相同时,Excel将一维数组自动沿行或列扩展到与二维数组相同,然后进行一一对应计算。例如,输入公式“={1,2;3,4}*{2,3}”,扩充后的公式就会变为“={1,2;3,4}*{2,3;2,3}”,则相应的计算结果为{2,6;6,12},生成一个2×2的新数组。

● 除两个一维数组进行运算外,其他不同行列的两个数组(如一个3行一维数组和一个2×4的二维数组、一个2×4的二维数组和一个2×3的二维数组)进行计算时,结果将返回一个多行多列数组,其行列数分别是参与计算的两个数组的最大行数与最大列数。因为二维数组扩展出的数据都填写错误值#N/A,一维数组只能沿一个方向扩展出有效元素,因而返回数组中只有“较小行数数组的行数×较小列数数组的列数”组成的区域中的计算结果为有效元素,之外的单元格区域中均为错误值#N/A。

例如,输入公式“={1,2;3,4}*{1,2,3}”,扩展后的公式变为“={1,2,#N/A;3,4,#N/A}*{1,2,3;1,2,3}”,而相应的计算结果为{1,4,#N/A;3,8,#N/A},如图10.14所示。

提示:多单元格数组公式需要输入到单元格区域中。如果数组公式计算所得的数组比选定的数组区域小,则空出的区域中将显示错误值#N/A;如果数组公式计算所得的数组比选定的数组区域大,则超出的值不会显示在工作表中。

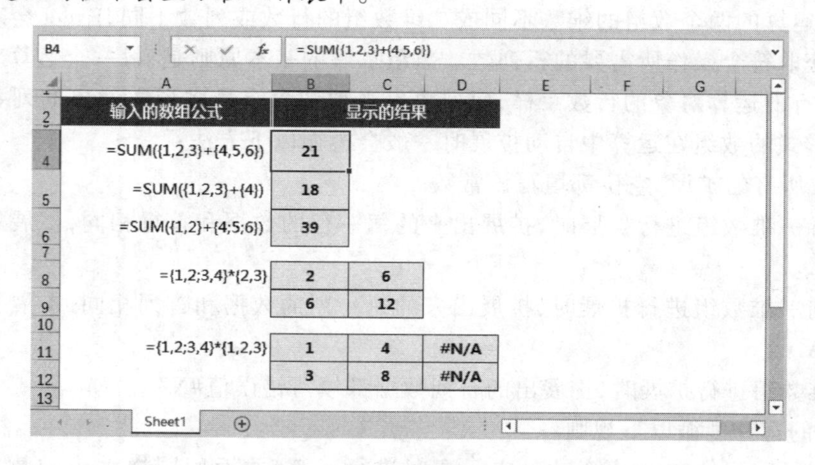

图10.14　数组公式的运算与扩展示例

10.5.2 数组公式应用实例

打开包含两个工作表的案例文档“数组练习素材.xlsx”,其中工作表“产品”中列出了产品编号与产品名称的对应关系。下面利用案例中的数据练习基本的数组公式(其实大多数情况下用普通公式也可以完成,只是数组公式更为简练)。

1. 定义名称

为了在公式或函数中快速且精确实现绝对引用,可先对数据进行名称定义。

① 切换到工作表“产品”中,选择区域 A1:B7。

② 从“公式”选项卡的“定义的名称”选项组中单击“根据所选内容创建”按钮。

③ 在对话框内只选中“首行”复选框,单击“确定”按钮,为每列数据定义好名称。

可根据需要为工作表“销量”中的数据列定义名称,以便后续引用。

2. 生成自然数序列

在数组运算中,经常会用到自然数序列作为某些函数的参数,如 Index 函数的第 2 和第 3 个参数,Offset 函数除第 1 个参数以外的其他参数等。手工输入数组常量较为麻烦且容易出错,此时就可通过数组公式生成自然数序列。

① 切换到工作表“销量”中,选择单元格区域 A2:A29。

② 在编辑栏中输入公式“=ROW(INDIRECT("1:28"))”,按 Ctrl+Shift+Enter 组合键确认,则生成垂直自然数序列。其中 INDIRECT 函数用来生成引用,ROW 函数则根据引用返回对应行号。

提示:如果需要生成水平自然数序列,则可使用 COLUMN 函数。在使用了多单元格数组公式的数据区域中,不能定义“表”,也不能进行排序、分类汇总等操作。

3. 利用多单元格数组公式求销售额及积点

① 在工作表“销量”中,选择单元格区域 I2:I29。

② 在编辑栏中输入公式“=G2:G29 * H2:H29”,按 Ctrl+Shift+Enter 组合键确认,依据“销售额=单价×销量”完成各单交易的销量额计算。

③ 选择单元格区域 J2:J29。

④ 在编辑栏中输入公式“=I2:I29 * M3”,按 Ctrl+Shift+Enter 组合键确认,依据“红利积点=销售额×返点比例”完成各单交易的返点计算。其中,单元格 M3 中存放着返点比例。

4. 利用单个单元格数组公式求总额

在工作表“销量”的单元格 M7 中输入公式“=SUM(G2:G29 * H2:H29)”,按 Ctrl+Shift+Enter 组合键确认,计算所有交易的总销售额。

在工作表“销量”的单元格 M8 中输入公式“=SUM(G2:G29 * H2:H29) * M4”,按 Ctrl+Shift+Enter 组合键确认,计算所有交易的总利润。可以通过构造普通公式“销售总利润=销售总金额×销售利润率”对数组公式的计算结果进行验证。销售利润率存放在单元格 M4 中。

5. 构造数组常量实现逆向查询

我们知道,VLOOKUP 函数查询时是从左至右进行的,如果不借助辅助列,仅通过数组也可助其实现由右至左的逆向查询。本例需要通过“产品名称”查询“产品编号”。工作表“产品”中列示了产品编号与产品名称的对应关系,并已为两列数据定义了名称。

① 在工作表"销量"的单元格 D2 中输入公式"=VLOOKUP(E2,IF({1,0},产品名称,产品编号),2,0)",按 Ctrl+Shift+Enter 组合键确认。

② 双击单元格 D2 右下角的填充柄完成公式的填充。

释义:该公式中利用数组常量{1,0}与两个单列数组进行运算,将名称列调整为左列,将编号列调整为右列,其结果为:{"巧克力","CBN-001";"火锅片类","CBN-002";"综合叶菜","CBN-003";"牛奶调味乳","CBN-004";"肉片类","CBN-005";"鱼类水产","CBN-006"}。之后 VLOOKUP 函数再从调整后的区域中按条件进行精确查找并返回结果。

6. 统计不重复值个数

素材中每个会员的编号和每类产品的编号都是唯一的,因此,分别通过统计不重复的会员编号和产品编号就可计算出会员人数和产品种类。

在工作表"销量"的单元格 M10 中输入公式"=SUM(1/COUNTIF(B2:B29,B2:B29))",按 Ctrl+Shift+Enter 组合键确认,统计出会员人数。

在工作表"销量"的单元格 M11 中输入公式"=SUM(1/COUNTIF(D2:D29,D2:D29))",按 Ctrl+Shift+Enter 组合键确认,统计出产品种类。

释义:公式中 COUNTIF 函数返回统计区域中每个编号出现次数的数组,被 1 除后再对得到的商求和。例如,编号 DM003 出现了 n 次,则每次都转换为 $1/n$,n 个 $1/n$ 相加得到 1,因此所有 DM003 的统计结果即计为 1,这样有多少个 1 就有多少个不同的编号。

7. 多条件查询统计指定会员购买指定产品的金额

① 在工作表"销量"的单元格 M16 中输入公式"=SUM((B2:B29=M13)*(D2:D29=M14)*I2:I29)",按 Ctrl+Shift+Enter 组合键确认。

② 分别从单元格 M13、M14 的下拉列表中选择不同的会员及产品编号,查看其销售金额的变化。

提示:在数组公式中,乘号"*"表示同时满足条件,相当于"与"关系;加号"+"表示"或"关系,即满足其中一个条件即可。数组公式中不能直接使用 AND 和 OR 函数,因为这两个函数仅返回单一结果,而数组公式需要返回数组结果。所以在数组公式中对满足 OR 或 AND 条件的值执行加法或乘法算术运算。

操作结果可参考文档"数组练习案例(答案).xlsx"。

10.6 公式与函数常见问题

在输入公式或函数的过程中,当输入有误时单元格中常常会出现各种不同的错误结果。对这些提示的含义有所了解,有助于更好地发现并修正公式或函数中的错误。

10.6.1 常见错误值列表

1. 常见错误值列表

公式和函数中常见的错误提示见表 10.5 中所列。

表 10.5　公式或函数中的常见错误列表

错误显示	说　明
#####	当某一列的宽度不够而无法在单元格中显示所有字符时，或者设置为日期时间格式的单元格中包含负的日期或时间值时，Excel 将显示此错误。例如，用过去的日期减去将来的日期的公式（如“=06/15/2008-07/01/2008”）将得到负的日期值
#DIV/0!	当一个数除以零或不包含任何值的单元格时，Excel 将显示此错误
#N/A	当某个值不允许被用于函数或公式但却被其引用时，Excel 将显示此错误
#NAME?	当 Excel 无法识别公式中的文本时，将显示此错误。例如，区域名称或函数名称拼写错误，或者删除了某个公式引用的名称
#NULL!	当指定两个不相交的区域的交集时，Excel 将显示此错误。交集运算符是分隔公式中的两个区域地址间的空格字符。例如，区域 A1:A2 和 C3:C5 不相交，因此，输入公式“=SUM（A1:A2 C3:C5）”将返回此错误
#NUM!	当公式或函数中包含无效数值时，Excel 将显示此错误
#REF!	当单元格引用无效时，Excel 将显示此错误。例如，如果删除了某个公式所引用的单元格，该公式将返回此错误
#VALUE!	如果公式所包含的单元格有不同的数据类型，则 Excel 将显示此错误。如果启用了公式的错误检查，则屏幕会提示“公式中所用的某个值是错误的数据类型”

2. 不显示公式错误值的方法

如果不希望公式错误值显示在单元格中，可以通过输入适当的公式和函数解决这一问题。

例如，当除数为零时，将会显示错误值 #DIV/0!，其实这可能并不是公式本身发生了错误，而仅仅是因为公式除数所引用的单元格中还未输入数据。这时便可通过公式或函数改变公式显示结果。

可以使用的公式和函数包括 IFERROR、IF 和 ISERROR 嵌套、IF 和 ISERR 嵌套、IF 和 ISNA 嵌套等。

例如，“=IF(ISERROR(A1/B1),"",A1/B1)”表示当除数为零时显示为空，否则显示公式结果。

10.6.2　审核和更正公式中的错误

可以通过 Excel 提供的相关工具的帮助快速检查并更正公式输入过程中发生的错误。

1. 打开或关闭错误检查规则

① 在“文件”选项卡上单击“选项”，打开“Excel 选项”对话框，从左侧类别列表中单击“公式”选项，如图 10.15 所示。

② 在“错误检查”区域中，选中“允许后台错误检查”复选框，这时在 Excel 表中出现的任何错误都将在单元格左上角标以绿色三角形。若要更改此标记的颜色，可在“使用此颜色标识错误”中选择所需的颜色。

③ 在“错误检查规则”区域中，按照需要选中或清除某一检查规则的复选框，其中：

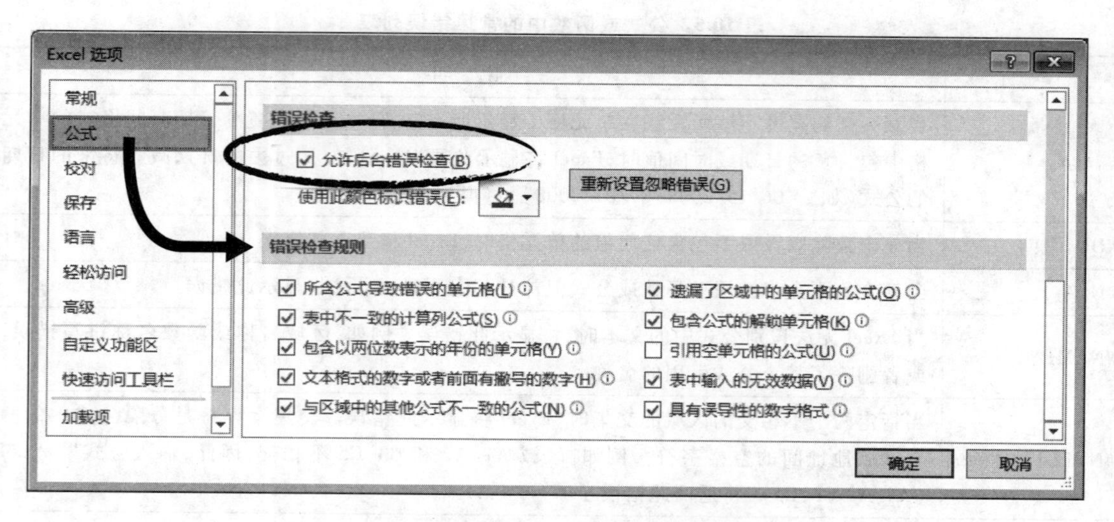

图 10.15 “Excel 选项”对话框中的“错误检查规则”

- 所含公式导致错误的单元格：公式未使用规定的语法、参数或数据类型。错误值包括#DIV/0!、#N/A、#NAME?、#NULL!、#NUM!、#REF! 和#VALUE!。

- 表中不一致的计算列公式：计算列的某个单元格中包含与列中其他公式不同的独立公式。例如，移动或删除由计算列中某一行引用的另一个工作表区域上的单元格。

- 包含以两位数表示的年份的单元格：公式中包含采用文本格式但没有使用4位数年份的日期，这可能被误解为错误的世纪。例如，公式中的日期“=YEAR("1/1/31")”可能是1931年也可能是2031年。使用此规则可以检查出歧义的文本日期。

- 文本格式的数字或者前面有撇号的数字：该单元格中包含存储为文本的数字。从其他数据源导入数据时，通常会存在这种现象。存储为文本的数字可能会导致意外的排序结果，也可能影响函数的计算结果。

- 与区域中的其他公式不一致的公式：公式与其他相邻公式的模式不一致。例如，如果某个公式中使用的引用与相邻公式中的引用规则不一致，Excel 就会提示错误。

- 遗漏了区域中的单元格的公式：公式中引用了某个区域中的大多数数据而非全部。例如，如果在原数据区域和包含公式的单元格之间插入了一些数据，则该公式可能无法自动包含对这些数据的引用。如果相邻单元格包含其他值并且不为空，则 Excel 会在该公式旁边显示一个错误。

- 包含公式的解锁单元格：公式未受到锁定保护。默认情况下，工作表中的所有单元格均被锁定，这样在保护工作时包含公式的单元格可以防止被更改。如果包含公式的单元格已设置为解除锁定但工作表未受保护，则提示该错误。

- 引用空单元格的公式：公式包含对空单元格的引用，这可能导致意外结果。例如，对包含空单元格的区域求平均值，该空单元格将不被包含在计算中。

④ 设置完毕，单击“确定”按钮退出对话框。

2. 分别更正常见公式错误

① 选择出现错误提示的公式单元格，左侧显示错误指示器。

② 单击错误指示器，从下拉列表中选择相关命令，如图10.16所示。

提示：列表中的可选命令会因错误类型而有所不同，其中第一个条目对错误进行描述。如果单击“忽略错误”，则后面的每次检查都忽略该错误。

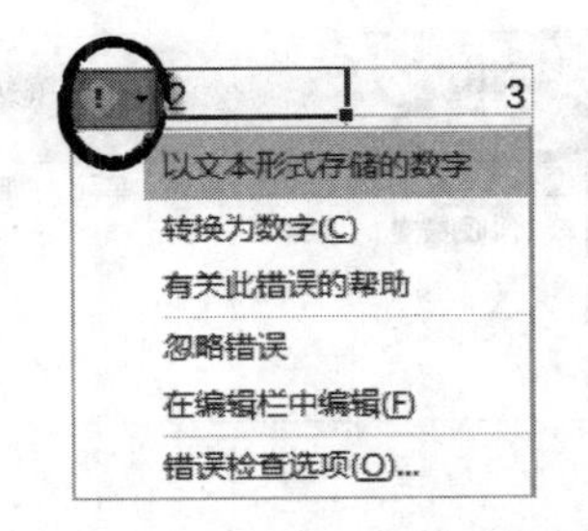

图10.16　通过公式单元格左侧的错误指示器更正错误

3. 检查并逐个更正常见公式错误

① 选择要进行错误检查的工作表。

② 在“公式”选项卡上的“公式审核”选项组中单击“错误检查”按钮，自动开始对工作表中的公式和函数进行检查。

③ 当找到可能的错误时，将会显示类似图10.17所示的“错误检查”对话框。

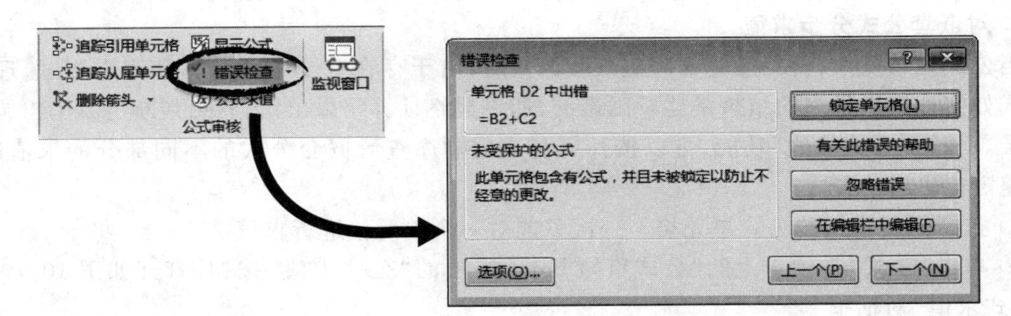

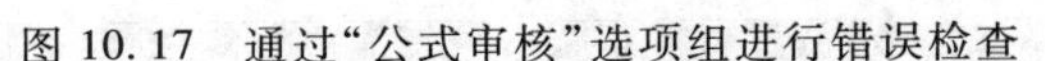
图10.17　通过“公式审核”选项组进行错误检查

④ 根据需要单击对话框右侧的操作按钮之一。可选的操作会因错误类型不同而有所不同。

⑤ 单击“下一个”按钮，直至完成整个工作表的错误检查。在最后出现的提示对话框中单击“确定”按钮结束检查。

4. 通过“监视窗口”监视公式及其结果

当表格较大，某些单元格在工作表上不可见时，可以在“监视窗口”中监视这些单元格及其公式。使用“监视窗口”可以方便地在大型工作表中检查、审核或确认公式计算及其结果，而无须反复滚动或定位到工作表的不同部分。

① 首先在工作表中选择要监视的公式所在的单元格。

提示：在“开始”选项卡的“编辑”选项组中单击“查找和选择”按钮，从下拉列表中单击“公式”，可以选择当前工作表中所有包含公式的单元格。

② 在“公式”选项卡上的“公式审核”选项组中单击“监视窗口”按钮，打开如图10.18(a)所示的“监视窗口”对话框。

③ 单击“添加监视”按钮，打开“添加监视点”对话框，其中显示已选中的单元格，如图10.18(b)所示。可以重新选择监视单元格。

④ 单击“添加”按钮，所选监视点显示在列表中。

⑤ 重复步骤③ 继续添加其他单元格中的公式作为监视点。

⑥ 将“监视窗口”移到合适的位置，如窗口的顶部、底部、左侧或右侧等。如要更改窗口的大小，可用鼠标拖动其边框。

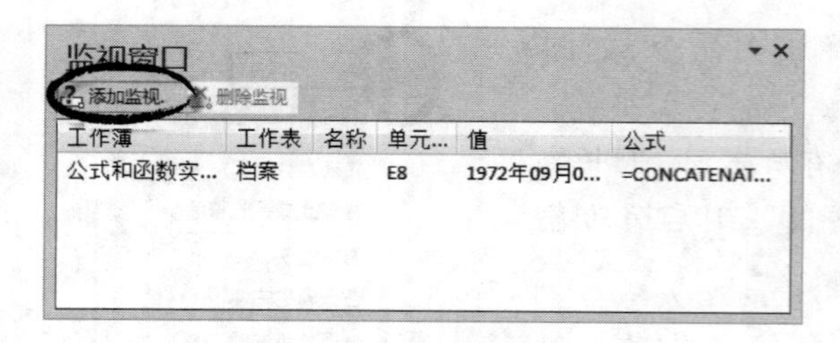

(a)

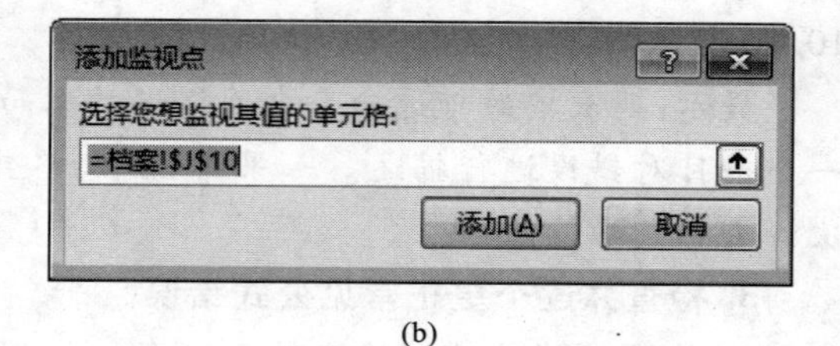

(b)

图 10.18　在“监视窗口”中添加监视点

⑦ 要定位“监视窗口”的监视点所引用的单元格,可双击该监视点条目。

⑧ 如果需要删除监视点条目,从“监视窗口”中选择监视点后单击“删除监视”按钮。

5. 对嵌套公式分步求值

当公式比较复杂,特别是包含多重嵌套函数时,由于存在若干中间计算和逻辑测试,理解嵌套公式如何计算出最终的结果是比较困难的,如果最终计算结果出错,要想判断出哪里出错了相当困难。利用“公式求值”功能,可以按计算公式的顺序查看嵌套公式的不同部分的求值结果,并快速定位出错位置。

① 选择需要求值的公式单元格。一次只能对一个单元格进行求值。

② 单击“公式”选项卡上的“公式审核”选项组中的“公式求值”按钮,打开如图 10.19 所示的“公式求值”对话框。

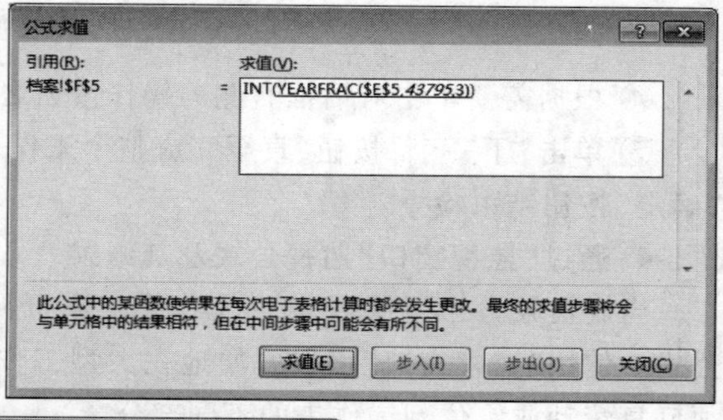

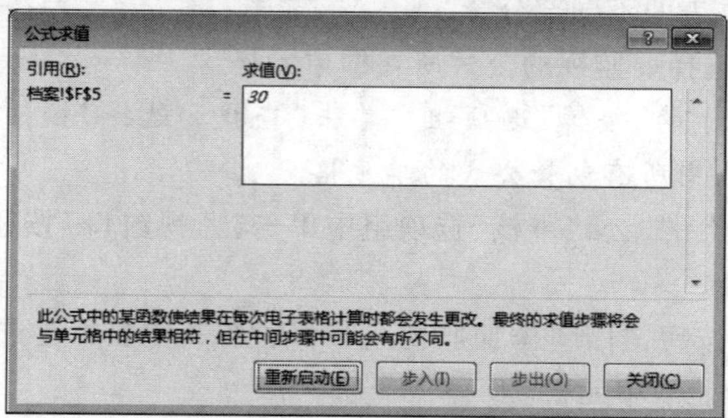

图 10.19　在“公式求值”对话框中分步求值的过程

③ 单击“求值”按钮,检查带下画线的公式或函数,其计算结果将以斜体显示。如果公式的下画线部分是对另一个公式的引用,则可单击“步入”按钮以在“求值”框中显示其他公式;单击

“步出”按钮将返回到以前的单元格和公式。

④ 继续单击“求值”按钮,直到已对公式的每个部分求值。

⑤ 若要再次查看计算过程,单击“重新启动”按钮。若要结束求值,单击“关闭”按钮。

提示:双击单元格进入编辑状态,选中需要查看结果的某一部分公式或函数,按F9键可以快速查看计算结果。

实例:通过公式求值查看嵌套公式的不同部分是如何进行计算的。

例如,公式“=IF(AVERAGE(D2:D5)>50,SUM(E2:E5),0)”比较复杂,如果能查看中间结果就容易理解得多。在工作表的D2:D5和E2:E5中分别输入图10.20中所示的数据,在单元格D7中输入上述公式,然后对D7进行公式求值。可参考表10.6中的说明理解该公式。

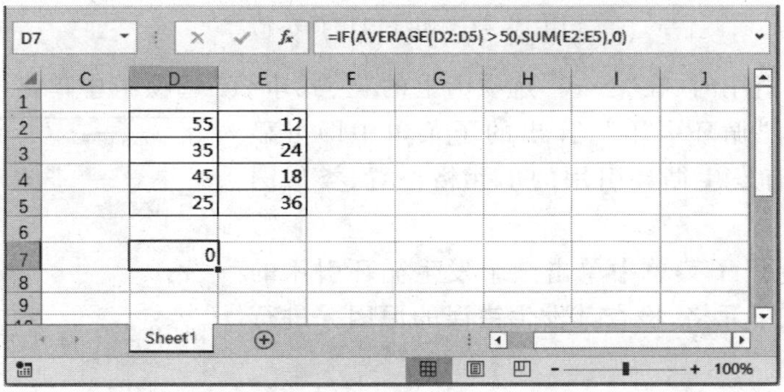

图10.20 在单元格中输入测试数据

表10.6 公式求值过程说明

在“公式求值”对话框中显示的内容	说明
=IF(AVERAGE(D2:D5) > 50,SUM(E2:E5),0)	最先显示的是嵌套公式。AVERAGE函数和SUM函数嵌套在IF函数内
=IF(40>50,SUM(E2:E5),0)	单元格区域D2:D5包含值55、35、45和25,因此AVERAGE(D2:D5)函数的结果为40
=IF(FALSE,SUM(E2:E5),0)	因为40>50不成立,所在返回逻辑值FALSE
0	IF函数返回第三个参数(value_if_false参数)的值。SUM函数不会进行求值,因为它是IF函数的第二个参数(value_if_true参数),它只有当表达式为TRUE时才会返回

10.6.3 公式中的循环引用

如果公式引用了自己所在的单元格,则无论是直接引用还是间接引用,该公式都会创建循环引用。循环引用可以无限次迭代。迭代即重复计算工作表直到满足特定数值条件。默认情况下,Excel会关闭迭代计算,此时如果发生循环引用,系统就会报错。可以通过删除循环引用或启用迭代计算来处理循环引用。

1. 定位并更正循环引用

如果在编辑公式时显示类似图10.21所示的创建循环引用的错误消息，则很可能是无意中创建了一个循环引用。状态栏中也会显示相关循环引用的信息。在这种情况下，可以找到、更正或删除这个错误的引用。

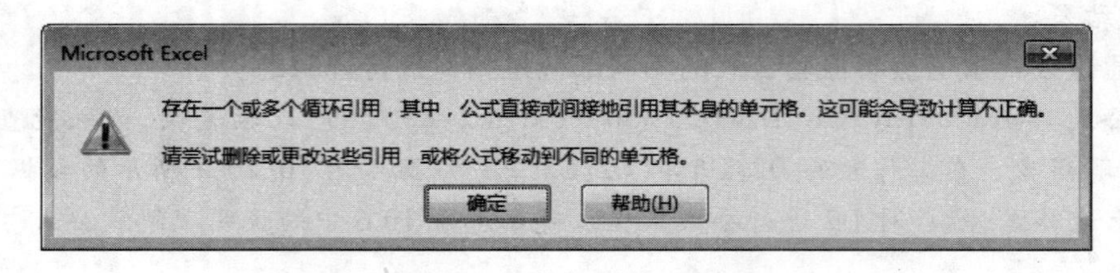

图10.21 循环引用提示信息

① 当发生循环引用时，在“公式”选项卡上的“公式审核”选项组中单击“错误检查”按钮右侧的黑色箭头，指向“循环引用”，弹出的子菜单中即可显示当前工作表中所有发生循环引用的单元格位置，类似图10.22所示。

② 从“循环引用”子菜单中单击某个发生循环引用的单元格，即可定位该单元格，检查其发生错误的原因并进行更正。

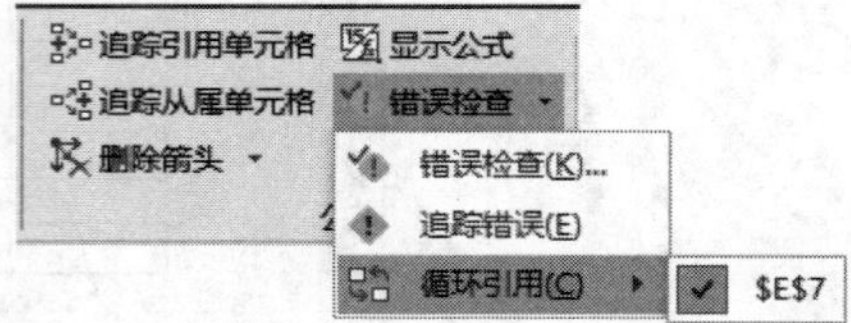

图10.22 查看发生循环引用的单元格

提示：通过双击追踪箭头可以在循环引用所涉及的单元格之间移动。

③ 继续检查并更正循环引用，直到状态栏中不再显示“循环引用”一词。

2. 更改Excel迭代公式的次数使循环引用起作用

如果想要保留循环引用，则可以启用迭代计算，并确定公式重新计算的次数。如果启用了迭代计算但没有更改最大迭代或最大误差的值，则Excel会在100次迭代后或者循环引用中的所有值在两次相邻迭代之间的差异小于0.001时（以先发生的为准），停止计算。可以通过以下设置控制最大迭代次数和可接受的差异值。

① 在发生循环引用的工作表中，依次单击“文件”选项卡→“选项”命令→“公式”。

② 在“计算选项”区域中，单击选中“启用迭代计算”复选框，如图10.23所示。

图10.23 在“Excel选项”对话框中启用迭代计算

③ 在“最多迭代次数”框中输入进行重新计算的最大迭代次数。迭代次数越高，Excel计算工作表所需的时间越长。

④ 在“最大误差”框中输入两次计算结果之间可以接受的最大差异值。数值越小，计算结果

越精确，Excel 计算工作表所需的时间也就越长。

10.6.4 追踪单元格以显示公式与单元格之间的关系

有时，当公式中包含引用单元格（被其他单元格中的公式引用的单元格）或从属单元格（包含引用其他单元格的公式的单元格）时，检查公式的准确性或查找错误的根源会很困难。

为了帮助检查公式，可以通过“追踪引用单元格”和“追踪从属单元格”功能以图形方式显示或追踪这些单元格与包含追踪箭头的公式之间的关系。

1. 显示某个单元格中公式的引用与被引用

① 打开含有公式的工作表。如果公式中引用了其他工作簿中的单元格，需要同时打开被引用的工作簿。

提示：需要保证“文件”选项卡→“选项”命令→“高级”→“此工作簿的显示选项”下→“对于对象，显示”→“全部”单选按钮被选中，才可以执行追踪单元格操作。

② 选择包含公式的单元格，选择下列操作进行单元格追踪：

- 追踪引用单元格。在“公式”选项卡的“公式审核”选项组中单击“追踪引用单元格”，可追踪显示为当前公式提供数据的单元格。其中，蓝色箭头显示无错误的单元格，红色箭头显示导致错误的单元格。如果所选单元格引用了另一个工作表或工作簿上的单元格，则会显示一个从工作表图标指向所选单元格的黑色箭头。
- 再次单击“追踪引用单元格”可进一步追踪下一级引用单元格。
- 追踪从属单元格。在“公式”选项卡上的“公式审核”选项组中单击“追踪从属单元格”，可追踪显示引用了该单元格的单元格。再次单击“追踪从属单元格”可进一步标识从属于活动单元格的下一级单元格。单元格公式追踪结果类似图 10.24 所示。

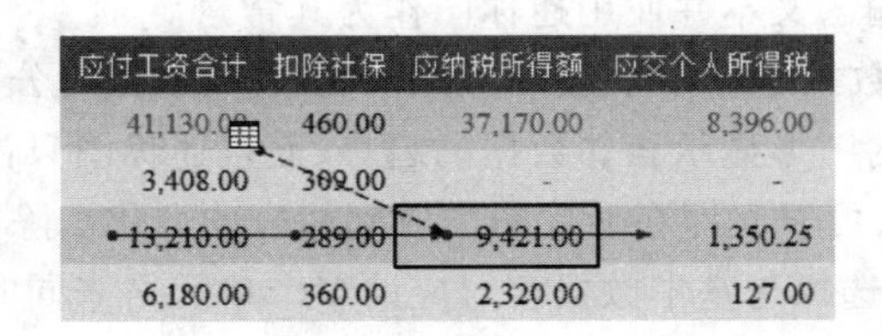

图 10.24 单元格公式追踪结果示例

③ 若要取消追踪箭头，在“公式”选项卡上的“公式审核”选项组中单击“删除箭头”。

2. 查看工作表中的全部引用关系

① 打开要查看的工作表，在一个空单元格中输入等号“=”。

② 单击工作表左上角的“全选”按钮，按 Enter 键确认。

③ 单击选择该单元格，在“公式”选项卡上的“公式审核”选项组中单击两次“追踪引用单元格”。

第 11 章 创建并编辑图表

图表以图形形式来显示数值数据系列,通过更加形象化的图表使人们更容易理解大量数据以及不同数据系列之间的关系。Excel 提供多种类型的图表以供选择。

本章将学习如何创建迷你图以及常用图表。

11.1 创建并编辑迷你图

迷你图是插入工作表单元格中直观表示数据的微型图表。迷你图一般与相关数据邻近,可以辅助分析一系列数值的趋势(例如,季节性增加或减少、经济周期),并突出显示最大值和最小值等。

11.1.1 迷你图的特点与作用

与 Excel 工作表中的图表不同,迷你图不是对象,它实际上是一个嵌入在单元格中的微型图表,因此,可以在单元格中输入文本并使用迷你图作为其背景。

- 输入到行或列中的数据逻辑性很强,但很难一眼看出数据的分布形态。在数据旁边插入迷你图可以通过清晰简明的图形显示相邻数据的趋势,而且迷你图只占用少量空间。
- 当数据发生更改时,可以立即在迷你图中看到相应的变化。除了为一行或一列数据创建一个迷你图外,还可以通过选择与基本数据相对应的多个单元格来同时创建若干个迷你图。
- 通过在包含迷你图的单元格上使用填充柄,可以为后续添加的数据行创建迷你图。
- 在打印包含迷你图的工作表时,迷你图将会被同时打印。

11.1.2 创建迷你图

创建一个迷你图的基本方法如下:

① 首先打开一个工作簿文档,输入相关数据。

② 在要插入迷你图的单元格中单击鼠标。

③ 在“插入”选项卡上的“迷你图”选项组中单击迷你图的类型,打开如图 11.1 所示的“创建迷你图”对话框。可供选择的迷你图类型包括折线图、柱形图和盈亏图 3 种。

④ 在“数据范围”框中输入或选择创建迷你图所基于的数据所在的单元格区域。

⑤ 在“位置范围”框中指定迷你图的放置位置。

⑥ 单击“确定”按钮,迷你图插入到指定单元格中。

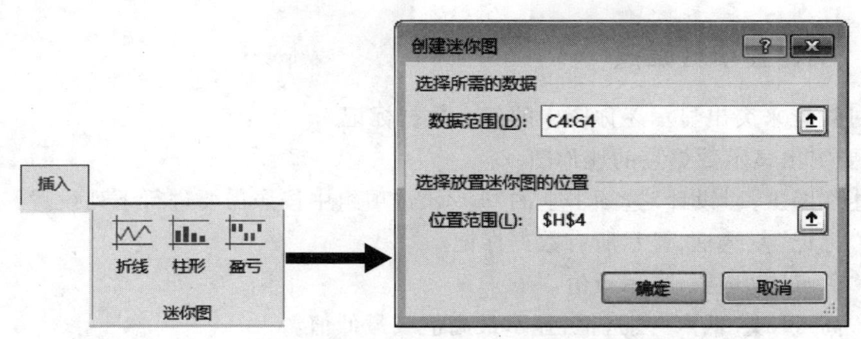

图 11.1　通过“迷你图”选项组打开“创建迷你图”对话框

⑦ 向迷你图添加文本。由于迷你图是以背景方式插入单元格中的，所以可以在含有迷你图的单元格中直接输入文本，并设置文本格式、为单元格填充背景颜色等。效果可参见图 11.2 所示。

	2015年	2016年	2017年	2018年	2019年	迷你图趋势
销售额	2,735.92	2,240.20	2,596.28	3,620.05	4,195.07	历年销售情况变化

图 11.2　为销售额系列添加迷你图

⑧ 填充迷你图。如果相邻区域还有其他数据系列，那么拖动迷你图所在单元格的填充柄可以像复制公式一样填充迷你图。

11.1.3　改变迷你图类型

当在工作表上选择某个迷你图时，功能区中将会出现如图 11.3 所示的“迷你图工具|设计”选项卡。通过该选项卡，可以创建新的迷你图，更改其类型，设置其格式，显示或隐藏折线迷你图上的数据点，或者设置迷你图坐标轴的可见性及缩放比例等。

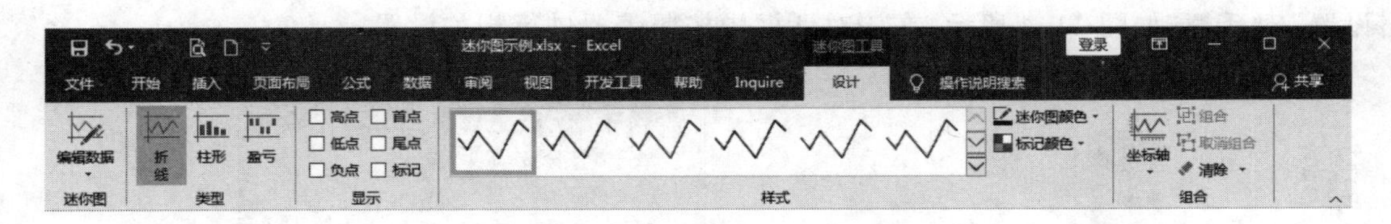

图 11.3　“迷你图工具|设计”选项卡上的各类工具

改变迷你图类型的方法是：

① 取消图组合。如果是以拖动填充柄的方式生成的系列迷你图，默认情况下这组图被自动组合成一个图组。首先选择要取消组合的图组，在“迷你图工具|设计”选项卡上的“组合”选项组中单击“取消组合”按钮，撤销图组合。

② 单击要改变类型的迷你图。

③ 在“迷你图工具|设计”选项卡上的“类型”选项组中重新选择一个类型。

11.1.4 突出显示数据点

可以通过设置来突出显示迷你图中的各个数据标记。

① 选择要突出显示数据点的迷你图。

② 在“迷你图工具|设计”选项卡上的“显示”选项组中按照需要进行下列设置：

- 选中“标记”复选框,显示所有数据标记。
- 选中“负点”复选框,显示负值。
- 选中“高点”或“低点”复选框,显示最高值或最低值。
- 选中“首点”或“尾点”复选框,显示第一个值或最后一个值。

③ 清除相应复选框,将隐藏指定的一个或多个标记。

11.1.5 设置迷你图样式和颜色

① 选择要设置格式的迷你图。

② 应用预定义样式。在“迷你图工具|设计”选项卡上的“样式”选项组中单击应用某个样式,通过该组右侧的“更多”按钮可查看并选择其他样式。

③ 自定义迷你图及标记的颜色：

- 单击“样式”选项组中的“迷你图颜色”按钮,在下拉列表中更改颜色及线条粗细。
- 单击“样式”选项组中的“标记颜色”按钮,在下拉列表中为标记值设定不同的颜色。

11.1.6 处理隐藏和空单元格

当迷你图所引用的数据系列中含有空单元格或者被隐藏的数据时,可指定处理该单元格的规则,从而控制如何显示迷你图。具体方法是：

选择要进行设置的迷你图,在“迷你图工具|设计”选项卡上的“迷你图”选项组中单击“编辑数据”按钮下方的黑色箭头,从下拉列表中选择“隐藏和清空单元格”命令,打开“隐藏和空单元格设置”对话框,如图 11.4 所示,在该对话框中按照需要进行相关设置。

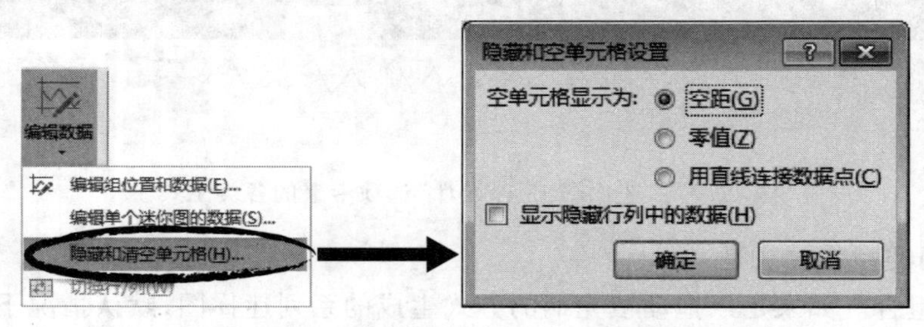

图 11.4 “隐藏和空单元格设置”对话框

11.1.7 清除迷你图

选择要清除的迷你图,在“迷你图工具|设计”选项卡上的“组合”选项组中单击“清除”按钮。

11.1.8 实例:创建一个迷你图

打开案例文档“创建迷你图案例.xlsx”,为工作表“素材”中的利润数据创建适当的迷你图并进行修饰,以反映各项数据的变化趋势。

操作步骤提示:

① 为收入创建趋势图。单击 H4 单元格→从“插入”选项卡上的“迷你图”选项组中单击“折线图”→数据范围指定为单元格区域 B4:F4,目的是对 2015—2019 年间的收入趋势进行反映→单击“确定”按钮。

② 对迷你图单元格进行修饰。在 H4 单元格中输入文本“收入趋势图”,将其居中显示,应用一个带有背景的单元格样式,改变字体并适当调大字号。

③ 为成本及净利润生成迷你图。向下拖动 H4 单元格的填充柄到 H6 单元格,生成历年成本及利润的折线图。依次删除 H5 和 H6 单元格中的文本。

④ 改变迷你图的类型及样式。首先选择单元格区域 H4:H6→在“迷你图工具|设计”选项卡上的“组合”选项组中单击“取消组合”按钮,撤销图组合→选择 H5 单元格的成本折线图,在“迷你图工具|设计”选项卡上的“类型”选项组中单击“柱形”,将反映成本的迷你图设为柱形图→从“迷你图工具|设计”选项卡上的“样式”选项组中选择一个彩色样式→依次选择“迷你图工具|设计”选项卡→“组合”选项组中的“坐标轴”按钮→“纵坐标轴的最小值选项”→“自定义值”→输入 1000 作为最小值,如图 11.5 所示。

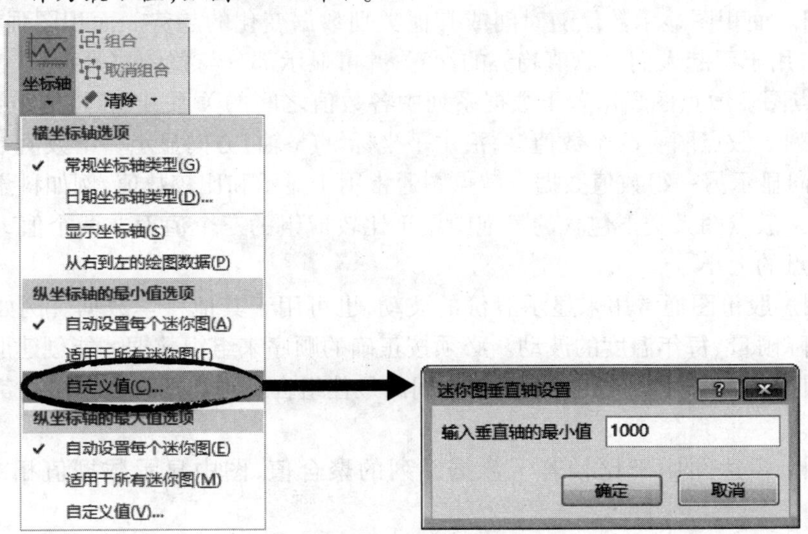

图 11.5 修改迷你图的坐标轴最小值

⑤ 突出显示最大和最小利润值。单击单元格 H6→在“迷你图工具|设计”选项卡上的“显示”选项组中选中“高点”和“低点”两个值→通过“迷你图工具|设计”选项卡上“样式”选项组中的“迷你图颜色”和“标记颜色”将折线图的线条设为 1.5 磅,颜色改为黄色,高点设定为绿色,低点设定为红色。

设置结果可参见同一案例文档中的工作表“答案”。

11.2 创建图表

相对于迷你图，图表作为表格中的嵌入对象，其类型更丰富、创建更灵活、功能更全面、数据展示作用也更为强大。

11.2.1 Excel 图表类型

Excel 主要提供以下几大类图表，其中每个大类下又包含若干子类型，其中常用的有柱形图、折线图、饼图、条形图等。

- 柱形图。柱形图用于显示一段时间内的数据变化或说明各类别之间的比较情况。在柱形图中，通常沿水平坐标轴组织类别，沿垂直坐标轴显示数值。
- 折线图。折线图可以显示随时间而变化的连续数据，通常适用于显示在相等时间间隔下数据的趋势。在折线图中，通常类别沿水平轴均匀分布，所有的数值沿垂直轴分布。
- 饼图。饼图显示一个数据系列中各项数值的大小、各项数值占总和的比例。饼图中的数据点显示为整个饼图的百分比。饼图大类下包含的圆环图也显示各个部分与整体之间的关系，但是它可以包含多个数据系列。

- 条形图。条形图显示各持续型数值之间的比较情况。在条形图中，通常沿垂直坐标轴组织类别，沿水平坐标轴组织值。当轴标签很长且显示的值为持续时间时，可考虑使用条形图。
- 面积图。面积图显示数值随时间或其他类别数据变化的趋势。面积图强调数值随时间而变化的程度，用于引起人们对总值趋势的注意，并可显示部分与整体的关系。
- *XY* 散点图。散点图显示若干数据系列中各数值之间的关系，或者将两组数值绘制为 xy 坐标的一个系列。散点图有两个数值轴，沿水平坐标轴（x 轴）方向显示一组数值数据，沿垂直坐标轴（y 轴）方向显示另一组数值数据。散点图通常用于显示和比较数值，例如科学数据、统计数据和工程数据。散点图大类下包含的气泡图用于比较成组的三个值而非两个值，其中第三个值确定气泡数据点的大小。
- 股价图。股价图通常用来显示股价的波动，也可用于其他科学数据。例如，可以使用股价图来显示日降雨量、每年温度的波动。必须按正确的顺序来组织数据才能创建股价图。
- 曲面图。曲面图可以找到两组数据之间的最佳组合。当类别和数据系列都是数值时，可以使用曲面图。
- 雷达图。雷达图用于比较若干数据系列的聚合值，图中显示数据值相对于中心点的变化。
- 树状图。树状图通过提供数据的分层视图，用于比较分类的不同级别，非常适合比较层次结构内的比例。树状图按颜色和接近度显示类别，并可以轻松显示大量数据。当层次结构内存在空（空白）单元格时可以绘制树状图。树状图没有子类型。
- 旭日图。旭日图用于显示分层数据，可以在层次结构中存在空（空白）单元格时进行绘制。层次结构的每个级别均通过一个环或圆形表示，最内层的圆表示层次结构的顶级。旭日图在显示一个环如何被划分为作用片段时最有效。旭日图没有子类型。
- 直方图。直方图用于显示分布内的频率。图表中的每一列称为箱。

• 箱形图。箱形图用于显示数据到四分位点的分布，突出显示平均值和离群值。当有多个数据集以某种方式彼此相关时，可使用箱形图。箱形图没有子类型。

• 瀑布图。瀑布图用于显示加上或减去数值时的财务数据累计汇总。瀑布图有助于理解一系列正值和负值对初始值的影响。瀑布图没有子类型。

• 组合图。组合图通过次坐标轴将两种或更多图表类型组合在一起，以便数据更容易被理解，特别是当数据变化范围较大时，组合图展示更清晰易懂。例如，可以将柱形图和折线图组合在一起，一张图中分别展示不同类别之间的比较和变化趋势。可以自定义不同组合图。

11.2.2 创建基本图表

创建图表前，应先组织和排列数据，并依据数据性质确定相应图表类型。对于创建图表所依据的数据，应按照行或列的形式组织数据，并在数据的左侧和上方分别设置行标题和列标题，行列标题最好是文本，这样 Excel 会自动根据所选数据区域确定在图表中绘制数据的最佳方式。某些图表类型（如饼图和气泡图）则需要特定的数据排列方式。

当不明确应该采用什么类型的图表时，Excel 2016 会根据选定的数据尝试推荐一个或几个可能合适的图表类型以供选择。创建图表的基本方法是：

① 在工作表中输入并排列要绘制在图表中的数据。

② 选择要用于创建图表的数据所在的单元格区域，可以选择不相邻的多个区域。

提示：如果只选择一个单元格，则 Excel 会自动将紧邻该单元格且包含数据的所有单元格绘制到图表中。如果要绘制到图表中的单元格不在连续的区域中，只要选择的区域为矩形，便可以选择不相邻的单元格或区域。

③ 在“插入”选项卡上的“图表”选项组中单击“推荐的图表”按钮，打开“插入图表”对话框。

④ 在“推荐的图表”选项卡中浏览 Excel 推荐的图表列表，单击查看预览效果。如果没有找到合适的类型，则可单击“所有图表”选项卡以查看所有可用的图表类型，如图 11.6 所示。

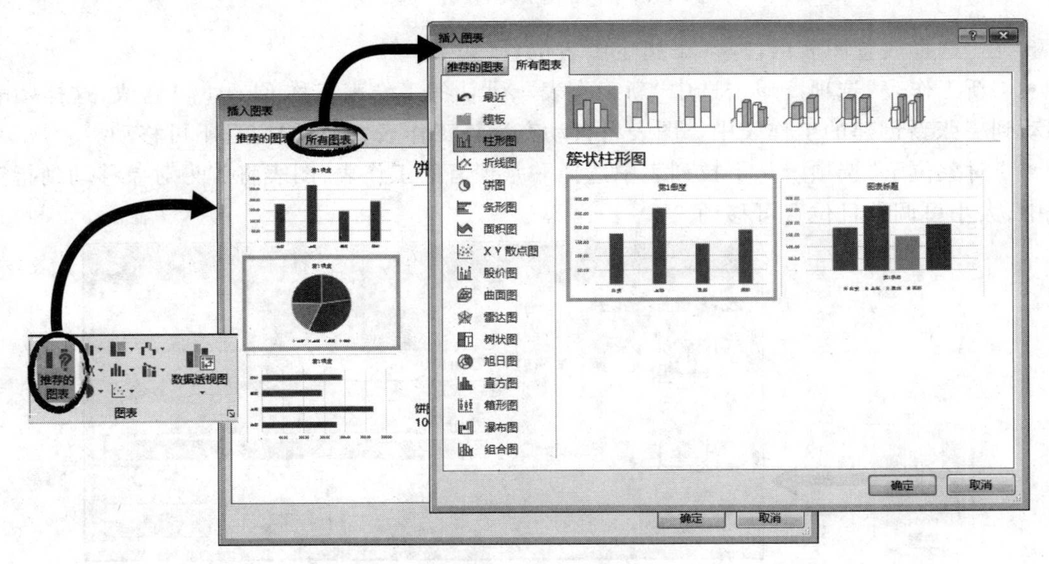

图 11.6 从推荐的图表列表或“插入图表”对话框中均可选择图表类型

⑤ 选择需要的图表,然后单击“确定”按钮,相应图表插入当前工作表中。

提示:将鼠标光标停留在图表缩略图上,屏幕提示将显示该图表类型的名称。

⑥ 移动图表位置。默认情况下,图表是以可移动的对象方式嵌入到工作表中的,将光标指向空白的图表区,当光标变为✥状时,按下鼠标左键不放并拖动鼠标,即可移动图表的位置。

⑦ 改变图表大小。将鼠标指向图表外边框上四边或四角的尺寸控点上,当光标变为⇔状时,拖动鼠标即可改变其大小。

⑧ 快速更改外观。选中图表,通过其右上角旁边的图表元素、图表样式和图表筛选器按钮对图表的元素、样式颜色、系列数据等内容进行设置或更改。

⑨ 若要获取更为详细的设计和格式设置,可通过“图表工具”的“设计”和“格式”选项卡进行。

11.2.3 移动图表到单独的工作表中

默认情况下,图表作为嵌入对象放在当前数据工作表中。如果要将图表放在单独的图表工作表中,可以通过执行下列移动操作来更改其位置:

① 单击图表区中的任意位置将其激活,此时功能区中将会显示“图表工具”下的“设计”和“格式”选项卡。

② 在如图 11.7 所示的“图表工具|设计”选项卡上,单击“位置”选项组中的“移动图表”按钮,打开如图 11.8 所示的“移动图表”对话框。

图 11.7 “图表工具|设计”选项卡

③ 在“选择放置图表的位置”下指定图表位置,其中:

• “新工作表”选项。单击选中“新工作表”,默认的工作表名称 Chart1 可修改,这样图表将被移动到一张新创建的工作表中。图表将自动充满该工作表,大小固定且不可移动。

• “对象位于”选项。从下拉列表中选择一张现有的工作表,图表将作为对象移动到指定工作表中,大小可调整且位置可移动。

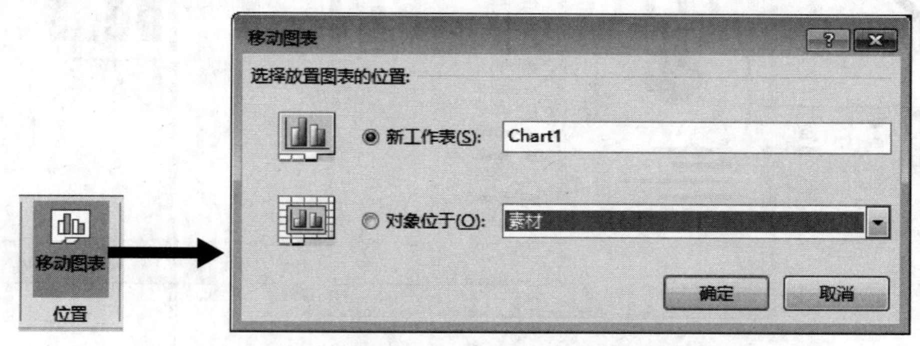

图 11.8 在“移动图表”对话框中确定图表的位置

④ 单击“确定”按钮,完成图表的移动。

11.2.4 图表的基本组成

图表中包含许多元素。默认情况下某类图表可能只显示其中的部分元素,而其他元素则可以根据需要添加。可以根据需要将图表元素移动到图表中的其他位置,调整图表元素的大小或者更改其格式,还可以删除不希望显示的图表元素。

图 11.9 中标出了图表中常见的元素及其名称与作用。

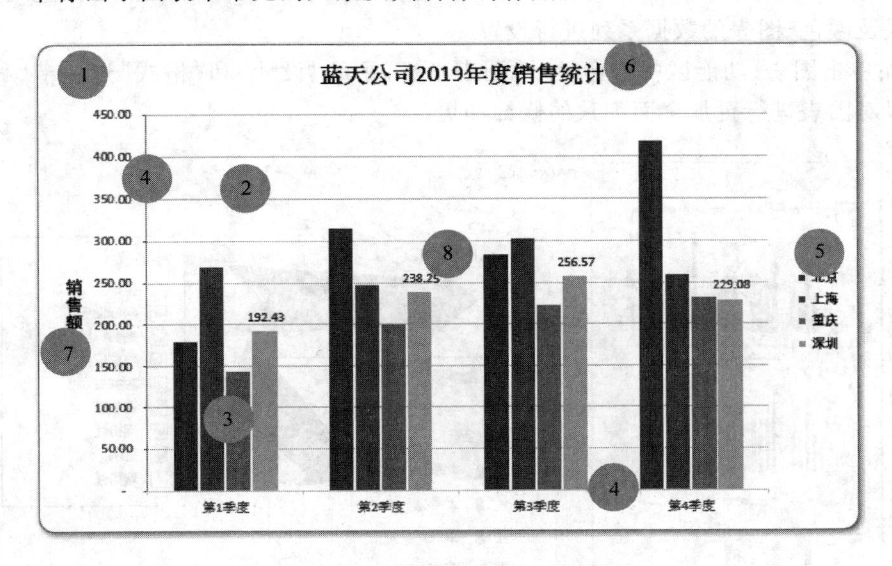

图 11.9 构成图表的主要元素

① 图表区:包含整个图表及其全部元素。一般在图表的空白处单击即可选定整个图表区。

② 绘图区:通过坐标轴来界定的区域,包括所有数据系列、分类名、刻度线标志和坐标轴标题等。

③ 在图表中绘制的数据系列的数据点:数据系列是指在图表中绘制的有关数据,这些数据源自数据表的行或列。图表中的每个数据系列具有唯一的颜色或图案并且在图表的图例中表示。可以在图表中绘制一个或多个数据系列(饼图只有一个数据系列)。数据点是在图表中绘制的单个值,这些值由条形、柱形、折线、饼图或圆环图的扇面、圆点和其他被称为数据标记的图形表示。相同颜色的数据标记组成一个数据系列。

④ 横坐标轴(x 轴、分类轴)和纵坐标轴(y 轴、值轴):坐标轴是界定图表绘图区的线条,用作度量的参照框架。y 轴通常为垂直坐标轴并包含数据,x 轴通常为水平坐标轴并包含分类。数据沿着横坐标轴和纵坐标轴绘制在图表中。

⑤ 图表的图例:图例是放置在图表绘图区外的数据系列的标签,用不同的图案或颜色标识图表中的数据系列。

⑥ 图表标题:是对整个图表的说明性文本,自动在图表顶部居中,也可以移动到其他位置。

⑦ 坐标轴标题:是对坐标轴的说明性文本,自动与坐标轴对齐,也可以移动到其他位置。

⑧ 数据标签:可以用来标识数据系列中数据点的详细信息,数据标签代表源于数据表单元

格的单个数据点或数值。

11.3 修饰与编辑图表

创建基本图表后,可以根据需要通过下述两个途径进一步对图表进行修饰,使其更加美观,显示的信息更加丰富。

途径 1:单击图表,图表区右上角将会出现一组按钮(如图 11.10 所示),可快速对图表元素、图表的样式及颜色、图表的数据系列进行设置。

途径 2:单击图表,功能区中将会显示"图表工具"下的"设计"和"格式"选项卡,利用这两个选项卡可以对图表进行更加全面细致的修饰和更改。

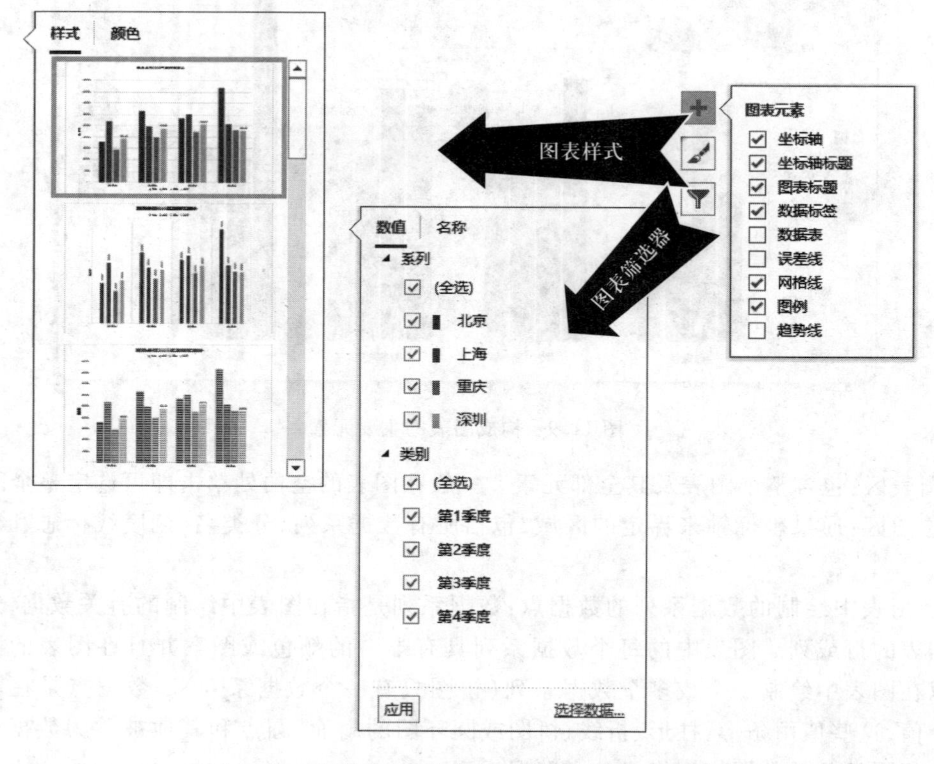

图 11.10　通过图表右上角的功能按钮快速布局图表

11.3.1　更改图表的布局和样式

创建图表后,可以为图表应用预定义布局和样式快速更改它的外观。Excel 提供了多种预定义布局和样式,必要时还可以手动更改各个图表元素的布局和格式。

1. 应用预定义图表布局

① 单击要使用预定义图表布局的图表中的任意位置。

② 在"图表工具|设计"选项卡上的"图表布局"选项组中单击"快速布局"按钮。

③ 从如图 11.11(a)所示的列表中选择要使用的预定义布局类型。

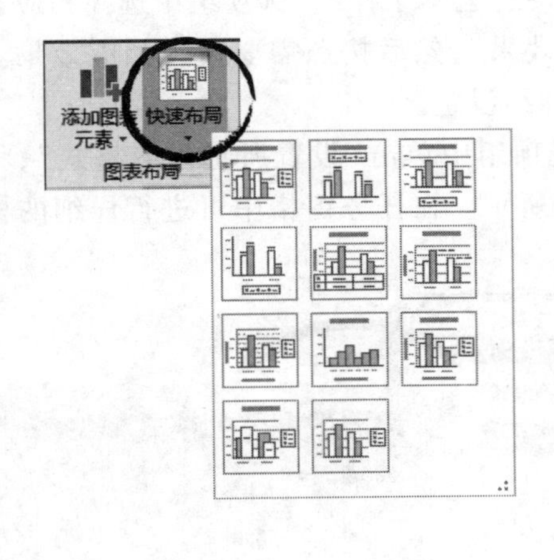

(a)

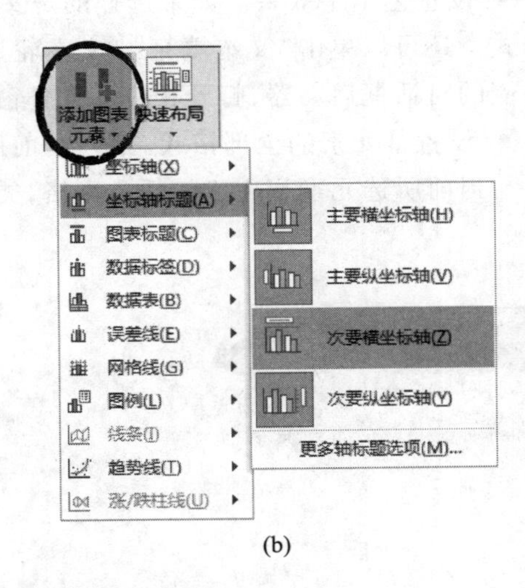

(b)

图 11.11　在预定义布局类型列表中选择一个布局

④ 在"图表工具|设计"选项卡上的"图表布局"选项组中单击"添加图表元素"按钮,打开如图 11.11 (b)所示的下拉列表,可自定义图表布局。

2. 应用预定义图表样式

① 单击要使用预定义图表样式的图表中的任意位置。

② 单击右上角的"图表样式"按钮,在"样式"列表中选择一个样式;或者在"图表工具|设计"选项卡上的"图表样式"选项组中单击要使用的图表样式。单击右下角的"其他"箭头,可查看更多的预定义图表样式。

③ 单击右上角的"图表样式"按钮,在"颜色"列表中选择一个配色方案;或者在"图表工具|设计"选项卡上的"图表样式"选项组中单击"更改颜色"按钮,从下拉列表中选择配色方案。

提示:选择样式及配色方案时要考虑打印输出的效果。如果打印机不支持彩色打印,那么需要慎重选择颜色搭配。

3. 自定义图表元素的格式

① 单击要更改其格式的图表元素。

② 在如图 11.12 所示的"图表工具|格式"选项卡上,根据需要进行下列格式设置:

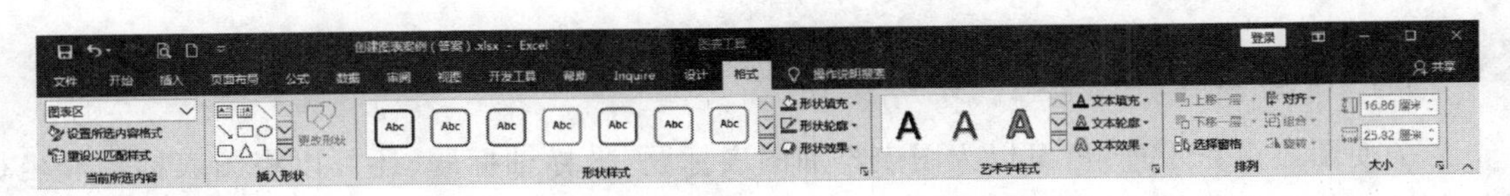

图 11.12　"图表工具|格式"选项卡

- 设置形状样式。在"形状样式"选项组中单击需要的样式,或者单击"形状填充""形状轮廓"或"形状效果",按照需要设置相应的格式。单击右侧的对话框启动器,打开相应的任务窗格,可进行详细设置。

• 设置艺术字效果。如果选择的是文本或数值,可在“艺术字样式”选项组中选择相应艺术字样式。还可以单击“文本填充”“文本轮廓”或“文本效果”,然后按照需要设置相应效果。单击右侧的对话框启动器,打开相应的任务窗格,可进行详细设置。

• 设置某元素的全部格式。在“当前所选内容”选项组中单击“设置所选内容格式”,将会打开与当前所选元素相适应的任务窗格,类似图 11.13 所示。在任务窗格中可进行详细的格式调整。

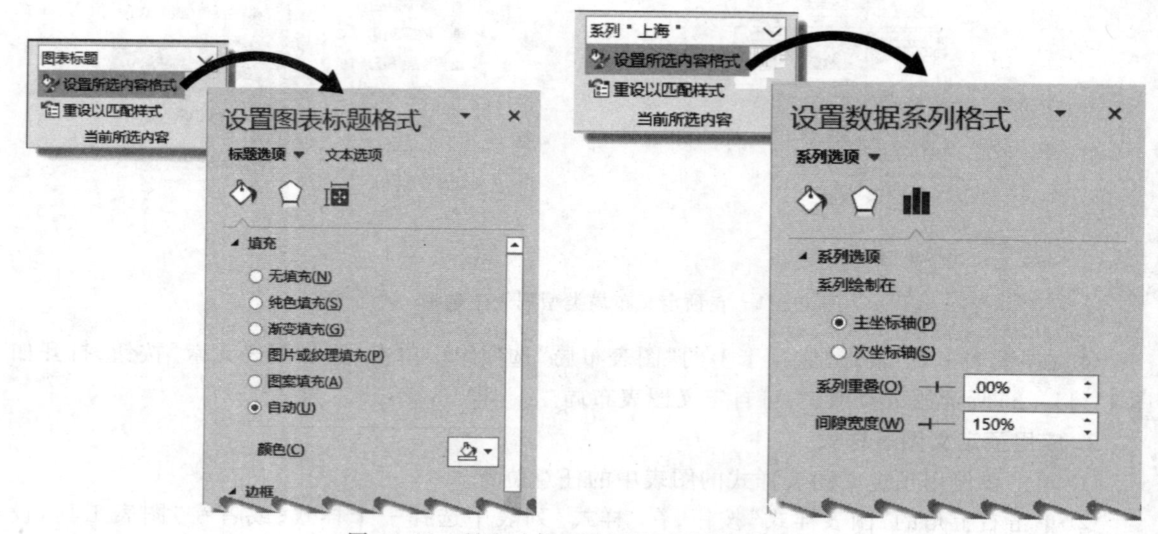

图 11.13 所选对象不同打开不同的任务窗格

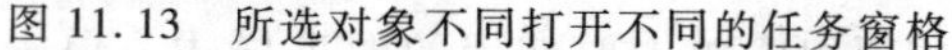

11.3.2 更改图表类型

已创建的图表可以根据需要改变图表类型,必要时还可以单独改变其中某个数据系列的图表类型,以实现复杂的显示效果。但要注意,改变后的图表类型应支持所基于的数据列表,否则 Excel 可能报错。

① 选择要更改其类型的图表或者图表中的某一数据系列。

② 在“图表工具|设计”选项卡上的“类型”选项组中单击“更改图表类型”按钮,打开“更改图表类型”对话框,

③ 选择新的图表类型后,单击“确定”按钮。

11.3.3 设置标题

为了使图表更易于理解,可以为图表添加图表标题、坐标轴标题,还可以将图表标题和坐标轴标题链接到数据表所在单元格中的相应文本。当对工作表中文本进行更改时,图表中链接的标题将会自动更新。

1. 设置图表标题

① 单击要为其添加标题的图表中的任意位置。

② 依次选择“图表工具|设计”选项卡→“图表布局”选项组→“添加图表元素”按钮→“图表标题”。

③ 从下拉列表中单击“图表上方”或“居中覆盖”命令,指定标题位置。

提示:如果已选择了包含图表标题的预定义布局,那么“图表标题”文本框已显示在图表上方居中位置。也可以单击右上角的“图表元素”按钮,打开“图表标题”子菜单进行设置。

④ 在“图表标题”文本框中输入标题文字。

⑤ 设置标题格式。在图表标题上双击鼠标,打开“设置图表标题格式”任务窗格,按照需要对标题框及文本的大小、填充、边框、对齐方式等格式进行设置,还可以通过“开始”选项卡上的“字体”选项组设置标题文本的字体、字号、颜色等。

2. 设置坐标轴标题

① 单击要为其添加坐标轴标题的图表中的任意位置。

② 依次选择“图表工具|设计”选项卡→“图表布局”选项组→“添加图表元素”按钮→“坐标轴标题”。

③ 从下拉列表中按照需要设置是否显示横纵坐标轴标题,以及标题的显示方式。单击其中的“更多轴标题选项”可打开“设置坐标轴标题格式”任务窗格。

④ 在“坐标轴标题”文本框中输入表明坐标轴含义的文本。

⑤ 在“设置坐标轴标题格式”任务窗格中按照需要设置标题框及文本的格式,方法与设置图表标题相同。

注意:如果转换到不支持坐标轴标题的其他图表类型(如饼图),则不再显示坐标轴标题。在转换回支持坐标轴标题的图表类型时将重新显示标题。

3. 将标题链接到工作表单元格

① 单击图表中要链接到工作表单元格的图表标题或坐标轴标题。

② 在工作表上的编辑栏中单击鼠标,然后输入等号“=”。

③ 选择工作表中包含链接文本的单元格。

④ 按 Enter 键确认。此时,更改数据表中的文本,图表中的标题将会同步变化。

11.3.4 添加数据标签

要快速标识图表中的数据系列,可以向图表的数据点添加数据标签。默认情况下,数据标签链接到工作表中的数据值,在工作表中对这些值进行更改时图表中的数据标签会自动更新。

① 在图表中选择要添加数据标签的数据系列。其中单击图表区的空白位置,可向所有数据系列的所有数据点添加数据标签。

注意:选择的图表元素不同数据标签添加的范围也会不同。例如,如果选定了整个图表,数据标签将应用到所有数据系列。如果选定了单个数据点,则数据标签将只应用于选定的数据系列或数据点。

② 依次选择“图表工具|设计”选项卡→“图表布局”选项组→“添加图表元素”按钮→“数据标签”,从如图 11.14 所示的下拉列表中选择相应的显示方式(其中可用的数据标签选项因选用的图表类型不同而不同)。

③ 单击最下方的“其他数据标签选项”，打开“设置数据标签格式”任务窗格，可详细设置标签格式。

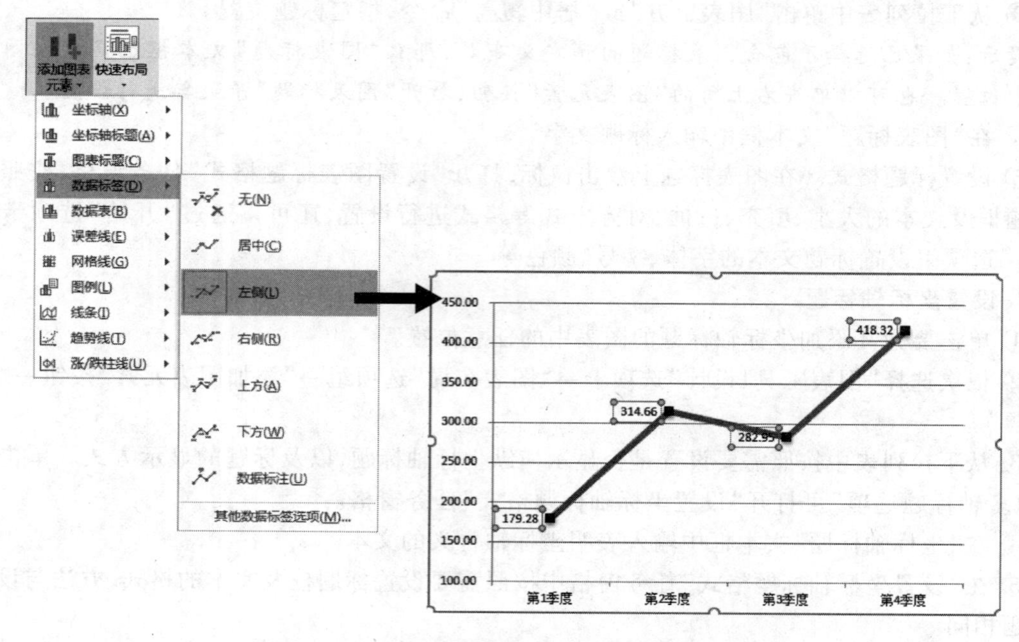

图 11.14　设置数据标签的显示位置在“左侧”

11.3.5　设置图例和坐标轴

可以根据需要重新设置图例的位置以及坐标轴的格式，使得图表的布局更加合理美观。

1. 设置图例

创建图表时会自动显示图例，在图表创建完毕后可以隐藏图例或者更改图例的位置和格式。

① 单击要进行图例设置的图表。

② 依次选择“图表工具|设计”选项卡→“图表布局”选项组→“添加图表元素”按钮→“图例”命令，打开下拉列表。

③ 从中选择相应的命令，可改变图例的显示位置，其中选择“无”可隐藏图例。

④ 单击“更多图例选项”，打开“设置图例格式”任务窗格，如图 11.15 所示，按照需要对图例的颜色、边框、位置等格式进行设置。

⑤ 单击选中图例，通过“开始”选项卡上的“字体”选项组可改变图例文字的字体、字号、颜色等。

⑥ 如需改变图例项的文本内容，应返回数据表中进行修改，图表中的图例将会随之自动更新。

2. 设置坐标轴

在创建图表时，一般会为大多数图表类型显示主要的横纵坐标轴。当创建某些三维图表时则会显示表示深度的竖坐标轴。可以根据需要对坐标轴的格式进行设置，调整坐标轴刻度间隔，更改坐标轴上的标签等。

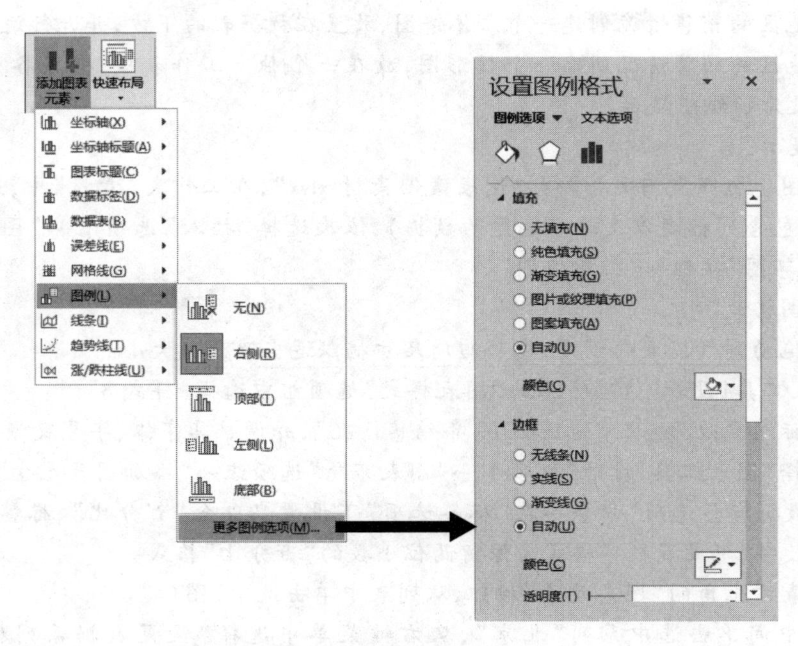

图 11.15 设置图例位置及格式

① 单击要设置坐标轴的图表。

② 依次选择“图表工具|设计”选项卡→“图表布局”选项组→“添加图表元素”按钮→“坐标轴”,打开下拉列表。

③ 根据需要分别设置横纵坐标轴的显示与否,以及坐标轴的显示方式。

④ 若要指定详细的坐标轴显示和刻度选项,单击“更多轴选项”命令打开“设置坐标轴格式”任务窗格。

⑤ 在该任务窗格中可以对坐标轴上的刻度类型及间隔、标签位置及间隔、坐标轴的颜色及粗细等格式进行详细的设置。

3. 显示或隐藏网格线

为了使图表更易于理解,可以在图表的绘图区显示或隐藏从任何横坐标轴和纵坐标轴延伸出的水平和垂直网格线。

① 单击要显示或隐藏网格线的图表。

② 依次选择“图表工具|设计”选项卡→“图表布局”选项组→“添加图表元素”按钮→“网格线”命令,打开下拉列表。

③ 从中设置横纵网格线的显示与否,以及是否显示次要网格线。

④ 单击“更多网格线选项”命令,打开相应的任务窗格,对指定网格线的线型、颜色等进行设置。

11.3.6 实例:创建一个复合图表

打开案例文档“创建图表案例素材.xlsx”,以工作表“素材”中的数据为数据源,按下列要求练习创建图表:

1. 为北京地区的销售情况创建一个立体饼图,放置在数据表的下方,并进行适当的修饰。

2. 为所有地区的销售情况创建一个柱形图,放在一个独立工作表中,并将各个地区的每个季度合计数据设为折线图显示。

操作步骤提示:

① 创建饼图。打开案例文档“创建图表案例素材.xlsx”,在工作表“素材”中,选择单元格区域 A3:E4(其中包含列标题以及北京地区的数据),依次选择“插入”选项卡→“图表”选项组→“插入饼图或圆环图”按钮→“三维饼图”。

② 设置饼图格式。

- 将饼图拖动到数据表的下方,拖动四周尺寸柄以适当改变其大小。
- 从“图表工具|设计”选项卡上的“图表样式”选项组中选择“样式 8”。
- 将图表标题更改为“北京地区 2019 年销售情况”,并调整其字体、字号及颜色。
- 依次选择“图表工具|设计”选项卡→“图表布局”选项组→“添加图表元素”按钮→“数据标签”→“其他数据标签选项”命令→在“标签选项”下设置只包含“百分比”、标签位置“在数据标签外”→在“数字”下设置数字格式为保留两位小数的“百分比”格式。
- 单击图表右上角的“图表元素”按钮,从列表中单击选中“图例”。
- 在饼图中间单击选中系列“北京”,从右键菜单中选择“设置数据系列格式”,将“饼图分离”值设为 10%。单击仅选中右上角的紫色的第 4 季度数据点,将其用鼠标向外拖动一些。

③ 创建柱形图。在工作表“素材”中,选择单元格区域 A3:E8,目的是对蓝天公司各地区四个季度的销售额以及每个季度的合计值进行图表化。依次选择“插入”选项卡→“图表”选项组→“推荐的图表”→推荐的图表列表中的第一个簇状柱形和折线复合图。

④ 移动图表到独立的工作表中。选中柱形图,依次选择“图表工具|设计”选项卡→“位置”选项组→“移动图表”按钮→选中“新工作表”,并将表名改为“销售比较图表”。

⑤ 设置柱形图格式。依次选择“图表工具|设计”选项卡→“图表布局”选项组→“快速布局”→“布局 9”,该布局将会在基本图表中增加坐标轴标题元素。将图表标题链接到数据表“素材”的 A1 单元格并进行格式化。将纵坐标轴标题改为“销售额”,横坐标轴标题改为“时间”。

⑥ 更改图表类型并设置次坐标轴。

- 选中代表数据系列“合计”的折线图,依次选择“图表工具|设计”选项卡→“类型”选项组→“更改图表类型”按钮,将“合计”系列的图表选为“带数据标记的折线图”,并同时选中右侧的“次坐标轴”复选框。
- 在“合计”系列的折线图上单击鼠标右键→从快捷菜单中选择“设置数据系列格式”命令→在任务窗格中单击“填充与线条”图标→单击“标记”→“标记选项”→从“内置”类型中选择标记类型并设置大小和填充颜色,设置过程如图 11.16 所示。

结果可参见文档“创建图表案例(答案).xlsx”。

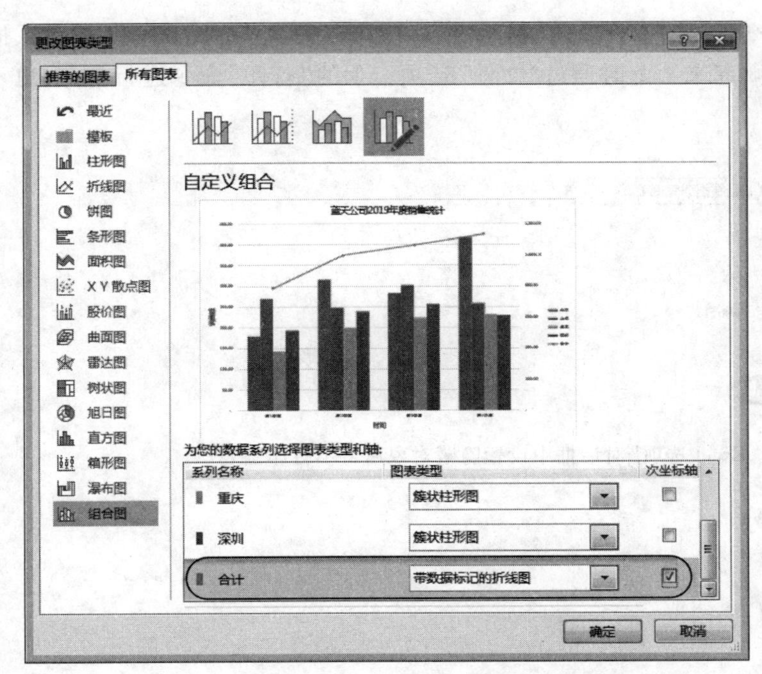

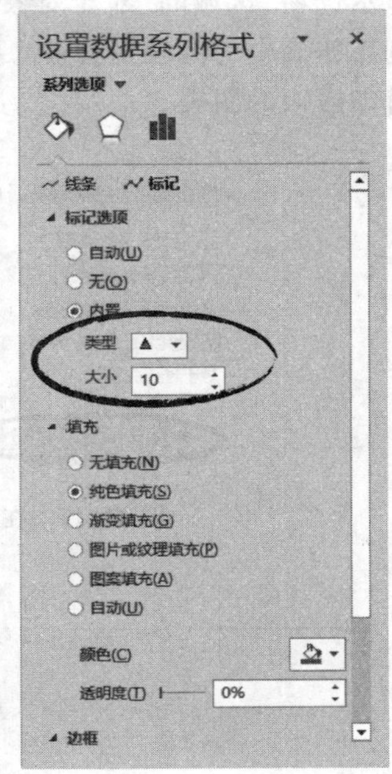

图 11.16 设置次坐标轴并改变数据标记的类型及大小

11.4 打印图表

位于工作簿中的图表将会在保存工作簿时一起保存在工作簿文档中。图表可以随数据源进行打印,也可对图表进行单独的打印设置。

11.4.1 整页打印图表

当图表放置于单独的工作表中时,直接打印该工作表即可单独打印图表到一页纸上。

当图表以嵌入方式与数据列表位于同一张工作表上时,首先单击选中该图表,然后通过"文件"选项卡上的"打印"命令进行打印,即可只将选定的图表输出到一页纸上。

11.4.2 作为数据表的一部分打印

当图表以嵌入方式与数据列表位于同一张工作表上时,首先选择这张工作表,保证不要单独选中图表,此时通过"文件"选项卡上的"打印"命令进行打印,即可将图表作为工作表的一部分与数据列表一起打印在一张纸上。

11.4.3 不打印工作表中的图表

首先只将需要打印的数据区域(不包括图表)设定为打印区域,再通过"文件"选项卡上的"打印"命令打印活动工作表,即可不打印工作表中的图表。

另外,在"文件"选项卡上单击"选项",打开"Excel 选项"对话框,单击"高级",在"此工作簿的显示选项”区域的“对于对象,显示”下,单击选中“无内容(隐藏对象)”(如图 11.17 所示),嵌入到工作表中的图表将会被隐藏起来。此时通过“文件”选项卡上的“打印”命令进行打印,也不会打印嵌入的图表。

图 11.17 在“Excel 选项”对话框中设置隐藏对象后将不打印图表

第12章 数据分析与处理

在工作表中输入基础数据后需要对这些数据进行组织、整理、排列、分析，从中获取更加丰富实用的信息。为了实现这一目的，Excel 提供了丰富的数据处理功能，可以对大量、无序的原始数据资料进行深入地处理与分析。

本章的功能全部是基于正确的数据列表基础上实现的，因此在本章内容开始前，需要重点强调一下数据列表的构建规则。

- 数据列表一般是一个矩形区域，应与周围的非数据列表内容用空白行列分隔开，也就是说一组数据列表中没有空白的行或列。
- 数据列表应有一个标题行，作为每列数据的标志，列标题应便于理解数据的含义。标题一般不能使用纯数值，不能重复，也不能分置于两行中。

- 数据列表中不能包括合并单元格，标题行单元格一般不插入斜线表头。
- 每一列中的数据格式一般应该统一。

12.1 导入外部数据

除了向工作表中直接输入各项数据外，Excel 允许从其他来源获取数据，比如文本文件、Access 数据库、网站内容等，这极大地扩展了数据的获取来源，提高了输入速度。

12.1.1 导入文本文件

可以使用文本导入向导将数据从文本文件导入工作表中以快速获取数据。基本方法如下：

① 打开需要导入文本的工作簿，在某一工作表中单击用于存放数据的起始单元格。

② 在“数据”选项卡上的“获取外部数据”选项组中单击“自文本”按钮，打开如图 12.1 所示的“导入文本文件”对话框。

③ 选择文件存放的位置并单击选中该文件，单击“导入”按钮，进入如图 12.2 所示的“文本导入向导 - 第 1 步”对话框。

④ 在“请选择最合适的文件类型”下确定所导入文件的列分隔方式。如果文本文件中的各项以制表符、冒号、分号、空格或其他字符分隔，应单击选择“分隔符号”单选按钮；如果每个列中所有项的长度都相同，则可选择“固定宽度”单选按钮。

⑤ 指定导入起始行及文件的语言编码。在“导入起始行”框中输入或选择行号以指定要导入的文本数据的第一行；在“文件原始格式”列表中选择相应的语言编码，通常选择简体中文类。

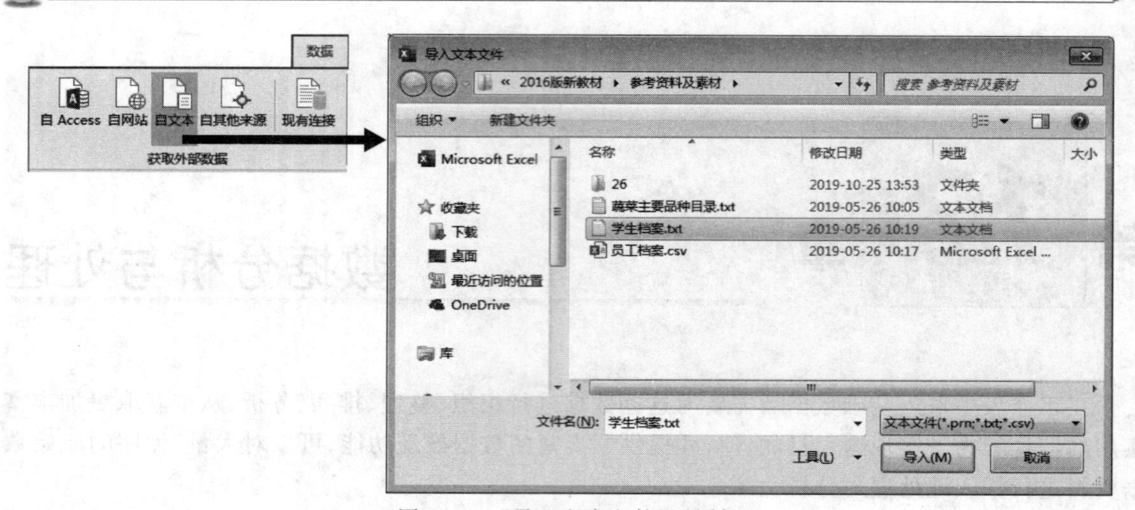

图 12.1 “导入文本文件”对话框

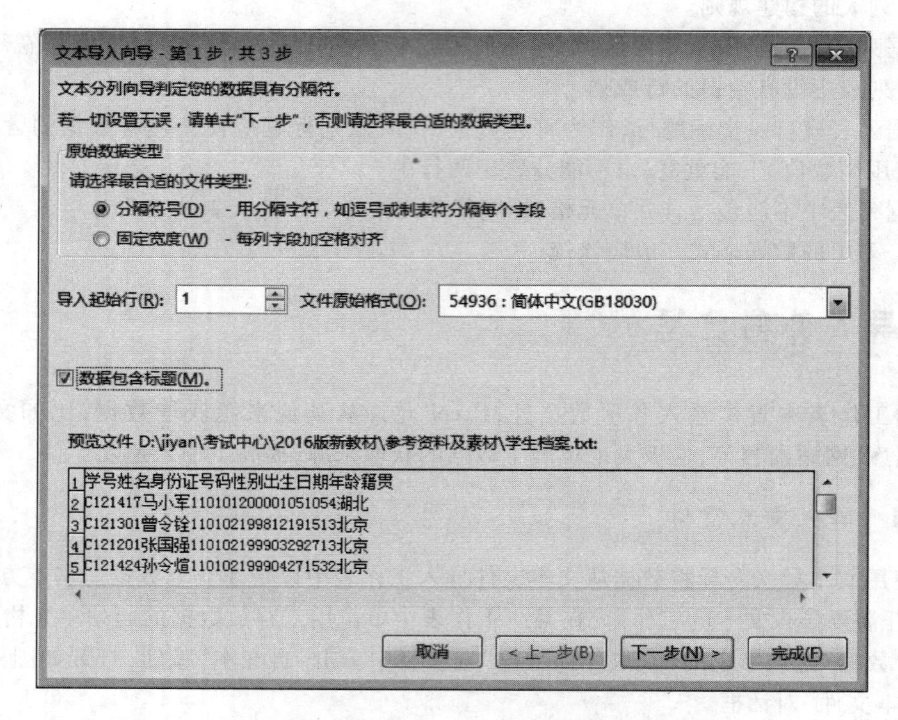

图 12.2 “文本导入向导 - 第 1 步”对话框(指定原始数据类型)

⑥ 单击“下一步”按钮，在“文本导入向导 - 第 2 步”对话框中进一步确认文本文件中实际采用的分隔符类型。如果列表中没有列出所用字符，则应选中“其他”复选框，然后在其右侧的文本框中输入该字符。如果数据类型为“固定宽度”，则这些选项不可用。在“数据预览”框中可以看到导入后的效果，如图 12.3 所示。

提示：文本识别符号用于识别连续的文本串。被文本识别符号括起来的字符串将被视为一个值导入到一个单元格中，即使其中间含有分隔符。例如，如果分隔符号为逗号“,”，文本识别

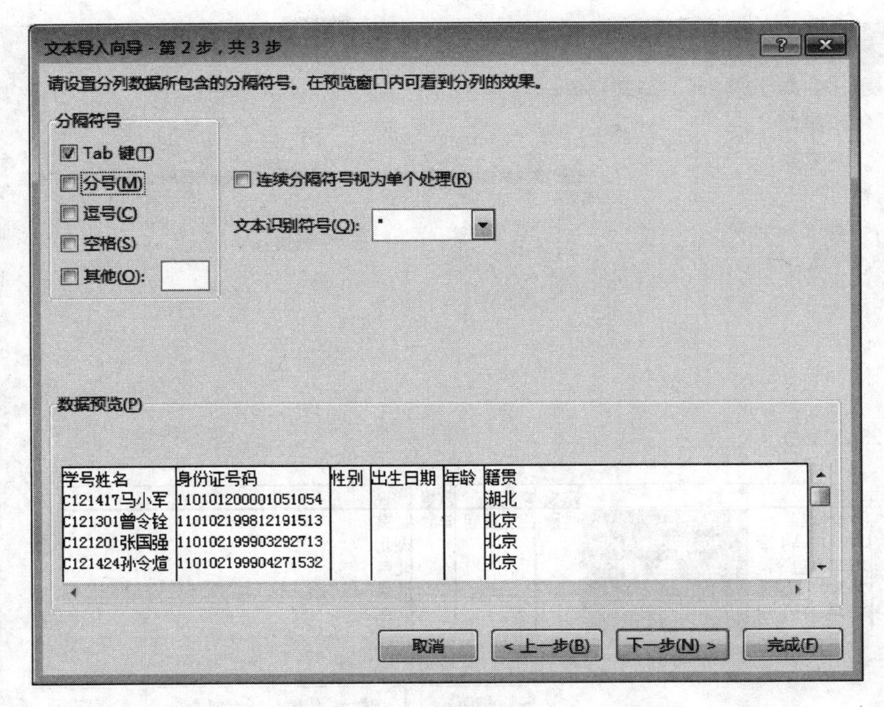

图 12.3　在“文本导入向导 - 第 2 步”对话框中指定分隔符号

符号为双引号“"”，则"Dallas，Texas"将以 Dallas，Texas 的形式导入到一个单元格中。如果没有文本识别符号或者将单引号“'”指定为识别符号，则"Dallas，Texas"将以"Dallas 和 Texas"形式导入到两个相邻的单元格中。

⑦ 单击“下一步”按钮，进到如图 12.4 所示的“文本导入向导 - 第 3 步”对话框。在该对话框中为每列数据指定数据格式，默认情况下均为“常规”。在“数据预览”框中单击某一列，然后在上方的“列数据格式”下单击指定数据格式。如果不想导入某列，可在该列上单击然后选择“不导入此列（跳过）”单选按钮。

⑧ 单击“完成”按钮，在随后打开的“导入数据”对话框中指定导入数据所存放的位置，也可以将该数据表添加到数据模型中。

⑨ 单击“确定”按钮，文本文件将被导入工作表中，对该工作簿文件进行保存。

⑩ 取消与外部数据的连接。默认情况下，所导入的数据与外部数据源保持连接关系，当外部数据源发生改变时，可以通过刷新来更新工作表中的数据。要想断开该连接，可在“数据”选项卡上的“连接”选项组中单击“连接”按钮，打开“工作簿连接”对话框，选择要取消的连接文件名，单击“删除”按钮，从弹出的提示框中单击“确定”，即可断开导入数据与源数据之间的连接，如图 12.5 所示。

12.1.2　从网页上获取数据

各类网站上有大量已编辑好的表格数据，可以将其导入到 Excel 工作表中用于统计分析。例如，通过下面的方法，可从网上获取一份统计数据（首先要确保计算机已联网）。

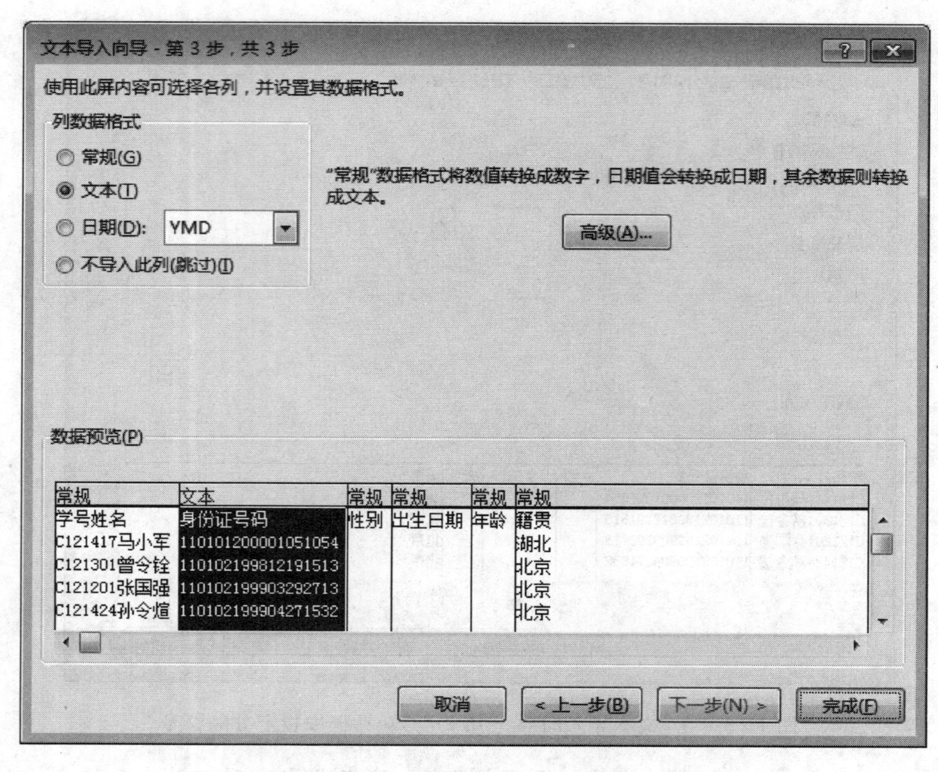

图 12.4 在“文本导入向导 - 第 3 步”对话框中设置数据格式

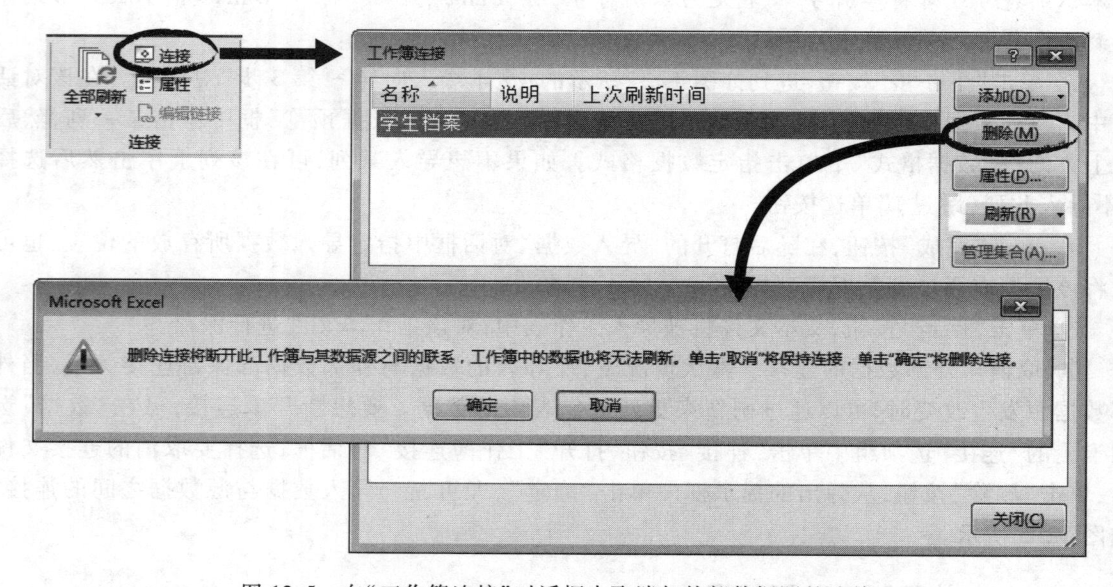

图 12.5 在“工作簿连接”对话框中取消与外部数据源的连接

① 打开一个空白的工作簿文件，以存放获取的数据。

② 在“数据”选项卡上的“获取外部数据”选项组中单击“自网站”按钮，打开“新建 Web 查

询”窗口。

③ 在“地址”栏中输入网站地址，也可以通过谷歌、百度等搜索引擎查找所需的网址。例如，输入网址“http://info.sports.sina.com.cn/rank/ittf.php”（这个网址可能随时间的变化而不可用，可以选用其他网址）。

④ 单击地址栏右侧的“转到”按钮，进到相应的网页，如图 12.6 所示。

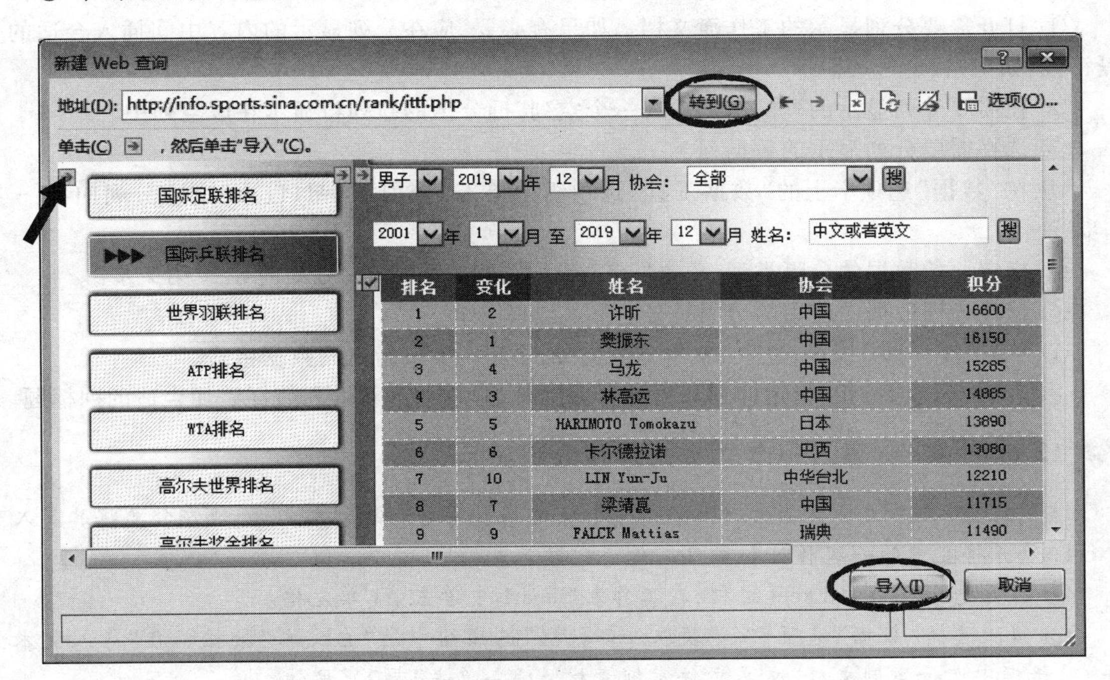

图 12.6 在“新建 Web 查询”窗口中输入网址查询网页

⑤ 每个可选表格的左上角均显示一个黄色箭头，单击要选择表格旁边的黄色箭头，使之变为选中状态。

⑥ 单击窗口右下方的“导入”按钮，打开“导入数据”对话框，确定数据放置的位置。例如，选择从“现有工作表”的 A1 单元格开始放置导入数据。

⑦ 单击“确定”按钮，网站上的数据自动导入到工作表。对导入内容进行适当的修改后进行保存，就可作为原始数据进行分析或利用了。

12.1.3 导入其他数据

可以向 Excel 中导入的常用数据类型还包括：

• Access 数据库数据。在“数据”选项卡上的“获取外部数据”选项组中单击“自 Access”按钮，依次在对话框中选择数据库文件，设置显示方式及位置。

• SQL Server 数据库文件。在“数据”选项卡上的“获取外部数据”选项组中单击“自其他来源”→“来自 SQL Server”，连接数据库并获取数据文件。SQL Server 是功能较完备的关系数据库程序，专门面向要求最佳性能、可用性、可伸缩性和安全性的企业范围的数据解决方案。

• 其他来源数据。在“数据”选项卡上的“获取外部数据”选项组中单击“自其他来源”按钮,从下拉列表中选择其他来源。

12.1.4 实现数据分列

大多数情况下,需要对从外部导入的数据进行进一步的整理和修饰。例如,一列数据中包含了应分开显示的两列内容,这时可以通过分列功能自动将其分开两列显示。

① 打开需要分列显示的工作簿文档。如果有必要,应在分列显示的内容中间插入合适的分隔符,例如空格、逗号等。

② 在需要分列显示的列的右侧插入一个空列,拆分出的新列将显示在该空列中。

③ 选择需要分列显示的数据列。

④ 在"数据"选项卡上的"数据工具"选项组中单击"分列"按钮,进入"文本分列向导 - 第1步"。

⑤ 指定原始数据的分隔类型,单击"下一步"按钮,进入"文本分列向导 - 第2步"。

⑥ 选择分列数据中使用的分隔符号。

⑦ 单击"下一步"按钮,进入"文本分列向导 - 第3步",指定列数据格式。

⑧ 单击"完成"按钮,指定的列数据被分拆到相邻列中,为新增列数据添加合适的列标题。

12.1.5 实例:导入一个文本文件并分列显示

案例文档"文本文件案例素材.txt"是一个通过制表符分隔的文本文件,现在需要将其导入到Excel中,并将其中的一级科目和科目名称分列显示。

① 打开一个空白的Excel文档,在工作表Sheet1中单击A1单元格。

② 依次选择"数据"选项卡→"获取外部数据"选项组中的"自文本"按钮→在"导入文本文件"对话框中选择案例文档"文本文件案例素材.txt"→单击"导入"按钮。

③ 在"文本导入向导 - 第1步"对话框中选择文件类型为"分隔符号",导入起始行设成3→单击"下一步"按钮→在"文本导入向导 - 第2步"对话框中选择制表符"Tab键"作为分隔符号→单击"下一步"按钮→在"文本导入向导 - 第3步"对话框中指定第1列"凭证号"列为"文本"格式→单击"完成"按钮。

④ 在"导入数据"对话框中,指定数据自"现有工作表"的A1单元格开始导入→单击"确定"按钮,文本文件将会导入到工作表中→保存Excel文档。

⑤ 按下列步骤将一级科目分列显示:

在F列后、G列前插入一个空列→选择需要分列显示的单元格区域F2:F33→在"数据"选项卡上的"数据工具"选项组中单击"分列"按钮→指定原始数据的分隔类型为"分隔符号",单击"下一步"按钮→选中"其他"复选框,在其右侧的文本框中输入西文的减号"-"作为分列数据中使用的分隔符号(如图12.7所示)→单击"下一步"按钮,将科目编码列的数据格式指定为"文本",单击"完成"按钮,指定的列数据被分列到相邻列中→将单元格F1中文本改为"科目代码",在G1中输入"科目名称",对表格进行适当的修饰。

分列结果可参见案例文档"文本文件导入案例(答案).xlsx"。

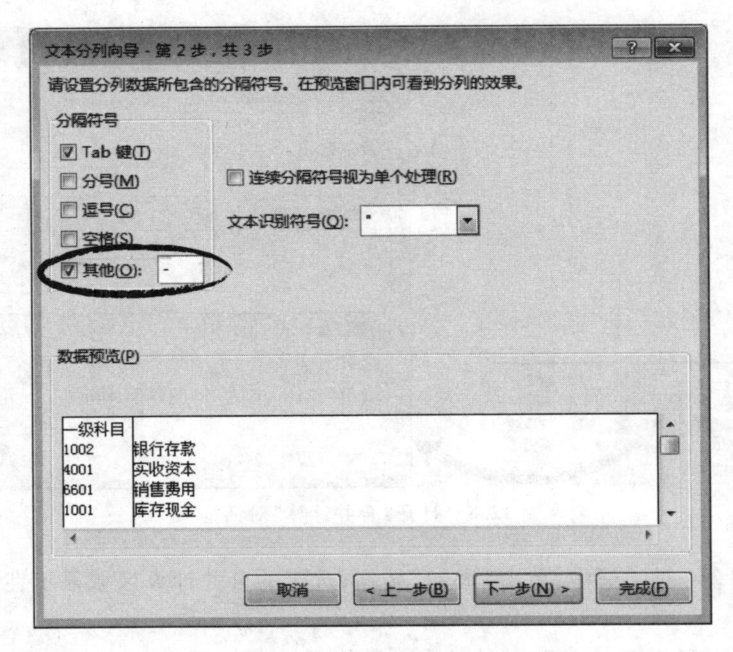

图 12.7　在文本分列向导中指定分隔符号

12.2 合并计算

若要汇总和报告多个单独工作表中数据的结果，可以将各个单独工作表中的数据合并到一个主工作表。被合并的工作表可以与合并后的主工作表位于同一工作簿，也可以位于其他工作簿中。例如，某服装公司每个区域的销售数据分别存放在不同的工作表中，要想获取公司总体的销售数据就可通过合并计算功能实现。

12.2.1　多表合并基本操作

① 打开要进行合并计算的工作簿。

提示：参与合并计算的数据区域应满足数据列表的条件且应位于单独的工作表，不要放置在合并后的主工作表中，同时确保参与合并计算的数据区域都具有相同的布局。

② 切换到放置合并后数据的主工作表中，在要显示合并数据的单元格区域中单击左上方的单元格。

③ 在“数据”选项卡上的“数据工具”选项组中单击“合并计算”按钮，打开“合并计算”对话框，如图 12.8 所示。

④ 在“函数”下拉框中选择一个汇总函数。

⑤ 在“引用位置”框中单击鼠标，然后在包含要对其进行合并计算的数据的工作表中选择合并区域。

提示：如果包含合并计算数据的工作表位于另一个工作簿中，可单击“浏览”按钮找到该工作簿，并选择相应的工作表区域。

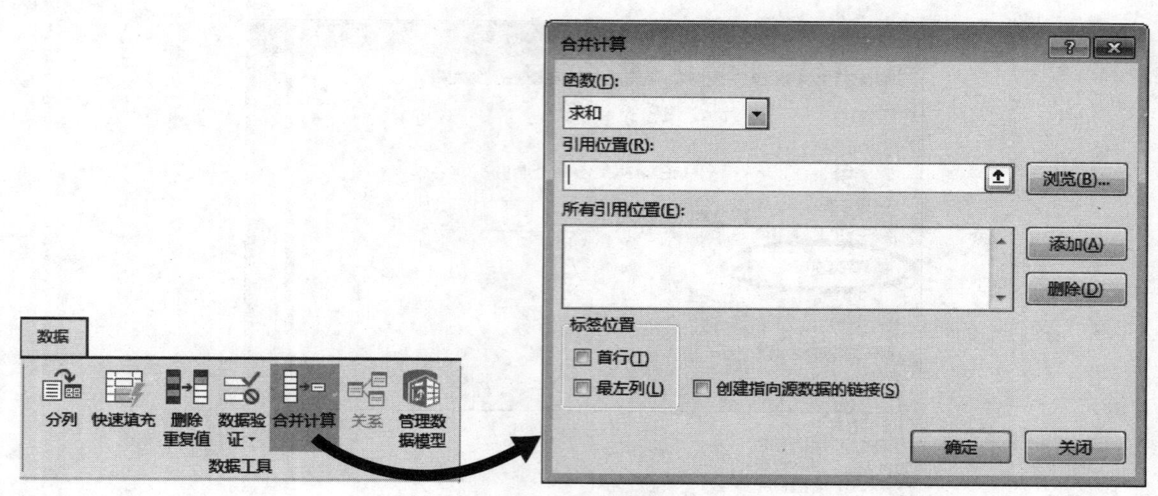

图 12.8 打开“合并计算”对话框

⑥ 在“合并计算”对话框中,单击“添加”按钮,选定的合并计算区域显示在“所有引用位置”列表框中。

⑦ 重复步骤⑤ 和步骤⑥ 添加其他的合并数据区域。

⑧ 在“标签位置”组下,按照需要单击选中表示标签在源数据区域中所在位置的复选框,可以只选一个,也可以两者都选。如果选中“首行”或“最左列”,Excel 将对相同的行标题或列标题中的数据进行合并计算。

提示:当所有合并计算数据所在的源区域具有完全相同的行列标签时,无须选择“标签位置”。当一个源区域中的标签与其他区域都不相同时,将会导致合并计算中出现单独的行或列。一般情况下,只有当包含数据的工作表位于另一个工作簿中时才选中“创建指向源数据的链接”复选框,以便合并数据能够在另一个工作簿中的源数据发生变化时自动进行更新。

⑨ 单击“确定”按钮,完成数据合并。

⑩ 对合并后的数据表进行修改完善,如进行格式化、输入相关数据、删除某些多余列等。

12.2.2 实例:将各个仓库库存进行汇总

某商贸公司有 3 个仓库存放各种货物,各个仓库的货物种类有交叉重复的,也有不相同的,现在需要将该公司各个仓库所有货物的数量汇总出来。案例文档“合并计算案例.xlsx”中的 3 个工作表中已分别存放了 3 个库存数据,汇总结果应放置在工作表“汇总”中。

① 打开案例文档“合并计算案例.xlsx”,单击工作表“汇总”的 B2 单元格。

② 依次选择“数据”选项卡→“数据工具”选项组→“合并计算”按钮。

③ 在对话框中依次设置函数为“求和”→添加引用位置分别为:1 号库的 B2:D10,2 号库的 A1:C10,3 号库的 C3:E10→单击选中“首行”和“最左列”两个复选框→“确定”按钮。

④ 在工作表“汇总”的 B2 单元格中输入“商品名称”,对区域 B2:D18 套用一个表格格式,以进一步完善汇总表。合并过程及效果可参见图 12.9 所示。

合并结果可参见同一案例文档中的工作表“汇总”。

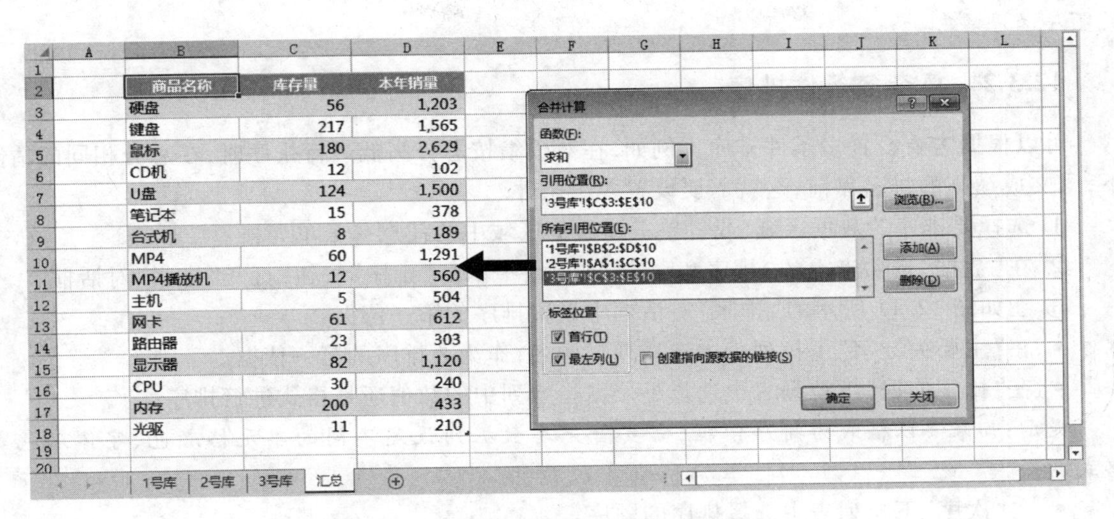

图 12.9 汇总计算 3 个仓库的库存数据

12.3 对数据排序

对数据进行排序有助于快速直观地组织并查找所需数据。可以对一列或多列中的数据文本、数值、日期和时间按升序或降序的方式进行排序，还可以按自定义序列、格式(包括单元格颜色、字体颜色等)进行排序。大多数排序操作都是列排序。

提示：对行列进行排序时，隐藏的行列将不会参与排序。因此在排序前应先取消行列隐藏，以免原始数据被破坏。

12.3.1 快速简单排序

① 打开工作簿文件，输入、设计要排序的数据区域。

提示：通常情况下，参与排序的数据列表需要有标题行且为一个连续区域，很少只单独对某一列进行排序。

② 在要作为排序依据的列中单击某个单元格，Excel 自动将其周围连续的区域定义为参与排序的区域且指定首行为标题行。

③ 在如图 12.10 所示的“数据”选项卡上的“排序和筛选”选项组中按下列提示选择排序方式。

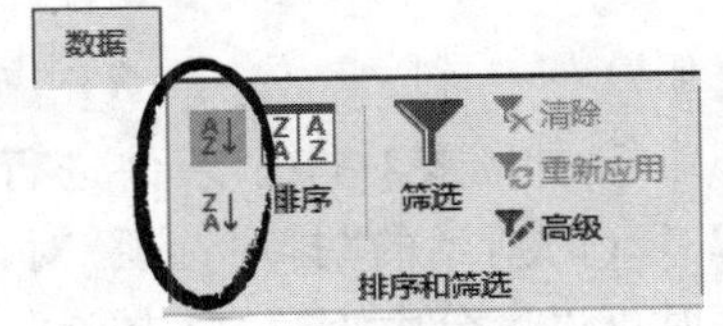

图 12.10 “排序和筛选”选项组中用于排序的按钮

- 单击升序按钮，当前数据区域按指定列的升序进行排序。
- 单击降序按钮，当前数据区域按指定列的降序进行排序。

提示：排序所依据的数据列中的数据格式不同，排序方式也不同。其中，如果是对文本进行排序，则按字母顺序从 A 到 Z 升序，从 Z 到 A 降序；如果是对数值进行排序，则按数字从小到大的顺序升序，从大到小降序；如果是对日期和时间进行排序，则按从早到晚的顺序升序，从晚到早的顺序降序。

12.3.2 复杂多条件排序

可以根据需要设置多条件排序。例如,在对成绩按总分高低进行排序时,在总分相同的情况下,语文成绩高的排名靠前,这就需要设置多个条件。

① 选择要排序的数据区域,或者单击该数据区域中的任意一个单元格。

② 在“数据”选项卡上的“排序和筛选”选项组中单击“排序”按钮,打开“排序”对话框。

③ 在如图 12.11 所示的“排序”对话框中设置排序的第一依据:

- 在“主要关键字”下拉列表中选择列标题名,作为要排序的第一依据。
- 在“排序依据”下拉列表中选择是依据指定列中的数值还是格式进行排序。

提示:如果要以格式为排序依据,需要首先对数据列设定不同的单元格颜色、字体颜色等格式。

- 在“次序”下拉列表中选择排序的顺序。

④ 继续添加排序第二依据。单击“添加条件”按钮,条件列表中新增一行,依次指定排序的次要关键字、排序依据和次序。

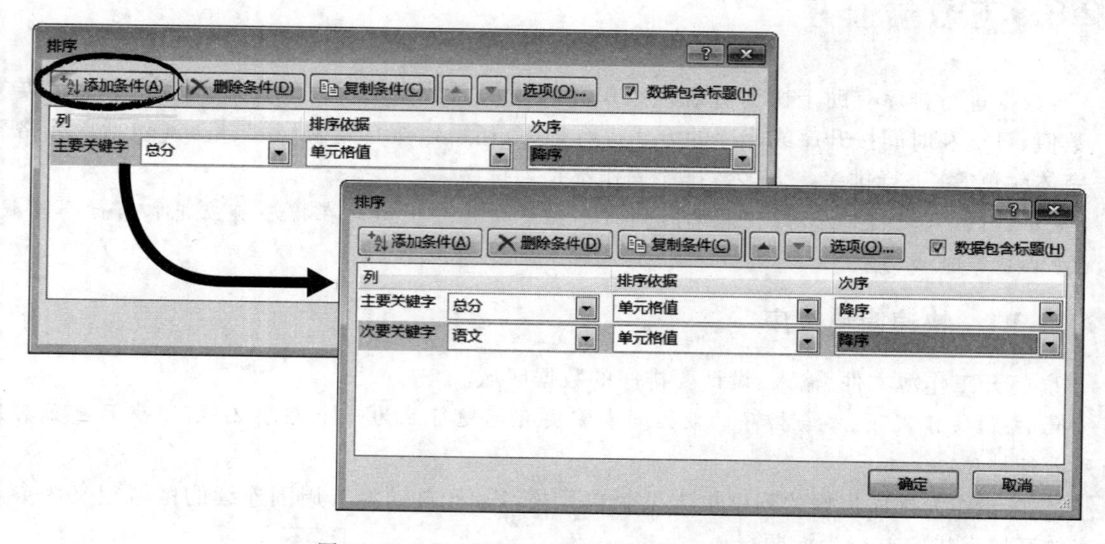

图 12.11 在“排序”对话框中设定排序的条件

⑤ 如需要对排序条件进行进一步设置,可单击对话框右上方的“选项”按钮,打开如图 12.12(a)所示的“排序选项”对话框,在该对话框中进行相应的设置。其中,对西文文本数据排序时可以区分大小写,对中文文本数据可以改为按笔画多少排序,还可以设置按行进行排序,默认情况下均是按列排序的。设置完毕后单击“确定”按钮。

⑥ 如果有必要,还可以增加更多的排序条件。最后单击“确定”按钮,完成排序设置。

⑦ 如果要在更改数据列表中的数据后重新应用排序条件,可单击排序区域中的任一单元格,然后在“数据”选项卡上的“排序和筛选”选项组中单击“重新应用”按钮[如图 12.12(b)所示]。

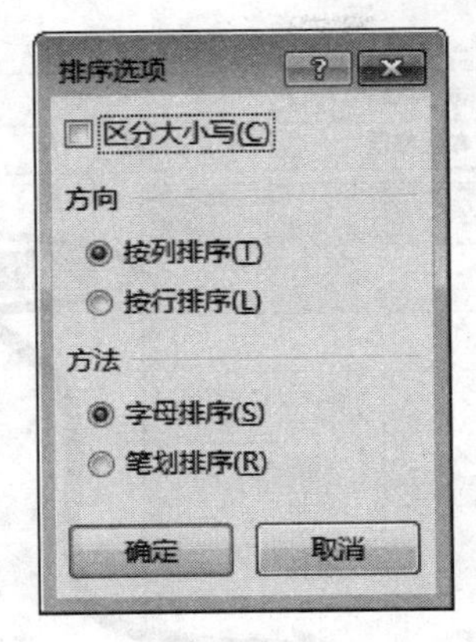

(a) “排序选项”对话框

(b) “重新应用”按钮

图 12.12 排序设置与重新应用

注意:只有当前数据列表被定义为“表”且处于自动筛选状态时,排序条件才会被保存,当数据改变后才可以重新应用排序条件,否则“排序和筛选”选项组中的“重新应用”按钮不可用。将一个数据区域定义为“表”的方法是:选择该数据区域,从“插入”选项卡上的“表格”选项组中单击“表格”按钮(见图 12.13)。

图 12.13 定义“表”

12.3.3 按自定义列表进行排序

除字母和笔画外,还可以按照自定义顺序进行排序。不过,只能基于数据(文本、数值以及日期或时间)创建自定义列表,而不能基于格式(单元格颜色、字体颜色等)创建自定义列表。

① 首先,通过“文件”选项卡→“选项”命令→“高级”→“常规”下的“编辑自定义列表”按钮创建一个自定义序列,具体方法可参见“9.2.3 自动填充数据”中的相关操作。

② 选择要排序的数据区域,或者确保活动单元格在数据列表中。

③ 在“数据”选项卡上的“排序和筛选”选项组中单击“排序”按钮,打开“排序”对话框。

④ 在排序条件的“次序”下拉列表中选择“自定义序列”,打开“自定义序列”对话框,如图 12.14 所示。

⑤ 从中选择自定义序列后,单击“确定”按钮。

12.3.4 实例:按照颜色进行排序

对案例文档“排序案例.xlsx”中的工作表“素材”里的库存及销售数据按下列要求进行排序:先将以浅红色底纹填充的销量显示在数据表的前面,然后再按销量从高到低进行排序。

① 打开案例文档“排序案例.xlsx”,选定工作表“素材”中包含标题行的单元格区域 B2:D18 为排序区域。

② 依次选择“数据”选项卡→“排序和筛选”选项组→“排序”按钮→打开“排序”对话框。

③ 设置主要关键字为“销量”,排序依据为“单元格颜色”,次序为浅红色,位置为“在顶端”。

④ 单击“添加条件”按钮→设置次要关键字为“销量”,排序依据为“单元格值”,次序为“降序”。设置好的排序条件如图 12.15 所示。

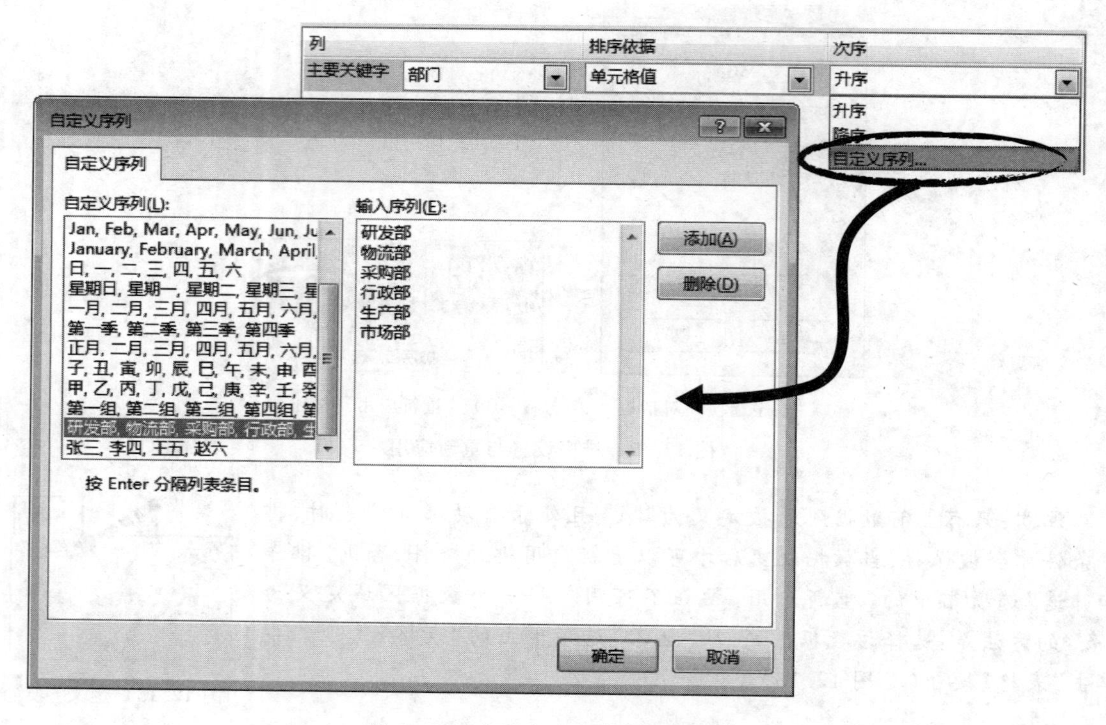

图 12.14 依据自定义序列进行排序

排序结果可参见同一案例文档中的工作表“答案”。

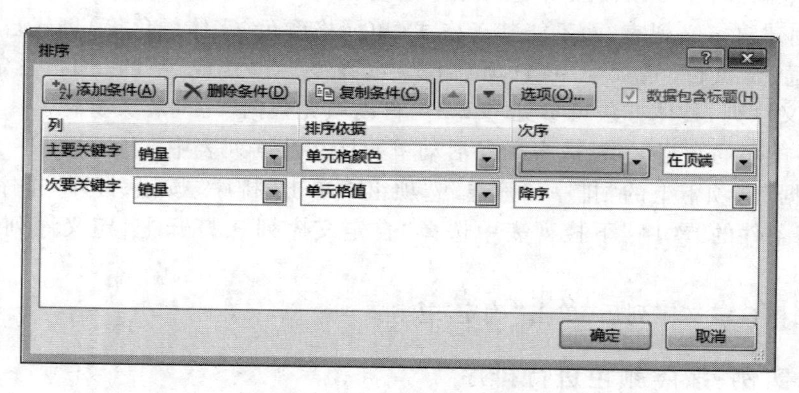

图 12.15 为案例设置排序条件

12.4 筛选数据

通过筛选功能，可以快速从数据列表中查找符合条件的数据或者排除不符合条件的数据。筛选条件可以是数值或文本，可以是单元格颜色，还可以根据需要构建复杂条件实现高级筛选。

对数据列表中的数据进行筛选后，就会仅显示那些满足指定条件的行，并隐藏那些不希望显示的行。对于筛选结果可以直接复制、查找、编辑、设置格式、制作图表和打印。

12.4.1 自动筛选

使用自动筛选来筛选数据,可以快速而又方便地查找和使用数据列表中数据的子集。

① 打开工作簿,在工作表中选择要筛选的数据列表,或者在数据列表中的任一单元格中单击。

② 在“数据”选项卡上的“排序和筛选”选项组中单击“筛选”按钮,进入自动筛选状态。当前数据列表中的每个列标题旁边均出现一个筛选箭头。

③ 单击某个列标题的筛选箭头,打开筛选器选择列表,列表下方将显示当前列中包含的所有值。当列中数据格式为文本时显示“文本筛选”命令,如图 12.16(a)所示;当列中数据格式为数值时显示“数字筛选”命令,如图 12.16(b)所示。

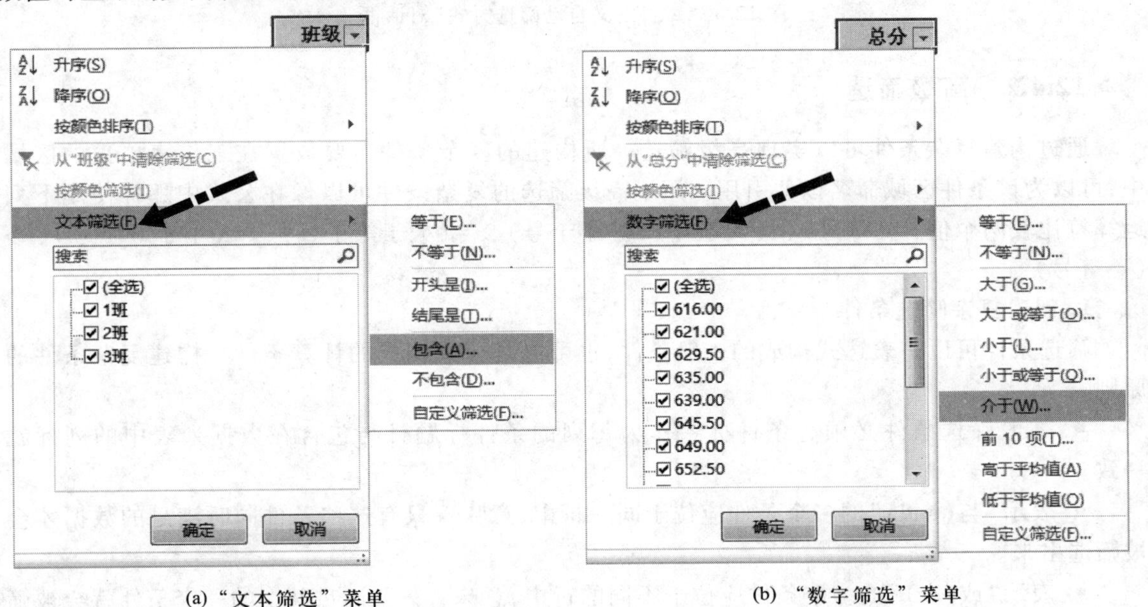

(a)“文本筛选”菜单　　(b)“数字筛选”菜单

图 12.16 单击列标题中的筛选箭头打开筛选器选择列表

④ 选用下列方法,在数据列表中搜索或选择要显示的数据:

- 直接在“搜索”框中输入要搜索的文本或数字,可以使用通配符星号“*”或问号“?”。
- 在“搜索”下方的列表中指定要搜索的数据。首先单击“(全选)”取消对该复选框的选择,这将删除所有复选框的选中标记,然后仅单击选中希望显示的值,最后单击“确定”按钮。
- 按指定的条件筛选数据。将光标指向“数字筛选”或“文本筛选”命令,在随后弹出的子菜单中设定一个条件。单击最下边的“自定义筛选”命令,将会打开如图 12.17 所示的“自定义自动筛选方式”对话框,在其中设定筛选条件。

⑤ 在第 1 道筛选的基础上,可再次对另一列标题设定筛选条件,实现双重甚至多重嵌套筛选。例如,可以先从成绩表中筛选出全年级总分前 10 名,然后再从总分前 10 名中筛选出男生的数据。

图 12.17 “自定义自动筛选方式”对话框

12.4.2 高级筛选

通过构建复杂条件可以实现高级筛选。所构建的复杂条件需要放置在工作表单独的区域中,可以为该条件区域命名以便引用。用于高级筛选的复杂条件可以像在公式中那样使用下列运算符比较两个值:=(等号)、>(大于号)、<(小于号)、>=(大于等于号)、<=(小于等于号)、<>(不等号)。

1. 创建复杂筛选条件

筛选条件可以是表达式构成的一般条件,也可以是公式构成的计算条件。构建复杂条件的原则:

- 一般筛选条件必须有条件标签作为每列的条件标题且与包含在数据列表中的列标题一致。
- 表示“与(and)”的多个条件应位于同一行中,意味着只有这些条件同时满足的数据才会被筛选出来。
- 表示“或(or)”的多个条件应位于不同的行中,意味着只要满足其中的一个条件就会被筛选出来。
- 计算条件可以没有条件标签,也可以创建新标签,却不能使用数据列表中的原有列标题。计算条件要求公式计算结果必须为 TRUE 或 FALSE,用于创建条件的公式必须使用相对引用来引用第一行数据中的对应单元格,而公式中的所有其他引用必须是绝对引用。

创建高级筛选条件的方法:

① 在要进行筛选的数据区域外或者在新的工作表中,单击放置筛选条件的起始单元格。条件区域与数据区域之间至少有一个空行或空列相分隔。

② 输入作为条件标签的列标题,其中一般条件标签必须与数据表中的列标题对应一致。

③ 在相应条件标签下输入查询条件。例如,表 12.1 为一组一般筛选条件,第 1 行为条件标签,第 2、3 行为条件表达式,其含义是查找库存小于 100、销量不小于 10 000 的运动装,以及库存小于 50、销量大于 5 000 的电子产品。

表 12.1 构建高级筛选条件

	A	B	C
1	类型	库存	销量
2	=" =运动装"	<100	>=10 000
3	=" =电子产品"	<50	>5 000

注意：在“类型”条件列中，由于希望在单元格中显示的条件本身为“=运动装”这个文本串，为了与公式输入相区别，因此要求在构建筛选条件时以类似“=" =运动装"”的方式作为字符串表达式的条件，以免产生意外的筛选结果。

2. 依据复杂条件进行高级筛选

① 打开要进行筛选的工作簿，首先在单独的工作表区域创建一组筛选条件。

② 选择要进行筛选的数据区域。

③ 在“数据”选项卡上的“排序和筛选”选项组中单击“高级”按钮，打开如图 12.18 所示的“高级筛选”对话框。

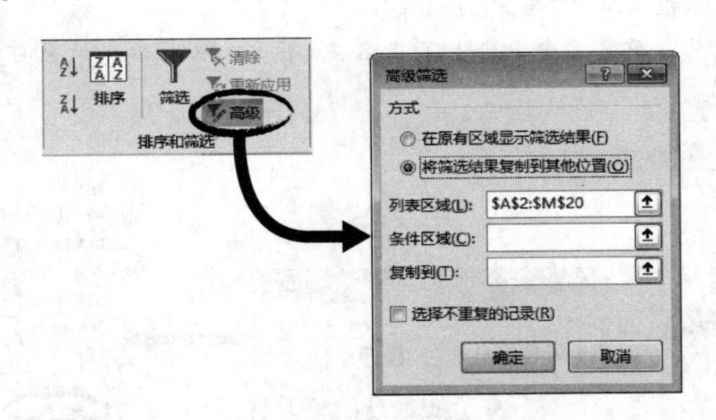

图 12.18 打开“高级筛选”对话框

④ 在“方式”区域下设定筛选结果的存放位置。

⑤ 在“列表区域”框中显示当前选择的数据区域，也可以重新指定区域。

⑥ 在“条件区域”框中单击鼠标，选择筛选条件所在的区域。

⑦ 如果指定了“将筛选结果复制到其他位置”，则应在“复制到”框中单击鼠标，选择数据列表中的某一空白单元格，筛选结果将从该单元格开始向右向下填充。

⑧ 单击“确定”按钮，符合筛选条件的数据行将显示在数据列表的指定位置。

12.4.3 清除筛选

清除某列的筛选条件：在已设有自动筛选条件的列标题旁边的筛选箭头上单击，从列表中选择“从‘××’中清除筛选”，其中“××”指列标题。

清除工作表中的所有筛选条件并重新显示所有行：在“数据”选项卡上的“排序和筛选”选项组中单击“清除”按钮。

退出自动筛选状态：在已处于自动筛选状态的数据列表中的任意位置单击鼠标，在“数据”选项卡上的“排序和筛选”选项组中单击“筛选”按钮。

12.4.4 实例：对满足条件的成绩进行筛选

打开案例文档“筛选案例.xlsx”，在工作表“素材”中按下列要求练习筛选。

要求 1：年级总分前 8 名中属于 1 班的学生数据。

要求 2：查找 1 班中数学高于 100 分且总分高于 650 分的学生，以及 3 班中语文高于 95 分且总分高于 620 分的学生，筛选结果独立于数据表显示。

通过自动筛选完成要求 1，操作步骤提示如下：

① 在数据表的 A2:M20 区域中单击鼠标，依次选择“开始”选项卡→“编辑”选项组中的“排序和筛选”按钮→“筛选”命令，进入自动筛选状态。

② 单击“总分”旁的筛选箭头→从“数字筛选”子菜单中选择“前 10 项”命令。

③ 在“自动筛选前 10 个”对话框中，将中间的数字改为 8→单击“确定”按钮。

④ 继续单击“班级”旁的筛选箭头→从“搜索”下方的列表中先单击取消“(全选)”复选框，再单击选中“1 班”复选框→单击“确定”按钮。

可以看到全年级总分前 8 名中 1 班占了 4 名，如图 12.19 所示。结果可参见同一案例文档中的工作表“答案 1”。

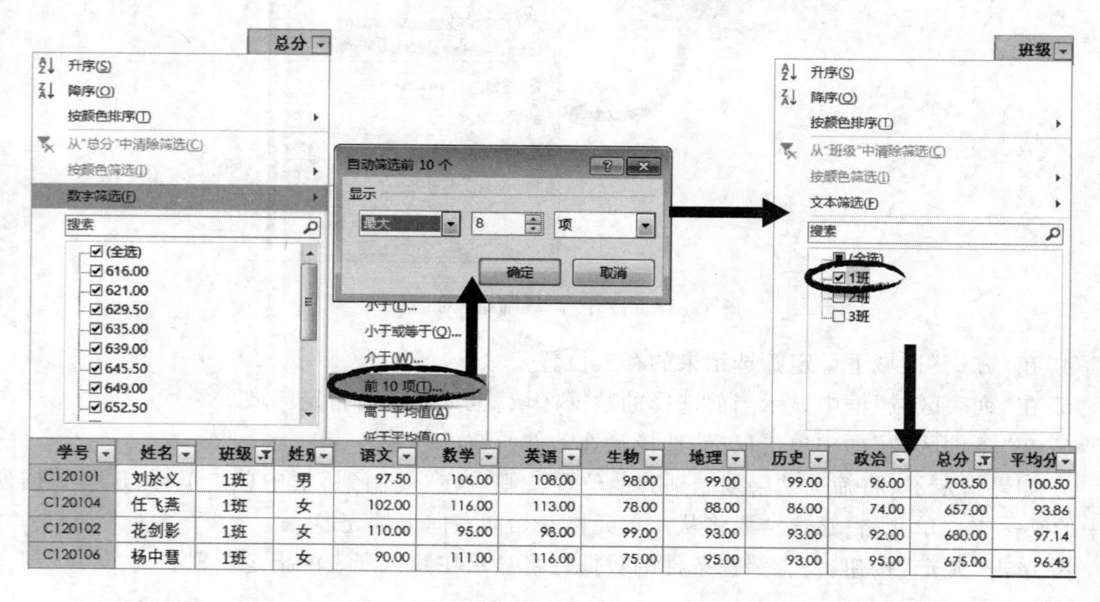

图 12.19 自动筛选出总分前 8 名的 1 班学生共 4 名

通过高级筛选完成要求 2，操作步骤提示如下：

① 首先依次选择“开始”选项卡→“编辑”选项组中的“排序和筛选”按钮→“清除”命令，取消自动筛选，恢复显示原始数据表。

② 在数据表的 O2:R4 区域内构建表 12.2 所示的筛选条件。

表 12.2　为案例创建的筛选条件

	O	P	Q	R
2	班级	数学	语文	总分
3	=" =1 班"	>100		>650
4	=" =3 班"		>95	>620

③ 在数据表的 A2:M20 区域中单击鼠标→在“数据”选项卡上的“排序和筛选”选项组中单击“高级”按钮。

④ 在“高级筛选”对话框中选中“将筛选结果复制到其他位置”，指定“条件区域”为 O2:R4，在“复制到”中选择 A22 作为放置筛选结果的第 1 个单元格→单击“确定”按钮。

可以看到满足条件的数据显示在数据表的下方，如图 12.20 所示。筛选结果可参见同一案例文档中的工作表“答案 2”。

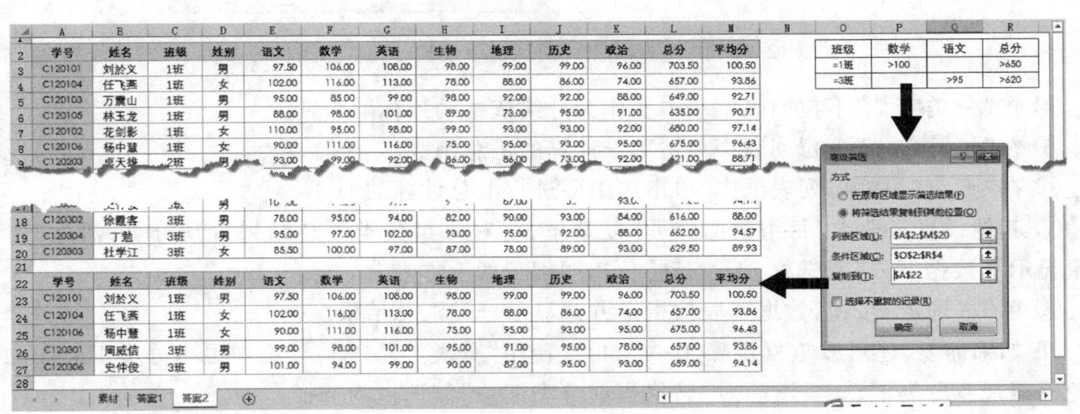
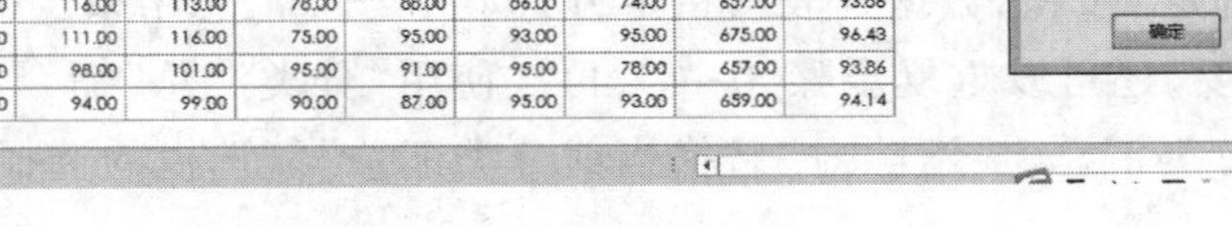

图 12.20　按照指定条件对成绩表进行高级筛选

12.5 分类汇总与分级显示

分类汇总是将数据列表中的数据先依据一定的标准分组，然后对同组数据应用分类汇总函数得到相应的统计或计算结果。分类汇总的结果可以按分组明细进行分级显示，以便于显示或隐藏每个分类汇总的明细行。

12.5.1　插入分类汇总

分类汇总前，必须先依据汇总列数据进行排序，否则无法得出正确结果。

① 选择要进行分类汇总的数据区域。

② 对作为分组依据的数据列进行排序，升序降序均可。

③ 保证当前单元格在数据列表中，在“数据”选项卡上的“分级显示”选项组中单击“分类汇总”按钮，打开如图 12.21 所示的“分类汇总”对话框。

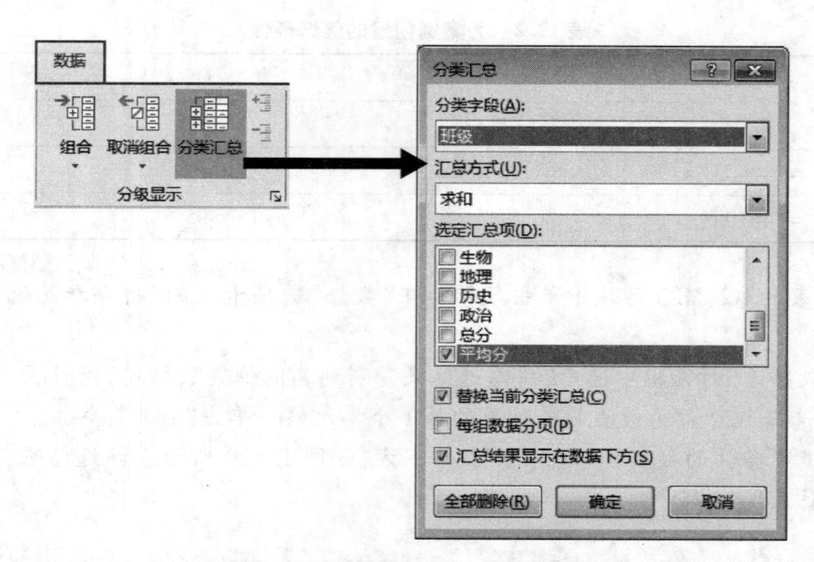

图 12.21 在“分类汇总”对话框中设置分类汇总条件

④ 在“分类字段”下拉列表中单击要作为分组依据的列标题。

⑤ 在“汇总方式”下拉列表中单击用于计算的汇总函数。

⑥ 在“选定汇总项”列表框中,单击选中要进行汇总计算的列。

⑦ 其他设置。选中“每组数据分页”复选框,将对每组分类汇总结果自动分页;清除“汇总结果显示在数据下方”复选框,汇总行将位于明细行的上方。

⑧ 单击“确定”按钮,数据列表按指定方式显示分类汇总结果。

⑨ 如果需要,还可以重复步骤③~⑦,再次使用“分类汇总”命令,添加更多分类汇总。为了避免覆盖现有分类汇总,应清除对“替换当前分类汇总”复选框的选择。

12.5.2 删除分类汇总

① 在已进行了分类汇总的数据区域中单击任意一个单元格。

② 在“数据”选项卡上的“分级显示”选项组中单击“分类汇总”。

③ 在“分类汇总”对话框中单击“全部删除”按钮。

12.5.3 实例:对学生成绩进行分类汇总

打开案例文档“分类汇总案例.xlsx”,在“素材”工作表中汇总出每个班各科的平均分,同时统计出每个班的总分最高分。

操作步骤提示:

① 排序。在数据区域的“班级”所在的 C 列中单击任一单元格,依次选择“开始”选项卡→“编辑”选项组中的“排序和筛选”按钮→“升序”命令。因为是按班级汇总,所以应先行按班级进行排序。

② 汇总各班各科平均值。依次选择“数据”选项卡→“分级显示”选项组中的“分类汇总”按钮→在“分类汇总”对话框中设置:分类字段为“班级”;汇总方式为“平均值”;汇总项为语文、数

学、英语、生物、地理、历史、政治 7 项，同时取消对“平均分”“总分”两项的选择[如图 12.22(a)所示]→“确定”按钮。各班各科平均成绩自动计算并显示在各组明细数据下方。

③ 继续统计各班总分的最高分。在数据区域中任意位置单击，依次选择“数据”选项卡→“分级显示”选项组中的“分类汇总”按钮→在“分类汇总”对话框中设置：分类字段为“班级”；汇总方式为“最大值”；汇总项只选择“总分”项→单击取消对“替换当前分类汇总”复选框的选择[如图 12.22(b)所示]→“确定”按钮。在各班各科平均成绩的上一行中自动统计出各班的总分最高分。

④ 可以分别将 C9、C17、C25 单元格中的文本“最大值”替换为“总分最高分”，以方便阅读。

分类汇总结果可参见同一案例文档的工作表“答案”。

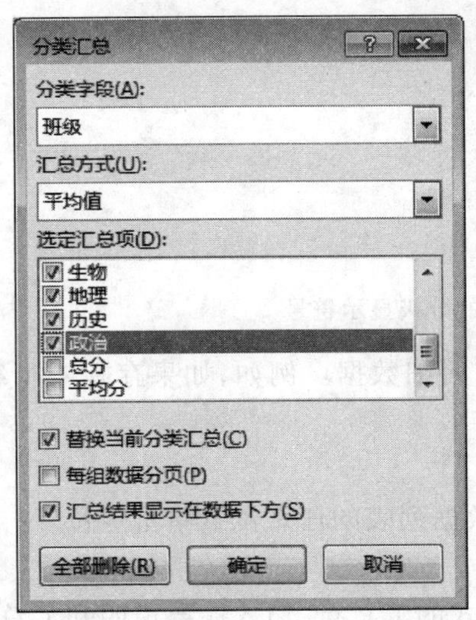
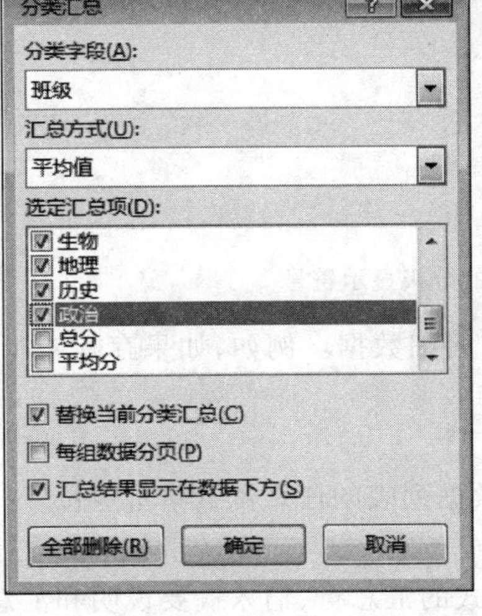

(a) 第 1 次汇总平均分

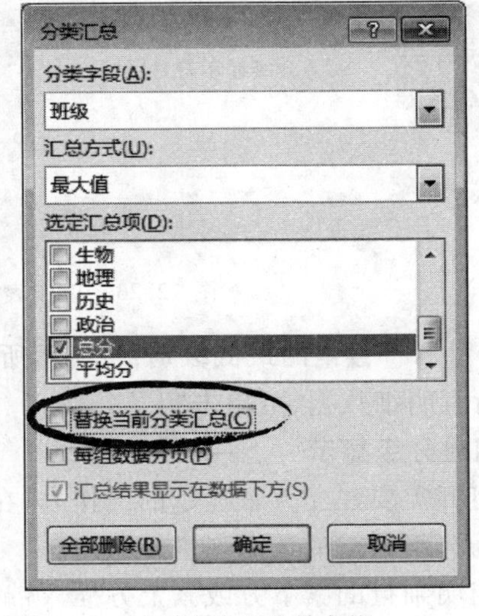

(b) 第 2 次汇总最大值

图 12.22　为案例设置连续的分类汇总条件

12.5.4　分级显示

分类汇总的结果可以形成分级显示。另外，还可以为数据列表自行创建分级显示，最多可分 8 级。使用分级显示可以快速显示摘要行或摘要列，或者显示每组的明细数据。

当一个数据表经过了分类汇总后，在数据区域的左侧就会出现分级显示符号，可参考案例文档“分类汇总案例.xlsx”的工作表“答案”中的汇总结果，如图 12.23 所示，其中最上方的 1 2 3 4 表示分级的级数及级别，数字越大级别越小；+ 表示可展开下级明细，- 表示可收缩下级明细。

单击不同的分级显示符号数据表中将会显示不同的级别。

1. 显示或隐藏组的明细数据

单击 + 号将显示该组中的明细数据，单击 - 号将隐藏该组中的明细数据。

2. 展开或折叠特定级别的分级显示

在分级显示符号 1 2 3 4 中，单击某一级别编号，处于较低级别的明细数据将变为隐藏状态。例如，如果一个分级显示包含 4 个级别，则单击“3”可隐藏第 4 个级别，同时显示其他级别。

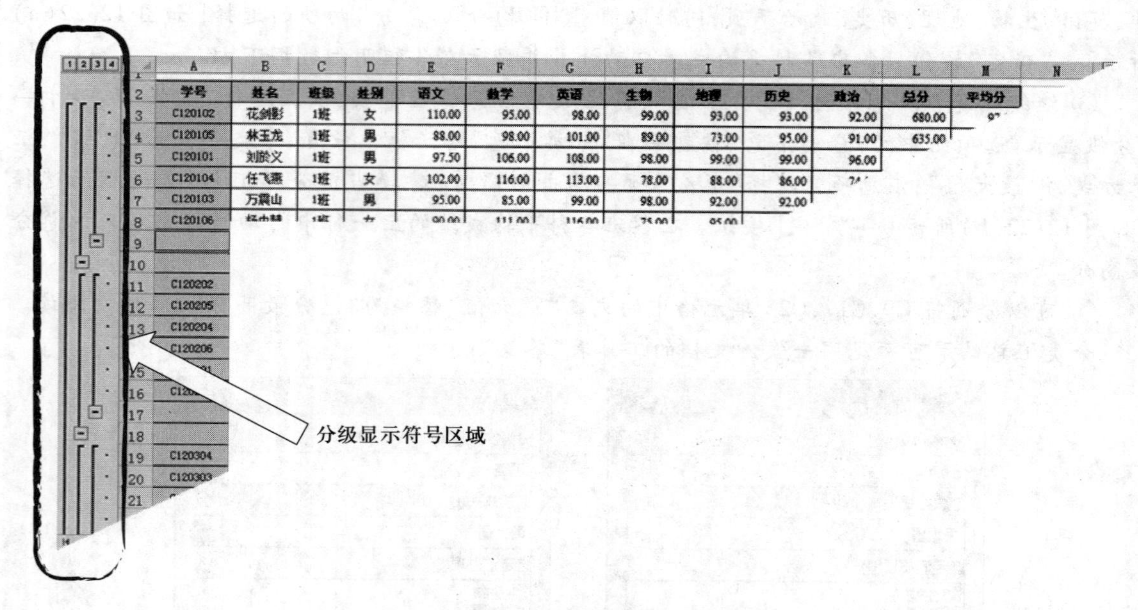

图 12.23 工作表中的分级显示符号

单击分级显示符号中的最低级别,将显示所有明细数据。例如,如果存在 4 个级别,则单击“4”;要隐藏所有明细数据,可单击“1”。

3. 自行创建分级显示

① 首先打开需要建立分级显示的工作表,在数据列表的任意位置单击定位。

② 对作为分组依据的数据列进行排序。

③ 在每组明细行的紧下方或紧上方插入带公式的汇总行,输入摘要说明和汇总公式。

④ 选择同组中的明细行或列(不包括汇总行),在“数据”选项卡上的“分级显示”选项组中单击“组合”按钮下方的箭头,从如图 12.24 所示的下拉列表中选择“组合”命令,指定按行或列关联为一组,窗口左侧或上方将出现分级符号。依次为每组明细都创建一个分组。

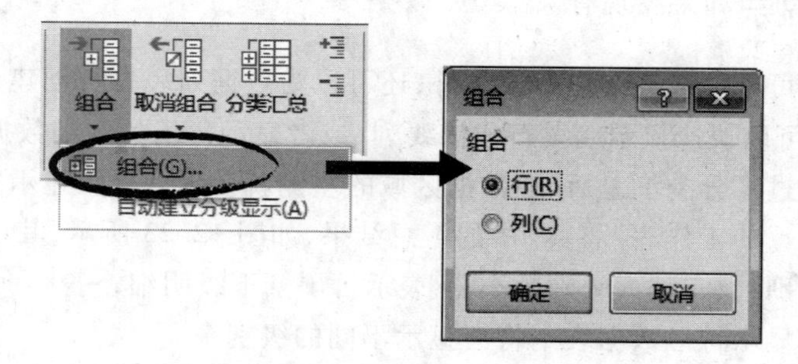

图 12.24 通过“分级显示”选项组中的“组合”按钮创建分组

4. 复制分级显示的数据

当在分级显示的数据列表收缩部分明细后,如果只希望复制显示的内容,则需要进行下列设置:

① 使用分级显示符号1 2 3 4、+和-来隐藏不需要复制的明细数据。

② 选择要复制的数据区域。

③ 在“开始”选项卡上的“编辑”选项组中单击“查找和选择”按钮，然后从下拉列表中单击“定位条件”命令，打开“定位条件”对话框，如图 12.25 所示。

④ 在“定位条件”对话框中选择“可见单元格”单选按钮，单击“确定”按钮。

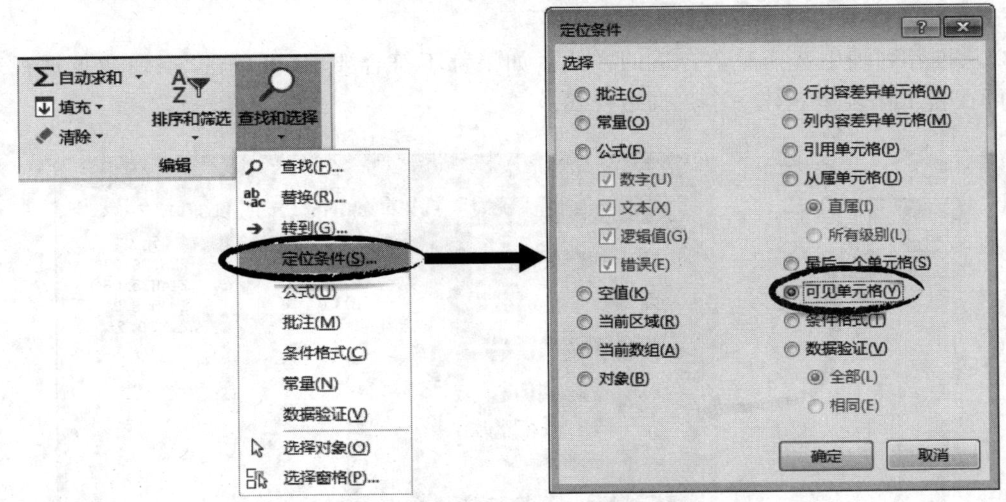

图 12.25　打开“定位条件”对话框选择“可见单元格”

⑤ 通过“复制”“粘贴”命令将选定的分级数据复制到其他位置，被隐藏的明细数据将不会被复制。

5. 删除分级显示

① 单击包含分级显示的工作表。

② 在“数据”选项卡上的“分级显示”选项组中单击“取消组合”按钮下方的箭头。

③ 从打开的下拉列表中单击“清除分级显示”命令。

④ 清除分级显示后，如果发现有被隐藏的行列时，可通过“开始”选项卡上的“单元格”选项组→“格式”→“隐藏和取消隐藏”→“取消隐藏行”或“取消隐藏列”恢复显示。

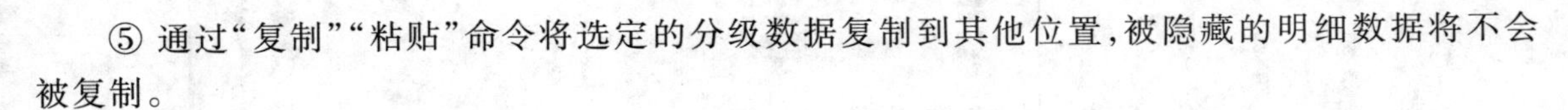

12.6 通过数据透视表分析数据

数据透视表是一种可以从源数据列表中快速提取并汇总大量数据的交互式表格。使用数据透视表可以汇总、分析、浏览数据以及呈现汇总数据，达到深入分析数值数据，从不同的角度查看数据，并对相似数据的数值进行比较的目的。

若要创建数据透视表，必须先行创建其源数据。数据透视表是根据源数据列表生成的，源数据列表中每一列都成为汇总多行信息的数据透视表字段，列名称为数据透视表的字段名。

12.6.1 创建数据透视表

Excel 可以根据源数据内容自动推荐一组透视表样式以供选择，也可以自己指定透视表内

容。无论哪种方法，均要首先打开一个空白工作簿，在工作表中创建数据透视表所依据的源数据列表。该源数据区域必须有且只有一行列标题，并且该区域中没有空行和空列。

1. 推荐的数据透视表

① 在用作数据源区域中的任意一个单元格中单击鼠标或者选择该区域。

② 在“插入”选项卡上的“表格”选项组中单击“推荐的数据透视表”按钮，打开如图12.26所示的“推荐的数据透视表”对话框。

③ 从推荐列表中选择一个合适的样式。如果都不符合要求，可单击“空白数据透视表”按钮，均可在新工作表中创建一个数据透视表。

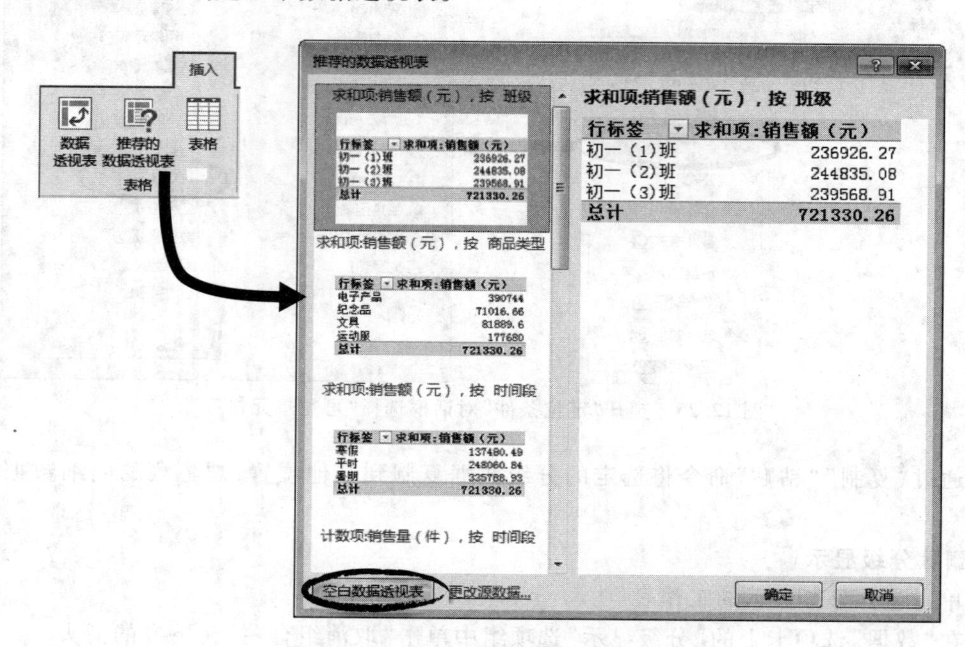

图12.26 “推荐的数据透视表”对话框

2. 自行创建数据透视表

① 在用作数据源区域中的任意一个单元格中单击鼠标或者选择数据源区域。

② 在“插入”选项卡上的“表格”选项组中单击“数据透视表”按钮，打开“创建数据透视表”对话框，如图12.27所示。

③ 指定数据来源。在“选择一个表或区域”项下的“表/区域”框中显示当前已选择的数据源区域，可以根据需要重新选择数据源。

④ 指定数据透视表存放的位置。选中“新工作表”，数据透视表将放置在新插入的工作表中；选择“现有工作表”，然后在“位置”框中指定放置数据透视表的区域的第一个单元格，数据透视表将放置到已有工作表的指定位置。

提示：单击选中“使用外部数据源”项，然后单击“选择连接”按钮，可以选择外部的数据库、文本文件等作为创建透视表的源数据。如要同时对多个表中的数据进行分析，可选中“将此数据添加到数据模型”复选框。关于数据模型将会在后面的章节中介绍。

⑤ 单击“确定”按钮，Excel会将空的数据透视表添加至指定位置并在右侧显示“数据透视

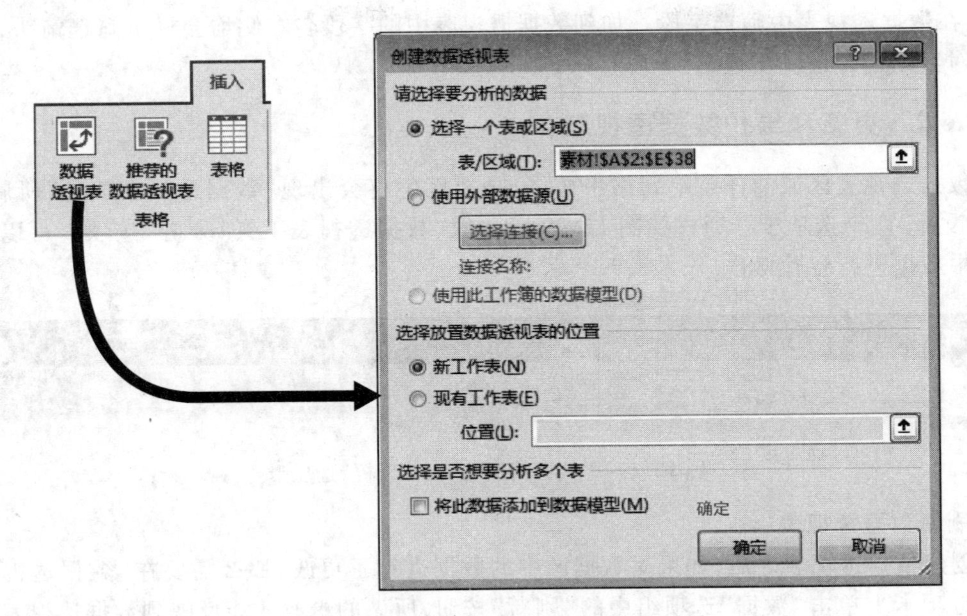

图 12.27　“创建数据透视表”对话框

表字段”窗格，如图 12.28 所示。该窗口上半部分为字段列表，显示可以使用的字段名，也就是源数据区域的列标题；下半部分为布局区域，包含“筛选”“列”“行”和“值”4 项。

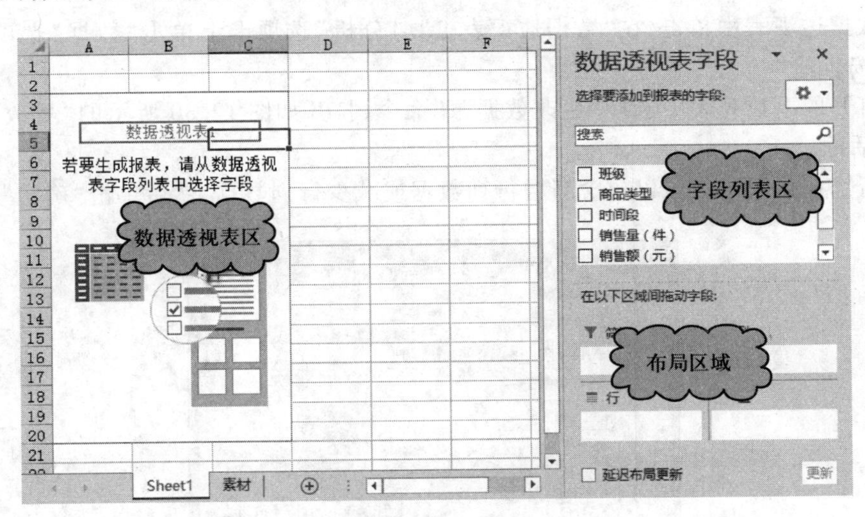

图 12.28　在新工作表中插入空白的透视表并显示数据透视表字段窗格

⑥ 按照下列提示向数据透视表中添加字段：

- 若要将字段放置到布局的默认区域中，可在字段列表中单击选中相应字段名复选框。默认情况下，非数值字段将会自动添加到“行”区域，数值字段添加到“值”区域。
- 若要将字段放置到布局的特定区域中，可以直接将字段名从字段列表中拖动到布局的某个区域中；也可以在字段列表的字段名称上单击右键，然后从快捷菜单中选择相应命令。
- 如果想要删除字段，只需要在字段列表中单击取消对该字段名复选框的选择即可。

⑦ 在数据透视表中筛选字段。加到数据透视表中的字段名右侧均会显示筛选箭头,通过该箭头可对数据进行进一步遴选。

12.6.2 更新和维护数据透视表

在数据透视表区域的任意单元格中单击,功能区中将会出现“数据透视表工具”所属的“分析”和“设计”两个选项卡。通过如图 12.29 所示的“数据透视表工具|分析”选项卡可以对数据透视表中数据进行各种操作。

图 12.29 “数据透视表工具|分析”选项卡

1. 刷新数据透视表

在创建数据透视表之后,如果对数据源中的数据进行了更改,那么需要在“数据透视表工具|分析”选项卡上单击“数据”选项组中的“刷新”按钮,所做的更改才能反映到数据透视表中。

2. 更改数据源

如果在源数据区域中添加或减少了行或列数据,则可以通过更改源数据将这些行列包含到或剔除出数据透视表。方法是:

① 在数据透视表中单击,在“数据透视表工具|分析”选项卡上单击“数据”选项组中的“更改源数据”按钮。

② 从打开的下拉列表中选择“更改数据源”命令,打开如图 12.30 所示的“更改数据透视表数据源”对话框。

③ 重新选择数据源区域以包含新增行列数据或减少行列数据,然后单击“确定”按钮。

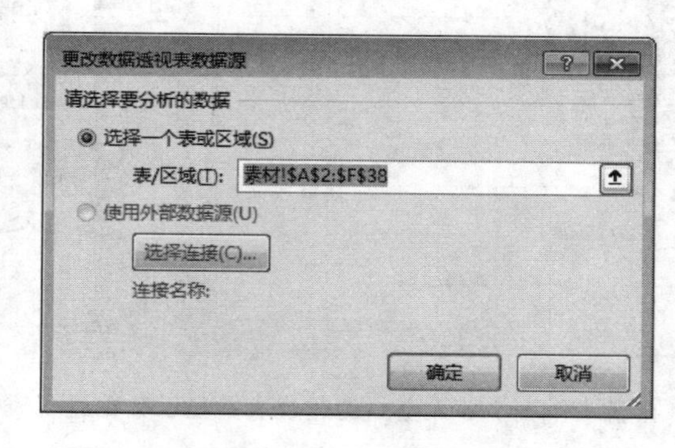

图 12.30 “更改数据透视表数据源”对话框

3. 更改数据透视表名称及布局

在“数据透视表工具|分析”选项卡上的“数据透视表”选项组中,可进行下列设置:

- 在“数据透视表名称”下方的文本框中输入新名称后按 Enter 键,可重新命名当前透视表。

- 单击“选项”按钮,在随后弹出的如图 12.31 所示的“数据透视表选项”对话框中可对透视表的布局及数据显示方式等进行设定。其中在图 12.31(b)所示的“汇总和筛选”选项卡中可以设定是否自动显示汇总行列。

- 如果已指定了报表筛选项,则单击“选项”按钮旁边的黑色箭头,可从下拉列表中选择“显示报表筛选页”命令,用于按指定的筛选项自动批量生成多个透视表。例如,如果指定“班级”为筛选项,则可自动为每个班级的数据生成一个独立透视表。

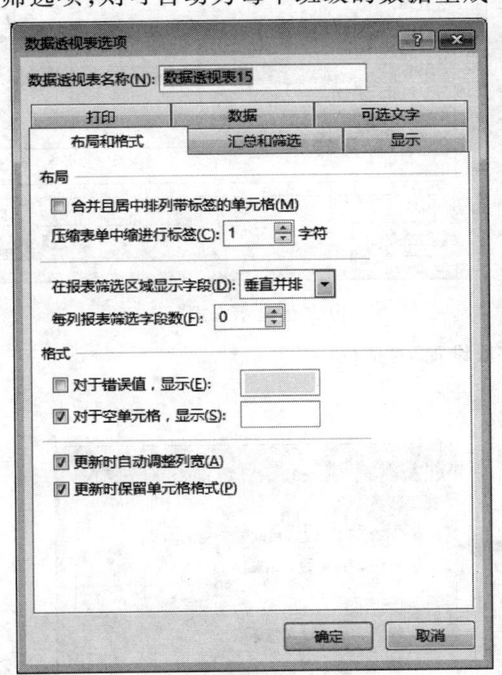

(a)“布局和格式”选项卡

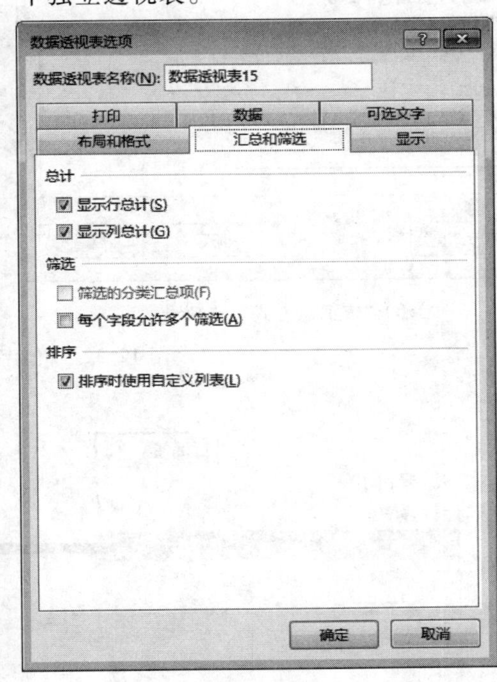

(b)“汇总和筛选”选项卡

图 12.31　“数据透视表选项”对话框

4. 设置活动字段

活动字段即当前光标所在的字段。在“数据透视表工具|分析”选项卡上的“活动字段”选项组中,可进行下列设置:

- 在“活动字段”下方的文本框中输入新的字段名,可以更改当前字段名称。

- 单击“字段设置”按钮,打开“值字段设置”对话框(当前字段性质不同,对话框中选项也会有所不同)。图 12.32 所示的是当前字段为值汇总字段时对话框显示的内容,在该对话框中可以对值汇总方式、值显示方式等进行设置。

5. 对数据透视表的排序和筛选

单击透视表中“行标签”的筛选箭头,从下拉列表中可对透视数据指定筛选条件或进行排序。

单击“其他排序选项”命令,打开如图 12.33 所示的“排序”对话框,可指定排序字段,单击“其他选项”按钮,可进一步设置排序依据与方式。

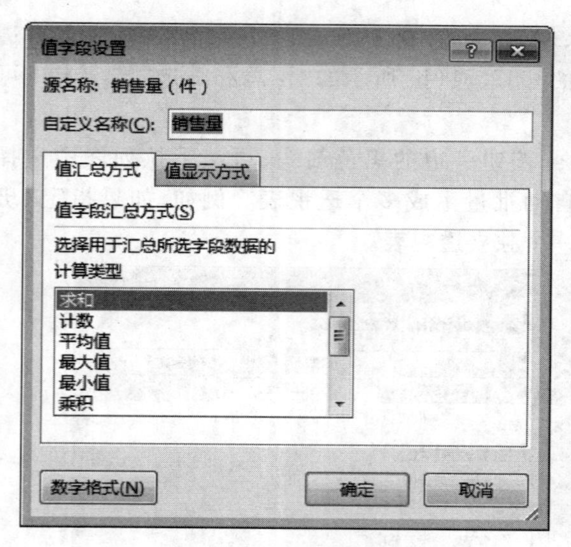

(a)"值汇总方式"选项卡

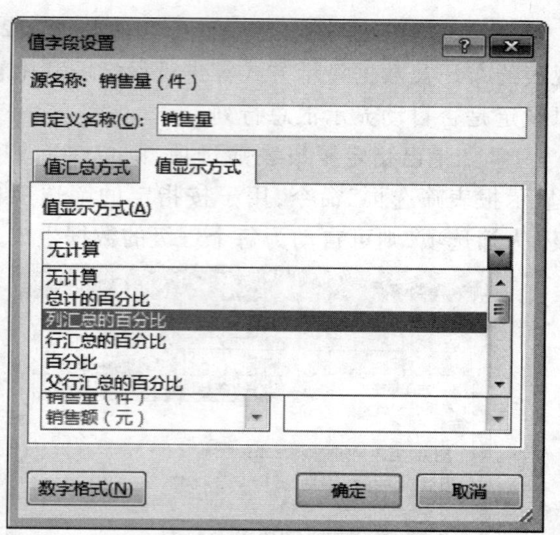

(b)"值显示方式"选项卡

图 12.32 "值字段设置"对话框

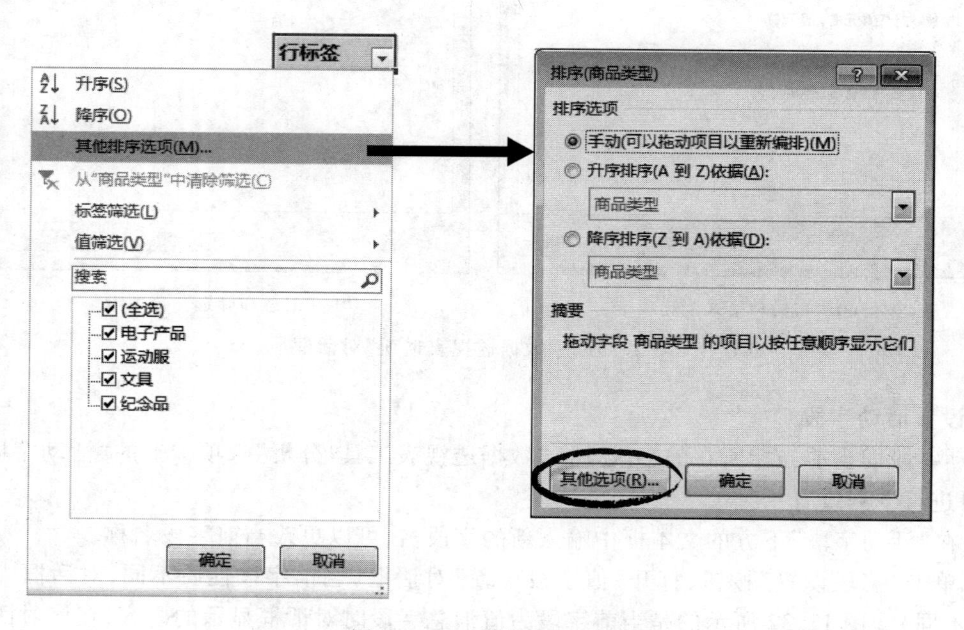

图 12.33 "排序"对话框

12.6.3 设置数据透视表格式

可以像对普通表格那样对数据透视表进行格式设置,因为它本来也是个表格。还可通过如图 12.34 所示的"数据透视表工具|设计"选项卡为数据透视表快速指定预置样式。

• 在数据透视表中的任意单元格中单击,在"数据透视表工具|设计"选项卡上单击"数据透视表样式"选项组中的任意样式,相应格式应用到当前数据透视表。

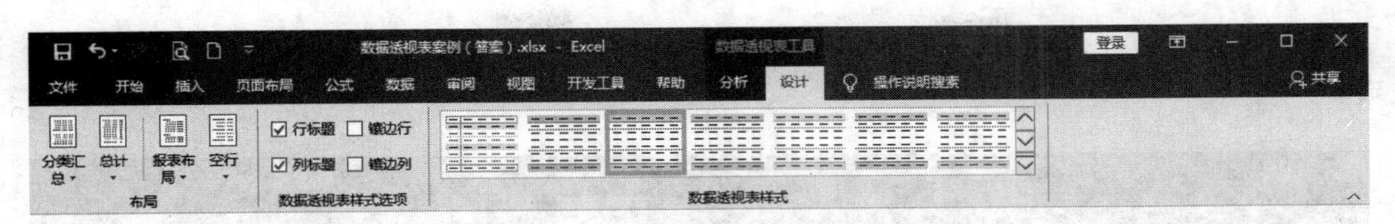

图 12.34 “数据透视表工具”的“设计”选项卡

• 利用“布局”选项组和“数据透视表样式选项”选项组对透视表的显示格式进行细节设定。

• 在数据透视表中选择需要进行格式设置的单元格区域，从“开始”选项卡的“字体”“对齐方式”“数字”以及“样式”等选项组进行相应的格式设置。

12.6.4 创建切片器和日程表筛选数据

如果要对数据透视表中的数据进行动态筛选，可以利用切片器或日程表。

1. 插入切片器

利用切片器可对数据透视表中的数据进行全方位的快速筛选，同时保留当前的筛选状态。

① 在数据透视表中的任意位置单击。

② 在“数据透视表工具|分析”选项卡上的“筛选”选项组中单击“插入切片器”，打开“插入切片器”对话框。

③ 在“插入切片器”对话框中选中要显示的字段所对应的复选框，单击“确定”按钮，Excel 将分别为每个选定的字段创建切片器，如图 12.35 所示。

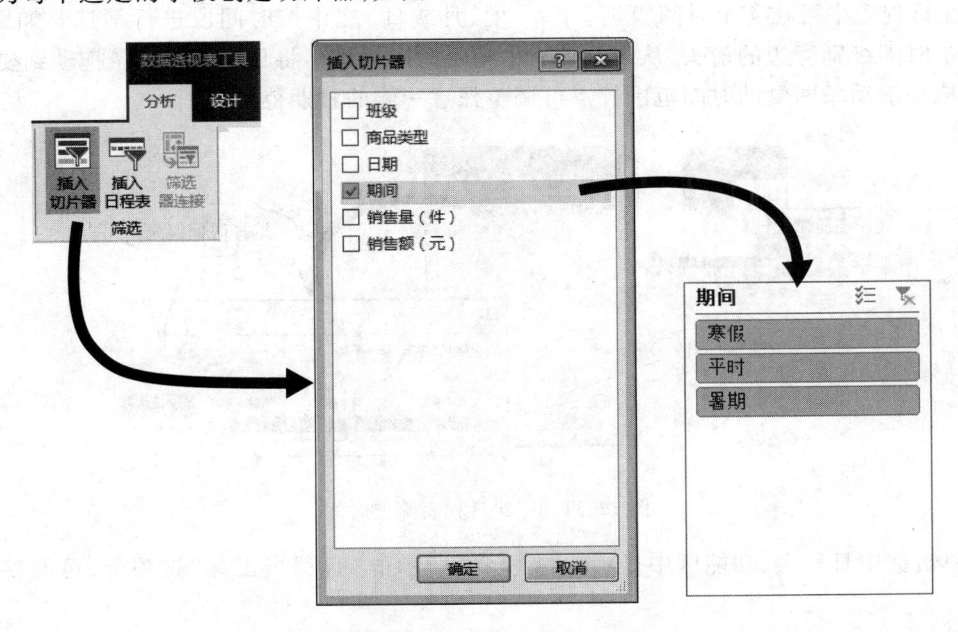

图 12.35 创建切片器筛选数据

④ 单击切片器中的项目筛选按钮，筛选结果将自动应用到数据透视表中。按住 Ctrl 键单击可选择多项显示。若要清除切片器的筛选项，可单击切片器右上角的“清除筛选器”图标。

⑤ 单击选中切片器,功能区中显示如图 12.36 所示的“切片器工具”选项卡,可调整切片器格式。

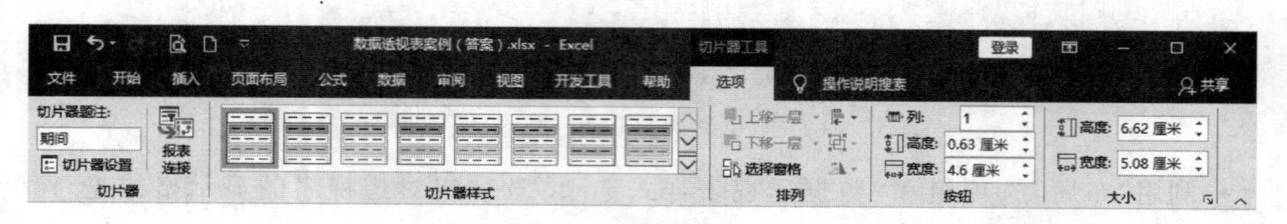

图 12.36 “切片器工具”选项卡

⑥ 直接拖动切片器可移动其位置,拖动边框上的尺寸控点可改变其大小,按 Delete 键可删除切片器。

提示:如果要将切片器连接到多个共享相同数据源的数据透视表,可通过“切片器工具”选项卡上的“报表连接”实现。

2. 插入日程表

数据透视表日程表是一个动态筛选工具,可轻松按日期/时间进行筛选,方便随时更改时间范围。

① 在数据透视表中的任意位置单击。

② 在“数据透视表工具|分析”选项卡上的“筛选”选项组中单击“插入日程表”,打开“插入日程表”对话框。

③ 在“插入日程表”对话框中选中所需的日期字段,单击“确定”按钮,插入日程表。

④ 在日程表中可在 4 个时间级别(年、季度、月或日)之中按时间段进行筛选。如图 12.37 所示,单击时间级别旁边的箭头,从下拉列表中指定时间级别。将日程表滚动条拖动到要分析的时间段,拖动滚动条两侧的时间范围控点可调整任意一侧的日期范围。

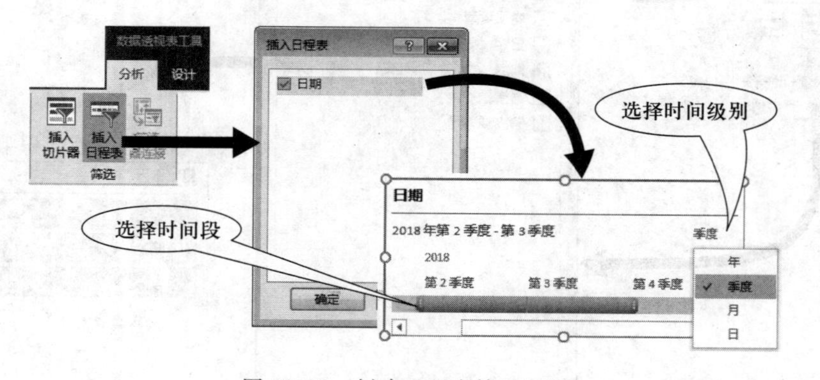

图 12.37 创建日程表筛选时间

⑤ 单击选中日程表,功能区中显示如图 12.38 所示的“日程表工具”选项卡,可调整日程表格式。

⑥ 直接拖动日程表可移动其位置,拖动边框上的尺寸控点可改变其大小,按 Delete 键可删除日程表。

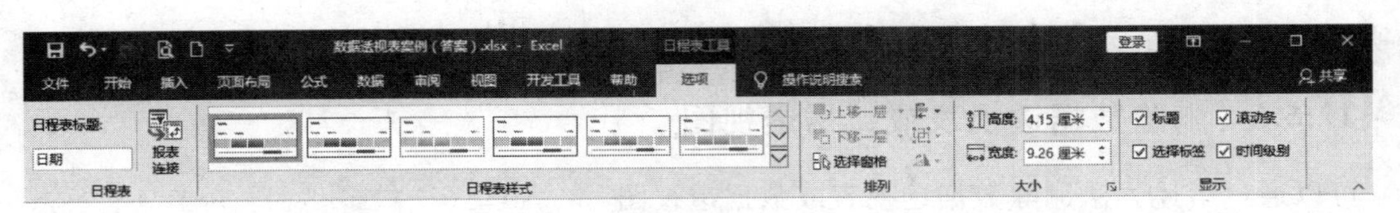

图 12.38 “日程表工具”选项卡

12.6.5 创建数据透视图

数据透视图以图表形式呈现数据透视表中的汇总数据，其作用与普通图表一样，可以更为形象化地对数据进行比较，反映趋势。

为数据透视图提供源数据的是相关联的数据透视表。在相关联的数据透视表中对字段布局和数据所做的更改，会立即反映在数据透视图中。数据透视图及其相关联的数据透视表必须始终位于同一个工作簿中。

除了数据源来自数据透视表以外，数据透视图与标准图表组成元素基本相同，包括数据系列、类别、数据标记和坐标轴，以及图表标题、图例等。与普通图表的区别在于，当创建数据透视图时，数据透视图的图表区中将显示字段筛选器，以便对基本数据进行排序和筛选。

① 在已创建好的数据透视表中单击，该表将作为数据透视图的数据来源。

② 在“数据透视表工具|分析”选项卡上，单击“工具”选项组中的“数据透视图”按钮，打开“插入图表”对话框。

③ 与创建普通图表一样，选择相应的图表类型和图表子类型。数据透视图只支持部分图表类型。

④ 单击“确定”按钮，数据透视图插入到当前数据透视表中，类似图 12.39 所示。单击图表区中的字段筛选器，可更改图表中显示的数据。

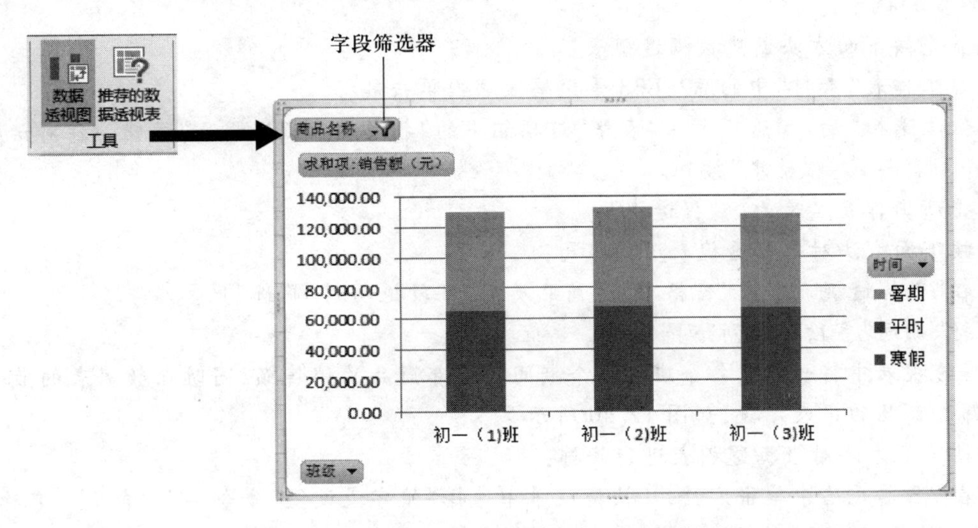

图 12.39 通过“工具”选项组插入数据透视图

⑤ 在数据透视图中单击，功能区中出现“数据透视图工具”下的“分析”“设计”“格式”3 个

选项卡，通过这3个选项卡可以对透视图进行修饰和设置，方法与普通图表类似。

12.6.6 删除数据透视表或数据透视图

可以通过下述方法删除数据透视表或数据透视图。

1. 删除数据透视表

① 在要删除的数据透视表的任意位置单击。

② 在“数据透视表工具|分析”选项卡上，单击“操作”选项组中“选择”按钮下方的箭头。

③ 从下拉列表中单击选择“整个数据透视表”命令。

④ 按Delete键。

2. 删除数据透视图

在要删除的数据透视图的任意空白位置单击，然后按Delete键。删除数据透视图不会删除相关联的数据透视表。

注意：删除与数据透视图相关联的数据透视表会将该数据透视图变为普通图表，同时改为从源数据区域中取值。

12.6.7 实例：透视分析学生勤工俭学情况

打开案例文档“数据透视表案例素材.xlsx”，对存放在工作表“素材”中的学生勤工俭学销售数据通过数据透视表进行下列统计分析。

要求1：创建数据透视表，按商品类型统计每个班级在不同期间的总销售额，并放置在名为“数据透视”的独立工作表中。

要求2：为每类商品的销售额生成独立的透视表，分别以商品类型名称命名各自的工作表。

要求3：在工作表“素材”中根据要求1生成的数据透视表生成“堆积柱形图”。

操作步骤提示：

① 首先按下面方法创建数据透视表：

• 在工作表“素材”中的A2:E38单元格区域内单击鼠标。

• 依次选择“插入”选项卡→“表格”选项组中的“推荐的数据透视表”按钮→在对话框中选中第一个推荐样式→“确定”按钮。

• 将新工作表名改为“数据透视”。

② 按下面方法对数据透视表进行布局：

• 在“数据透视表字段”窗格中将“商品类型”字段拖动到“筛选”区。

• 将“期间”字段拖动到“列”区。

数据透视表中将会汇总各个班级每个期间的全部商品的销售额，同时在数据表的最上方添加用于筛选商品的报表字段，如图12.40所示。

③ 按下面方法对数据透视表进行修饰：

• 在A3单元格中单击右键，从快捷菜单中选择“值字段设置”命令→在“自定义名称”文本框中输入“销售额汇总”替换默认字段名→单击对话框左下角的“数字格式”按钮，将数字格式设为不带货币符号的“会计专用”。

• 在“数据透视表工具|设计”选项卡上的“数据透视表样式”选项组中选用一个新样式并

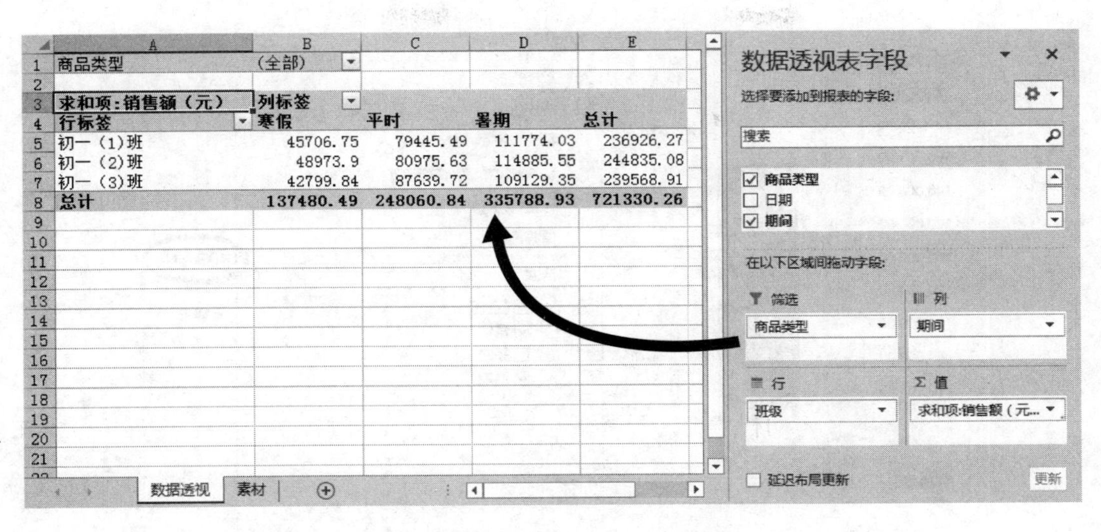

	A	B	C	D	E
1	商品类型	(全部)			
2					
3	求和项:销售额(元)	列标签			
4	行标签	寒假	平时	暑期	总计
5	初一(1)班	45706.75	79445.49	111774.03	236926.27
6	初一(2)班	48973.9	80975.63	114885.55	244835.08
7	初一(3)班	42799.84	87639.72	109129.35	239568.91
8	总计	137480.49	248060.84	335788.93	721330.26

图 12.40　将字段添加到不同的布局区域时透视表显示相应汇总结果

单击选中“镶边列”复选框。

● 改变数据透视表中数据的字体、字号,适当调整行高和列宽。

④ 按下面方法分商品生成独立的统计表:

● 在“数据透视表工具|分析”选项卡上的“数据透视表”选项组中单击“选项”按钮旁的黑色箭头,从下拉列表中选择“显示报表筛选页”命令。

● 在如图 12.41 所示的“显示报表筛选页”对话框中选择“商品类型”字段,单击“确定”按钮,将以商品类型为表名分别生成多个透视表。

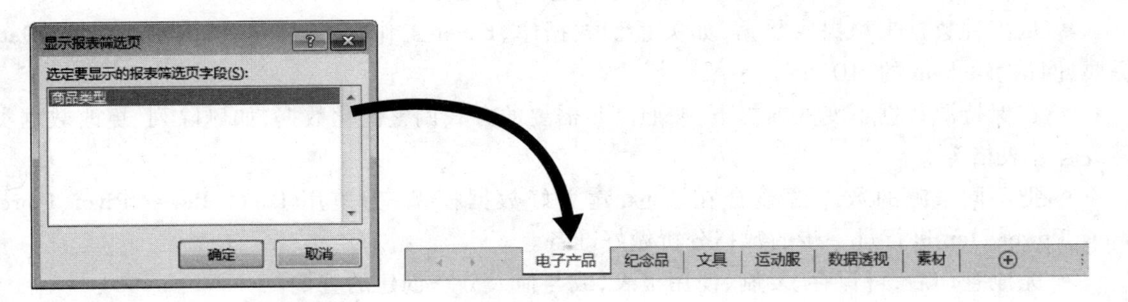

图 12.41　通过“显示报表筛选页”批量生成分项透视表

⑤ 按下面方法创建数据透视图:

● 在工作表“数据透视”的数据透视表区域中单击。

● 依次选择“数据透视表工具|分析”选项卡→“工具”选项组→“数据透视图”按钮→“堆积柱形图”。

● 移动图表到空白位置。

● 单击图表中的字段筛选器“期间”,设定只对“寒假”和“暑假”两个时间段数据进行比较,如图 12.42 所示。

创建数据透视表的结果可参见案例文档“数据透视表案例(答案).xlsx”。

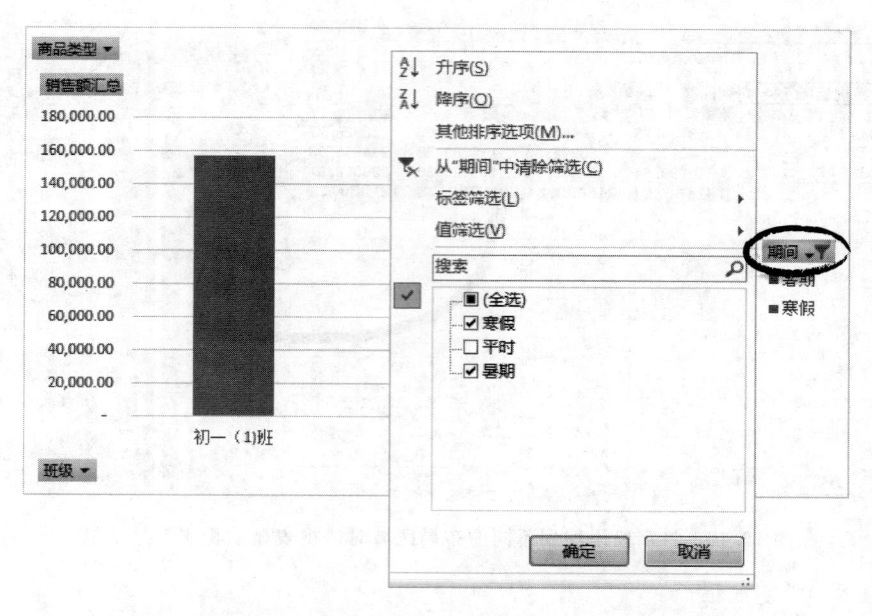

图 12.42 在数据透视图中通过字段筛选器设定只显示寒假和暑期数据

12.7 获取和转换数据用于分析(Power Query)

获取和转换数据是 Excel 2016 包含的一组强大的功能，能够连接、组合和优化调整数据源以满足不同的分析需求。通过获取和转换功能创建查询，可以实现下列目标：

• 从多种数据来源提取数据，如关系型数据库、Excel 工作簿、文本文件、XML 文件、OData 提要、网站、Hadoop 的 HDFS 等。

• 在保持源数据不变的前提下，按照满足需要的方式调整优化数据，如删除列、更改数据类型或合并表格等。

• 把不同来源的数据源整合在一起，建立好数据模型，为使用 Excel、Power Pivot、Power View、Power Map 进行进一步的数据分析做好准备。

• 完成查询后，可保存、复制、使用报表，或与他人分享创建的查询。

12.7.1 获取数据

获取和转换数据功能的第一步是从不同的渠道获取数据以创建查询。这些数据可以来源于 Excel 中定义的“表”，也可以是其他外部源数据。创建查询时，只引用源数据而不会改变源数据本身。

1. 从当前工作表获取数据

① 打开 Excel 工作簿，选择数据源存放的工作表。

② 选择数据源所在区域，在“插入”选项卡上的“表格”选项组中单击“表格”，将数据源定义为“表”。

③ 在“数据”选项卡上的“获取和转换”选项组中单击“从表格”,如果工作表中的数据未定义“表”,将会打开“创建表”对话框要求先行创建表。稍候片刻,Excel 将会启动“Power Query(查询)编辑器”,同时所选表数据将显示在编辑器窗口中,如图 12.43 所示。

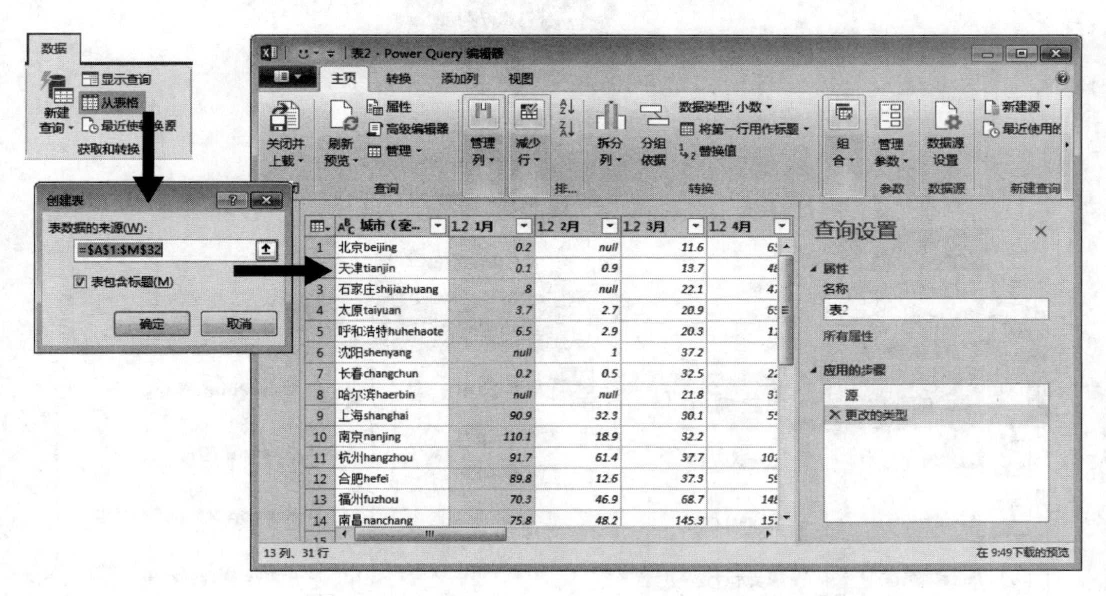

图 12.43　自“表”中获取查询数据

2. 从外部数据源获取数据

① 打开准备存放查询结果的 Excel 工作簿。

② 在“数据”选项卡上的“获取和转换”选项组中单击“新建查询”,打开数据源列表,如图 12.44 所示。

③ 从列表中选择数据来源,Excel 将会自动与数据源建立链接并进入如图 12.45 所示的“导航器”窗口。

④ 在左侧的列表中选择要使用的数据表,单击右下角的“转换数据”按钮,启动“Power Query 编辑器”。

12.7.2　整理数据

在“Power Query 编辑器”窗口中,可对导入的数据进行转换和整理,如拆分列、设置数字格式、行列转置等,以获取符合需要的数据列表,此处的改变并不会影响源数据。

如下操作可对数据表进行结构调整:

- 在窗口右侧的“查询设置”窗格中可更改该查询的名称,并显示、移动、删除操作步骤。
- 单击左上角首行首列交叉处的表图标打开菜单,利用其中的命令可对整个数据表进行相关设置。
- 在列标题上单击右键,从快捷菜单中选择命令对当前列进行相关设置。单击列标题右侧的筛选箭头,可按列进行排序和筛选操作。双击列标题,可修改标题名称。
- 利用“主页”“转换”“添加列”选项卡,可对数据表进行更加详细的调整。

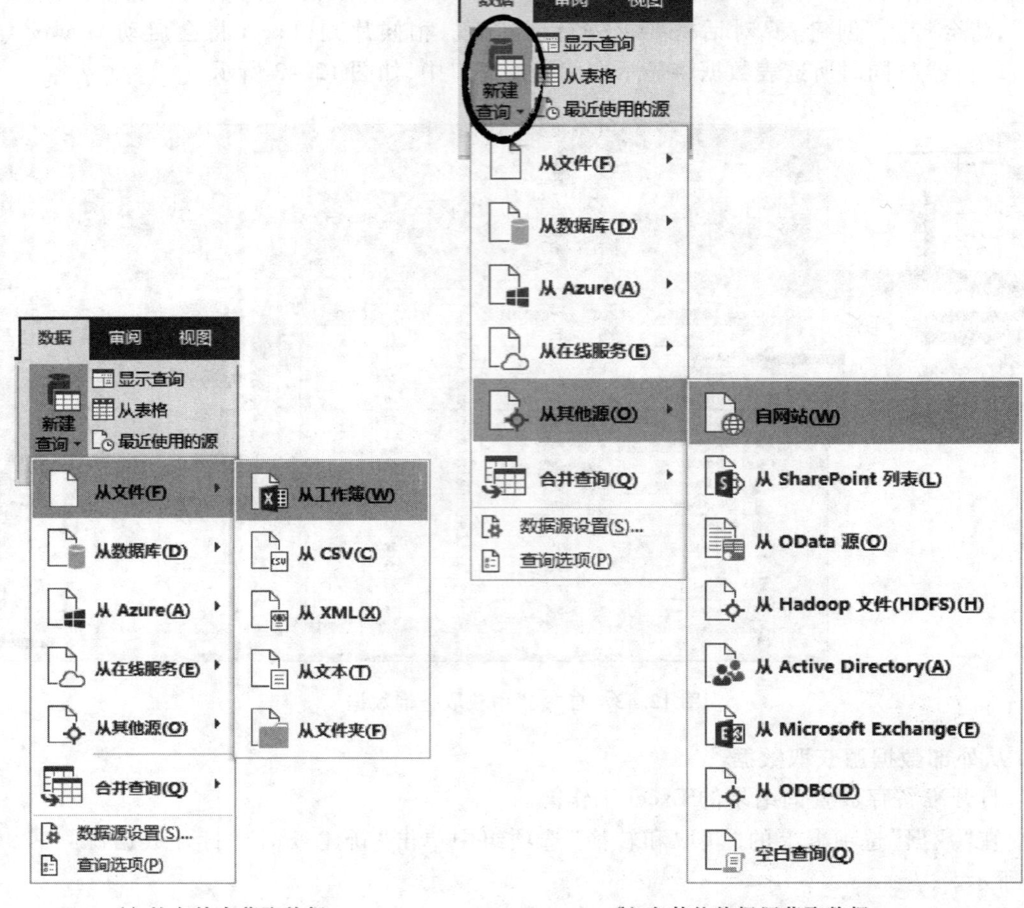

(a) 从文件中获取数据　　　　(b) 自其他数据源获取数据

图 12.44　选择不同的数据源

12.7.3　加载到 Excel

在查询编辑器中对数据进行处理后,可将其以不同方式加载到 Excel 工作表中。

① 在“主页”选项卡上的“关闭”选项组中单击“关闭并上载”按钮旁边的向下箭头。

② 从下拉列表中选择“关闭并上载至”命令,打开如图 12.46 所示的“加载到”对话框。

③ 在“请选择该数据在工作簿中的显示方式”中按照需要选择加载方式,其中:

- 选中“表”,将会把查询数据直接插入到指定工作表中。
- 选中“仅创建连接”,将仅建立一个数据链接,在 Excel 工作表中并未添加数据。

④ 当选择数据加载到“表”中时,可在“选择应上载数据的位置”处指定查询数据存放的位置。

⑤ 如果需要进一步在 Power Pivot 中对数据进行管理,则应选中“将此数据添加到数据模型”复选框。

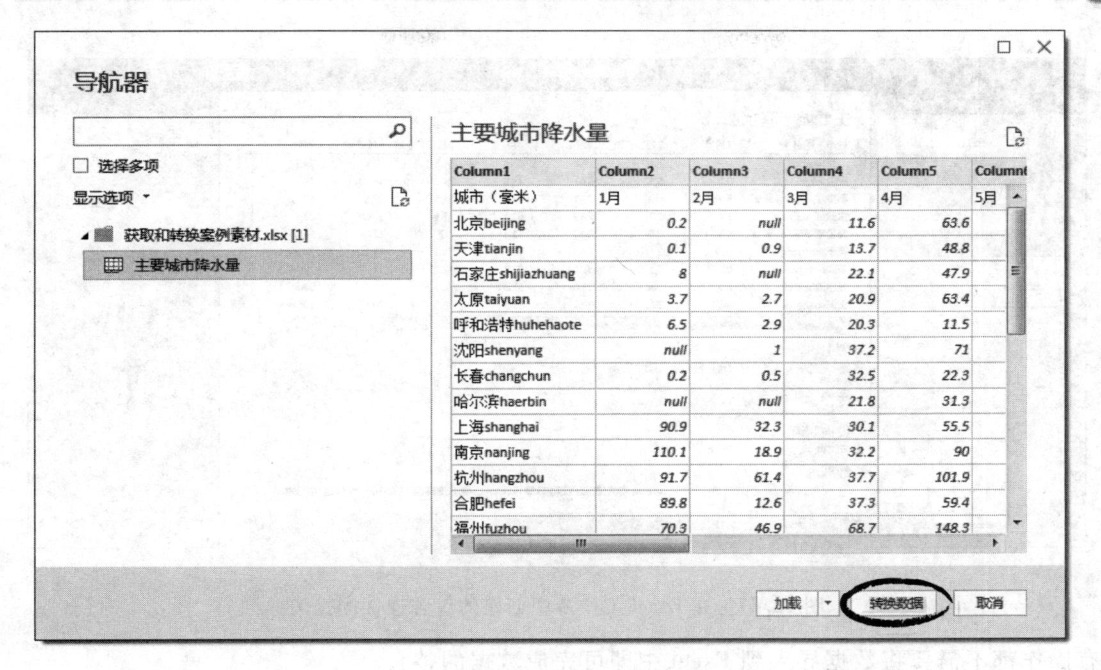

Column1	Column2	Column3	Column4	Column5	Column
城市（毫米）	1月	2月	3月	4月	5月
北京beijing	0.2	null	11.6	63.6	
天津tianjin	0.1	0.9	13.7	48.8	
石家庄shijiazhuang	8	null	22.1	47.9	
太原taiyuan	3.7	2.7	20.9	63.4	
呼和浩特huhehaote	6.5	2.9	20.3	11.5	
沈阳shenyang	null	1	37.2	71	
长春changchun	0.2	0.5	32.5	22.3	
哈尔滨haerbin	null	null	21.8	31.3	
上海shanghai	90.9	32.3	30.1	55.5	
南京nanjing	110.1	18.9	32.2	90	
杭州hangzhou	91.7	61.4	37.7	101.9	
合肥hefei	89.8	12.6	37.3	59.4	
福州fuzhou	70.3	46.9	68.7	148.3	

图 12.45　在“导航器”窗口中选择数据表

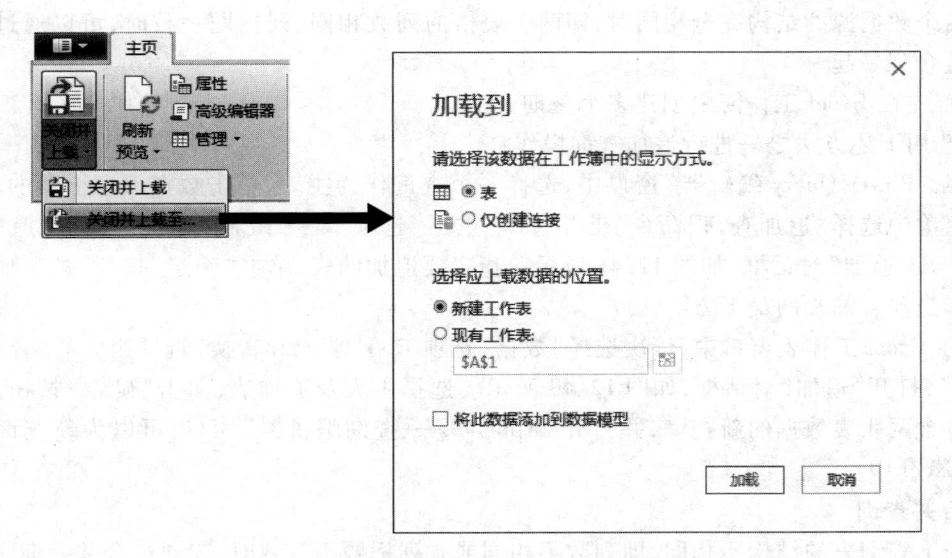

图 12.46　在“加载到”对话框中指定加载方式

⑥ 单击“加载”按钮。Excel 工作表右侧的“工作簿查询”窗格中将显示所创建的查询名称，光标指向该名称时将会显示详细属性，如图 12.47 所示。此时双击查询名称，即可启动查询编辑器，同时打开该查询。

12.7.4　追加和合并数据

当在一个工作簿中创建了来自多种来源的多个查询时，可将它们追加或合并到当前查询中，

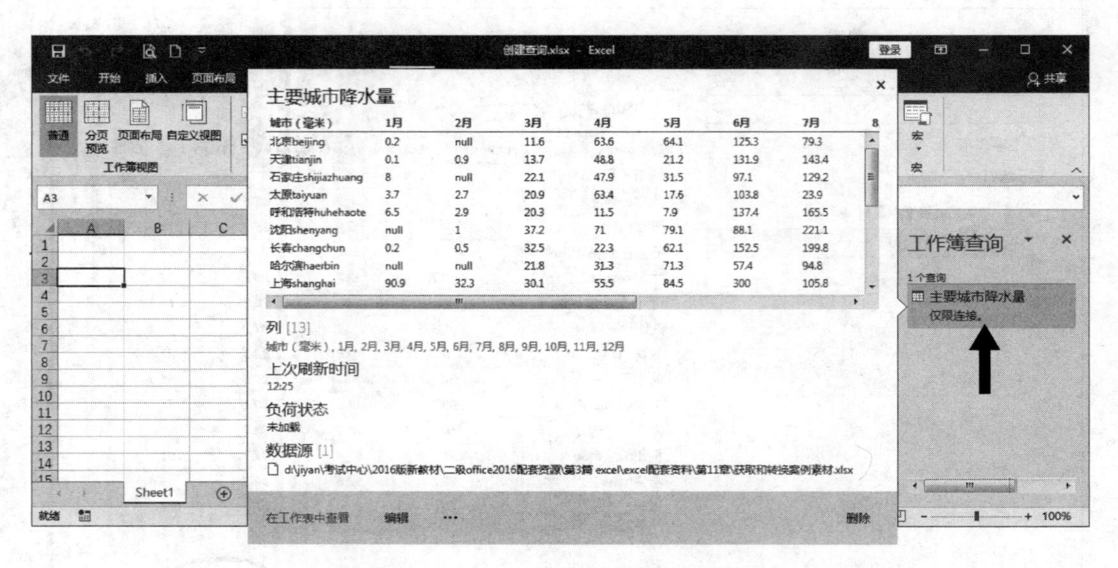

图 12.47 在 Excel 工作簿中创建的仅含连接的查询

所有操作都不需要将数据导入到 Excel 中即可完成数据的整合。

1. 追加查询

当两个数据源的结构完全相同时，即两个表格的列数相同、列标题一致时，可以通过追加查询将其整合到一起。

① 首先在 Excel 工作簿中创建多个查询。

② 选用下述方法之一进行追加查询操作：

- 在“Power Query 编辑器”窗口中，选择一个查询作为主表，单击数据表左上角的表图标，从下拉菜单中选择“追加查询”命令，或者选择“主页”选项卡→“组合”选项组中的“追加查询”按钮→打开“追加”对话框，如图 12.48 所示。指定要追加的表，单击“确定”按钮，被追加的表数据添加到当前查询表的最下方。
- 在 Excel 工作表窗口中，依次选择“数据”选项卡→“获取和转换”选项组中的“合并查询”→“追加”，打开“追加”对话框，如图 12.49 所示。选择主表及追加表，单击“确定”按钮，将会生成一个包含两张表数据的新查询，并打开“Append——查询编辑器”窗口，可以为新查询命名并上载到 Excel 中。

2. 合并查询

当两个查询表的结构不相同，即列数不相同或是列标题不一致时，应通过合并查询完成数据的整合。参与合并的两个表需要有一个相同的数据列作为合并关键字段。“合并”操作从两个现有查询创建一个新查询。一个查询结果包含主表中的所有列，其中一列充当包含指向相关表的导航链接的单个列。相关表中包含基于一个公共列值与主表中每一行匹配的所有行。

① 首先在 Excel 工作簿中创建多个来源于不同数据集的查询。保证要合并的查询有共同的关键字段。

② 选用下述方法之一进入合并查询过程：

- 在“Power Query 编辑器”窗口中选择一个查询作为主表，单击数据表左上角的表图标，从

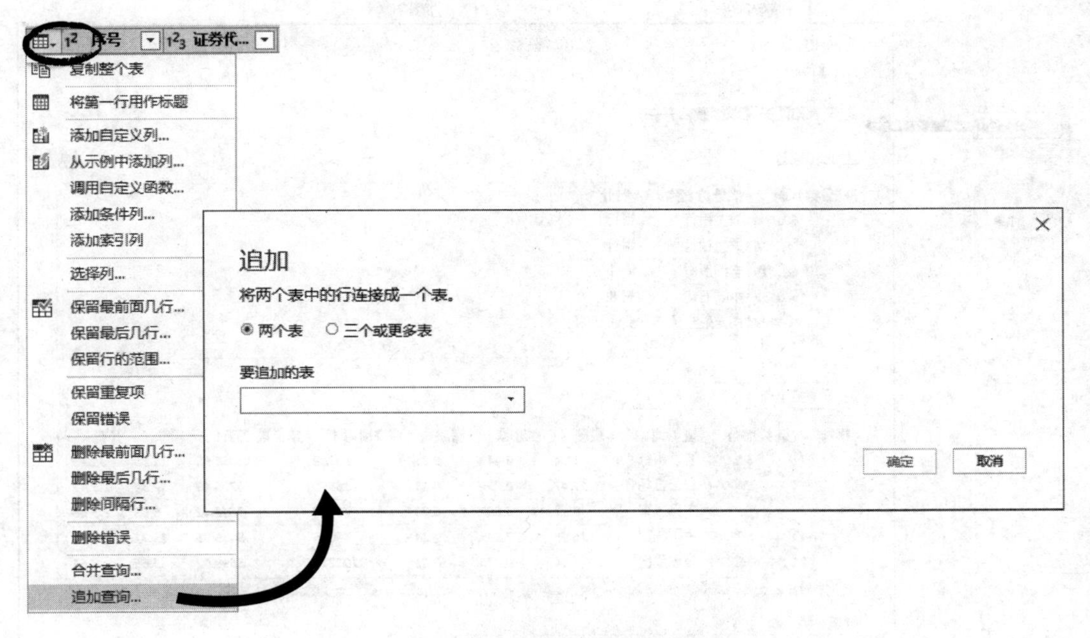

图 12.48 在查询编辑器中追加查询

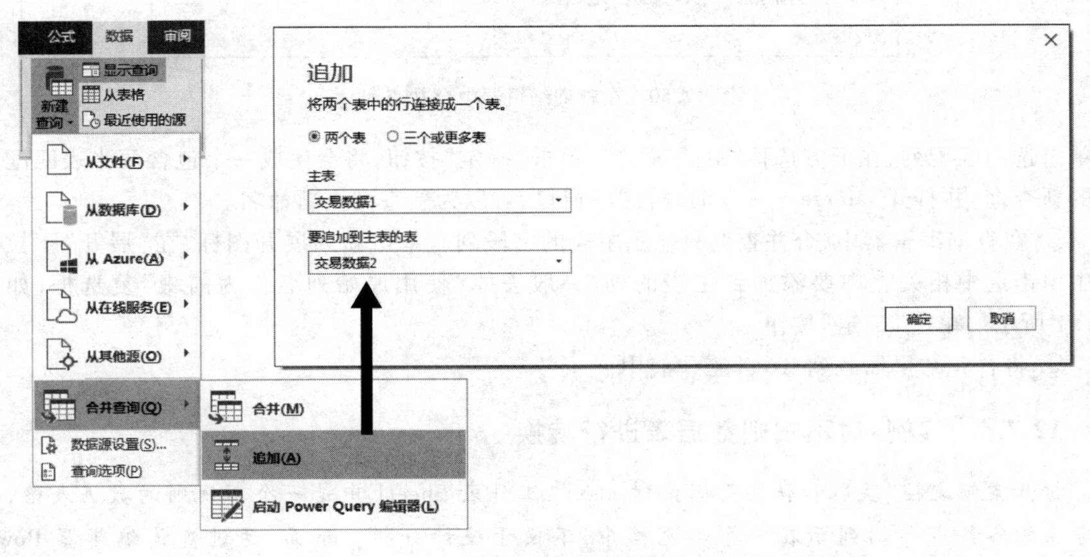

图 12.49 在 Excel 工作表中追加查询

下拉菜单中选择“合并查询”命令,或者选择“主页”选项卡→“组合”选项组中的“合并查询”按钮→打开“合并”对话框,如图 12.50 所示。从上方主表图示中单击关键字段列,在中间选定合并表并单击选中匹配列,在下方选择“联接种类”,单击“确定”按钮,将在当前主表基础上生成合并查询。

- 在 Excel 工作表窗口中,依次选择“数据”选项卡→“获取和转换”选项组中的“合并查询”→“合并”命令,打开“合并”对话框。从上方选定主表,在关键字段列上单击,在中间选定合并表

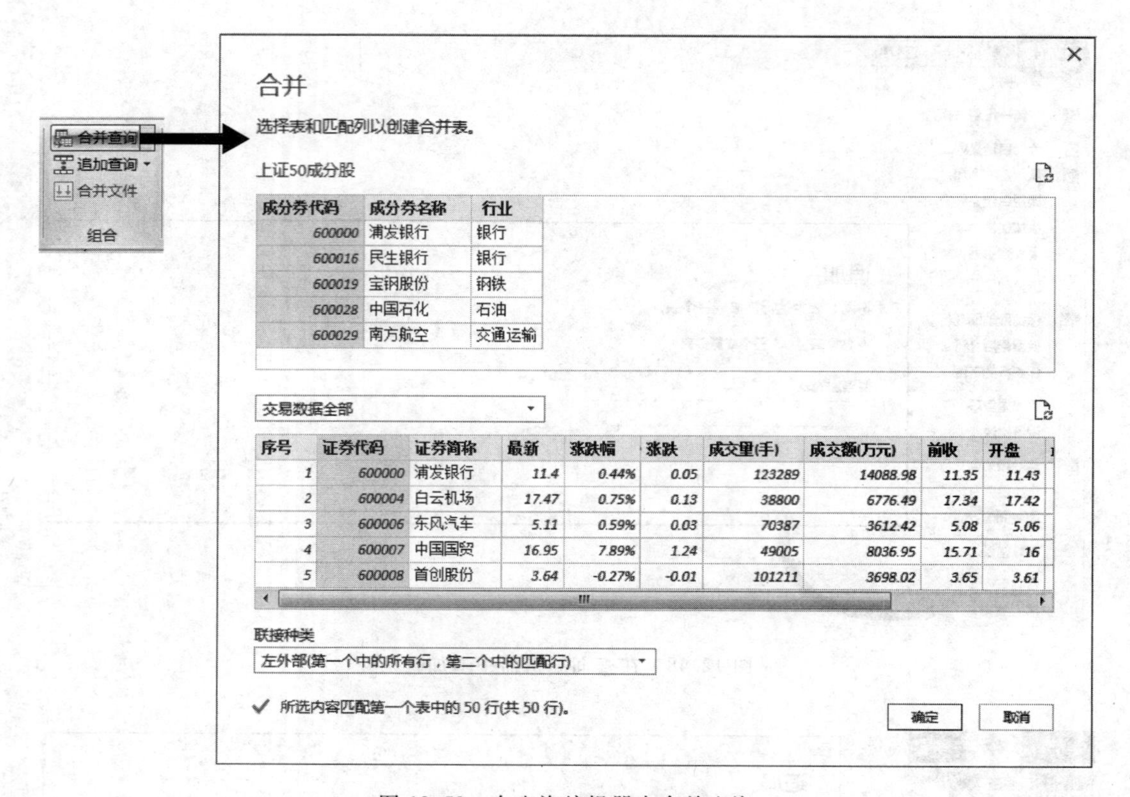

图 12.50　在查询编辑器中合并查询

并单击选中匹配列，在下方选择“联接种类”，单击“确定”按钮，将会生成一个包含两张表匹配数据的新查询，并打开“Merge——查询编辑器”窗口，可以为新查询重新命名。

③ 在查询编辑器中，合并查询只显示主表的字段列。单击新列展开图标，在“展开”下拉列表中单击选中相关表中要添加到主表的列，一般去掉“使用原始列名作为前缀”复选框，如图 12.51 所示。单击“确定”按钮。

④ 将合并结果加载到 Excel 工作表中。

12.7.5　实例：对不规则数据表进行转换

打开案例文档“获取和转换案例素材.xlsx”，工作表 Sheet1 中是一个不规则的数据表格，每个学生的各科成绩均列示在一个单元格中，不便于统计分析。下面，通过查询编辑器 Power Query 对数据进行重新整理。

① 在工作表 Sheet1 中，在数据区域内任一单元格中单击鼠标，或者选择单元格区域，从“数据”选项卡上的“获取和转换”选项组中单击“从表格”按钮，在“创建表”对话框中确认数据来源正确，且选中“表包含标题”复选框。单击“确定”按钮，启动“Power Query 编辑器”，所选表数据显示在编辑器窗口中。以下操作均在该窗口中进行。

② 在右侧的“名称”框中输入“初一期末成绩”作为查询的名称。

③ 选中“班级”列，在“转换”选项卡上的“任意列”选项组中选择“填充”→“向下”，如图

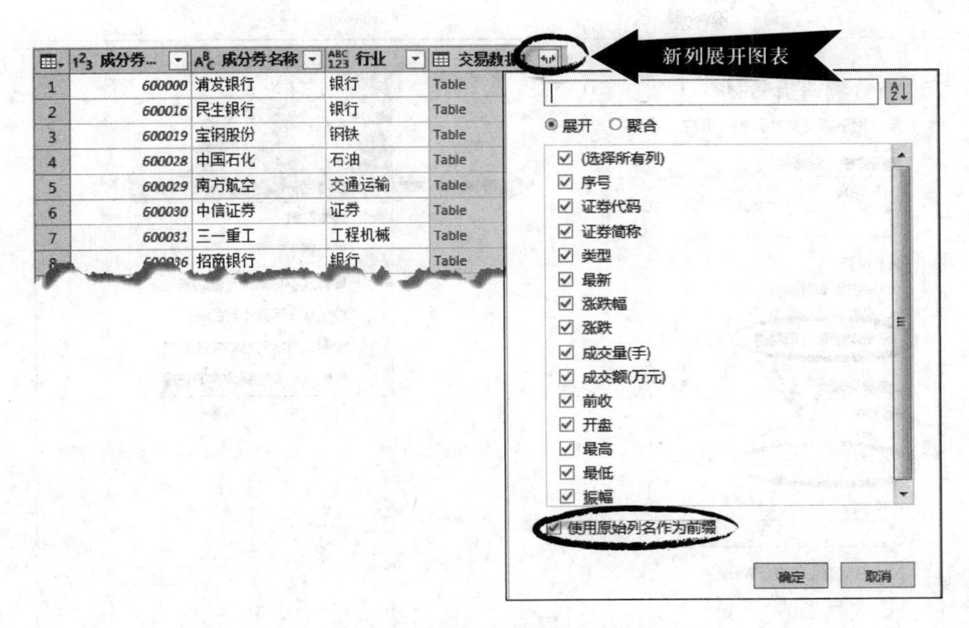

图 12.51 在查询编辑器中展开合并表的新列

11.52 所示。

④ 单击“学号”标题左侧的数据类型按钮,从下拉列表中选择“文本”,将学号的数字格式改为文本型,如图 11.53 所示。

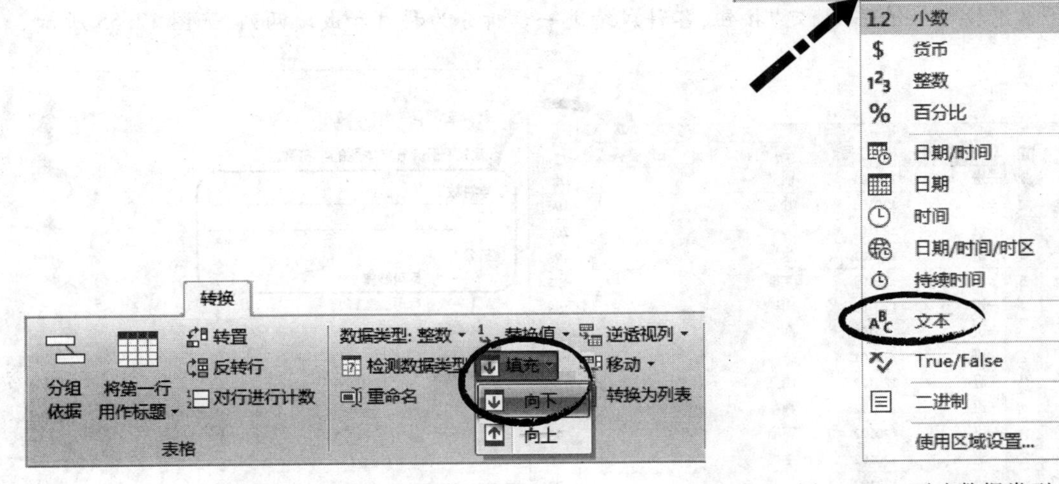

图 12.52 向下填充单元格

图 12.53 更改数据类型

⑤ 选中“各科成绩”列,在“转换”选项卡上的“文本列”选项组中选择“拆分列”→“按分隔符”,弹出“按分隔符拆分列”对话框。确定分隔符正确且拆分位置为“每次出现分隔符时”。单击打开“高级选项”,选择拆分为“行”,如图 12.54 所示。单击“确定”按钮,成绩列中内容按分隔符“/”拆分成行显示。

⑥ 继续选中“各科成绩”列,依次选择“主页”选项卡→“转换”选项组中的“拆分列”→“按字

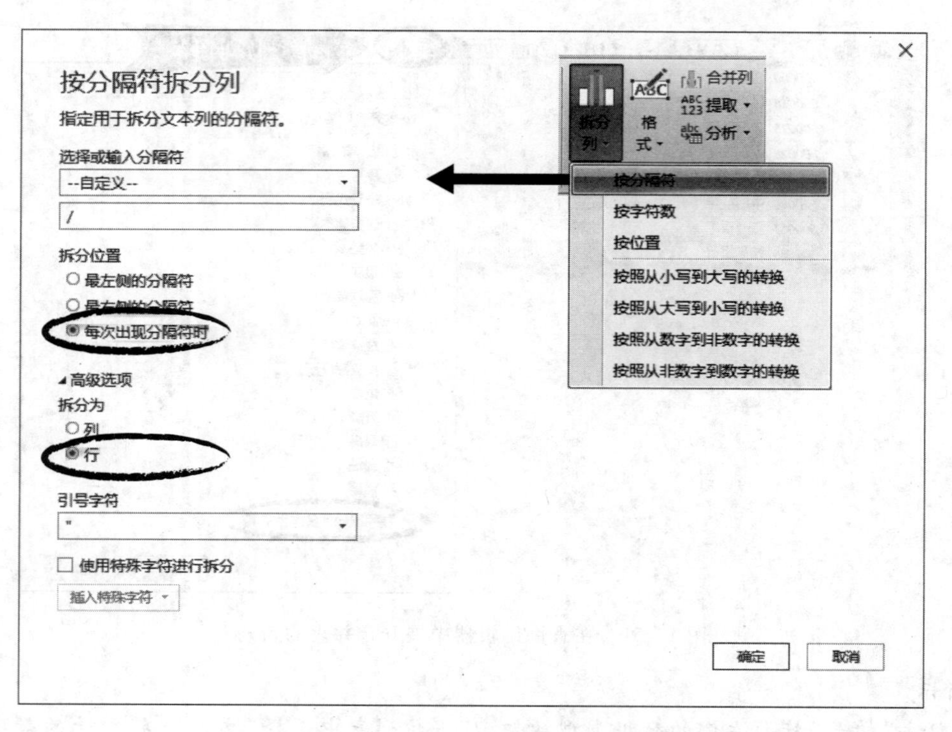

图 12.54 “按分隔符拆分列”设置

符”,打开“按字符数拆分列”对话框。在“字符数”文本框中输入“2”,在“拆分”下选择“一次,尽可能靠左”单选按钮。单击“确定”按钮,各科成绩进一步拆分为科目和成绩两列,如图12.55所示。

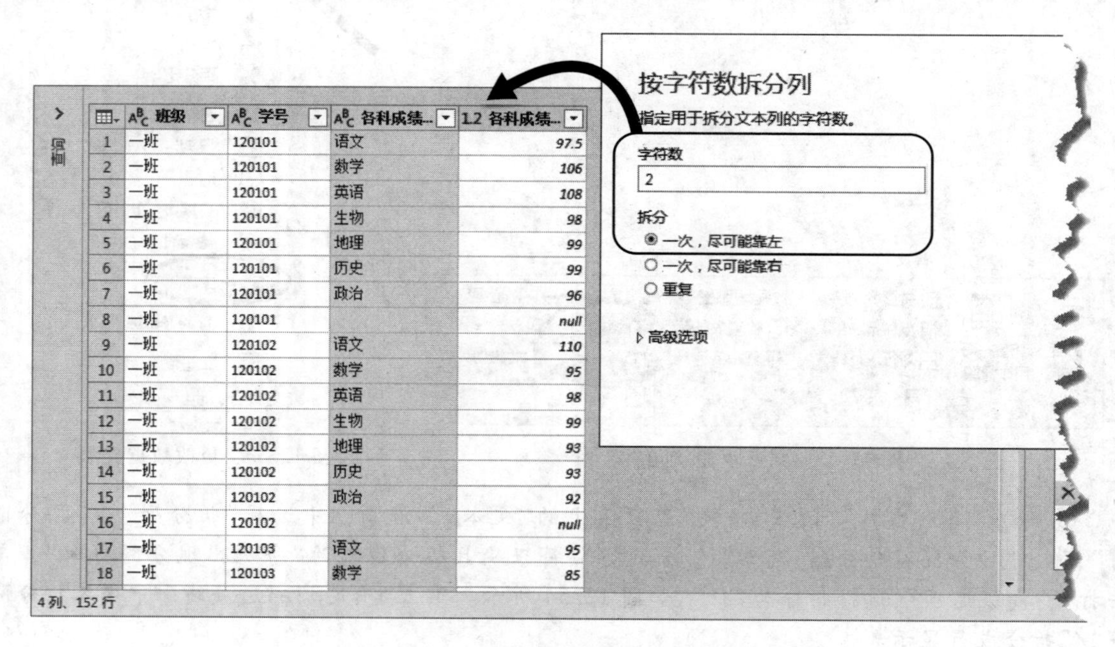

	班级	学号	各科成绩...	各科成绩...
1	一班	120101	语文	97.5
2	一班	120101	数学	106
3	一班	120101	英语	108
4	一班	120101	生物	98
5	一班	120101	地理	99
6	一班	120101	历史	99
7	一班	120101	政治	96
8	一班	120101		null
9	一班	120102	语文	110
10	一班	120102	数学	95
11	一班	120102	英语	98
12	一班	120102	生物	99
13	一班	120102	地理	93
14	一班	120102	历史	93
15	一班	120102	政治	92
16	一班	120102		null
17	一班	120103	语文	95
18	一班	120103	数学	85

图 12.55 将各科成绩按字符数进行拆分

⑦ 选中科目列“各科成绩 1”,在“转换”选项卡上的“任意列”选项组中选择“透视列”。从对话框的“值列”下拉列表中选择“各科成绩 2”,单击“确定”按钮,结果如图 12.56 所示。

⑧ 在最右侧的空列标题上单击鼠标右键,从快捷菜单中选择“删除”命令,将空列删除。

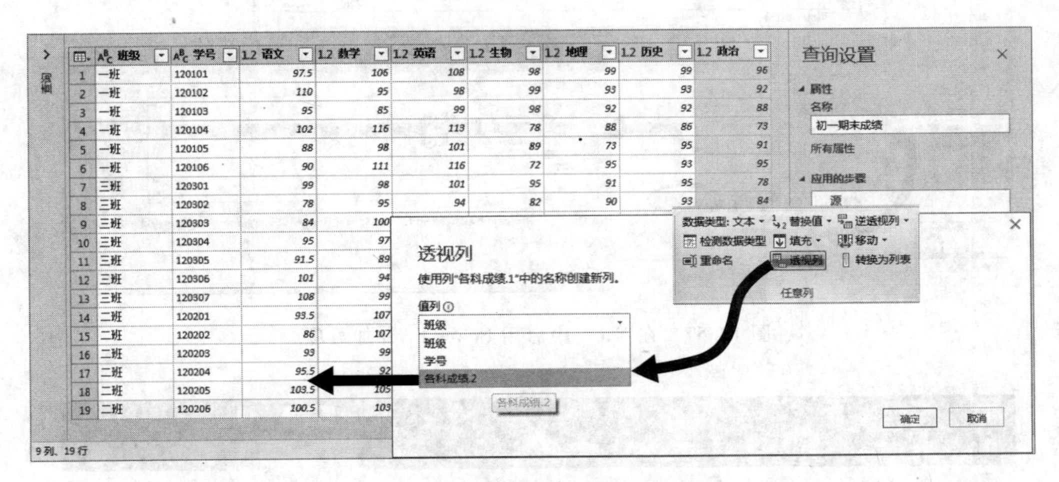

图 12.56　通过透视列获得成绩列表

⑨ 在“主页”选项卡上选择“关闭并上载”按钮,将整理好的数据表加载到当前工作簿的 Sheet2 中,重新按学号升序排列。

⑩ 现在,切换回原始数据表 Sheet1 中,将学号为“120307”的最后一行数据删除。返回查询结果工作表 Sheet2 中,在右侧的“工作簿查询”窗格中,右键单击查询“初一期末成绩”,从快捷菜单中选择“刷新”命令,可以看到查询表中数据自动更新了。

12.8 创建和管理数据模型(Power Pivot)

Power Pivot 是一种数据建模技术,用于创建数据模型、建立关系以及创建计算。

Power Pivot 工具用于分析大量的数据。使用 Excel 分析数据时会被限制在百万行数据内,而 Power Pivot 可以处理数百万行的数据。要使用该工具,需首先在选项卡中启用该工具,并将工作簿中的数据添加到数据模型中。

通常 Power Pivot 窗口中处理的数据存储在 Excel 工作簿内的分析数据库中,可通过在 Power Pivot 窗口中的各表之间创建关系,进一步丰富 Power Pivot 数据。由于 Power Pivot 数据位于 Excel 中,因此可立即用于数据透视表、数据透视图以及 Excel 中用于与数据聚合和交互的其他功能。

12.8.1 启用 Power Pivot 加载项

Power Pivot 以 Excel 加载项的形式提供,首次使用时需要先启用该加载项。

① 依次选择“文件”选项卡→“选项”命令→“加载项”。

② 在“管理”列表中选择“COM 加载项”,单击“转到”按钮,如图 12.57 所示。

③ 选中“Microsoft Power Pivot for Excel”复选框,单击“确定”按钮,功能区中出现“Power Pivot”选项卡,如图 12.58 所示。

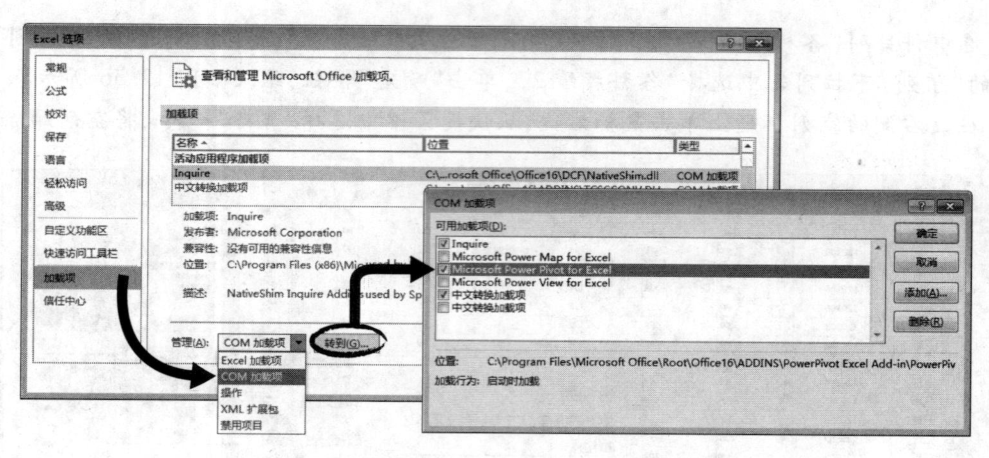

图12.57　在Excel中启用Power Pivot加载项

图12.58　功能区中的“Power Pivot”选项卡

④ 在“Power Pivot”选项卡上的“数据模型”选项组中单击“管理”按钮；或者在Excel工作簿窗口中，选择“数据”选项卡→“数据工具”选项组→“管理数据模型”，均可启动Power Pivot窗口，在窗口的下方将会以表标签形式列示当前工作簿中已建立的数据模型。

12.8.2　添加数据模型

在使用Power Pivot管理数据模型之前，首先需要构建数据模型。Power Pivot可以帮助快速获取或建立数据模型。

1. 将Excel表格添加到数据模型

① 打开一个工作簿，选择需要添加到数据模型的工作表数据区域。

② 在“Power Pivot”选项卡上的“表格”选项组中单击“添加到数据模型”按钮，打开“创建表”对话框。

③ 确认表数据所在位置，单击“确定”按钮，创建表的同时数据模型被加载到Power Pivot窗口中，如图12.59所示。

提示：如果先行在工作表中创建了“表”，那么单击“添加到数据模型”按钮将会直接将数据加载到Power Pivot窗口中。

2. 将Power Query创建的查询表格添加到数据模型

创建查询时添加到数据模型：打开工作簿，通过“数据”选项卡上的“获取和转换”选项组创建查询，在“Power Query编辑器”窗口中选择“关闭并上载至”，在“加载到”对话框选中“将此数据添加到数据模型”复选框。

图 12.59　将 Excel 表添加到数据模型

将已创建的查询添加到数据模型:在 Excel 窗口中,在“数据”选项卡上的“获取和转换”选项组中单击“显示查询”按钮,在右侧的“工作簿查询”窗格中右键单击查询名称,从快捷菜单中选择“加载到”命令,在“加载到”对话框中选中“将此数据添加到数据模型”复选框,如图 12.60 所示。

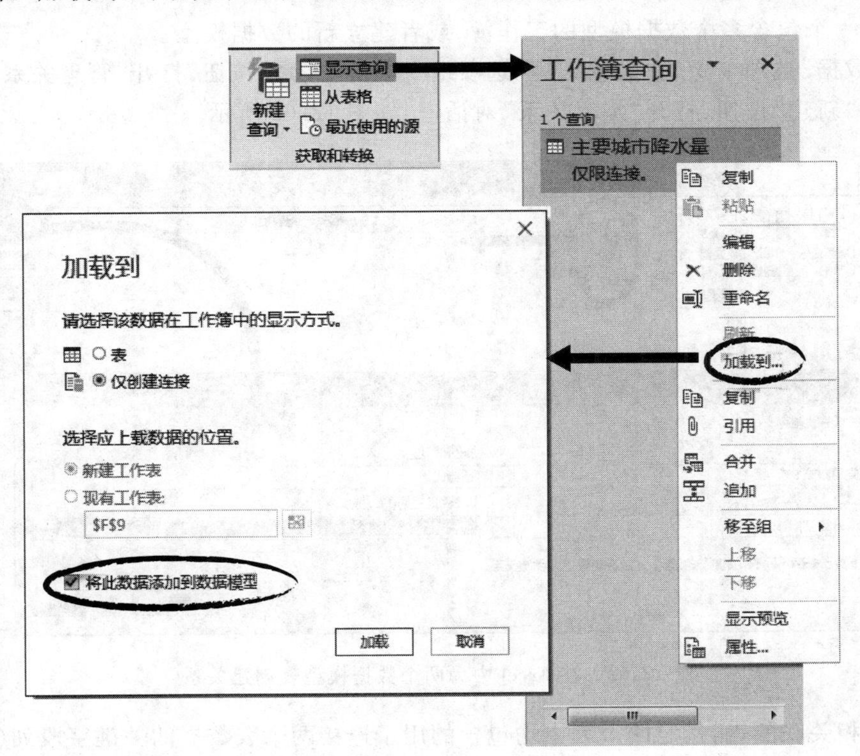

图 12.60　将查询添加到数据模型

3. 从其他来源创建数据模型

① 打开一个工作簿,在“Power Pivot”选项卡上的“数据模型”选项组中单击“管理”按钮,转到 Power Pivot 窗口。

② 在如图 12.61 所示的“主页”选项卡上的“获取外部数据”选项组中,选择某一外部数据获取途径,按向导提示导入数据模型即可。

图 12.61 在 Power Pivot 窗口中从其他数据源获取数据模型

12.8.3 建立和管理数据关系

如果需要对多个相关表格数据进行分析,需要在各个数据表之间建立关系。在建立关系的各表中,需要有一个唯一的、共同的关键字段相连接。例如,每个学生的学号是唯一的,它可以用于连接学生成绩和学生档案两个表。

1. 在 Excel 工作簿窗口中建立关系

① 打开一个包含多个数据模型的工作簿,或者建立新的数据模型。

② 在“数据”选项卡上的“数据工具”选项组中单击“关系”按钮,打开“管理关系”对话框。

③ 单击“新建”按钮,打开“编辑关系”对话框,如图 12.62 所示。

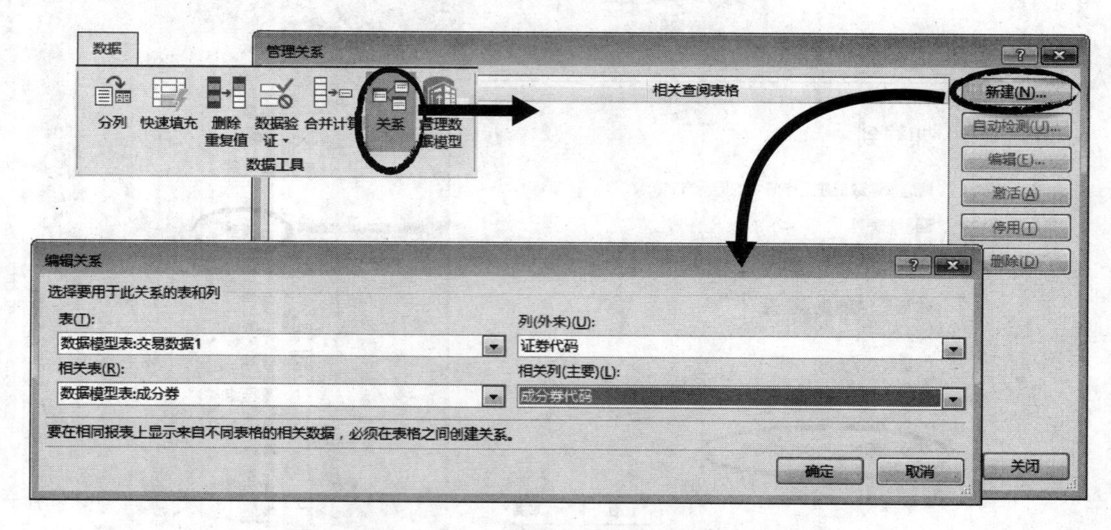

图 12.62 在 Excel 中为两个数据模型表创建关系

④ 选择相关联的表,指定两个表中均包含的用于连接两个表数据的关键字段列(注意,下方的相关表为主表),单击“确定”按钮,返回“管理关系”对话框,已建立的数据关系显示在列表中。

⑤ 在“管理关系”对话框中,可以查看所有当前已创建的数据关系,还可以对当前选中的数

据关系进行编辑、停用、激活以及删除等操作。单击“新建”按钮可继续创建新的数据关系。

⑥ 单击“关闭”按钮,退出对话框。

2. 利用关系图在多个表间建立关系

① 在“Power Pivot”选项卡上的“数据模型”选项组中单击“管理”按钮;或者在 Excel 工作簿窗口中,选择“数据”选项卡→“数据工具”选项组→“管理数据模型”,打开 Power Pivot 窗口。

② 在“主页”选项卡上的“查看”选项组中单击“关系图视图”按钮,转到关系图视图界面,窗口中显示当前工作簿中已建立的所有数据模型表。

③ 在一个数据模型中选择用于关联表的关键字段,按下鼠标左键将其拖动到另一个表中相关的关键字段上,放开鼠标左键,两个表之间出现关联标识线,如图 12.63 所示。

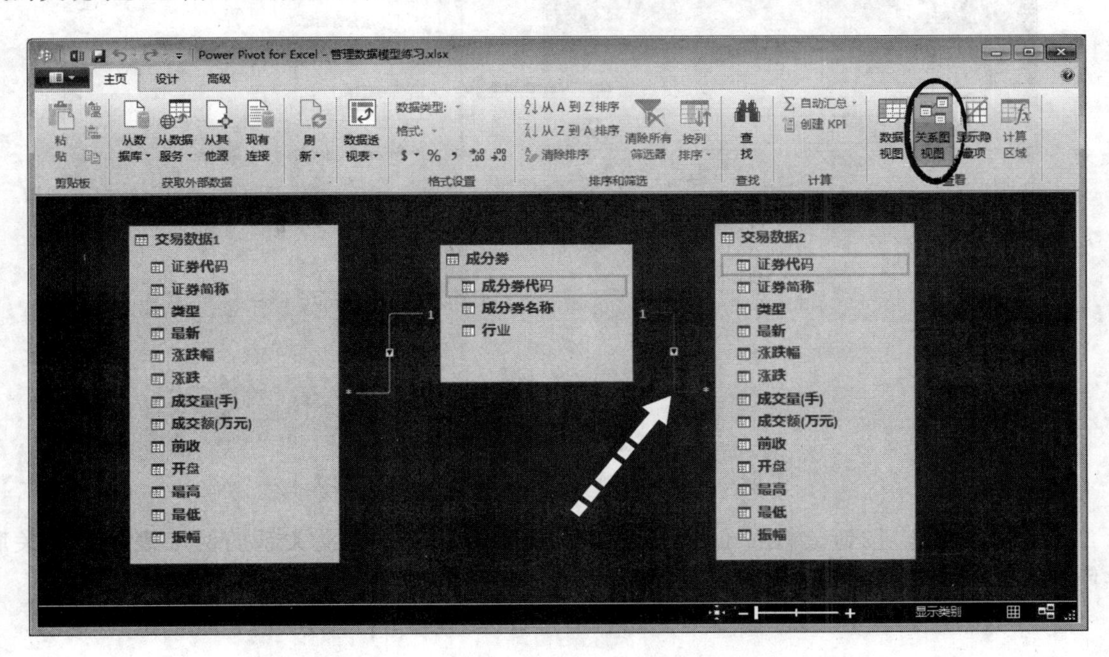

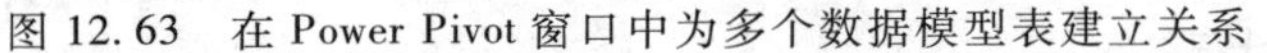

图 12.63 在 Power Pivot 窗口中为多个数据模型表建立关系

④ 单击选中两表之间的关系标识线,按 Delete 键可删除关系;在关系标识线上单击右键,利用快捷菜单可以对该关系进行编辑修改。

3. 在数据透视表中建立关系并组织数据

建立了关系的数据模型中数据可通过数据透视表进行提取和分析。在数据透视表中也可以建立关系。

① 在“Power Pivot”选项卡上的“数据模型”选项组中单击“管理”按钮;或者在 Excel 工作簿窗口中,选择“数据”选项卡→“数据工具”选项组→“管理数据模型”,打开 Power Pivot 窗口。

② 单击“主页”选项卡上的“数据透视表”按钮,打开“创建数据透视表”对话框。

③ 选择透视表位置,单击“确定”按钮。在“数据透视表字段”窗格中显示当前工作簿中所有数据模型。

④ 展开并选择一个数据模型表的字段。再展开并选择另一个表中的字段,当这两个表未存在关联时,在“数据透视表字段”列表中将提示创建表关系,如图 12.64 所示。

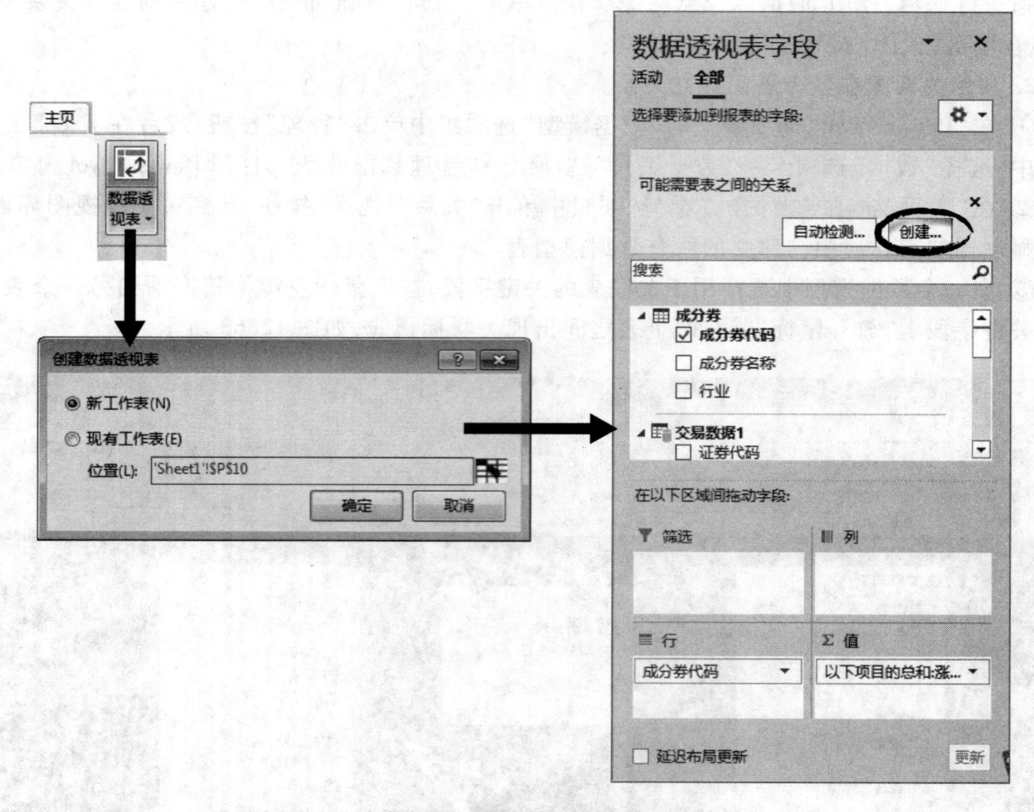

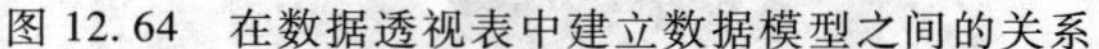

图 12.64 在数据透视表中建立数据模型之间的关系

⑤ 单击“创建”按钮,弹出“创建关系”对话框,选择需要建立关系的两个表并指定关联字段。

⑥ 在数据透视表中获取关系表中的数据并进行组织和分析。

12.8.4 创建计算

在 Power Pivot 中,可以使用数据分析表达式 DAX 创建自定义计算列或计算字段(度量值)。

1. 数据分析表达式 DAX

Power Pivot 提供用于在 Power Pivot 表和 Excel 数据透视表中创建自定义计算的数据分析表达式 DAX。Power Pivot 中的 DAX 公式与 Excel 公式非常相似,DAX 使用的许多函数、运算符和语法都与 Excel 公式相同。但是,DAX 还另外提供一些用来处理关系数据和执行动态性更强的计算的函数。

使用 Power Pivot 中的 DAX 公式应注意:

- 公式中只使用表和列,而不使用各个单元、范围引用或数组。
- 公式可以使用关系来获取相关表中的值。检索的值始终与当前行值相关。
- 不能将 Power Pivot 公式粘贴到 Excel 工作表中,反之亦然。
- 不能使用不规则或“不齐整”的数据。表中的每一行都必须包含相同的列数。一些列中可以包含空值。

创建 Power Pivot 公式的方式与在 Excel 工作表中创建公式大体相似。主要步骤如下:

① 输入等号"="。与 Excel 公式一样,每个公式必须以等号开头。

② 输入或选择一个函数名称,也可以输入一个表达式。

开始输入函数的前几个字母或所需的函数名称后,"记忆式键入"功能会显示可用函数列表;输入"["会显示当前表中可用列的列表;输入"'"则会显示可用表和列的列表。按 Tab 键或双击将"记忆式键入"列表中的某个项目添加到公式中。

③ 通过从可能的表和列的下拉列表中选择参数,或者通过输入值或其他函数,向函数提供参数。

④ 检查是否有语法错误,确保所有括号都是成对的,并且列、表和值被正确引用。

⑤ 按 Enter 键接受公式。

2. 创建计算列

在 Power Pivot 中,可以通过输入 DAX 公式创建计算列来向表中添加新数据列。这个新列可用于数据透视表、数据透视图和报表中,可以像使用任何其他列一样使用该计算列。表 12.3 中列出了一些可以在计算列中使用的基本公式。

表 12.3　可以在计算列中使用的基本公式示例

公式	说明
=TODAY()	将今天的日期插入列中的每一行
=6	将值 6 插入列中的每一行
=[Column1] + [Column2]	将[Column1]和[Column2]的同一行中的值相加,并将结果放置于计算列的同一行中

在 Power Pivot 表中创建计算列的基本方法是:

① 转到 Power Pivot 窗口的"数据视图"中,切换到需要添加计算列的数据表中。

② 滚动到最右侧的添加列并单击该列,或者从"设计"选项卡上的"列"选项组中单击"添加"按钮。

③ 在公式编辑栏中输入有效的 DAX 公式。

④ 最后按 Enter 键确认,公式会自动填充到整列中,并得出整列的计算结果。

⑤ 右键单击新列标题,从弹出的菜单中选择"重命名列",输入一个新列名后按 Enter 键。

⑥ 通过"主页"选项卡上的"格式设置"选项组可以更改数据格式,结果如图 12.65 所示。

3. 创建计算字段

计算字段,也被称为度量值,在数据分析中会经常使用。计算字段是为度量与分析有关的其他因素(如针对时间、地区、组织或产品计算的总销售额)相关的结果创建的计算,结果存放在选定的单元格或计算区域。可以通过函数或表达式创建计算字段,计算字段中常用函数包含求和、求平均值、求最小值、求最大值、计数等。

Power Pivot 窗口划分为上下两部分,上方为数据列表,下方为计算区域。字段的计算结果会显示在计算区域中。

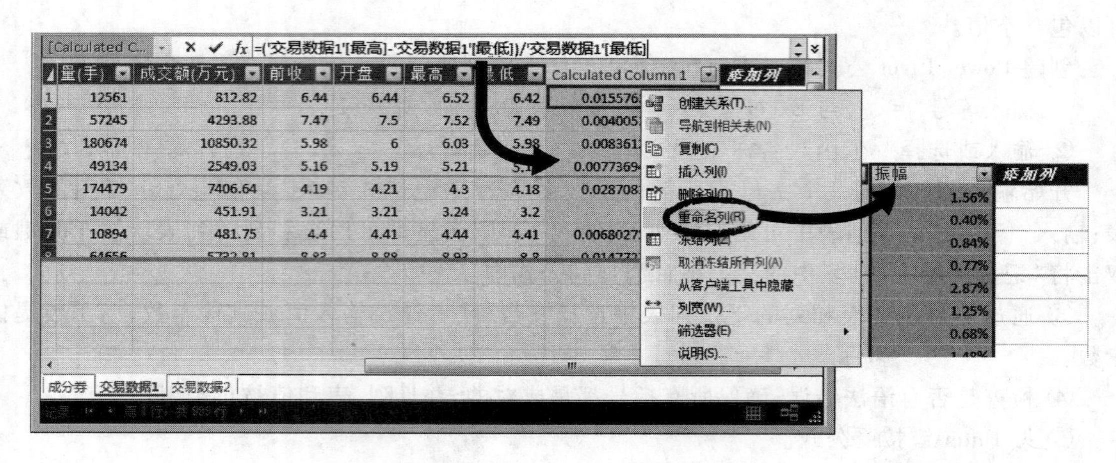

图 12.65 在 Power Pivot 表中创建计算列

创建自动计算字段的操作如下：

① 选择需要添加计算字段的列。

② 在“主页”选项卡上的“计算”选项组中单击“自动汇总”按钮右侧的箭头。

③ 从下拉列表中选择一个标准函数，则计算结果显示在当前列下方的计算区域中。

创建自定义公式计算字段的操作如下：

① 在计算区域中选择存放计算结果的单元格。

② 在公式编辑栏中输入有效的表达式，按 Enter 键确认计算结果。

12.8.5 实例：连接两个表对学生信息进行管理

继续使用上一案例，该案例中已经为学生期末成绩创建了一个查询，下面通过 Power Pivot 将学生档案信息与成绩表连接并管理数据模型。

1. 将查询加载到数据模型

① 打开前面已创建了查询的案例文档“获取和转换案例素材.xlsx”，在“数据”选项卡上的“获取和转换”选项组中单击“显示查询”，调出“工作簿查询”任务窗格。

② 单击选择查询表“初一期末成绩”。

③ 在“Power Pivot”选项卡上单击“添加到数据模型”按钮，切换到 Power Pivot 窗口的同时将查询添加到 Power Pivot 数据模型中。

2. 将另一个工作簿中的学生档案信息创建为数据模型

① 在“数据”选项卡上的“数据工具”选项组中单击“管理数据模型”，转到 Power Pivot 窗口，可以看到已加载的数据模型“初一期末成绩”。

② 在 Power Pivot 窗口中，从“主页”选项卡上的“获取外部数据”选项组中单击“从其他源”按钮，进入“表导入向导”窗口。

③ 选择“Excel 文件”项作为导入文件的数据源，单击“下一步”按钮。

④ 单击“浏览”按钮找到并选择文档“Power Pivot 案例素材.xlsx”，选中“使用第一行作为列标题”复选框，如图 12.66 所示。单击“下一步”按钮。

⑤ 选择数据表 Sheet1,单击"完成"按钮,开始连接并导入数据。完成后单击"关闭"按钮,数据模型导入到 Power Pivot 窗口中。

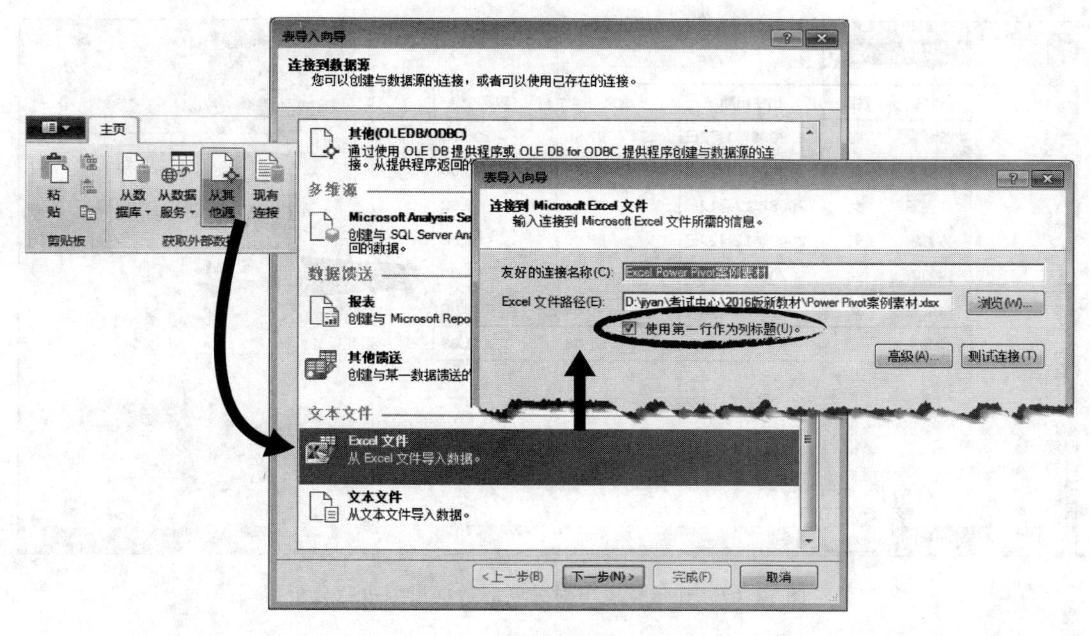

图 12.66 将另一个 Excel 文档作为数据源创建数据模型并导入 Power Pivot

⑥ 双击左下角的表名 Sheet1,将其改为"学生档案"。将"出生日期"列的格式改为"2001 年 3 月 14 日"。

⑦ 选择右侧的添加列,在公式编辑栏中输入有效的 DAX 公式"=IF(MID([身份证号],17,1)="1","男","女")",按 Enter 键完成列公式填充。双击列标题,将其改为"性别"。

⑧ 用同样的方式再增加一个计算列,输入公式"=INT(YEARFRAC([出生日期],TODAY(),1))",列标题改为"年龄"。保存该数据模型。

3. 连接两个表

① 在 Power Pivot 窗口中,从"主页"选项卡上的"查看"选项组中单击"关系图视图"按钮。

② 在"初一期末成绩"表中将"学号"字段拖到"学生档案"表中的"学号"字段上,两者之间将通过"学号"字段建立关系。

注意:关联关系的方向要正确,否则在透视表中不能取得正确数据。

4. 通过透视表分析数据模型

① 单击"主页"选项卡上的"数据透视表"按钮,指定在"新工作表"中创建透视表,单击"确定"按钮,返回 Excel 窗口,并在新工作表 Sheet3 中创建一个空白透视表。

② 在右侧的"数据透视表字段"任务窗格中,将"学生档案"表下的字段"姓名""性别"和"出生日期"拖动到"行"区域;将"初一期末成绩"表中的"班级"字段拖动到"筛选"区域,将"语文"和"数学"字段拖动到"值"区域。

③ 将"语文"和"数学"两个字段的"值汇总方式"改为"平均值";修改透视表中的字段名称,设置行标签为"表格形式显示项目标签";从筛选字段中选择"一班",适当调整数据格式和透

视表样式。结果如图 12.67 所示。

答案可参见文档“Power Pivot 案例(答案).xlsx”。

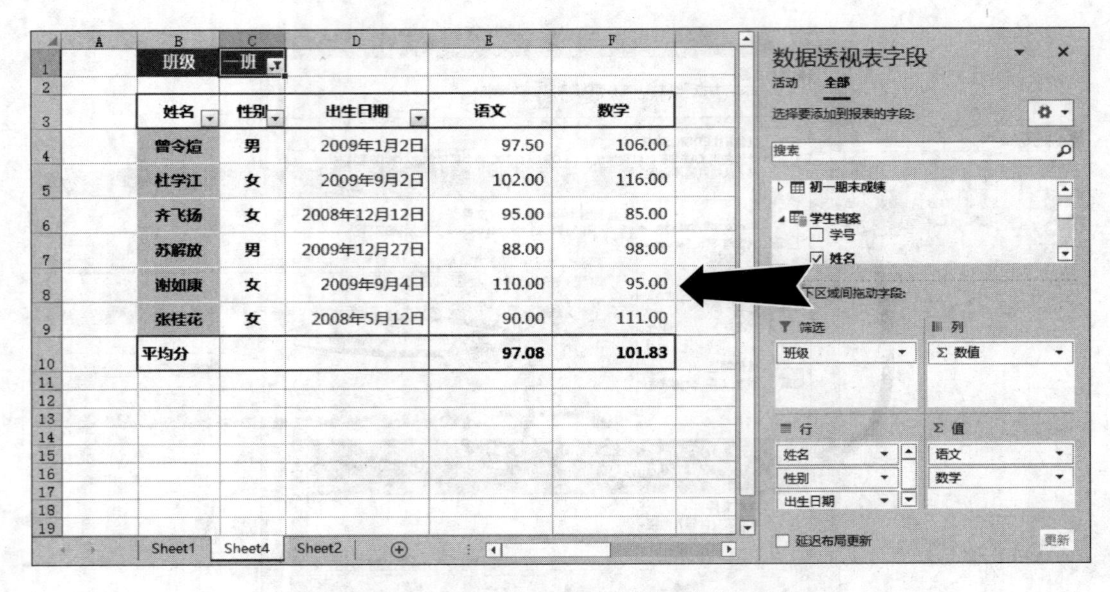

图 12.67　在透视表中对关联的数据模型进行分析

12.9 模拟分析和预测

模拟分析是指通过更改某个单元格中的数值来查看这些更改对工作表中引用该单元格的公式结果的影响的过程。通过使用模拟分析工具,可以在一个或多个公式中试用不同的几组值来分析所有不同的结果。

Excel 附带了 3 种模拟分析工具:方案管理器、模拟运算表和单变量求解。方案管理器和模拟运算表可获取一组输入值并确定可能的结果,单变量求解则是针对希望获取的结果确定生成该结果的可能的各项值。

预测工作表则用来根据历史数据预测未来趋势。

12.9.1　单变量求解

单变量求解用来解决以下问题:先假定一个公式的计算结果是某个固定值,当其中引用的变量所在单元格应取值为多少时该结果才成立?实现单变量求解的基本方法如下:

① 首先为实现单变量求解,在工作表中输入基础数据,构建求解公式并输入到数据表中。

② 单击选择用于产生特定目标数值的公式所在的单元格。

③ 在“数据”选项卡上的“预测”选项组中单击“模拟分析”按钮,从下拉列表中选择“单变量求解”命令,打开“单变量求解”对话框,如图 12.68 所示。

④ 在该对话框中设置用于单变量求解的各项参数。其中:

- 在“目标单元格”中选择显示目标值的单元格地址,这个单元格中包含公式,公式中应包

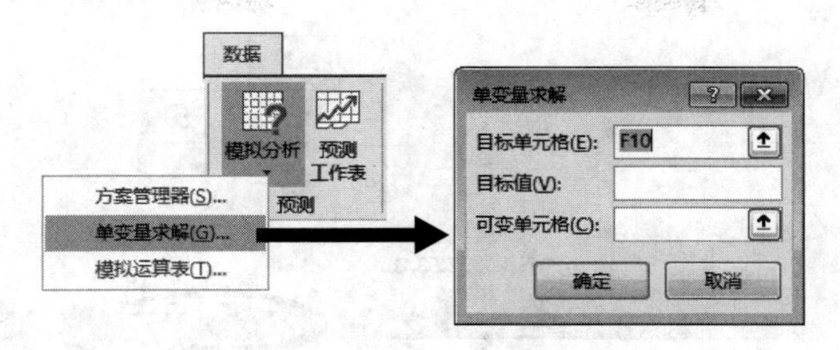

图 12.68　打开“单变量求解”对话框

含对可变单元格的引用。

- 在“目标值”框中输入希望得到的结果值。
- 在“可变单元格”中指定能够得到目标值的可变量所在的单元格地址。

⑤ 单击“确定”按钮，弹出“单变量求解状态”对话框，同时数据区域中的可变单元格中显示单变量求解值。

⑥ 单击“单变量求解状态”对话框中的“确定”按钮，接受计算结果。

⑦ 重复步骤②~⑥，可以重新测试其他结果。

12.9.2　模拟运算表

模拟运算表的结果显示在一个单元格区域中，它可以测算将某个公式中一个或两个变量替换成不同值时对公式计算结果的影响。模拟运算表最多可以处理两个变量，但可以获取与这些变量相关的众多不同的值。模拟运算表依据处理变量个数的不同，分为单变量模拟运算表和双变量模拟运算表两种类型。

1. 单变量模拟运算表

若要测试公式中一个变量的不同取值如何改变相关公式的结果，可使用单变量模拟运算表。在单列或单行中输入变量值后，不同的计算结果便会在公式所在的列或行中显示。

① 为了创建单变量模拟运算表，首先要在工作表中输入基础数据与公式。

② 选择要创建模拟运算表的单元格区域，其中第一行(或第一列)需要包含变量单元格和公式单元格。

③ 在“数据”选项卡上的“预测”选项组中单击“模拟分析”按钮，从下拉列表中选择“模拟运算表”命令，打开如图 12.69 所示的“模拟运算表”对话框。

④ 指定变量值所在的单元格。如果模拟运算表变量值输入在一列中，应在“输入引用列的单元格”框中选择第一个变量值所在的位置。如果模拟运算表变量值输入在一行中，应在“输入引用行的单元格”框中选择第一个变量值所在的位置。

⑤ 单击“确定”按钮，选定区域中自动生成模拟运算表。在指定的引用变量值的单元格中依次输入不同的值，右侧将根据设定公式测算不同的目标值。

2. 双变量模拟运算表

若要测试公式中两个变量的不同取值如何改变相关公式的结果，可使用双变量模拟运算表。在单列和单行中分别输入两个变量值后，计算结果便会在公式所在区域中显示。

① 为了创建双变量模拟运算表，首先要在工作表中输入基础数据与公式，其中所构建的公

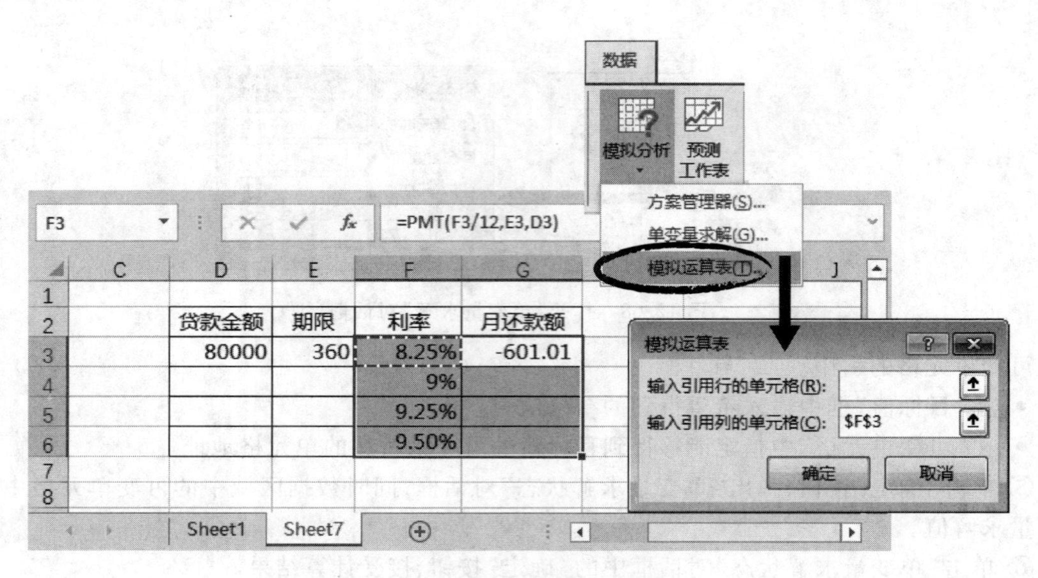

图 12.69 打开“模拟运算表”对话框

式需要至少包括两个单元格引用。

② 输入变量值(提示:也可以在创建了模拟运算表区域之后再输入相关的变量值)。在公式所在的行从左向右输入一个变量的系列值,沿公式所在的列由上向下输入另一个变量的系列值。

③ 选择要创建模拟运算表的单元格区域,其中第一行和第一列需要包含公式单元格和变量值。公式应位于所选区域的左上角。

④ 在“数据”选项卡上的“预测”选项组中单击“模拟分析”按钮,从下拉列表中选择“模拟运算表”命令,打开“模拟运算表”对话框。

⑤ 依次指定公式中所引用的行列变量值所在的单元格。

⑥ 单击“确定”按钮,选定区域中自动生成一个模拟运算表。此时,当更改模拟运算表中的变量值时,其对应的测算值就会发生变化。

12.9.3 方案管理器

模拟运算表无法容纳两个以上的变量。如果要分析两个以上的变量,则应使用方案管理器。一个方案最多可获取 32 个不同的值,但是却可以创建任意数量的方案。

方案管理器作为一种分析工具,每个方案允许建立一组假设条件,自动产生多种结果,并可以直观地看到每个结果的显示过程,还可以将多种结果存放到一个工作表中进行比较。

1. 建立分析方案

① 为了创建分析方案,首先需要在工作表中输入基础数据与公式。数据表需要包含多个变量单元格,以及引用了这些变量单元格的公式。

② 选择可变单元格所在的区域。

③ 在“数据”选项卡上的“预测”选项组中单击“模拟分析”,从下拉列表中选择“方案管理器”命令,打开如图 12.70(a)所示的“方案管理器”对话框。

④ 单击“添加”按钮,弹出如图 12.70(b)所示的“添加方案”对话框。在“方案名”文本框中

输入方案名称。

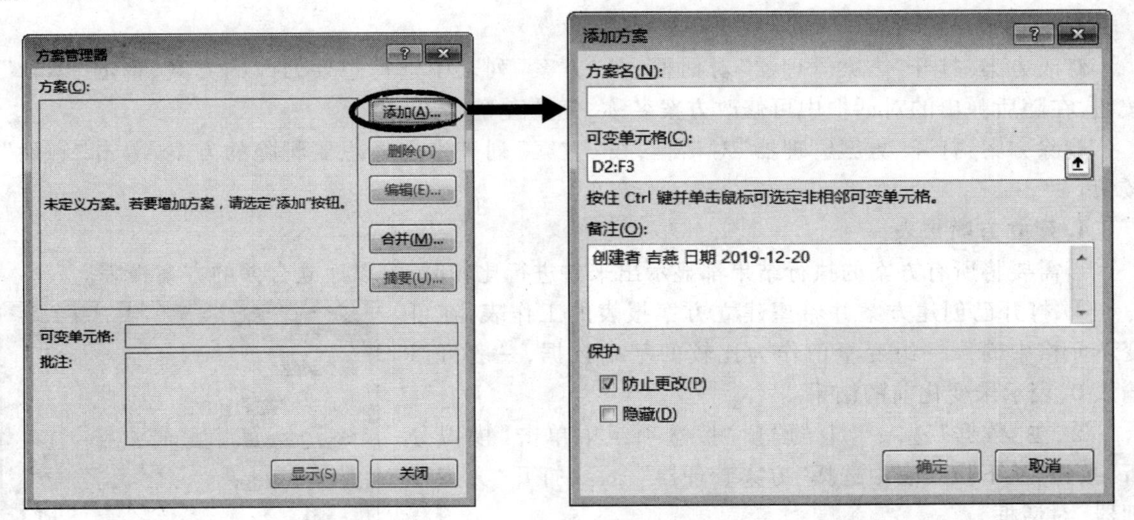

(a)"方案管理器"对话框　　　　(b)"添加方案"对话框

图 12.70　在"方案管理器"对话框中添加方案

⑤ 在"添加方案"对话框中单击"确定"按钮，打开如图 12.71 所示的"方案变量值"对话框，依次输入方案的变量值。

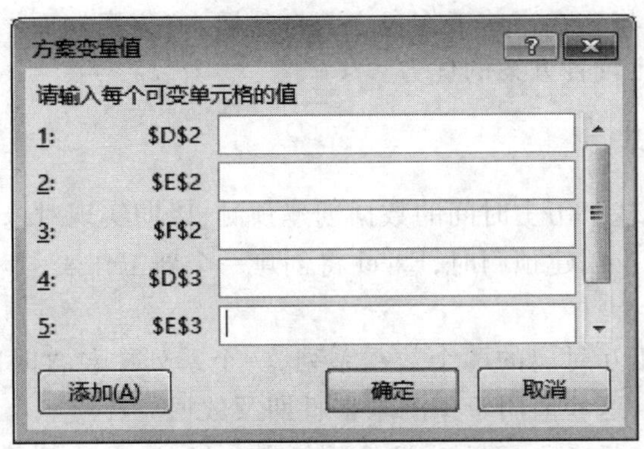

图 12.71　"方案变量值"对话框

⑥ 单击"确定"按钮，返回到"方案管理器"对话框。

⑦ 重复步骤④~⑥，继续添加其他方案。注意，其引用的可变单元格区域始终保持不变。

⑧ 所有方案添加完毕后，单击"方案管理器"对话框中的"关闭"按钮。

2. 显示并执行方案

分析方案制定好后，任何时候都可以执行方案，以查看不同的执行结果。

① 打开包含已制定方案的工作表。

② 在"数据"选项卡上的"预测"选项组中单击"模拟分析"按钮，从下拉列表中选择"方案管理器"命令，打开"方案管理器"对话框。

③ 在"方案"列表框中单击选择想要查看的方案，单击"显示"按钮，工作表中的可变单元格

内自动显示出该方案的变量值,同时公式单元格中显示方案执行结果。

3. 修改或删除方案

修改方案:打开“方案管理器”对话框,在“方案”列表中选择想要修改的方案,单击“编辑”按钮,在随后弹出的对话框中可修改方案名称、变量值等。

删除方案:打开“方案管理器”对话框,在“方案”列表中选择想要删除的方案,单击“删除”按钮。

4. 建立方案报表

当需要将所有方案的执行结果都显示出来并进行比较时,可以建立合并的方案报表。

① 打开已创建方案并希望建立方案报表的工作表,在可变单元格中输入一组变量值作为比较的基础数据,一般可以输入0,表示未变化前的结果。

② 在“数据”选项卡上的“预测”选项组中单击“模拟分析”按钮,从下拉列表中选择“方案管理器”命令,打开“方案管理器”对话框。

③ 单击右侧的“摘要”按钮,打开“方案摘要”对话框,如图12.72所示。

图12.72 “方案摘要”对话框

④ 在该对话框中选择报表类型,指定运算结果单元格。结果单元格一般指定为方案公式所在单元格。

⑤ 单击“确定”按钮,将会在当前工作表之前自动插入“方案摘要”工作表,其中显示各种方案的计算结果,可以立即比较各方案的优劣。

12.9.4 预测工作表

在Excel 2016中可以基于历史时间的数据创建预测,以期实现对未来的销售额、库存需求或消费趋势之类信息的预测。创建预测时,Excel将创建一个新工作表,其中包含历史值和预测值,以及表达此数据的图表。

① 在工作表中输入相互对应的两个数据系列,一个系列中包含时间线的日期或时间条目,一个系列中包含对应的值,这些值用于预测未来日期及数据。

注意:时间线要求其数据点之间的时间间隔恒定。例如,在每月第一天有值的每月时间间隔、每年时间间隔或数字时间间隔。

② 同时选择两个数据系列。

③ 在“数据”选项卡上的“预测”选项组中单击“预测工作表”按钮,打开“创建预测工作表”对话框,如图12.73所示。

④ 在“创建预测工作表”对话框的右上角选择折线图或柱形图。

⑤ 在“预测结束”框中指定结束日期。

⑥ 如果要对预测进行任何高级设置,可单击“选项”按钮展开对话框。

⑦ 单击“创建”按钮,Excel将会创建一个新工作表来包含历史值和预测值表格以及展示相关数据的图表。

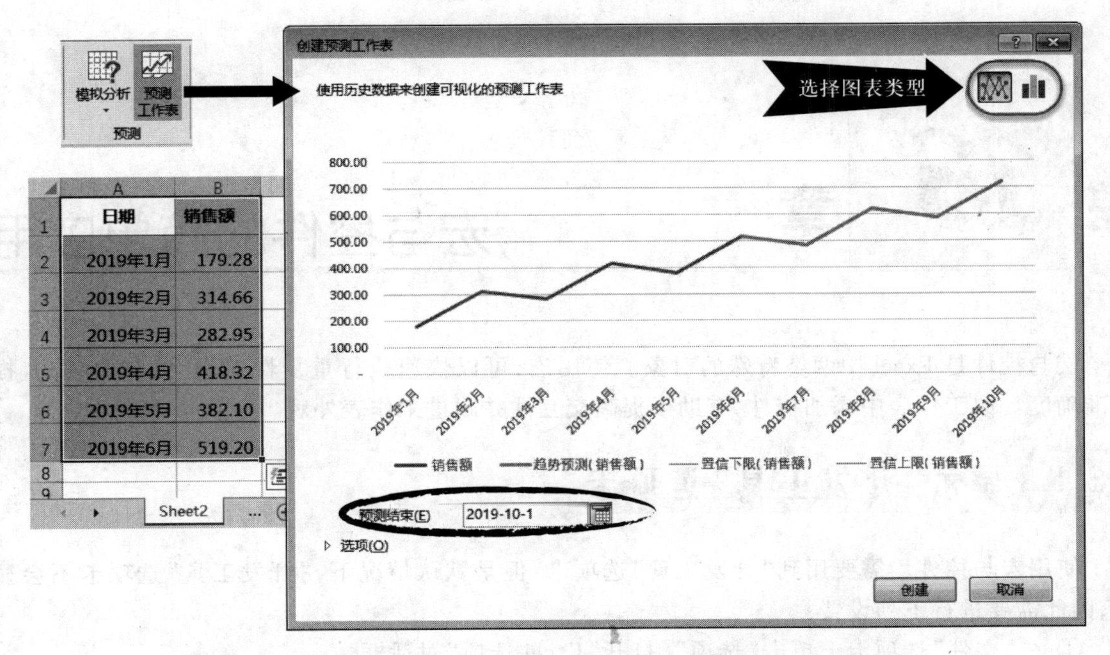

图 12.73 打开“创建预测工作表”对话框,选择图表类型并指定结束日期

第13章 宏与控件的简单应用

宏与控件是 Excel 中两类特殊的对象。使用宏,可以快速执行重复性工作,以节约时间、提高准确度。向工作表中添加控件,有助于提高交互性并改进工作表外观。

13.1 显示"开发工具"选项卡

使用宏与控件均需要用到"开发工具"选项卡,但是默认情况下,"开发工具"选项卡不会显示,因此需要进行下列设置:

① 在"文件"选项卡上单击"选项",打开"Excel 选项"对话框。

② 在左侧的类别列表中单击"自定义功能区",在右上方的"自定义功能区"下拉列表中选择"主选项卡"。

③ 在右侧的"主选项卡"列表中,单击选中"开发工具"复选框,如图 13.1 所示。

④ 单击"确定"按钮,"开发工具"选项卡显示在功能区中。

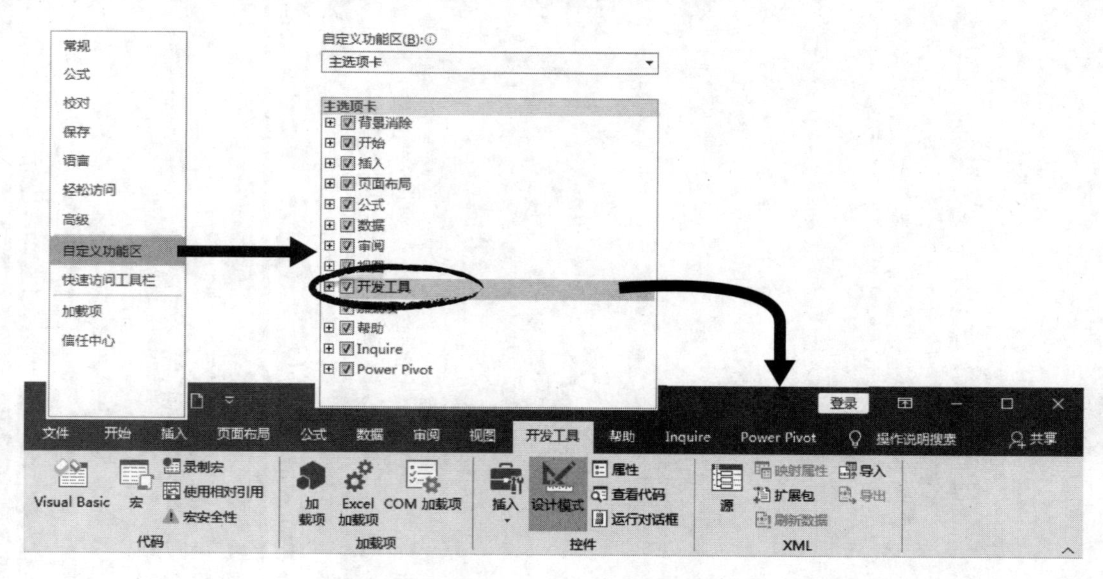

图 13.1　在"Excel 选项"对话框中设置显示"开发工具"选项卡

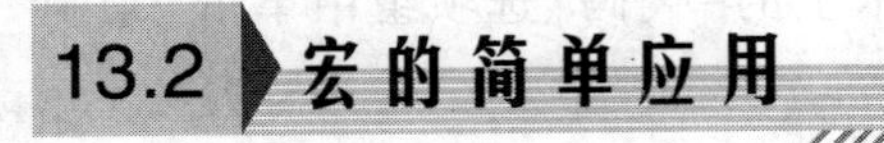

13.2 宏的简单应用

宏是可运行任意次数的一个操作或一组操作,可以用来自动执行重复任务。如果总是需要在 Excel 中重复执行某个任务,则可以录制一个宏来自动执行这些任务。在创建一个宏后,可以通过编辑宏对其工作方式进行轻微更改。

可以在 Excel 中快速录制宏,也有许多宏是使用 Visual Basic for Applications (VBA) 创建的,并由软件开发人员负责编写。本教程暂不涉及通过 VBA 编程语言编制宏的内容。

13.2.1 临时启用所有宏

由于运行某些宏可能会引发潜在的安全风险,具有恶意企图的人员(也称为黑客)可以在文件中引入破坏性的宏,以在计算机或网络中传播病毒。因此,默认情况下 Excel 禁用宏。为了能够录制并运行宏,可以设置临时启用宏,方法是:

① 在“开发工具”选项卡上的“代码”选项组中单击“宏安全性”按钮,打开如图 13.2 所示的“信任中心”对话框。

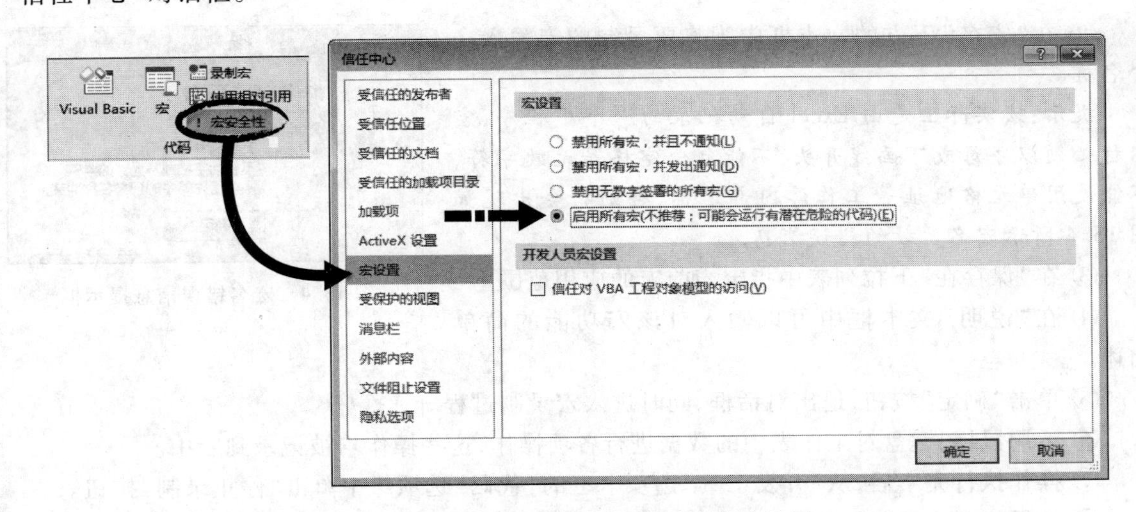

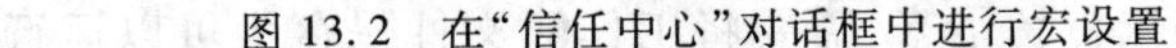
图 13.2　在“信任中心”对话框中进行宏设置

② 在左侧的类别列表中单击“宏设置”,在右侧的“宏设置”区域下单击选择“启用所有宏(不推荐;可能会运行有潜在危险的代码)”单选按钮。

③ 单击“确定”按钮。

提示:为防止运行有潜在危险的代码,建议使用完宏之后在图 13.2 所示的“信任中心”对话框中的“宏设置”下恢复某一种禁用宏的设置。

13.2.2 录制宏

录制宏的过程就是记录鼠标操作和击键操作的过程。录制宏时,宏录制器会记录下宏执行操作时所需的一切步骤,但是记录的步骤中不包括在功能区上导航的步骤。

① 打开需要记录宏的工作簿文档，在“开发工具”选项卡上的“代码”选项组中单击“录制宏”按钮，打开如图 13.3 所示的“录制宏”对话框。

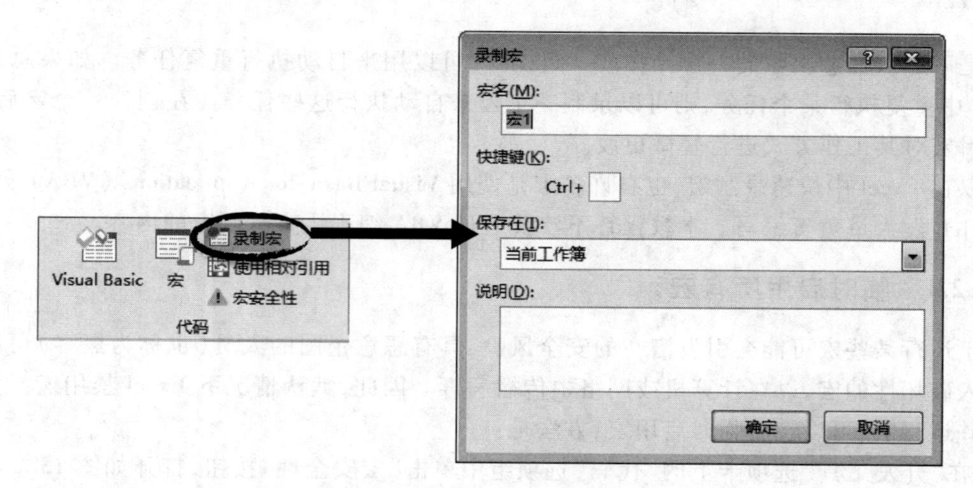

图 13.3 打开“录制宏”对话框

② 在“宏名”下方的文本框中为将要录制的宏输入一个名称。

提示：宏实际上是由 Excel 自动记录的一个小程序，宏名称必须以字母或下画线开头，不能包含空格等无效字符，不能使用单元格地址等工作簿内部名称，否则将会出现如图 13.4 所示宏名无效的错误消息。

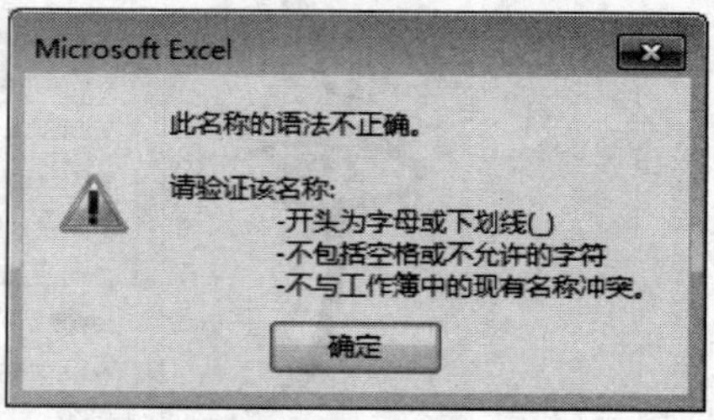

Microsoft Excel
此名称的语法不正确。
请验证该名称：
-开头为字母或下划线(_)
-不包括空格或不允许的字符
-不与工作簿中的现有名称冲突。
确定

图 13.4 宏名错误信息提示框

③ 在“保存在”下拉列表中指定当前宏的应用范围。

④ 在“说明”文本框中可以输入对该宏功能的简单描述。

⑤ 单击“确定”按钮，退出对话框，同时进入宏录制过程。

⑥ 运用鼠标、键盘对工作表中的数据进行各项操作，这些操作均被记录到宏中。

⑦ 操作执行完毕后，从“开发工具”选项卡上的“代码”选项组中单击“停止录制”按钮。

⑧ 如果想要将录制好的宏保留下来，需要将工作簿文件保存为可以运行宏的格式。在“开始”选项卡上单击“另存为”命令，打开“另存为”对话框，在“保存类型”下拉列表中选择“Excel 启用宏的工作簿(* .xlsm)”，输入文件名，然后单击“保存”按钮。

13.2.3 运行宏

① 打开包含宏的工作簿，选择运行宏的工作表（注意：包含宏的文档以.xlsm 为扩展名）。

② 在“开发工具”选项卡上的“代码”选项组中单击“宏”按钮，打开“宏”对话框。

③ 在“宏名”列表框中单击要运行的宏，如图 13.5 所示。

④ 单击“执行”按钮，Excel 自动执行宏并在工作表中显示相应结果。

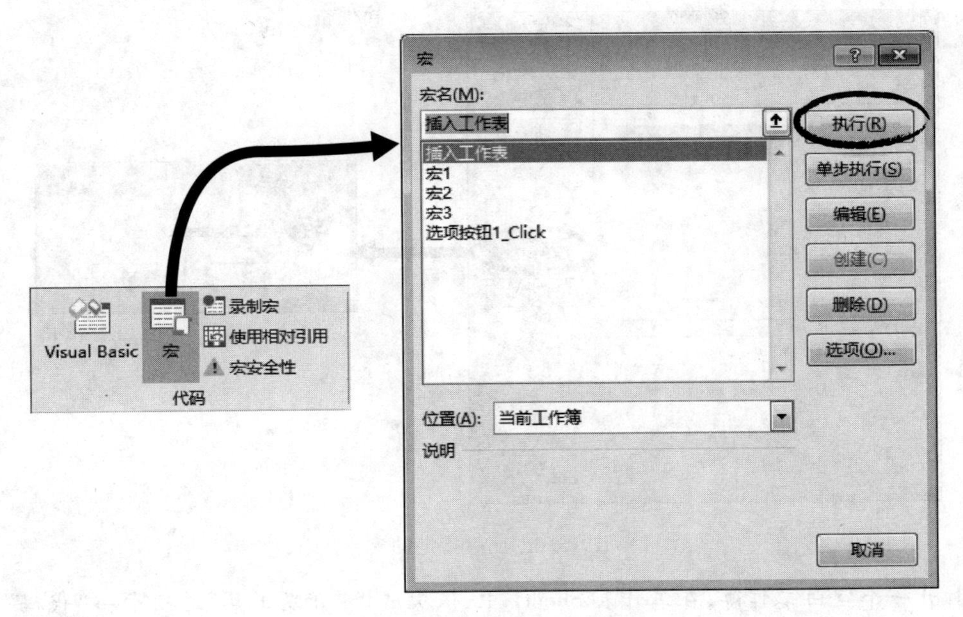

图 13.5 运行指定的宏

13.2.4 将宏分配给对象、图形或控件

将宏指定给工作表中的某个对象、图形或控件后，单击它即可执行宏。基本操作方法如下：

① 首先打开包含宏的工作簿，在工作表的适当位置创建对象、图形或控件。

② 用鼠标右键单击该对象、图形或控件，从弹出的快捷菜单中单击“指定宏”命令，打开“指定宏”对话框。

③ 在“指定宏”对话框的“宏名”列表框中，选择要分配的宏，然后单击“确定”按钮。

④ 单击已指定宏的对象、图形或控件，即可运行宏。

13.2.5 删除宏

不需要的宏可以删除，基本操作方法是：

① 打开包含宏的工作簿。

② 在“开发工具”选项卡上的“代码”选项组中单击“宏”按钮，打开“宏”对话框。

③ 在“位置”下拉列表中，选择含有需要删除宏的工作簿。

④ 在“宏名”列表框中，单击要删除的宏名称。

⑤ 单击“删除”按钮，弹出一个提示对话框，如图 13.6 所示。

⑥ 单击“是”按钮，删除指定的宏。

13.2.6 实例：实现自动隔行填充颜色

应用宏可以简化重复操作。本例将创建一个包含条件格式的宏，并指定到一个艺术字对象上，用于自动为工作表选定区域的奇数行填充颜色。

操作步骤提示：

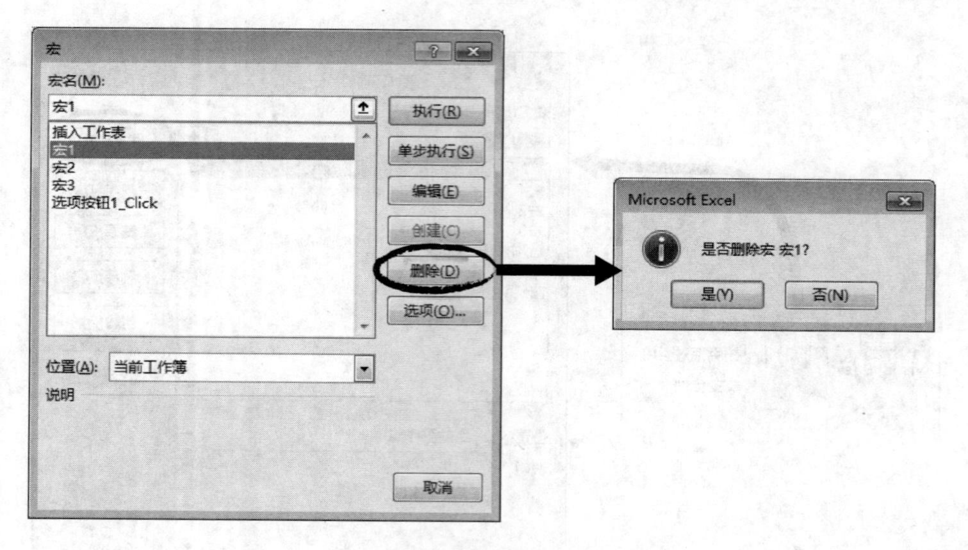

图 13.6　删除指定的宏

① 打开一个空白工作簿，在工作表 Sheet1 中，依次选择“开发工具”选项卡→“代码”选项组的“录制宏”按钮→在“录制宏”对话框中进行如下设置（设置结果可参见图 13.7 所示）：

- 输入宏名 Filling_row。
- 输入说明文字“通过设置条件格式为奇数行填充颜色”。
- 选择保存在“当前工作簿”。
- 单击“确定”按钮，Excel 进入录制宏的过程，步骤②中的操作均会被记录在宏中。

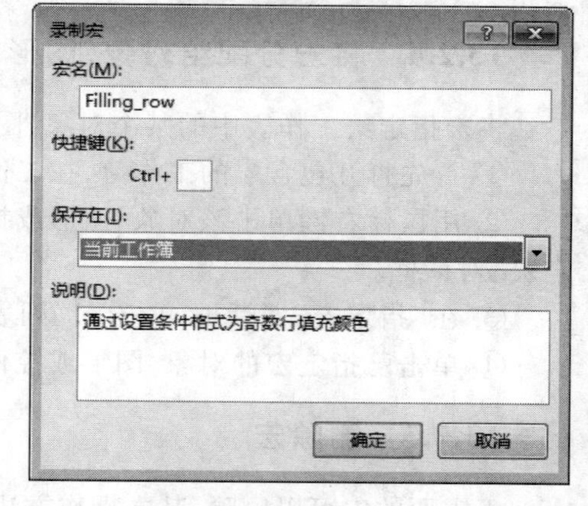

图 13.7　录制一个名为 Filling_row 的宏

② 按照下述方法设置条件格式：

- 依次选择“开始”选项卡→“样式”选项组→“条件格式”→“新建规则”命令。
- 在“选择规则类型”中单击选择“使用公式确定要设置格式的单元格”。
- 在“为符合此公式的值设置格式”下输入公式“=MOD(ROW(),2)=1”。
- 单击“格式”按钮，在“填充”选项卡中选择一个颜色，如浅绿色。
- 单击“确定”按钮完成格式设置。

③ 从“开发工具”选项卡上的“代码”选项组中单击“停止录制”按钮。

④ 将工作簿以“宏练习”为名保存为“Excel 启用宏的工作簿(*.xlsm)”格式的文件。

⑤ 按照下述方法指定宏到对象上：

- 插入一个新工作表 Sheet2。
- 在 Sheet2 的 B2:C3 区域中插入一款以“行颜色填充”为文本内容的艺术字，进行适当修饰。
- 在艺术字对象上单击鼠标右键→从快捷菜单中选择“指定宏”命令。

- 在“指定宏”对话框中选择宏 Filling_row，如图 13.8 所示。
- 单击“确定”按钮。

⑥ 在工作表 Sheet2 中，选择单元格区域 B5:K25，单击分配了宏的艺术字对象，宏被自动执行的结果是该区域中的奇数行填充了特定颜色。

宏定义及运行结果可参见案例文档“简单宏应用案例(答案).xlsm”。

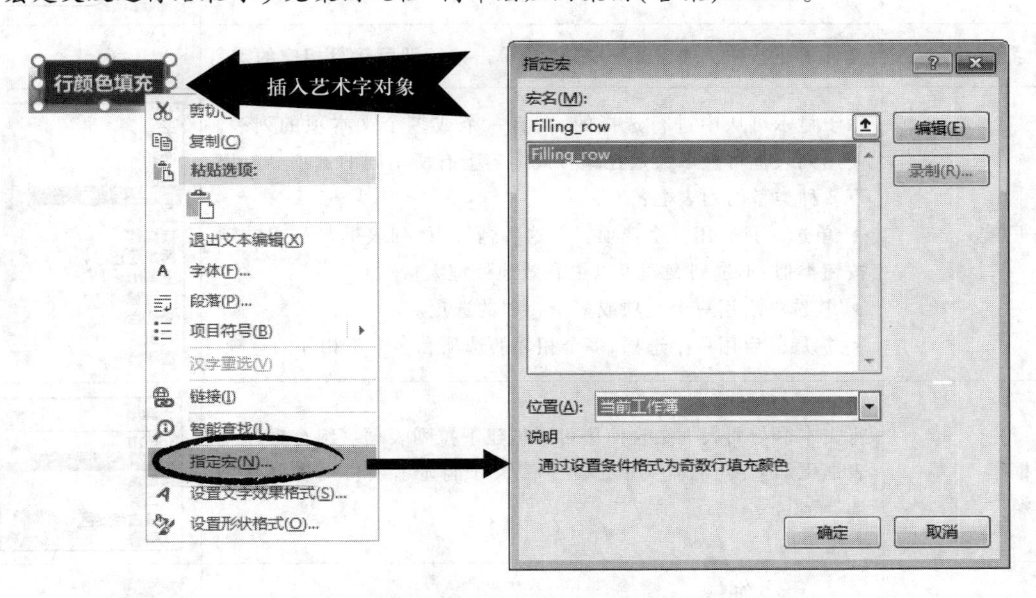

图 13.8　通过右键快捷菜单打开“指定宏”对话框并分配宏

13.3 控件的简单应用

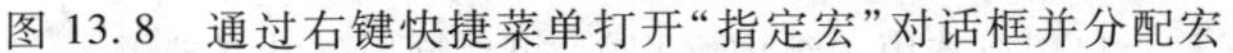

控件是一类特殊应用。Excel 中可以插入两种类型的控件，一种是表单控件，另一种是 ActiveX 控件。表单控件只能在工作表中添加和使用，并且只能通过设置控件格式或者指定宏来使用，表单控件可以和单元格关联，操作控件可以修改单元格的值。ActiveX 控件不仅可以在工作表中使用，还可以在用户窗体中使用，并且具备了众多的属性和事件，提供了更多的使用方式。ActiveX 控件虽然属性强大，可控性强，但不能和单元格关联，并且需要更多地使用带有控件事件的 VBA 代码，要求具备一定的 VBA 编程技能。

本教程暂不涉及 ActiveX 控件的相关知识。

13.3.1　表单控件概述

利用表单控件可以在不使用 VBA 代码的情况下轻松引用单元格数据并与其进行交互，可以使用表单控件运行宏，还可以在图表工作表中添加表单控件。表单控件包含复选框、选项按钮、列表框组合框、滚动条等组件。

1. 常用表单控件类型

表 13.1 中列出了 Excel 2016 表单控件的类型及主要作用。

表 13.1 Excel 2016 中的表单控件

控件名称	功能说明	示例
标签	用于标识单元格或文本框的用途,或显示说明性文本(如标题、题注、图片)或简要说明。	姓名： 性别： 年龄：
按钮	又称下压按钮。通常用于关联宏,单击按钮即可运行相应的宏	开始
列表框	用于显示可从中进行选择的、含有一个或多个文本项的列表。使用列表框可显示大量在编号或内容上有所不同的选项。有以下 3 种类型的列表框: ● 单选。只启用一个选项。在这种情况下,列表框与一组选项按钮类似,不过列表框可以更有效地处理大量项目。 ● 复选。启用一个选项或多个相邻的选项。 ● 扩展。启用一个选项、多个相邻的选项和多个不相邻的选项	北京市 天津市 河北省 山西省 内蒙古自治区 辽宁省 吉林省 黑龙江省 上海市 江苏省 浙江省 安徽省 福建省
组合框	将文本框与列表框结合使用可以创建下拉列表框。组合框比列表框更加紧凑,但需要单击向下箭头才能显示项目列表并从中选择项目	天津市 北京市 天津市 河北省 山西省 内蒙古自治区 辽宁省
复选框	用于显示启用或禁用一组内容相关、可以同时选中的选项。复选框具有以下 3 种状态之一:已选择(启用)、未选择(禁用)或混合型(即同时具有启用状态和禁用状态,如多项选择)	苹果 香蕉 草莓 火龙果 鸭梨
选项按钮	又称为单选按钮。用于从一组内容互斥的选项中选择一个选项,选项按钮通常包含在分组框或结构中	男 女
数值调节钮	用于增大或减小值,例如某个数字增量、时间或日期。单击向上箭头可增大值,单击向下箭头可减小值。通常情况下,还可以在关联单元格或文本框中直接输入数值	6
滚动条	单击滚动箭头或拖动滚动框可以滚动浏览一系列值。通过单击滚动框与任一滚动箭头之间的区域,可按预设的间隔在每页值之间进行移动。通常情况下,还可以在关联单元格或文本框中直接输入文本值	今天是1月 15 日
分组框	用于将相关控件划分到具有可选标签的矩形中组成一个关联组。通常情况下,可将紧密相关的一组选项按钮、复选框或其他相关内容划分为一组	您的年龄: 18岁及以下 19岁~45岁 46岁~65岁 66岁及以上

2. 插入表单控件的基本方法

① 在“开发工具”选项卡上的“控件”选项组中单击“插入”按钮，打开如图 13.9 所示的控件列表。

② 在“表单控件”选项组中单击某一控件按钮。光标指向某个按钮，右下方将显示该按钮名称。

③ 在工作表中按下鼠标左键并拖动鼠标绘出控件图形。

3. 控件的使用与选择

使用控件：在控件外单击任意单元格，使控件不被选中，此时可使用控件。

选中控件：右键单击或按下 Ctrl 键单击控件，使其处于选中状态，此时可以移动控件，改变控件大小，设置控件格式。

图 13.9　通过“开发工具”选项卡插入表单控件

删除控件：选中控件后，按 Delete 键。

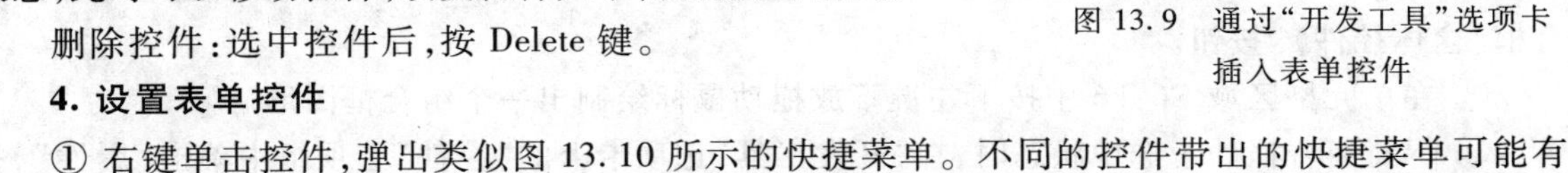

4. 设置表单控件

① 右键单击控件，弹出类似图 13.10 所示的快捷菜单。不同的控件带出的快捷菜单可能有所不同。

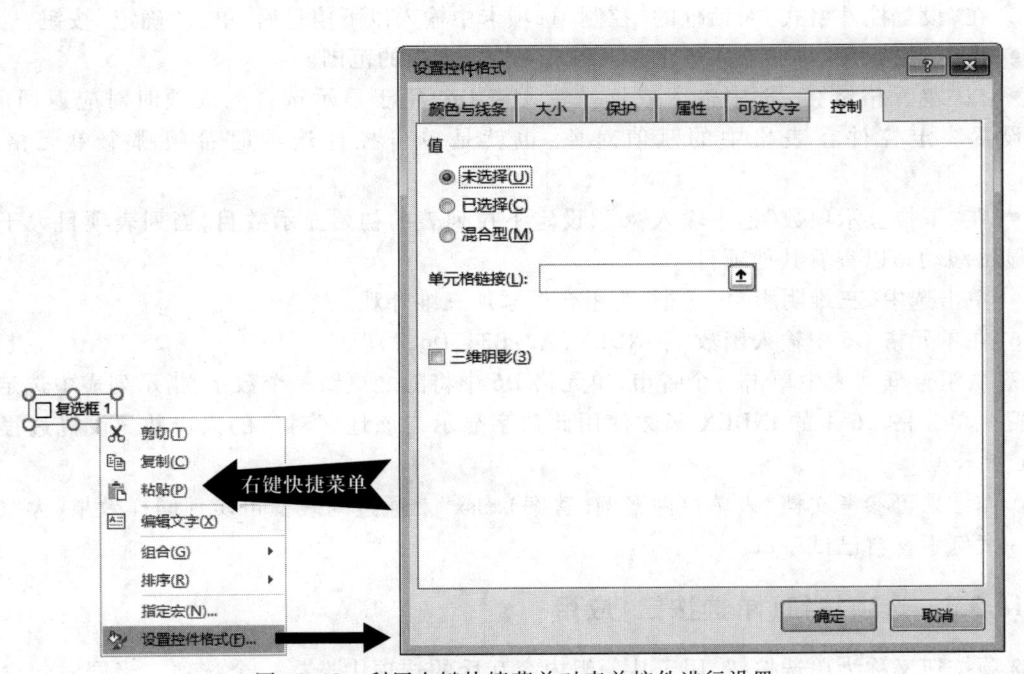

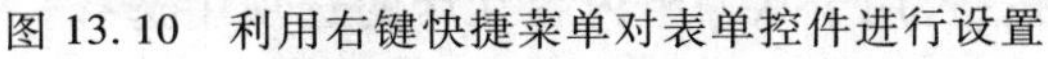
图 13.10　利用右键快捷菜单对表单控件进行设置

② 通过快捷菜单可以对控件进行编辑设置，其中，

- 编辑文字：可以修改控件的说明文字，以明确控件所代表的内容。
- 指定宏：为控件分配一个现有的宏或录制一个新宏。需要启动宏并将工作簿保存为启用宏格式。
- 设置控件格式：将打开“设置控件格式”对话框，可对控件属性进行全面设置。选中控件

后,单击“开发工具”选项卡上“控件”选项组中的“属性”按钮,可以打开“设置控件格式”对话框。

下面,以实例方式讲解重要表单控件的制作方法。

13.3.2 列表框和组合框应用

这两类控件的功能与制作方法基本相同,只不过列表框的显示更加直接,而组合框可以利用下拉列表节省空间使得控件结构更紧凑。以下以组合框为例进行示范。列表框或组合框中的每个项目按从上到下的顺序关联一个数字。

① 打开案例文档“表单控件案例素材.xlsx”,切换至工作表“列表框和组合框”,表中已输入了一组数据作为组合框列表的内容。

② 在“开发工具”选项卡上的“控件”选项组中单击“插入”,然后单击“表单控件”下的“组合框(窗体控件)”按钮。

③ 在单元格区域 E6:F6 中按下左键不放拖动鼠标绘制出一个组合框图形。

④ 保持组合框处于选中状态时,在“开发工具”选项卡上的“控件”选项组中单击“属性”,打开“设置控件格式”对话框。

⑤ 在“设置控件格式”对话框的“控制”选项卡中输入以下信息后,单击“确定”按钮。

- 在“数据源区”框中输入或选择 A2:A34 指定列表的范围。
- 在“单元格链接”框中输入或选择单元格 D6,用于显示选择列表项时对应返回的值。这个设置决定控件在表格中的赋值对象,也就是单击控件选项时希望哪个单元格随着变化。
- 在“下拉显示项数”框中输入“6”,设定下拉列表的初始显示数目,当列表项目大于6项时将显示滚动条以查看其他项目。
- 单击选中“三维阴影”复选框,为组合框添加三维外观。

⑥ 在单元格 G6 中输入函数“=INDEX(A2:B34,D6,2)”。

⑦ 从组合框列表中单击一个省市,单元格 D6 中将随之更新一个数字,指示列表中选定省市的位置。单元格 G6 中的 INDEX 函数使用此数字显示与该地区对应的人口数。设置过程如图 13.11 所示。

操作结果可参考文档“表单控件案例(答案).xlsx”。通过列表框可实现同样效果,大家不妨用同一案例素材自己试一试。

13.3.3 选项按钮(单选按钮)应用

选项按钮又称为单选按钮,用于从一组内容互斥的选项中选择一个选项。当同时包含多组互斥选项时,每组选项通常应通过分组框组织列示。每组选项按钮按照创建的先后顺序依次关联一个数字。

① 打开案例文档“表单控件案例素材.xlsx”,切换至工作表“选项按钮”,表中已输入了一组数据作为按钮的选项。

② 在“开发工具”选项卡上的“控件”选项组中单击“插入”,然后单击“表单控件”下的“选项按钮(窗体控件)”按钮。

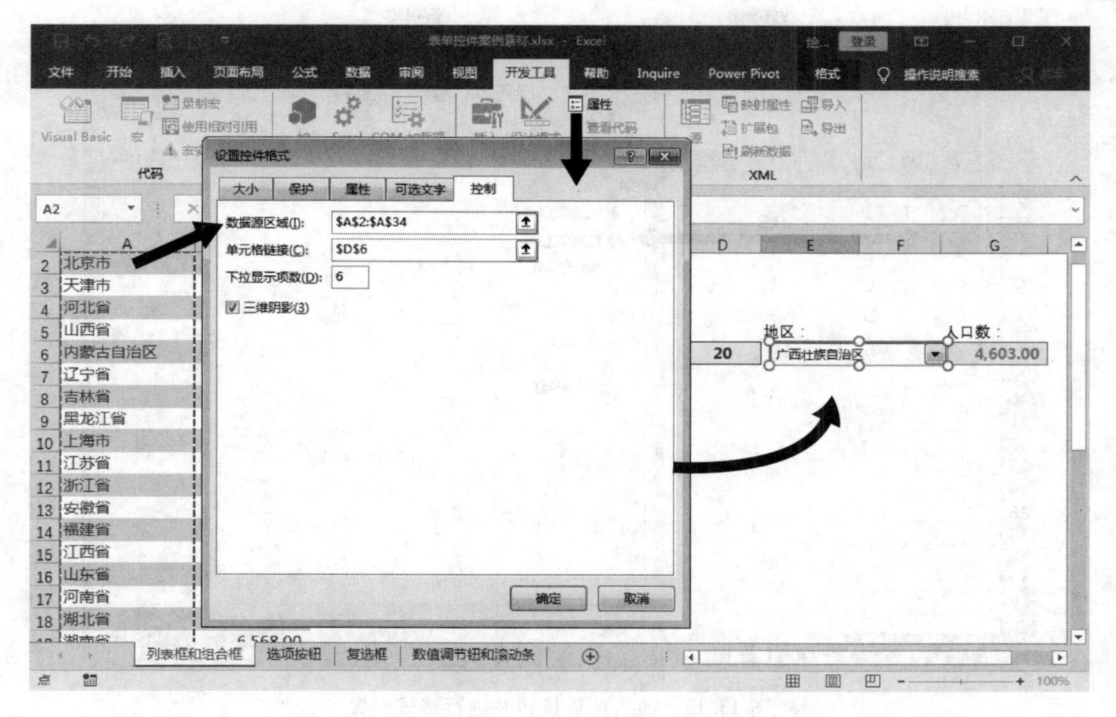

图 13.11 插入组合框并进行格式设置

③ 在单元格 A1 中按下左键不放拖动鼠标绘制出一个选项按钮图形。

④ 在选项按钮上单击鼠标右键,从快捷菜单中选择“编辑文字”命令进入编辑状态,将按钮后的文字删除。

⑤ 在选项按钮上单击鼠标右键,从快捷菜单中选择“设置控件格式”命令,打开“设置控件格式”对话框。

⑥ 在“设置控件格式”对话框的“控制”选项卡中按以下提示进行设置后,单击“确定”按钮。

- 在“值”区域中单击选中“未选择”。
- 在“单元格链接”框中输入或选择单元格 B8,用于显示选择控件时对应返回的值。
- 单击选中“三维阴影”复选框,为控件添加三维外观。

⑦ 调整选项按钮的大小和位置,令其位于单元格 A1 的中间后,将其分别复制到单元格 A2、A3、A4 中。

⑧ 按下 Ctrl 键,分别单击选中单元格 A1:A4 中的 4 个选项按钮,依次选择“绘图工具|格式”选项卡→“排列”选项组→“对齐”下拉列表→“水平居中”和“纵向分布”,对按钮图形进行排列。

⑨ 在单元格 B7 中输入函数“=INDEX(B2:B5,B8,1)”,通过调用 B8 中的值返回对应的选项;在单元格 C7 中输入函数“=IF(B8=2,"正确","错误")”,调用 B8 中的值判断答案对错。

⑩ 将第 8 行隐藏。从 A 列中单击不同的选项按钮,单元格 B7 和 C7 中将随之更新结果。设置过程如图 13.12 所示。

操作结果可参考文档“表单控件案例(答案).xlsx”。

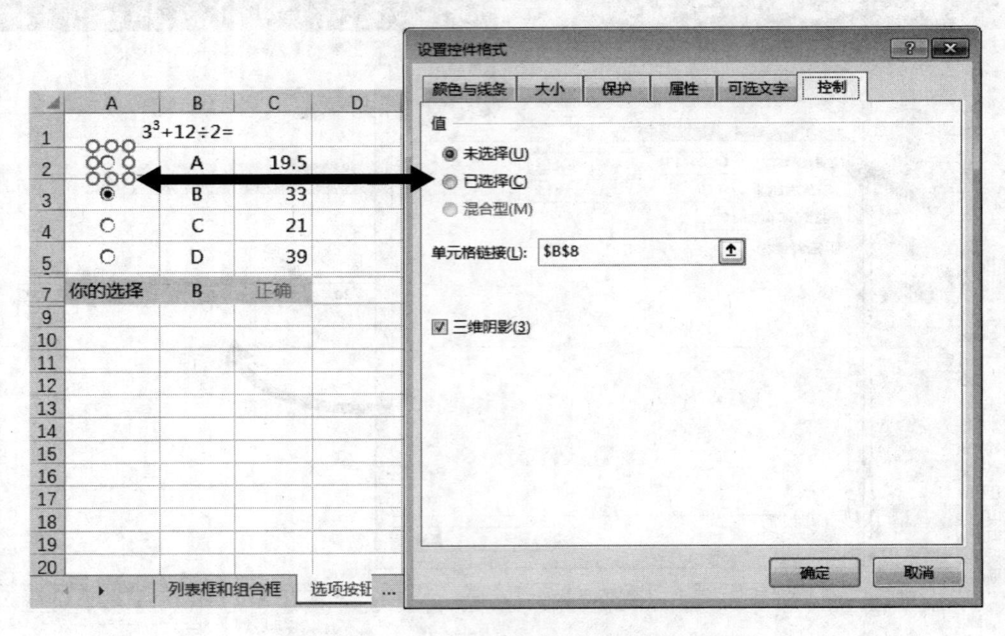

图 13.12 插入选项按钮并进行格式设置

13.3.4 复选框应用

复选框用于从一组内容相关的选项中选择一个或多个选项,被选中的项返回逻辑值 TRUE,未被选中的项则返回逻辑值 FALSE。

① 打开案例文档“表单控件案例素材.xlsx”,切换至工作表“复选框”,表中已输入了一组数据作为复选框控制动态图表的数据源。

② 在“开发工具”选项卡上的“控件”选项组中单击“插入”,然后单击“表单控件”下的“复选框(窗体控件)”按钮。

③ 依次在单元格 B12~E12 中按住左键不放拖动鼠标绘制出 4 个复选框图形。

④ 按表 13.2 所列,通过右键菜单分别设置每个复选框的属性及格式。

表 13.2 设置复选框的属性及格式

<table>
<tr><th>复选框位置</th><th>说明文字</th><th>“值”属性</th><th>单元格链接</th><th>三维阴影</th></tr>
<tr><td>B12</td><td>中关村店</td><td rowspan="3">未选择</td><td>B10</td><td rowspan="4">选中</td></tr>
<tr><td>C12</td><td>望京店</td><td>C10</td></tr>
<tr><td>D12</td><td>亚运村店</td><td>D10</td></tr>
<tr><td>E12</td><td>平均值</td><td>已选择</td><td>E10</td></tr>
</table>

⑤ 从“公式”选项卡上的“定义的名称”选项组中单击“定义名称”按钮,在图 13.13 所示的对话框中按表 13.3 中所列分别为每组数据定义名称。

表 13.3　为每组数据定义名称

名称	引用位置
中关村店	=IF(复选框!$B$10,复选框!$B$3:$B$8,{#N/A})
望京店	=IF(复选框!$C$10,复选框!$C$3:$C$8,{#N/A})
亚运村店	=IF(复选框!$D$10,复选框!$D$3:$D$8,{#N/A})
平均值	=IF(复选框!$E$10,复选框!$E$3:$E$8,{#N/A})
注意:在“引用位置”中输入的公式将是生成动态图表的关键。该处的 IF 函数将会根据控件关联单元格返回的逻辑值生成可以在图表中引用的数据列。	

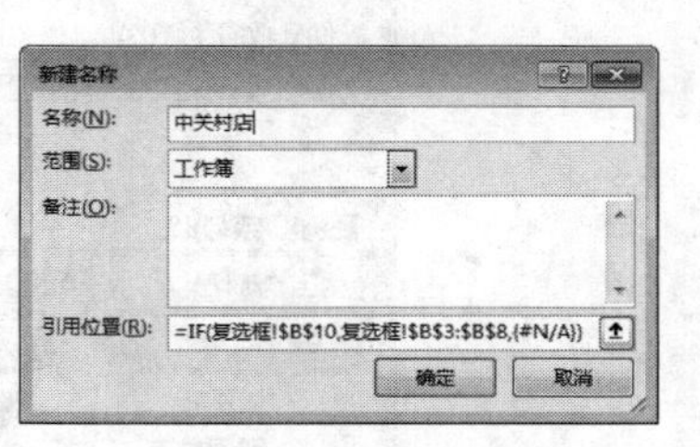

图 13.13　新定义名称

⑥ 选中单元格区域 A2:E8,依次选择“插入”选项卡→“图表”选项组→“插入组合图”按钮→“创建自定义组合图”命令,在“插入图表”对话框中设置数据系列的图表类型,如图 13.14 所示。

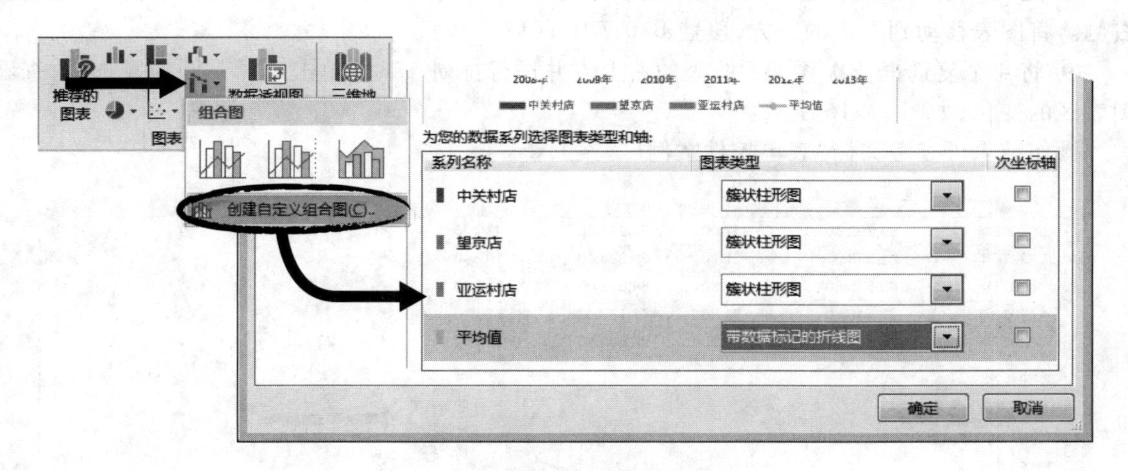

图 13.14　为数据系列指定不同的图表类型

⑦ 选中图表,在“图表工具|设计”选项卡中单击“选择数据”按钮,在“选择数据源”对话框左侧的“图例项(系列)”列表中选择系列,单击“编辑”按钮,按表 13.4 中所示为每个系列指定引用的数据值。其中,系列值中引用的是前面定义好的名称,如图 13.15 所示。

表 13.4　为已定义名称的每个系列指定引用的数据值

图例项(系列)	系列名称(默认值)	系列值	系列值引用方法
中关村店	=复选框!$B$2	=复选框!中关村店	在系列值框中,首先单击工作表名,然后按 F3 键,从下拉列表中选择定义的名称;也可以直接输入工作表名及名称
望京店	=复选框!$C$2	=复选框!望京店	
亚运村店	=复选框!$D$2	=复选框!亚运村店	
平均值	=复选框!$E$2	=复选框!平均值	

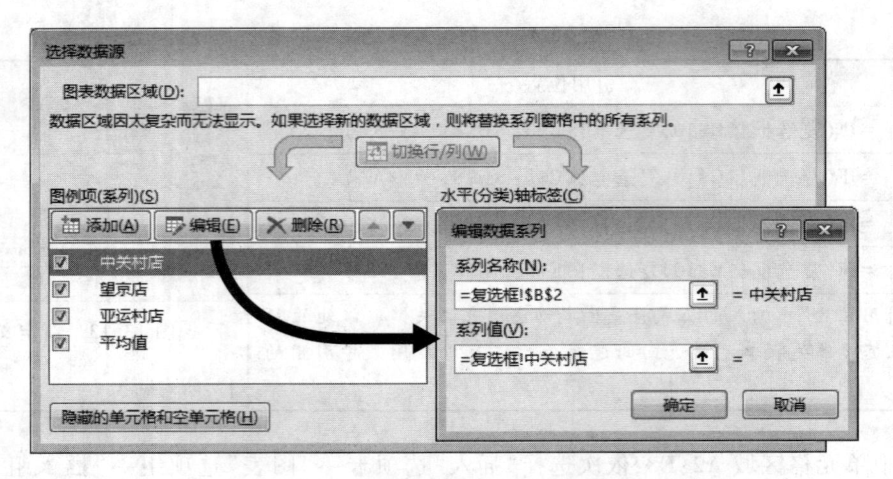

图 13.15　为图表系列选择数据源时引用定义好的名称

⑧ 适当更改图表的颜色和样式，调整纵坐标轴的格式以及数据系列的重叠度，设置图例在右侧。将图表移动到数据的下方，覆盖 B10:E10 区域。

⑨ 将 4 个复选框依次移动到图表的右上方并进行排列。试着单击选择不同的复选框，查看图表区的变化，如图 13.16 所示。

操作结果可参考文档“表单控件案例(答案).xlsx”。

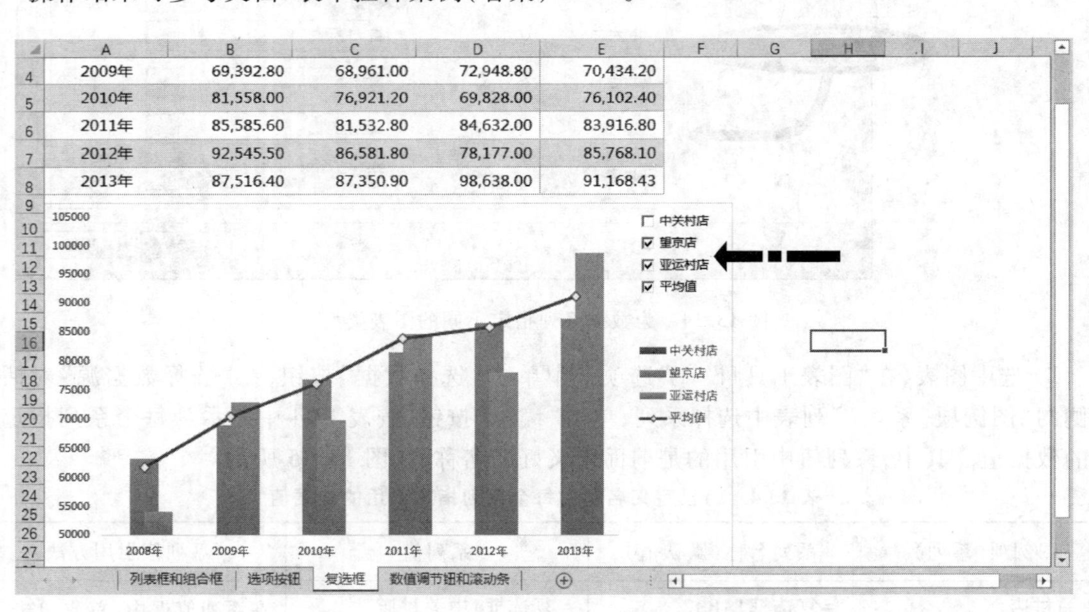

图 13.16　将复选框与图表结合

13.3.5　数值调节钮与滚动条应用

数值调节钮与滚动条的作用类似，可以浏览一系列数值，创建方法也基本相同，其中滚动条更加灵活。

1. 数值调节钮

① 打开案例文档“表单控件案例素材.xlsx”，切换至工作表“数值调节钮和滚动条”，表中已输入了简单的基本数据。

② 在“开发工具”选项卡上的“控件”选项组中单击“插入”，然后单击“表单控件”下的“数值调节钮（窗体控件）”按钮。

③ 在单元格 F7 中“月”的右侧按住左键不放拖动鼠标绘制出数值调节钮图形，适当调节大小。

④ 右键单击数值调节钮，从快捷菜单中选择“设置控件格式”，按图 13.17 中所示输入相关信息后单击“确定”按钮。其中，

- 因为一年共有 12 个月，所以其“最小值”为 1，“最大值”为 12。
- “当前值”可以是 1～12 中任意一个整数。
- 步长为 1，在单击数值调节钮时将会逐月变化。
- 单元格链接到 E7。

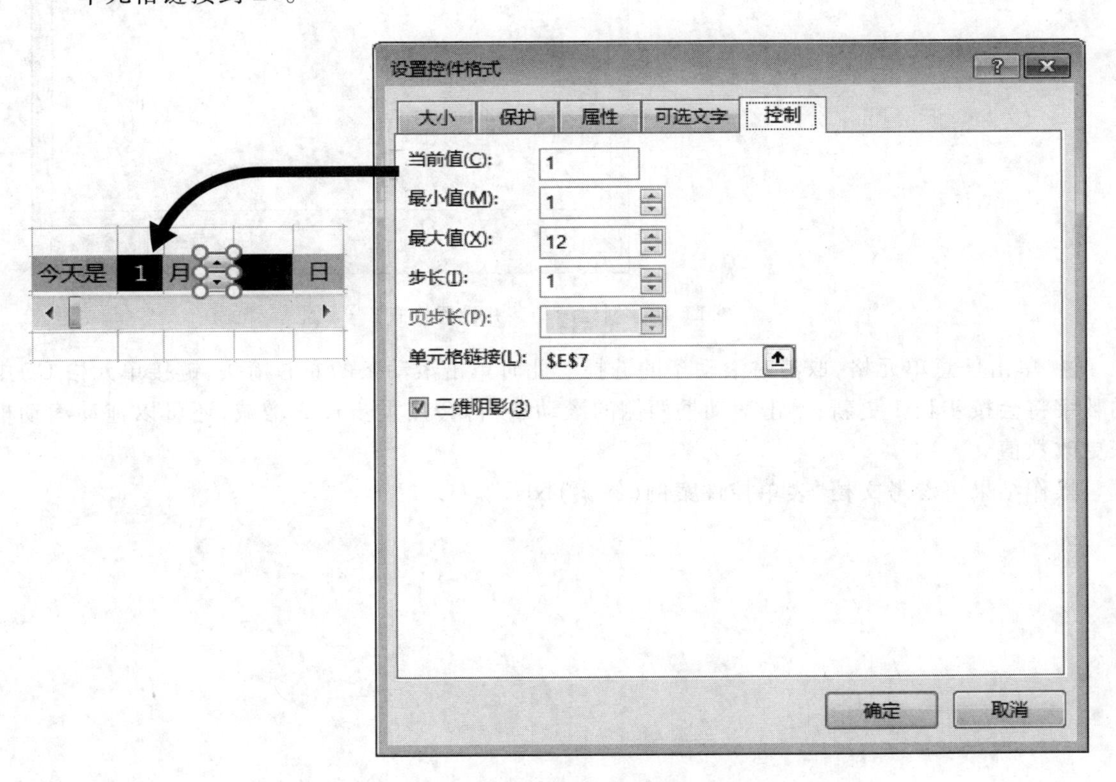

图 13.17　创建数值调节钮并设置格式

⑤ 单击数值调节钮外的任意单元格，以便不选中数值调节钮。此时单击数值调节钮上的上下箭头时，链接单元格 E7 中的数字将会将按步长更新。

2. 滚动条

① 继续上例。在“开发工具”选项卡上的“控件”选项组中单击“插入”，然后单击“表单控件”下的“滚动条（窗体控件）”按钮。

② 在单元格区域 D9:H9 中按住左键不放拖动鼠标绘制出滚动条图形。

③ 右键单击滚动条,从快捷菜单中选择“设置控件格式”,按图 13.18 所示输入相关信息后单击“确定”按钮。其中,单元格链接到 G7,“页步长”则规定了在滚动框两侧的滚动条上单击时当前值将会增减的数量,其他选项含义与数值调节钮相同。

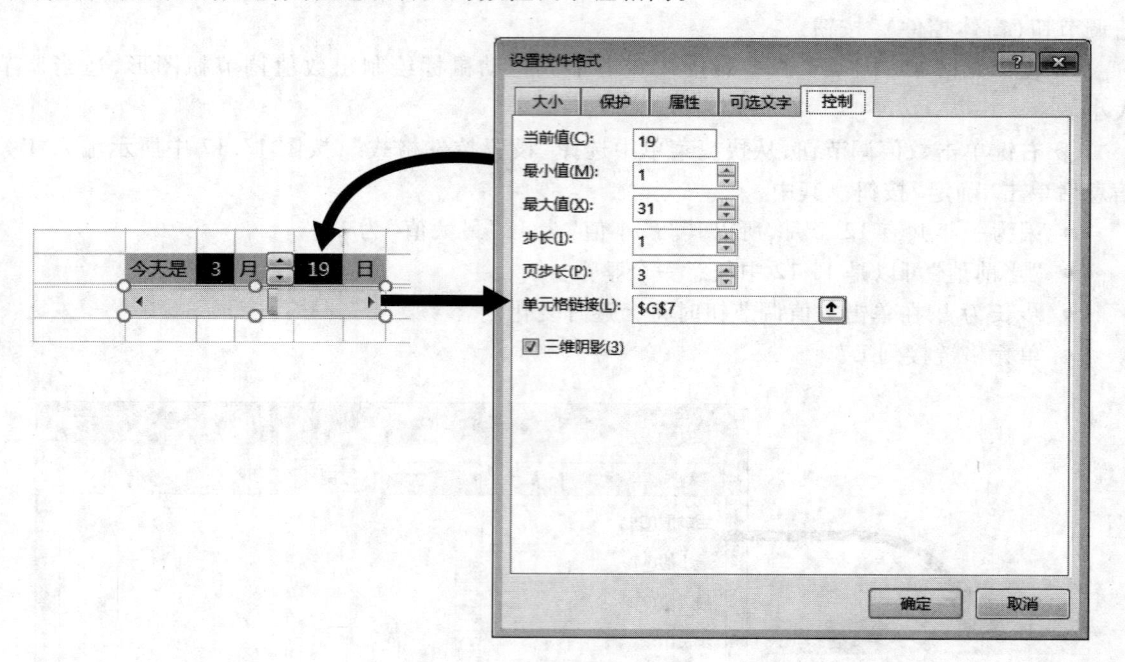

图 13.18 创建滚动条并设置格式

④ 单击任意单元格,取消对滚动条的选择。此时单击滚动条的左右箭头,链接单元格 G7 中的数字将会按步长 1 更新;单击滚动框两侧的滚动条,将会按页步长 3 增减;还可以拖动滚动框来更改数值。

操作结果可参考文档“表单控件案例(答案).xlsx”。

本篇习题

1. 小刘是公司的出纳,单位没有购买财务软件,因此是手工记账,为了节省时间并保证记账的准确性,小刘使用 Excel 编制银行存款日记账。

月	日	凭证号	摘要	本期借方	本期贷方	方向	余额
1	1	记-0000	上期结转余额			借	14 748.01
1	5	记-0001	缴纳 12 月份增值税	0.00	1 186.88		
1	5	记-0002	缴纳 12 月份城建税和教育费附加	0.00	125.29		
1	18	记-0005	收到货款冲应收	29 900.00	0.00		
1	18	记-0006	公司购买办公家具	0.00	5 500.00		
1	25	记-0009	公司支付程控电话费	0.00	354.00		
1	25	记-0010	提现	0.00	20 000.00		
1	25	记-0016	收到甲公司所欠货款	160 000.00	0.00		
1	31	记-0017	银行发放员工工资	0.00	45 364.00		
1	31	记-0018	公司支付房租	0.00	5 000.00		

上表中所列是该公司 1 月份的银行流水账。根据下述要求,在 Excel 中建立银行存款日记账。

(1) 按表中所示依次输入原始数据。其中,在"月"列中填充数值 1,并通过设置数字格式分别令日期显示为"1 月""1 日"形式。

(2) 输入并填充公式。在"余额"列输入计算公式,余额=上期余额+本期借方-本期贷方,以自动填充方式生成其他行的公式。

(3) "方向"列中只能有借、贷、平 3 种选择。首先通过数据验证控制该列的输入范围为借、贷、平 3 种中的一种,然后通过 IF 函数输入"方向"列内容,判断条件如下所列:

余额	大于 0	等于 0	小于 0
方向	借	平	贷

(4) 设置格式。将标题行居中对齐;将借、贷、余 3 列的数字格式先设为会计专用,在此基础上调整货币符号不要居左且零值时不显示货币符号;适当加大行高,调整列宽;为数据列表自动套用表格格式"表样式浅色 13",然后将其转换为区域。

(5) 通过分类汇总,按日计算借方、贷方发生额合计并将汇总行放于明细数据下方。

月	日	凭证号	摘要	本期借方	本期贷方	方向	余额
1月	1日	记-0000	上期结转余额			借	¥14,748.01
	1日 汇总			-	-		
1月	5日	记-0001	缴纳12月份增值税	-	¥1,186.88	借	¥13,561.13
1月	5日	记-0002	缴纳12月份城建税和教育费附加	-	¥125.29	借	¥13,435.84
	5日 汇总			-	¥1,312.17		
1月	18日	记-0005	收到货款冲应收	¥29,900.00	-	借	¥43,335.84
1月	18日	记-0006	公司购买办公家具	-	¥5,500.00	借	¥37,835.84
	18日 汇总			¥29,900.00	¥5,500.00		
1月	25日	记-0009	公司支付程控电话费	-	¥354.00	借	¥37,481.84
1月	25日	记-0010	提现	-	¥20,000.00	借	¥17,481.84
1月	25日	记-0016	收到甲公司所欠货款	¥160,000.00	-	借	¥177,481.84
	25日 汇总			¥160,000.00	¥20,354.00		
1月	31日	记-0017	银行发放员工工资	-	¥45,364.00	借	¥132,117.84
1月	31日	记-0018	公司支付房租	-	¥5,000.00	借	¥127,117.84
	31日 汇总			-	¥50,364.00		
	总计			¥189,900.00	¥77,530.17		

1月银行日记账

2. 小张是公司的前台文秘，负责采购办公用品。目前公司的复印纸存量不多了，需要赶紧购买。小张打算先从网站上获取一份报价单，再从中筛选符合条件的商品。按照以下要求筛选出小张需要的复印纸。

（1）首先浏览网页，找到合适的报价单。可以从网站 http://www.officebay.com.cn/product/price_list_10.html 上获取这份报价单，并导入到一张空白的工作表中。如果找不到该网站，可从素材文件中找到相应网页“复印纸价格表.html”。（注意，网站内容是动态变化的，可能与素材文件内容有差异，参考答案是以素材表格为依据生成的。）

（2）将这张工作表重命名为“复印纸报价单”，并更改工作表标签的颜色。

（3）数据表的第 1 列中包含商品名称（齐心复印纸）、纸张大小（A4/80g）、规格［（5 包/箱）价格］3 项信息，它们基本是以空格进行分隔的。先将该列数据进行整理，将商品名称中多余的空格删除；部分纸张大小与规格之间缺少空格，可以用替换方式统一添加空格；个别信息是多余的，可以手工将其删除。整理好以后进行数据分列操作，将它们分置在 3 列中。

（4）将分列后的数据列表进行整理。为新增的两列输入标题；对表格进行格式化操作，使其看起来更加美观易读；将价格列中的人民币符号通过批量替换方式删除，并设置为保留两位小数的数值格式；将“文具描述”列中的空白单元格统一填充为“*”；最后通过设置条件格式将内容完全相同的数据行用浅橙色标示出来。

（5）对数据列表进行排序。以纸张大小为第一关键字、降序，价格为第二关键字、升序，品牌（厂家）为第三关键字、降序进行排序操作。

（6）从数据列表中进行筛选。纸张大小为 A4/80g、规格为 10 包/箱且价格在 200~230 元之间（包含上下限）的品牌，或者是纸张大小为 A3/80g、规格为 5 包/箱且价格在 200~230 元之间（包含上下限）的品牌，要求剔除重复项后将筛选结果放在数据列表的下方，并将该区域命名为“筛选结果”。

3. 小霞是书店的销售人员，负责对计算机类图书的销售情况进行记录、统计和分析，并按季上报分析结果。2020 年 1 月份时她需要将 2019 年第四季度的销售情况进行汇总，素材文档“计算机图书销售情况统计表.xlsx”是她对 10~12 月的销售情况统计，使用不同的方法帮助她完成数据的合并及统计工作。

方法 1 要求：

（1）将 10~12 月 3 张销量表中的数据通过合并计算功能合并到一张新的工作表中，将该张工作表更名为“四季度销售情况”。

（2）完善“四季度销售情况”。为第 1 列输入标题“图书编号”；在“图书编号”列右边插入“书名”“图书类

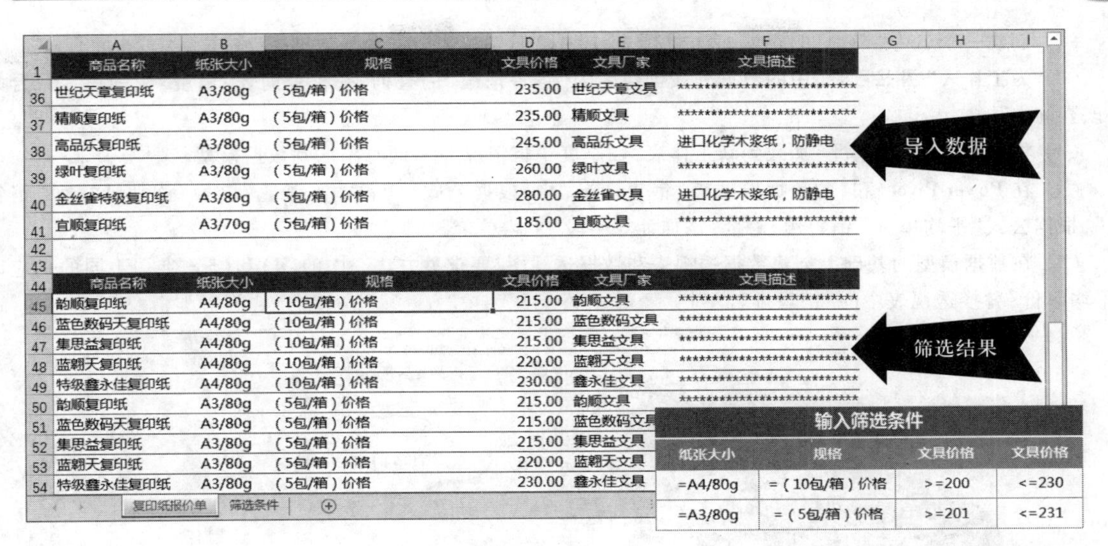

别”和“单价”3列；通过VLOOKUP函数分别引用工作表“图书目录”中的相关数据，在“四季度销售情况”表中输入书名、图书类别和单价这3列的数据。

（3）在数据列表的右侧增加一列“销售额”，根据“销售额=销量×单价”构建公式，计算出各类图书的销售额。对数据表进行设置数字格式、边框底纹、对齐方式等格式化操作，也可以套用内置格式。

（4）为“四季度销售情况”创建一个数据透视表，放在名为“数据透视”的新工作表中，并将其移动到“四季度销售情况”表的右边。在数据透视表中按图书类别汇总销量并按销量排名，修改列标题，同时将书名作为“筛选”字段。

（5）为数据透视表数据创建一个类型为饼图的数据透视图用于比较各类图书销量，设置数据标签为红色并以保留两位小数的百分数+类别的形式显示在内侧，将图表的标题改为“四季度各类图书销量”，改变图表样式和三维格式，不显示图例项。

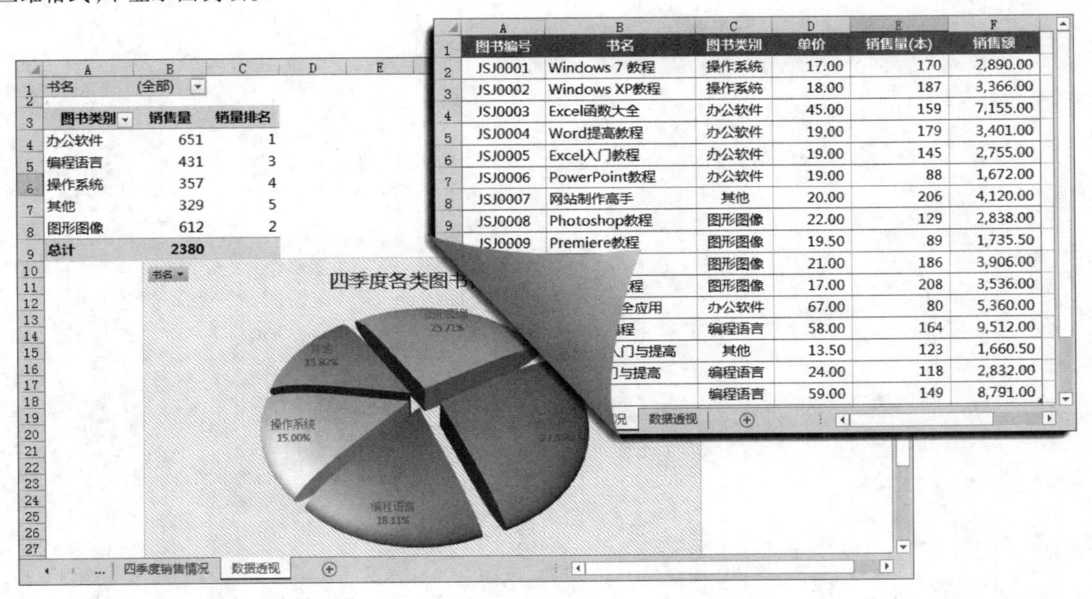

方法2要求：

(1) 创建一个名为“销量”的查询,表中需要将 10~12 月销量表中的销量数据按“图书编号”进行汇总。

(2) 为工作表“图书目录”中的数据列表创建名为“销售情况”的查询,并将查询表“销量”中的销售量合并到该查询中。

(3) 将查询表“销售情况”加载到新工作表“四季度销售情况”中,同时添加到数据模型。

(4) 在 Power Pivot 窗口的数据模型表“销售情况”中,根据公式“销售额=销量×单价”添加计算列“销售额”,根据公式“平均单价=销售额/销量”添加计算字段“平均单价”。

(5) 在数据模型的基础上创建数据透视表和数据透视图,要求见方法一中的(4)和(5),唯一不同的是应以“平均单价”替换透视表中的“销量排名”列。

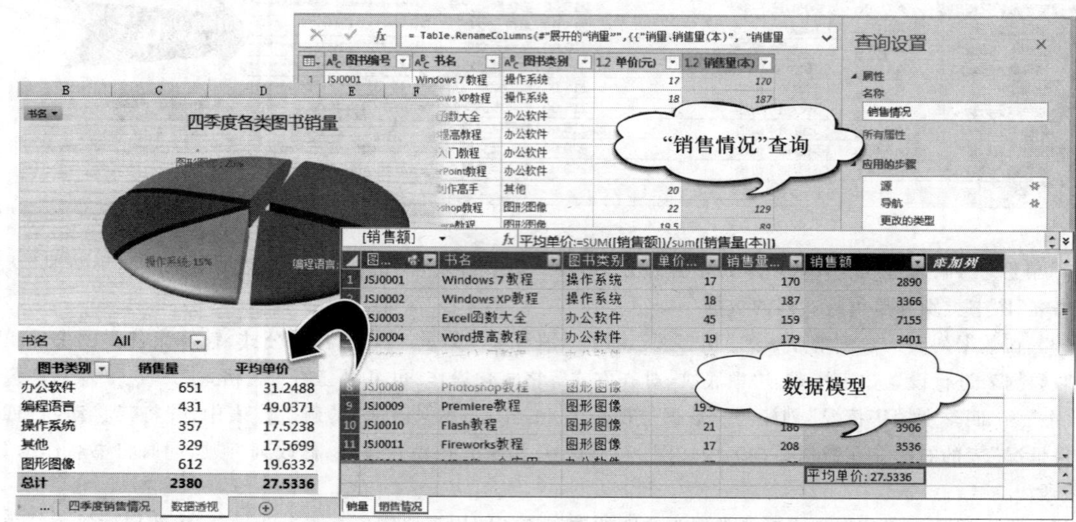

图书类别	销售量	平均单价
办公软件	651	31.2488
编程语言	431	49.0371
操作系统	357	17.5238
其他	329	17.5699
图形图像	612	19.6332
总计	2380	27.5336

第四篇　使用 PowerPoint 制作演示文稿

演示文稿由一系列的幻灯片组成，可根据软件提供的功能进行设计、制作和放映，具有动态性、交互性和展示性，广泛应用于培训、演讲、宣传、推介、展示、演示等场景，借助演示文稿进行图文并茂的展示和交互，能够更有效地进行表达与交流。PowerPoint 2016 是微软公司 Office 2016 办公套装软件中的一个重要组件，用于制作和播放图文并茂、声影交融的演示文稿。本篇以 PowerPoint 2016 为蓝本，主要学习 PowerPoint 以下重要功能及应用：

- 多种途径快速创建演示文稿和编排幻灯片
- 对幻灯片中的文本、表格、图形、图片等对象进行编辑设置
- 通过应用版式、主题、背景、样式等美化演示文稿
- 通过添加动画、切换效果、插入音频和视频等对象和效果增强交互性
- 通过设置放映方案、排练计时等手段控制演示文稿的放映
- 以不同形式发布和共享演示文稿

第14章 快速创建演示文稿

PowerPoint 演示文稿是以.pptx 为扩展名的文档。一份演示文稿由若干张幻灯片组成,按序号由小到大排列。启动 Microsoft PowerPoint 2016,即可开始使用 PowerPoint 创建演示文稿。

14.1 PowerPoint 工作界面

启动 PowerPoint 2016 软件,即可打开 PowerPoint 应用程序窗口。工作窗口由快速访问工具栏、标题栏、功能区、视图区、幻灯片编辑区、任务窗格区、备注窗格、状态栏、视图/窗格切换区、显示缩放区等部分组成,图 14.1 为普通视图模式下的工作窗口。

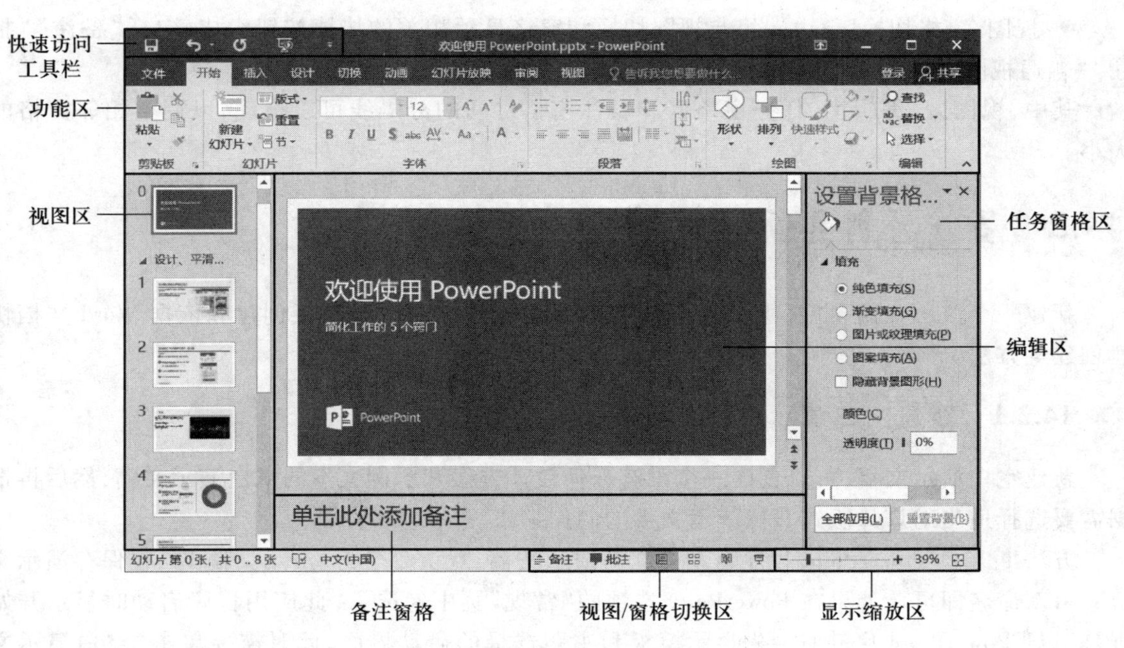

图 14.1 PowerPoint 工作窗口

快速访问工具栏、标题栏、状态栏、显示缩放区的功能及其基本元素与 Word 2016、Excel 2016 保持统一风格,不再赘述。

- 功能区:由“文件”菜单、选项卡及相应的分组功能命令组成。“文件”菜单包含“信息”“新建”“打开”“保存”等若干选项卡或命令;选项卡通常包含“开始”“插入”“设计”“切换”“动

画”“幻灯片放映”“审阅”“视图”等 8 个。此外,在对某个幻灯片对象进行编辑时,系统会自动显示一些特定的工具选项卡,如“XX 工具|格式”“XX 工具|设计”“XX 工具|布局”“XX 工具|播放”等。

• 视图区:通过普通视图、大纲视图、幻灯片浏览、备注页、阅读视图等模式的切换,可以分别显示相应的视图布局。其中,在普通视图和幻灯片浏览视图模式下,视图区的窗格(此时称为缩略图窗格)中显示演示文稿所有幻灯片的缩略图,可选中当前要编辑的幻灯片,也可以新建、复制、删除和移动幻灯片,其中普通视图的缩略图显示为纵向一列,而幻灯片浏览视图的缩略图显示为多行多列;在大纲视图模式下,窗格(此时称为大纲窗格)中显示演示文稿每张幻灯片的标题和主文本组成的大纲,可直接在大纲中编辑标题与主文本信息;除普通视图和大纲视图外,编辑区将隐藏,不可对幻灯片进行编辑。

• 幻灯片编辑区:简称编辑区,显示当前幻灯片的内容,包括文本、图片、表格、音视频等对象,在该区域中可对幻灯片的内容进行编辑。

• 任务窗格区:默认为隐藏状态,但根据需要可以显示包括动画、批注、共享、重用幻灯片、设置背景格式、设置图片格式、设置形状格式、设置视频格式等窗格在内的一个或多个,此类窗格通过单击对应按钮命令或特定对象进行切换显示,默认显示区域为编辑区的右侧,可拖曳至其他位置或显示为浮动窗口。

• 备注窗格:用于编辑对应幻灯片的备注性文本信息。

• 视图/窗格切换区:由一组与视图切换和窗格显示相关的快捷按钮组成,包括“备注”“批注”“普通视图”“幻灯片浏览”“阅读视图”和“幻灯片放映”6 个按钮。

其中,视图区、编辑区、任务窗格区和备注窗格之间的分隔线可以拖动,以调整相邻窗格的大小。

14.2 多途径创建新演示文稿

新建一个演示文稿,主要通过新建空白演示文稿、根据主题和模板创建和依据 Word 文档快速创建等方法。

14.2.1 新建空白演示文稿

新建空白演示文稿,可以创建一个没有任何设计方案和示例文本的空白演示文稿,然后再根据需要选择适当幻灯片版式开始演示文稿的制作编辑。

方法 1:启动 PowerPoint 程序自动建立新演示文稿,默认命名为“演示文稿 1”,在保存演示文稿时重新命名即可。如果在 PowerPoint 选项的“常规”页中勾选了“此应用程序启动时显示开始屏幕”,则 PowerPoint 启动时会先显示模板和主题选择的启动界面,此时需要单击“空白演示文稿”来创建。

方法 2:如果在快速访问工具栏中自定义了“新建”按钮,则可直接单击该按钮创建空白演示文稿。

方法 3:单击“文件”菜单上的“新建”选项卡,在“可用的模板和主题”下,单击“空白演示文稿”,图 14.2 所示为脱机模式下的新建界面(联机模式下显示的主题模板略有不同)。

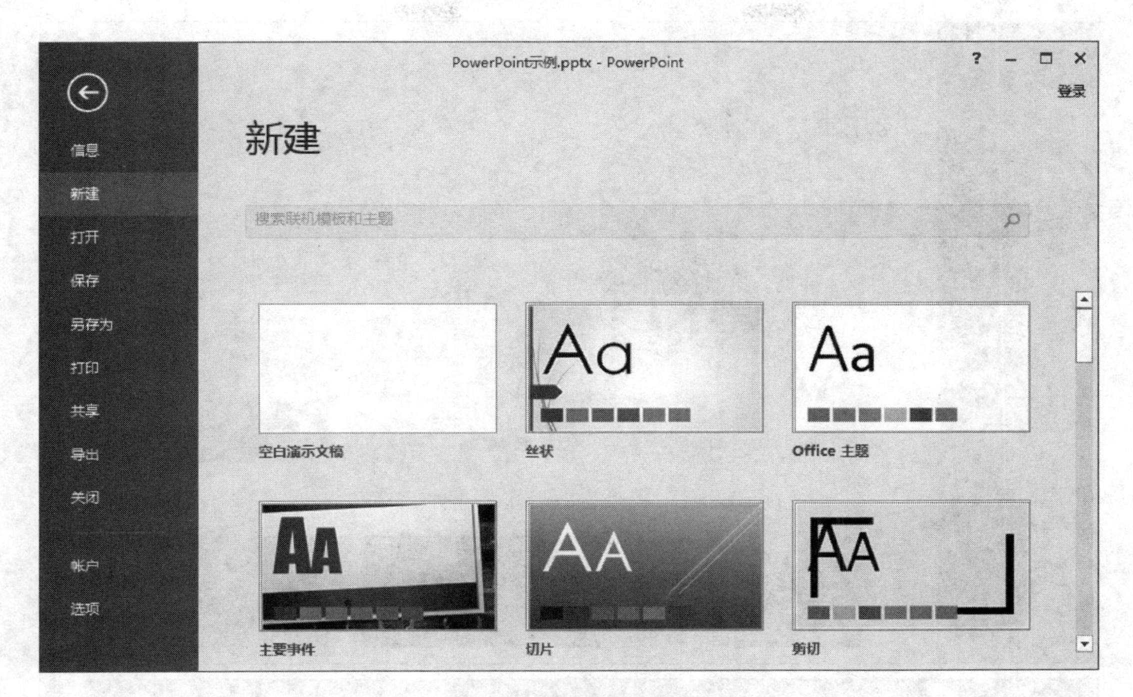

图 14.2 创建空白演示文稿

14.2.2 依据主题和模板创建

主题是事先设计好的一组演示文稿的样式框架，定义了演示文稿的外观样式，包括母版、配色、文字格式等设置；模板是预先设计好的演示文稿样本，通常有明确用途。PowerPoint 的主题和模板是以“.thmx”和“.potx”为扩展名存储的，主题通常设计了一套幻灯片母版，而模板则定义了更丰富的内容。可在系统提供的模板和主题库中选择合适的主题，用于新建一个继承该主题风格的演示文稿，或者选择特定的模板，用于创建一个复制该模板全部内容的新演示文稿。微软的 Office.com 上提供了丰富的模板和主题，供用户联机使用或下载。

1. 通过“新建”命令创建

① 单击“文件”选项卡上的“新建”命令。

② 在“新建”窗口中，将鼠标移动到想要选择的主题或模板上，如“环保”，单击左键或单击右键菜单中“预览”命令，如图 14.3 上图所示。

③ 在弹出的该主题（“环保”）的预览对话框中，右侧将显示该主题变体样式的缩略图列表，单击选择其中一种变体样式，左侧将显示该变体的预览效果，单击下方“创建”按钮，如图 14.3 下图所示，即可创建该主题的新演示文稿。

2. 利用本地模板文件创建

在操作系统的资源管理器或文件浏览器中，双击扩展名为“.potx”的 PowerPoint 模板文件，系统会自动创建一个默认命名为“演示文稿 1”的演示文稿，并复制了该模板文件中的所有内容。

提示：如果鼠标移动到模板文件上单击鼠标右键，在快捷菜单中单击“打开”命令，则系统打开的是该模板文件本身，可对其进行编辑设计。

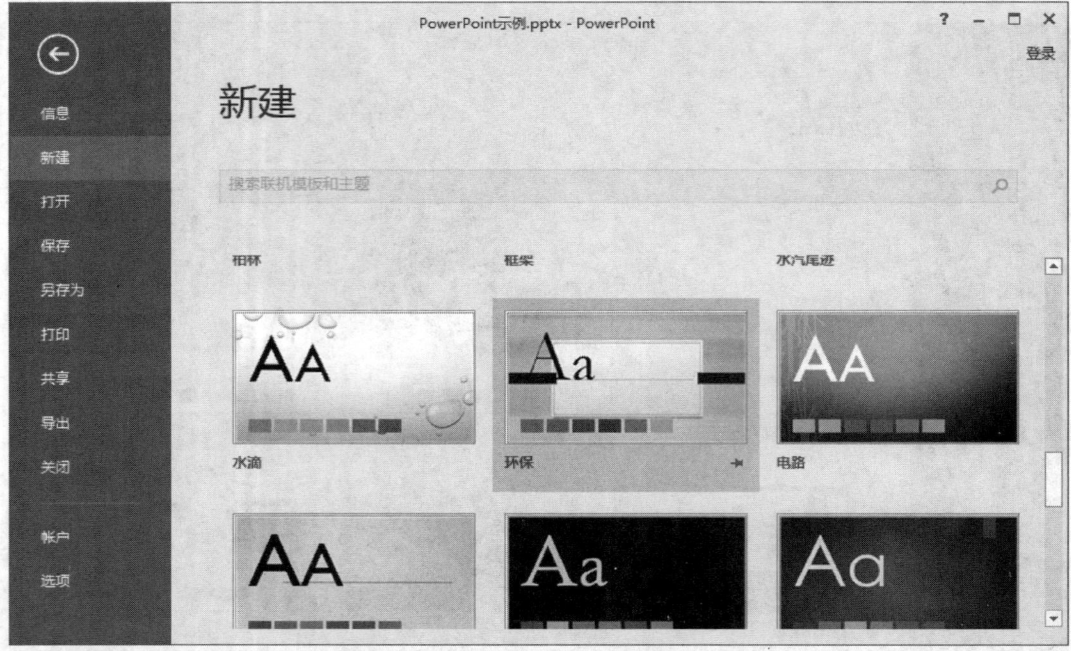

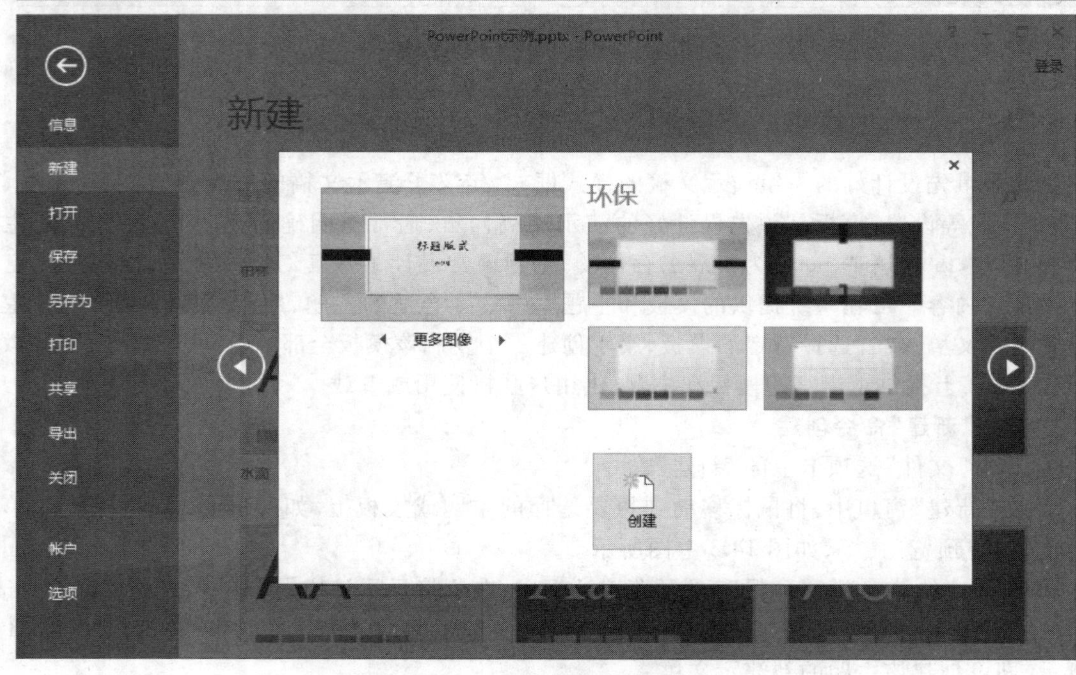

图 14.3　基于主题创建演示文稿

14.2.3　从 Word 文档中发送

如果已经通过 Word 编辑完成了相关文档，可以将其大纲发送到 PowerPoint 中快速形成新的演示文稿。这种方式只能发送文本，不能发送图表图像。

① 在 Word 中创建文档,并将需要传送到 PowerPoint 的段落分别应用内置样式的标题 1、标题 2、标题 3、…、等,其分别对应 PowerPoint 幻灯片中的标题、一级文本、二级文本、…、等。

② 依次选择“文件”菜单→“选项”→“快速访问工具栏”→“不在功能区中的命令”→“发送到 Microsoft PowerPoint”命令→“添加”按钮,相应命令显示在“快速访问工具栏”中。

③ 单击“快速访问工具栏”中新增加的“发送到 Microsoft PowerPoint”按钮,即可将应用了内置样式的 Word 文本自动发送到新创建的 PowerPoint 演示文稿中。

14.3 调整幻灯片的大小和方向

默认情况下,幻灯片的大小为“宽屏(16:9)”格式,幻灯片版式设置为横向方向。可以根据实际需要更改其大小和方向。

14.3.1 设置幻灯片大小

设置幻灯片大小的具体方法是:

① 打开演示文稿,在“设计”选项卡上的“自定义”选项组中单击“幻灯片大小”按钮,在弹出的下拉列表中单击“自定义幻灯片大小”命令,打开“幻灯片大小”对话框。

② 从“幻灯片大小”下拉列表中选择某一类型,如图 14.4 所示。也可以直接通过在“宽度”“高度”文本框中输入相应数值进行自定义。

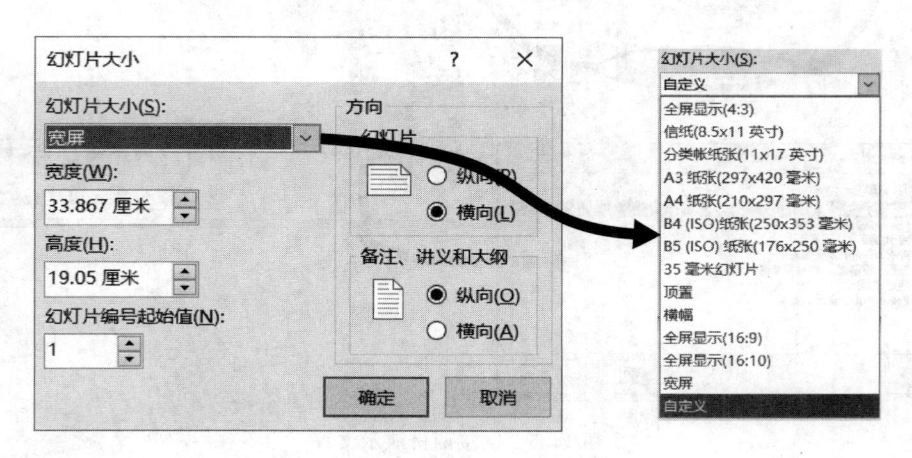

图 14.4 设置幻灯片大小

14.3.2 调整幻灯片方向

若要将演示文稿中的所有幻灯片调整为纵向显示或横向显示,则可在图 14.4 中“方向”下设置幻灯片为“纵向”或“横向”即可。

14.3.3 同一演示文稿中同时展现纵向和横向幻灯片

通常一份演示文稿中幻灯片只能有一种方向(横向或纵向),但可以通过链接两份方向不同

的演示文稿，便可达到看似一份演示文稿中同时显示纵向和横向幻灯片的效果。若要链接两个演示文稿，可执行下列操作：

① 创建两个演示文稿，将它们的幻灯片方向分别设为横向和纵向，建议将这两个文档放置在同一个文件夹下。

② 在第一个演示文稿中，选择一个需要通过"单击鼠标"或"鼠标悬停"的方式链接到第二个演示文稿的文本或对象。

③ 在"插入"选项卡上的"链接"选项组中单击"动作"按钮，打开"操作设置"对话框。

④ 在"单击鼠标"或"鼠标悬停"选项卡中，单击选中"超链接到"单选项，然后从下拉列表中选择"其他 PowerPoint 演示文稿"命令，打开"超链接到其他 PowerPoint 演示文稿"对话框，如图 14.5 所示。

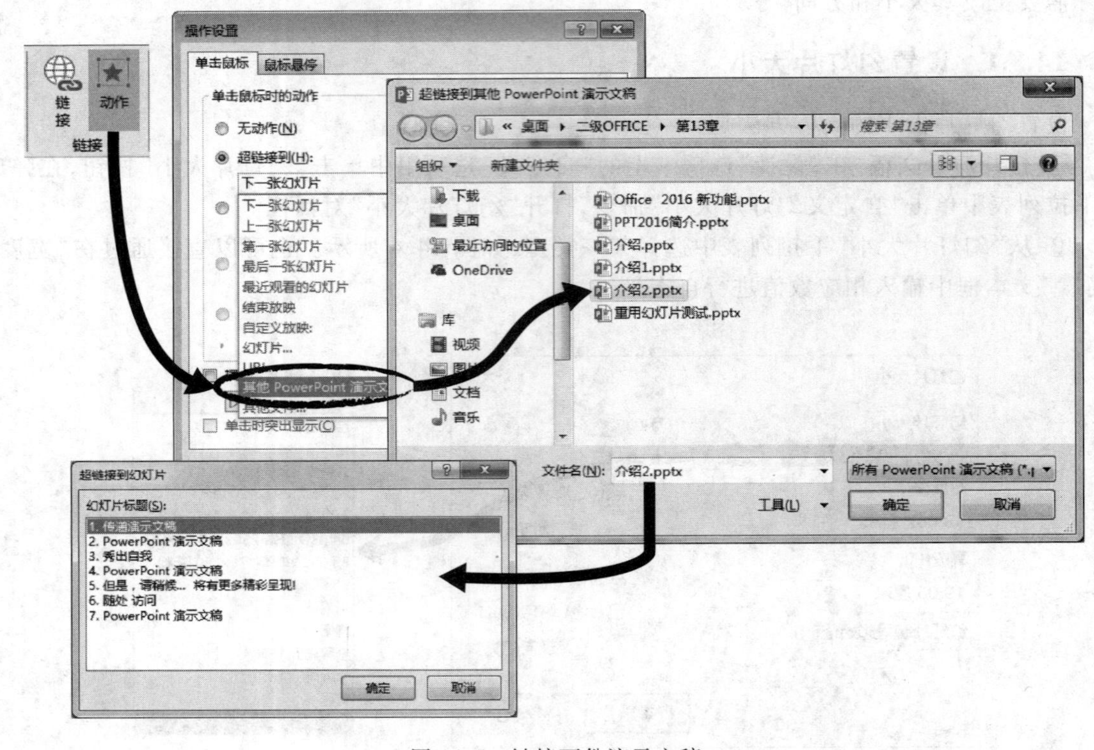

图 14.5 链接两份演示文稿

⑤ 找到并选择第二个演示文稿，然后单击"确定"按钮，打开"超链接到幻灯片"对话框。

⑥ 在该对话框的"幻灯片标题"列表中，单击要链接到的幻灯片，然后单击"确定"按钮。

⑦ 继续在"操作设置"对话框中单击"确定"按钮。

⑧ 放映第一个演示文稿，当出现含有链接的文字或对象时，依据设置的链接方式，单击或鼠标移动至该对象，即可进入另一个演示文稿的放映，实现同时放映包含两个不同方向幻灯片的效果。

14.4 幻灯片基本操作

演示文稿建立后，通常需要创建多张幻灯片并进行设计和编辑、设置，形成一个完整的、图文并茂的、具备特定展示功能的演示文稿。以幻灯片为整体的操作主要包括选择、新建、删除、复制、移动、重用幻灯片等，其中新建、复制、重用操作都可以实现添加/插入幻灯片的功能，另外，还可以从文档大纲中导入幻灯片。

本节主要描述普通视图下的操作方法，大纲视图和幻灯片浏览视图下的操作方法类似。

14.4.1 选择幻灯片

若要在演示文稿中插入或删除幻灯片，首先要选中当前幻灯片，它代表插入位置，可在该幻灯片的后面插入新的幻灯片，也可以删除所选中的幻灯片。

在缩略图窗格中，可采用下述方法选定单张或多张幻灯片：

- 单击某张幻灯片缩略图即可选中该幻灯片，编辑区中显示该幻灯片。
- 单击选中首张幻灯片（A 幻灯片）缩略图，按下 Shift 键再单击末张幻灯片（B 幻灯片）缩略图，可选中连续多张幻灯片（包含 A 和 B 之间的所有幻灯片），编辑区中显示 A 幻灯片。
- 单击选中某张幻灯片缩略图，按下 Ctrl 键再单击其他幻灯片缩略图，可选中不连续的多张幻灯片，编辑区中显示最后选中的那张幻灯片。

选中单张幻灯片，则该幻灯片的位置即为插入位置；选中多张幻灯片，则这些选中幻灯片中序号最大幻灯片的位置即为插入位置。

14.4.2 添加/插入幻灯片

通过新建、复制和重用幻灯片的功能，可以插入一张新幻灯片，也可以插入当前选中的单张或多张幻灯片的副本，还可以从其他文档大纲中导入生成新幻灯片。

1. 新建幻灯片

方法 1：在缩略图窗格中，单击选中某张幻灯片缩略图或者在两张幻灯片的中间位置单击，在“开始”选项卡上的“幻灯片”选项组或者“插入”选项卡上的“幻灯片”选项组中，单击“新建幻灯片”按钮，除当前幻灯片为“标题幻灯片”会插入版式为“标题和内容”的新幻灯片外，系统将插入一张与选中幻灯片中序号最大幻灯片相同版式的新幻灯片。如果单击“新建幻灯片”按钮旁边的黑色三角箭头▾，则可通过指定版式来新建幻灯片，如图 14.6(a)所示。

方法 2：在缩略图窗格中，右键单击某张幻灯片缩略图或者在两张幻灯片中间的位置右击，在弹出的快捷菜单中选择“新建幻灯片”命令，如图 14.6(b)所示。

方法 3：使用快捷键 Ctrl+M，或者在缩略图窗格中按 Enter 键，可在当前位置插入一张新幻灯片。

2. 复制幻灯片

复制幻灯片功能，可以生成与当前选中幻灯片完全相同的一张或多张幻灯片。首先在缩略图窗格中选中一张或多张幻灯片缩略图，然后通过以下 4 种方法实现幻灯片的复制。

方法 1：在其中一张选中的幻灯片缩略图上单击右键，从弹出的快捷菜单中选择“复制幻灯

片”,将会插入当前选中幻灯片的副本,如图 14.6(b)所示。

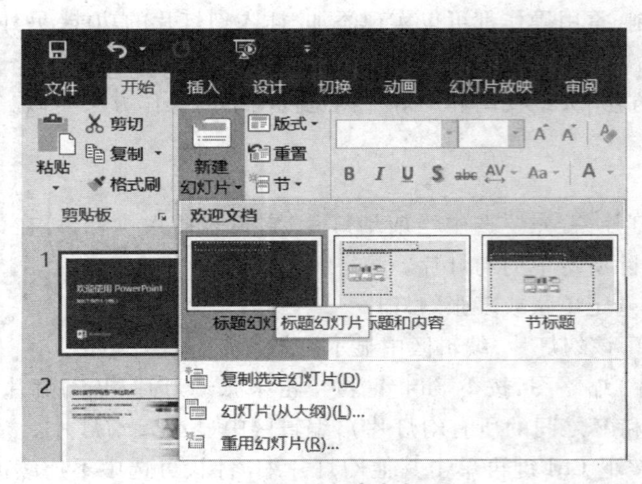

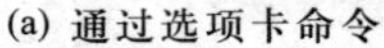

(a) 通过选项卡命令

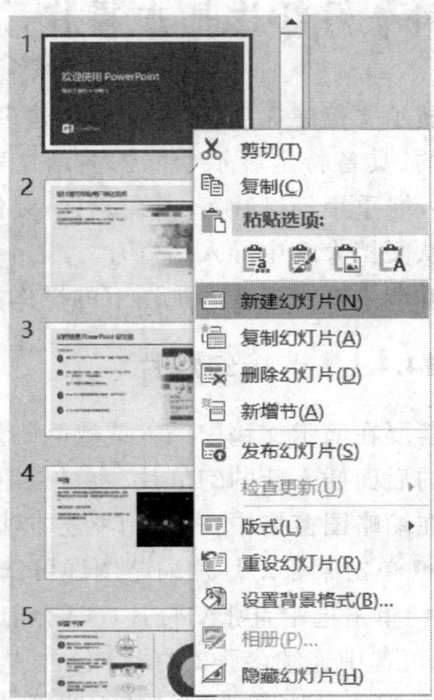

(b) 通过右键菜单

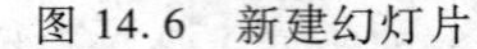

图 14.6 新建幻灯片

方法 2:在“开始”选项卡上的“剪贴板”选项组中单击“复制”按钮旁边的黑色三角箭头,从打开的下拉列表中选择第二个“复制(I)”命令,如图 14.7 所示。

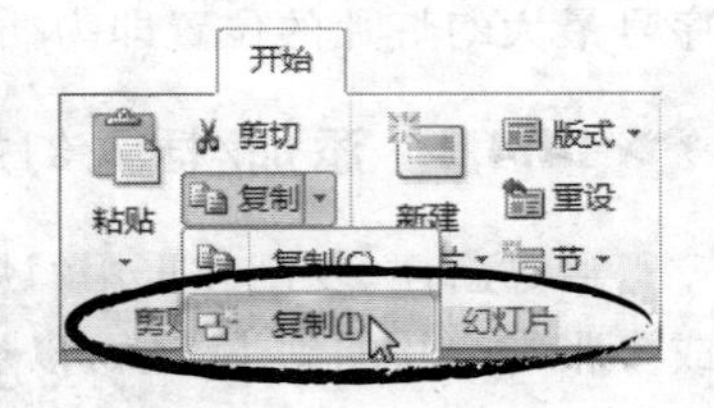

图 14.7 复制当前幻灯片

方法 3:在“开始”选项卡上的“幻灯片”选项组中单击“新建幻灯片”按钮旁边的黑色三角箭头,从下拉列表中单击“复制选定幻灯片”命令。

方法 4:

① 在“开始”选项卡上的“剪贴板”选项组中单击“复制”按钮(等同于上述方法 2,在下拉列表中选择第一个“复制(C)”命令),或者使用快捷键 Ctrl+C,此时会将选中的幻灯片复制到剪贴板中。然后根据需要,在缩略图窗格中定位要插入的位置。

② 使用快捷键 Ctrl+V,或者在“开始”选项卡上的“剪贴板”选项组中单击“粘贴”按钮,或者从右键菜单中“粘贴选项”组下选择某种粘贴命令,可在指定的位置生成复制的幻灯片的副本。

方法 4 可以直接将需要的幻灯片复制到特定的位置,而其他方法只能插入到默认位置,后续可能还需要移动幻灯片位置。

3. 重用幻灯片

如果需要从其他演示文稿中借用现成的幻灯片,可以通过“复制/粘贴”功能在不同的文档间传递数据,也可以通过下述的重用幻灯片功能方便地引用其他演示文稿内容,如图 14.8 所示。

① 打开演示文稿,在“开始”选项卡上的“幻灯片”选项组中单击“新建幻灯片”按钮旁边的黑色三角箭头,从下拉列表中选择“重用幻灯片”命令,窗口右侧的任务窗格区中会出现“重用幻

灯片”窗格。

② 在“重用幻灯片”窗格中单击“浏览”按钮，从下拉列表中选择幻灯片来源，选择“浏览文件”命令。

③ 在“浏览”对话框中选择要打开的 PowerPoint 文件，单击“打开”按钮，此时在“重用幻灯片”窗格中将显示该演示文稿所有幻灯片的缩略图。

④ 在缩略图窗格中定位要插入幻灯片的位置。

⑤ 在重用幻灯片窗格中，左键单击某张幻灯片缩略图，即可在插入位置创建该张幻灯片的副本；或者在某张缩略图上单击鼠标右键，在弹出的快捷菜单中单击“插入幻灯片”则插入该张幻灯片的副本，单击“插入所有幻灯片”则将被重用演示文稿的所有幻灯片都插入到正在编辑的演示文稿中。

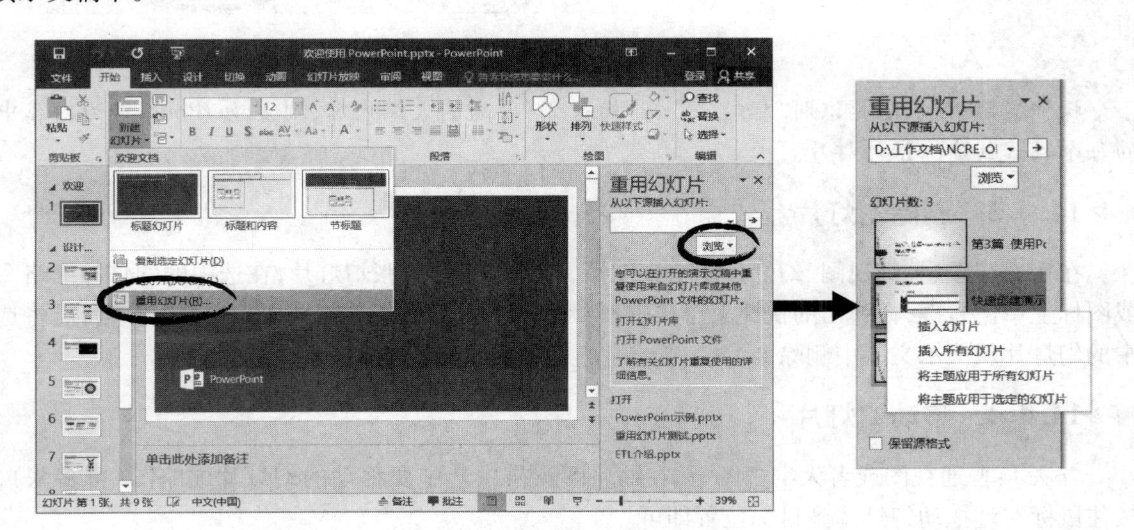

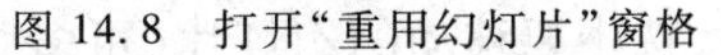
图 14.8　打开“重用幻灯片”窗格

如果在“重用幻灯片”窗格的底部勾选了“保留源格式”，重用操作会将重用的幻灯片的所有主题样式带到被插入的演示文稿中，否则该幻灯片的内容将使用被插入演示文稿的主题样式。

“重用幻灯片”的功能也可以仅仅重用幻灯片的主题样式。在快捷菜单中单击“将主题应用于所有幻灯片”，则正在编辑的演示文稿的所有幻灯片都会引用重用幻灯片的主题样式；单击“将主题应用于选定的幻灯片”，则正在编辑的演示文稿中当前被选中的幻灯片会被重用幻灯片的主题样式替换。

4. 从文档大纲中导入生成幻灯片

在打开的演示文稿中，也可以从其他文档中依据其大纲内容导入生成幻灯片。支持导入的文档类型有“.txt”“.rtf”“.doc”“.wpd”“.docx”“.docm”等。操作步骤如下：

① 在缩略图窗格中，定位要插入的位置。

② 在“开始”选项卡上的“幻灯片”选项组或者“插入”选项卡上的“幻灯片”选项组中，单击“新建幻灯片”按钮旁边的黑色三角箭头▾，在下拉菜单中选择“幻灯片(从大纲)...”命令。

③ 在弹出的“插入大纲”对话框中，选定要导入的文档文件后单击右下角的“插入”按钮，系统将指定文档文件中的内容按照大纲或者段落的划分，生成若干张幻灯片插入演示文稿中，如图

14.9 所示。

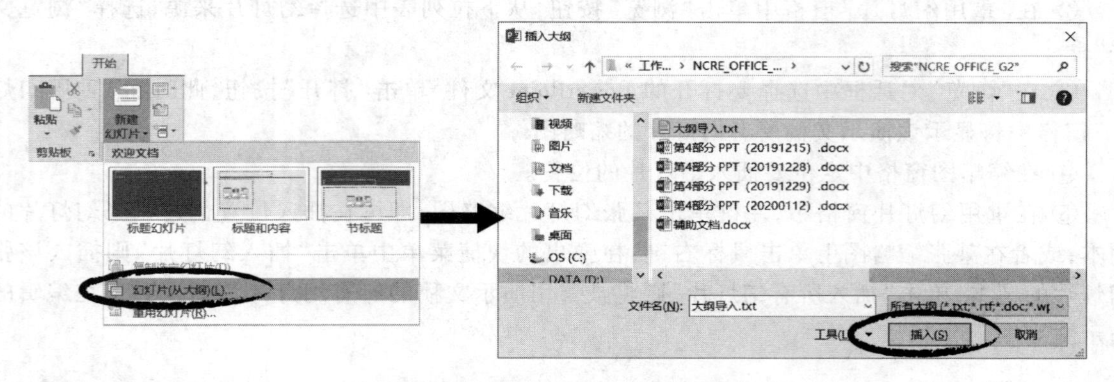

图 14.9 从文档大纲中导入生成幻灯片

操作提示：如果不能识别"标题 1"或"标题 2"样式的大纲内容，则 PowerPoint 将为内容中的每个段落创建一张幻灯片。

14.4.3 删除幻灯片

在普通视图、大纲视图、幻灯片浏览视图下，选中一张或多张幻灯片，在选中的幻灯片缩略图或图标上单击右键，在弹出的快捷菜单中选择"删除幻灯片"命令，或者直接按 Delete 键，可将选中的幻灯片从演示文稿中删除。

14.4.4 移动幻灯片

方法 1：普通视图或者大纲视图下，在缩略图窗格中选中要移动的幻灯片缩略图（可多张），按住鼠标左键拖动幻灯片到目标位置即可。

方法 2：在幻灯片浏览视图下，选中要移动的幻灯片（可多张），按住鼠标左键拖动该幻灯片即可。

方法 3：在大纲视图下，选中某张幻灯片大纲前的矩形图标，按住鼠标左键拖动幻灯片到目标位置即可。

方法 4：参照上述"复制幻灯片"的方法 4，通过"剪切""粘贴"命令实现。

14.5 组织和管理幻灯片

演示文稿中的幻灯片通常不止一张，内容也可能繁杂，为了更加有效地组织和管理幻灯片，除了通过移动操作来重新排列幻灯片外，还可以为幻灯片添加编号、日期和时间，特别是可以通过分节设置实现对幻灯片的分组管理和批量设置，对演示文稿的导航也带来便利。

14.5.1 添加幻灯片编号

在普通视图、大纲视图和幻灯片浏览视图下，通过"页眉和页脚"对话框，可以为指定幻灯片添加顺序编号。

1. 添加幻灯片编号

① 选中要设置编号的幻灯片(可多张)。

② 在“插入”选项卡上的“文本”选项组中单击“页眉和页脚”或者“幻灯片编号”按钮(在幻灯片浏览视图下“幻灯片编号”按钮被禁止),打开“页眉和页脚”对话框。

③ 在“页眉和页脚”对话框的“幻灯片”选项卡中,勾选“幻灯片编号”复选框。

④ 如果仅对选中的幻灯片设置编号,则单击“应用”按钮可实现在该幻灯片的适当位置(取决于主题和版式)显示这些幻灯片的编号;如果要为演示文稿的所有幻灯片设置编号,则单击“全部应用”按钮;如果不希望标题幻灯片中出现编号,则应同时勾选“标题幻灯片中不显示”复选框。如图 14.10 所示。

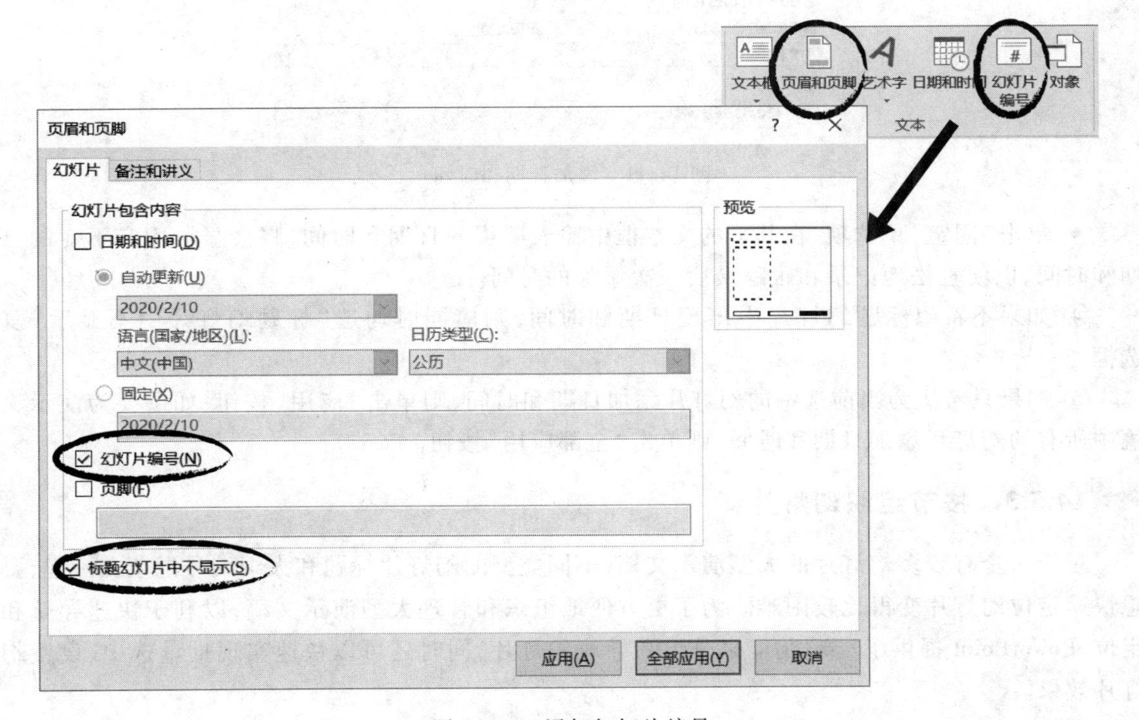

图 14.10 添加幻灯片编号

2. 更改幻灯片起始编号

默认情况下幻灯片编号从 1 开始,如图 14.4 所示。若要更改起始编号,可按下列方法设置:

① 在“设计”选项卡上的“自定义”选项组中单击“幻灯片大小”按钮,在下拉列表中单击“自定义幻灯片大小”命令,打开“幻灯片大小”对话框。

② 在“幻灯片编号起始值”文本框中,输入新的起始编号(≥0),单击“确定”按钮。

14.5.2 添加日期和时间

通过“页眉和页脚”对话框,可以为指定幻灯片添加日期和时间,操作方法与设置幻灯片编号相似。

① 选中要添加日期和时间的幻灯片(可多张)。

② 在“插入”选项卡上的“文本”选项组中单击“页眉和页脚”或者“日期和时间”按钮，打开“页眉和页脚”对话框。

③ 在“页眉和页脚”对话框的“幻灯片”选项卡中，勾选“日期和时间”复选框，然后选择下列操作之一：

- 单击“自动更新”单选项，然后选择适当的语言和日期格式，如图 14.11 所示。这种设置方法，使得每次打开、打印或放映演示文稿时显示的是当前的日期和时间。

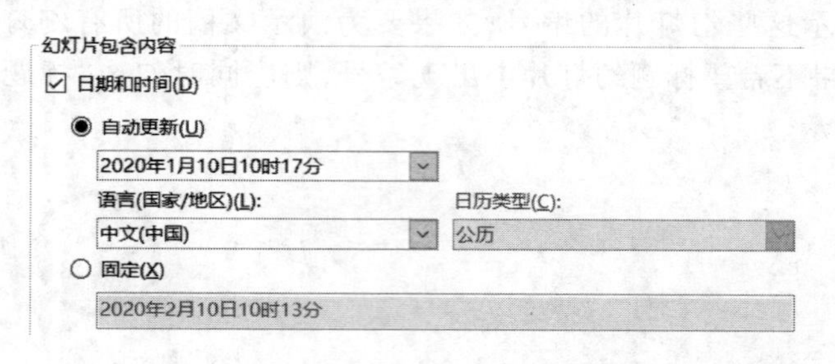

图 14.11 添加日期和时间

- 单击“固定”单选项，在其下的文本框中输入期望的日期和时间，将会显示固定不变的日期和时间，以便轻松地记录和跟踪最后一次添加的时间。

④ 如果不希望标题幻灯片中出现日期和时间，则应同时勾选“标题幻灯片中不显示”复选框。

⑤ 如果只希望为当前选中的幻灯片添加日期和时间，则单击“应用”按钮；如果要为演示文稿中所有的幻灯片添加日期和时间，则单击“全部应用”按钮。

14.5.3 按节组织幻灯片

对于一个有较多幻灯片的大型演示文稿，不同类型的幻灯片标题和大纲编号混杂在一起，要想快速定位幻灯片变得比较困难。为了更方便地组织和管理大型演示文稿，以利于快速导航和定位，PowerPoint 提供了“节”功能来分组和导航幻灯片，同时还可以快速实现批量选中、设置幻灯片效果。

类似于使用文件夹来整理文件一样，可以使用“节”功能将原来线性排列的幻灯片划分成若干段，每一段设置为一“节”，可以为该“节”命名，使得幻灯片的组织更具有逻辑性和层次性。每个节通常包含内容逻辑相关的一组幻灯片，不同节之间不仅内容可以不同，而且还可拥有不同的主题、切换方式等。

在普通视图和幻灯片浏览视图中查看和设置节，在大纲视图中不能查看和设置。可以对节进行折叠和展开操作，折叠是将该节的所有幻灯片收起来，只显示节名导航条；展开则是在节名导航条下显示该节的所有幻灯片缩略图。

1. 新增节

方法 1：

① 在普通视图或幻灯片浏览视图的缩略图窗格中，选中一张或连续的若干张幻灯片缩略图。

② 在选中的缩略图上单击右键弹出快捷菜单，或者在“开始”选项卡上的“幻灯片”选项组中单击“节”按钮，弹出下拉菜单，单击“新增节”命令，会在第一张选中幻灯片的前面插入一个默认命名为“无标题节”的节导航条。

方法 2：

① 在普通视图或幻灯片浏览视图的缩略图窗格中，在要新增节的两张幻灯片之间单击右键。

② 在快捷菜单中选择“新增节”命令，会在这两张幻灯片之间插入一个默认命名为“无标题节”的节导航条，如图 14.12 所示。

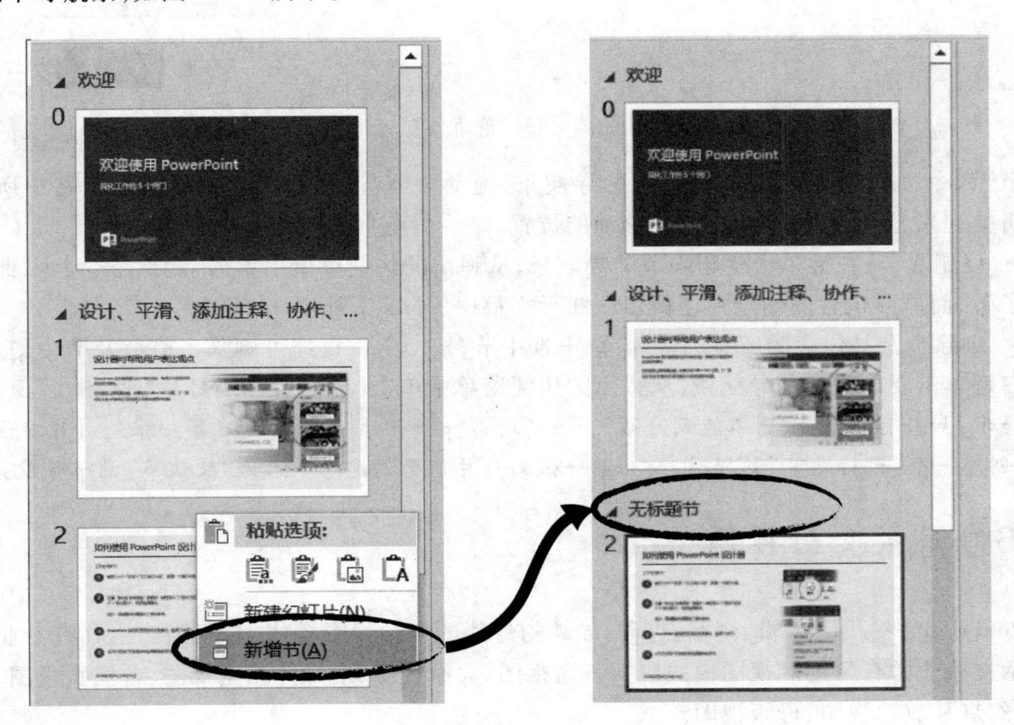

图 14.12 新增一个节

2. 重命名节

① 在节导航条上单击右键，弹出快捷菜单，或者在“开始”选项卡上的“幻灯片”选项组中单击“节”按钮，弹出下拉菜单，单击“重命名节”命令，打开“重命名节”对话框。

② 在“节名称”下的文本框中输入新的名称，然后单击“重命名”按钮，完成节的重命名，如图 14.13 所示。

3. 对节进行操作

- 选择节：单击节导航条，即可选中该节中包含的所有幻灯片。可为选中的节统一应用主题、切换方式、背景和隐藏幻灯片等。
- 单击节导航条左侧的三角图标：可以展开或折叠节包含的幻灯片，折叠时在节导航条的右侧会显示本节幻灯片的数量。
- 移动节：右键单击要移动节的导航条，从弹出的快捷菜单中选择“向上移动节”或“向下

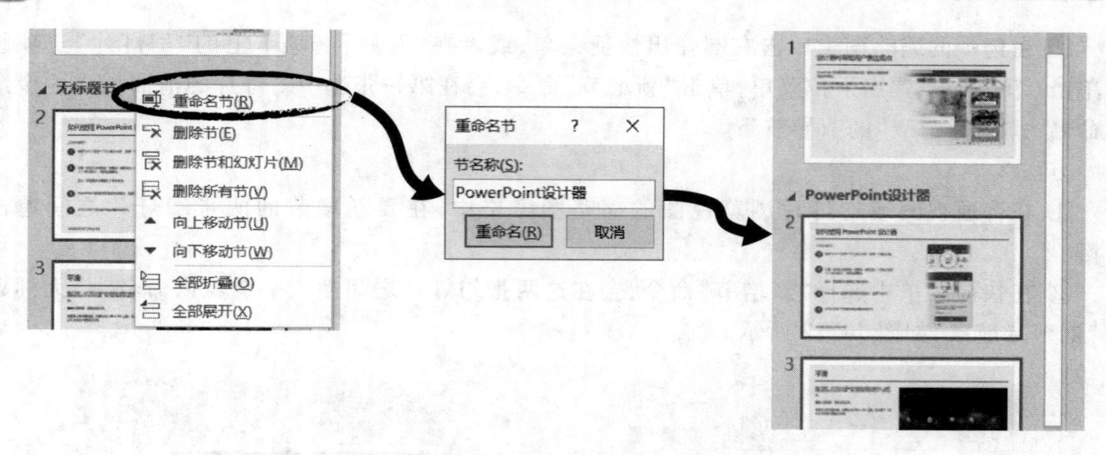

图 14.13　重命名节

移动节”命令;或者左键按住要移动节的导航条,拖动该节导航条,此时在缩略图窗格中所有节都会折叠起来,然后将该节释放到要移动的位置。

• 仅删除节:右键单击要删除节的导航条,从弹出的快捷菜单中单击“删除节”命令,此时仅删除了节,而原节包含的幻灯片还保留在演示文稿中,并归并到上一节中。

• 删除节及其包含的所有幻灯片:单击选中节,按 Delete 键即可删除当前节及节中幻灯片;或者右键单击要删除节的导航条,从弹出的快捷菜单中单击“删除节和幻灯片”命令。

提示:如果有多个节,则不能删除第一节;新增第一个节时,如果不是在第一张幻灯片前面新建节,则创建一个“无标题节”的同时,会在第一张幻灯片前面创建一个名为“默认节”的节导航条。

14.6 演示文稿视图

PowerPoint 提供了编辑、浏览、打印、放映幻灯片的多种视图模式,对于创建出具有专业水准的演示文稿非常有帮助。视图模式包括普通视图、大纲视图、幻灯片浏览视图、备注页视图、阅读视图、幻灯片放映视图、母版视图。

14.6.1 视图简介

1. 普通视图

普通视图是 PowerPoint 默认的视图模式,也是最常用的编辑视图,可用于设计和编辑演示文稿。前文描述的大部分操作是在普通视图模式下进行的,不再赘述。

2. 大纲视图

大纲视图与普通视图唯一的区别,就是“缩略图窗格”被“大纲窗格”替换,也属于演示文稿的编辑视图。

3. 幻灯片浏览视图

幻灯片浏览视图以缩略图形式展示幻灯片,以便以全局的方式浏览演示文稿中的幻灯片,可以通过新建、复制、移动、插入、删除幻灯片和新增、移动、删除节等操作,快速地对幻灯片进行组织和编排,还可以为幻灯片设置切换效果并预览。在幻灯片浏览视图的缩略图窗格中,幻灯片是按节(如果有)组织的,如图 14.14 所示。

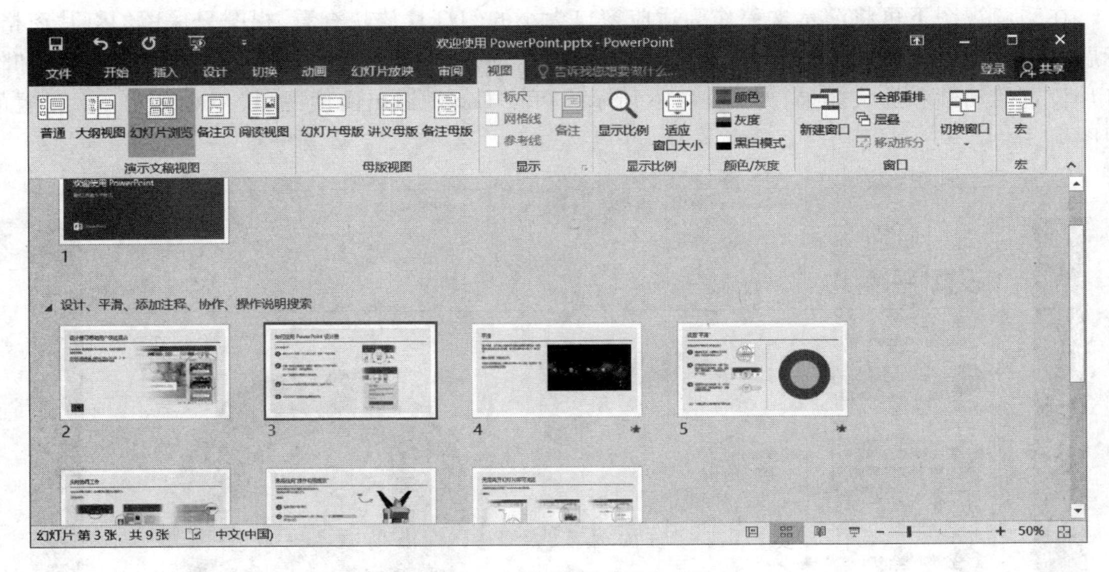

图 14.14 幻灯片浏览视图

4. 备注页视图

在备注页视图下可以方便地编辑和设计某张幻灯片的备注信息。如图 14.15 所示,编辑区中显示的备注页,默认情况下上半部是以图片形式显示幻灯片的缩略图,不能对幻灯片内容进行编辑修改,但可以按图片方式设置图片样式,也可调整大小和位置;下半部是一个文本占位符,用于备注文本信息,并可为其中的文字设置样式。还可以在备注页的任意位置插入文本框、形状、SmartArt 图形、艺术字、图片、图表等对象,以丰富备注的内容。

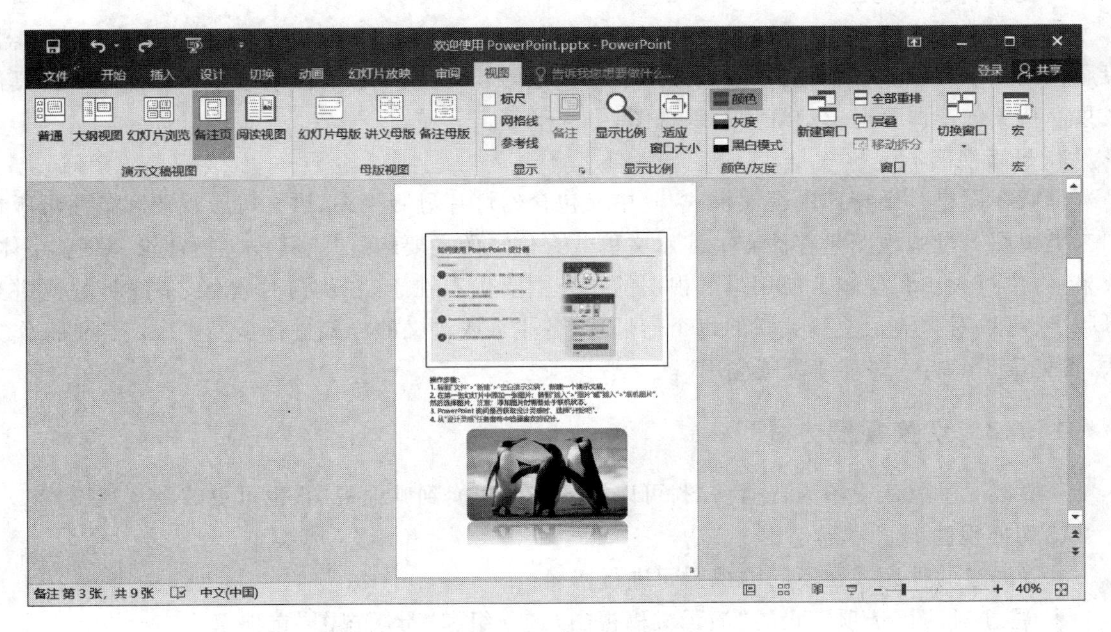

图 14.15 备注页视图

5. 阅读视图

在阅读视图下可将演示文稿作为适应窗口大小的幻灯片放映查看，视图只保留幻灯片窗格、标题栏和状态栏，其他编辑功能被屏蔽，用于幻灯片制作完成后的简单放映浏览，查看内容和幻灯片设置的动画和放映效果，如图 14.16 所示。可按 Esc 键退出阅读视图，并返回上一次设置的视图模式。

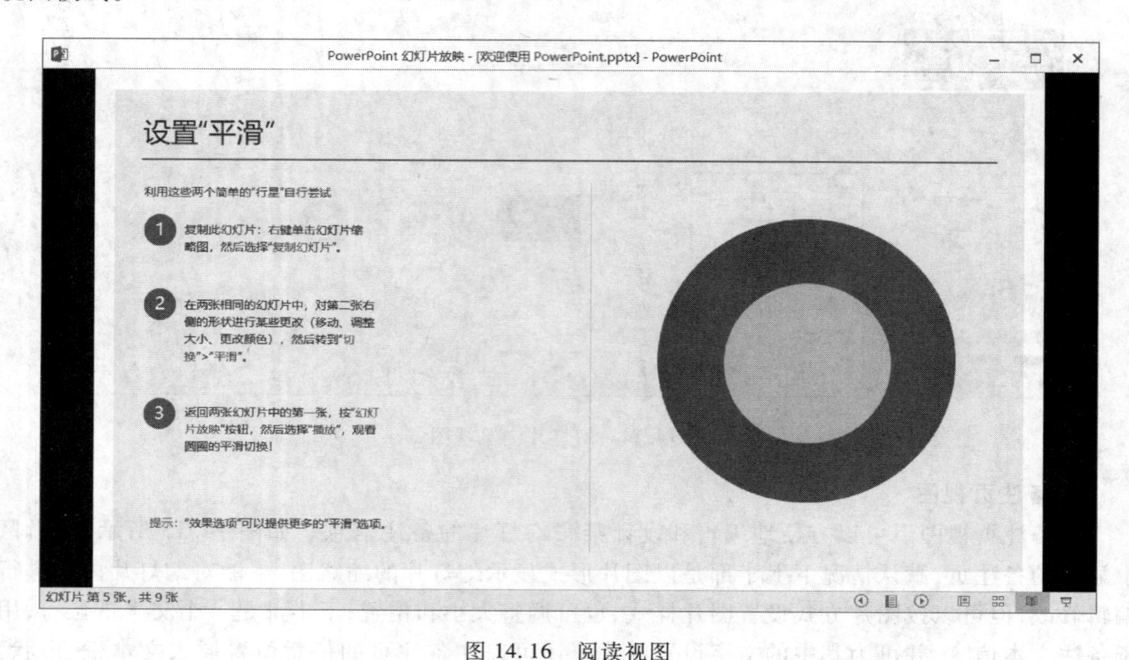

图 14.16 阅读视图

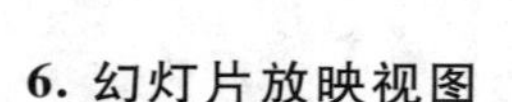

6. 幻灯片放映视图

幻灯片放映视图是用于放映演示文稿的视图。进入幻灯片放映视图，该视图会占据显示器/投影仪的整个屏幕，放映时可以看到图形、计时、电影、动画效果和切换效果在实际演示中的具体效果。按 Esc 键即可退出幻灯片放映视图。

7. 母版视图

母版视图是一个特殊的视图模式，其中又包含幻灯片母版视图、讲义母版视图和备注母版视图三类视图。母版视图是存储有关演示文稿共有信息的主要幻灯片，其中包括背景、颜色、字体、效果、占位符大小和位置。使用母版视图的一个主要优点在于，在幻灯片母版、备注母版或讲义母版上，可以对与演示文稿关联的每个幻灯片、备注页或讲义的样式进行全局更改。详细操作方法，参见第 15.7 节“幻灯片母版应用”。

14.6.2 切换视图方式

一般情况下默认视图为普通视图，可以根据需要切换到其他视图，也可更改默认视图。

1. 切换视图

可以通过两种途径在不同的视图间进行切换：

- 通过“视图”选项卡上的“演示文稿视图”选项组和“母版视图”选项组。

- 通过状态栏中的“视图/窗格切换区”提供的普通视图、幻灯片浏览视图、阅读视图和幻灯片放映视图 4 个切换按钮。

2. 更改默认视图

可以设置幻灯片浏览视图、幻灯片放映视图、备注页视图以及普通视图的各种变体为默认视图。指定默认视图的操作方法是：

① 在“文件”菜单中单击“选项”命令，打开“PowerPoint 选项”对话框。

② 在左侧窗格中单击“高级”命令，然后在对话框右侧显示面板的“显示”选项组中，展开“用此视图打开全部文档”下拉列表，选择新的默认视图，如图 14.17 所示，最后单击“确定”按钮。

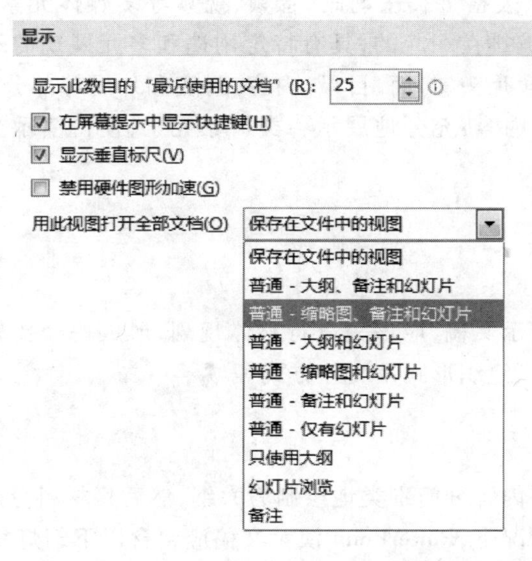

图 14.17　在后台视图中设置默认视图

第15章 编辑制作演示文稿

演示文稿是一种利用文本、图形、图片、表格、图表、动画、音频、视频等多媒体元素，通过排版、配色、效果设置和人机交互设计等方式编排在一起的，具有特定用途和多元展现的幻灯片有序集合。一套完整的演示文稿通常可以包含片头、封面、目录、内容、封底和片尾等部分。PowerPoint 能够调动多种手段来丰富演示文稿的内容，充分地展示各类对象元素，使得演示文稿达到意想不到的效果。

15.1 规划演示文稿内容

要想制作一份内容丰富、展示精彩的演示文稿，应该先进行整体规划，形成一个比较完整的演示大纲和主线，并构思幻灯片的内容格式、组织形式及交互方式等。

15.1.1 初步确定幻灯片数量

首先分析要表述的主题内容和素材，将内容分门别类地绘制为大纲，然后将材料分配至各个幻灯片，以便合理规划幻灯片数量。一般情况下，PowerPoint 演示文稿应包含以下幻灯片：

- 一张主标题幻灯片。
- 一张介绍性幻灯片。带有目录性质，其中列出演示文稿需要表述的分类要点或内容框架。
- 若干张用于分别展示目录幻灯片上列出的每类要点或条目的具体内容的幻灯片。例如，如果有 3 个要展示的主要观点，则每个要点下至少有 1 张具体幻灯片。
- 一张摘要幻灯片。带有总结性质，可以重复演示文稿中主要的点或面的列表。
- 一张结束幻灯片。可以展示致谢内容、联系方式等。

在规划和组织幻灯片过程中，可以充分利用分节的思想，使演示文稿更具有层次性，也便于幻灯片的导航和定位。

在规划幻灯片内容时，需要考虑每张幻灯片在屏幕上演示的时间长短，不宜过短或太久。通常情况下，如果需要人配合讲解的演示文稿，建议每张幻灯片展示时间为 2 到 5 分钟为宜；如果是自动播放的演示文稿，建议每张幻灯片展示时间为 20 秒到 2 分钟为宜。

15.1.2 创建高效演示文稿的注意事项

创建一份精彩的演示文稿，需要精心规划其内容和格式。一般建议遵循以下原则：

• 尽可能精简幻灯片数量。演示文稿中幻灯片数量并非越多越好，要想所传达的信息清楚明白并能吸引观众的注意力，应最大限度地减少演示文稿中的幻灯片数量。

• 选择观众可从一段距离以外看清的字体、字号。选择合适的字体和字号有助于幻灯片中信息的观看和理解。最好避免使用比较窄细或过于粗大的字体以及一些包含花式边缘的字体（如空心字）。

• 使用项目符号或短句使文本简洁。使用项目符号或短句，并尽量使每个表述各占一行，没有换行。也就是说避免使用过长的句子，幻灯片中不要出现一大段一大段的文字。否则观众会因为阅读屏幕上的信息而忽略了演讲者的介绍。

• 适当使用图片、表格等元素有助于传达信息。这些对象可以比文本更加形象、简明地阐述要表达的内容。但是向幻灯片中添加过多的图形可能造成混乱从而使观众感到眼花缭乱。为图、表添加的解释性标签文本应该长短合适且易于理解。

• 尽量使每组幻灯片背景精致且保持一致。选择一个具有吸引力并且一致但又不太显眼的演示文稿模板、设计主题或背景修饰演示文稿，以免背景或设计过分花哨而分散观众对信息的注意力。

• 设置适当的动画和切换效果。适当的动画和切换效果可以使演示文稿活泼有趣且过渡柔和，但滥用反而会适得其反，造成观众注意力的分散。

15.2 幻灯片版式的应用

幻灯片版式确定了幻灯片内容的布局和格式。幻灯片版式包含要在幻灯片上显示的全部内容的格式设置、位置和占位符。

占位符是版式中的容器，以虚线框存在，可容纳文本（包括正文文本、项目符号列表和标题）、表格、图表、SmartArt 图形、视频、音频、图片及剪贴画等各类元素。利用占位符，可以帮助制作者快速地添加各类元素和内容。同时，版式也包含了幻灯片的主题和背景。

在制作幻灯片时，可以使用 PowerPoint 内置标准版式，也可以创建满足特定需求的自定义版式。

15.2.1　演示文稿中包含的版式

PowerPoint 的“Office 主题”默认情况下包含 11 种内置幻灯片标准版式，如图 15.1 所示，其他主题可能包含更丰富的版式。每种版式均有一个名称，其中显示了可在其中添加不同对象的各种占位符的位置。其中，

• 标题幻灯片：该版式一般用于演示文稿的主标题幻灯片。

• 标题和内容：该版式可以适用于除标题外的所有幻灯片内容。其中“内容”占位符可以输入文本，也可以插入图片、表格等各类对象。

• 节标题：如果通过分节来组织幻灯片，那么该版式可应用于每节的标题幻灯片中。

• 空白：该幻灯片中没有任何占位符，可以添加任意内容，如插入文本框、艺术字、剪贴画等。“空白”版式幻灯片可以让设计者更主观地发挥。

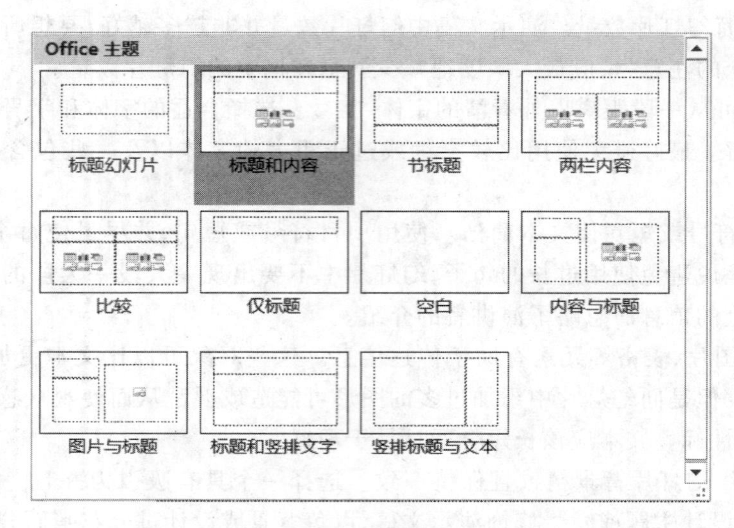

图 15.1　内置的标准幻灯片版式

15.2.2　应用幻灯片版式

在 PowerPoint 中新建空演示文稿时,第一张幻灯片应用的默认版式为"标题幻灯片"。随着幻灯片的增加,如果想调整某张幻灯片的版式,或将几张设置为同一版式,称之为应用幻灯片版式,方法如下:

可以先选中这些幻灯片,然后在"开始"选项卡上的"幻灯片"选项组中单击"版式"按钮;或者选择所需要调整的版式即可。

可为幻灯片应用其他版式,方法如下:

① 选中需要应用版式的幻灯片。

② 在"开始"选项卡上的"幻灯片"选项组中单击"版式"按钮;或者在缩略图窗格中单击右键,在弹出的快捷菜单中将鼠标移动到"版式"子菜单上,可弹出如图 15.1 所示的列表框。

③ 在列表框中单击需要应用的版式,即可完成版式的调整应用。

确定了幻灯片的版式后,即可在相应的占位符中添加或插入文本、图片、表格、图形、图表、媒体剪辑等内容。图 15.2 所示为常用的两类内置幻灯片版式。

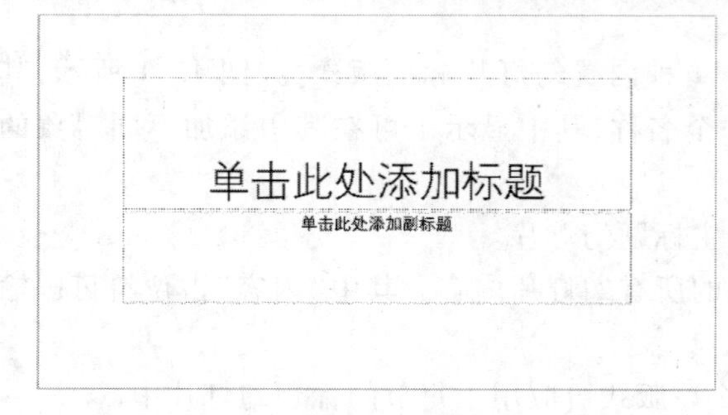

(a)"标题幻灯片"版式

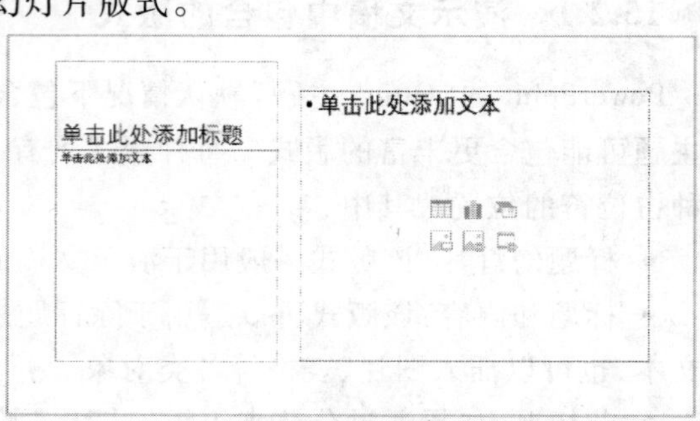

(b)"内容与标题"版式

图 15.2　PowerPoint 的内置标准版式

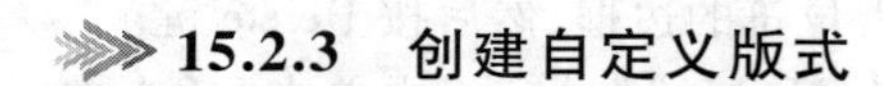

15.2.3 创建自定义版式

如果 PowerPoint 提供的内置版式无法满足组织演示文稿的需求，还可以创建自定义版式。自定义版式可以指定占位符的数量、大小和位置、背景、主题颜色、主题字体及效果。在创建自定义版式过程中，可以添加的基于文本和对象的占位符类型包括文本、图片、SmartArt 图形、剪贴画、图表、表格、媒体等。

创建自定义版式，需先将工作窗口切换为幻灯片母版视图。在“视图”选项卡上的“母版视图”选项组中单击“幻灯片母版”按钮，进入幻灯片母版视图，在功能区中会出现“幻灯片母版”选项卡，视图区为包含幻灯片母版和版式的缩略图窗格。

缩略图窗格中，幻灯片母版和版式是成组出现的，母版左上角标有数字 1，2，…，代表第几组母版，每一个母版下面用虚线连接了一组若干个版式，代表由该母版派生出来的一系列版式。母版在缩略图窗格中显示较大，版式略小。可以在窗格中成组移动母版，或者调整版式的位置。

1. 创建新幻灯片版式

① 在缩略图窗格内按 Enter 键，或者单击右键，在弹出的快捷菜单中选择“插入版式”命令，在当前位置插入一张默认名称为“自定义版式”的新版式。

如果想以某版式为基础，创建一个新版式，则可以先选中该版式，然后在右键快捷菜单中单击“复制版式”命令，在该版式的下面将插入一个该版式的副本，默认名称为“i_XXX”（i 为 1，2，…；XXX 代表原版式的名称）。

② 新建版式后，可以在编辑区中对该版式进行设计和编辑，主要通过添加、删除占位符和修改占位符样式等操作来完成，如图 15.3 所示。

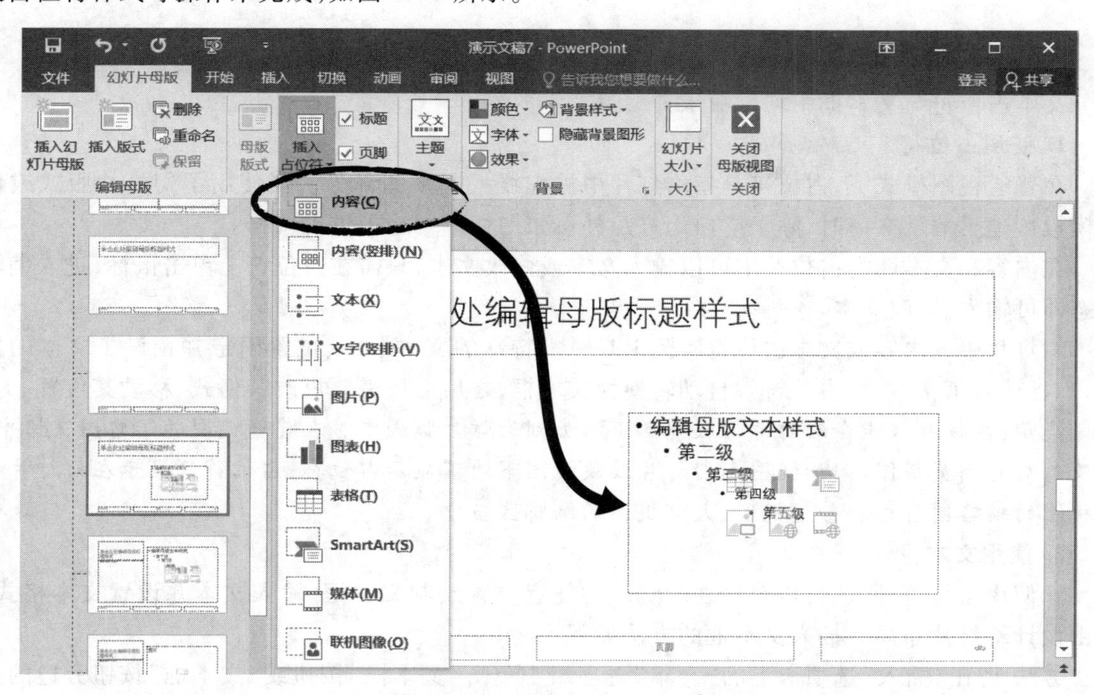

图 15.3 向自定义版式中添加占位符

• 若要删除多余的默认占位符,如页眉、页脚等,可单击占位符的边框,然后按 Delete 键。

• 若要添加新的占位符,可在“幻灯片母版”选项卡上的“母版版式”选项组中单击“插入占位符”按钮,从占位符列表中选择一种类型,然后在版式中拖动鼠标绘制占位符。

• 若要调整占位符的大小,可选择占位符的尺寸控点或角边框,然后向内或向外拖动。

2. 重命名版式

① 在缩略图窗格中,选中某个自定义版式或其他已有版式,在“幻灯片母版”选项卡上的“编辑母版”选项组中单击“重命名”按钮;或者右键单击选中的版式,从弹出的快捷菜单中单击“重命名版式”命令,打开“重命名版式”对话框。

② 在“版式名称”文本框中输入版式的新名称,然后单击“重命名”按钮,即可完成版式的重命名。

重命名完成后,在缩略图窗格中将鼠标移动到该版式缩略图上并悬停,在鼠标游标右下角弹出的提示栏中将显示新名称;普通视图下,图 15.1 所示的“版式”列表中也能找到该名称的版式。

15.3 编辑文本内容

文本即文字说明,是传达信息的重要手段,也是演示文稿的基本内容。幻灯片中的文本包括标题文本、正文文本。正文文本又按层级分为第一级文本、第二级文本、第三级文本、…,下级文本相对上级文本向右缩进一级。文本可以输入到文本占位符中,也可以输入到新建文本框中,还可以在大纲模式中进行编辑。

15.3.1 占位符和文本框

文本占位符与文本框中均可输入并编辑文本内容。

1. 使用占位符

在普通视图模式下,占位符是指幻灯片中被虚线框起来的部分。当使用了幻灯片版式或依据模板创建了演示文稿时,除了空白幻灯片外每张幻灯片中均提供占位符。

在内容和文本两类占位符中可以输入文本或修改文本,只需在占位符上单击鼠标,进入编辑状态即可输入、修改文本。

幻灯片中的内容或文本占位符实际上是一类特殊的文本框,其位置固定并预设了文本的格式,一旦输入了文本,该占位符就自动转换为文本框,之后可按需要更改其格式、移动其位置。

提示:占位符只能在幻灯片母版视图下添加到幻灯片版式中。在普通视图的缩略图窗格中,以及幻灯片浏览视图、阅读视图和幻灯片放映视图下均不显示占位符,占位符只显示在幻灯片母版视图的缩略图窗格和普通视图、大纲视图的编辑区当中。

2. 使用文本框

除使用占位符外,还可以直接在幻灯片的任意位置绘制文本框,输入文本并设置文本格式,自由设计幻灯片布局。插入文本框的方法如下。

方法1:在“插入”选项卡上的“文本”选项组中单击“文本框”按钮或“文本框”按钮旁边的黑色三角箭头,从如图 15.4(a)所示的下拉列表中选择文本框类型后,在幻灯片中拖动鼠标绘制出文本框,然后在其中输入文字,一般情况下文本会依据文本框的宽度而自动换行,按 Enter 键则可输入多个段落。

方法 2:在“插入”选项卡上的“插图”选项组中单击“形状”按钮,在如图 15.4(b)所示的形状列表中选择“基本形状”下的文本框或其他图形,在幻灯片中拖动鼠标绘制出图形,然后在其中输入文字。

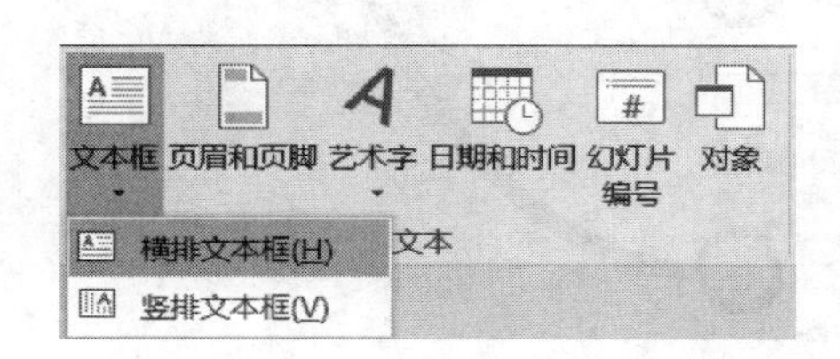

(a) 文本框下拉形表

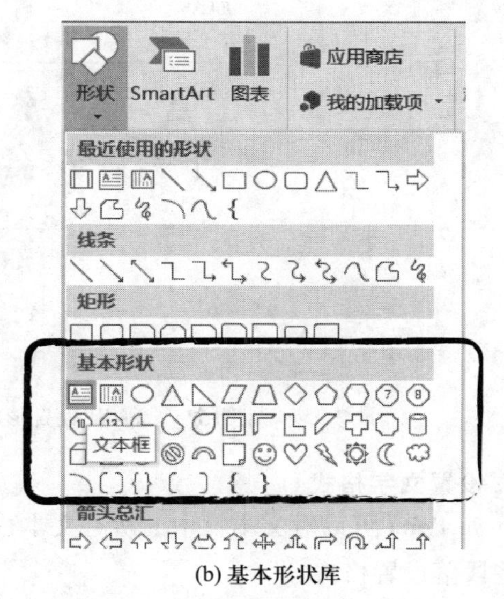

(b) 基本形状库

图 15.4　绘制文本框

3. 设置文本框样式和格式

选中某一文本框时,在功能区中将会出现“绘图工具|格式”选项卡,可通过该选项卡上的功能命令对文本框的格式进行设置。

- 通过“绘图工具|格式”选项卡上的“形状样式”选项组中的各项工具,可为文本框指定预置样式,也可分别进行“形状填充”“形状轮廓”“形状效果”的设置。
- 在“绘图工具|格式”选项卡上单击“形状样式”选项组、“艺术字样式”选项组和“大小”选项组右下角的“对话框启动器”按钮,编辑区右侧的任务窗格区将显示“设置形状格式”窗格,如图 15.5 所示。在该窗格中,通过“形状选项”选项卡,可对作为一种形状的文本框进行更加详细的设置,使文本框及其文字在幻灯片中更富可视性和感染力;也可以通过“文本选项”选项卡对文本框中的文字、段落进行详细设置。

提示:“对话框启动器”按钮在 PowerPoint 2016 中更多时候体现为相应任务窗格的显示按钮,只有少数地方还是像 PowerPoint 2010 一样弹出对话框。利用任务窗格来设置某一对象的参数,在编辑区中立刻可以看到该对象显示效果的变化,是一种“即见即所得”的操作;而对话框是要按“确定”或“应用”按钮,关闭对话框以后才能看到效果。

15.3.2　设置文本和段落格式

尽管版式或设计主题中均自带文本格式,但有时仍需对文本对象的文字和段落格式进行设置,以获得更加丰富的效果。

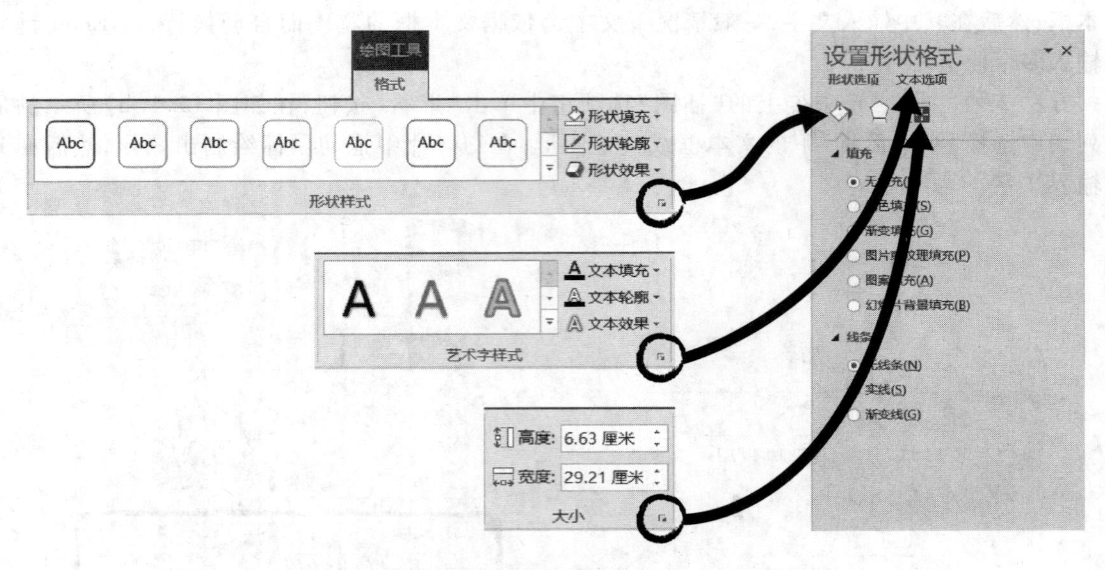

图 15.5 利用“设置形状格式”窗格设置文本框格式

1. 设置文字格式

PowerPoint 可以对文本框中的所有文本内容统一设置某些格式,也可以对选中的某些文字或某些段落设置格式。

① 选中文本框,或者文本框中的某些文字,或者文本框中的某些段落。

② 通过“开始”选项卡上的“字体”选项组中的各项工具,可对文本的字体、字号、颜色、间距、效果等进行设置。

③ 单击“字体”选项组右下角的“对话框启动器”按钮,可在弹出的“字体”对话框中进行更加详细的字体格式设置,如图 15.6 所示。

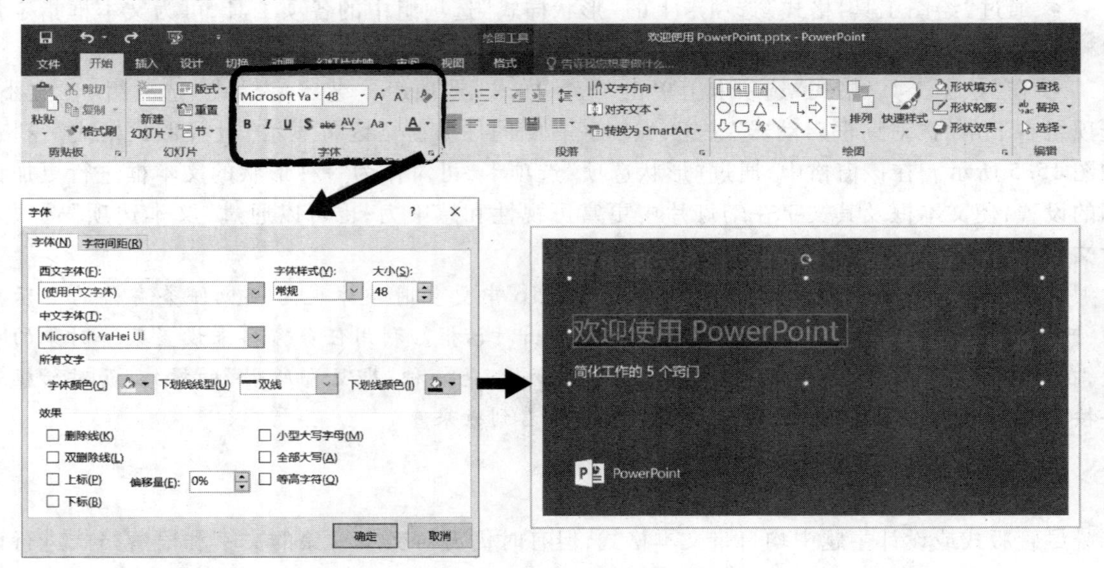

图 15.6 设置文本格式

2. 设置段落格式

① 选中文本框或者文本框中的多个段落。

② 通过“开始”选项卡上的“段落”选项组中的各项工具，可对段落的对齐方式、分栏数、行距等进行快速设置。其中，通过“降低列表级别”和“提高列表级别”两个按钮可以改变段落的文本级别。

③ 单击“段落”选项组右下角的“对话框启动器”按钮，在随后弹出的“段落”对话框中可进行更加详细的段落格式设置，如图 15.7 所示。

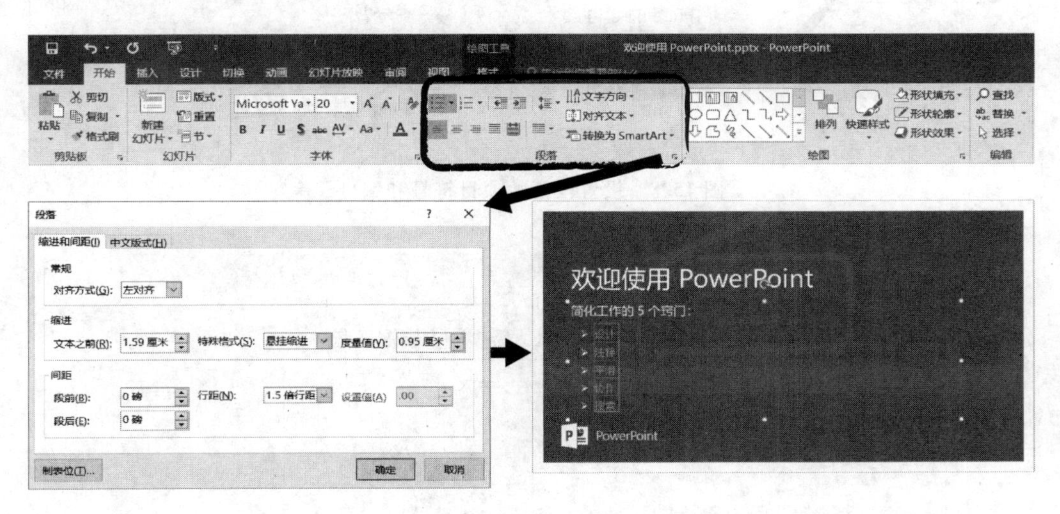

图 15.7　设置段落格式

3. 设置项目符号和编号

与 Word 一样，PowerPoint 也可以对文本框中的段落设置不同的项目符号和编号，并可进行级别缩进，以体现不同的文本层次。

① 选中文本框或者文本框中的多个段落。

② 在“开始”选项卡上的“段落”选项组中，按下列方法设置项目符号或编号：

- 单击“项目符号”按钮直接应用默认的项目符号；或者单击“项目符号”按钮旁边的黑色三角箭头，从打开的符号列表中选择一种符号；或者选择列表下方的“项目符号和编号”命令，可自定义项目符号，如图 15.8 所示。
- 单击“编号”按钮直接应用当前编号；或者单击“编号”按钮旁边的黑色三角箭头，从打开的编号列表中选择一类编号；或者选择最下方的“项目符号和编号”命令，可自定义编号。

③ 通过“段落”选项组中的“降低列表级别”和“提高列表级别”两个按钮可改变段落的文本级别。

15.3.3　在大纲窗格中编辑文本

演示文稿中的文本通常具有不同的层次结构，除了通过项目符号和编号来体现不同层次结构外，还可以在大纲视图下，对大纲窗格中的大纲文本直接进行输入和编辑，并可调整大纲内容的层次结构，如图 15.9 所示。

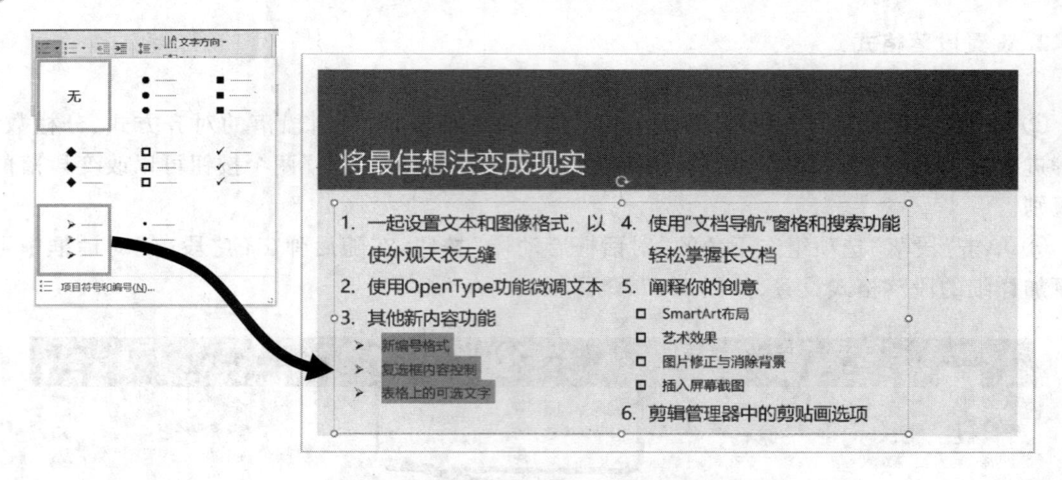

图 15.8　设置段落的项目符号和编号

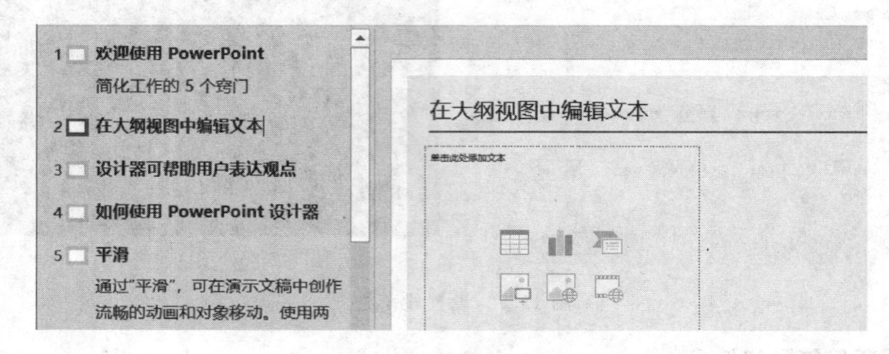

图 15.9　在大纲视图中编辑文本

① 切换到大纲视图模式，工作窗口的左侧视图区中将显示大纲窗格。

② 在大纲窗格中的某张幻灯片图标右边单击鼠标，进入编辑状态，此时可直接输入幻灯片标题内容，按 Shift+Enter 组合键可实现标题文本的换行输入。

③ 在标题行中，按 Enter 键可插入一张新幻灯片；按 Ctrl+Enter 组合键，在大纲窗格中体现为在标题行下增加一个正文行，可输入正文内容；按 Tab 键则将本幻灯片的内容以正文的形式合并到上一幻灯片中。

④ 在正文行中，按 Enter 键可插入一行同级正文；按 Ctrl+Enter 组合键可插入一张新幻灯片；按 Tab 键将增加本行段落缩进；按 Shift+Tab 组合键则减少段落缩进，如果该正文行已经是第一级正文，再按 Shift+Tab 组合键则会以本行为标题行，插入一张新幻灯片。

插入一张新幻灯片后，按 Tab 键可将其转换为上一幻灯片的下一级正文文本，此时按 Enter 键可继续输入同级文本，按 Tab 键可缩进文本。

⑤ 当光标位于幻灯片图标之后（即标题行的最左侧）时，按 Backspace 键可合并相邻的两张幻灯片内容。

15.3.4　使用艺术字

PowerPoint 提供对文本进行艺术化处理的功能。通过使用艺术字，使文本具有特殊的艺术效果，例如，可以对文字填充色彩纹理、添加轮廓和阴影、设置三维效果、文本变形等。PowerPoint 2016 版本中，艺术字与普通文字都是文本对象，只是设置了更加丰富的效果。因此，普通文字也可以通过设置，使其成为艺术字；对艺术字清除艺术字样式，也可将其转换为普通文字。

在普通视图、大纲视图下，可以为幻灯片插入艺术字；在母版视图下，可以为幻灯片母版、版式和讲义母版、备注母版插入艺术字。

1. 创建艺术字

① 选中需要插入艺术字的幻灯片。

② 在"插入"选项卡上的"文本"选项组中单击"艺术字"按钮，打开艺术字样式列表。

③ 在艺术字样式列表中选择一种艺术字样式，幻灯片的中部将插入一个内容为"请在此放置您的文字"的指定样式的艺术字文本框，如图 15.10 所示，在该文本框中输入新的内容替代原提示信息，如"自定义的艺术字内容"。

④ 根据幻灯片设计的需要，调整艺术字的字号、颜色、效果等。

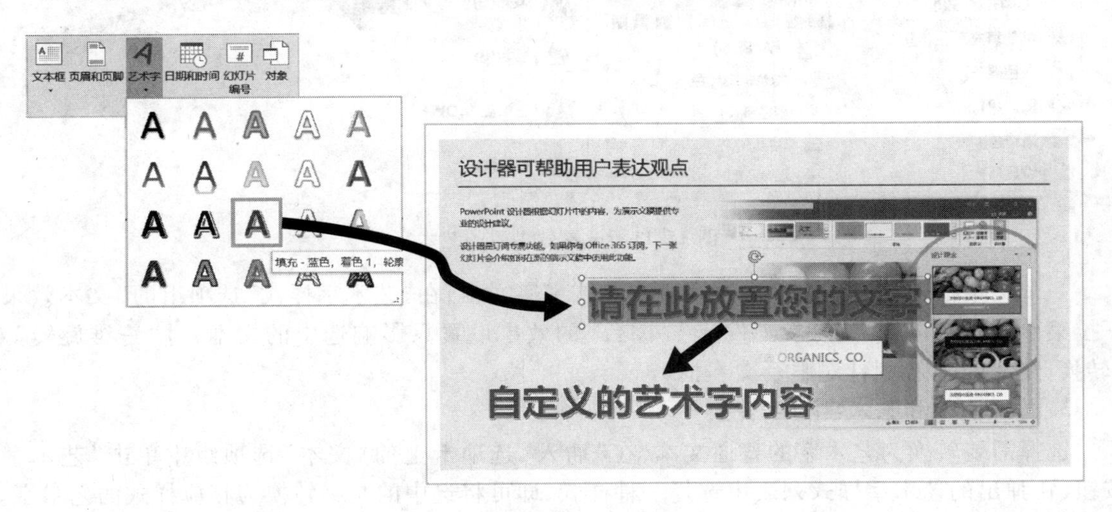

图 15.10　插入艺术字

2. 修饰艺术字

通过对艺术字改变字体和字号，对艺术字的文本填充（颜色、渐变、图片、纹理等）、文本轮廓线（颜色、粗细、线型等）和文本效果（阴影、发光、映像、棱台、三维旋转和转换等）进行修饰处理，可使艺术字的效果得到创造性的发挥。

- 选中需要改变字体、字号的艺术字，通过"开始"选项卡上的"文本"选项组和"段落"选项组中的工具可以设置艺术字的字体、字号、字间距、颜色、对齐方式等字体及段落格式。

- 选中艺术字时，将会出现"绘图工具|格式"选项卡，利用该选项卡上的"艺术字样式"选项组可以更改艺术字样式，通过其中的"文本填充""文本轮廓"和"文本效果"工具可以进一步修饰艺术字和设置艺术字外观效果，如图 15.11 所示，右侧上方的艺术字效果设置为：文本填充为"绿色大理石纹理"，文本轮廓为"红色"，映像为"半映像，接触"，文本效果转换为"朝鲜鼓"。

通过"设置形状格式"窗格和"绘图工具|格式"的"形状样式"选项组，能够对内含艺术字的文本框进行更加细致的设置。图 15.11 右侧下方的艺术字，进一步设置了形状轮廓为"红色、3

磅、双线”、填充为“浅色竖线”图案、三维旋转为“适度宽松透视”等效果。

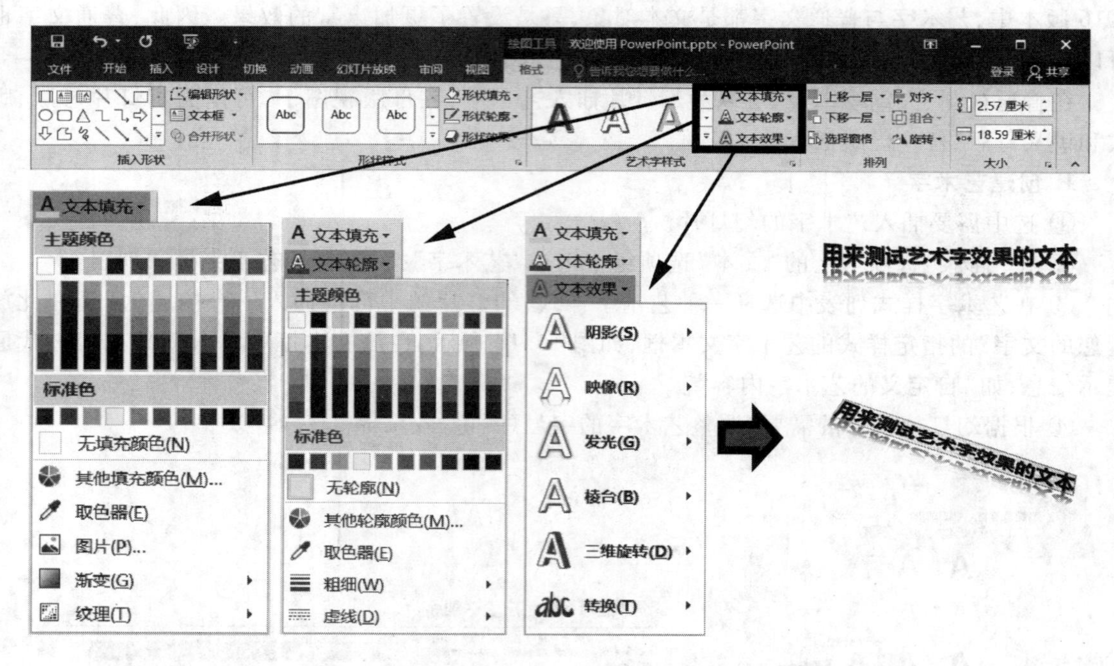

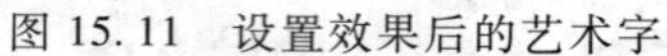
图 15.11 设置效果后的艺术字

一个文本框内可以同时包含普通文本和艺术字文本，在“艺术字样式”选项组的“文本效果”下拉菜单中，对“阴影”“映像”“发光”“棱台”的效果设置只影响选中的文本，对“三维旋转”和“转换”的效果设置则针对整个文本框。

3. 普通文本和艺术字相互转换

选择需要转换为艺术字的普通文本，在“插入”选项卡上的“文本”选项组中单击“艺术字”按钮，在弹出的艺术字样式列表中选择一种样式，即可将选中的文字转换为相应样式的艺术字。

选中艺术字内容，或者选中含有艺术字的文本框，单击艺术字样式列表下方的“清除艺术字样式”命令，也可将艺术字转换为普通文字。

15.4 插入图形和图片

在幻灯片中绘制各种图形，插入内置的剪贴画或外部的图片，可以使演示文稿具有更加丰富的视觉表现力。

15.4.1 绘制形状

在幻灯片中可以自由绘制多种形状，排列、组合这些形状，可以形成更好表达思想和观点的组合图形。可用的形状包括线条、基本形状、箭头、公式形状、流程图、星与旗帜、标注和动作按钮等。

1. 绘制形状

① 在普通视图或大纲视图下，选中需要绘制形状的幻灯片。

② 在“插入”选项卡上的“插图”选项组中单击“形状”按钮，打开各类形状列表。

③ 在该形状列表中单击选择某一形状，如“立方体”。

④ 在幻灯片中拖动鼠标绘制出相应形状，如图 15.12 所示。

除了部分“线条”之外，绘制的图形被选中时，四周会出现一个矩形线框。框线的两端和中间位置各有一个称之为“尺寸控点”的白色圆点，拖动尺寸控点可以在一个或两个方向上改变形状的大小。矩形线框上方有一个“旋转手柄”，鼠标左键按住该手柄并拖动，可以实现任意角度的旋转。在矩形线框和其他辅助线上，可能会有一些黄色的圆点，拖动这些黄点，可以调整该形状的参数，使其外形发生改变。如图 15.12 右侧所示，上图和下图通过移动黄点而使立方体的长、宽、高发生变化。

“线条”可以作为连接符使用，可以将两个图形（形状或图片）连接起来，当移动其中一个图形时，作为连接符的线条端点同时移动而不会断开。拖动“线条”一端白点，移动到另外一个图形时，这个图形会自动出现一些灰色的圆点，这些灰圆点就是该图形的连接点。

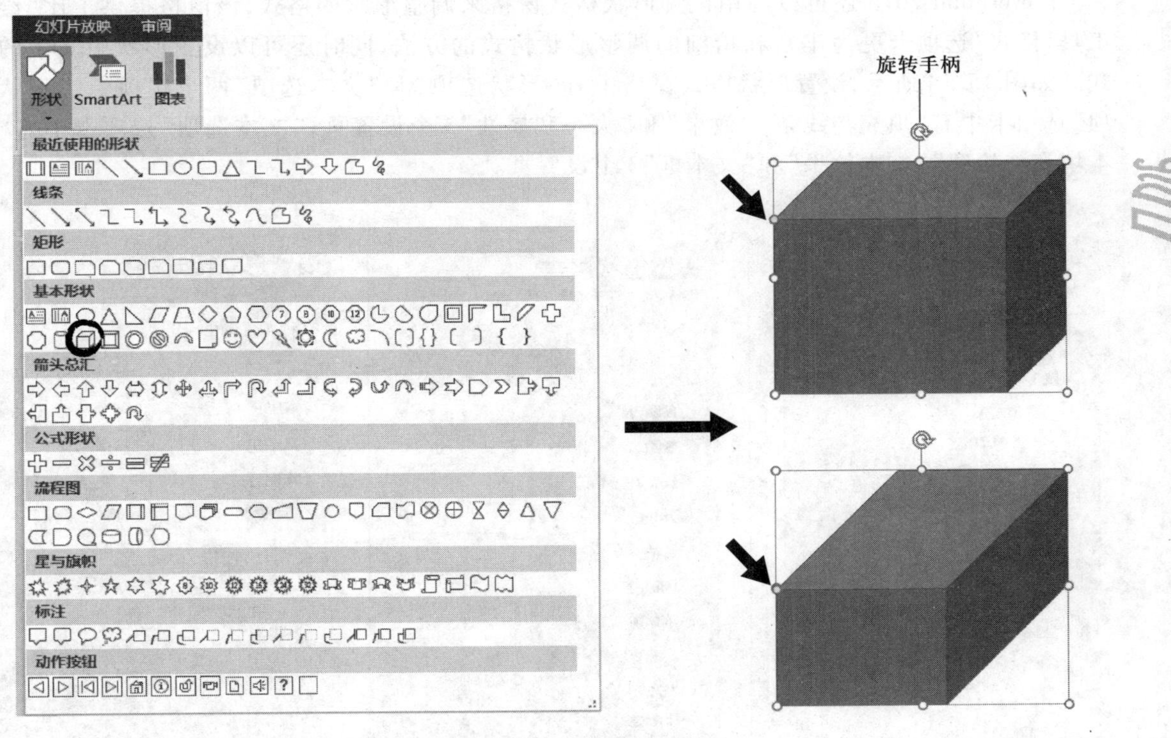

图 15.12 在幻灯片中绘制形状

2. 调整形状的格式

选中需要调整格式的形状，将会显示如图 15.13 所示的“绘图工具|格式”选项卡，利用该选项卡可对形状进行格式设置。其中：

- 通过“插入形状”选项组中的“编辑形状”按钮，可以改换为其他形状，也可以通过编辑顶点来自由改变形状。
- 通过“形状样式”选项组，可以套用内置形状样式，也可以自行定义形状的填充方式、线条

轮廓,还可以选用 Office 提供的丰富的预置形状效果。

- 通过“大小”选项组,可以设定形状的宽度和高度。
- 通过“排列”选项组的“旋转”下拉菜单,可以实现向左旋转 90°、向右旋转 90°、水平翻转、垂直翻转以及指定角度的旋转。
- 如果有多个形状,则可以通过“排列”选项组中的相关功能设置这些形状的相对位置、对齐方式,并可将多个形状组合为一个。

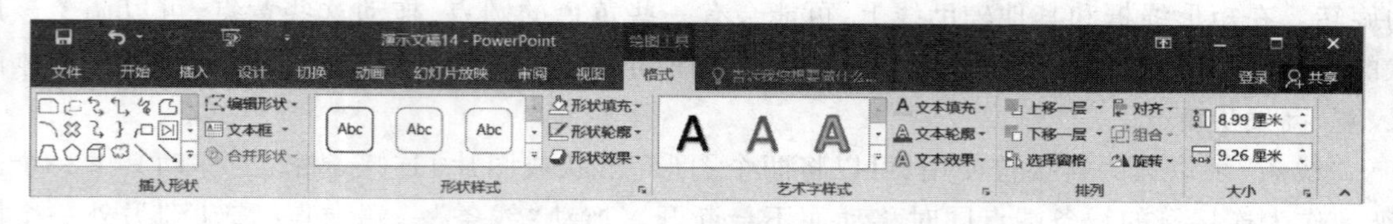

图 15.13 “绘图工具|格式”选项卡

PowerPoint 2016 还可以利用设置形状格式窗格来调整形状的格式,该窗格提供了比“绘图工具|格式”选项卡更为丰富和精细的调整形状格式的方法,同时还可以设置形状中文字的格式。如图 15.14 所示,设置形状格式窗格中有“形状选项”和“文本选项”两个选项卡,“形状选项”选项卡中有“填充与线条”“效果”和“大小和属性”3 个设置页;“文本选项”选项卡中有“文本填充与轮廓”“文本效果”和“文本框”3 个设置页。

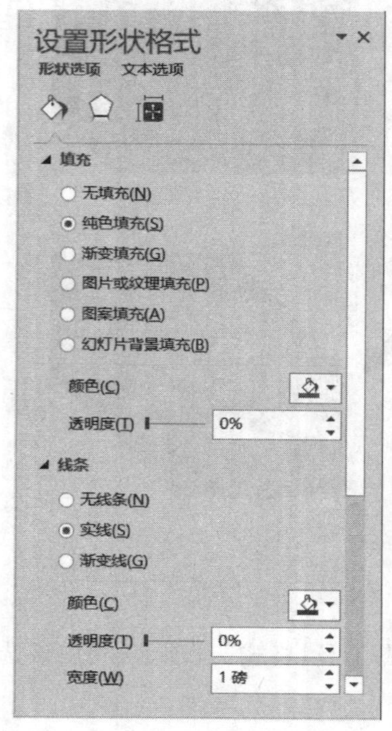

(a) 填充与线条

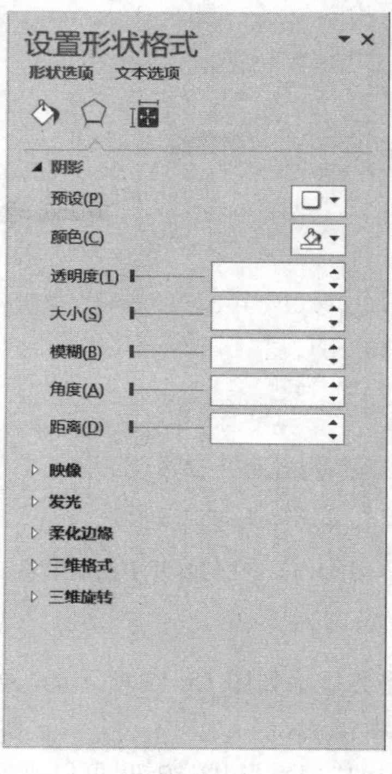

(b) 效果

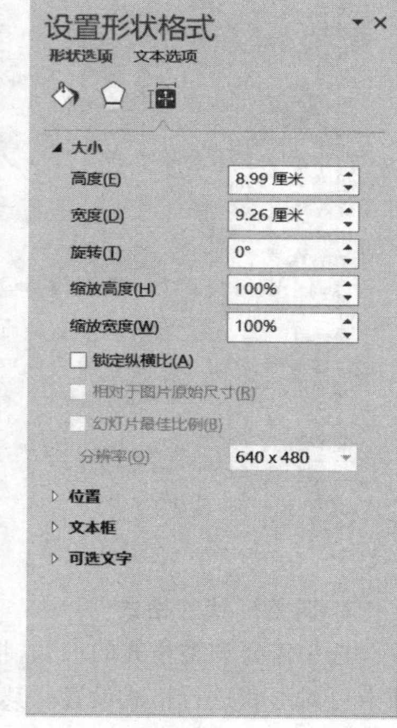

(c) 大小和属性

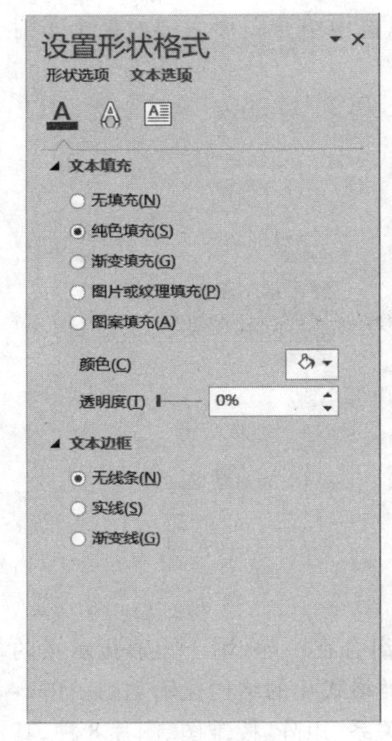

(d) 文本填充与轮廓

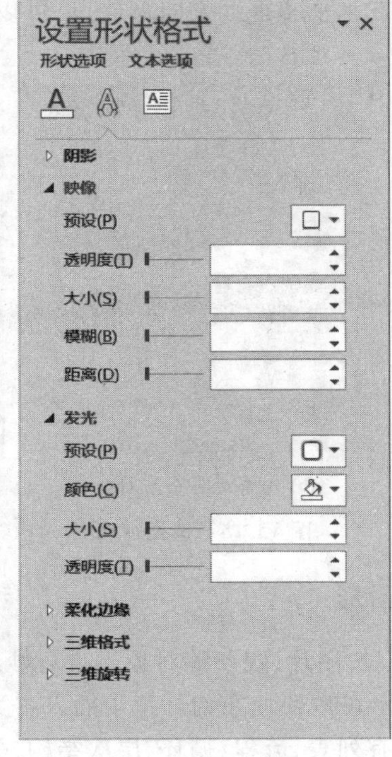

(e) 文本效果

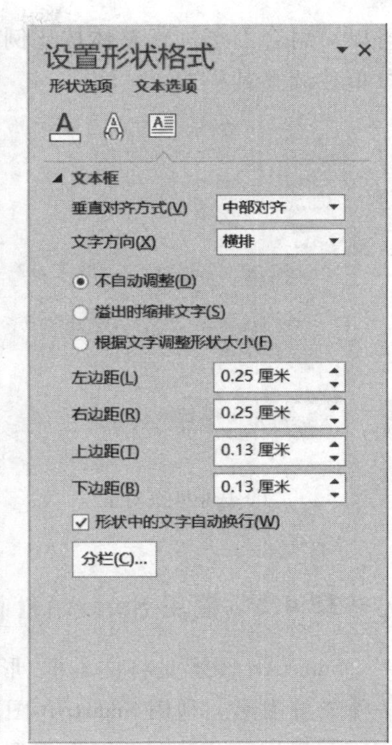

(f) 文本框

图 15.14 设置形状格式窗格

3. 多图形对象操作

在一张幻灯片中,往往会有多个形状、图片或 SmartArt 图形,可以对这些图形进行对齐、组合、图层设置等操作。可以通过图 15.13 所示的“绘图工具|格式”选项卡“排列”选项组中提供的相关命令,或者右键浮动菜单上的命令来实现。

- 选中多个图形对象,利用“对齐”按钮的下拉菜单可实现多个图形对象指定的对齐和排列方式。
- 图形之间可能出现重叠,为了能更好地显示或遮挡图形,可利用“上移一层”或“下移一层”按钮的下拉菜单,通过置于顶层/底层、上/下移一层的方式实现图层的控制。
- 通过“组合”按钮的下拉菜单命令,实现对多个图形对象组合、取消组合和重新组合操作。

单击“绘图工具|格式”选项卡上的“排列”选项组中的“选择窗格”命令,在任务窗格区将显示如图 15.15(a)所示的“选择”窗格。在该窗格中,可以查看当前幻灯片所有对象的列表,每一行代表一个对象或子对象,列表左侧是对象名,右侧为显示/隐藏标志,其中睁眼图标表示该对象在幻灯片中显示,闭眼图标表示该对象在幻灯片中不显示。对象显示或隐藏,使多图层对象的编辑处理更加方便。列表中带有橙色底纹的对象,代表当前被选中的对象。

利用“组合”相关命令,可以将多个选中的对象组合成一个新对象,如图 15.15(b)所示对象列表中的“组合 7”。在“选择”窗格中,在对象名的位置上再次单击选中的对象,对象名将变成可编辑的状态,可根据需要修改该对象名,如图 15.15(c)所示。通过拖动组合图形的尺寸控点,可以对组合图形进行整体按比例在水平和垂直方向缩放，也可以选中组合图形内部的某个子对象单独调整其样式。

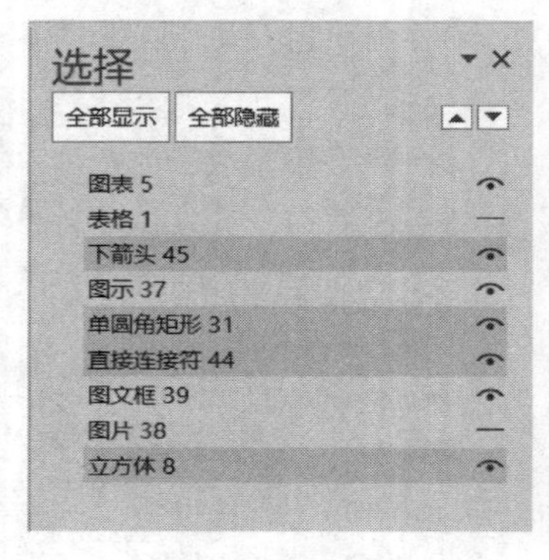

(a) 选中 4 个对象

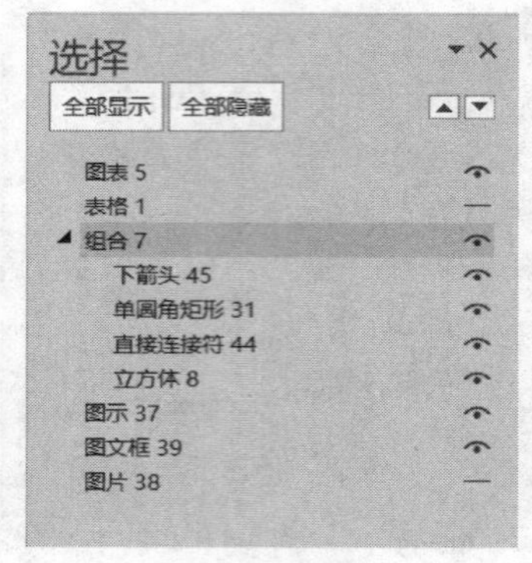

(b) 组合成一个新对象

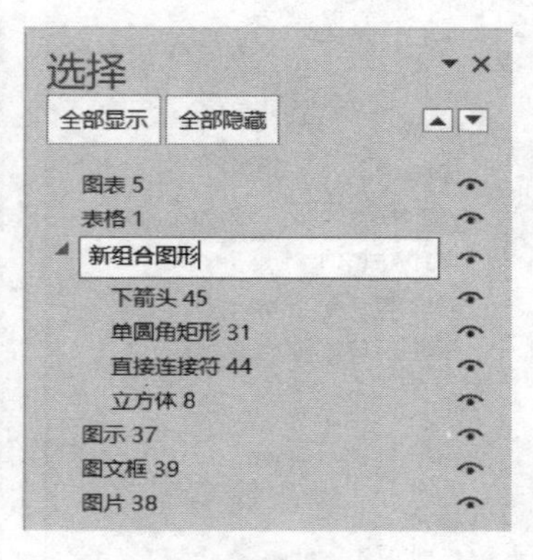

(c) 为对象重命名

图 15.15 选择窗格

15.4.2 使用 SmartArt 图形

SmartArt 图形是将文本框、形状、图片、线条等对象元素巧妙组合在一起，用于图形化示意的一种矢量图形。利用 SmartArt 图形可以快速在幻灯片中插入各类格式化的结构化示意图。PowerPoint 提供的 SmartArt 图形类型有列表、流程、循环、层次结构、关系、矩阵、棱锥图、图片 8 种，其中“图片”类包含其他类里带图片的图形和一些特有图形。

1. 利用 SmartArt 占位符

① 为幻灯片应用带有内容占位符或者 SmartArt 占位符的版式，如“标题和内容”版式。

② 单击相应占位符中的“插入 SmartArt 图形”图标，打开“选择 SmartArt 图形”对话框。

③ 从左侧的列表中选择类型，在中部的列表中选择某个 SmartArt 图形的缩略图，右侧将显示选中图形的样例和注解。当光标指向中部列表的某一缩略图时，右下方将会显示该图形的具体名称，如图 15.16 所示。

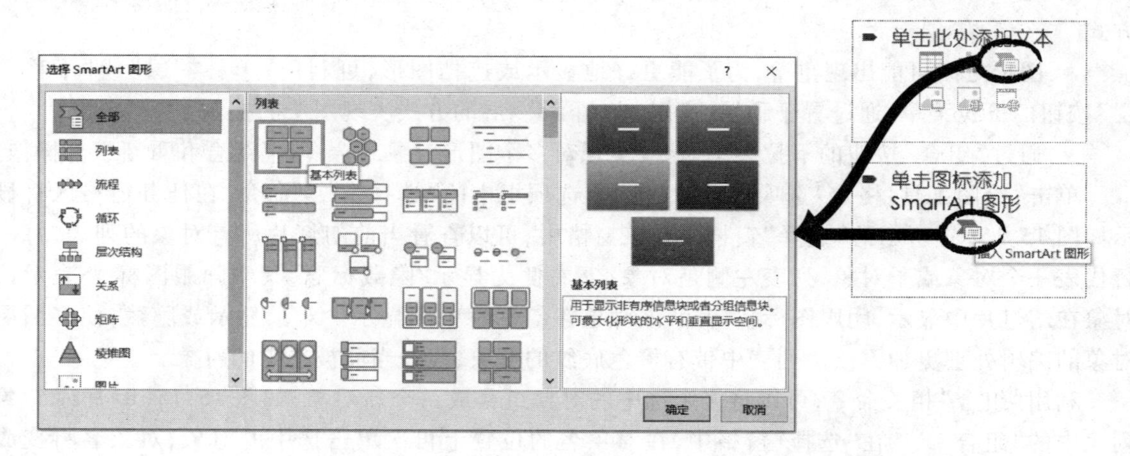

图 15.16 通过内容占位符插入 SmartArt 图形

④ 单击“确定”按钮,幻灯片中将插入指定类型的 SmartArt 图形,然后可对该图形进行文本编辑和样式设置。

2. 直接插入 SmartArt 图形

在“插入”选项卡上的“插图”选项组中单击“SmartArt 图形”按钮,打开“选择 SmartArt 图形”对话框,选择一个图形插入并输入文本,如图 15.17 所示插入一个“水平项目符号列表”SmartArt 图形,可在左侧的文本窗格中根据需要按级别输入文字,图形内对应的文本框中会直接显示相应文字。

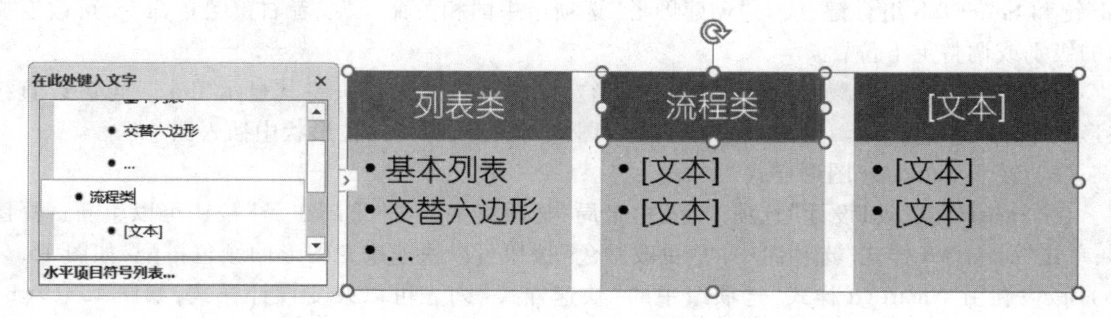

图 15.17　插入 SmartArt 图形并编辑文本内容

3. 将文本转换为 SmartArt 图形

① 在文本框和可以输入文本内容的其他形状中输入文本,调整好文本的级别。

② 选中文本并在文本上单击鼠标右键,在弹出的快捷菜单中选择“转换为 SmartArt”命令。

③ 从打开的图形列表中选择合适的 SmartArt 图形,如图 15.18 所示插入一个“蛇形图片重点列表”SmartArt 图形。

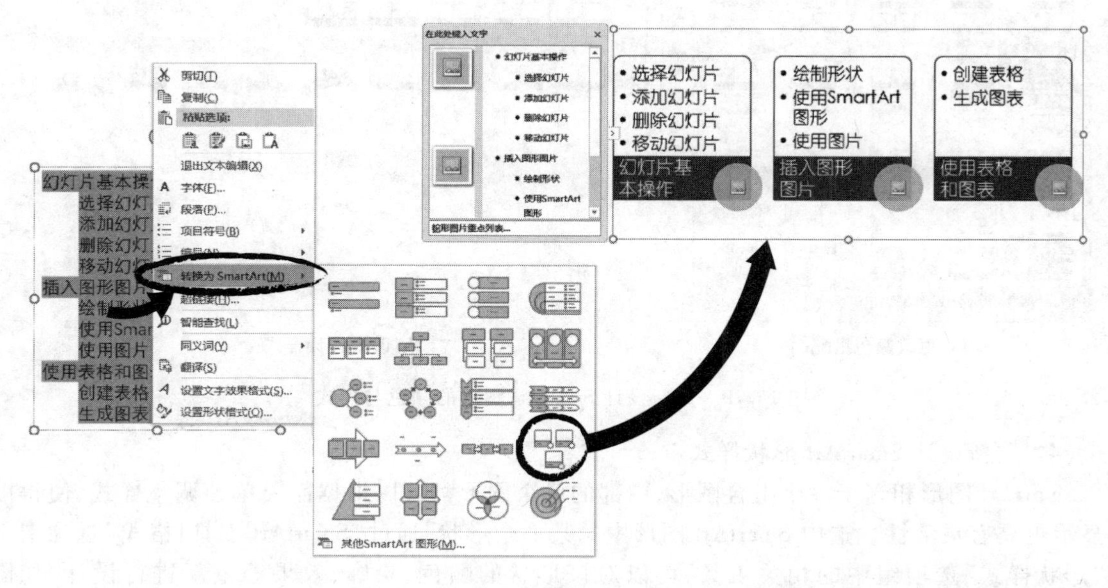

图 15.18　将文本转换为 SmartArt 图形

4. 编辑 SmartArt 图形

插入 SmartArt 图形并选中后,将会出现“SmartArt 工具 | 设计”和“SmartArt 工具 | 格式”两个

选项卡，利用这两个选项卡上的工具可以对 SmartArt 图形进行编辑和修饰。

（1）添加形状

选中 SmartArt 图形中的某一形状，在“SmartArt 工具|设计”选项卡上的“创建图形”选项组中单击“添加形状”按钮，即可添加一个相同的形状。

（2）编辑文本和图片

选中幻灯片中的 SmartArt 图形，左侧显示文本窗格，可在其中添加、删除和修改文本，通过 Tab 键和 Shift+Tab 组合键，或者“创建图形”选项组中的相关命令，或者右键菜单命令，可改变文本的级别或调整上下位置。

如果文本窗格被隐藏，则可通过单击图形左侧的黑色三角箭头将其显示出来。也可以直接在形状中对文本进行编辑。如果选择了带有图片的图形，则可以在形状中插入图片。

（3）使用 SmartArt 图形样式

在“SmartArt 工具|设计”选项卡上的“布局”选项组中单击“重新布局”按钮可以重新选择图形；单击“SmartArt 样式”选项组中的“更改颜色”按钮可以快速改变图形的颜色搭配，如图 15.19(a)所示；利用“SmartArt 样式”选项组中的“快速样式”列表可以改变设计样式，如图 15.19(b)所示。

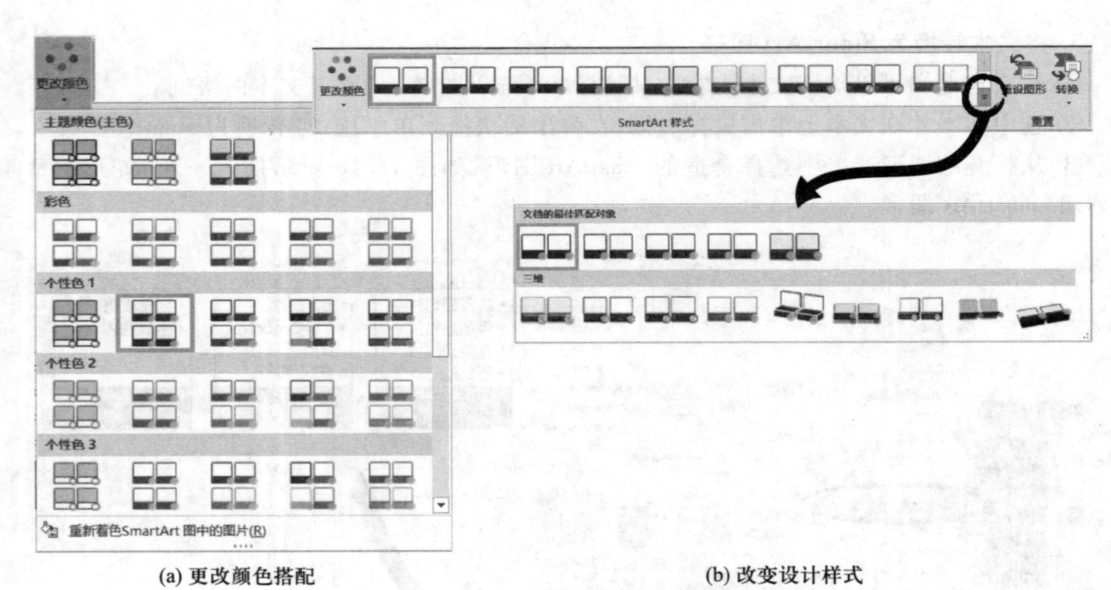

(a) 更改颜色搭配　　(b) 改变设计样式

图 15.19　重新设计 SmartArt 图形的颜色与样式

（4）重新设计 SmartArt 形状样式

SmartArt 图形相当于一个组合图形，内部的各个图形都可以根据需要单独调整样式，使得图形显示更具有灵活性。选中 SmartArt 图形中的某一个形状，通过“SmartArt 工具|格式”选项卡上的“形状样式”选项组中的相关工具，可以对该形状的颜色、轮廓、效果等重新进行设计，如图 15.20 所示第二个形状中同侧圆角矩形设置了“三维旋转|等长顶部朝上”的形状效果。

还可以利用“SmartArt 工具|设计”选项卡上的“重置”选项组中的“转换”命令，将 SmartArt 图形转换为文本，或者将 SmartArt 图形转换为形状(实为图形组合)。

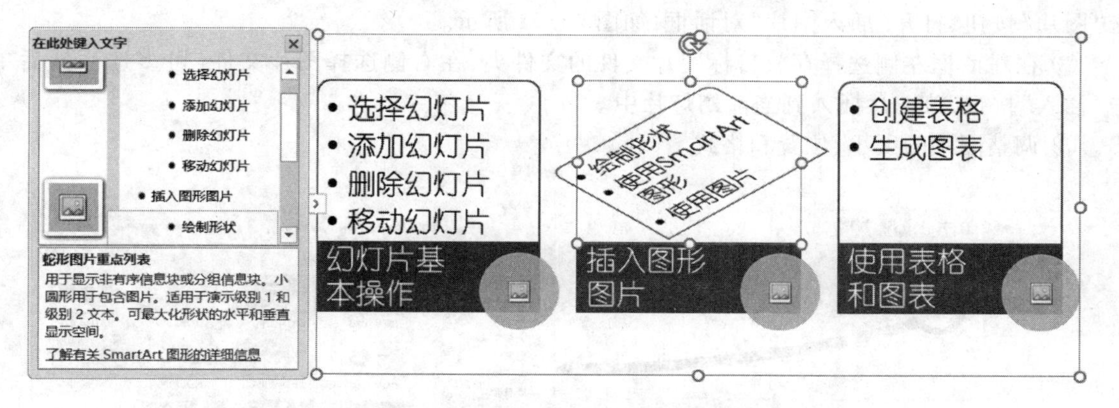

图 15.20 重新设计 SmartArt 图形的形状样式

15.4.3 使用图片

在幻灯片中使用图片可以使演示效果变得更加生动直观,可以插入的图片主要有三类,第一类是联机图片,来自互联网或者 OneDrive 云端;第二类是以文件形式存在的图片;第三类是屏幕截图。

1. 插入联机图片

① 在幻灯片中单击内容占位符中的“联机图片”图标,或者从“插入”选项卡上的“图像”选项组中单击“联机图片”按钮,弹出“插入图片”对话框,如图 15.21(a)所示。

② “插入图片”对话框中提供“必应图像搜索”和“OneDrive - 个人”上检索获得图片的方式(OneDrive 方式需要用户先登录 Microsoft 账户)。在必应搜索框中输入要搜索图片的关键字,如“猫咪”,则会返回如图 15.21(b)所示的一组图片供用户选择,单击搜索结果左上角的筛选按钮,会弹出一个筛选列表,可以针对“大小”“类型”“布局”和“颜色”4 种属性进行结果筛选。

(a)“插入图片”对话框　　(b) 选择和筛选联机图片

图 15.21 在幻灯片中插入联机图片

③ 从中单击选择合适的图片(可多张),单击窗口右下角的“插入”按钮,如果能够成功下载,则将其插入到幻灯片中。

④ 在幻灯片中可以调整图片的大小、位置和效果。

2. 插入本地图片

① 在幻灯片上单击占位符中的“图片”图标,或者从“插入”选项卡上的“图像”选项组中单

击“图片”按钮，打开“插入图片”对话框，如图 15.22 所示。

② 在对话框左侧选择存放目标图片文件的文件夹，在右侧选择图片文件（可多选），然后单击“插入”按钮，该图片插入到当前幻灯片中。

③ 调整图片的大小、位置和格式。

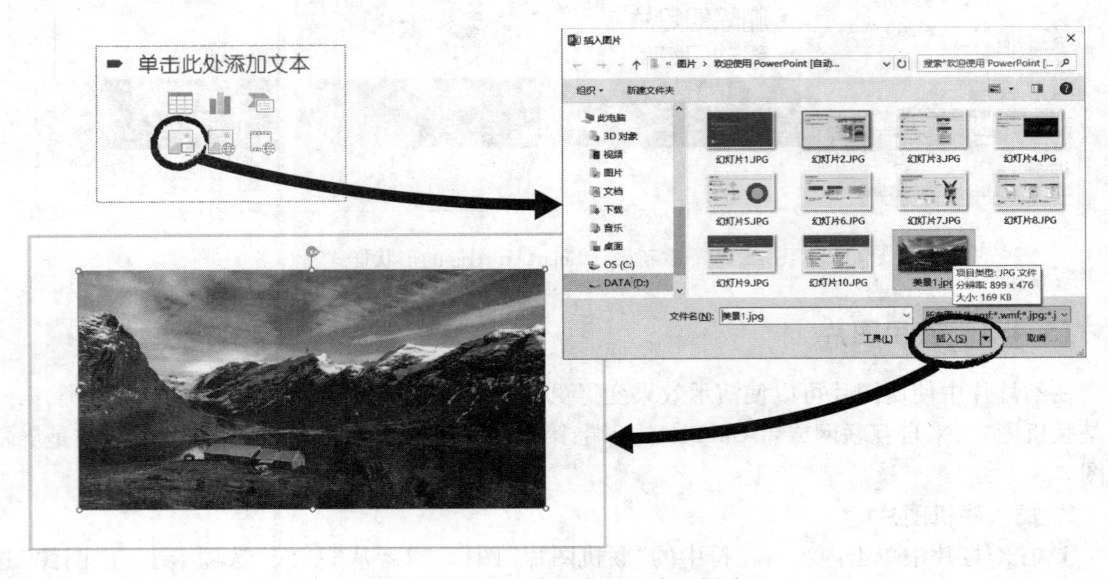

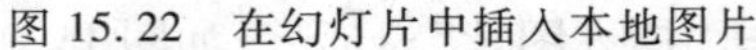

图 15.22 在幻灯片中插入本地图片

3. 获取屏幕截图

① 选中需要插入屏幕截图的幻灯片。

② 在“插入”选项卡上的“图像”选项组中单击“屏幕截图”按钮，从打开的下拉列表中选择一幅当前正呈打开状态的窗口，如图 15.23 所示。

③ 如果想要截取当前屏幕的任意区域，可从下拉列表中选择“屏幕剪辑”命令，然后拖动鼠标选取打算截取的屏幕范围即可。

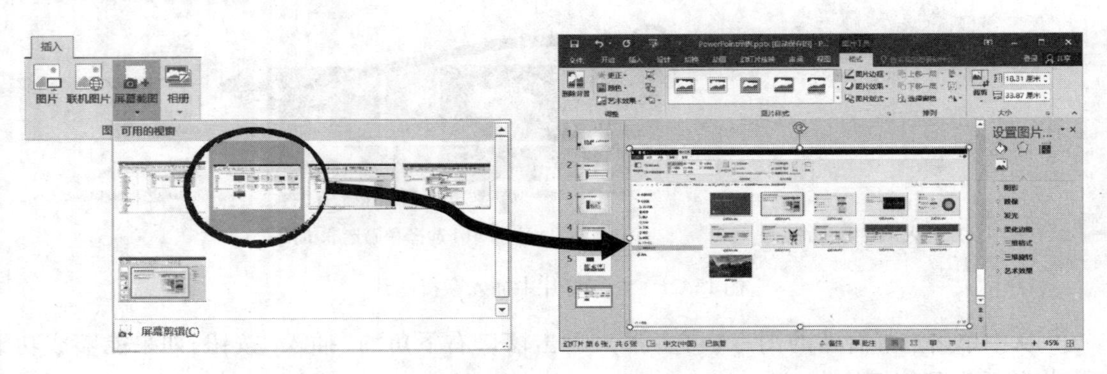

图 15.23 插入屏幕截图

4. 调整图片格式

选中幻灯片中的图片，功能区中将会显示“图片工具|格式”选项卡，利用该选项卡上的工具

可以对图片的大小、格式、效果等重新进行设置和调整。单击“图片工具|格式”选项卡上的“图片样式”选项组或者“大小”选项组右下角的“对话框启动器”，将在任务窗格区显示“设置图片格式”窗格，在此窗格中可进行更为精细的图片效果设置。“设置图片格式”窗格分为“填充与线条”“效果”“大小与位置”和“图片”4 个功能页，如图 15.24 所示。

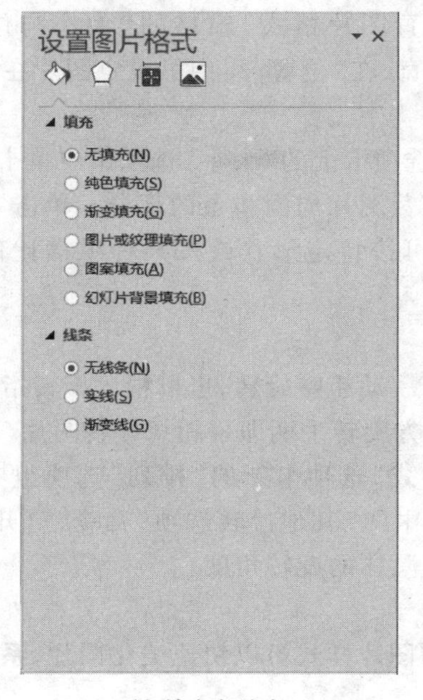

(a) 填充与线条

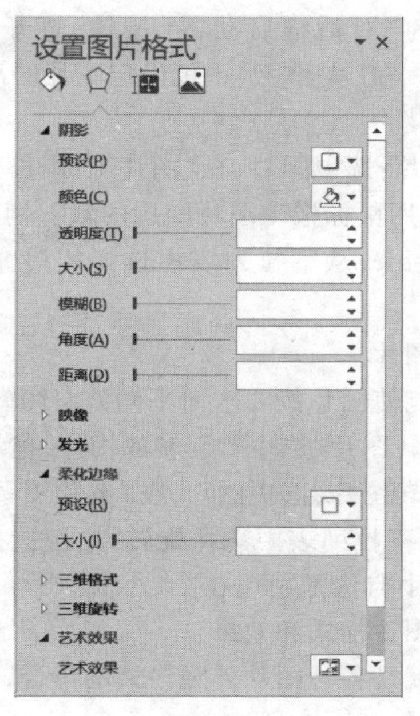

(b) 效果

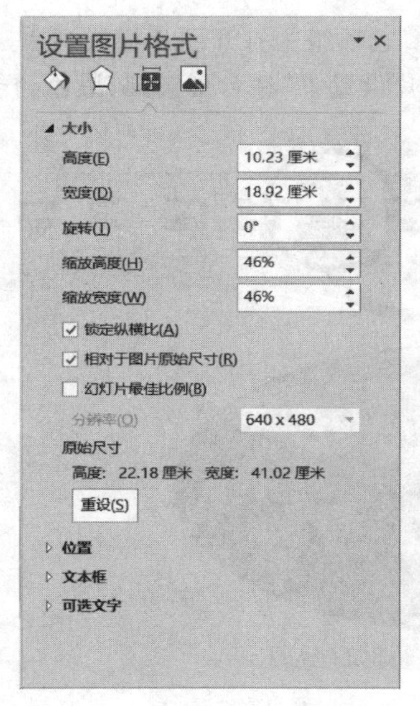

(c) 大小与位置

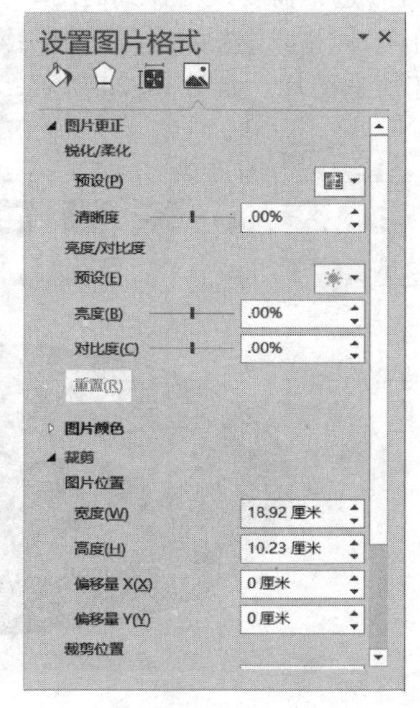

(d) 图片

图 15.24 “设置图片格式”窗格

(1) 调整图片的大小和位置

• 快速调整:选中图片,用鼠标拖动图片框即可调整其位置,拖动图片四周的尺寸控点就可大致调节图片的大小。

• 精确定义图片的大小和位置:选中图片,在“图片工具|格式”选项卡上的“大小”选项组中单击右下角的“对话框启动器”按钮,打开“设置图片格式”窗格的“大小与位置”页,如图 15.24(c)所示。在“大小”组中可设定图片的高和宽,在“位置”组中可设定图片在幻灯片中的精确位置。

• 裁剪图片:选中图片,在“图片工具|格式”选项卡上的“大小”选项组中单击“裁剪”按钮,进入裁剪状态,用鼠标拖动图片四周的裁剪柄可剪裁图片周围多余的部分。单击“裁剪”按钮旁边的黑色三角箭头,从下拉列表中选择相应命令可按特定形状或按某种纵横比例对图片进行剪裁。

(2) 旋转图片

旋转图片能使图片按要求向不同方向倾斜,可手动粗略旋转,也可精确旋转指定角度。

• 手动旋转图片:选中要旋转的图片,拖动上方旋转手柄即可随意旋转图片。

• 精确旋转图片:选中图片,在“图片工具|格式”选项卡上的“排列”选项组中单击“旋转”按钮,在打开的下拉列表中选择旋转方式,选择其中的“其他旋转选项”命令,打开“设置图片格式”窗格的“大小与位置”页,在“大小”组中可指定具体的旋转角度。

(3) 设定图片样式和效果

图片样式就是各种图片外观格式的集合,使用图片样式可以快速美化图片,系统预设了多种图片样式供选择。

① 在幻灯片中选中需要改变样式的图片。

② 在“图片工具|格式”选项卡上的“图片样式”选项组中打开图片样式列表,从中选择某一内置样式应用于所选图片。如图 15.25 所示,为图片设置了“棱台形椭圆,黑色”样式。

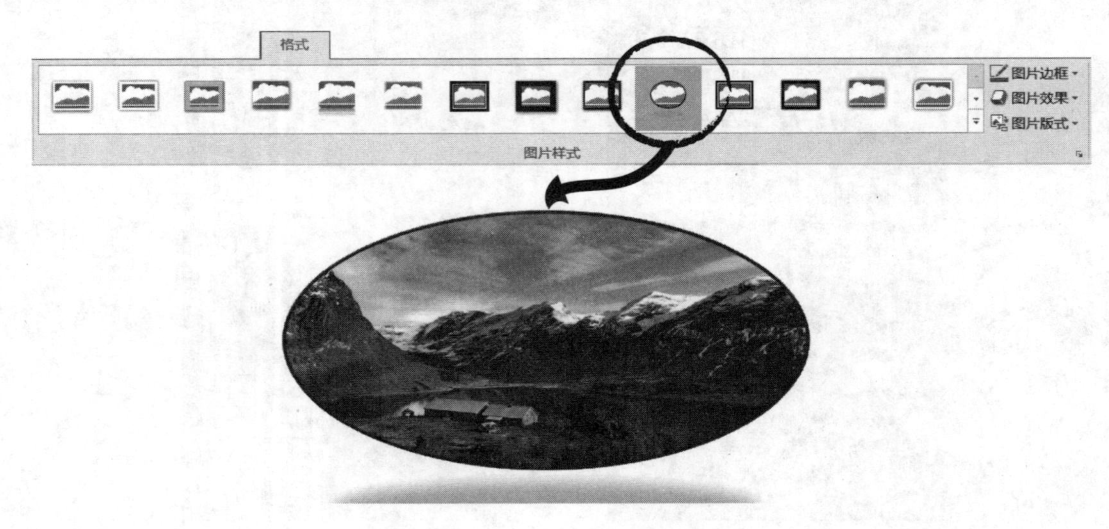

图 15.25 为图片设置样式

③ 在“图片工具|格式”选项卡上的“图片样式”选项组中单击“图片边框”按钮，可以进一步设置图片的边框样式；单击“图片效果”按钮，可进一步设置图片的阴影、映像、发光等特定视觉效果以使其更加美观，富有感染力；单击“图片版式”按钮，可以将该图片应用到 SmartArt 图形“图片”类中的某一种版式。

要想获得更加丰富和细致的图片效果，可以通过“设置图片格式”窗格的“效果”功能页上提供的分项设置来实现。

(4) 调整和压缩图片

在“图片工具|格式”选项卡上的“调整”选项组中提供了多种工具对图片效果进行多层次调整，其中：

- 删除背景：可以取消图片的背景颜色。
- 更正：可以锐化/柔化图片，可以调整图片的亮度/对比度。
- 颜色：可以调整图片的颜色饱和度、色调，可以对图片进行重新着色和进行颜色变体，可以选取图片中的某个颜色将其设置为透明色。
- 艺术效果：可以为图片添加多种艺术效果，如图 15.26 所示。
- 压缩图片：减小图片的大小以减小文件的大小。
- 重置图片：可以将图片还原至最初的状态。

(a) 删除背景

(b) 图片设置艺术效果为“影印”

图 15.26 为图片设置艺术效果

15.4.4 制作相册

如果有大量的图片需要制作成幻灯片向观众介绍，供大家欣赏，则可以利用“相册”功能制作出颇具专业水准的相册。

① 将需要展示的图片组织在一个文件夹中，打开或新建一个演示文稿。

② 从“插入”选项卡上的“图像”选项组中单击“相册”按钮，或者下拉列表的“新建相册”命令，打开“相册”对话框。

③ 单击“文件/磁盘”按钮，打开“插入新图片”对话框。

④ 在该对话框中，通过 Ctrl 键或 Shift 键辅助选择多幅图片，然后单击“插入”按钮，返回“相册”对话框，如图 15.27 所示。

可以在图片列表的指定位置插入一些文本框，这些文本框与图片一样会占据相册版式中的一个图片位置，可帮助用户制作图文并茂的相册。

图片列表中的图片可以上下移动位置或被删除；当列表中仅被选中一张图片时，在预览图片的下面旋转、对比度和亮度的调整按钮将变为有效，可以对该图片进行调整。

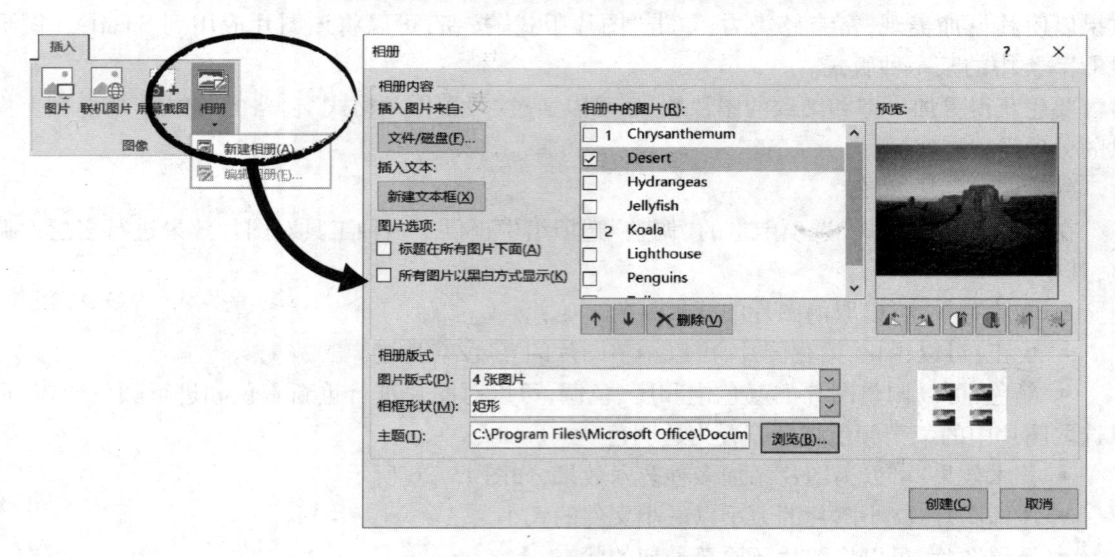

图 15.27　插入相册并选择图片

⑤ 在“相册版式”组中进行下列设置：

- 在“图片版式”下拉列表中选择一个版式，可设置每页 1、2、4 张，是否带标题。
- 在“相框形状”下拉列表中选择一个相框样式，预设了 7 种相框。
- 单击“主题”右侧的“浏览”按钮，为相册选择一个主题。

⑥ 单击“创建”按钮，将会自动按设定的格式创建一份相册。

⑦ 如果版式中设置了“带标题”，则为每张幻灯片添加合适的标题，并将其进行保存。

对创建的相册演示文稿，在“插入”选项卡上的“图像”选项组中单击“相册”按钮，在弹出的下拉菜单中“编辑相册”命令将变为有效，单击该命令将弹出“编辑相册”对话框，可对相册内容和设置进行更新操作。

15.5 使用表格和图表

表格能够将数据条理化展示，而图表能够将数据图形化表现，表格和图表都可以令信息的展示更加清晰、直观。

15.5.1　创建表格

在幻灯片中除了使用文本、形状、图片外，还可以插入表格等对象。

1. 插入表格

① 选择需要添加表格的幻灯片。

② 选择执行下列操作之一插入表格框架：

- 在带有内容占位符或图表占位符的版式中单击“插入表格”图标，在打开的“插入表格”

对话框中输入行数和列数，如图 15.28(a)所示。

- 在“插入”选项卡上的“表格”选项组中单击“表格”按钮，弹出下拉列表，在其中的表格示意图中拖动鼠标确定行列数后单击鼠标，如图 15.28(b)所示。
- 在“插入”选项卡上的“表格”选项组中单击“表格”按钮，在弹出的下拉列表中选择单击“插入表格”命令，在打开的“插入表格”对话框中输入表格的行数和列数。

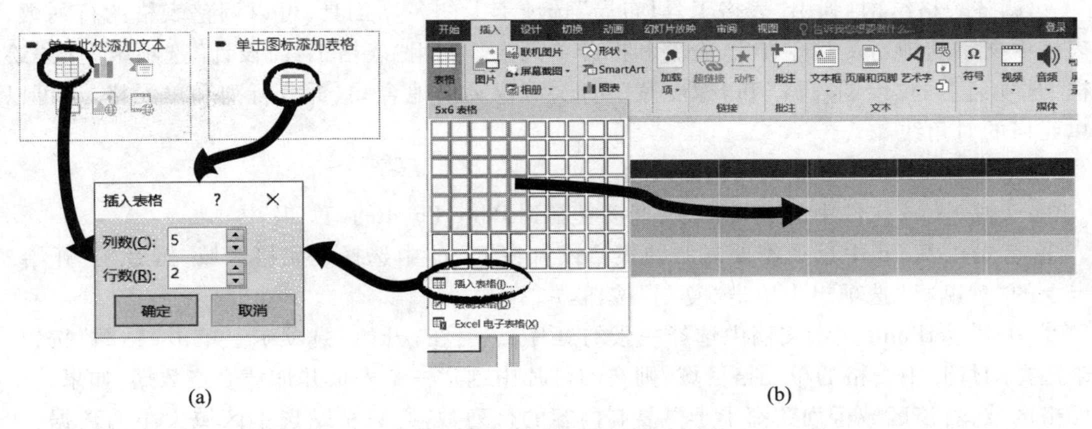

图 15.28 在幻灯片中插入表格

③ 表格插入幻灯片中后，拖动表格四周的尺寸控点可以改变其大小，拖动表格边框可以移动其位置。但是表格不能旋转，不能与其他图形组合，可进行图层控制。

④ 单击某个单元格以定位光标，然后向其中输入文字。可以通过拖动行列分割线的方式调整表格的行高和列宽。

2. 编辑美化表格

选中表格，功能区中将出现图 15.29 所示的“表格工具|设计”和图 15.30 所示的“表格工具|布局”两个选项卡。利用这两个选项卡上的工具可对表格进行美化和调整。

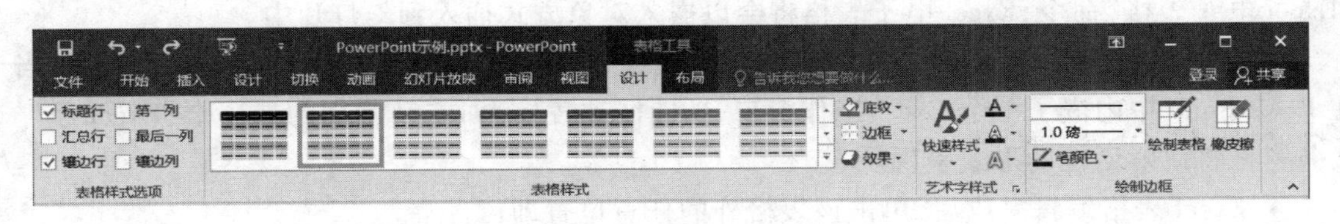

图 15.29 “表格工具|设计”选项卡

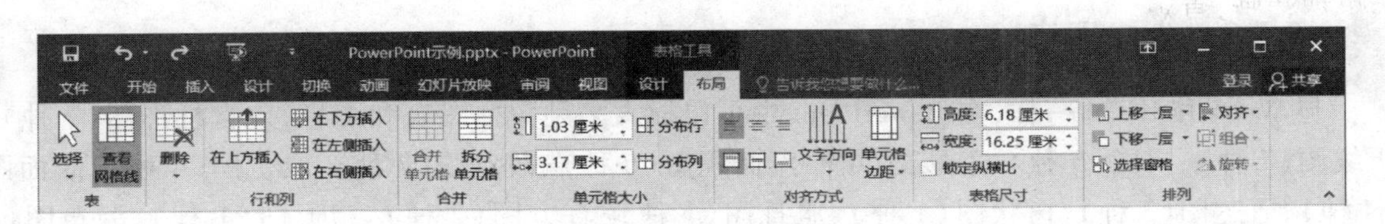

图 15.30 “表格工具|布局”选项卡

- 套用表格样式：选中表格，在“表格工具|设计”选项卡上的“表格样式”选项组的“表格样

式”下拉列表中选择一个预置样式,可实现对表格样式的套用;通过“表格样式选项”中的复选框,可实现对表格样式细节的调整。

• 改变表格边框和填充:在“表格工具|设计”选项卡上的“表格样式”选项组中,通过“底纹”“边框”“效果”3 个按钮可以调整被选中的整个表格或被选中的单元格的填充、边框和其他特殊效果。

• 调整表格结构:利用“表格工具|布局”选项卡上的各项工具,可以调整表格的行列数,设置表格中文字的排列及对齐方式,合并和拆分单元格。利用“表格工具|设计”选项卡上的“绘制边框”选项组上的“绘制表格”和“橡皮擦”功能,可以灵活地合并、拆分行列和单元格,还可以绘制单元格的对角线。

3. 从 Word/Excel 中复制和粘贴表格

Word 或 Excel 文件中的表格,可以直接复制到 PowerPoint 的幻灯片中。

① 首先在 Word 中选择需要复制的表格或者在 Excel 中选择单元格区域,然后在“开始”选项卡上的“剪贴板”选项组中单击“复制”按钮。

② 在 PowerPoint 演示文稿中选择一张幻灯片,然后在“开始”选项卡上单击“粘贴”按钮,如果未选择幻灯片中表格的单元格区域,则在幻灯片中创建一个表格并加载表格数据;如果选中了单元格区域,若该区域行列数都小于要复制内容的行列数,则只粘贴选中区域大小的数据;如果选中区域的行数或列数大于要复制内容的行列数,则会将要粘贴的内容对选中区域进行纵向或横向填充至整个选中区域。

也可以通过 Ctrl+C 和 Ctrl+V 组合键进行快捷操作。

4. 插入 Excel 电子表格对象

直接在幻灯片中将 Excel 电子表格作为嵌入对象插入并编辑,可以充分利用 Excel 电子表格在统计和计算方面的优势。

① 选择需要插入 Excel 电子表格的幻灯片。

② 在“插入”选项卡上的“表格”选项组中单击“表格”按钮,从打开的下拉列表中选择“Excel 电子表格”命令,Excel 电子表格将会以嵌入对象方式插入到幻灯片中。

③ 可以像在 Excel 中一样在单元格中添加文字,进行编辑、修改及计算操作。此时,相当于在 PowerPoint 中内嵌了一个 Excel 工作窗口,功能区被替换为 Excel 常用的选项卡;Excel 原浮动任务窗格将以对话框的形式呈现。

④ Excel 表格编辑完成后,单击该表格外的任意位置即可。

⑤ 如果需要再次编辑表格,只需双击该表格就可重新进入 Excel 表格编辑状态。

15.5.2 生成图表

与 Word 和 Excel 一样,在 PowerPoint 中可以插入多种数据图表和图形,包含柱形图(7 种)、折线图(7 种)、饼图(5 种)、条形图(6 种)、面积图(6 种)、散点图(7 种)、股价图(4 种)、曲面图(4 种)、雷达图(3 种)、树状图(1 种)、旭日图(1 种)、直方图(2 种)、箱形图(1 种)、瀑布图(1 种)和组合(4 种)共 15 类 59 种图表形式。

① 选择需要插入图表的幻灯片。

② 单击内容占位符或者图表占位符中的“插入图表”图标,或者在“插入”选项卡上的“插

图”选项组中单击“图表”按钮，打开“插入图表”对话框，如图 15.31 (a)所示。

③ 在该对话框中，选择合适的图表类型，单击“确定”按钮，将在幻灯片中插入一个指定类型的图表，如图 15.31(b)所示。

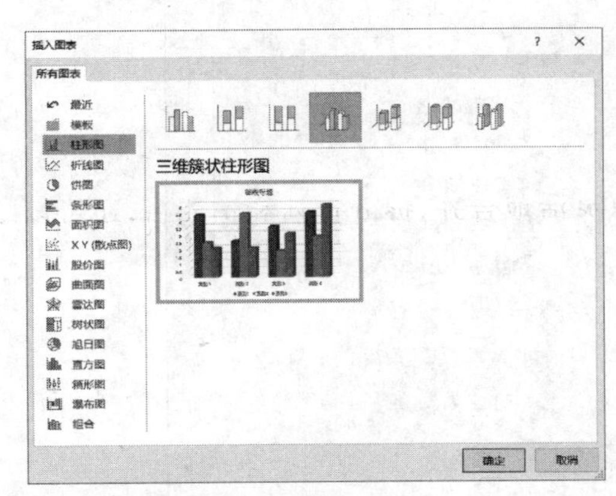

(a) “插入图表”对话框

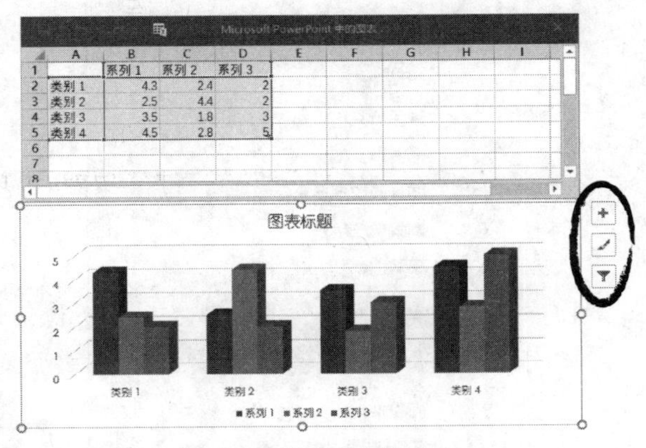

(b) 在幻灯片中插入的图表

图 15.31 插入图表时启动 Excel 程序

④ 此时，在生成的图表上方有一个类似于 Excel 表一样的窗口，可用于输入、编辑生成图表的数据源，在编辑数据的过程中，图表中序列的图示也会同步发生变化，达到即改即现的效果。也可以通过该窗口快捷工具栏中的“在 Microsoft Excel 中编辑数据”命令，或者在“图表工具|设计”选项卡上的“数据”选项组的“编辑数据”按钮下拉菜单中的“在 Excel 中编辑数据”命令，打开 Excel 软件进行数据编辑处理。

⑤ 在幻灯片中选中图表，则该图表的右外侧上方会出现“图表元素”“图表样式”和“图表筛选器”3 个快捷按钮，单击按钮会弹出相应的浮动面板，可以快速地设置图表显示元素、样式、颜色等；利用图 15.32 所示的“图表工具|设计”选项卡上的功能命令也可以方便地进行图表布局和样式调整、类型更改等操作。

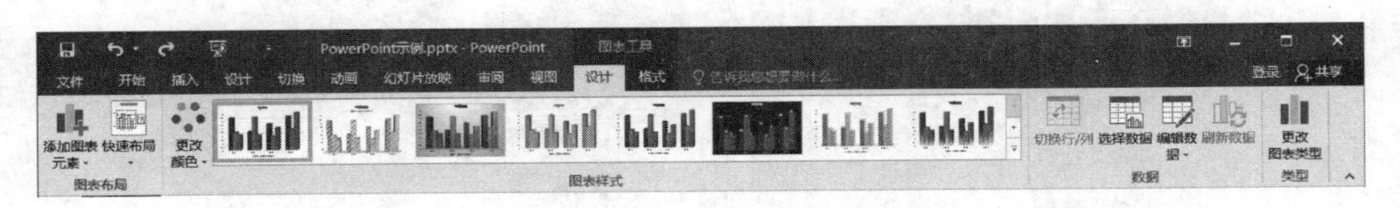

图 15.32 “图表工具|设计”选项卡

图表实际上也是一种由诸多对象组合而成的智能化矢量图形，在图表中单击不同的对象元素，则可以分别对这些元素进行样式设置。通过相应的任务窗格，可以实现更为细致的格式设置，如图 15.33 所示。

设置图表各种元素的任务窗格可以分为设置图表区、绘图区、主要网格线、次要网格线、坐标轴、数据系列、图表标题、图例、数据标签等窗格。例如，可通过如图 15.33 所示的“设置图表区格式”窗格上红圈内的展开按钮，从弹出的下拉列表中选择命令进行设置。

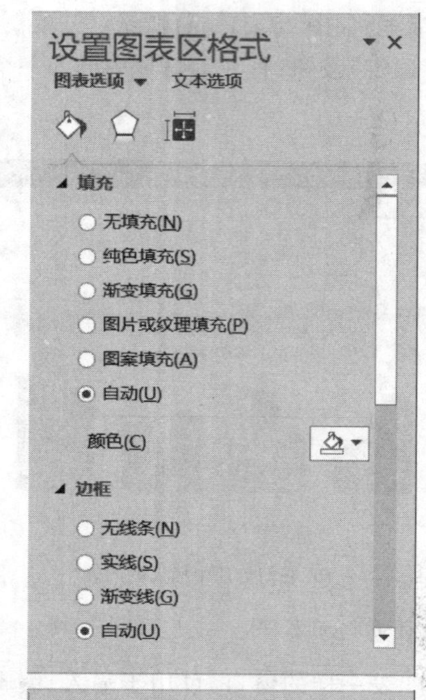

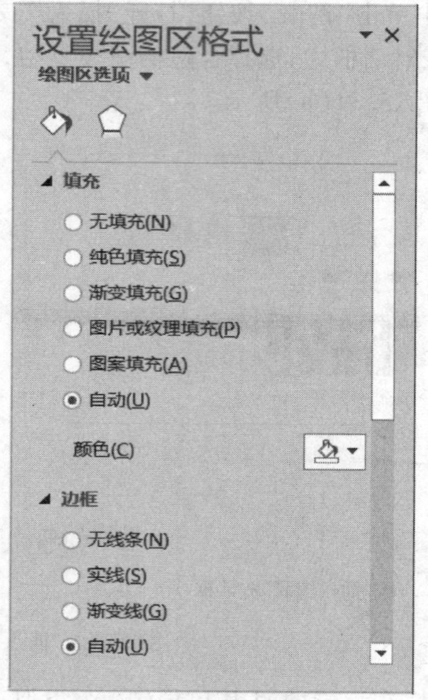

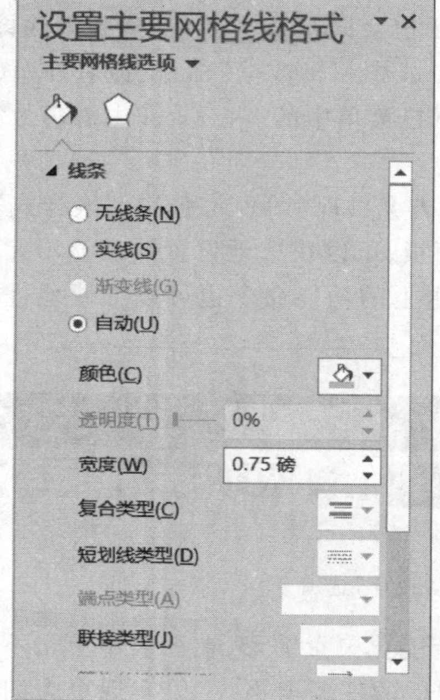

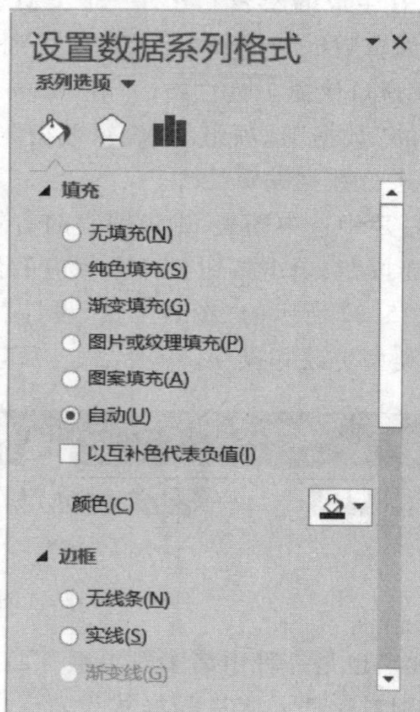

图 15.33 设置图表格式的部分任务窗格

15.6 设计幻灯片主题与背景

为幻灯片应用不同的主题和配色方案,可以增强演示文稿的感染力。PowerPoint 提供一些

内置主题方案可供选择,必要时还可以自己设计背景颜色、字体搭配以及其他特殊展示效果。

15.6.1　应用设计主题

主题是一组格式,包含主题颜色、主题字体和主题效果三者的组合。主题可以作为一套独立的选择方案应用于文档中,使得演示文稿具有统一的样式风格。应用主题可以简化演示文稿的创建过程,快速达到专业水准。Office 主题可以在 Word、Excel、PowerPoint 三者中共享使用。

1. 应用内置主题

PowerPoint 提供的内置主题可供用户在制作演示文稿时使用。同一主题可以应用于整个演示文稿、演示文稿中的某一节,也可以应用于指定的幻灯片。基本步骤为:

① 选中幻灯片,可以选中一张、多张、一节或所有幻灯片。

② 在“设计”选项卡上的“主题”选项组中选择一种主题,当鼠标移动到主题列表中的某一个主题时,在编辑区的幻灯片上可预览效果,单击主题则为幻灯片应用该主题。

③ 利用“变体”选项组中的功能,可实现预置配色方案、颜色、字体、效果、背景样式的细化设置和自定义主题方案。如图 15.34 所示。

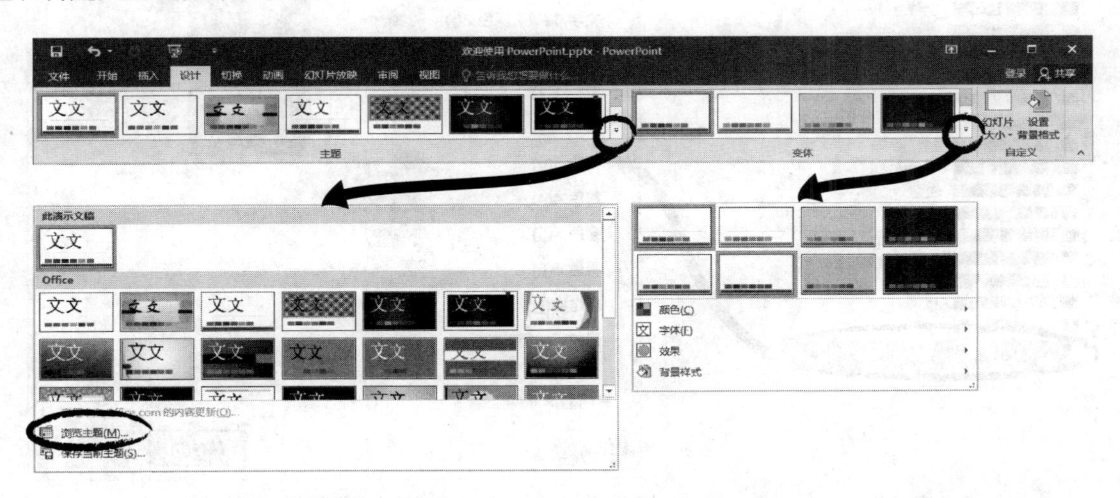

图 15.34　“设计”选项卡及“主题”列表、“变体”列表

但在操作过程中,选中一张幻灯片、多张幻灯片或一节幻灯片,其操作细节和结果会有所不同。选中一张幻灯片的操作,默认是将演示文稿的所有幻灯片都应用选定的主题,而选中多张幻灯片或一节幻灯片,则只对选中的多张幻灯片应用主题。要实现对一张幻灯片应用特定的主题,可在第② 步和第③ 步,将鼠标移动到某一主题或变体样式上,单击鼠标右键,在弹出的菜单中选择“应用于所选幻灯片”命令来实现。

利用主题列表下方的“浏览主题”命令,打开“选择主题或主题文档”对话框,可以使用已有的外来主题。

2. 自定义主题

如果觉得 PowerPoint 提供的现成主题不能够满足设计需求,可以通过自定义方式修改主题的颜色、字体、效果和背景,形成自定义主题。

(1) 自定义主题颜色

① 首先对幻灯片应用某一内置主题。

② 在“设计”选项卡上的“变体”选项组中展开变体下拉列表,鼠标移动到“颜色”项上,自动弹出颜色库列表,如图15.35(a)所示。

③ 任意选择一款内置颜色组合,幻灯片的标题文字颜色、背景填充颜色、文字的颜色也随之改变。

④ 单击“自定义颜色”命令,打开“新建主题颜色”对话框,如图15.35(b)所示。

⑤ 在该对话框中可以改变文字、背景、超链接的颜色;在“名称”文本框中可以为自定义主题颜色命名,单击“保存”按钮。

自定义颜色组合将会显示在颜色库列表中内置组合的上方以供选用。

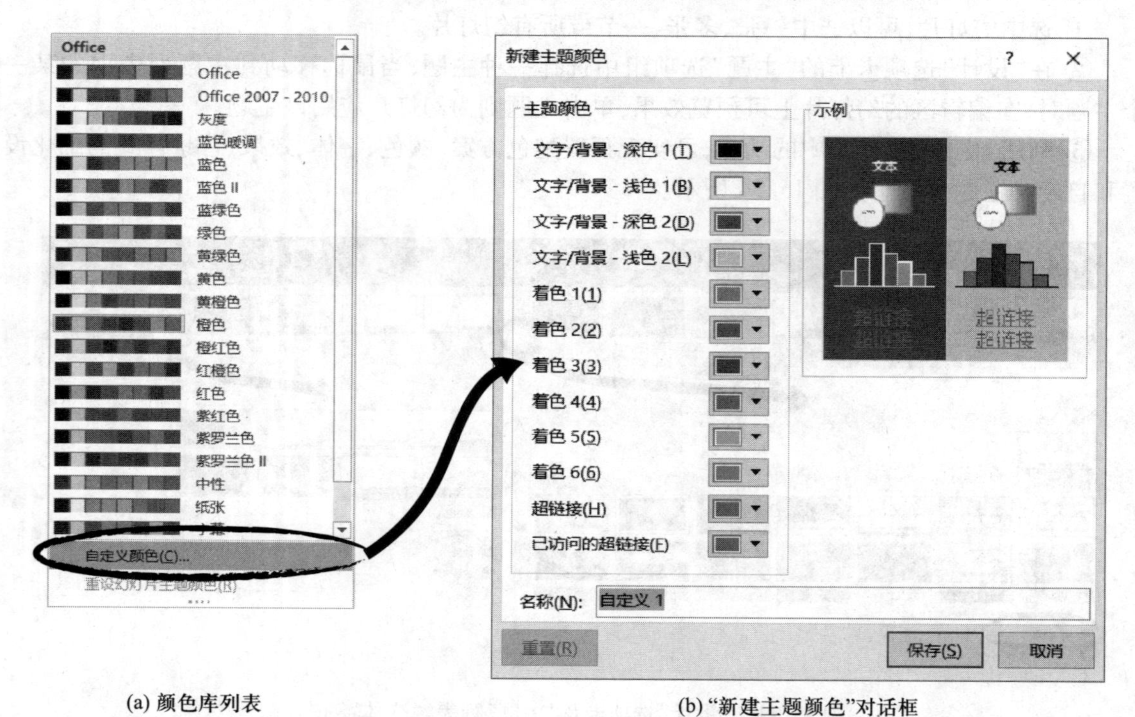

(a) 颜色库列表　　(b)“新建主题颜色”对话框

图15.35　自定义主题颜色

(2) 自定义主题字体

自定义主题字体主要是定义幻灯片中的标题字体和正文字体。方法如下:

① 对已应用了某一主题的幻灯片,在“设计”选项卡上的“变体”选项组中展开变体下拉列表,鼠标移动到“字体”项上,自动弹出字体库下拉列表,如图15.36(a)所示。

② 任意选择一款内置字体组合,幻灯片的标题文字和正文文字的字体随之改变。

③ 单击“自定义字体”命令,打开“新建主题字体”对话框,如图15.36(b)所示。

④ 在该对话框中可以设置标题和正文的中西文字体;在“名称”文本框中可以为自定义主题字体命名。之后单击“保存”按钮,演示文稿中标题字体和正文字体将会按新方案设置。

自定义主题字体将会列示在字体库列表的内置字体的上方以供使用。

另外,还可以在“设计”选项卡上的“变体”选项组的变体下拉列表中,利用“效果”项展开主

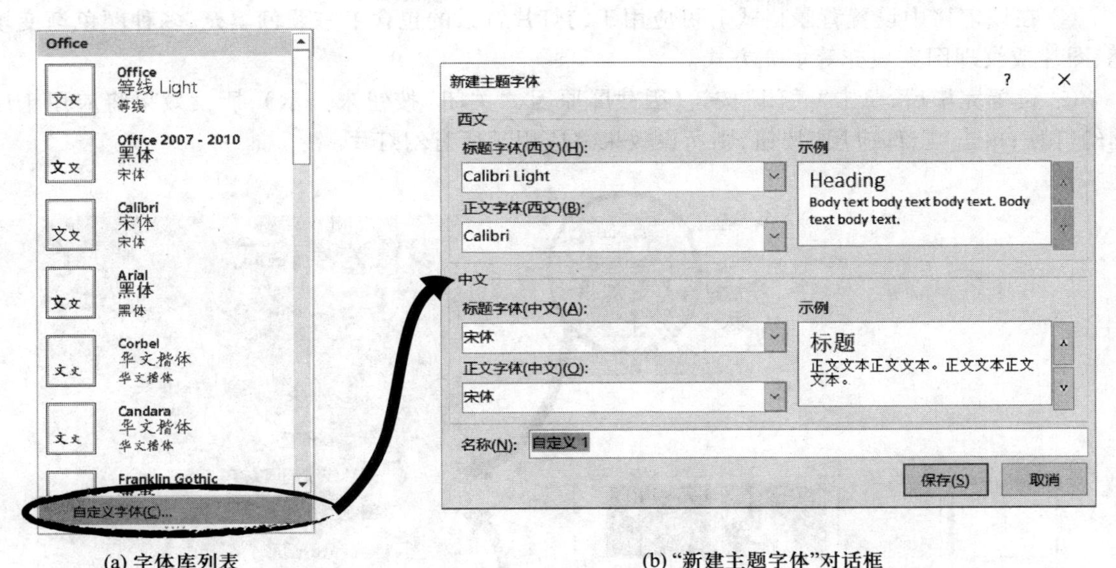

(a) 字体库列表　　(b) “新建主题字体”对话框

图 15.36　自定义主题字体

题效果库。主题效果可应用于图表、SmartArt 图形、形状、图片、表格、艺术字等对象，通过使用主题效果库，可以替换不同的效果集以快速更改这些对象的外观。

15.6.2　设置背景格式

幻灯片的主题背景通常是预设的背景格式，与内置主题一起提供，必要时可以对背景样式重新设置，创建符合演示文稿内容要求的背景填充样式。

1. 改变背景样式

PowerPoint 为每个主题提供了 12 种背景样式以供选用。既可以改变演示文稿所有幻灯片的背景，也可以只改变指定幻灯片的背景。

① 在“设计”选项卡上的“变体”选项组的变体下拉列表中，鼠标移动到或单击“背景样式”项，弹出背景样式库列表，当光标移至某背景样式处时将显示该样式的名称。

② 选择一款合适的背景样式应用于演示文稿或所选幻灯片。

提示：通常情况下，从背景样式库列表中选择一种背景样式，则演示文稿中所有幻灯片均采用该背景样式。若只希望改变部分幻灯片的背景，则先选中这些幻灯片，然后在所选背景样式中单击右键，在弹出的快捷菜单中选择“应用于所选幻灯片”命令，则选定的幻灯片采用该背景样式，而其他幻灯片不变。

2. 自定义背景格式

① 选中需要自定义背景的幻灯片。

② 在“设计”选项卡上的“变体”选项组的变体下拉列表中，鼠标移动到“背景样式”项，打开背景样式库列表，如图 15.37(a)所示。

③ 选择其中的“设置背景格式”命令，或在“设计”选项卡上的“自定义”选项组中单击“设置背景格式”按钮，打开“设置背景格式”窗格，如图 15.37(b)所示。

④ 在该窗格中设置背景格式。可应用于幻灯片背景的包含单一颜色填充、多种颜色渐变填充、图片或纹理图案填充等填充方式。

⑤ 设置完毕后，单击“关闭”按钮（因截屏原因，“关闭”按钮未显示），所设效果将应用于所选幻灯片；单击“全部应用”按钮，则所设效果将应用于所有幻灯片。

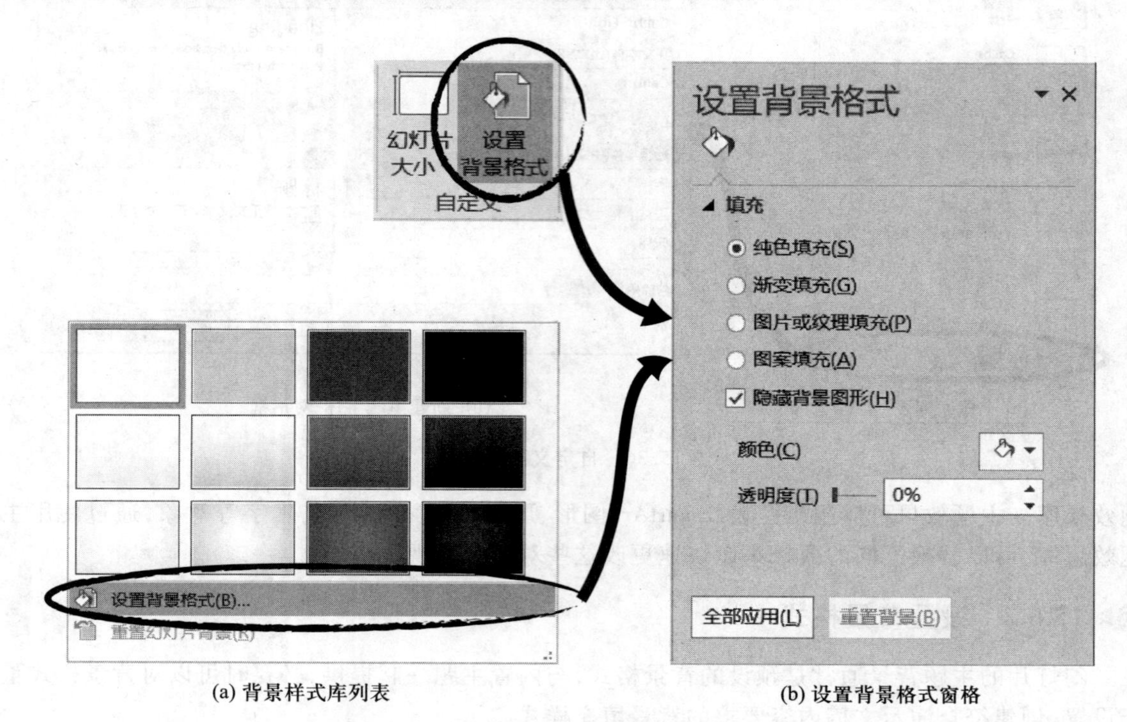

(a) 背景样式库列表　　(b) 设置背景格式窗格

图 15.37 设置幻灯片的背景

15.6.3 为幻灯片添加水印

水印是插入文档版式底部的图片或文字，和背景的区别在于，背景铺满整个幻灯片，而水印占用幻灯片一部分空间。PowerPoint 没有像 Word 一样现成的水印功能，但仍可以通过为幻灯片添加文本或图片背景的方式，获得水印效果。因此，水印比较灵活，可以更方便地调整水印在幻灯片上的大小和位置，并针对演示文稿中的部分或全部幻灯片应用水印。

如果要为演示文稿的所有幻灯片添加水印，可以在幻灯片母版视图下，在幻灯片母版中添加文本框或可编辑文字的形状，并输入水印文本，或者添加图片作为水印对象，对水印对象进行适当的样式调整，确定大小和位置，并将该对象置于底层。这样，与此母版相关联的所有版式，只要水印对象没有被其他对象覆盖，都能显示该水印。

为某些幻灯片添加水印，可采用如下方法：

① 选择要为其添加水印的幻灯片。

② 执行下列操作之一，首先在幻灯片中插入要作为水印的图片或文字：

- 如果以图片作为水印，可在“插入”选项卡上的“图像”选项组中单击“图片”“联机图片”或“屏幕截图”按钮，选择一幅图片或截取屏幕特定区域插入到幻灯片中。

- 如果以文本作为水印,可在“插入”选项卡上的“文本”选项组中单击“文本框”按钮,在幻灯片中绘制文本框并输入文字;或者在“插入”选项卡上的“插图”选项组中单击选择“形状”按钮,从下拉列表中选择某个可编辑文本的形状,在幻灯片中绘制该形状并输入文字。
- 如果以艺术字作为水印,可在“插入”选项卡上的“文本”选项组中单击“艺术字”按钮,在幻灯片中制作一幅艺术字。

③ 移动图片或文字的位置,调整其大小,并设置其格式。

作为水印,无论是图片还是文字,颜色都不能太重太深,图片最好经过重新着色和修正,去掉其中的浓重色彩。文字颜色选用较浅颜色为好。

④ 将图片或文本框的排列方式设置为“置于底层”,以免遮挡正常幻灯片内容。

15.7 幻灯片母版应用

演示文稿通常应具有统一的外观和风格,通过设计、制作和应用幻灯片母版可以快速实现这一目标。母版中包含了幻灯片中统一的格式、共同出现的内容及构成要素,如标题和文本格式、日期、背景、水印等。

15.7.1 幻灯片母版概述

幻灯片母版是幻灯片层次结构中的顶层幻灯片,用于存储有关演示文稿的主题和幻灯片版式的信息,包括背景、颜色、字体、效果、占位符(包括类型、大小和位置)。

统一出现在每张幻灯片中的对象或格式可以在幻灯片母版中一次性添加和设计。在幻灯片母版中的更改将会影响整个演示文稿的外观。

每份演示文稿至少应包含一个幻灯片母版,每个母版可以定义一系列的版式。通过幻灯片母版进行修改和更新的最主要优点是可以对演示文稿中的每张幻灯片进行统一的格式和元素更改。使用幻灯片母版时,由于无须在多张幻灯片上输入或修改相同的信息或格式,因此大大节省了制作时间,并且可以达到格式的高度一致。如果一份演示文稿非常长,其中包含大量幻灯片,则使用幻灯片母版制作演示文稿将会非常方便。

一份演示文稿中可以包含多个幻灯片母版,每个幻灯片母版可以应用不同的主题。可以创建一个包含一个或多个幻灯片母版的演示文稿,然后将其另存为 PowerPoint 模板文件(.potx),然后可以基于该模板创建其他演示文稿。

最好在开始制作各张幻灯片之前先创建幻灯片母版,而不要在构建了幻灯片之后再创建母版。如果先创建幻灯片母版,则添加到演示文稿中的所有幻灯片都会基于该幻灯片母版和相关联的版式。

如果在构建了各张幻灯片之后再创建幻灯片母版,那么幻灯片上的某些项目可能会不符合幻灯片母版的设计风格。可以使用背景和文本格式设置功能在各张幻灯片上覆盖幻灯片母版的某些自定义内容,但其他内容(例如公司徽标)则只能在“幻灯片母版”视图中修改。

15.7.2 创建或自定义幻灯片母版

打开一个演示文稿,在“视图”选项卡上的“母版视图”选项组中单击“幻灯片母版”按钮,进

入幻灯片母版视图，在左侧的幻灯片缩略图窗格中显示一个具有默认相关版式的空幻灯片母版。其中，最上面那张较大的幻灯片为幻灯片母版，与之相关联的版式位于幻灯片母版下方，如图 15.38 所示。

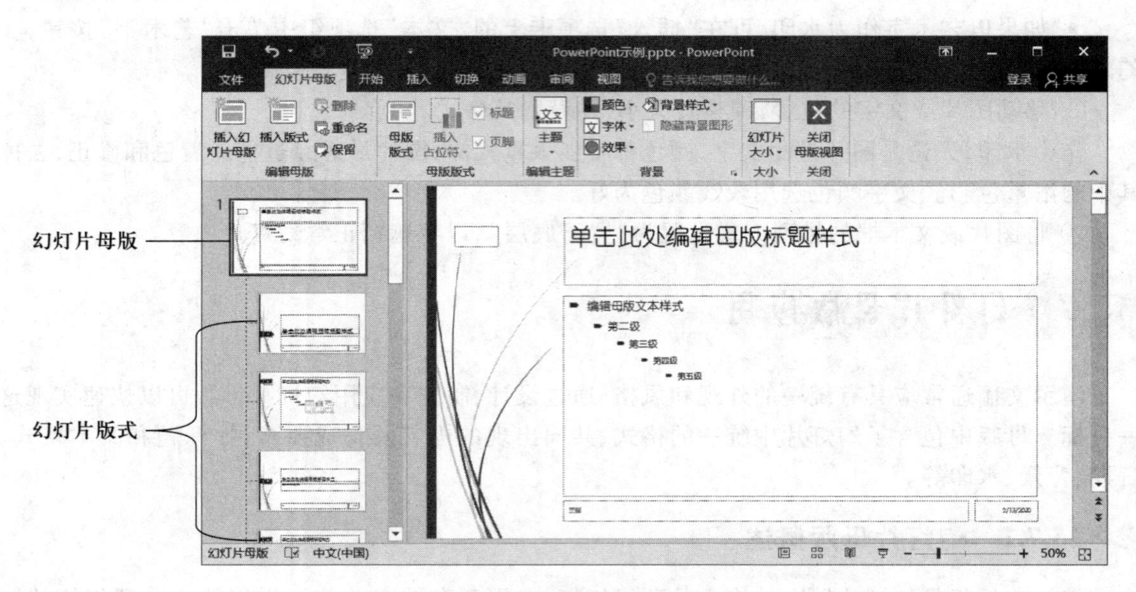

图 15.38 幻灯片母版视图

1. 自定义幻灯片母版

① 在“幻灯片母版”选项卡上的“编辑母版”选项组中单击“插入幻灯片母版”按钮，可以创建新的幻灯片母版及一组幻灯片版式，或者也可以对演示文稿中原有的幻灯片母版进行自定义修改。

关于创建新版式可参见“15.2.3 创建自定义版式”一节中的介绍。

② 在缩略图窗格选中要编辑的幻灯片母版，单击“幻灯片母版”选项卡上的“母版版式”选项组中的“母版版式”命令，弹出“母版版式”对话框，勾选需要在母版上显示的占位符后单击“确定”按钮，此时在母版上就会显示相应的占位符，如图 15.39 所示。

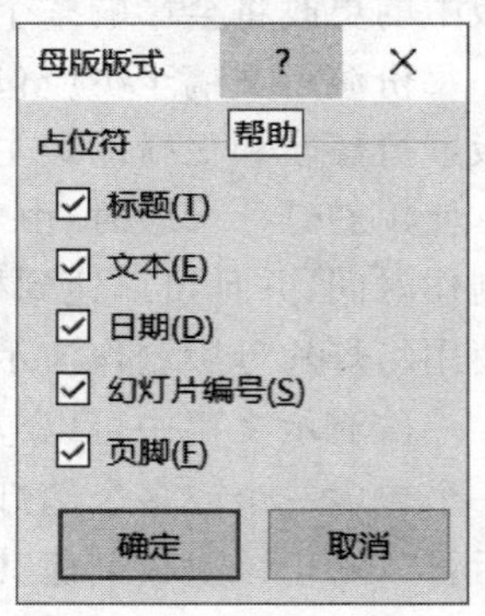

图 15.39 “母版版式”对话框

通常情况下，幻灯片母版中只有名为“标题”“文本”“日期”“幻灯片编号”和“页脚”的 5 个文本占位符，不能直接插入其他新的占位符。但可以通过复制、粘贴的方式在幻灯片母版中增加新的文本占位符，不能粘贴其他类型的占位符，将内容占位符粘贴到幻灯片母版时会转换为文本占位符。

③ 利用“绘图工具|格式”选项卡上的功能或者“设置形状格式”窗格中的功能，分别对母版上的这些文本占位符进行形状样式和文本样式的设置；也可以通过“开始”选项卡上的“字体”和“段落”选项组统一调整占位符中文本的字体、字号、颜色、段落间距、项目符号等格式，使之符合设计者的期望。

同时,可以对这 5 个占位符的大小和位置进行调整,使得幻灯片母版的布局更加个性化。也可以通过按 Delete 键的方式删除某个文本占位符。

④ 为了使幻灯片母版更加美观和丰富,可为其应用某种主题,设置背景样式,还可以通过"插入"选项卡上的功能,为幻灯片母版添加图片、形状等对象,例如公司徽标。

⑤ 在"幻灯片母版"选项卡上的"大小"选项组中单击"幻灯片大小"按钮,从下拉列表中选择"自定义幻灯片大小"命令,在弹出的"幻灯片大小"对话框中可以改变幻灯片母版的大小和方向。

⑥ 按照实际设计需求对幻灯片母版进行其他必要的编辑修改。

⑦ 在"幻灯片母版"选项卡上的"关闭"选项组中单击"关闭母版视图"按钮。

2. 将母版保存为模板

① 在"文件"选项卡上单击"另存为"命令,打开"另存为"对话框。

② 在该对话框中的"文件名"文本框中输入文件名。

③ 在"保存类型"下拉列表中选择"PowerPoint 模板(* .potx)",如图 15.40 所示。

④ 单击"保存"按钮。这样,在新建演示文稿时就可以调用该模板了。

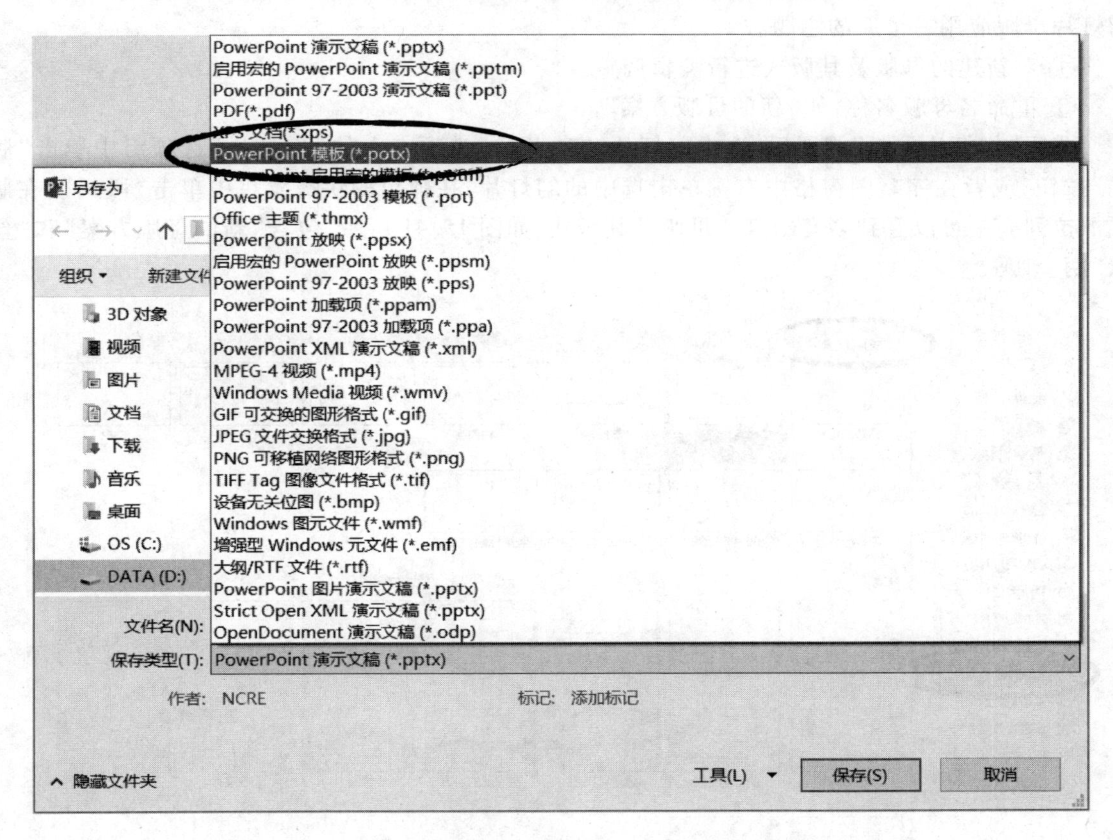

图 15.40 将包含自定义母版的演示文稿保存为模板

3. 重命名幻灯片母版

在幻灯片母版视图下,可以像重命名版式一样,对母版进行重命名。

① 在缩略图窗格中，单击需要重命名的幻灯片母版。

② 在“幻灯片母版”选项卡上的“编辑母版”选项组中单击“重命名”按钮，或者在母版上单击右键，在弹出的快捷菜单上单击“重命名母版”命令，打开“重命名版式”对话框。

③ 在该对话框的“版式名称”文本框中输入一个新的母版名称，然后单击“重命名”按钮，即可完成母版的重命名。

15.7.3 在一份演示文稿中应用多个幻灯片母版

如果想要使一份演示文稿包含两个或更多不同的样式或主题，可以在演示文稿中创建多个幻灯片母版，然后为每个幻灯片母版分别应用不同主题。

① 在“视图”选项卡上的“母版视图”选项组中单击“幻灯片母版”按钮，进入幻灯片母版视图。

② 在“幻灯片母版”选项卡上的“编辑母版”选项组中单击“插入幻灯片母版”按钮，将会在当前母版下插入一组新的幻灯片母版及其关联版式。

③ 在“幻灯片母版”选项卡上的“编辑主题”选项组中单击“主题”按钮，从下拉列表中为新幻灯片母版应用一个新的主题。

④ 对新建的母版及其版式进行编辑调整。

⑤ 重命名母版名称，如“新的母版方案”。

关闭“幻灯片母版”视图后，选中幻灯片，在“开始”选项卡上的“幻灯片”选项组中单击“版式”按钮，或者在缩略图窗格中右键单击选中的幻灯片，在弹出的快捷菜单中单击“版式”，在版式下拉列表中可以看到多套幻灯片母版及其版式，如图 15.41 所示，包含“新的母版方案”和“丝状”两套版式。

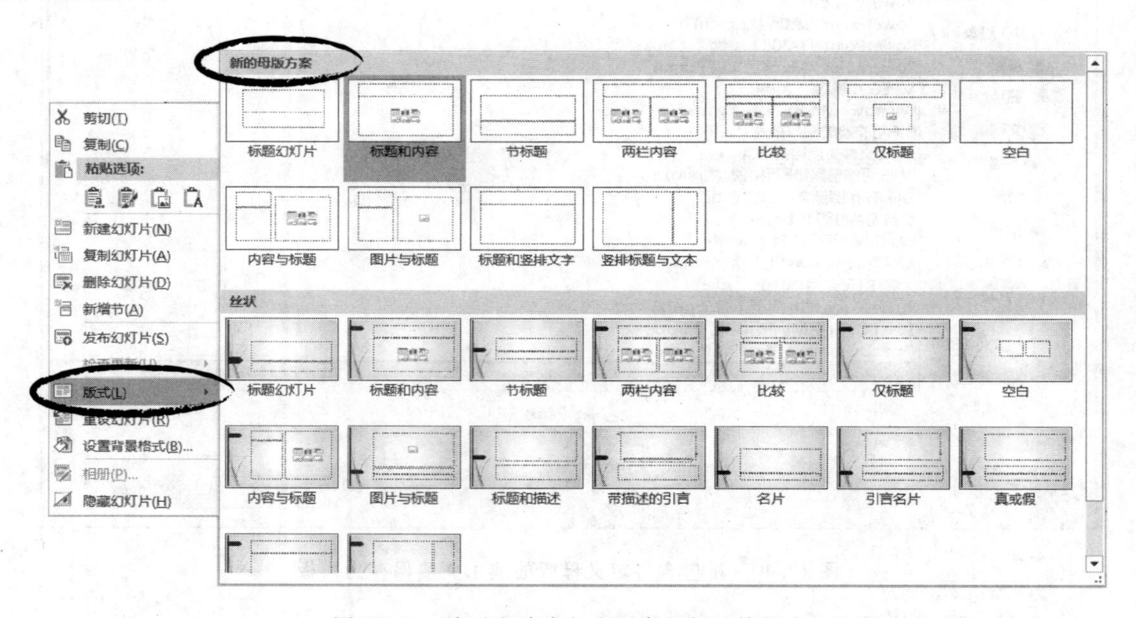

图 15.41 演示文稿中包含两套母版及其版式

提示：在幻灯片母版视图中，单击“幻灯片母版”选项卡上的“编辑母版”选项组中的“删除”

按钮，可删除当前选中的幻灯片母版及其关联的版式。

15.7.4 在演示文稿间复制幻灯片母版

在一份演示文稿中设计好的幻灯片母版，除了可以保存为模板外，还可以直接复制到其他演示文稿中使用。

① 将两个演示文稿同时打开，并都切换到幻灯片母版视图下。

② 在第一个演示文稿的缩略图窗格中，右键单击要复制的幻灯片母版，从弹出的快捷菜单中单击"复制"命令。

③ 在"视图"选项卡上的"窗口"选项组中单击"切换窗口"按钮，从下拉列表中选择要向其中粘贴幻灯片母版的演示文稿。

④ 在要向其中粘贴该幻灯片母版的演示文稿中，在其幻灯片母版视图的缩略图窗格中的最下面位置单击鼠标右键，从弹出的快捷菜单中选择"粘贴选项"下的"保留源格式"图标。整个复制过程如图 15.42 所示。

⑤ 关闭这两个演示文稿的幻灯片母版视图。

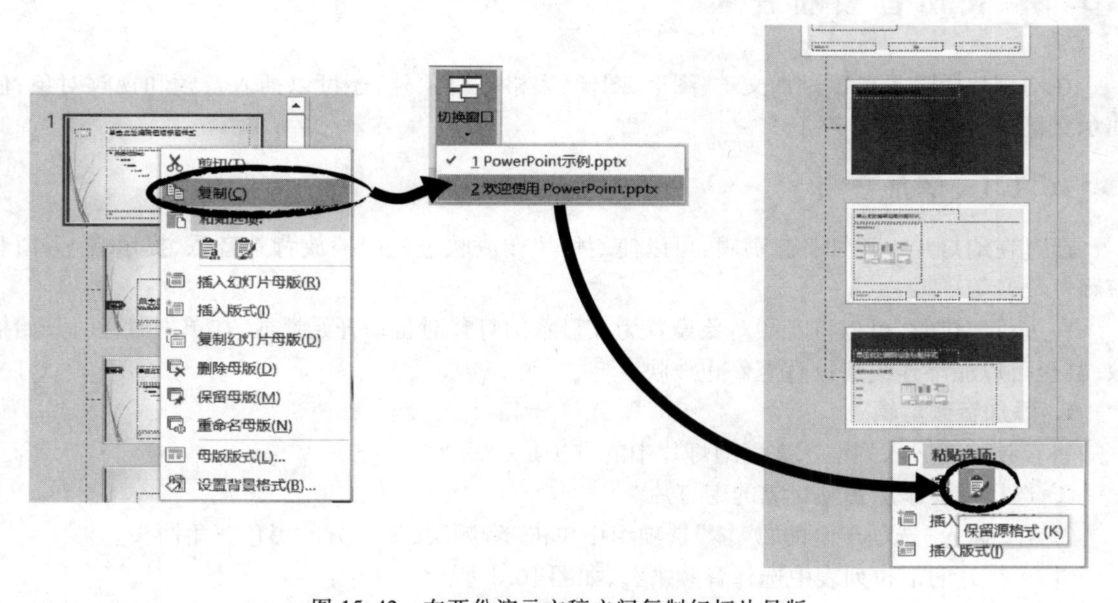

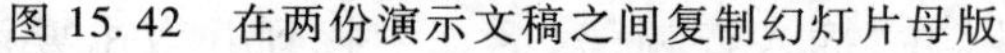
图 15.42 在两份演示文稿之间复制幻灯片母版

第16章 交互优化演示文稿

PowerPoint 应用程序提供了幻灯片演示者与观众或听众之间的交互功能，制作者不仅可以在幻灯片中嵌入声音和视频，还可以为幻灯片的各种对象（包括组合图形）设置放映动画效果，规划动画路径，为每张幻灯片设置切换效果等。设置了交互性效果的演示文稿，放映演示时将会更加生动和富有感染力。

16.1 使用音频和视频

在幻灯片中除了可以添加文本、图形、图像、表格等对象外，还可以插入音频和视频对象，使演示文稿的表现力更加丰富。

16.1.1 添加音频

通过在幻灯片中添加音频剪辑，可以使幻灯片在放映过程中播放背景音乐、提示音、旁白和解释性语音等。

在进行演讲时，可以将音频对象设置为在显示幻灯片时自动开始播放、在单击鼠标时开始播放，甚至可以循环连续播放直至停止放映。

1. 添加音频剪辑

将音频剪辑嵌入到演示文稿幻灯片中的方法是：

① 选择需要添加音频对象的幻灯片。

② 在“插入”选项卡上的“媒体”选项组中单击“音频”按钮下方的黑色三角箭头。

③ 从打开的下拉列表中选择音频来源，如图 16.1 所示。其中：

- 单击“PC 上的音频”，在“插入音频”对话框中找到并双击要添加的音频文件，或选择音频文件后单击“插入”按钮，即可关闭对话框并将音频对象插入幻灯片中。
- 单击“录制音频”，打开如图 16.2 所示的“录制声音”对话框。在“名称”框中输入音频名称，点击“录制”按钮开始录音，此时会利用电脑的麦克风进行现场录音，单击“停止”按钮结束录音，单击“播放”按钮可以对录制的音频进行试听。单击“确定”按钮关闭对话框，并将音频对象插入幻灯片中。

④ 插入幻灯片上的音频对象以图标 🔈 的形式显示，拖动该声音图标可移动其位置，如图 16.3 所示。

⑤ 选择声音图标，其下会出现一个播放条，单击播放条的“播放/暂停”按钮，可在幻灯片上

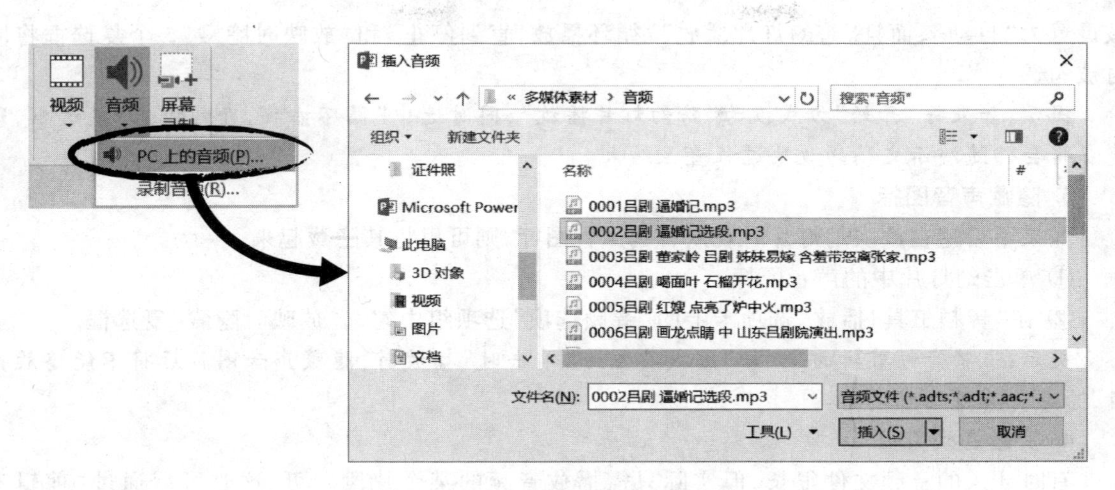

图 16.1 在幻灯片中插入音频文件

对音频剪辑进行播放预览。

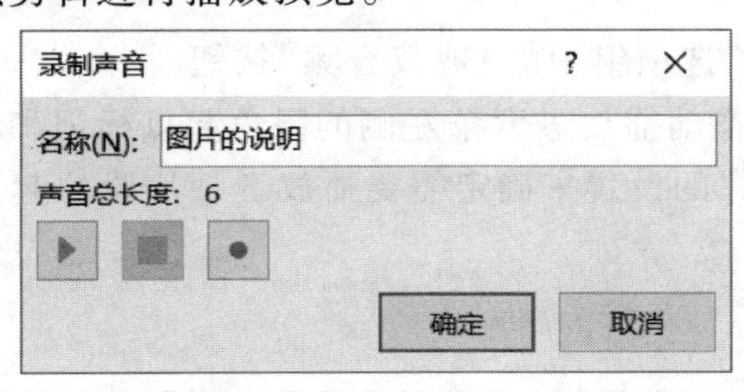

图 16.2 “录制声音”对话框

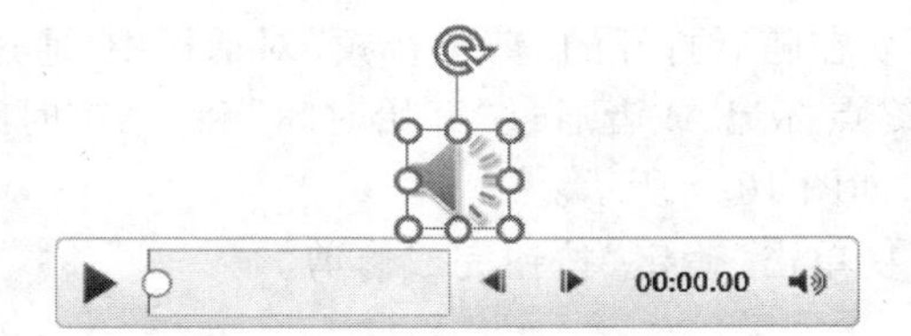

图 16.3 音频对象

2. 设置音频剪辑的播放方式

① 在幻灯片上选择声音图标。

② 在“音频工具|播放”选项卡上的“音频选项”选项组中打开“开始”下拉列表,列表中有“单击时”和“自动”两个选项,从中设置音频播放的开始方式,如图 16.4 所示。其中:

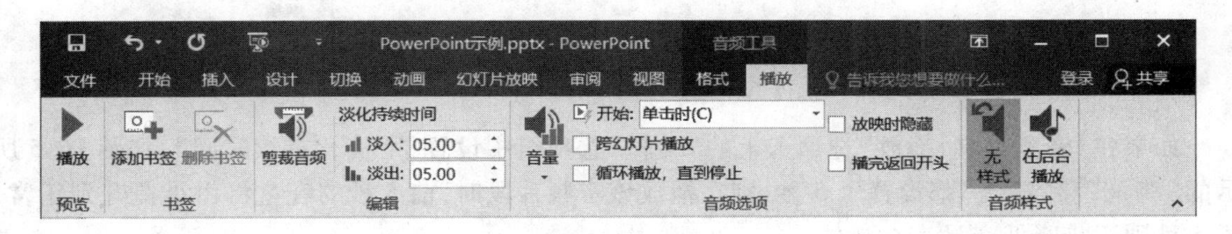

图 16.4 设置声音开始方式

- 单击“自动”,将在放映该幻灯片时自动开始播放音频剪辑。
- 单击“单击时”,可在放映幻灯片时通过单击音频剪辑来手动播放。

③ 勾选“跨幻灯片播放”复选框,音频播放将不会因为切换到其他幻灯片而停止。

④ 勾选“循环播放,直到停止”复选框,将会在放映当前幻灯片时连续播放同一音频剪辑直至手动停止播放或者转到下一张幻灯片为止。

⑤ 如果在“音频样式”选项组中单击“在后台播放”按钮,则在“音频选项”选项组中“开始”

被设置为“自动”，而且“跨幻灯片播放”“循环播放，直到停止”和“放映时隐藏”3 个复选框将同时被勾选。

提示：如果将“开始”方式设为“跨幻灯片播放”，同时选中“循环播放，直到停止”复选框，则声音将会伴随演示文稿的放映过程直至结束。

3. 隐藏声音图标

如果不希望在放映幻灯片时观众看到声音图标，则可以将其隐藏起来。

① 单击幻灯片中的声音图标。

② 在“音频工具|播放”选项卡上的“音频选项”选项组中勾选“放映时隐藏”复选框。

提示：当将音频剪辑的“开始”方式设置为“单击时”播放时，隐藏声音图标后将不能播放声音，除非为其设置触发器。

4. 剪裁音频剪辑

有时插入的音频文件很长，但实际只需播放音频的某个片段即可，这时可以通过“剪辑音频”的功能来实现。

① 在幻灯片中选中声音图标。

② 在“音频工具|播放”选项卡上，单击“编辑”选项组中的“剪裁音频”按钮。

③ 在随后打开的“剪裁音频”对话框中，通过拖动播放进度条左侧的绿色起点标记和右侧的红色终点标记，或者通过“开始时间”和“结束时间”的设置来确定需要播放音频片段的起止位置即可，如图 16.5 所示。

④ 单击“确定”按钮完成修剪。

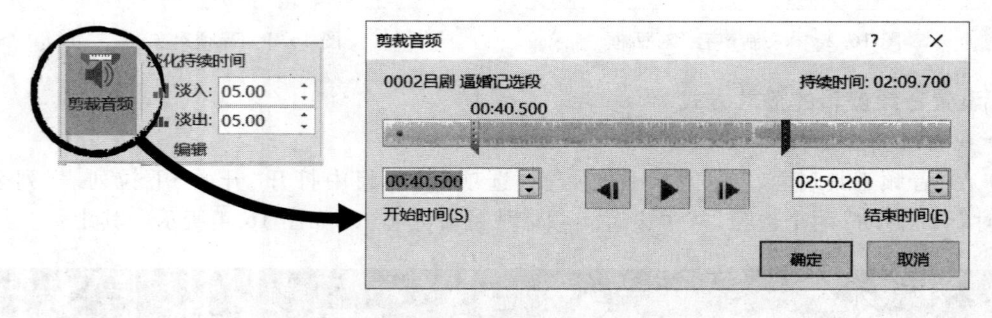

图 16.5 对音频进行剪裁

如果在“音频工具|播放”选项卡上的“编辑”选项组中设置了“淡化持续时间”，如图 16.5 所示的“淡入”和“淡出”都设置了 5 秒，则在播放该音频片段时，前 5 秒的音量将由小提升到正常，后 5 秒则逐步降低音量直至消失。

5. 删除音频剪辑

在普通视图中，选择包含要删除音频剪辑的幻灯片，单击选中声音图标，然后按 Delete 键。

16.1.2 添加视频

在幻灯片中插入或链接视频文件，可以大大丰富演示文稿的内容和表现力。可以直接将视频文件嵌入到幻灯片中，也可以将视频文件链接至幻灯片。

1. 嵌入视频文件或动态 GIF

可以将来自文件的视频直接嵌入演示文稿中,也可以嵌入来自剪贴画库的.gif 动画文件。嵌入方式可以避免因视频的移动而产生丢失文件导致无法播放,但可能导致演示文稿的文件比较大。

① 切换到普通视图,在幻灯片/大纲浏览窗格的“幻灯片”选项卡中,选择幻灯片。

② 在“插入”选项卡上的“媒体”选项组中单击“视频”下方的黑色三角箭头。

③ 从打开的下拉列表中选择视频来源,如图 16.6 所示。其中:

• 单击“PC 上的视频”,在“插入视频文件”对话框中找到并双击要添加的视频文件,或者选择视频文件后单击“插入”按钮。

• 单击“联机视频”,在“插入视频”对话框中,可以通过检索 YouTube 上的视频,或者粘贴嵌入代码的方式从视频网站上插入视频。

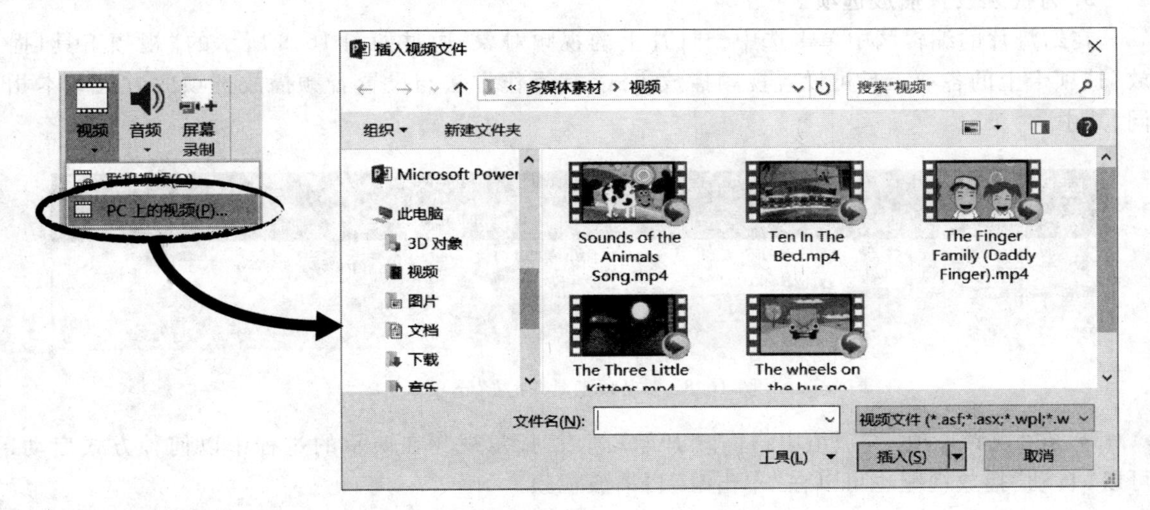

图 16.6 在幻灯片中嵌入视频或动画

④ 视频对象以类似于图片的形态插入幻灯片之后,可以通过拖动方式移动其位置,拖动其四周的尺寸控点可以改变其大小。

⑤ 选中视频对象,其下方会出现一个播放条,单击播放条的“播放/暂停”按钮可在幻灯片上预览视频。

2. 链接到视频文件

可以直接在演示文稿中链接外部视频文件或电影文件。通过链接视频,可以有效减小演示文稿的文件大小。在幻灯片中添加指向外部视频的链接的方法是:

① 首先可将需要链接的视频文件复制到演示文稿所在的文件夹中。

② 普通视图下,在缩略图窗格中选择要链接视频的幻灯片。

③ 在“插入”选项卡上的“媒体”选项组中单击“视频”下方的黑色三角箭头。

④ 从下拉列表中选择“PC 上的视频”,在“插入视频文件”对话框中查找并单击选择要链接的视频文件。

⑤ 单击“插入”按钮旁边的黑色三角箭头,从下拉列表中选择“链接到文件”命令,如图 16.7 所示。

图 16.7 插入视频时链接到文件

提示：被链接的视频文件应与演示文稿一起移动并保持在同一个文件夹中，才能确保链接不断开以便能够顺利播放。

3. 为视频设置播放选项

在幻灯片的编辑区中单击选中幻灯片上的视频对象，通过如图 16.8 所示的“视频工具|播放”选项卡上的各项工具可设置视频播放方式，其操作方法与设置音频播放选项的方法基本相同，其中：

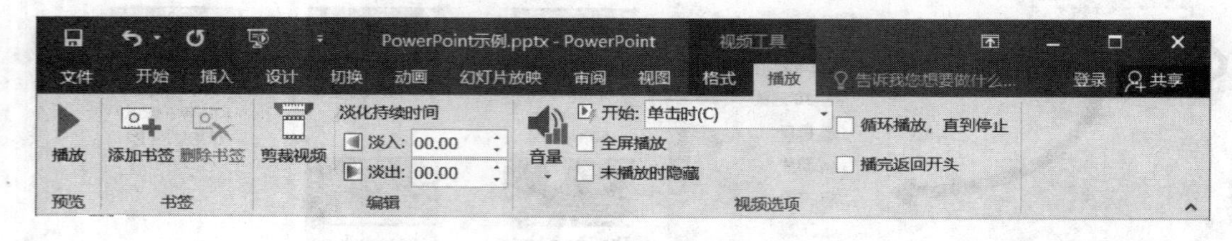

图 16.8 “视频工具|播放”选项卡

- 在“视频选项”选项组中，打开“开始”列表，指定视频在演示的过程中以何种方式启动，可以“自动”播放视频也可以在“单击时”再播放视频。
- 在“视频选项”选项组中单击选中“全屏播放”复选框，可以在放映演示文稿时让播放中的视频填充整个幻灯片(屏幕)。

提示：如果将视频设置为全屏播放并自动启动，那么可以将视频对象从幻灯片上拖动到幻灯片页面区域的外面，这样视频在全屏播放之前将不会显示在幻灯片上或出现短暂的闪烁。

- 在“视频选项”选项组中单击“音量”按钮，可以调节视频的音量。
- 先为视频指定媒体类动画效果“播放”，然后在“视频选项”选项组中单击选中“未播放时隐藏”复选框，这样在放映演示文稿时可以先隐藏视频不播放，做好准备后再播放。
- 在“视频选项”选项组中单击选中“循环播放，直到停止”复选框，可在演示期间持续重复播放视频。
- 在“编辑”选项组中单击“剪裁视频”按钮，在“剪辑视频”对话框中通过拖动最左侧的绿色起点标记和最右侧的红色终点标记重新确定视频的起止位置，如图 16.9 所示。

16.1.3 多媒体元素的压缩和优化

音频和视频等多媒体文件通常来说比较大，嵌入幻灯片之后可能导致演示文稿过大。通过压缩媒体文件，可以提高播放性能并节省磁盘空间。

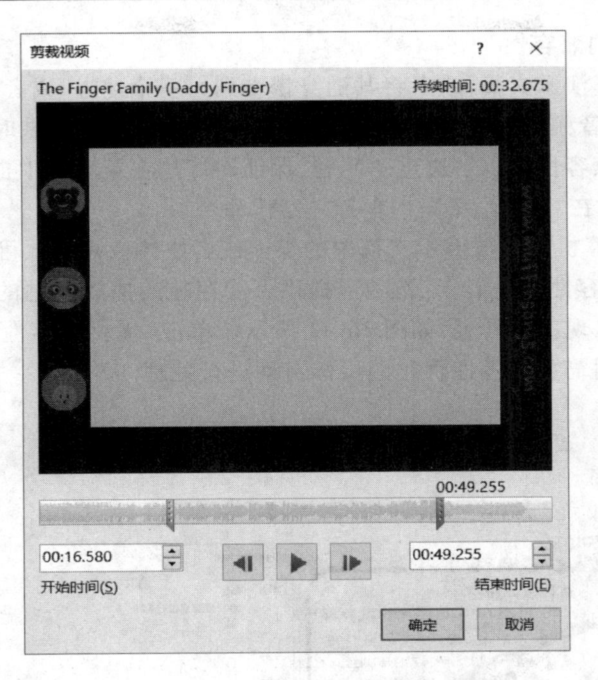

图 16.9 对视频的开头和结尾进行剪裁

1. 压缩媒体文件大小

① 打开包含音频文件或视频文件的演示文稿。

② 在“文件”菜单中选择“信息”命令,在右侧单击“压缩媒体”按钮,打开下拉列表。

③ 在该下拉列表的“演示文稿质量”“互联网质量”和“低质量”3 个选项中,单击某一媒体的质量选项,该质量选项决定了媒体所占空间的大小。系统弹出“压缩媒体”对话框,自动开始对演示文稿中的媒体进行该质量级别的压缩处理,如图 16.10 所示。

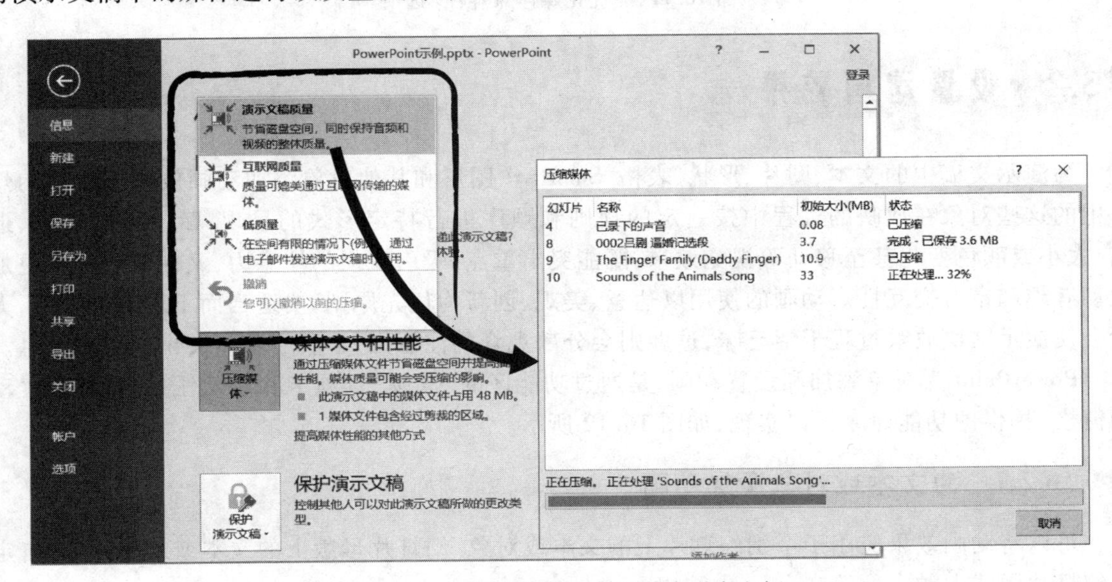

图 16.10 压缩多媒体文件以节省磁盘空间

2. 优化媒体文件的兼容性

当希望与他人共享演示文稿,或者将其随身携带到另一个地方,或者打算使用其他计算机进行演示时,包含视频或音频文件等多媒体的 PowerPoint 演示文稿在放映时可能会出现播放问题,通过优化媒体文件的兼容性可以解决这一问题,保证幻灯片在新环境中也能正确播放。

① 打开演示文稿,在“文件”菜单上单击“信息”命令。

② 如果在其他计算机上播放演示文稿中的媒体或者媒体插入格式可能引发兼容性问题时,则右侧会出现“优化兼容性”选项。该选项可提供可能存在的播放问题的解决方案摘要,还提供媒体在演示文稿中的出现次数列表,如图 16.11 所示。单击“优化兼容性”选项按钮,弹出“优化媒体兼容性”对话框,对需要兼容性优化的媒体自动进行处理。

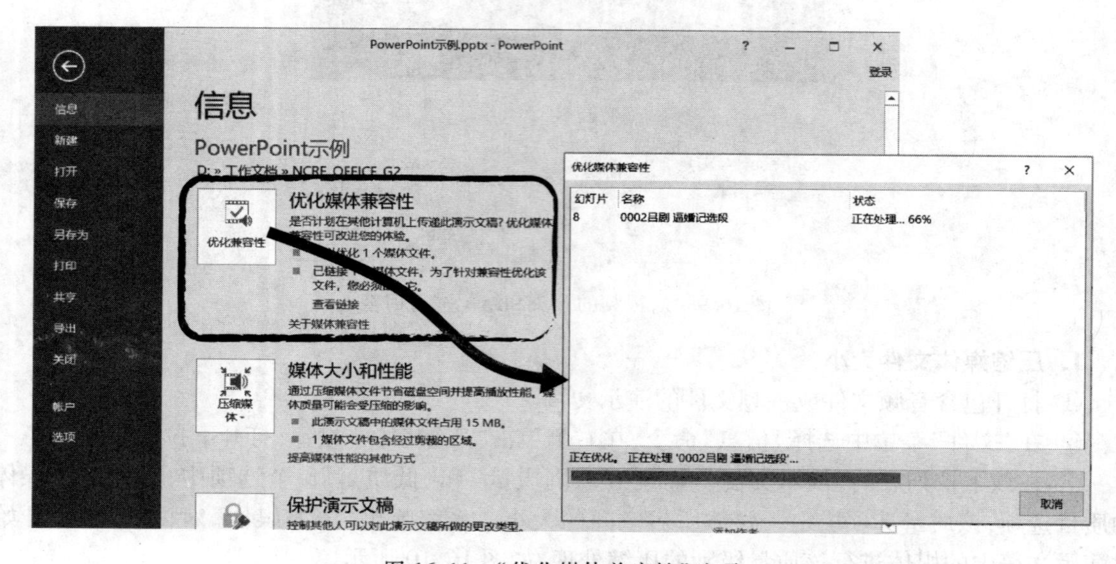

图 16.11 “优化媒体兼容性”选项

16.2 设置动画效果

为演示文稿中的文本、图片、形状、表格、SmartArt 图形和其他对象添加动画效果可以使幻灯片中的这些对象在放映的过程中按一定的规则和顺序进行特定形式的呈现,赋予它们进入、退出、大小或颜色变化甚至移动等视觉效果,既能突出重点,吸引观众的注意力,又使放映过程更加生动有趣和富有交互性。动画的使用以达意、美观、创新为优先原则,要适当而不可过度使用,太少会使演示文稿放映过程干涩乏味,过多则会分散观众的注意力,不利于重点突出和传达信息。

PowerPoint 为对象添加和设置动画,是通过功能区的“动画”选项卡和浮动任务窗格中的“动画窗格”提供的功能命令得以实现,如图 16.12 所示。

16.2.1 为文本或对象添加动画

可以将动画效果应用于个别幻灯片上的文本或对象、幻灯片母版上的文本或对象,或者自定义幻灯片版式上的占位符。

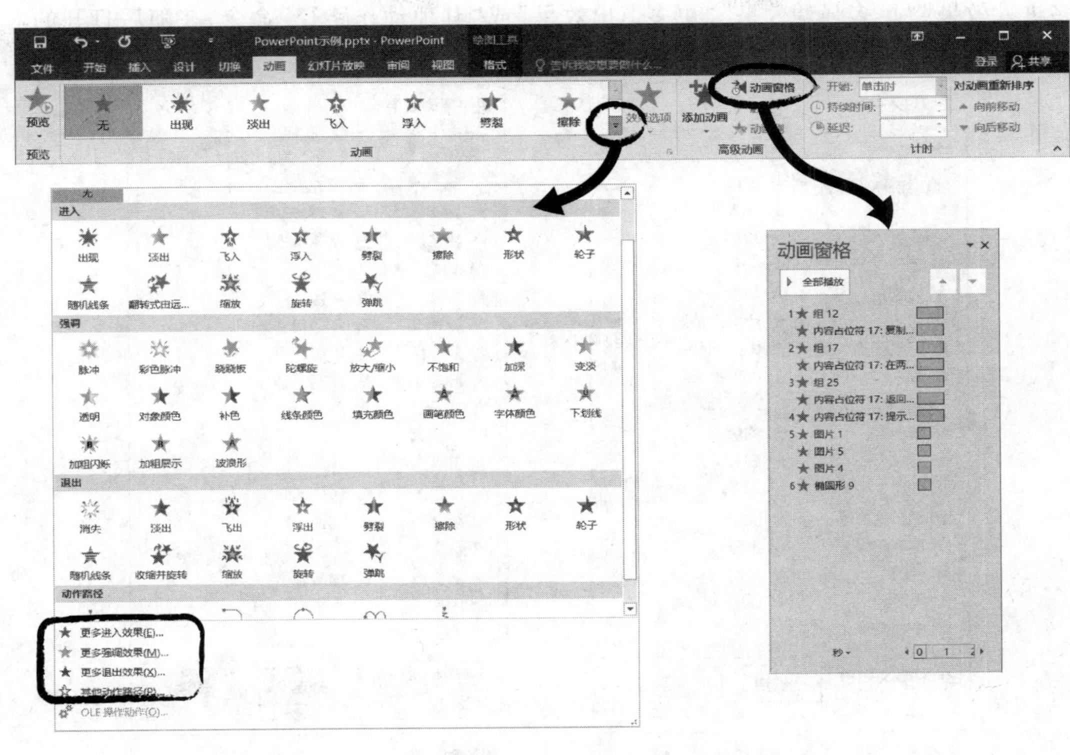

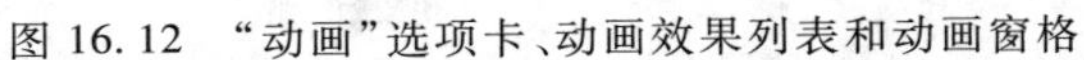
图 16.12 “动画”选项卡、动画效果列表和动画窗格

1. 动画效果的类型

PowerPoint 提供了以下 4 种不同类型的动画效果。

- “进入”效果:设置对象从外部进入或出现在幻灯片播放画面的方式。例如,可以使对象逐渐淡入焦点、从边缘飞入幻灯片或者跳入视图中等。
- “退出”效果:设置播放画面中的对象离开播放画面时的方式。例如,使对象飞出幻灯片、从视图中消失或者从幻灯片旋出等。
- “强调”效果:设置在播放画面中需要进行突出显示的对象,起强调作用。例如,使对象缩小或放大、更改颜色或沿着其中心旋转等。
- 动作路径:设置播放画面中的对象路径移动的方式。例如,使对象上下移动、左右移动或者沿着星形或圆形图案移动。

对某一文本或对象,可以单独使用任何一种动画,也可以将多种效果组合在一起。例如,可以对一行文本应用“飞入”进入效果及“放大/缩小”强调效果,使它在从左侧飞入的同时逐渐放大。

2. 为文本或对象应用动画

① 选择幻灯片中需要添加动画的文本或对象。

② 在“动画”选项卡上的“动画”选项组中单击动画样式列表右下角的“其他”按钮,打开动画效果列表,如图 16.12 左下部所示。

③ 从中单击选择所需的动画效果。如果没有在列表中找到合适的动画效果,可单击下方的

“更多进入效果”“更多强调效果”“更多退出效果”或“其他动作路径”命令，在随后打开的对话框中可查看更多效果，如图 16.13 所示。

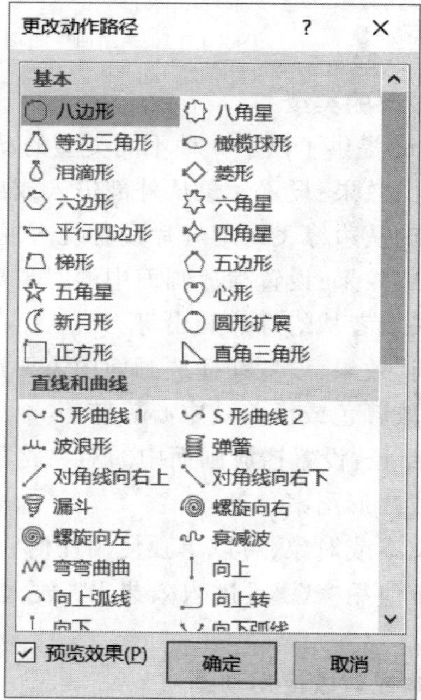

图 16.13　更多动画效果

④ 通过“动画”选项卡上的“动画”选项组中的“效果选项”进一步设置动画展现细节，详细参见第 16.2.2 节的描述。

⑤ 打开“动画窗格”,在动画窗格中将以列表的形式显示本张幻灯片中所有的动画。可以通过动画窗格中的播放按钮预览测试动画效果,或者在“动画”选项卡上的“预览”选项组中单击“预览”按钮进行预览。

提示:在将动画应用于对象或文本后,幻灯片上已制作成动画的对象会标上不可打印的编号标记,该标记显示在文本或对象旁边,用于表示动画播放顺序,单击编号标记可选择相应动画。在动画窗格的动画列表中同样也标记了动画播放编号。

用“预览”选项组中的“预览”命令,可对本张幻灯片的所有动画进行预览播放。利用动画窗格进行预览时,如果在列表中没有选中动画,则“全部播放”;如果选中了某一动画,则“播放自”该动画及其后面的动画;如果选中了多个动画,则“播放所选项”。

3. 对单个对象应用多个动画效果

可以为同一对象应用多个动画效果,操作方法是:

① 选择要添加多个动画效果的文本或对象。

② 通过“动画”选项卡上的“动画”选项组中的动画效果列表为其应用第一个动画效果。

③ 在“动画”选项卡上的“高级动画”选项组中单击“添加动画”按钮,如图16.14所示。

图16.14　添加多个动画

④ 打开下拉列表,为其添加第二个动画效果,以此类推。

4. 利用动画刷复制动画设置

利用“动画刷”功能,可以轻松、快速地将一个或多个动画从一个对象通过复制的方式应用到另一个对象上。操作方法是:

① 在幻灯片中选中已应用了动画的文本或对象。

② 在“动画”选项卡上的“高级动画”选项组中选择“动画刷”按钮。

③ 单击另一文本或对象,原动画设置即可复制到该对象。双击“动画刷”按钮,则可将同一动画设置复制到多个对象上。

5. 移除动画

① 单击包含要移除动画的文本或对象。

② 在“动画”选项卡上的“动画”选项组中,在动画列表中单击“无”;或者在幻灯片中选择该对象,此时动画窗格的动画列表中将突出显示该对象的所有动画,可以逐个删除或同时选中后删除。

16.2.2　为动画设置效果选项、计时或顺序

为对象应用动画后,可以进一步设置动画效果、动画开始播放的时间及播放速度、调整动画的播放顺序等。

1. 设置动画效果选项

① 在幻灯片中选择已应用了动画的对象。

② 在“动画”选项卡上的“动画”选项组中单击“效果选项”按钮。

③ 从下拉列表中选择某种或多种动画细节效果,如图16.15所示。

下拉列表中的可用效果选项与所选对象的类型以及应用于对象上的动画类型有关,不同的

对象、不同的动画类型可用效果选项是不同的，如图 16.15(a)“陀螺旋”和图 16.15 (b)“形状”动画的选项列表就有明显不同。也有部分动画类型不能进一步设置效果选项。

(a) 为图片应用“陀螺旋”强调动画后的效果选项

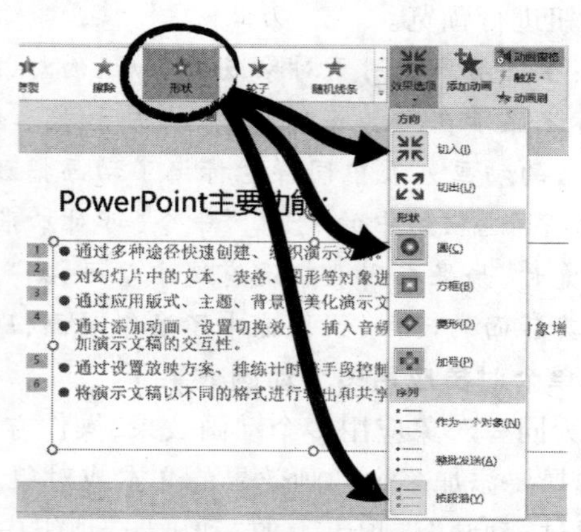

(b) 为多行文本应用“形状”进入动画后的效果选项

图 16.15　为不同的动画效果设置效果选项

④ 单击“动画”选项组右下角的“对话框启动器”按钮，将会根据所选效果弹出相应的效果设置对话框。不同的动画效果可能打开不同的对话框，如图 16.16 所示。在该对话框中，可进一步对效果选项进行设置，并可指定动画出现时所伴随的声音效果。

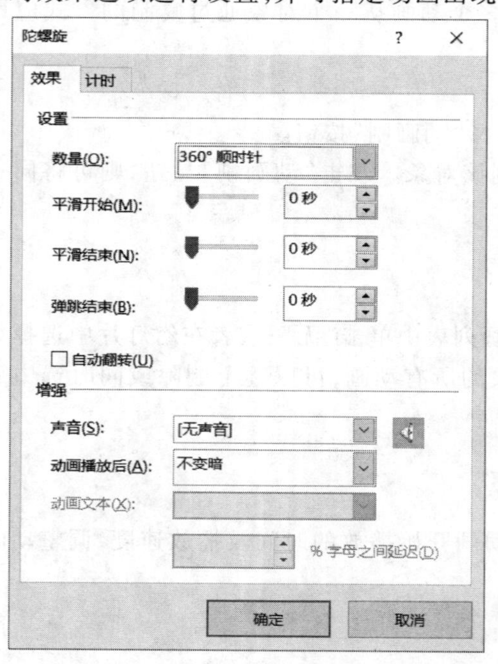

(a) “陀螺旋”强调动画的效果选项对话框

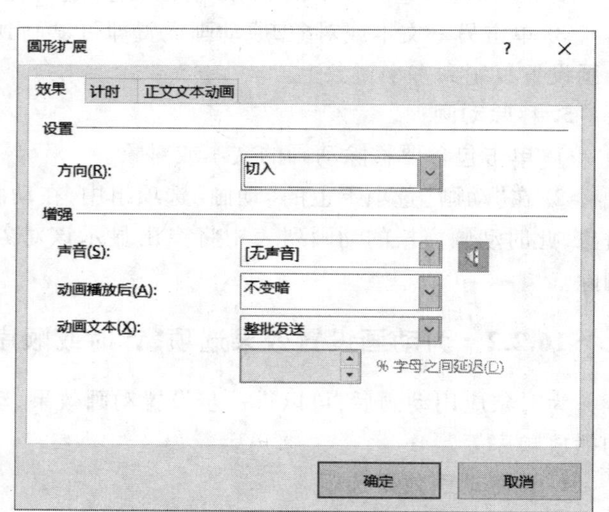

(b) “形状”进入动画的效果选项对话框

图 16.16　在对话框中进一步设置动画的效果选项

2. 为动画设置计时

在幻灯片中选择某一应用了动画的对象或对象的一部分之后，可以通过“动画”选项卡上的相应工具为该动画指定开始方式、持续时间或者延迟计时。

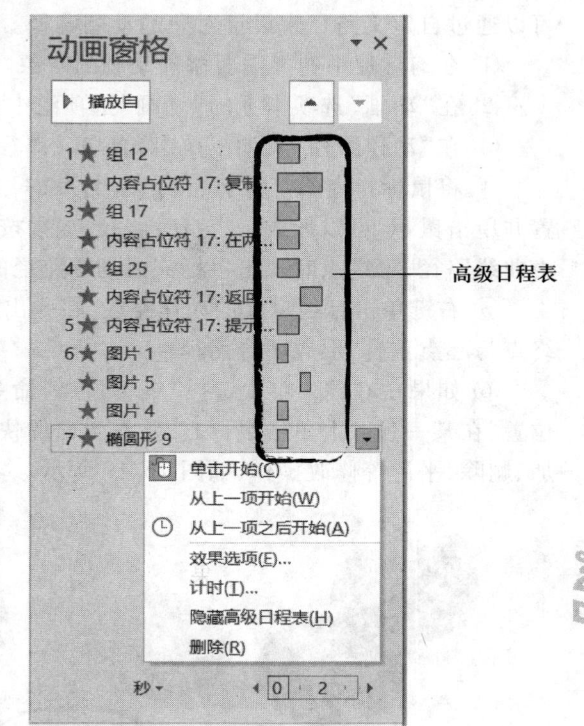

图 16.17 动画窗格

- 为动画设置开始方式：在“计时”选项组中单击“开始”右侧的下拉列表框，选择“单击时”“与上一动画同时”和“上一动画之后”中的一种，作为选中动画的启动方式。
- 设置动画将要运行的持续时间：在“计时”选项组中的“持续时间”框中输入持续的秒数。
- 设置动画开始前的延时：在“计时”选项组中的“延迟”框中输入延迟的秒数。
- 单击“动画”选项组右下角的“对话框启动器”按钮，在随后打开的如图 16.16 所示的对话框中单击“计时”选项卡，可进一步设置动画计时方式。

在动画窗格的动画列表中，结合“高级日程表”能够很直观地了解每个动画的启动方式、持续时间和延迟时间，而且通过单击每个动画条的最右侧下拉按钮弹出的下拉菜单能快捷地设置启动方式、效果选项和计时等参数，如图 16.17 所示。

动画列表的一行代表一个动画，动画条最左侧的数字序号既代表动画播放的顺序号，也代表该动画的启动方式为“单击时”；在高级日程表中绿色方块的长短代表该动画的持续时间；动画条前面没有数字序号，则表明该动画的启动方式为“与上一动画同时”或“上一动画之后”，可根据高级日程表中的绿色方块的起始位置来判断，例如，动画“内容占位符 17:在两…”设置为“与上一动画同时”，而动画“内容占位符 17:返回…”设置为“上一动画之后”。动画“图片 5”的播放起始位置明显没有与上一动画的结束位置对齐，说明该动画设置了延时。

3. 调整动画顺序

当一张幻灯片设置了多个动画效果时，默认情况下动画是按照设置的先后顺序进行播放的，但可以根据需要改变动画播放的顺序。

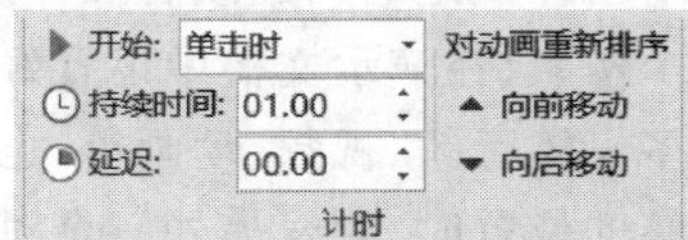

图 16.18 调整动画顺序

① 选中应用了动画的文本或对象，或者单击其左侧出现的动画编号标记；也可以在动画窗格中选择某一动画。

② 在“动画”选项卡上的“计时”选项组中，选择“对动画重新排序”下的“向前移动”使当前动画前移一位；选择“向后移动”则使当前动画后移一位，如图 16.18 所示。

提示：在动画窗格中也有上、下移动的按钮，但通过选中拖动的方式调整动画顺序更方便。

16.2.3　自定义动作路径

如图 16.13 所示，系统预设了丰富的“动作路径”类型的动画。为了满足个性化设计需求，可以通过自定义路径来设计对象的动画路径。自定义动画的动作路径的方法是：

① 在幻灯片中选择需要添加动画的对象。

② 在“动画”选项卡上的“动画”选项组中单击“其他”按钮，打开动画列表。

③ 在“动作路径”类型下单击“自定义路径”。

④ 将鼠标指向幻灯片上，当光标变为“+”时，就可以绘制动画路径了。通过不断地移动位置并单击鼠标，可以形成一个折线路径，如果按下左键自由拖动，再松开左键，则可以绘制一条自由曲线路径，至终点时双击鼠标完成动画路径的绘制，动画将会按路径预览一次。

⑤ 右键单击已经定义的动作路径，在弹出的快捷菜单中选择“关闭路径”可以使原先绘制的终点与起点重合，形成闭合路径。

⑥ 如果在右键菜单中选择“编辑顶点”命令，路径中出现若干黑色顶点。拖动顶点可移动其位置；在某一顶点上单击鼠标右键，在弹出的快捷菜单中选择相应命令可对路径上的顶点进行添加、删除、平滑等修改操作，如图 16.19 所示。

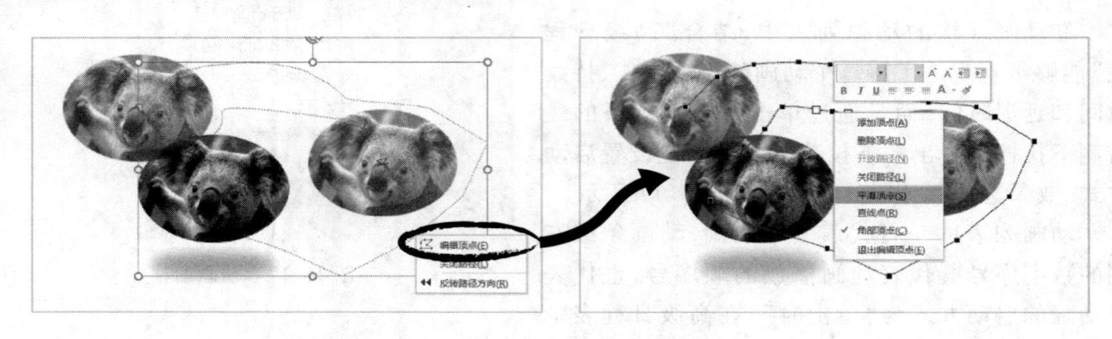

图 16.19　自定义动画的动作路径

如果为有动作路径的对象再添加一个新的动画效果，并将其设置为“与上一动画同时”，则可以在幻灯片放映过程中，可以获得移动对象的同时又呈现特定效果的情况。

16.2.4　通过触发器控制动画播放

触发器是自行制作的、可以插入到幻灯片中的、带有特定功能的一类工具，用于控制幻灯片中已经设定的动画或者媒体的播放。触发器可以是形状、图片、文本框等对象，其作用相当于一个按钮，在演示文稿中设置好触发器功能后，单击触发器将会触发一个操作，该操作可以是播放多媒体音频、视频、动画等，也可以是音频或视频剪辑中的某一个书签，当音频或视频播放到该书签的位置时，触发另外一个对象的动画或者是视频和音频的播放。

1. 图形对象作为触发器

利用形状、文本框、艺术字、图片、SmartArt 图形等图形对象作为触发器，控制动画、音频和视频播放，方法如下：

① 首先在幻灯片中插入一个图形对象，作为动画、音频或视频播放的触发器。一般情况下，

图形不宜太大、文字不宜过多、结构不宜太复杂，并建议对该对象在“选择窗格”的对象列表中对其重命名。

② 在幻灯片中选中一个音频或视频对象，或者一个已经设置好动画效果的对象，此时在“动画”选项卡“高级动画”选项组中的“触发”按钮将变为有效状态。

③ 单击“触发”按钮，弹出下拉菜单，鼠标移动到“单击”项上会在右侧弹出一个包含本张幻灯片所有对象的列表，在列表中选择用于触发器的对象，如图 16.20 所示的“图片触发器 1”。

④ 在幻灯片中，设置了触发器的对象的右上角处会出现一个触发器图标，放映此张幻灯片时，该对象原来设置的动画启动方式都将失效。只有单击触发器对象，如图 16.20 中的“图片触发器 1”（六边形形状），才能播放与之关联的动画或音频、视频。

图 16.20　为幻灯片上的对象指定“单击”触发器

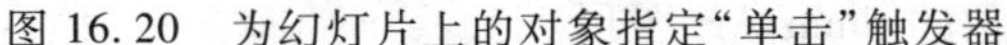

2. 书签作为触发器

利用音频剪辑或视频剪辑中设置的书签作为触发器，也可以控制动画、音频和视频的播放。在幻灯片放映过程中，当音频或视频播放到书签标记的位置时，可以触发动画播放，或者另外一个音频、视频的播放。方法如下：

① 在幻灯片中插入一个音频或视频对象。以音频对象为例，选中该对象，在其下显示的播放控制条的进度上单击并按住鼠标左键拖动到某一位置，在“音频工具|播放”选项卡上的“书签”选项组中单击“添加书签”命令，此时会在音频对象播放进度条的当前位置插入一个小圆点（黄色圆点表明当前选中书签，否则为白色圆点），即为书签标志，同时“添加书签”命令失效，“删除书签”命令变为有效，可以利用它来删除某个选中的书签。

② 在幻灯片中选中另外一个音频或视频对象，或者一个已经设置好动画效果的对象，单击“动画”选项卡“高级动画”选项组中的“触发”按钮，在其下拉菜单中将鼠标移动到“书签”项上，右侧将弹出包含本张幻灯片上所有音频或视频对象及其书签的列表，选择某个音频、视频对象下的某个书签，即将该书签设置为播放对象的触发器，此时列表中该书签的前面会有一个勾选标

志，如图 16.21 所示。再次用同样的方法单击同一个书签，则会取消该书签触发器。

③ 在幻灯片中，设置了触发器的对象的右上角处会出现一个触发器图标，放映此张幻灯片时，当音频或视频播放到书签位置时，将触发与之关联的动画、音频或视频的播放。

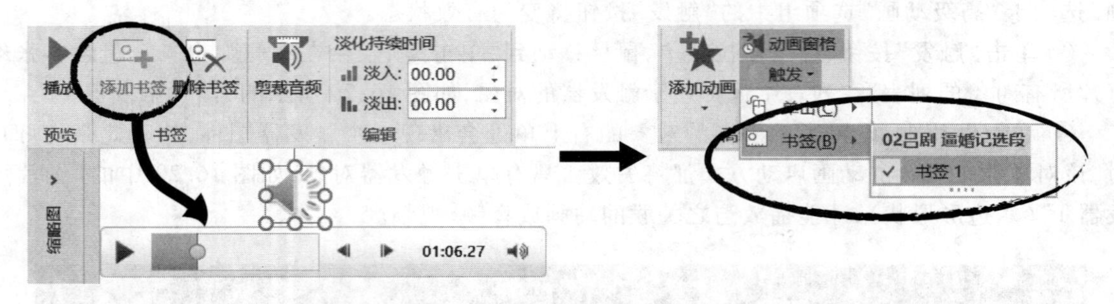

图 16.21　为幻灯片上的对象指定“书签”触发器

16.2.5　为 SmartArt 图形添加动画

SmartArt 图形是一类特殊的对象，它以分层次的图示方式展示信息。因为其中文本或图片的分层显示，所以可以通过应用并设置动画效果来创建动态的 SmartArt 图形以达到进一步强调或分阶段显示各层次信息的目的。

可以将整个 SmartArt 图形制成动画，或者只将 SmartArt 图形中的个别形状制成动画。例如，可以创建一个按级别飞入的组织结构图。不同的 SmartArt 图形布局，可以应用的动画效果也可能不同。当切换 SmartArt 图形布局时，已添加的任何动画将会传送到新布局中。

1. 为 SmartArt 图形添加动画并设置效果选项

与为文本或其他对象添加动画的方法相同，但是由于 SmartArt 图形的特殊结构，其效果选项有特殊的设置方式。

① 单击选中要应用动画的 SmartArt 图形。

② 在“动画”选项卡“动画”选项组的动画列表中选择某一动画，如“浮入”。

③ 在“动画”选项卡上的“动画”选项组中单击“效果选项”按钮。

④ 在弹出的下拉列表中，下半部分为“序列”组，共有“作为一个对象”“整批发送”“逐个”“一次级别”和“逐个级别”5 个选项，如图 16.22 所示，单击选中其中一个选项，即可获得相应的动画播放效果，同时在动画窗格的动画列表中显示对应的播放顺序和组合。

对于不同的 SmartArt 图形类型，或者设置了不同的动画，在“效果选项”的序列组中可选的选项可能会不同，通常为上述的 5 种。

• 作为一个对象：将整个 SmartArt 图形当作一个大图片或对象来应用动画。

整批发送：同时将 SmartArt 图形中的全部形状制成动画。当动画中的形状旋转或增长时，该动画与“作为一个对象”的不同之处会很明显。使用“整批发送”时，每个形状单独旋转或增长。使用“作为一个对象”时，整个 SmartArt 图形旋转或增长。

• 逐个：一个接一个地将每个形状单独地制成动画并一个接一个地播放。

• 逐个按分支：同时将相同分支中的全部形状制成动画。该动画适用于组织结构图或层次结构布局的分支，与“逐个”相似。放映时，先播放一个分支中的每个图形，再接着播放下一个分

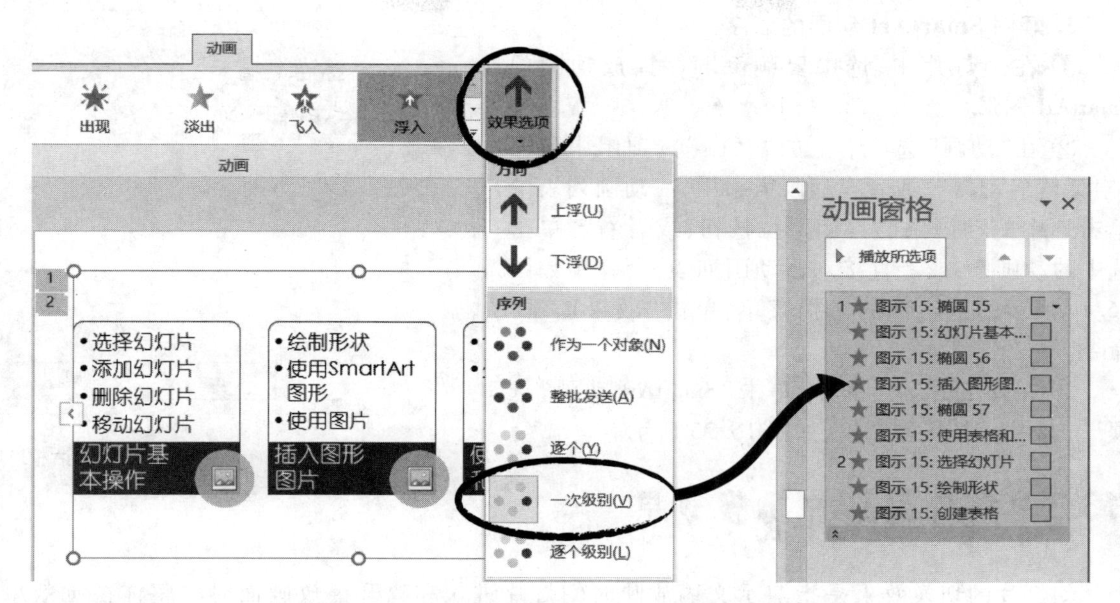

图 16.22 为 SmartArt 图形设置更丰富的动画效果选项

支中的每个图形。

- 一次按级别:同时将相同级别的全部形状制成动画。放映时,依次播放每个级别,同一个级别中的图形同时播放。如果有一个布局,其中 3 个形状包含 1 级文本,3 个形状包含 2 级文本,则首先将包含 1 级文本的 3 个形状一起制成动画并播放,然后再将包含 2 级文本的 3 个形状一起制成动画并播放。
- 逐个按级别:首先按照级别将 SmartArt 图形中的形状制成动画,然后再在级别内单个地进行动画制作。放映时,先逐个播放同一级别中的图形,再逐个播放下一级别中的图形。例如,如果有一个布局,其中,4 个形状包含 1 级文本,3 个形状包含 2 级文本,则首先将包含 1 级文本的 4 个形状中的每个形状单独地制成动画并依次播放,然后再将包含 2 级文本的 3 个形状中的每个形状单独地制成动画并依次播放。

2. 为 SmartArt 图形中的个别对象添加动画效果

当为 SmartArt 图形应用动画时,一般情况下,SmartArt 图形中的所有形状均会被设置为相同的动画效果,可以为组合图形中的个别形状单独指定不同的动画。

① 选中 SmartArt 图形,为其应用某个动画。

② 在“动画”选项卡上的“动画”选项组中单击“效果选项”,然后选择“逐个”命令。

③ 在“动画”选项卡上的“高级动画”选项组中单击打开“动画窗格”。

④ 在“动画窗格”列表中,单击“展开”图标按钮将 SmartArt 图形中的所有形状显示出来。

⑤ 在“动画窗格”列表中单击选择某一形状,在“动画”选项卡上的“动画”选项组中为其应用另一动画效果。

提示:有些动画无法应用于 SmartArt 图形中的个别形状,此时这些效果将显示为灰色。如果要使用无法用于 SmartArt 图形的动画效果,可右键单击 SmartArt 图形,从快捷菜单中单击“转换为形状”,然后将形状制成动画。

3. 颠倒 SmartArt 动画的顺序

① 在幻灯片中，选中要颠倒顺序播放动画的 SmartArt 图形。

② 在“动画”选项卡上的“动画”选项组中单击“对话框启动器”；或者在动画窗格中，在动画列表中单击选中的动画条的右侧下拉按钮，或者右键单击选中的动画条，或者直接双击动画列表，会弹出如图 16.17 所示的下半部的下拉菜单，单击“效果选项”命令。

③ 在弹出的对话框中，单击“SmartArt 动画”选项卡，选中“倒序”复选框，如图 16.23 所示。

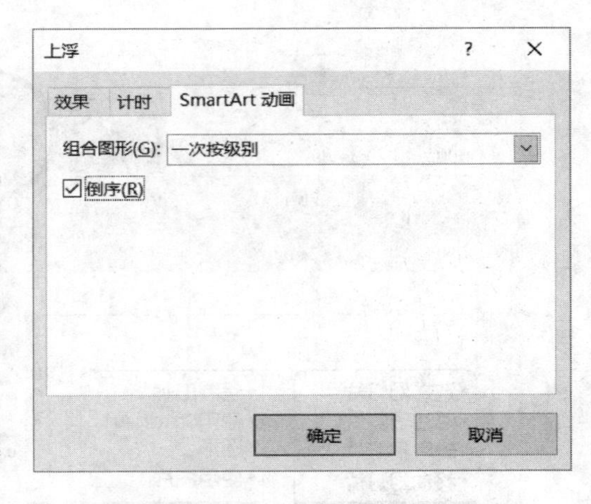

图 16.23 SmartArt 图形动画效果对话框

16.3 设置幻灯片切换效果

幻灯片的切换效果是指演示文稿放映时幻灯片进入和离开播放画面时的整体视觉效果。PowerPoint 提供多种切换样式，设置恰当的切换效果可以使幻灯片的过渡衔接更为自然，提高演示的吸引力。可以控制切换效果的速度，添加声音，还可以自定义切换效果的属性。

16.3.1 向幻灯片添加切换方式

① 选择要添加切换效果的一张或多张幻灯片，如果选择节名，则同时为该节的所有幻灯片添加统一的切换效果。

② 在“切换”选项卡上的“切换到此幻灯片”选项组中打开切换方式列表，从中选择一个切换效果，如图 16.24 所示。

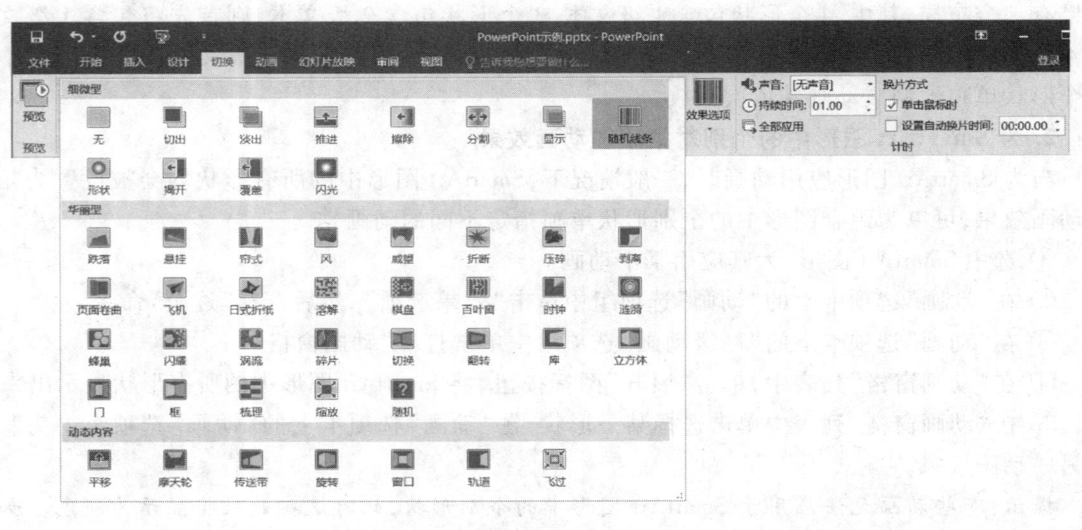

图 16.24 选择幻灯片切换方式

③ 如果希望全部幻灯片均采用该切换方式，可单击“计时”选项组中的“全部应用”按钮。

④ 在“切换”选项卡上的“预览”选项组中单击“预览”命令，可预览当前幻灯片的切换效果。

16.3.2 设置幻灯片切换属性

幻灯片切换属性包括效果选项、换片方式、持续时间和声音效果，如可设置“自左侧”效果、“单击鼠标时”换片、“打字机”声音等。

① 选择已添加了切换效果的幻灯片。

② 在“切换”选项卡上的“切换到此幻灯片”选项组中单击“效果选项”按钮，在打开的下拉列表中选择一种切换属性。不同的切换效果类型可以有不同的切换属性，如图 16. 25 所示。

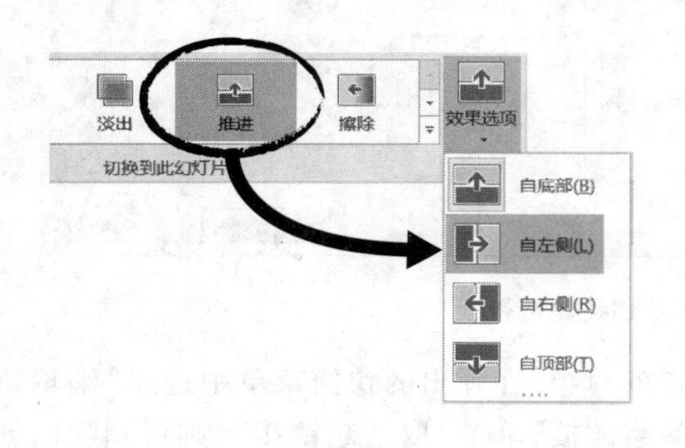

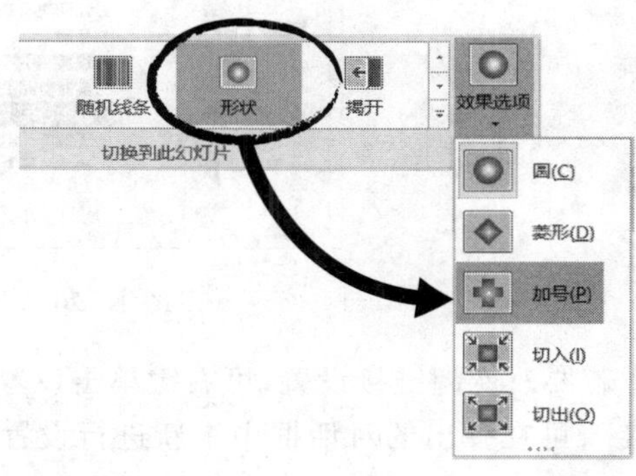
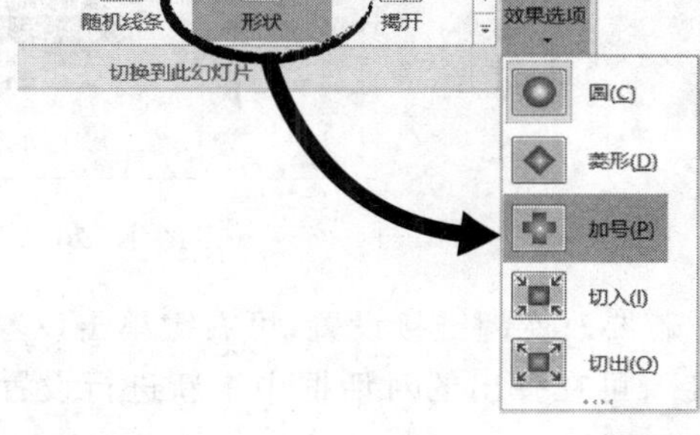

图 16. 25 为切换效果设置属性

③ 在“切换”选项卡上的“计时”选项组右侧可设置换片方式。其中，“设置自动换片时间”表示经过该时间段后自动切换到下一张幻灯片。

④ 在“切换”选项卡上的“计时”选项组左侧可设置切换时伴随的声音。单击“声音”框右侧的黑色三角箭头，在弹出的下拉列表中选择一种切换声音；在“持续时间”框中可设置当前幻灯片切换效果的持续时间。

16.4 幻灯片的链接跳转

幻灯片放映时可以通过使用超链接和动作按钮来增加演示文稿的交互效果。通过超链接和动作，可以在将当前放映的幻灯片跳转到其他幻灯片或者外部文件、程序和网页上，起到演示文稿放映过程的导航作用，或者加载其他外部内容的效果。

16.4.1 创建超链接

可以为幻灯片中的文本或形状、艺术字、图片、SmartArt 图形等对象创建超链接。

① 在幻灯片中选择要建立超链接的文本或对象。

② 在“插入”选项卡上的“链接”选项组中单击“超链接”按钮，打开“插入超链接”对话框。

③ 在左侧的“链接到”下方选择链接类型，在右侧指定需要链接的文件、幻灯片、新建文档信息或电子邮件地址等，如图 16. 26 所示。

④ 单击“确定”按钮，在指定的文本或对象上添加了超链接，其中带有链接的文本将会突出显示并带有下画线。在放映时鼠标移动至带链接的文本或对象上时，会变成手型图标，单击该链接即可实现跳转。

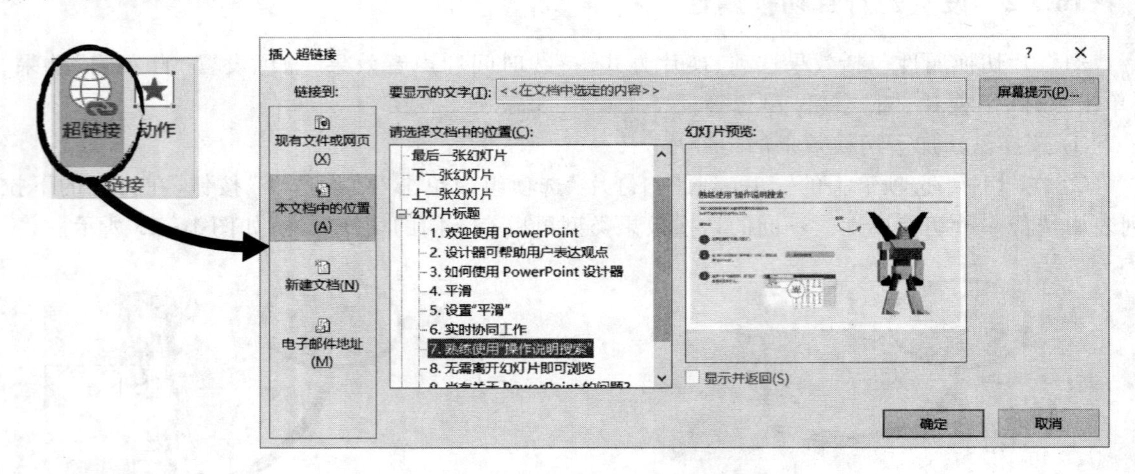

图 16. 26 为文本或对象创建超链接

若要改变超链接设置，可右键单击设置了超链接的对象，在弹出的快捷菜单中选择“编辑超链接”，可在弹出的对话框中重新进行设置或者删除超链接；单击“取消超链接”，则可删除已创建的超链接。

16.4.2 设置动作

可以将演示文稿中的内置按钮形状作为动作按钮添加到幻灯片，并为其分配单击鼠标或鼠标移过动作按钮时将会执行的动作。还可以为图片或 SmartArt 图形中的文本等对象分配动作。添加动作按钮或为对象分配动作后，在放映演示文稿时通过单击鼠标或鼠标移过动作按钮完成幻灯片跳转、运行特定程序、播放音频和视频等操作。

1. 添加动作按钮并分配动作

① 在“插入”选项卡上的“插图”选项组中单击“形状”按钮，然后在“动作按钮”分组下单击要添加的按钮形状。

② 在幻灯片上的某个位置单击并通过拖动鼠标绘制出按钮形状。

③ 当放开鼠标时，弹出“操作设置”对话框，在该对话框的“单击鼠标”或“鼠标悬停”选项卡中设置该按钮形状关联的触发操作，如图 16. 27 所示。

④ 若要播放声音，应选中“播放声音”复选框，然后选择动作发生时要播放的声音。

⑤ 单击“确定”按钮完成设置。

2. 为图片或其他对象分配动作

① 选择幻灯片中的文本、图片或者其他对象。

② 在“插入”选项卡上的“链接”选项组中单击“动作”按钮，打开“操作设置”对话框。

③ 在对话框中设置动作的效果、选择动作发生时要播放的声音。

④ 单击“确定”按钮完成设置。

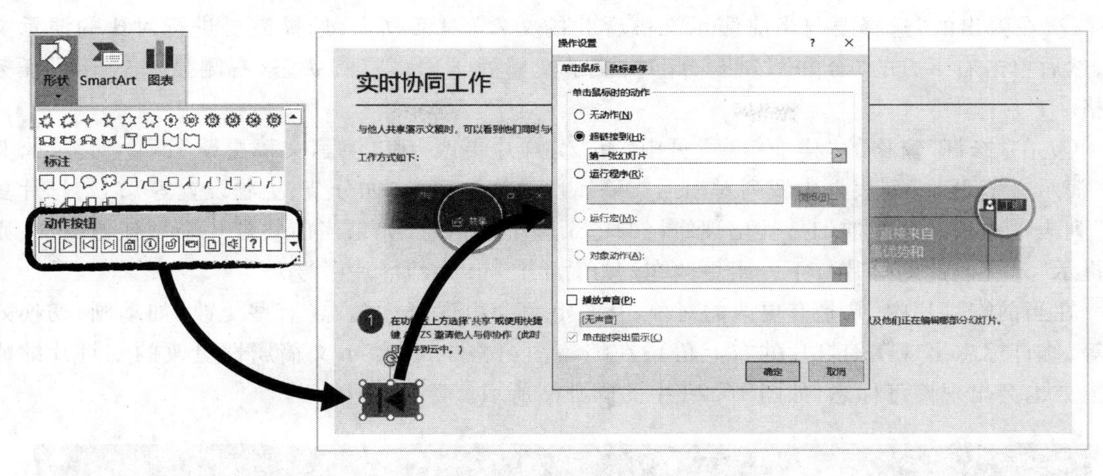

图 16.27　添加动作按钮并分配动作

16.5 审阅并检查演示文稿

通过对演示文稿的审阅和检查,可以保证演示文稿在放映或传递之前将失误降至最低。

16.5.1　审阅演示文稿

通过如图 16.28 所示的"审阅"选项卡上的相关工具,可以对演示文稿进行拼写与语法检查、中文简体/繁体相互转换、添加和编辑批注,并可实现不同演示文稿的比较与合并,其操作方法与 Word 中类似功能基本相同。同时,PowerPoint 还提供了对文本词句的在线翻译、英文同义词查询功能,可通过单击"语言"选项组里的"翻译"按钮和"校对"选项组里的"同义词库"按钮,分别会在任务窗格区中显示"信息检索"窗格和"同义词库"窗格,从中进行操作和浏览。

图 16.28　"审阅"选项卡

16.5.2　比较演示文稿

演示文稿的设计制作,通常会产生过程稿,也会因协同工作产生多个版本,还会因共享或征求意见而产生修订稿。同一演示目的多个文稿版本有时会令人困扰,PowerPoint 虽然未提供 Word 的"修订"功能,但也可通过演示文稿的"比较"功能,辅助制作者完成修订审阅工作。

对两个演示文稿进行比较,并对修订部分进行审阅的操作如下:

① 在打开的演示文稿中,单击"审阅"选项卡上的"比较"选项组中的"比较"命令。

② 在弹出的“选择要与当前演示文稿合并的文件”对话框中,选择需要进行对比的演示文稿,然后单击右下方的“合并”按钮。此时,演示文稿处于修订审阅状态,右侧显示“修订”任务窗格。

③ 在“修订”窗格的“详细信息”页中,有“幻灯片更改”和“演示文稿更改”两个列表框,其中“演示文稿更改”列表框中罗列对演示文稿属性的修订记录(如分节、主题设置等),“幻灯片更改”列表框中仅罗列当前幻灯片出现修订的记录和批注信息,如果当前幻灯片未做任何修改,则会提示“未更改此幻灯片。下一组更改在幻灯片 i 上”(i 为幻灯片序号)。

在当前幻灯片中,凡是有更改的对象,其右上角会出现修订标志(有些更改,如动画、切换效果等,修订标志出现在幻灯片的右上角);在缩略图窗格中,对演示文稿属性更改的幻灯片缩略图上方也会出现修订标志,如图 16.29 中的椭圆圈所示。

图 16.29 通过“比较”功能进入演示文稿审阅状态

④ 单击“幻灯片更改”或“演示文稿更改”列表框中的某条修订记录,或者直接单击幻灯片上的修订标志,在修订标志的右侧会弹出该修订的具体更改项,勾选某项更改等同于单击“审阅”选项卡中“比较”选项组中的“接受”命令,表明接受修订,不勾选代表拒绝修订,如图 16.29 所示。

⑤ 单击“审阅”选项卡上的“比较”选项组中的“接受”或“拒绝”命令下方的下拉按钮,则会弹出命令菜单,用于接受或拒绝单个修订、当前幻灯片所有修订或者当前演示文稿所有修订。

16.5.3 检查演示文稿

在共享、传递演示文稿之前,通过检查功能,可以找出演示文稿中的兼容性问题、隐藏属性以及一些个人信息。也许需要将其中的个人信息删除。

① 单击“文件”菜单,选择“信息”命令。

② 单击“检查问题”按钮，打开下拉列表，从中选择需要检查的项目，如图 16.30 所示。

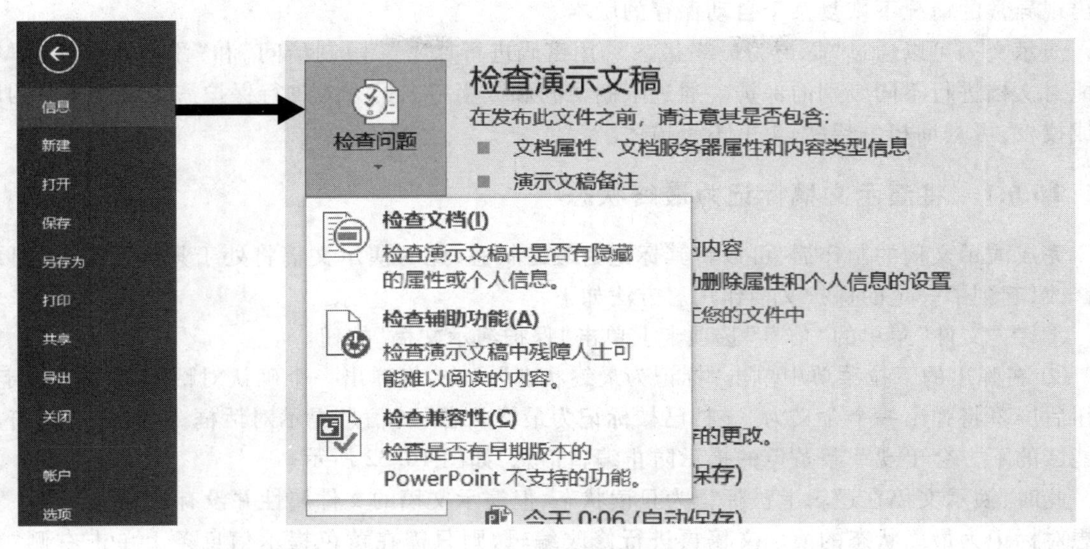

图 16.30 “检查问题”下拉列表

③ 单击其中的“检查文档”命令，打开“文档检查器”对话框，从中勾选需要检查的内容，单击“检查”按钮，将会对演示文稿中隐藏的属性及个人信息进行检查，并将结果显示在列表中，如图 16.31 所示。单击检查结果右侧的“全部删除”按钮，可删除相关信息。

图 16.31 检查并删除幻灯片中的隐藏信息

16.6 保护与管理演示文稿

演示文稿的制作是一项设计性、创新性工作，形成的成果可能属于知识产权、商业秘密或者隐私的范畴，也需要进行保护。在制作的过程中，经常保存和另存演示文稿是一个良好的工作习

惯,但制作者有时工作太投入而难以做到,PowerPoint 提供了周期性自动保存的功能,为制作者在出现异常的情况下恢复某个自动保存的版本。

演示文稿可以通过"标记为最终状态""用密码进行加密""限制访问"和"添加数字签名"等功能对文档进行不同级别的保护。通过限制访问和数字签名的方式进行保护需要获得相应的服务或授权,可查询相关帮助,本书不予描述。

16.6.1 将演示文稿标记为最终状态

完成演示文稿的制作后,可以将其标记为最终状态,此时演示文稿将处于只读状态,不可编辑修改,起到了一定的保护文档作用。方法如下:

① 在"文件"菜单的"信息"选项卡上单击"保护演示文稿"按钮。

② 在弹出的下拉菜单中单击"标记为最终状态"命令,将弹出一个确认对话框,单击"确定"按钮后屏幕将弹出一个含义为"文档已被标记为最终状态"的信息提示对话框,同时在工作窗口功能区的下方会出现一条黄色的提示防止编辑信息,如图 16.32 所示。

此时,演示文稿在逻辑上被标记为只读状态,但演示文稿的文件属性并没有设置为只读。如果想对标记为最终状态的演示文稿再进行修改编辑,则只需在黄色提示信息条上单击右侧"仍然编辑"按钮,就可以取消最终状态的标记。

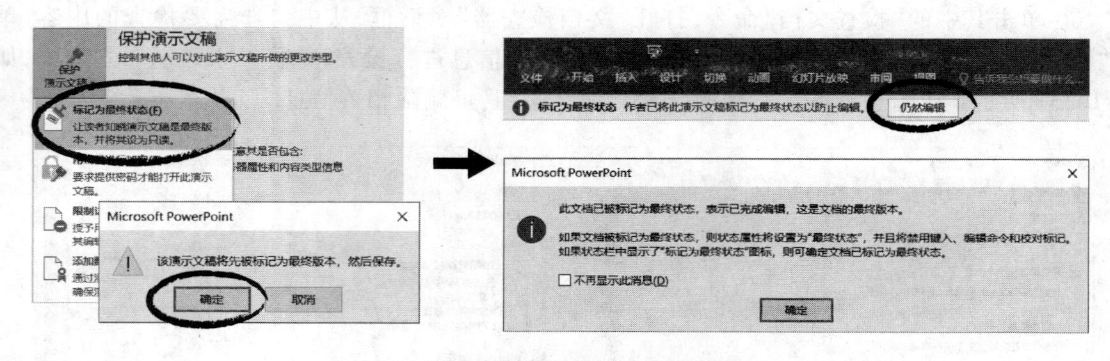

图 16.32 将演示文稿标记为最终状态

16.6.2 用密码保护演示文稿

为了避免演示文稿被非法打开或内容泄露,可以通过密码保护的方式对演示文稿进行加密,PowerPoint 在打开演示文稿文件时会要求输入密码,密码输入正确后才能加载该演示文稿的内容。方法如下:

① 在"文件"菜单的"信息"选项卡上单击"保护演示文稿"按钮。

② 在弹出的下拉菜单中单击"用密码进行加密"命令。

③ 在弹出的"加密文档"对话框的"密码"编辑框中输入要设置的密码,单击"确定"按钮。

④ 再次弹出一个"确认密码"对话框,输入同样的密码后单击"确定"按钮,即可完成演示文稿密码的设置,如图 16.33 所示。

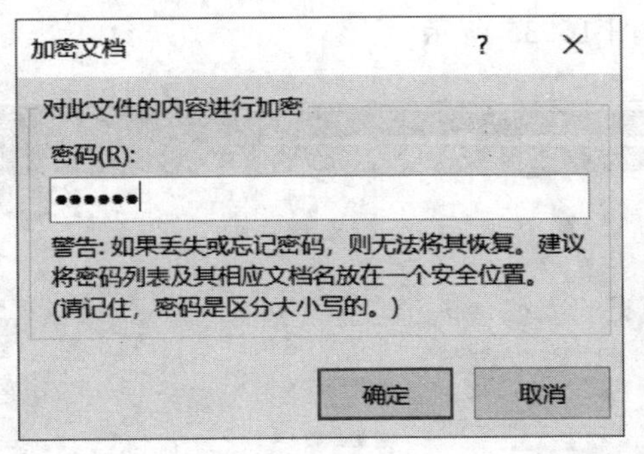

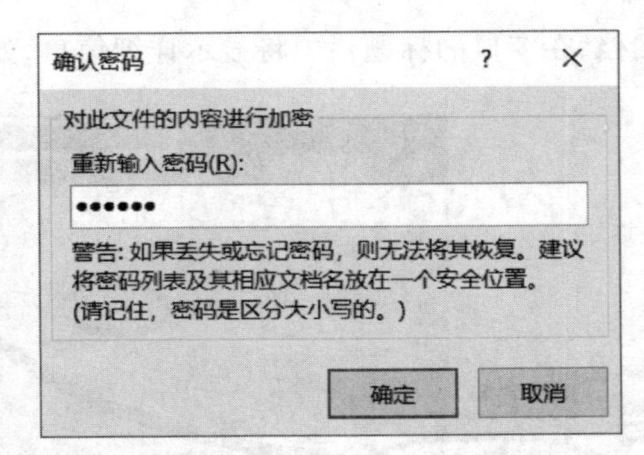

图 16.33 为演示文稿设置密码保护

此时，在“文件”菜单的“信息”选项卡中，“保护演示文稿”按钮及其说明信息的位置将出现黄色底纹，如图 16.34(a)所示。打开一个用密码保护的演示文稿，在加载演示文稿内容之前会出现如图 16.34(b)所示的“密码”对话框，只有输入正确密码并单击“确定”按钮，演示文稿内容才会被加载。

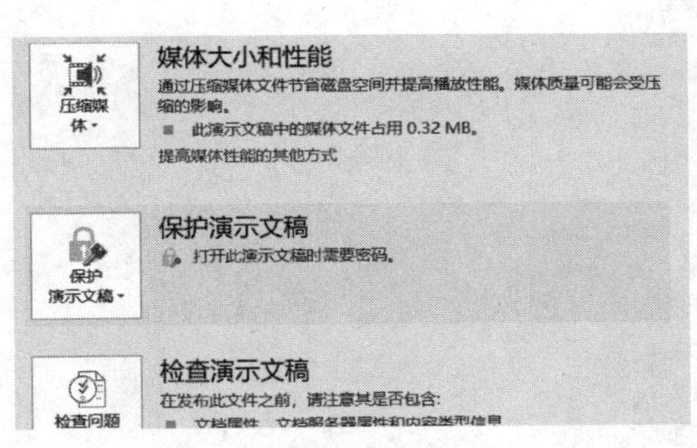

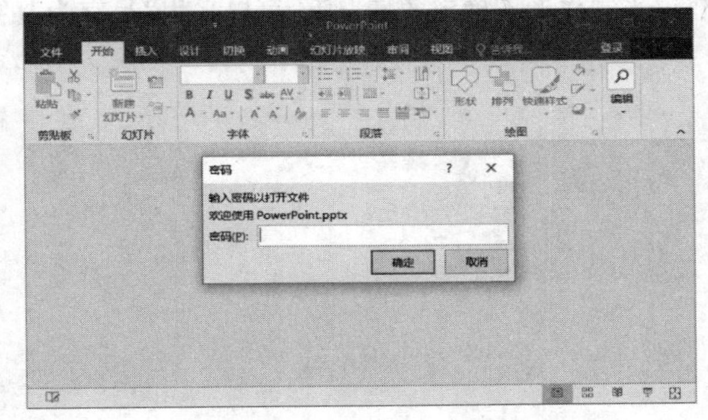

(a) 黄色底纹的“保护演示文稿”按钮　　(b) 密码保护的演示文稿打开时要求输入密码

图 16.34 密码保护的演示文稿

如果想取消演示文稿的密码保护，那么在正确打开该演示文稿后，单击“用密码进行加密”命令，在弹出的“加密文档”对话框的“密码”编辑框中删除所有“ • ”号，然后单击“确定”按钮即可删除密码。

16.6.3 管理在制作过程中未保存的演示文稿

长时间的制作演示文稿，可能会由于制作者未能及时保存或另存阶段成果，当出现电脑故障或错误操作时将痛失部分工作成果。如何减少损失是演示文稿创作者极为关注的问题。PowerPoint 提供了周期性自动保存的功能，为制作者在出现异常的情况下恢复某个自动保存的版本。

可以通过“文件”菜单的“信息”选项卡中的“保护演示文稿”按钮下拉菜单提供的“恢复未保存的演示文稿”功能，选择一个系统自动保存的版本文件进行恢复；更快捷的方式是，如果长时间未保存演示文稿，在“管理演示文稿”的提示信息下，会列出一组以时间为序的自动保存版本信息，单击某条自动保存信息，PowerPoint 会新打开一个工作窗口，以只读的方式打开自动保

存的文档，在窗口的标题栏中将显示详细信息，如图 16.35 所示。

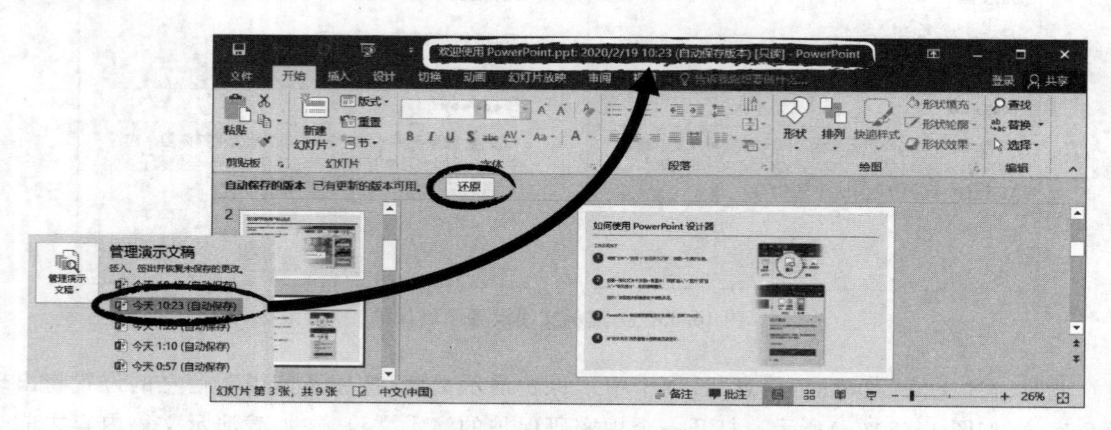

图 16.35 将演示文稿还原为某一自动保存的版本

如果单击功能区下方提示信息条上的“还原”按钮，系统会提示是否覆盖上次保存的版本。建议当制作者不确定的情况下，可以采用“另存为”的方式，对恢复的版本进行保存。

第 17 章 放映与共享演示文稿

设计和制作完成后的演示文稿需要面对观众或听众进行放映演示才能达到最终的目的。由于使用场合的不同,PowerPoint 提供幻灯片放映设置功能;为了方便与他人共享信息,还可以将演示文稿打包输出、转换其他格式输出并可进行打印。

17.1 放映演示文稿

幻灯片放映视图会占据整个计算机屏幕,放映过程中可以看到图形、计时、电影、动画效果和切换效果在实际演示中的具体效果。

演示文稿制作完成后,可通过下述方法进入幻灯片放映视图观看幻灯片演示效果:

① 按 F5 键。

② 按 Shift+F5 组合键。

③ 在“幻灯片放映”选项卡上的“开始放映幻灯片”选项组中单击“从头开始”按钮。

④ 在“幻灯片放映”选项卡上的“开始放映幻灯片”选项组中单击“从当前幻灯片开始”按钮。

⑤ 在工作窗口右下方的视图/窗格切换区中单击“幻灯片放映”快捷命令。

其中,①、③ 方式为从第一张幻灯片开始播放,②、④、⑤ 方式为从当前幻灯片开始播放。

在播放过程中,键盘和鼠标是最常规、最方便的播放控制手段。例如,按空格、Enter、PageDown、↓、→键,单击鼠标左键,轻微向后滚动鼠标滚轮,可以播放下一动画或切换到下一幻灯片;按 Backspace、PageUp、↑、←键,轻微向前滚动鼠标滚轮,可以返回上一动画或上一幻灯片;按 Home 键,跳转到第一张幻灯片;按 End 键,跳转到最后一张幻灯片;按 Esc 键,可退出幻灯片放映。

17.1.1 幻灯片放映控制

幻灯片可以通过不同的放映方式进行放映,可以在放映过程中添加标记,还可以做一些特殊控制。

1. 隐藏幻灯片

选择需要隐藏的幻灯片,在“幻灯片放映”选项卡上的“设置”选项组中单击“隐藏幻灯片”按钮,或者在缩略图窗格中右键单击要隐藏的幻灯片,在弹出的快捷菜单中单击“隐藏幻灯片”命令,可将该幻灯片设置为隐藏,被隐藏的幻灯片在放映过程中将被跳过。

同样的方式再次单击“隐藏幻灯片”命令，则会将已经隐藏的幻灯片取消隐藏。

2. 设置放映方式

① 打开要放映的演示文稿，在“幻灯片放映”选项卡上的“设置”选项组中单击“设置幻灯片放映”按钮，打开“设置放映方式”对话框，如图 17.1 所示。

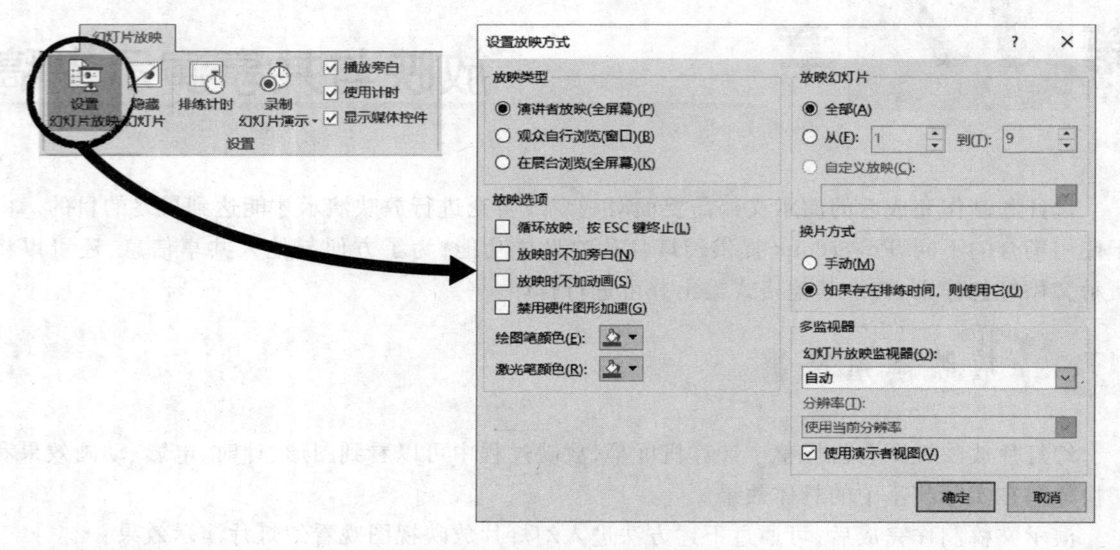

图 17.1 “设置放映方式”对话框

② 在“放映类型”组中，选择恰当的放映方式，其中，

• 演讲者放映（全屏幕）：演讲者放映是全屏幕放映，这种放映方式适合会议或教学的场合，放映过程完全由演讲者控制。

• 观众自行浏览（窗口）：若展览会上允许观众交互式控制放映过程，则适合采用这种方式。它允许观众利用窗口命令控制放映进程，观众可以利用窗口右下方的左、右箭头，分别切换到前一张幻灯片和后一张幻灯片（或按 PageUp 和 PageDown 键），利用两箭头之间的“菜单”命令，将弹出放映控制菜单，利用菜单的“定位至幻灯片”命令，可以方便快速地切换到指定的幻灯片，按 Esc 键可以终止放映。

• 在展台浏览（全屏幕）：这种放映方式采用全屏幕放映，适用展示产品的橱窗和展览会上自动播放产品信息的展台。可手动播放，也可采用事先排练好的演示时间自动循环播放。此时，观众只能观看不能控制。

③ 在“放映幻灯片”组中，可以选择播放全部，也可以通过设定开始序号和终止序号来确定幻灯片的放映范围。也可以选择“自定义放映”下拉列表中的某种方案进行播放，自定义放映的设置方法参见第 17.1.4 小节的描述。

④ 在“换片方式”组中，可以选择控制放映时幻灯片的换片方式。“演讲者放映（全屏幕）”和“观众自行浏览（窗口）”放映方式通常采用“手动”换片方式；而“在展台浏览（全屏幕）”方式通常进行了事先排练，可选择“如果存在排练时间，则使用它”换片方式，令其自行播放。

⑤ 在“放映选项”组中，可以对放映过程中的某些选项进行设置，如是否放映旁白和动画、放映时标记笔的颜色设置等。

⑥ 在“多监视器”组中，当计算机连接了多个监视器（包含显示器、投影仪等显示设备）时，可以进行设置以获得最合适的演示效果。在“幻灯片放映监视器”下拉列表中，除了“自动”外，还会罗列出计算机连接的所有监视器，选择某个监视器，则幻灯片就在那个监视器上放映；如果选择“自动”，则默认在“监视器 2”中放映，如果勾选了“使用演示者视图”，则在“监视器 2”中放映幻灯片的同时，在“主要监视器”上会放映演示者视图，如图 17.2 所示。

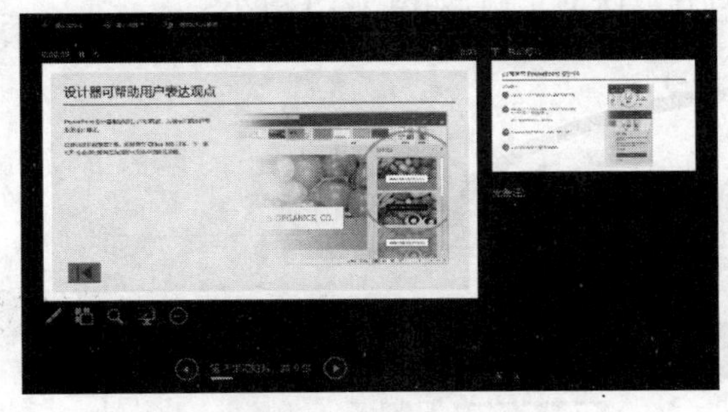

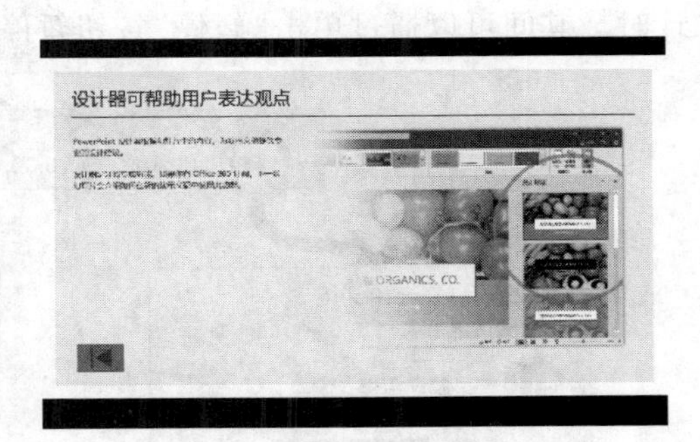

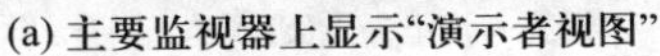

(a) 主要监视器上显示“演示者视图”　　(b) 监视器2上显示“全屏幻灯片放映视图”

图 17.2　利用“演示者视图”进行多监视器放映

在图 17.2（a）所示的“演示者视图”中，左侧显示的内容与全屏放映视图一致，并可以进行幻灯片的放映控制；右侧上半部分显示下一张或下一个动画的幻灯片缩略图，下半部分显示当前幻灯片的备注信息。这种方式非常方便演示者进行汇报、演讲和授课。

3. 放映过程控制

① 按 F5 键进入全屏幕放映视图。

② 在幻灯片中单击右键，在弹出的快捷菜单中对放映过程进行控制，如图 17.3 所示。其中：

- 选择“查看所有幻灯片”命令，放映视图会切换为图 17.3 右侧的“节窗格”+“缩略图窗格”的形式，在缩略图窗格中单击某张幻灯片，可以跳转到指定幻灯片进行放映。
- 选择“指针选项”命令，在下级菜单中可以将指针转换为笔进行演示标注。

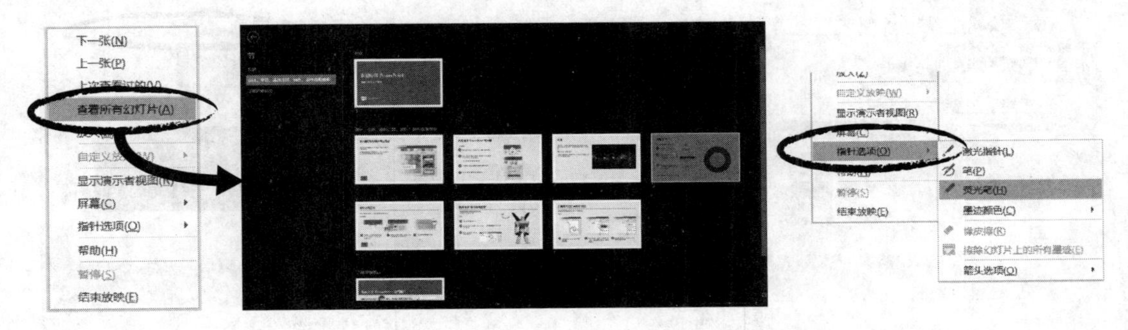

图 17.3　在放映过程中进行各项演示控制

17.1.2　应用排练计时

为了更加准确地估计演示时长，可以事先对放映过程进行排练并记录排练时间。

① 打开需要排练计时的演示文稿，在“幻灯片放映”选项卡上的“设置”选项组中单击“排练计时”按钮，幻灯片进入放映状态，同时弹出“录制”工具栏，显示当前幻灯片的放映时间和当前的总放映时间。

② 单击“录制”工具栏中的“下一项”按钮，可继续放映当前幻灯片中的下一个动画对象或进入下一张幻灯片。当进入新的一张幻灯片放映时，幻灯片放映时间会重新计时，总放映时间累加计时。其间可以通过单击“暂停”按钮暂停幻灯片放映的录制，如图 17.4 所示。

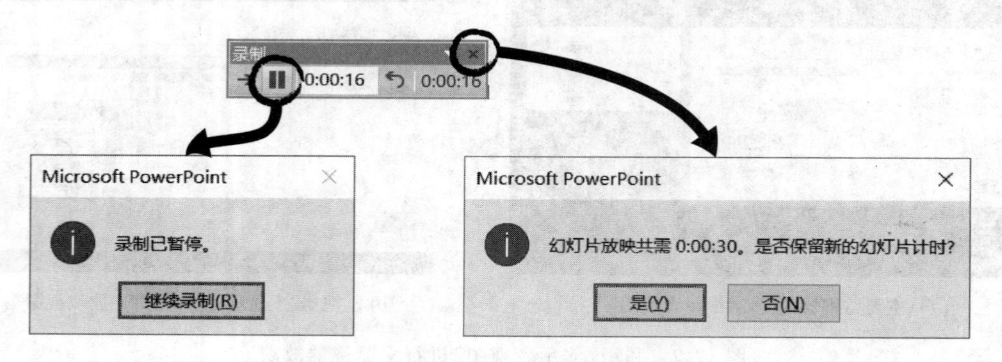

图 17.4　排练过程中的“录制”工具栏

③ 幻灯片放映排练结束时，或者中途单击“关闭”按钮或按 Esc 键，弹出是否保存排练时间对话框，如果选择“是”，则在幻灯片浏览视图下在每张幻灯片的左下角显示该张幻灯片放映时间。

提示：如果将记录了排练计时的演示文稿的幻灯片放映类型设置为“在展台浏览（全屏幕）”，幻灯片将按照排练时间自行播放。

④ 切换到幻灯片浏览视图下，单击选中某张幻灯片，在“切换”选项卡上的“计时”选项组的“设置自动换片时间”编辑框中，可以修改当前张幻灯片的放映时间，如图 17.5 所示。

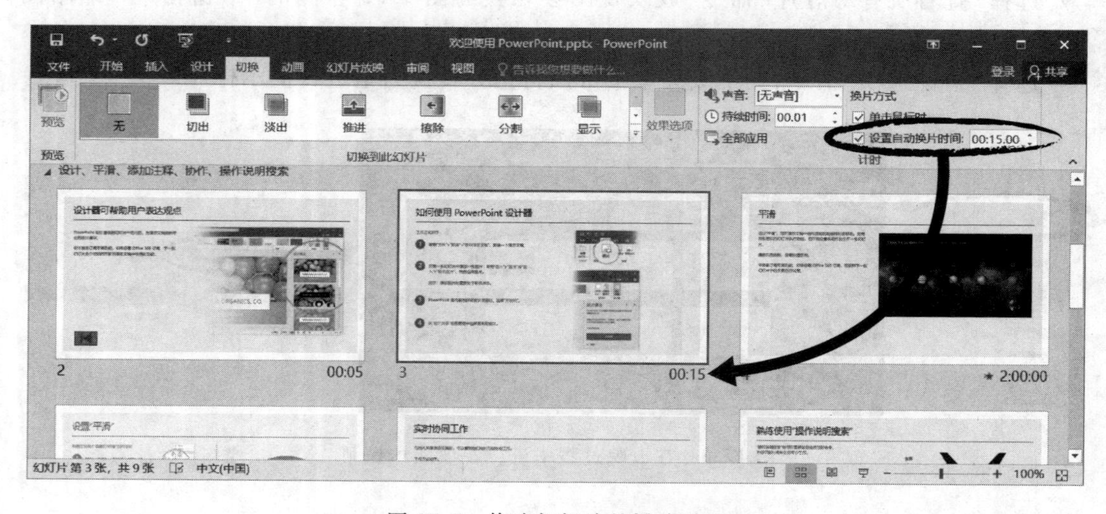

图 17.5　修改幻灯片的播放时间

17.1.3 录制语音旁白和鼠标轨迹

在将演示文稿转换为视频或传递给他人共享前，可以将演示过程进行录制并加入解说旁白。

① 打开演示文稿，在“幻灯片放映”选项卡上的“设置”选项组中单击“录制幻灯片演示”按钮。

② 从打开的下拉列表中选择录制方式，打开“录制幻灯片演示”对话框。

③ 在该对话框中设定想要录制的内容，如图 17.6 所示。

④ 单击“开始录制”按钮，进入幻灯片放映视图。

⑤ 边演示边朗读旁白内容。右键单击幻灯片并从快捷菜单的“指针选项”中设置标注笔的类型和墨迹颜色等，然后可以在幻灯片中拖动鼠标对重点内容进行勾画标注。

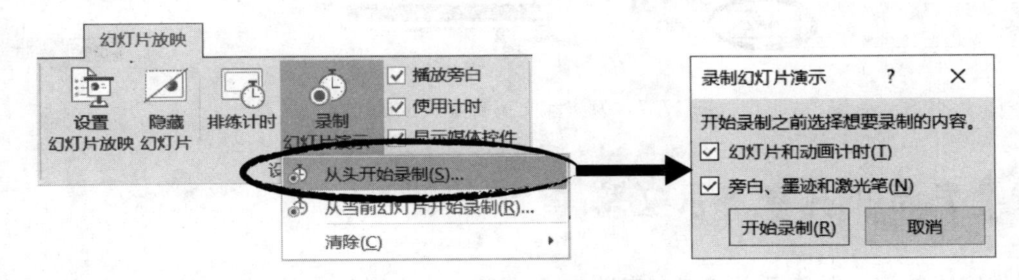

图 17.6 录制幻灯片演示过程

提示：若要录制和播放旁白，必须为计算机配备声卡、麦克风和扬声器设备。

17.1.4 自定义放映方案

一份演示方案可能包含多个主题内容，需要适应不同的场合、面对不同类型的观众播放，这就需要在放映前对幻灯片进行重新组织归类。PowerPoint 提供的自定义放映功能，可以在不改变演示文稿内容的前提下，只对放映内容进行重新组合，从而适应不同的演示需求。

① 打开演示文稿，在“幻灯片放映”选项卡上的“开始放映幻灯片”选项组中单击“自定义幻灯片放映”按钮，弹出下拉列表，列表中罗列了已有的自定义放映方案，单击最下面的“自定义放映”命令，弹出“自定义放映”对话框。

② 单击“新建”按钮，弹出“定义自定义放映”对话框。

③ 在“幻灯片放映名称”文本框中输入方案名；在左侧的“在演示文稿中的幻灯片”列表框中勾选本方案需要包含的幻灯片，单击“添加”按钮，可以将它们插入到右侧的“在自定义放映中的幻灯片”列表框中。特别的是，某一张幻灯片可以添加多次，而且播放顺序可以上下调整，不必与原演示文稿先后顺序一致。

④ 单击“确定”按钮，返回“自定义放映”对话框，此时在列表框中会新增一个刚刚命名的自定义放映方案，如“PowerPoint 2016 新功能”。

⑤ 重复步骤②~④，可新建其他放映方案。

⑥ 在“自定义放映”对话框中选择自定义放映方案，然后单击右下角的“放映”按钮，即可只播放该方案中包含的幻灯片；或者在选项卡中“开始放映幻灯片”选项组的“自定义幻灯片放映”

下拉列表中选择相应的方案，也可进行自定义放映。整个设置过程如图 17.7 所示。

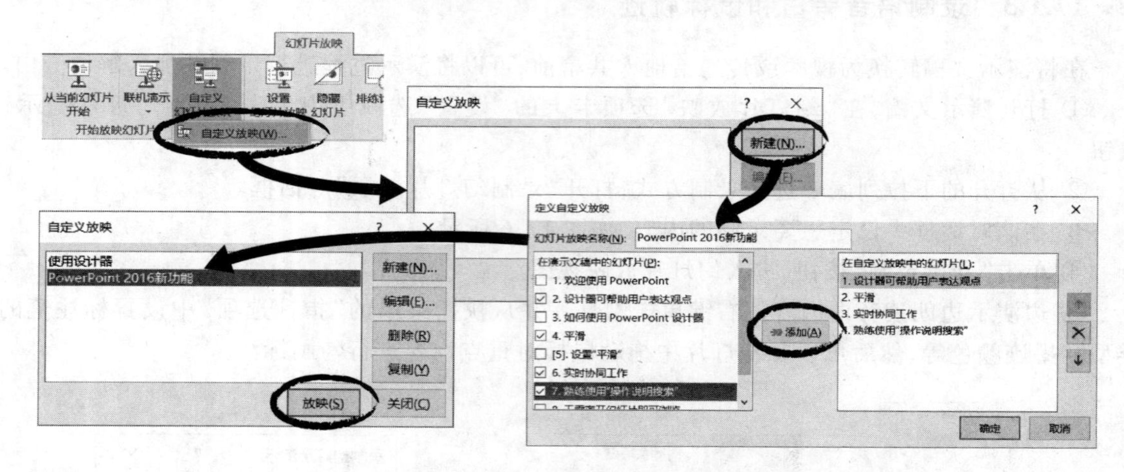

图 17.7 为演示文稿自定义放映方案

17.2 发布和共享演示文稿

制作完成的演示文稿可以直接在安装有 PowerPoint 应用程序的环境下演示，但是如果计算机上没有安装 PowerPoint，演示文稿文件就不能直接播放。为了解决演示文稿的共享问题，PowerPoint 提供了多种方案，可以将其发布或转换为其他格式的文件，也可以将演示文稿打包到文件夹或 CD，甚至可以把 PowerPoint 播放器和演示文稿一起打包，这样，即使在没有安装 PowerPoint 程序的计算机上也能放映演示文稿。还可以将演示文稿保存到 OneDrive 云端、通过远程 Office 服务演示、发布到幻灯片库等方式实现共享。

17.2.1 发布为视频文件

在 PowerPoint 2016 中，可以将演示文稿转换为 MPEG-4 视频(.mp4)或者 Windows Media 视频(.wmv) 文件，这样可以保证演示文稿中的动画、旁白和多媒体内容在分发给他人共享时能够顺畅播放。观看者可以通过视频播放软件直接观看该视频，而不需要安装 PowerPoint。

① 首先创建并保存演示文稿。

② 在创建演示文稿的视频版本前，可以先行录制语音旁白和鼠标运动轨迹并对其进行计时，以丰富视频的播放效果。

③ 在“文件”菜单的“导出”选项卡上单击“创建视频”选项。

④ 在右侧的“创建视频”面板中，可以选择演示文稿的转换质量、选择是否使用录制的计时和旁白，设置每张幻灯片的秒数，如图 17.8 所示。

⑤ 在右下角单击“创建视频”按钮，此时会弹出“另存为”对话框。

⑥ 选择保存视频文件的类型(.mp4 或者.wmv)。

⑦ 输入文件名、选择保存位置后，单击“保存”按钮，开始创建视频。

⑧ 创建完成后，若要播放新创建的视频，可打开相应的文件夹，然后双击该视频文件。

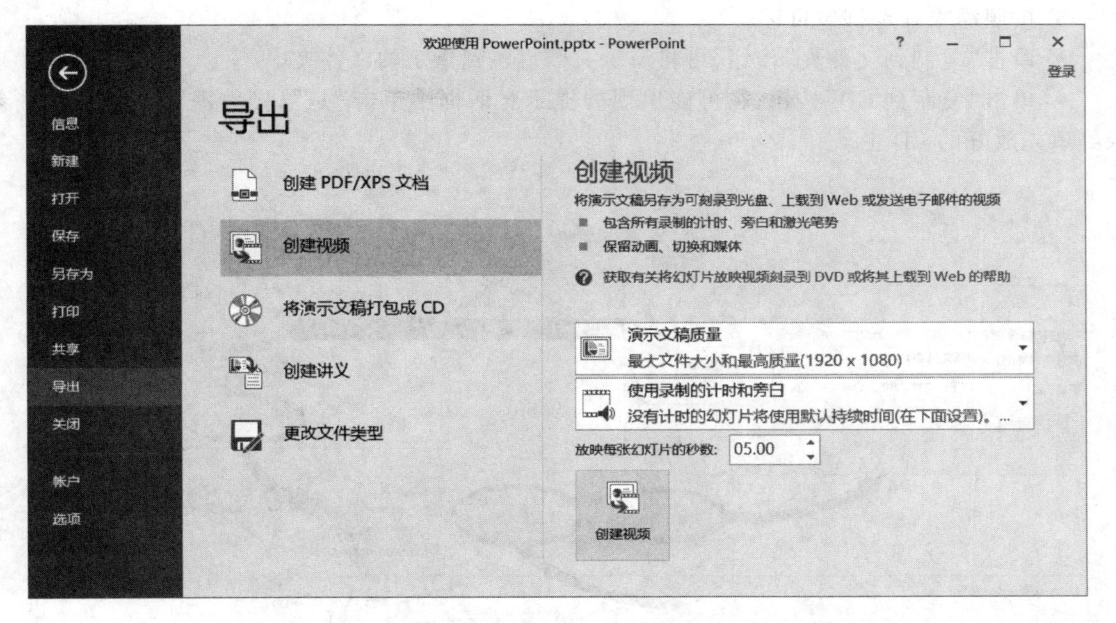

图 17.8 将演示文稿发布为视频文件

提示:创建视频过程中,可以通过查看屏幕底部的状态栏来跟踪视频创建过程。创建视频所需时间的长短取决于演示文稿的复杂程度,有可能需要几个小时甚至更长的时间。

17.2.2 转换为直接放映格式

将演示文稿转换成直接放映格式,也可以在没有安装 PowerPoint 程序的计算机上直接放映。

① 打开演示文稿,在“文件”菜单上选择“另存为”选项卡。

② 在右侧的面板上,选择保存文件的位置或单击“浏览”按钮,弹出“另存为”对话框。

③ 在对话框中,将“文件类型”设置为“PowerPoint 放映(*.ppsx)”。选择存放路径、输入文件名后单击“保存”按钮,即可完成演示文稿的转换。

在相应的文件夹下,双击该放映格式(*.ppsx)的文件即可放映演示文稿。

17.2.3 打包为 CD 并运行

演示文稿可以打包到磁盘的文件夹或 CD 光盘上,前提是需要配备刻录机和空白 CD 光盘。

1. 将演示文稿打包为 CD

① 打开要打包的演示文稿,在“文件”菜单的“导出”选项卡上选择“将演示文稿打包成 CD”命令。

② 在右侧的面板上,单击“打包成 CD”按钮,弹出“打包成 CD”对话框,如图 17.9 所示。

③ 在对话框中,可以为此 CD 命名,可以通过“添加”“删除”按钮操作,增加和删除要打包的演示文稿和其他文件。

④ 单击“选项”按钮,在弹出的“选项”对话框里可以设置嵌入的字体和演示文稿的密码。在默认情况下,打包内容包含与演示文稿相关的链接的文件和嵌入的 TrueType 字体。

⑤ 按照需求确定打包目标：

- 单击“复制到文件夹”按钮，可将演示文稿打包到指定的文件夹中。
- 单击“复制到 CD”按钮，在可能出现的提示对话框中单击“是”，则将演示文稿打包并刻录到事先放好的 CD 上。

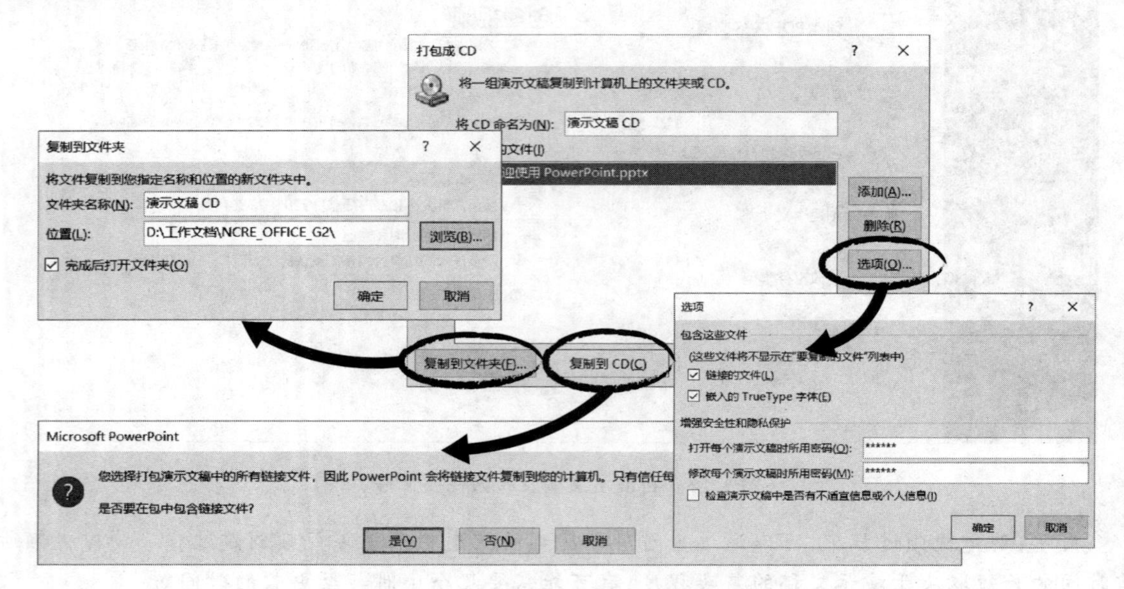

图 17.9 将演示文稿打包成 CD

2. 运行打包的演示文稿

演示文稿打包后，就可以在没有安装 PowerPoint 程序的环境下放映演示文稿。

① 打开包含打包文件的文件夹。

② 在连接到因特网的情况下，双击打开该文件夹中的网页文件 PresentationPackage.html。

③ 在网页上单击“Download Viewer”按钮，下载 PowerPoint 播放器 PowerPointViewer.exe 并安装，如图 17.10 所示。

④ 启动 PowerPoint 播放器，出现“Microsoft PowerPoint Viewer”对话框，定位到打包文件夹，选择演示文稿文件并单击“打开”，即可放映该演示文稿。

提示：打包到 CD 的演示文稿文件，可在读取光盘后自动播放。

17.2.4 其他共享方式

除了“文件”菜单的“导出”选项卡中提供的功能外，“文件”菜单的“共享”选项卡中也提供了一些发布和共享演示文稿的方式。

1. “文件”菜单的“导出”选项卡功能

- “创建 PDF/XPS 文档”功能：可以将演示文稿发布为 PDF 或者 XPS 文档，相当于另存为这两种文档类型的文件。
- “创建讲义”功能：采用向 Word 发送内容的方式，在 Microsoft Word 中创建演示文稿的讲义，并提供“备注在幻灯片旁”“空行在幻灯片旁”“备注在幻灯片下”“空行在幻灯片下”和“只使

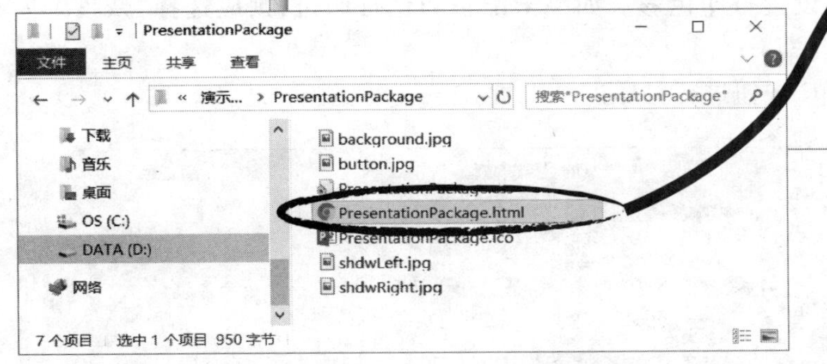

图 17.10 播放打包文件前下载播放器

用大纲"5 种讲义模式。

- "更改文件类型"功能:可以将演示文稿另存为"演示文稿文件类型""图片文件类型"和"其他文件类型"的多种文件,相当于"另存为"功能。

2. "文件"菜单的"共享"选项卡功能

- "与人共享"功能:将演示文稿保存到云端的 OneDrive 中,再通过设置共享权限实现与他人分享的目的。
- "电子邮件"功能:如果将演示文稿保存在共享位置,可以通过电子邮件的方式与他人分享演示文稿的链接。
- "联机演示"功能:通过 Office 演示文稿服务,将演示文稿的链接分享给他人,可供在线浏览和下载。
- "发布幻灯片"功能:可以将幻灯片发布到幻灯片库或者 SharePoint 网站等共享位置,以供他人使用。

17.3 创建并打印演示文稿讲义

演示文稿制作完成后,可以以每页一张的方式打印幻灯片,也可以以每页打印多张幻灯片的方式打印演示文稿讲义,还可以创建并打印备注。打印的讲义可以分发给观众在演示过程中参考,也可以作为备份文件留作以后使用。

也可以利用"文件"菜单的"导出"选项卡上的"创建讲义"功能,将讲义导出到 Word 中进行保存和打印。

17.3.1 设置打印选项并打印幻灯片或讲义

① 打开“文件”菜单,选择“打印”选项卡。

② 在窗口中间的“打印”窗格中,可以输入打印的份数,选择打印机类型。

③ 在“设置”选项区域中,设置打印幻灯片的范围、版式、打印顺序、纸张方向及颜色,如图 17.11 所示。其中:

- 打开“打印版式”列表,可以设定打印讲义时每页上打印的幻灯片数目及排列方式。
- 打开“颜色”列表,从中设置打印色彩。如果未配备彩色打印机,则应选择“灰度”或“纯黑白”选项。

④ 设置完毕后,单击“打印”按钮进行打印。

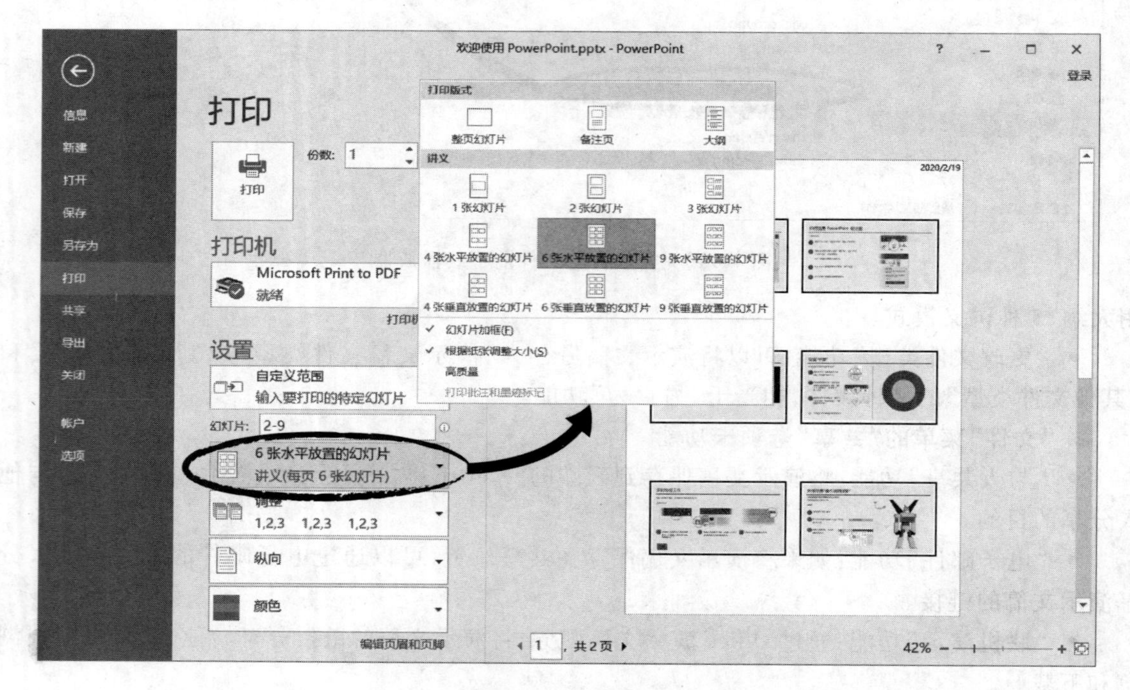

图 17.11 设置打印选项并打印

17.3.2 创建并打印备注页

可以在构建演示文稿时创建备注页。备注页用于为幻灯片添加注释、提示信息。

1. 创建备注页

在普通视图和大纲视图模式下,在备注窗格中只能编写关于幻灯片的文本备注信息,并为文本设置格式,不能插入图形等对象。如果要在备注内容中增加更丰富的元素,可以将工作窗口切换为备注页视图。

在“视图”选项卡上的“演示文稿视图”选项组中单击“备注页”命令,将工作窗口切换为备注页视图。在备注页视图中,每个备注页均会显示幻灯片缩略图以及相关的备注内容。在该视图中,可以输入、编辑备注内容,查看备注页的打印样式和文本格式的全部效果,可以检查并更改备注的页眉和页脚，还可以添加形状、SmartArt 图形、艺术字、图片、图表等图形对象，以丰富备注信息的内容和形式。

在“视图”选项卡上的“母版视图”选项组中单击“备注母版”按钮，在备注母版视图下可以对备注页进行统一的整体设计和修改。

2. 打印备注页

可以将包含幻灯片缩略图的备注页内容打印出来分发给观众。只能在一个打印页面上打印一张包含备注的幻灯片缩略图。

① 打开包含备注内容的演示文稿。

② 单击“文件”选项卡，选择“打印”命令。

③ 在“设置”选项区域下，单击“整页幻灯片”选项，在打开的“打印版式”列表中单击“备注页”图标，如图 17.12 所示。

④ 设置其他打印选项，如打印方向、颜色等。

⑤ 单击“打印”按钮。

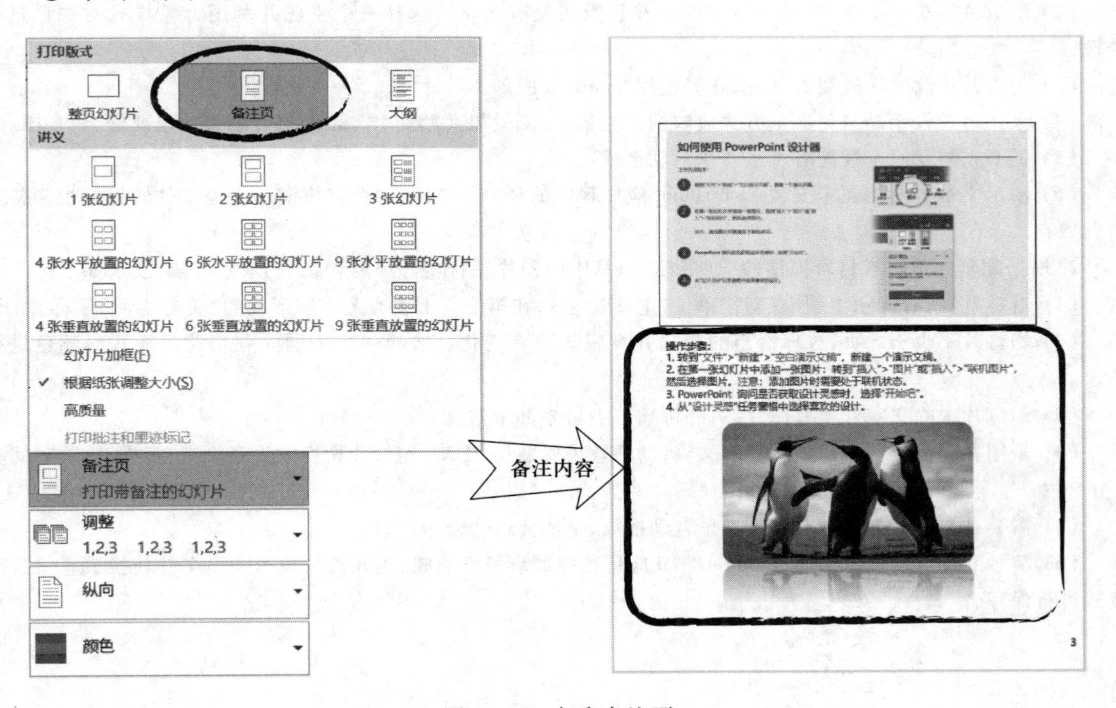

图 17.12　打印备注页

本篇习题

1. 根据配套的习题素材所提供的“沙尘暴的简单知识”及其中的图片，制作名为“沙尘暴”的演示文稿，要求如下：

（1）有标题页，有演示主题，有制作日期（XXXX年X月X日），在第一页上要有艺术字形式的“保护环境”字样。

（2）幻灯片不少于5页，选择恰当的版式并且版式要有变化。选择一个主题并利用背景样式对颜色进行修改。

（3）幻灯片中除文字外要有图片，还需使用SmartArt图形。

（4）采用由观众手动自行浏览方式放映演示文稿，动画效果要贴切、丰富，幻灯片切换效果要恰当、多样。

（5）需要在演示时全程配有背景音乐自动播放。

（6）演示文稿也要能在未安装PowerPoint应用程序的环境下放映，因此需将演示文稿文件转换成视频格式进行保存。

2. 根据配套的习题素材所提供的“迎春花”及其中的图片，制作名为“迎春花”的演示文稿，要求如下：

（1）有标题页，有演示主题，有制作单位（老年协会），在第一页上要有艺术字形式的“美好生活”字样。

（2）幻灯片不少于5页，选择恰当的版式并且版式要有变化。选择一个主题并利用背景样式对颜色进行修改。

（3）幻灯片中除文字外要有图片，另外可插入表格来展示信息。

（4）采用在展台浏览方式放映演示文稿，动画效果要贴切、丰富，幻灯片切换效果要恰当、多样，放映时间在1分钟内。

（5）需要在演示时全程配有背景音乐自动播放，字体要适合老年人看。

（6）演示文稿也要能在未安装PowerPoint应用程序的环境下放映，因此需将演示文稿文件转换成直接放映格式进行保存。

附录  考试指导

全国计算机等级考试上机考试系统专用软件(以下简称"考试系统")是在 Windows 平台下开发的应用软件,它提供了开放式的考试环境,具有自动计时、断点保护、自动阅卷和回收等功能。

为了更好地让考生在应考前了解和掌握考试系统环境及模式,熟练操作考试系统,提高应试能力,下面将详细介绍如何使用考试系统以及二级 Office 考试的内容。

1 考试系统使用说明

1.1 考试环境

1. 硬件环境

PC 兼容机,CPU 主频 2 GHz、内存 2 GB 或以上,硬盘剩余空间 10 GB 或以上。

2. 软件环境

上机考试软件。

操作系统:中文版 Windows 7(32/64 位均可),安装了.net framework 4.x。

应用软件:Microsoft Office 2016 中文版。

1.2 考试时间

全国计算机等级考试二级 Office 考试时间定为 120 分钟。考试时间由考试系统自动进行计时,提前 5 分钟自动报警来提醒考生应及时存盘,考试时间用完,考试系统将自动锁定计算机,考生将不能继续进行考试。

1.3 考试题型及分值

全国计算机等级考试二级 Office 考试试卷满分为 100 分,包括单项选择题 20 分(含公共基础知识部分① 10 分)和操作题 80 分(Office 字处理题 30 分、Office 电子表格题 30 分和 Office 演示文稿题 20 分)。

1.4 考试登录

登录考试系统的操作步骤如下:

双击桌面上的"NCRE 考试系统"图标,考试系统启动后将显示考生登录界面,如图 1 所示,界面右上角的数

---

① 公共基础知识部分内容详见高等教育出版社出版的《全国计算机等级考试二级教程——公共基础知识(202x 年版)》。

字是考试机对应的座位号。

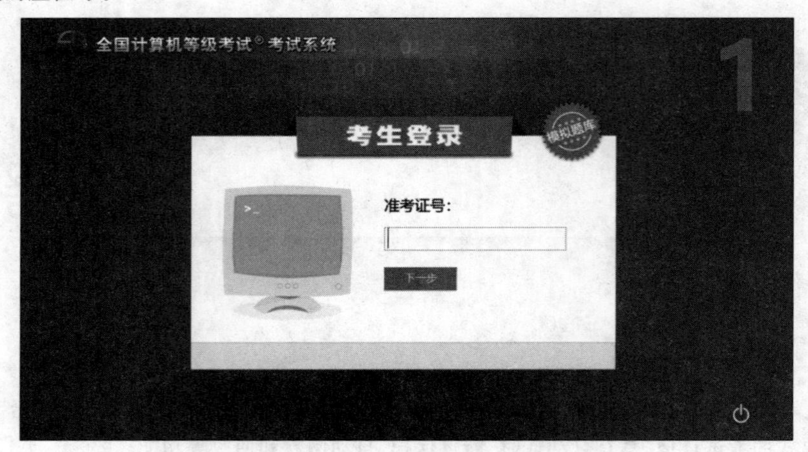

图1 考生登录

此时请考生输入自己的准考证号(必须是满16位的数字),点击“下一步”按钮确认输入,考试系统将对输入的准考证号进行有效性检查,并获取考生姓名、证件号等信息。下面列出在登录过程中可能会出现的提示信息:

如果输入的准考证号不存在时,考试系统会显示如图2所示的提示信息并要考生重新输入准考证号。

如果输入的准考证号有效,则屏幕显示此准考证号所对应的证件号和姓名,如图3所示。

图2 准考证号无效

图3 考生信息确认

考生核对自己的姓名和证件号,如果发现不符合,点击“重输准考证号”按钮,则重新输入准考证号;如果核对后相符,点击“下一步”按钮,接着考试系统进行一系列处理后将随机生成一份二级 Office 考试的试卷。考试系统抽取试题成功后,在屏幕上会显示二级 Office 考试须知,如图4所示。

考生仔细阅读考试须知后,勾选“已阅读”,然后点击“开始考试并计时”按钮,随后将进入考试作答界面。选择题作答界面只允许进入一次,退出后不能再次进入;操作题的答题均在考生文件夹下完成。考生在考试过程中,一旦发现不在考生文件夹中时,应及时返回到考生文件夹下。在答题过程中,允许考生自由选择答题顺序,已经作答的试题可以重新作答。

当考生在上机考试时遇到死机等意外情况(即无法进行正常考试时),考生应向监考人员说明情况,由监考人员确认为非人为造成停机时,方可进行二次登录。二次登录时需要由监考人员输入密码方可继续进行上机考试,因此考生必须注意在上机考试时不得随意关机,否则考点将有权终止其考试资格。

当考试系统提示“考试时间已到,请停止答卷”后,此时由监考人员输入延时密码后对还没有存盘的数据进

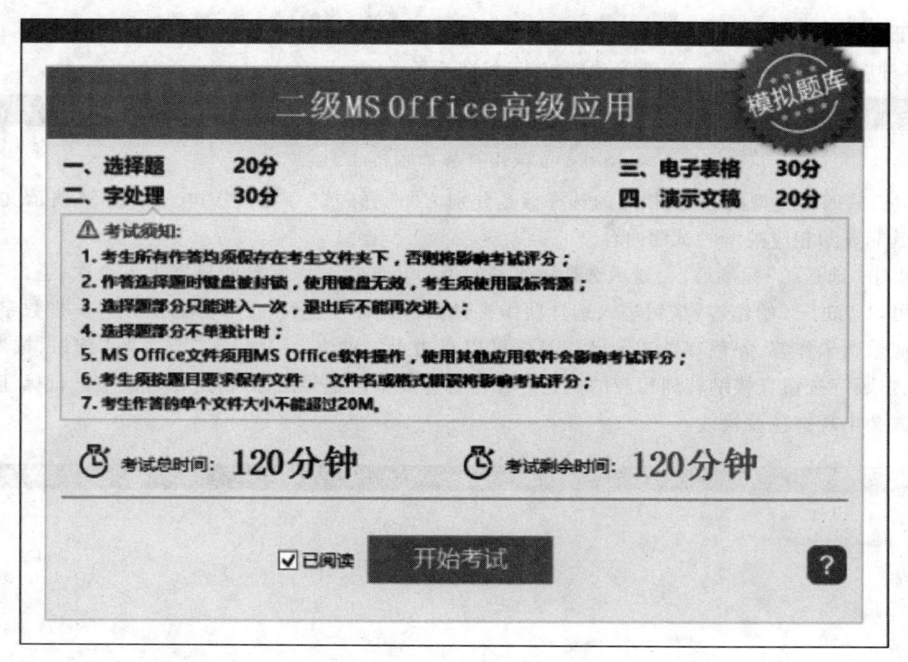

图4 考试须知

行存盘,如果考生擅自关机或启动机器,可能会影响考生自己的考试成绩。

1.5 考试作答界面的使用

系统登录完成以后,将进入考试作答界面。考试作答界面分为两部分。

屏幕中间是显示试题内容和查阅作答工具按钮的主窗口,如图5所示。

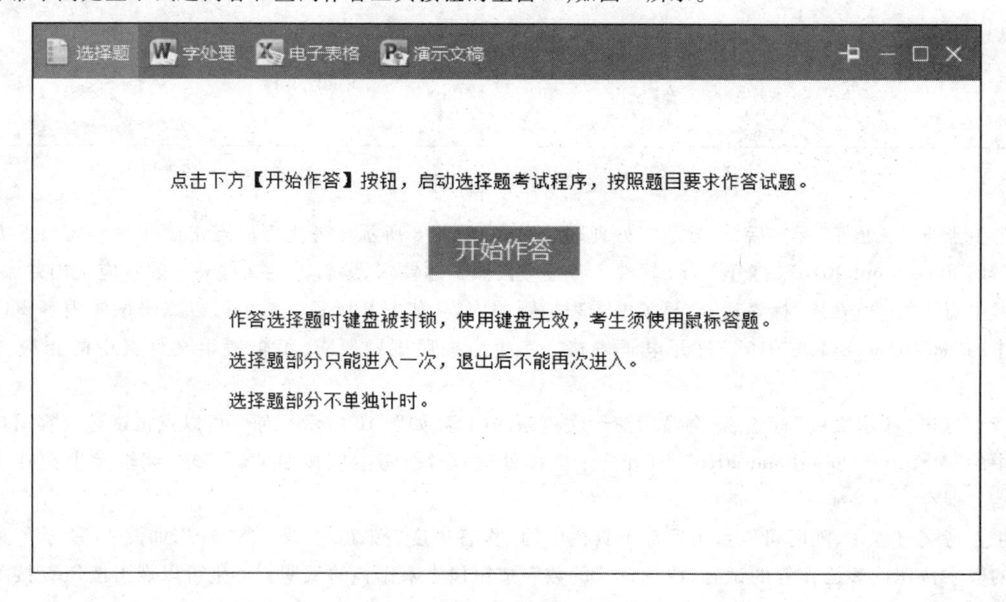

图5 考试作答界面主窗口

屏幕顶部是一个工具栏，始终显示着考生的准考证号、姓名、考试剩余时间，并提供了隐藏/显示试题内容窗口、查看作答进度、查看系统帮助、交卷等功能按钮，如图6所示。

图6 考试作答界面顶部工具栏

二级 Office 共四种类型的考题，相应的选择标签分别为“选择题”“字处理”“电子表格”“演示文稿”。用鼠标点击标签就能显示相应类型的试题内容。

当考生点击“选择题”标签后，会显示选择题作答的说明。选择题作答界面只能进入一次，退出后不能再次进入。考生可以点击“开始作答”按钮进入选择题作答界面，如图7所示。在屏幕的上方有一排数字按钮，白色背景表示相应试题未作答，绿色背景表示已作答。可以点击上方的“上一题”或“下一题”按钮，按顺序切换试题；也可以点击数字按钮直接跳转到相应的试题。在作答界面单击题号图标时，可以对试题进行标注，标注过的试题题号下方会出现红色波浪线。

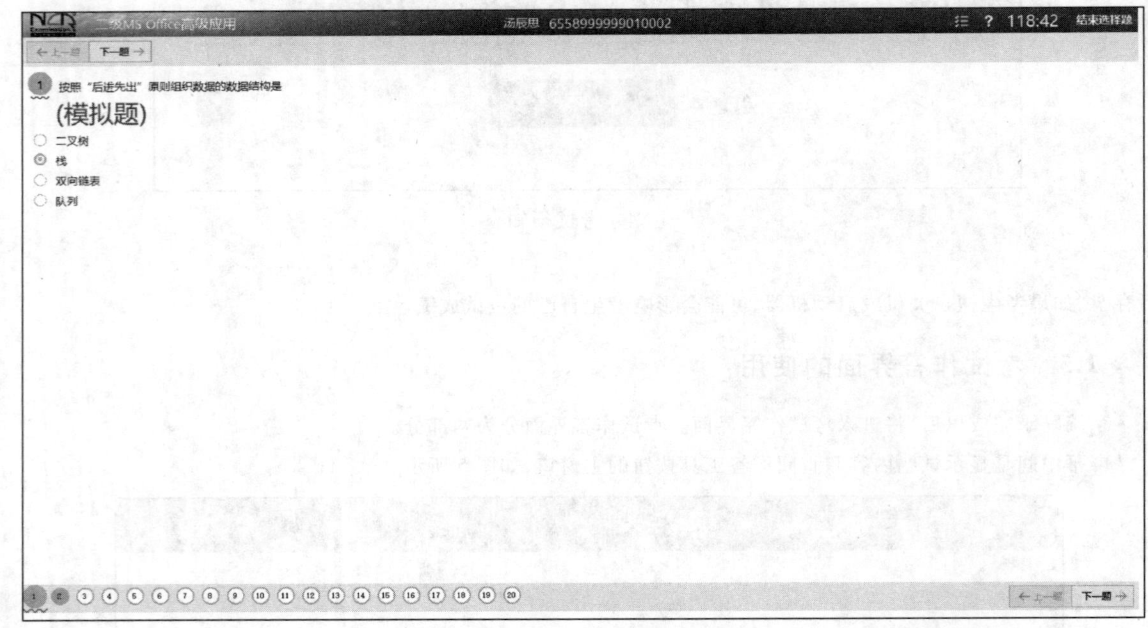

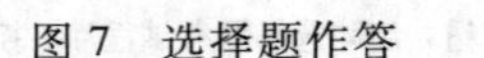
图7 选择题作答

当考生点击“字处理”标签后，会显示字处理题的内容，如图8所示。考生可以点击试题内容窗口上方工具箱中的“MSOffice Word 2016”，打开 Word 软件。考生应按照试题要求，编辑考生文件夹中的相应文档并保存。

当考生点击“电子表格”标签后，会显示电子表格题的内容，如图9所示。考生可以点击试题内容窗口上方工具箱中的“MSOffice Excel 2016”，打开电子表格。考生应按照试题要求，编辑考生文件夹中的相应文档并保存。

当考生点击“演示文稿”标签后，会显示演示文稿题的内容，如图10所示。考生可以点击试题内容窗口上方工具箱中的“MSOffice PowerPoint 2016”，打开演示文稿处理软件。考生应按照试题要求，编辑考生文件夹中的相应文档并保存。

考生在考试过程中，随时可以点击顶部工具栏中的“作答进度”按钮，查看作答情况，如图11所示。其中绿色背景的数字按钮代表已作答的试题，白色背景的数字按钮代表未作答的试题。考生可以点击按钮直接跳转到相应试题的作答页面。

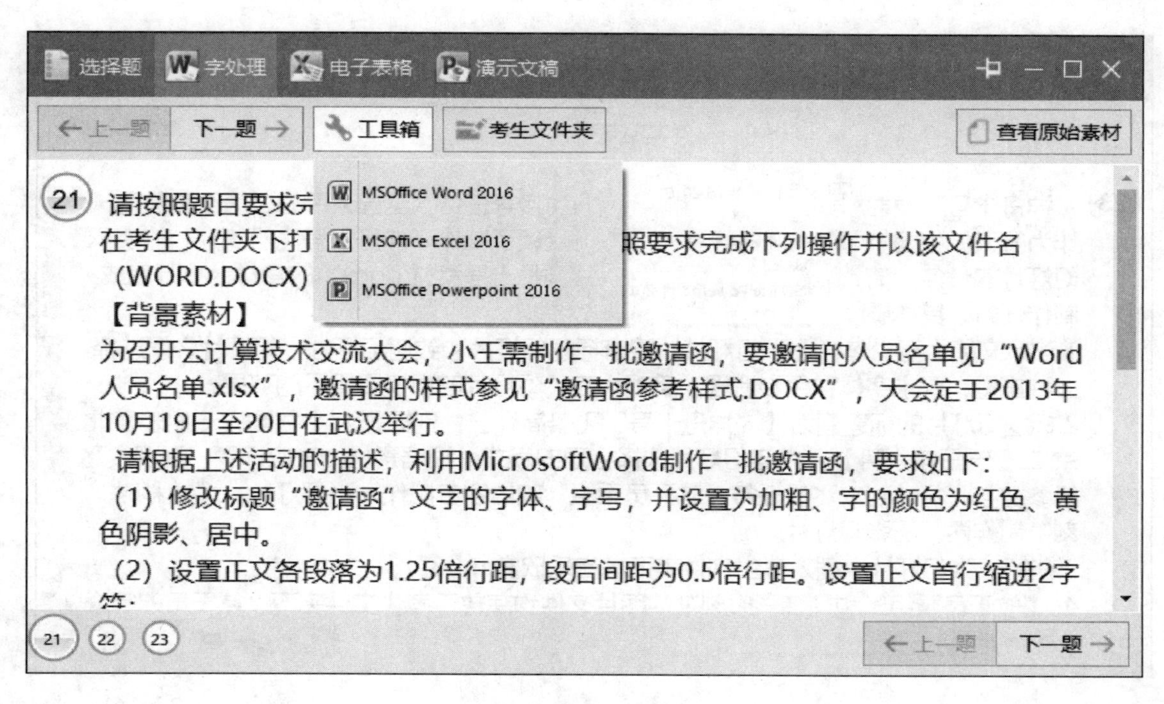

图8　字处理题作答

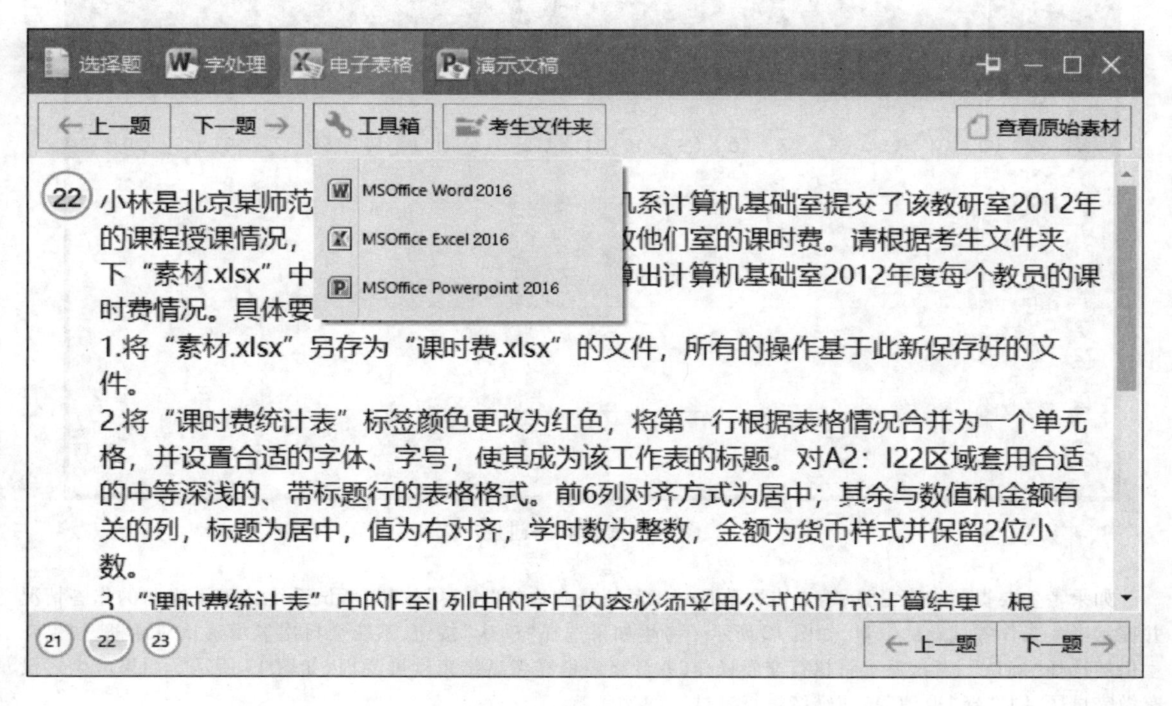

图9　电子表格题作答

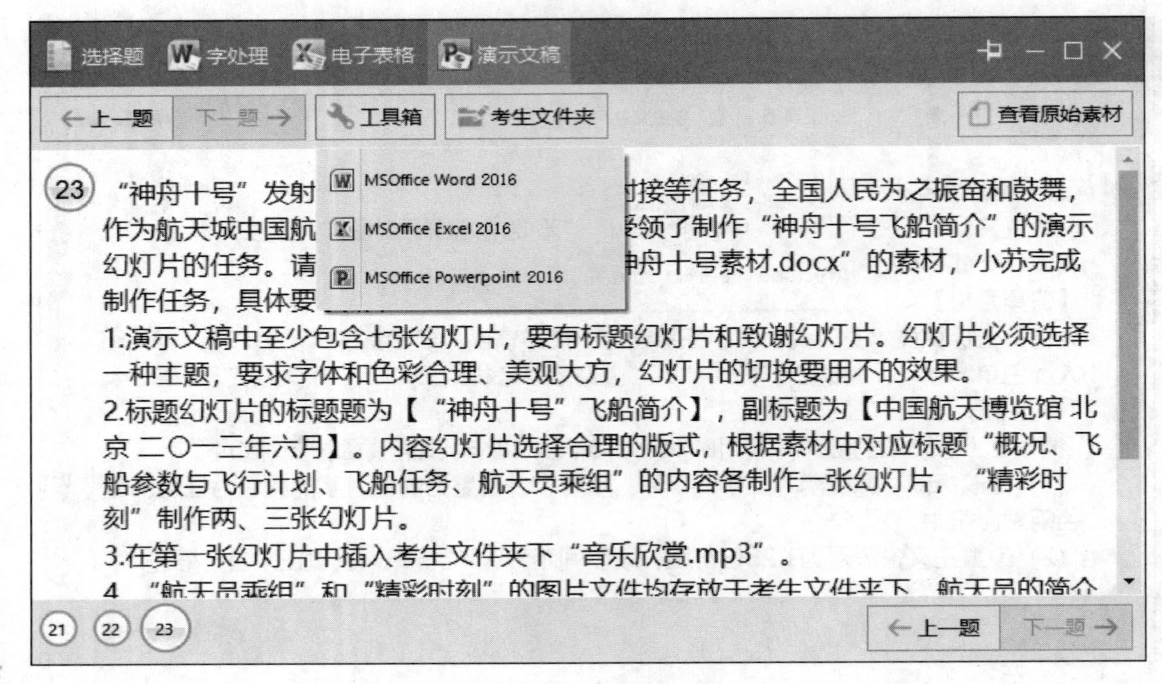

图10 演示文稿题作答

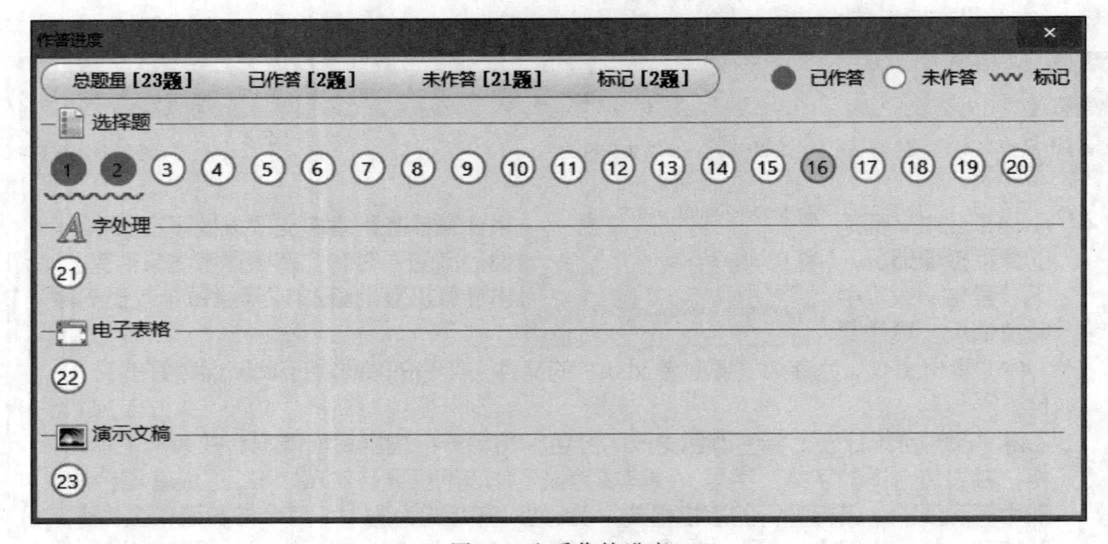

图11 查看作答进度

如果考生要提前结束考试，请点击屏幕顶部工具栏最右边的“交卷”按钮，考试系统将显示当前的作答情况并提示考生未作答试题的数量，如图12所示。考生如果选择“确认”按钮，系统会再次显示确认对话框，如果考生仍然选择“确认”，考试系统将执行交卷操作，并最终停留在考试结束锁屏界面，如图13所示。如果考生还没有做完试题，则选择“取消”按钮继续进行考试。

考生交卷时，如果MS Office软件正在运行，那么考试系统会提示考生关闭。只有关闭MS Office软件后，考生才能进行交卷。

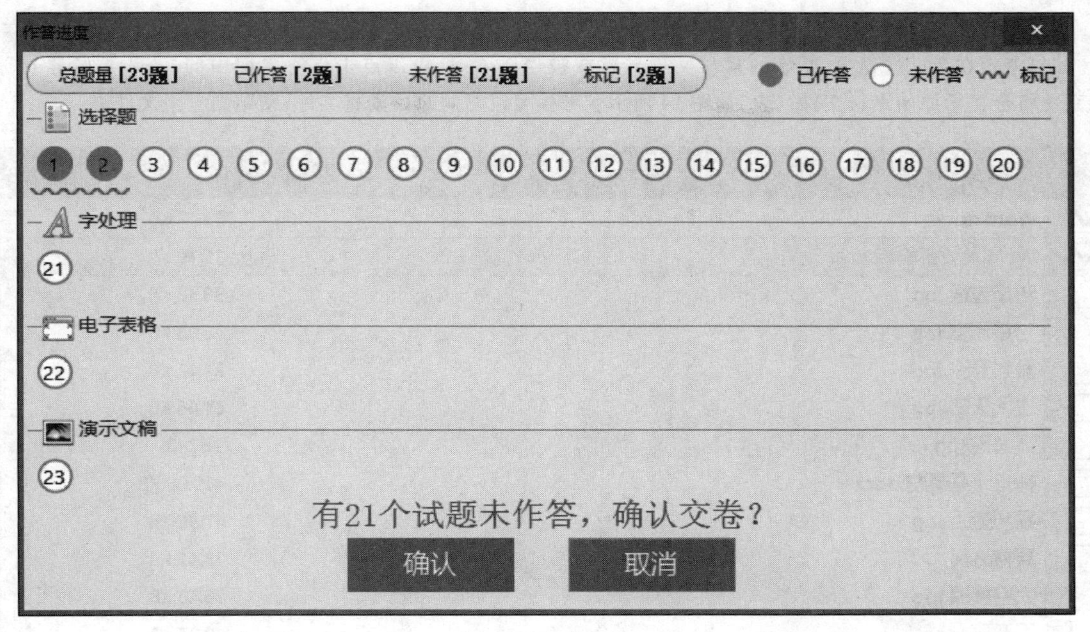

图 12　交卷确认

图 13　考试结束

1.6　考生文件夹和文件的恢复

1. 考生文件夹

当考生登录成功后，上机考试系统会自动在本计算机上创建一个以考生准考证号命名的考试文件夹，形如C:\KSWJJ\6545999999010001。该文件夹将存放该考生所有操作题的作答和输出文件，因此考生不能随意删除该文件夹以及该文件夹下与考试内容有关的文件及文件夹，避免在考试和评分时产生错误，从而影响考生的考试成绩。

考试作答界面的主窗口提供了使用资源管理器打开考生文件夹的操作按钮。

2. 素材文件的恢复

如果考生在考试过程中,原始的素材文件异常或被误删除时,可以点击作答界面中的“查看原始素材”按钮,系统将会显示原始素材文件列表,如图14所示。考生可以复制原始素材文件,粘贴到考生文件夹。

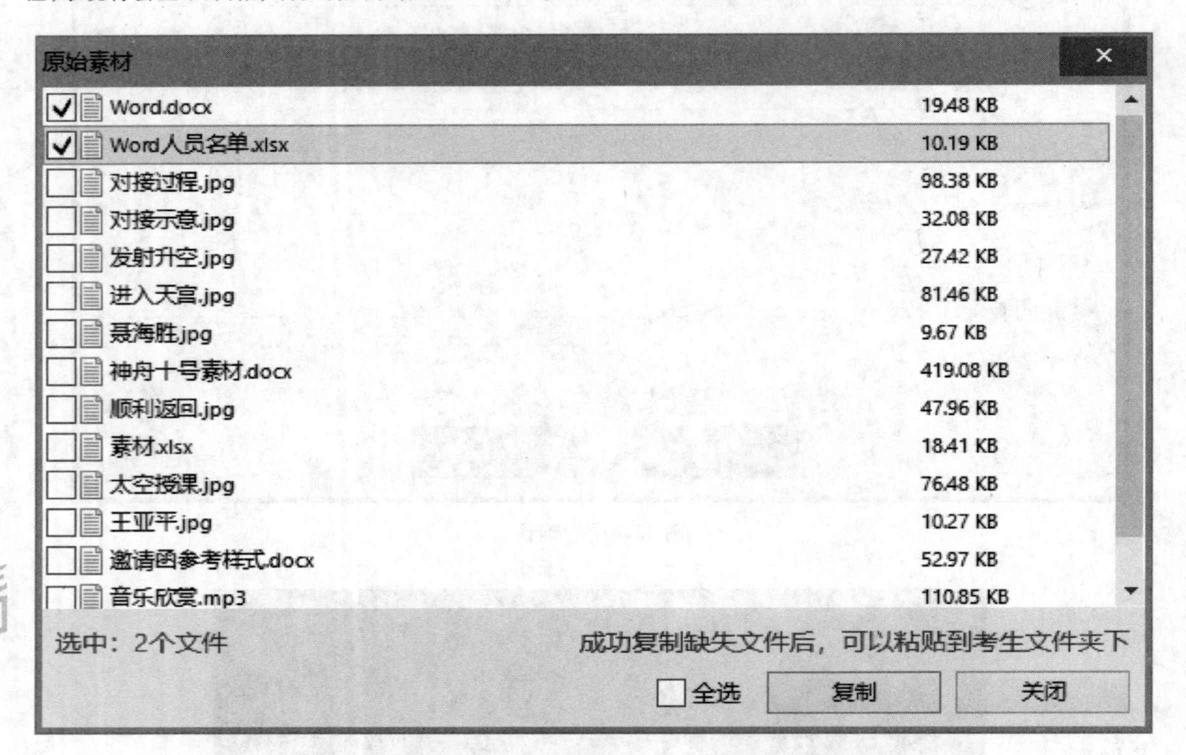

图14 查看原始素材

2 考试样题

1. 选择题

略。

2. 字处理

某高校为了使学生更好地进行职场定位和职业准备,提高就业能力,该校学工处将于2017年4月29日(星期五)19:30—21:30在校国际会议中心举办题为“领慧讲堂——大学生人生规划”就业讲座,特别邀请资深媒体人、著名艺术评论家赵蕈先生担任演讲嘉宾。请根据上述活动的描述,利用Microsoft Word制作一份宣传海报(宣传海报的参考样式请参考“Word-海报参考样式.docx”文件),要求如下:

① 在考生文件夹下,将“Word素材.docx”文件另存为“Word.docx”(“.docx”为扩展名),后续操作均基于此文件,否则不得分。

② 调整文档版面,要求页面高度35厘米,页面宽度27厘米,页边距(上、下)为5厘米,页边距(左、右)为3厘米,并将考生文件夹下的图片“Word-海报背景图片.jpg”设置为海报背景。

③ 根据“Word-海报参考样式.docx”文件,调整海报内容文字的字号、字体和颜色。

④ 根据页面布局需要,调整海报内容中“报告题目”“报告人”“报告日期”“报告时间”“报告地点”信息的段落间距。

⑤ 在“报告人:”位置后面输入报告人姓名(赵蕈)。

⑥ 在“主办:校学工处”位置后另起一页,并设置第 2 页的页面纸张大小为 A4 篇幅,纸张方向设置为“横向”,页边距为“普通”页边距。

⑦ 在新页面的“日程安排”段落下面,复制本次活动的日程安排表(请参考“Word-活动日程安排.xlsx”文件),要求表格内容引用 Excel 文件中的内容,如若 Excel 文件中的内容发生变化,Word 文档中的日程安排信息随之发生变化。

⑧ 在新页面的“报名流程”段落下面,利用 SmartArt 制作本次活动的报名流程(学工处报名、确认座席、领取资料、领取门票)。

⑨ 设置“报告人介绍”段落下面的文字排版布局为参考示例文件中所示的样式。

⑩ 插入考生文件夹下的“Pic2.jpg”照片,调整图片在文档中的大小,并放于适当位置,不要遮挡文档中的文字内容。

⑪ 调整所插入图片的颜色和图片样式,与“Word-海报参考样式.docx”文件中的示例一致。

3. 电子表格

小蒋在教务处负责学生的成绩管理,他将初一年级三个班的成绩均录入在了名为“Excel 素材.xlsx”的 Excel 工作簿文档中。根据下列要求帮助小蒋老师对该成绩单进行整理和分析:

① 在考生文件夹下,将“Excel 素材.xlsx”文件另存为“Excel.xlsx”(“.xlsx”为扩展名),后续操作均基于此文件,否则不得分。

② 对工作表“第一学期期末成绩”中的数据列表进行格式化操作:将第一列“学号”列设为文本,将所有成绩列设为保留两位小数的数值;适当加大行高列宽,改变字体、字号,设置对齐方式,增加适当的边框和底纹以使工作表更加美观。

③ 利用“条件格式”功能进行下列设置:将语文、数学、英语三科中不低于 110 分的成绩所在的单元格以一种颜色填充,其他四科中高于 95 分的成绩以另一种字体颜色标出,所用颜色深浅以不遮挡数据为宜。

④ 利用 Sum 和 Average 函数计算每一个学生的总分及平均成绩。

⑤ 复制工作表“第一学期期末成绩”,将副本放置到原表之后;改变该副本表标签的颜色,并重新命名,新表名需包含“分类汇总”字样。

⑥ 通过分类汇总功能求出每个班各科的平均成绩,并将每组结果分页显示。

⑦ 以分类汇总结果为基础,创建一个簇状柱形图,对每个班各科平均成绩进行比较,并将该图表放置在一个名为“柱状分析图”新工作表的 A1:M30 单元格区域内。

4. 演示文稿

文慧是新东方学校的人力资源培训讲师,负责对新入职的教师进行入职培训,其 PowerPoint 演示文稿的制作水平广受好评。最近,她应北京节水展馆的邀请,为展馆制作一份宣传水知识及节水工作重要性的演示文稿。节水展馆提供的文字资料及素材参见“水资源利用与节水(素材).docx”,制作要求如下:

① 标题页包含演示主题、制作单位(北京节水展馆)和日期(××××年×月×日)。

② 演示文稿须指定一个主题,幻灯片不少于 5 页,且版式不少于 3 种。

③ 演示文稿中除文字外要有 2 张以上的图片,并有 2 个以上的超链接进行幻灯片之间的跳转。

④ 动画效果要丰富,幻灯片切换效果要多样。

⑤ 演示文稿播放的全程需要有背景音乐。

⑥ 将制作完成的演示文稿以“PPT.pptx”为文件名保存在考生文件夹下(“.pptx”为扩展名),否则不得分。

附录2 全国计算机等级考试二级 MS Office 高级应用与设计考试大纲

基本要求

1. 正确采集信息并能在文字处理软件 Word、电子表格软件 Excel、演示文稿制作软件 PowerPoint 中熟练应用。

2. 掌握 Word 的操作技能,并熟练应用编制文档。

3. 掌握 Excel 的操作技能,并熟练应用进行数据计算及分析。

4. 掌握 PowerPoint 的操作技能,并熟练应用制作演示文稿。

考试内容

一、Microsoft Office 应用基础

1. Office 应用界面使用和功能设置。

2. Office 各模块之间的信息共享。

二、Word 的功能和使用

1. Word 的基本功能,文档的创建、编辑、保存、打印和保护等基本操作。

2. 设置字体和段落格式、应用文档样式和主题、调整页面布局等排版操作。

3. 文档中表格的制作与编辑。

4. 文档中图形、图像(片)对象的编辑和处理,文本框和文档部件的使用,符号与数学公式的输入与编辑。

5. 文档的分栏、分页和分节操作,文档页眉、页脚的设置,文档内容引用操作。

6. 文档的审阅和修订。

7. 利用邮件合并功能批量制作和处理文档。

8. 多窗口和多文档的编辑,文档视图的使用。

9. 控件和宏功能的简单应用。

10. 分析图文素材,并根据需求提取相关信息引用到 Word 文档中。

三、Excel 的功能和使用

1. Excel 的基本功能,工作簿和工作表的基本操作,工作视图的控制。

2. 工作表数据的输入、编辑和修改。

3. 单元格格式化操作,数据格式的设置。

4. 工作簿和工作表的保护、版本比较与分析。

5. 单元格的引用,公式、函数和数组的使用。
6. 多个工作表的联动操作。
7. 迷你图和图表的创建、编辑与修饰。
8. 数据的排序、筛选、分类汇总、分组显示和合并计算。
9. 数据透视表和数据透视图的使用。
10. 数据的模拟分析、运算与预测。
11. 控件和宏功能的简单应用。
12. 导入外部数据并进行分析,获取和转换数据并进行处理。
13. 使用 Power Pivot 管理数据模型的基本操作。
14. 分析数据素材,并根据需求提取相关信息引用到 Excel 文档中。

四、PowerPoint 的功能和使用

1. PowerPoint 的基本功能和基本操作,幻灯片的组织与管理,演示文稿的视图模式和使用。
2. 演示文稿中幻灯片的主题应用、背景设置、母版制作和使用。
3. 幻灯片中文本、图形、SmartArt、图像(片)、图表、音频、视频、艺术字等对象的编辑和应用。
4. 幻灯片中对象动画、幻灯片切换效果、链接操作等交互设置。
5. 幻灯片放映设置,演示文稿的打包和输出。
6. 演示文稿的审阅和比较。
7. 分析图文素材,并根据需求提取相关信息引用到 PowerPoint 文档中。

考试方式

上机考试,考试时长 120 分钟,满分 100 分。

1. 题型及分值

单项选择题 20 分(含公共基础知识部分① 10 分);
Word 操作 30 分;
Excel 操作 30 分;
PowerPoint 操作 20 分。

2. 考试环境

操作系统:中文版 Windows 7。
考试环境:Microsoft Office 2016。

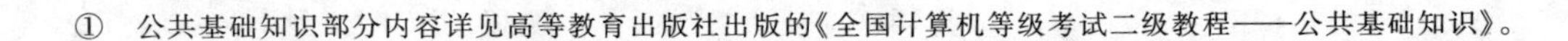

① 公共基础知识部分内容详见高等教育出版社出版的《全国计算机等级考试二级教程——公共基础知识》。